中　外　物　理　学　精　品　书　系

本书出版得到"国家出版基金"资助

中 外 物 理 学 精 品 书 系

前 沿 系 列 · 73

# 冷原子分子物理学

刘伍明 编著

**图书在版编目(CIP)数据**

冷原子分子物理学 / 刘伍明编著. -- 北京 : 北京大学出版社, 2024. 10. -- (中外物理学精品书系).

ISBN 978-7-301-35532-9

Ⅰ. O561

中国国家版本馆 CIP 数据核字第 20246NL632 号

| | |
|---|---|
| **书　　名** | 冷原子分子物理学<br>LENG YUANZI FENZI WULIXUE |
| **著作责任者** | 刘伍明　编著 |
| **责任编辑** | 刘　啸　徐书略 |
| **标准书号** | ISBN 978-7-301-35532-9 |
| **出版发行** | 北京大学出版社 |
| **地　　址** | 北京市海淀区成府路 205 号　100871 |
| **网　　址** | http://www.pup.cn |
| **电子邮箱** | zpup@ pup.cn |
| **新浪微博** | @ 北京大学出版社 |
| **电　　话** | 邮购部 010-62752015　发行部 010-62750672　编辑部 010-62752021 |
| **印 刷 者** | 北京中科印刷有限公司 |
| **经 销 者** | 新华书店 |
| | 730 毫米×980 毫米　16 开本　30.5 印张　插页 5　598 千字 |
| | 2024 年 10 月第 1 版　2024 年 10 月第 1 次印刷 |
| **定　　价** | 115.00 元 |


---

# 序 言

物理学是研究物质、能量以及它们之间相互作用的科学。她不仅是化学、生命、材料、信息、能源和环境等相关学科的基础,同时还与许多新兴学科和交叉学科的前沿紧密相关。在科技发展日新月异和国际竞争日趋激烈的今天,物理学不再囿于基础科学和技术应用研究的范畴,而是在国家发展与人类进步的历史进程中发挥着越来越关键的作用。

我们欣喜地看到,随着中国政治、经济、科技、教育等各项事业的蓬勃发展,我国物理学取得了跨越式的进步,成长出一批具有国际影响力的学者,做出了很多为世界所瞩目的研究成果。今日的中国物理,正在经历一个历史上少有的黄金时代。

为积极推动我国物理学研究、加快相关学科的建设与发展,特别是集中展现近年来中国物理学者的研究水平和成果,在知识传承、学术交流、人才培养等方面发挥积极作用,北京大学出版社在国家出版基金的支持下于2009年推出了“中外物理学精品书系”项目。书系编委会集结了数十位来自全国顶尖高校及科研院所的知名学者。他们都是目前各领域十分活跃的知名专家,从而确保了整套丛书的权威性和前瞻性。

这套书系内容丰富、涵盖面广、可读性强,其中既有对我国物理学发展的梳理和总结,也有对国际物理学前沿的全面展示。可以说,“中外物理学精品书系”力图完整呈现近现代世界和中国物理科学发展的全貌,是一套目前国内为数不多的兼具学术价值和阅读乐趣的经典物理丛书。

“中外物理学精品书系”的另一个突出特点是,在把西方物理的精华要义“请进来”的同时,也将我国近现代物理的优秀成果“送出去”。这套丛书首次成规模地将中国物理学者的优秀论著以英文版的形式直接推向国际相关研究的主流领域,使世界对中国物理学的过去和现状有更多、更深入的了解,不仅充分展示出中国物理学研究和积累的“硬实力”,也向世界主动传播我国科技文化领域不断创新发展的“软实力”,对全面提升中国科学教育领域的国际形象起到一定的促进作用。

习近平总书记2020年在科学家座谈会上的讲话强调："希望广大科学家和科技工作者肩负起历史责任，坚持面向世界科技前沿、面向经济主战场、面向国家重大需求、面向人民生命健康，不断向科学技术广度和深度进军。"中国未来的发展在于创新，而基础研究正是一切创新的根本和源泉。我相信"中外物理学精品书系"会持续努力，不仅可以使所有热爱和研究物理学的人们从书中获取思想的启迪、智力的挑战和阅读的乐趣，也将进一步推动其他相关基础科学更好更快地发展，为我国的科技创新和社会进步做出应有的贡献。

"中外物理学精品书系"编委会主任
中国科学院院士，北京大学教授
**王恩哥**
2022年7月于燕园

# 目　　录

# 第1章　原子气体的Bose-Einstein凝聚

## §1.1　引言

Bose-Einstein凝聚(简称BEC)是Einstein于1924年在Bose关于光子的理论基础上预测的新物态.1924年,印度物理学家Bose提出了不可分辨的$n$个全同粒子的新理论,使得每个光子的能量满足Einstein的光量子假设,也满足Boltzmann的最大概率分布统计假设.这个光子理想气体的观点彻底解决了Planck黑体辐射的半经验公式问题.当初Bose的论文因没有新结果而遭到退稿.他随后将论文寄给Einstein. Einstein意识到Bose工作的重要性,立即着手研究这一问题,并于1924和1925年发表两篇文章,将Bose对光子(粒子数不守恒)的统计方法推广到原子(粒子数守恒),预言这类原子在温度足够低时,会发生相变,产生新的物质状态:所有的原子会突然聚集在一种尽可能低的能量状态.这就是我们所说的Bose-Einstein凝聚.

1938年,London提出液氦($^4$He)超流现象本质上是量子统计现象,也是一种凝聚行为,并计算出临界温度为3.2 K.从此,BEC开始受到重视.从这时起,物理学家都希望能在实验上观察到这种物理现象,但由于找不到合适的实验体系和实验技术,Bose-Einstein凝聚的早期实验研究进展缓慢.

1982年,美国国家标准局(NIST)天体物理联合实验室(JILA)的Phillips研究组宣布完成了激光与原子束对射,激光频率相对原子谐振红移的Doppler冷却实验,将钠(Na)原子的热运动速度降低到原来的4%(平均速度40 m/s,速度分布10 m/s),即原子温度冷却至70 mK(对应速度分布).1985年,美国贝尔实验室的朱棣文研究组宣布实现了一种新的激光冷却方法,称为“光学黏团”(optical molasses):将6束激光作用于已经预冷却的Na原子团,利用Doppler冷却机制将Na原子进一步冷却至Doppler极限温度240 μK,将原子温度降低2个数量级,使原子的密度为$10^6$ cm$^{-3}$,引起广泛关注.1990年,Phillips研究组研制的磁光阱(magneto optical trap,MOT)直接从铯(Cs)蒸气背景中冷却和囚禁原子,与1987年报道的MOT装置相比,省去了原子束冷却装置,简化了实验系统.MOT实现了激光直接冷却和原子囚禁,推动了冷原子物理的发展和广泛应用.之后,许多激光冷却的新方法不断涌现,其中较著名的有“速度选择相干布居囚禁”和“Raman冷却”. 前者由法国巴黎高等师范学院的 Cohen-Tannoudji 提出，后者由朱棣文提出，他们利用这种技术分别获得了低于光子反冲极限的极低温度. 此后，人们还发展了一系列将磁场和激光相结合的冷却技术，包括偏振梯度冷却、磁协同冷却等等. 1997 年，瑞典皇家科学院把当年的诺贝尔物理学奖颁发给朱棣文、Cohen-Tannoudji 和 Phillips，以表彰他们在激光冷却和囚禁原子方面所做的贡献.

1995 年 6 月，美国天体物理联合实验室的 Cornell，Wieman 研究组在实验上观察到 2000 个铷(Rb)原子在 170 nK 低温下的 Bose-Einstein 凝聚. 9 月，麻省理工学院(MIT)Ketterle 研究组在 Na 原子系统中也获得了 Bose-Einstein 凝聚. 这些实验是利用碱金属原子实现的凝聚态，是一种纯粹的 Bose-Einstein 凝聚. 在这种状态下，几乎全部原子都聚集到能量最低的量子态，形成一个宏观的量子状态. 因此，可以对 Bose-Einstein 凝聚进行充分的研究. 以前的研究也部分地实现了 Bose-Einstein 凝聚态，例如超导中的 Cooper 电子对无电阻现象、超流体中的无摩擦现象，但这些系统特别复杂，使人们难以对 Bose-Einstein 凝聚进行充分研究. 原子气体凝聚的实现在物理界引起了强烈反响，是 Bose-Einstein 凝聚研究史上的一个重要里程碑.

从 1995 年人类第一次实现中性原子气体中的 Bose-Einstein 凝聚到现在，全世界已经成立了 200 多个冷原子物理研究小组. 它们主要分布在美国、德国、法国等发达国家，其中有 60 多个小组实现了 Bose-Einstein 凝聚. 在实现 Bose-Einstein 凝聚的前几年，各国物理工作者的工作主要集中在 Bose-Einstein 凝聚体的基本物理特性的研究上，如物质波的相干性及其放大、超流特性、涡旋态、超辐射、四波混频、光速在 BEC 中的急剧减慢、在 BEC 中的压缩态、BEC 中 Josephson 效应的宏观量子特性等. 之后几年主要的工作集中在 Bose-Einstein 凝聚的光场量子操控，例如光晶格中 Bose-Einstein 凝聚的强关联特性、人工模拟晶体、超流-Mott 绝缘相变等，以及 Fermi 凝聚态，例如 Fermi 简并气体、BCS-BEC 转变等，还有分子凝聚等. 利用周期光场与 Bose 气体构成类似“人工晶体”的结构，并研究其中的强关联、相变特性等现在仍然是主要热点. 近年来，物理界在利用超冷原子调控新型物态方面取得了诸多新突破，例如人工自旋轨道耦合、拓扑态、关联物态、多体局域化、非平衡动力学等，它们为研究量子多体和非平衡统计提供了全新的平台. 目前这一领域在自旋轨道耦合、光晶格高轨道系统、新型动力学晶格的研究领域正朝更低温、更可控、更强相互作用的方向发展. 在 Bose-Einstein 凝聚的研究工作中，有代表性的研究小组有：美国 MIT 的 Ketterle 小组(2001 年获诺贝尔物理学奖)、哈佛大学的 Lukin 小组、JILA 的 Wieman 小组(2001 年获诺贝尔物理学奖)、JILA 的 Hall 小组(2005 年获诺贝尔物理学奖)、斯坦福大学的朱棣文小组(1997 年获诺贝尔物理学奖)、美国标准局的 Phillips 小组(1997 年获诺贝尔物理学奖)、德国慕尼黑大学的 Hänsch 小组(2005 年获诺贝尔物理学奖)、奥地利因斯布鲁克大学的 Grimm 小组、法国的 Cohen-Tannoudji 小组(1997 年获诺贝尔物理学奖)等. 这些小组做出了 Bose-Einstein 凝聚领域的重要工作,引导了冷原子物理的前沿研究.

经过多年的不懈努力,我国在冷原子分子物理这一国际前沿领域的研究发展得很快,已积累了一定的科研力量与研究基础. 在理论方面,国内的中国科学院理论物理研究所、中国科学院物理研究所、北京应用物理与计算数学研究所、北京大学、清华大学、中国人民大学、北京师范大学、南开大学、复旦大学、上海交通大学、华东师范大学、浙江大学、中国科学技术大学、南京大学、华中科技大学、湖南师范大学、中山大学、华南理工大学、华南师范大学、西北大学、河南师范大学等单位开展了 BEC 相关的研究工作. 在实验方面,目前有 5 个重点实验室和 2 个国家实验室已经获得冷原子物理的标志性成果:Bose-Einstein 凝聚. 它们分别是:中国科学院量子光学重点实验室(中国科学院上海光学精密机械研究所)、波谱与原子物理分子国家重点实验室(中国科学院精密测量科学与技术创新研究院)、量子光学与光量子器件国家重点实验室(山西大学)、量子信息与测量教育部重点实验室(北京大学和清华大学)、精密光谱科学与技术国家重点实验室(华东师范大学),以及量子信息科学国家实验室(中国科学技术大学)、北京凝聚态物理国家实验室(中国科学院物理研究所). 另外,还有一批机构或实验室正在进行冷原子物理的实验,如浙江大学、华中科技大学、华南师范大学、中国科学院国家授时中心、中国计量科学研究院等. 中国科学院上海光学精密机械研究所于 2003 年在国内率先实现了 Rb 原子的 Bose-Einstein 凝聚. 北京大学在 2004 年实现了 Rb 原子的 Bose-Einstein 凝聚,2005 年分别实现了凝聚体耦合输出的可控脉冲和连续的原子激光,2006 年利用可控 Majorana 跃迁来实现多组分旋子 BEC,2008 年利用双频激光实现了 BEC 超辐射的前向与后向可控量子散射,2009 年实现了一维光晶格从超流态到压缩态的转变. 中国科学院精密测量科学与技术创新研究院在 2006 年成功地实现了 Rb 原子的 BEC,于 2008 年实现了一维光晶格. 山西大学在 2007 年成功实现了钾(K)原子的 Fermi 子(fermion)气体简并. 2010 年 1 月 21 日,中国科学院物理研究所也成功地实现了 BEC.

本章将从四个方面介绍原子气体的 BEC:第一,原子气体的 Bose-Einstein 凝聚;第二,超冷原子中的多体物理学;第三,光晶格中的 Bose-Einstein 凝聚;第四,冷原子 Fermi 气体.

## § 1.2　原子气体的 Bose-Einstein 凝聚

Bose-Einstein 凝聚是于 1995 年在一系列意义非凡的、对 Rb 和 Na 蒸气进行的实验中发现的[1][2]. 在这些实验中,原子被囚禁在磁势阱和冷却到极低温的、μK量级的温度环境中. 原子冷凝的第一个证据来自飞行时间的测量. 这些原子通过切断受限的势阱被留下来膨胀,再用光学方法成像. 然后,在某个临界温度下可以观察到一个速度分布的峰值,它呈现出一个清晰的 BEC 信号. 在图 1.2.1 中,我们展示了首次发现的 Rb 原子云的众多图像中的一张. 同年,在锂(Li)蒸气中首次出现 BEC 信号的消息也被报道出来[3].

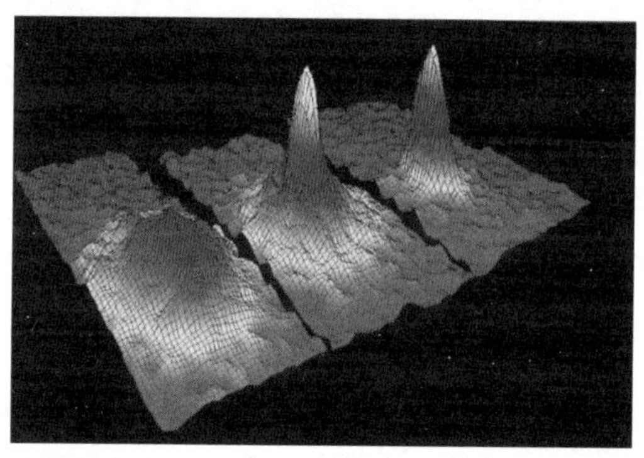

图 1.2.1 Rb 原子的速度分布图像. 在这个实验中,Petrich 等人采取了膨胀法[1]. 左边对应于正好在上述凝聚温度下的气体. 中间部分恰恰出现在凝聚后. 右边部分对应于经过进一步蒸发后留下的几乎纯净的凝聚样品. 视场是 200 μm×270 μm,并且对应于这个距离原子已经移动了大约 1/20 s. 图中的颜色对应于原子各速度的数量,红色是最少的,白色是最多的. 图片摘自[4]

虽然 1995 年对碱金属的实验可以看作 BEC 历史上的一个里程碑,但是对这种被量子统计力学预言的独特现象的实验和理论方面的研究要更早,并且涉及物理学的不同领域(来自一个 BEC 跨领域的综述[5]). 尤其是,从一开始,London 就认为 He 中的超流是 BEC 一个可能的表现[6]. 后来,从中子散射实验测定原子的动量分布的分析中得到了 BEC 在 He 中的证据[7]. 除此以外,BEC 一直还在半导体的双激子气体中被研究,但是 BEC 的明确迹象已经被证明是难以在本系统中找到的[8]. Bose 凝聚原子气体与氢(H)的研究在 1980 年就已经开始. 在一系列的实验中,H 原子首先在稀释制冷机中被冷却,然后被磁场捕获并通过蒸发进一步冷却. 这种方法已非常接近实现 BEC 的观测,但单个原子重新结合形成分子限制了进一步发展[9]. 在自旋极化的 H 原子中已经首次观测到 BEC[10]. 在 20 世纪 80 年代基于激光技术,如激光冷却和磁光诱捕的方法被开发以冷却和捕获中性原子[11]. 碱金属原子很适合基于激光的方法,因为它们可通过可用的激光器激发光跃迁,并且它们具有可以冷却到非常低温度的、有利的内部能级结构. 一旦被捕获,它们的温度可以通过蒸发冷却进一步降低[12]. 通过结合激光和蒸发冷却碱金属原子,实验者最终获得了观察 BEC 所需的温度和密度. 值得注意的是,在这些条件下,该系统的平衡态将是固相. 因此,为了观察 BEC,人们必须保持系统处在亚稳气相达足够长的时间. 三体碰撞在稀薄冷气体中是罕见的,因此需要使实验系统的寿命足够长,才能观察到 BEC. 到目前为止,BEC 已经在 $^{87}$Rb[13],$^{23}$Na[14] 和 $^{7}$Li[15] 中实现. 对 Rb 和 Na 蒸气的 BEC 实验数量目前正在快速增长. 与此同时,对 Cs 蒸气、K 蒸气和亚稳态 He 蒸气的实验研究,也在紧锣密鼓地进行.

与这些受限的 Bose 气体最相关的特征之一是,它们是不均匀且尺寸有限的系统,原子数量通常从几千到几百万. 在大多数情况下,约束陷阱可以用谐波势来近似描述. 俘获频率 $\omega_{ho}$ 还为该系统提供了大约在几微米量级的可用样品特征长度尺度,$a_{ho}=[\hbar/(m\omega_{ho})]^{1/2}$. 密度差异出现在这个数值范围. 这是其与其他系统的一个主要不同之处. 例如超流体 He,不均匀性效应发生在原子间距离这样特定的微观尺度上. 在 $^{87}$Rb 和 $^{23}$Na 的情况下,系统尺寸大到两体相互作用是排斥的,并且空腔气体大小可变到几乎可以直接用光学方法测量的宏观物体尺度. 例如,我们在图 1.2.2 中展示了在麻省理工学院做的一系列 Na 原子振荡冷凝的原位图像,其中平均轴向范围大约是 0.3 mm.

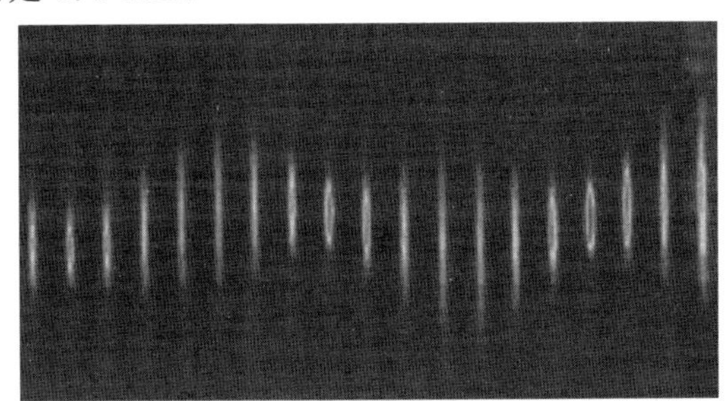

图 1.2.2　Na 原子振荡冷凝原位图像. 图中显示的是截取"纯"冷凝原位重复相位对比图像. 所述激发是由调节磁场限制了冷凝,然后让冷凝自由发展而产生. 质心和形状的振荡都是可见的,并且其振荡频率的比率可准确地测量. 垂直方向上的视场大约是 620 $\mu$m,相当于 200～300 $\mu$m 量级的冷凝宽度,时间步长为 5 ms 每帧. 图片摘自[16]

这些气体的高度不均匀性有几个重要的影响. 第一,BEC 不仅在动量空间中,如在超流体 He 中发生,而且在坐标空间中显示出来. 这同时从理论和实验的角度为相关量提供调查的新方法,如凝聚的温度、能量和密度分布、干涉现象、集体激发频率的依赖性等. 研究凝聚效应这种双重的可能性是非常有趣的.

这些系统的不均匀性的第二个重要影响是关于两体相互作用扮演什么角色的. 这方面将在本章中被广泛讨论. 主要的一点是,尽管这些气体具有密度低的性质(通常原子之间的平均距离为原子间力范围的 10 倍以上),但是 BEC 和谐波势阱的组合大大增强了原子相互作用对重要的可测物理量的影响. 例如,在非常低的温度下,相互作用气体的中心密度很容易比在相同阱中的理想气体的预测密度小一两个数量级,如图 1.2.3 所示. 尽管这些使得该多体问题的解决变得不容易,但是气体的稀释性质允许它以一个相当基本的方式来描述原子间相互作用的影响.在实践中一个单一的物理参数,如 s 波散射长度,足以获得准确的描述.

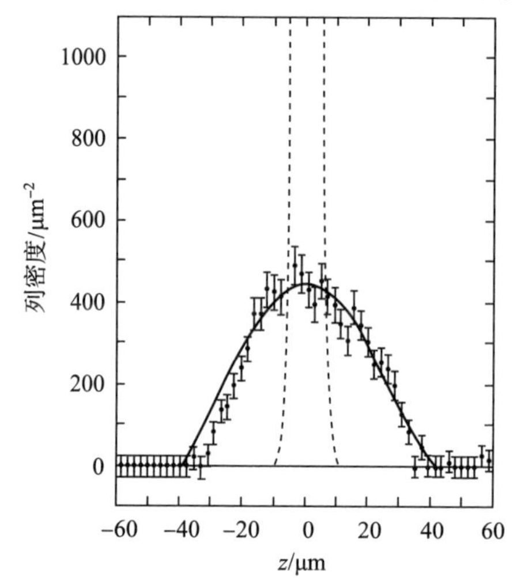


图 1.2.3 在 Hau 等人所研究的势阱中 80000 个 Na 原子密度分布[14].实验点对应于所测量的光密度,它正比于沿着光束路径的原子云列密度.数据与平均场理论预测的原子相互作用(实线)的讨论基本吻合.相反地,在同样的势阱中一个非相互作用气体将具有更加尖锐的 Gauss 分布(虚线).相同的标准化用于密度分布.Gauss 分布的中心峰值在大约 5500 个/$\mu m^{-2}$ 处被发现.图中指出了原子与原子相互作用对减少中央密度和扩大原子云大小的作用.图片摘自[14]

碱金属蒸气 BEC 的最新实验成果已重新引起了人们对 Bose 气体进行理论研究的极大兴趣.大量的工作在过去几年已经完成,既解释了最初的观察结果,又预测了新现象.在谐波限制的情况下,多体理论相互作用 Bose 气体产生了一些意想不到的特点.这将在这个跨学科领域开辟新的理论观点,使来自物理学不同领域(原子物理、量子光学、统计力学和凝聚态物理)的有用的概念融合起来了.

研究这些系统行为的出发点,是弱相互作用 Bose 子(boson)理论,对于非均匀系统而言,表现为 Gross-Pitaevskii 理论的形式.这是一个与凝聚相关的序参量平均场方法.它提供封闭和相对简单的公式来描述与 BEC 相关的现象.特别是,它能再现由超流体系统显示出的典型属性,例如依赖序参量相位的集体激发和干涉效应.该理论非常适于描述大部分处在零点温度的稀薄气体中两体相互作用的影响,并且也可以自然地推广到探索热效应中.

平均场理论应用到这些系统的广泛讨论是目前综述文章的主要依据.只要条件允许,我们也可以根据长度、能量和密度的简单参数,指出描述各种现象的相关参数.

本章只讨论了少量的几个主题.其中重点包括碰撞和热化过程、相扩散现象、类比凝聚体的光散射和具有相干光子的系统. 从这个意义上说我们的工作与其他的综述文章是相辅相成的[17].

在受限碱金属 BEC 中,目前的理论和实验研究领域的重叠已经是普遍的. 各种有关基态、动态和热力学的理论预测,被发现与观测相当吻合. 另一些成果催生了新的实验.

## §1.3　超冷原子中的多体物理学

Bose-Einstein 凝聚(BEC)和 Fermi 简并在超冷、稀薄气体中的实现开启了原子和分子物理学的新篇章,在这个领域中粒子统计和它们之间的相互作用,而不是单个原子或光子的研究,占据了中心地位. 数年间,这一领域的主要焦点一直是对大量相干物质波存在的相关现象的探索,主要例子包括对两个重叠的凝聚体的干扰、长程相位相干性、量子化涡流和涡旋格子的观测,以及分子物质与多对 Fermi 子结合[16]~[19]. 所有这些现象中相一致的是在一个相互作用的多体系统中相干的宏观物质波的存在,以及超导和超流在经典领域相似概念的存在. 复杂的宏观波函数 $\psi(x)=|\psi(x)|\exp(\mathrm{i}\phi(x))$提供了对相干多体状态完全独立的一个详细的微观认识和有效描述. 这是 Ginzburg 和 Landau 于 1950 年提出的基本见解. 它的平方量级给出了超流体密度,而相位 $\phi(x)$通过 $V_S=\frac{\hbar}{M}\nabla\phi(x)$决定超流体的速度. 正如 Cummings,Johnston 以及 Langer 强调的,这种描述与对激光相干态的描述类似. 它同时适用于 Bose 子原子的标准凝聚体和弱结合 Fermi 子对,它们是超流在 Fermi 系统的 BCS 图像的行为模块[20][21]. 与宏观波函数提供超流自由度唯一一个现象的描述,即常规的超流体(如 $^4$He 或超导体)相比,稀薄气体的情况相当简单. 实际上,作为弱相互作用的结果,稀释的 BEC 是低于转变温度的纯凝聚体. 宏观波函数从而直接与微观自由度相联系,依据一个可逆的非线性 Schrödinger 方程——著名的 Gross-Pitaevskii 方程[22],提供静态和与时间相关的现象的完整和定量的描述. 因此,在稀薄气体中,一个 BEC 的多体方面被简化为一个有效的单粒子描述,其中相互作用产生一个附加的、正比于局域粒子密度的势. 在零能级面处添加小幅波动得到弱相互作用 Bose 气体的著名的 Bogoliubov 理论. 就像与弱相互作用 Fermi 子密切相关的 BCS 超流体,多体问题在一组互不影响的准粒子情形是完全可解的. 稀薄超冷气体提供了这些具体实现多体物理学的基本模式,对它们的许多特征、特性进行了定量验证. 这一非常有价值的研究领域的优秀文章,已由 Dalfovo,Leggett,Pethick,Smith 和 Pitaevskii 等人给出.

在过去的几年中,两个主要的新发展已大大扩展了超冷气体物理学的范围. 它们与通过 Feshbach 共振调整冷气体中相互作用强度[23],以及通过光晶格改变光学势维数,尤其是产生冷原子的强周期势的可能性相关.这两个进展,无论是独立还是结合起来,都允许进入一个即使在极度稀薄气体中,相互作用也不再能够通过基于非相互作用的准粒子图像来描述的态.这种现象的出现是强关联物理系统的特征.在很长一段时间内,这方面的研究仅限于凝聚态或核物理中稠密和强相互作用的量子液体.相比之下,几乎从来没有人想过气体会表现出强关联.

使用Feshbach共振和光学势探索超冷气体中的强关联受到早期理论思想的关键影响.特别是,Stoof等人建议在两种不同的超精细状态之间显示可调谐的、吸引相互作用的、$^6$Li简并气体的Feshbach共振,这可被用来在超冷气体中实现Fermi子BCS配对[24].在原子物理学的背景下,Jaksch等人在相当不寻常的方向上提出了一个卓越的想法:通过加载BEC到光晶格,并增加其深度,实现从超流体到Mott绝缘体态的量子相变[25].提出实现Tonks-Girardeau气体局限在一维的BEC的Olshanii和Petrov,Shlyapnikov和Walrave,以及提出在快速旋转的气体中探索量子Hall效应的Wilkin和Gun开启了强关联系统的新方向.

实验上,Cornish等人通过给Bose原子使用Feshbach共振首先获得了稀薄气体中的强耦合态[26].不幸的是,在这种情况下,由于三体损耗,增加散射长度$a$导致凝聚体寿命剧烈减少,其平均变化速率为$a^4$.Greiner等人获得了不涉及凝聚体寿命问题的强关联态的完全不同的方法.装载BEC到光晶格,甚至在平均粒子间隔比散射长度大得多的标准体系中,他们也观察到从一个超流体到一个Mott绝缘体相的量子相变.随后,强约束用光晶格使在低维系统中出现新的相成为可能.Kinoshita等人和Paredes等人(Tonks-Girardeau)对一维中没有限制的(核心部分)Bose气体的观察构成了Bose子Luttinger液体的第一个例子[27].在二维方面,Hadzibabic等人观察到在正相和准长程有序之间有Kosterlitz-Thouless交叉[28].强相互作用的Bose子在最低Landau能级的条件下实现快速旋转的BEC[29],其中涡旋晶格被预测由于量子涨落的影响会软化.使用原子(比如有较大的永磁磁矩的$^{52}$Cr)的具有较强的偶极相互作用的BEC已经由Griesmaier等人实现了.结合Feshbach共振,这将为研究调谐相互作用的性质和范围提供机会,例如这或许可以用于达到在分数量子Hall效应不易理解的情况下的多体状态.

在Fermi气体中,Pauli原理抑制三体损失,其速度实际上随散射长度的增加而减少.因此,Feshbach共振允许进入Fermi超冷气体中的强耦合态$k_F|a|\gg1$.特别是,在高激发振动态中存在弱结合Fermi子对的稳定分子态.在Feshbach共振附近Fermi子显著的稳定性可让人们探索从分子BEC到弱束缚Cooper对的BCS超流体的跨越[30].具体地,多体效应导致配对的存在已被无线电射频光谱或闭合轨道部分的测量探测到,而超流已经通过观察量子化旋涡(量子自旋)得到验证.此外,这些研究一直延伸到自旋向上和自旋向下部分不等密度的Fermi气体[31],其

中各自 Fermi 能量的不匹配抑制了配对.

在光晶格中,一个普遍的凝聚态物理中强关联问题的范例是,互相排斥的 Fermi 子允许实现理想和可调参数的 Hubbard 模型. 实验上,退化 Fermi 子在周期势中的一些基本属性,例如 Fermi 面的存在和一个单元填充的带绝缘体的出现,已由 Köhl 等人[32]观察到. 而冷却 Fermi 子的温度到远低于深光晶格中的带宽是困难的,这些实验给出了最终磁有序或非常规超导相的 Fermi-Hubbard 模型将接近冷气体的迹象. 在这些系统中完美的控制和相互作用的可调性提供了研究多体物理学基本问题的一种新方法,特别是进入那些从未在凝聚态或核物理中实现的机制.

本章的目的是给这个快速发展的领域一个涵盖理论概念和实验实现的综述. 本章介绍了冷气体的强关联方面,即不是由如 Gross-Pitaevskii 或 Bogoliubov 理论的弱耦合描述捕获的现象. 本章的焦点是那些已经在实验上实现的例子. 即使如此,由于该领域在近几年的飞速发展,想要给出针对该领域的完全调查仍是不可能的. 特别是,像在光晶格中的自旋气体、Bose 子和 Fermi 子的混合物、量子自旋系统或偶极气体这些重要的方面将不会被讨论(参见,例如 Lewenstein 等人的相关文献[33]). 此外,我们完全忽略量子信息和冷原子在光晶格中的应用,对于这些的介绍,请参见 Jaksch 和 Zoller 的相关文献[34].

### 1.3.1 超冷原子散射

为理解中性原子之间的相互作用,先在两体水平建立模型,其中在大的距离上 van der Waals 吸引力由在原子尺寸上的距离 $r_c$ 截断. 由此产生的球对称势

$$V(r)=\begin{cases}-C_6/r^6, & \text{如果 } r>r_c, \\ \infty, & \text{如果 } r\leqslant r_c\end{cases} \tag{1.3.1}$$

虽然明显不是原子的短距离相互作用的现实描述,但抓住了低能散射的主要特征. 相互作用势的渐近行为被 van der Waals 系数 $C_6$ 固定,它定义了一个特征长度

$$a_c=(2M_rC_6/\hbar^2)^{1/4}, \tag{1.3.2}$$

其中两个原子与约化质量 $M_r$ 的相对运动的动能等于它们的相互作用能. 对于碱金属原子,该长度典型地处于几个纳米的数量级. 它比原子尺度的 $r_c$ 要大得多,这是因为碱金属原子是强烈极化的,会导致一个大的 $C_6$ 系数.

因而 van der Waals 势的吸引力支持许多束缚态(在 $^{87}$Rb 中阶为 100). 它们的序数 $N_b$ 可以从 WKB 相确定:

$$\Phi=\int_{r_c}^{\infty}\mathrm{d}r\sqrt{2M_r\mid V(r)\mid}/\hbar=a_c^2/2r_c^2\gg 1. \tag{1.3.3}$$

在零能级,则由 $N_b=[\Phi/\pi+1/8]$确定,[ ]表示取整数部分[对于从(1.3.5)式产

生的结果,要注意每当散射长度发散时,一个新束缚态就从连续体中被抽离出来(Levinson 定理)]. 在这个模型中束缚态的序数取整数,因此,关键取决于短程范围 $r_c$ 的精确值. 与此相反,低能级散射性质由只对势的渐近行为敏感的 van der Waals 长度 $a_c$ 决定. 考虑在相对运动中,在角动量 $l=0,1,2,\cdots$ 的态中的散射(对于相同的 Bose 子或 Fermi 子,只有 $l$ 分别为偶数或奇数时才是可能的). 有效势为 $l\neq 0$ 的态包含一个离心势垒高度为 $E_c\approx\hbar^2 l^3/(M_r a_c{}^2)$ 的量级. 这个能量可转换成等价的温度,对于典型的原子质量可以在 1 mK 附近得到. 在温度低于 1 mK 时,两个原子的相对运动中能量 $\hbar^2 k^2/\ 2M_r$ 通常低于离心势垒. 因此在 $l\neq 0$ 的态,散射被冻结了,除非存在所谓的势形共振,即在可能能量的共振中引入离心势垒后 $l\neq 0$ 的束缚态. 因此,对于在亚 mK 体系中的气体,通常是最低的角动量碰撞主导的(s 波对应 Bose 子,p 波对应 Fermi 子),这实际上确定了超冷原子的机制. 在 s 波的情况下,散射振幅由相应的相位偏移 $\delta_0(k)$ 来确定:

$$f(k)=\frac{1}{k\cot\delta_0(k)-\mathrm{i}k}\rightarrow\frac{1}{-1/a+r_e k^2/2-\mathrm{i}k}. \tag{1.3.4}$$

在低能级,这个关系的特征是散射长度 $a$ 和有效范围 $r_e$ 作为仅有的两个参量. 对于截断的 van der Waals 势[(1.3.1)式],通过分析计算,散射长度为

$$a=\bar{a}[1-\tan(\Phi-3\pi/8)]. \tag{1.3.5}$$

这里 $\Phi$ 是 WKB 相[(1.3.3)式],$\bar{a}=0.478a_c$ 是所谓的平均散射长度. 方程(1.3.5)表明,散射长度的特征值是 van der Waals 长度. 然而,其详细的值,通过对硬核规模 $r_c$ 敏感的 WKB 相 $\Phi$ 取决于短程物理现象. 由于通常不能准确地知道势的详细行为,在许多情况下,散射长度的符号和束缚态的数目都不能由从头算确定. 而玩具模型的结果,在不将 $a_c$ 作为散射长度的特征尺度时是有用的. 事实上,如果忽略有关短程物理,替换为(最大似然率)$\Phi$ 在相关间隔$[0,\pi]$均匀分布的假设,查找正散射长度,即 $\tan\Phi<1$ 的概率是 3/4. 因此,在与一个正散射长度相联系的低能级,排斥的相互作用更可能是吸引力的 3 倍,其中 $a<0$. 关于在公式(1.3.4)中的有效范围 $r_e$,事实证明,$r_e$ 也是 van der Waals 或平均散射长度 $\bar{a}$ 而不是短距离尺度的 $r_c$ 的量级,因为可能已经被简单地预测(只要散射能量比所述势阱的深度小得多,在大的距离上的深电势与幂律衰变就是一个普遍的结果). 由于在超冷碰撞的体系中 $ka_c\ll 1$,在散射振幅的分母中 $k^2$ 的贡献可以忽略不计. 从而在低能级限制中,两体碰撞问题完全由作为单个参数的散射长度 $a$,以及相应的散射振幅 $f(k)$ 指定:

$$f(k)=-a/(l+\mathrm{i}ka). \tag{1.3.6}$$

正如在 Fermi 慢中子散射的情况下,以及由 Lee,Huang 和 Yang 在弱相互作用量子气体的低温热力学情况下注意到的,对于赝势(由于 $\delta$ 函数,涉及的偏导数设为 $r=|x|$ 的末项在电势表现为一个在 $r=0$ 处的周期函数时可以忽略),(1.3.6)式给出

了 $k$ 为任意值时的确切的散射振幅，

$$V(x)(\cdots)=\frac{4\pi\hbar^2 a}{2M_r}\delta(x)\frac{\partial}{\partial r}(r\cdots). \tag{1.3.7}$$

在温度满足 $k_B T<E_c$ 时，超冷气体中的两体相互作用可通过一个赝势描述，散射长度通常取为实验上确定的参数. 这种近似在广泛的情况下有效，为提供非长程贡献发挥作用(例如，在极性气体情况下). 相互作用对正极是排斥的，对负极是吸引的. 现在，如上所示，不论 $a$ 的符号如何，真正的相互作用势有很多束缚态. 然而，对于原子的低能级散射，只要没有通过三体碰撞形成分子，这些束缚态就是不相关的. 在极限 $k\to 0$ 的情况下，散射振幅仅仅对零能级附近的束缚(或 $a<0$ 的虚的)态敏感. 尤其是，在赝势近似下，振幅[(1.3.6)式]有一个单一的磁极 $k=\mathrm{i}\kappa$. 如果散射长度为正，$\kappa=1/a>0$. 相当普遍地，在复合的 $k$ 面中的散射振幅的极点与结合能 $\varepsilon_b=\hbar^2\kappa^2/2M_r$ 的束缚态联系. 在赝势近似中，只有单极被捕获，相关的束缚态的能量略低于连续临界值. 由此，排斥赝势描述了一个情况，即全电势在大约小于上面介绍的特征能量 $E_c$ 上，有一个接近结合能 $\epsilon_b=\hbar^2/(2M_r a^2)$ 的束缚态. 相关的正散射长度则等同于最高束缚态的波函数 $\exp(-r/a)$ 的衰减长度. 反过来，在 $a<0$ 有吸引力的情况下，连续阈值以下有一系列的 $E_c$ 内没有束缚态. 但有一个虚拟状态略高于该阈值.

### 1.3.2　弱相互作用

对于定性讨论什么定义了稀薄超冷气体中弱相互作用机制的问题，开始(假设)的理想化条件下没有相互作用是非常有用的. 根据无法区分 Bose 子或 Fermi 子统计的两个基本的可能性，$N$ 个非相互作用粒子的气体的基态是一个完美的 BEC 或 Fermi 海. 在一个理想 BEC 的情况下，所有的粒子占据最低可用的单粒子水平，这与具有完全对称的多体波函数一致. 反过来，对于 Fermi 子，如同 Pauli 不相容原理要求的，所述粒子填充 $N$ 个最低单粒子水平至 Fermi 能级 $\epsilon_F(N)$. 在有限的温度下，$T=0$ 时，在 Fermi-Dirac 分布中的不连续性被抹掉了，从 $k_B T\ll\epsilon_F$ 的简并气体到高温下 $k_B T\gtrsim\epsilon_F$ 的经典气体产生一个连续的演化. 相比之下，在有限的温度下，Bose 子在三维(3D)空间中显示出一个相变，其中该基态的宏观占据丢失了. 在均匀气体中，当热 de Broglie 波长 $\lambda_T=h/\sqrt{2\pi M k_B T}$ 达到平均粒子距离 $n^{-1/3}$ 时发生这种转变. 令人惊讶的事实是，在理想 Bose 气体中出现相变是由单独的粒子统计所施加的关联的结果，如在 Einstein 的基本原理的文章中已经提到的[35]. 对于空腔气体，由几何平均陷波频率 $\bar{\omega}$ 过渡到 BEC，在原则上是平滑的(在阱中 Bose 气体仅在极限 $N\to\infty$，$\bar{\omega}\to 0$ 伴随 $N\bar{\omega}^3$ 为常数，即当临界温度接近热力学极限的有限值时表现出急剧转变). 然而，对于 $N$ 在 $10^4\sim10^7$ 的典型粒子的数量，有一个比较明

确的温度 $k_B T_C^0 = \hbar\bar{\omega}[N/\zeta(3)]^{1/3}$，高于它时，占据振荡基态不再是 $N$ 的量级. 该温度由使热 de Broglie 波长达到在阱的中心的平均粒子间距的条件来确定.

如上所述，超冷原子之间的相互作用由一个赝势[(1.3.7)式]描述，其强度 $g = 4\pi\hbar^2 a/2M_r$ 由精确的 s 波散射长度 $a$ 确定. 现在，由于 Pauli 不相容原理，对于相同的 Fermi 子，没有 s 波散射. 在 $ka_c \ll 1$ 体系中，所有的更高动量 $l \neq 0$ 被冻结了，单组分 Fermi 气体因而接近理想的、互不影响的量子气体. 然而，为了达到必要的温度，需要通过弹性碰撞热化. 对于相同的 Fermi 子，在低温下 p 波碰撞占主导，其横截面 $\sigma_p \sim E^2$ 导致散射率($\sim T^2$)的消失. 因此，在退化机制中，蒸发冷却对单组分 Fermi 气体不起作用. 这个问题可通过在先存在然后被除去的一个不同的自旋态中冷却，或通过另一类原子协同冷却被规避. 以这种方式，一个理想的 Fermi 气体是统计物理的一个范例，已由 DeMarco，Jin，Schreck 和 Truscott 等人首先实现了(见图 1.3.1).

在 Fermi 混合物处于不同的内部状态的情况下(或对于 Bose 子)，通常有有限散射长度 $a \neq 0$，这是典型的 van der Waals 长度方程[(1.3.2)式]的量级. 通过简单的三维参数约化，相互作用预计在散射长度比平均粒子间距小得多时是弱的. 因为超冷碱金属气体具有每立方厘米 $10^{12} \sim 10^{15}$ 个粒子的密度，典型的平均粒子间距 $n^{-1/3}$ 为 0.1～1 $\mu$m.

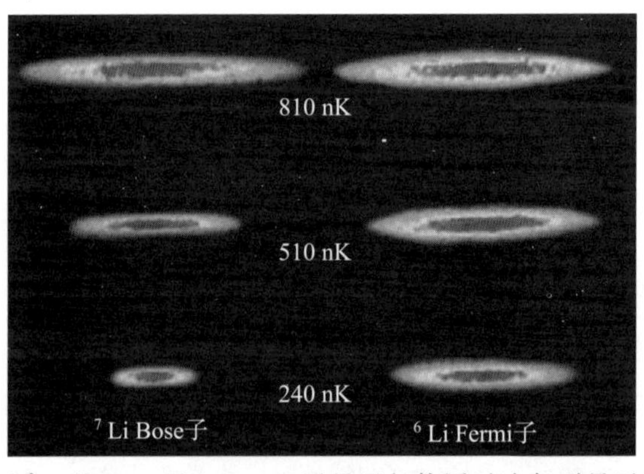


图 1.3.1 $^7$Li 和 $^6$Li 的 Bose 子和 Fermi 子量子气体同时冷却到量子简并. 在 Fermi 气体的情况下，Fermi 压防止原子云从空间量子简并进一步收缩逼近. 图片摘自[36]

如图 1.3.1 所示，散射长度，反过来，通常只在几 nm 范围内. 因此，相互作用效应预计将非常小，除非散射长度恰好是大的，接近(1.3.5)式的零级能量共振(的长度). 在吸引力的情况下 $a<0$，然而，即使是很小的相互作用也可导致不稳定. 特别地，有吸引力的 Bose 子不稳定，会逐渐坍缩. 然而，在一个阱中，亚稳气态产生足够小的原子数. 对于处于不同内部状态的 Fermi 子的混合物，任意的弱吸引力导致 BCS 不稳定，其中，基态本质上是 BEC 的 Cooper 对. 反过来，在排斥相互作用的情

况下，微扰理论在极限 $n^{1/3}a \ll 1$ 下起作用. 对于具有两个不同的内部状态的 Fermi 子，一个合适的描述是通过 Fermi 液体的 Landau 理论下的稀薄气体提供的. 相关的基态化学势由

$$\mu_{\text{Fermi}} = \frac{\hbar^2 k_F^2}{2M}\left[1 + \frac{4}{3\pi}k_F a + \frac{4(11-2\ln 2)}{15\pi^2}(k_F a)^2 + \cdots\right] \tag{1.3.8}$$

给出，其中 Fermi 波矢 $k_F = (3\pi^2 n)^{1/3}$ 是由与非相互作用情况完全相同的方式的总密度 $n$ 决定的. 反过来，弱相互作用 Bose 气体由 Bogoliubov 理论描述，其具有相关小参数 $(na^3)^{1/2}$. 例如，在零温度下的均匀气体的化学势由

$$\mu_{\text{Bose}} = \frac{4\pi\hbar^2 a}{M}n\left[1 + \frac{32}{3}\left(\frac{na^3}{\pi}\right)^{1/2} + \cdots\right] \tag{1.3.9}$$

给出. 此外，相比理想 Bose 气体的完美凝聚体，相互作用导致零动量下粒子密度 $n_0$ 耗尽：

$$n_0 = n\left[1 - \frac{8}{3}(na^3/\pi)^{1/2} + \cdots\right]. \tag{1.3.10}$$

化学势在零温度下的有限值通过 $\hbar^2/2M\xi^2 = \mu_{\text{Bose}}$ 定义了特征长度 $\xi$，这就是所谓的恢复长度，其规模超过宏观波函数 $\psi(x)$，在 BEC 被抑制的边界附近变化. 在 $(na^3)^{1/2}$ 的中到最低阶，这个长度由 $\xi = (8\pi na)^{-1/2}$ 给出. 在极限 $na^3 \ll 1$ 下，恢复长度比平均粒子间距 $n^{-1/3}$ 大得多. 事实上，对气体参数 $na^3$ 的依赖是如此之弱，以至于比例 $\xi n^{1/3} \approx (na^3)^{-1/6}$ 从来没有非常大. 在微观水平，由不确定性原理，$\xi$ 是与每个粒子的基态能量相关的长度. 因此，它可以等同于与在其上的 Bose 子有在空间局部的规模. 对于弱耦合 BEC，由于距离比平均粒子间距要大很多，原子弥散了.

在理想 Bose 气体中，由于 BEC，相互作用也使得临界温度远离其值 $T_c^{(0)}$. 在相互作用中达到最低阶时，移位在散射长度上是正的和线性的：

$$T_c/T_c^{(0)} = 1 + cn^{1/3}a + \cdots, \tag{1.3.11}$$

其中数值常数 $c \approx 1.32$. 由于临界密度的减少，BEC 冷凝温度随着相互作用意外地增加. 而等式(1.3.11)的定量推导需要相当复杂的技术[37]，但其结果可以用一个简单的讨论来重新得到. 在领头阶，相互作用在 $T_c$ 引起的变化仅仅依赖于散射长度. 与非相互作用情况相比，由于热运动，有限散射长度可能被认为是从 $\lambda_T$ 到 $\bar{\lambda}_T = \lambda_T + a$，这意味着等效地增加了在每个原子的位置的量子力学的不确定性. 在 $a$ 的最低阶，修改后的理想气体尺度 $n\bar{\lambda}_{T_c}{}^3 = \zeta(3/2)$ 连同远不是数值上准确的系数 $\bar{c} \approx 1.45$ 产生了(1.3.11)式中的临界温度的线性正移.

在限制在与特征频率 $\bar{\omega}$ 对应的谐波陷阱的气体的标准位置中，由于温度接近 $T=0$ 或接近临界温度 $T_c$，弱相互作用的影响在数值上是不同的. 在零温度，非相互作用 Bose 气体的密度分布 $n^{(0)}(x) = N|\varphi_0(x)|^2$，反映了谐波振荡基态波函数

$\varphi_0(x)$. 对于典型禁闭频率，它的特征宽度是振荡子长度 $\ell_0=\sqrt{\hbar/M\bar{\omega}}$，在 1 μm 的量级. 添加即使是很小的排斥作用也会相当强烈地改变分布. 的确，在实验上相关极限 $Na\gg\ell_0$，密度分布 $n(x)$ 在存在外部阱电位 $U(x)$ 时可以从局域密度近似(LDA)得到：

$$\mu[n(x)]+U(x)=\mu[n(0)]. \tag{1.3.12}$$

对于弱相互作用 Bose 子各向同性谐波阱，化学势在均匀情况下与密度的线性关系 $\mu_{\text{Bose}}=gn$ 在均质情况中，导致 Thomas-Fermi 近似 $n(x)=n(0)[1-(r/R_{\text{TF}})^2]$. 使用条件 $\int n(x)\mathrm{d}x=N$，则由于无量纲参数 $\zeta=(15Na/\ell_0)^{1/5}$，相关的半径 $R_{\text{TF}}=\zeta\ell_0$ 远超振荡长度，通常远大于 1[38]. 注意，对于 Fermi 子，LDA 的有效性，实际上只是一个半经典近似，不需要相互作用. 等式(1.3.8)的首项 $\mu_{\text{Fermi}}\approx n^{2/3}$ 引起了一个密度分布 $n(x)=n(0)[1-(r/R_{\text{TF}})^2]^{3/2}$，半径为 $R_{\text{TF}}=\zeta\ell_0$. 这里 $\zeta=k_{\text{F}}(N)\ell_0=(24N)^{1/6}\gg1$，在一个阱中的 Fermi 波矢 $k_{\text{F}}(N)$ 是 $\epsilon_{\text{F}}(N)=\hbar^2k_{\text{F}}^2(N)/2M$. 通过一个因子 $\zeta^{-3}$，与非相互作用情况相比，这个扩展导致了阱中心密度 $n(0)$ 的显著降低. 一个阱中在基态甚至弱相互作用下的强效果可以从以下事实理解：化学势 $\mu=\hbar\bar{\omega}\zeta^2/2$ 比振荡基态能量大得多. 从而相互作用能够在许多单粒子水平混合，超出谐波阱基态. 反过来，在临界温度附近，$\mu/k_{\text{B}}T_{\text{c}}\approx[n(0)a^3]^{1/6}$ 是小的. 相互作用修正冷凝温度，它支配有限尺寸修正，粒子数比 $N\approx10^4$ 大得多，接近微扰[38]. 与此相反的均匀情况下，密度是固定不变的，且 $T_{\text{c}}$ 向上移动，在一个阱中显性效应的发生是由于陷阱中心的密度降低. 相应的偏移可以表示为 $\Delta T_{\text{c}}/T_{\text{c}}=-\text{const}\times a/\lambda_{T_{\text{c}}}$[38]. 这种转变的精确测量已经由 Gerbier 等人完成[39]. 他们的结果与平均场理论定量一致，对临界波动在灵敏度的水平没有可被观察的贡献. 近期，临界波动的证据已从非常接近 $T_{\text{c}}$ 的相关长度 $\xi\approx(T-T_{\text{c}})^{-\nu}$ 的测量中被推断出来. 所观察到的值 $\nu=0.67\pm0.13$ 与 3D XY 模型预测的临界指数符合得很好.

相比非相互作用情况下密度分布的强偏差，该弱相互作用 Bose 子和两粒子的相关性通过结果

$$\boldsymbol{\Psi}_{\text{GP}}(x_1,x_2,\cdots,x_N)=\prod_{i=1}^{N}\varphi_1(x_i) \tag{1.3.13}$$

来取 $N$ 个 Bose 子的多体基态近似是很好的描述，其中所有原子都处在同一个单粒子态 $\varphi_1(x)$. 以公式(1.3.13)作为一个变化假设，发现最佳宏观波函数 $\varphi_1(x)$ 服从著名的 Gross-Pitaevskii 方程. 更一般地，事实证明，对于受限的 BEC，可以在数学上通过采取极限 $N\to\infty$ 和 $a\to0$ 这样的方式使该比率 $Na/\ell_0$ 成为固定的，以得到 Gross-Pitaevskii 理论[40]. 这些推导非同凡响的方面是，它们明确指出，在稀释极限，只通过散射长度进入相互作用状态. 因此，Gross-Pitaevskii 方程仍然有效，

例如,对于硬核的稀薄气体.由于在这种情况下,这种相互作用能量是运动的起源,因此,将场算符替换为经典c数 $\widehat{\Psi}(x) \to \sqrt{N}\varphi_1(x)$ 的 Gross-Pitaevskii 方程的标准平均场推导一般是不正确的.从多体的观点来看,假设公式(1.3.13)中基态被写成优化单粒子波函数的结果,是标准 Hartree 近似,那么它是解释相互作用最简单且可能的近似.然而,它包含不同的原子之间没有相互作用诱导的相关性.除此之外,第一步采用著名的 Bogoliubov 理论.这通常是围绕 Gross-Pitaevskii 方程在非冷凝粒子数量系统的扩展中通过考虑小幅波动引入的.它也从多体的角度匹配 Bogoliubov 理论.通过一个同样的、对称的两粒子波函数 $\varphi_2$ 的最优结果使得 Bose 子基态是近似的:

$$\Psi_{\text{Bog}}(x_1, x_2, \cdots, x_N) = \prod_{i<j} \varphi_2(x_i, x_j). \tag{1.3.14}$$

这允许它通过抑制两个距离很近的粒子结构超越 Gross-Pitaevskii 理论的 Hartree 势的相互作用效应.因此,多体态包含了两个重要的粒子相关性,例如,获得标准可靠的模式、“粒子”和“空穴”激发的相干叠加.这种已通过实验证实的结构,即使对于强相互作用、低能级激发因谐波声子被耗尽的 BEC,也预期能应用在定性的形式上.

然而,定量上,Bogoliubov 理论限于体系 $(na^3)^{1/2} \ll 1$,其中在零温度,相互作用只导致凝聚体小的损耗[(1.3.10)式].超越它,需要一个用来指定相互作用势 $V(r)$ 的具体形式,而不仅是相关的散射长度 $a$.例如,在硬核 Bose 子气体的基态,BEC 已经因 $na^3 \gtrsim 0.24$ 由一阶转变成固态.在一个变化的水平,选择形式 $\varphi_2(x_i, x_j) \sim \exp[-u(|x_i - x_j|)]$,用有效的两体势 $u(r)$ 的方程(1.3.14)中的两粒子波函数描述了所谓的 Jastrow 波函数.它们允许考虑很强的短程相关性.然而,它们仍然表现出 BEC,即使在相关联的一个粒子密度描述了一种周期性的晶体,而不是均匀的液体(如 Chester 的体系[41])的情况下,因此结晶顺序可以与 BEC 共存.在 $^4$He 可能为超固体相的背景下讨论这个问题,参看 Clark 和 Ceperley 的相关文献[42].

对于在 $k_F a \ll 1$ 的弱相互作用下的 Fermi 子,变化的基态,类似于(1.3.13)式,是单粒子状态 $\phi_{1,i}(x_j)$ 的 Slater 行列式:

$$\Psi_{\text{HF}}(x_1, x_2, \cdots, x_N) = \det[\phi_{1,i}(x_j)]. \tag{1.3.15}$$

在平移不变的情况下,它们是平面波 $\phi_{1,i}(x) = V^{-1/2}\exp(\mathrm{i}k_i \cdot x)$,其中动量 $k_i$ 填充至 Fermi 动量 $k_F$.虽然 Bose 和 Fermi 基态波函数都包括对称或反对称的单粒子态,但它们描述了完全不同的物理情形.在 Bose 基态波函数的情况下,单粒子密度矩阵 $g^{(1)}(\infty) = n_0/n$ 在无限远处接近一个有限常数,这是 BEC 基本的准则.多体波函数对由相比于粒子间的间距是大的距离 $r$ 分开的点处的相的变化是如此敏感.相比之下,对于 Fermi 子,Hartree-Fock 态[(1.3.15)式]没有显示出长程相的相

干性,并且在任何有限温度下单粒子密度矩阵确实呈指数 $g^{(1)}(r) \approx \exp(-\gamma r)$ 衰减.在 Pauli 不相容原理的推论(1.3.15)中,$N$ 个不同本征态的存在,引出一个可以表征为近似的多体波函数.然而,近似的概念依赖于“可观察”.正如 Kohn 最初定义的,这意味着在某点 $x$ 附近的局域外势未在比平均粒子间距大得多的距离点 $x$ 处被观察到.这需要密度响应函数 $\chi(x, x')$ 在短程范围内.此时,$\chi(x, x') \approx \sin(2k_F|x-x'|)/|x-x'|^3$.在恢复长度 $\xi$ 的规模上呈指数衰减的弱相互作用 Bose 子[在 $\chi(x, x') \approx \sin(2k_F|x-x'|)/|x-x'|^3$,Friedel 振荡以 2 倍的 Fermi 波矢 $2k_F$ 显示出代数衰变的零温度]比 Fermi 子更明显.Kohn 指出多体波函数在关联相关函数方面的特性的另一个基本点:在具大量粒子的情况下,该多体波函数本身是没有意义的量,因为它不能可靠地计算 $N \gtrsim 100$ 的情形.此外,物理上获得的可观测量只对所得的一或二粒子的相关性敏感.冷气体为后面的说明提供了一个具体的例子:在给定自由膨胀时间 $t$ 之后,测定吸收图像的标准飞行时间法在 Fourier 空间中提供了单粒子密度矩阵,而两粒子密度矩阵在吸收图像的干扰波相关性中显露.

### 1.3.3 Feshbach 共振

在稀薄的超冷气体中,实现强相互作用最直接的方式是通过 Feshbach 共振,允许散射长度被增加到超出平均粒子间距的值.实际上,这种方法最适合 Fermi 子,因为它们的寿命在 Feshbach 共振附近由于三体碰撞变得非常长(这与 Bose 子形成鲜明的对比,在 Feshbach 共振附近其寿命变为零).这个概念最早是在反应中形成复合核和在多电子原子中独立地描述组态相互作用的背景下引出的.一般地,无论什么时候,在一个封闭通道中的束缚态耦合共振具有开放轨道的连续散射,在两粒子碰撞中出现一个 Feshbach 共振.例如,对于原子的不同自旋结构,两个通道可能一致.此时,散射粒子被暂时捕获在准束缚态,并且在散射截面相关的长时间延迟上产生了一个 Breit-Wigner 型共振.在冷原子的散射中使得 Feshbach 共振特别有用的是通过改变磁场来简单地调谐散射长度的能力.这个可调性依赖于在闭合和开放轨道中磁矩的不同,其允许相对于所述开放轨道的阈值,通过闭合轨道束缚态的位置来改变外部均匀磁场来调整.值得注意的是通过 Theis 等人的研究[43],Feshbach 共振也可以由一个或两个光子跃迁的光学诱导来实现.这样,控制参数是对原子共振的光的失谐.虽然原则上更灵活,但相较于通过光照射产生自发辐射过程相关的典型原子跃迁,这种方法要面临加热问题.

在一个唯象的层次,Feshbach 共振通过有效赝势,以及散射长度的开放轨道来描述:

$$a(B) = a_{bg}[1 - \Delta B/(B - B_0)]. \tag{1.3.16}$$

这里 $a_{\mathrm{bg}}$ 是在没有耦合到闭合轨道的断开谐振背景下的散射长度，而 $\Delta B$ 和 $B_0$ 描述在磁场单元中表示的共振宽度和位置（参照图 1.3.2）. 在本小节中，我们概述磁力可调 Feshbach 共振的基本物理规律，提供公式（1.3.16）中参数与原子间电势的联系.

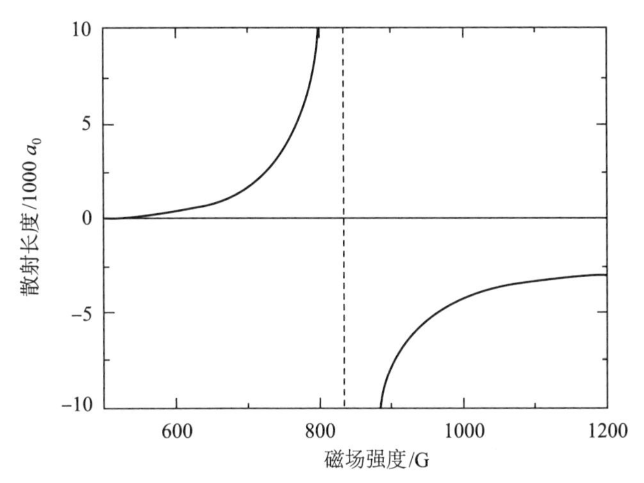


图 1.3.2　$^6$Li 的两个最低的磁子状态之间的散射长度与 Feshbach 共振在 $B_0=834$ G 和在 $B_0+\Delta B=534$ G 处过零的磁场依赖性. 在这种情况下背景散射长度 $a_{\mathrm{bg}}=-1405a_{\mathrm{B}}$ 异常大（$a_{\mathrm{B}}$ 是 Bohr 半径）. 图片摘自[44]

当然，我们的讨论只涉及理解大的、可调散射长度的起源的基本背景. Feshbach 共振更详细的介绍可以在相关的综述中找到[45].

对于开放和闭合轨道. 我们先从具体例子，Fermi 子、有电子自旋 $S=1/2$ 和核自旋 $I=1$ 的 $^6$Li 原子开始. 在一个沿 $z$ 方向的磁场 $B$ 中，超精细耦合和 Zeeman 能级使每个原子具有 Hamilton 量

$$\hat{H}'=a_{\mathrm{hf}}\hat{S}\cdot\hat{I}+(2\mu_{\mathrm{B}}S_z-\mu_{\mathrm{n}}\hat{I}_z)B, \tag{1.3.17}$$

这里 $\mu_{\mathrm{B}}>0$ 是标准 Bohr 磁子，$\mu_{\mathrm{n}}(\ll\mu_{\mathrm{B}})$ 是核磁矩. 此超精细 Zeeman Hamilton 量实际适用于任何碱金属原子，具有单价电子零轨道角动量. 如果 $B\to 0$，Hamilton 量的本征态是由量子数 $f$ 和 $m_f$ 标记的，给出总自旋角动量和其沿着 $z$ 轴的投影. 在大的磁场（在 Li 中，$B\gg a_{\mathrm{hf}}/\mu_{\mathrm{B}}\approx 30$ G）的相对 Paschen-Back 体系中，本征态由量子数 $m_s$ 和 $m_I$ 标记，分别给出电子和核自旋的 $z$ 轴投影. 对于磁场中的任何值，所有沿 $z$ 轴的自旋投影 $m_f=m_s+m_I$ 仍然是一个好量子数.

在一个大的磁场中，考虑在 Hamilton 量（1.3.17）的两个最低本征态 $|a\rangle$ 和 $|b\rangle$ 上的两个 Li 原子之间的碰撞. 最低态 $|a\rangle(m_{fa}=1/2)\approx|m_s=-1/2,m_I=1\rangle$ 伴随 $|m_s=1/2,m_I=0\rangle$ 的小的掺杂物，然而 $|b\rangle(m_{fb}=-1/2)\approx|m_s=-1/2,m_I=0\rangle$ 伴随 $|m_s=1/2,m_I=-1\rangle$ 的小的掺杂物. 因此两个原子在这两个最低的态主要分布

到它们的三重态.要注意,事实是,具有非零 s 波散射长度的这些态与不同的原子核有关,而不是与在这种情况下的电子自旋有关.相当普遍地,在碰撞过程中的相互作用势可写为到单峰 $V_s(r)$ 和三重态 $V_t(r)$ 分子势投影的总和:

$$V(r)=\frac{1}{4}[3V_t(r)+V_s(r)]+\hat{S}_1\cdot\hat{S}_2[V_t(r)-V_s(r)], \tag{1.3.18}$$

其中对于每个原子的价电子,$\hat{S}_i\,(i=1,2)$ 是自旋算符.这些势在长程上有相同的 van der Waals 吸引力行为,但在短距离内,它们的行为明显不同:对单峰比对三重势有一个更深的吸引力.现在,在一个大而有限的磁场中,初始状态 $|a,b\rangle$ 不是一个纯粹的三重态.由于 $V(r)$ 的张量性质,在碰撞期间此自旋态将演化.准确地说,由于方程(1.3.18)中的第二项在基 $|a,b\rangle$ 中不是对角的,自旋态 $|a,b\rangle$ 可以耦合到其他的散射轨道 $|c,d\rangle$,提供的总自旋的 $z$ 投影是守恒的($m_{fc}+m_{fd}=m_{fa}+m_{fb}$).当原子相距很远时,通过超精细能量的数量级上的能量,Zeeman+$|c,d\rangle$ 的超精细能量超过了在 $|a,b\rangle$ 中制备的一对原子的初始动能.由于热能比超冷碰撞小得多,轨道 $|c,d\rangle$ 被关闭,原子总是从开的轨道状态 $|a,b\rangle$ 的碰撞中显现.然而,由于公式(1.3.18)中 $|a,b\rangle$ 到 $|c,d\rangle$ 的强耦合,在开放轨道的有效散射振幅可发生强烈的改变.

现在,我们提出了一个简单的双轨道模式,来捕捉 Feshbach 共振的主要特点(见图 1.3.3).考虑具有约化 $M_r$ 的两个原子之间的碰撞,以及由 Hamilton 量模拟的在共振附近的系统:

$$\hat{H}=\begin{pmatrix} -\frac{\hbar^2}{2M_r}\nabla^2+V_{op}(r) & W(r) \\ W(r) & -\frac{\hbar^2}{2M_r}\nabla^2+V_{cl}(r) \end{pmatrix}. \tag{1.3.19}$$

碰撞前,在开放轨道,原子是制备好的,其电位 $V_{op}(r)$ 产生了背景散射长度 $a_{bg}$.这里选择能量的零点使得 $V_{op}(\infty)=0$.在碰撞中,耦合到所述封闭轨道与势的 $V_{cl}(r)$[此处,$V_{cl}(\infty)>0$]的过程经由矩阵元 $W(r)$ 发生,其范围是在原子尺度 $r_c$ 量级的.为简单起见,我们考虑在这里只有一个单一的闭合轨道,其为适合的孤立谐振.我们还假设 $a_{bg}$ 的值是 van der Waals 长度的量级.如果 $a_{bg}$ 特别大,对于图 1.3.2 中所示的 $^6$Li 共振,一个附加的开放轨道共振已经包括在模型中,正如 Marcelis 等人所讨论的[46].

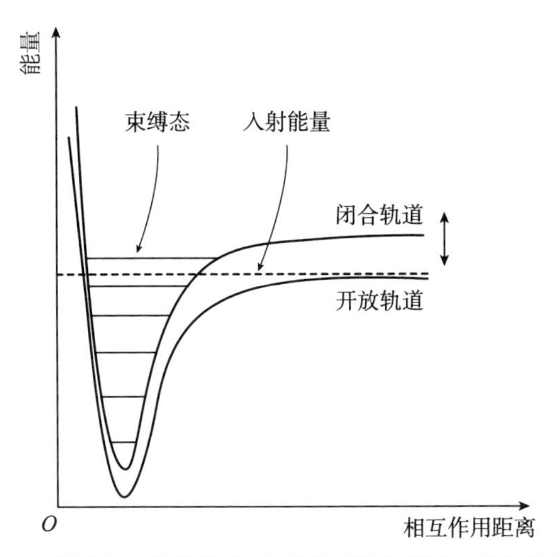


图1.3.3　Feshbach 共振的双轨道模型. 原子在开放轨道上, 对应相互作用势$V_{op}(r)$, 经过在低入射能处的碰撞. 在碰撞过程中, 该开放轨道被连接到闭合轨道$V_{cl}(r)$. 当闭合轨道的束缚态具有接近于零的能量时, 发生散射共振. 原子在闭合轨道的位置可以被调谐到开放轨道, 例如, 通过改变磁场 $B$. 图片摘自[44]

我们假设碰撞状态的磁矩对于开放和闭合轨道不同, 并且用 $\mu$ 表示它们的区别. 由 $\Delta B$ 改变磁场, 因此, 相当于以 $\mu\Delta B$ 改变该闭合轨道能量到开放轨道. 在下文中, 我们关注磁场区接近 $B_{res}$ 以至于闭合轨道电势 $V_{cl}(r)$的一个(标准化的)束缚态 $\varphi_{res}$ 具有接近于 0 的能量 $E_{res}(B)=\mu(B-B_{res})$的情况. 在此情况下, 可以共振耦合到碰撞态, 其中, 在开放轨道的两个原子有一个小的正动能. 在 Feshbach 共振附近, 现在的情况类似于众所周知的 Breit-Wigner 问题. 粒子经历几乎与输入能量 $E(k)=\hbar^2k^2/2M_r$ 共振的能量 $\nu$ 处的准或真束缚态(单通道)势中的散射过程. Breit 和 Wigner 认为, 这导致共振分布

$$\delta_{res}(k)=-\arctan(\Gamma(k)/2[E(k)-\nu]) \tag{1.3.20}$$

变到散射相移, 其中 $\nu=\mu(B-B_0)$在这方面通常被称作失谐($B_{res}$ 和 $B_0$ 之间的区别见下文). 相关联的共振宽度 $\Gamma(k)$在零能级附近消失, 在 $K=(2M_rE)^{1/2}$ 处由于自由粒子态密度阈值行为是线性的, 通过

$$\Gamma(k\to 0)/2=\hbar^2k/2M_rr^* \tag{1.3.21}$$

定义一个特征长度 $r^*>0$ 是方便的.

散射长度 $a=-\lim_{k\to 0}\tan(\delta_{bg}+\delta_{res})/k$ 则有简单形式:

$$a=a_{bg}-\hbar^2/2M_rr^*\nu. \tag{1.3.22}$$

这恰恰说明提供宽度参数 $\Delta B$ 的公式(1.3.16)与两个特征长度 $a_{bg}$ 和 $r^*$ 的组合 $\mu\Delta Ba_{bg}=\hbar^2/2M_rr^*$ 等价.

在微观水平，这些参数可以通过标准 Green 函数形式从双通道 Hamilton 量［(1.3.19)式］中得到. 在没有耦合 $W(r)$的情况下，开放轨道的散射性质的特征在于 $Gop(E)=(E-H_{op})^{-1}$. 我们通过$|\varphi_0\rangle$表示与对于大的 $r$ 表现为 $\varphi_0(r)\approx(1-a_{bg}/r)$的能量 0 相关的 $H_{op}$ 的本征态. 在共振附近，闭合轨道有助于通过态 $\varphi_{res}$ 和它的 Green 函数读取：

$$G_{cl}(E,B)\approx|\varphi_{res}\rangle\langle\varphi_{res}|/[E-E_{res}(B)]. \tag{1.3.23}$$

通过这种近似，可以投影特征方程的 Hamilton 量到背景和闭合轨道. 那么我们可以推导出耦合通道问题的散射长度 $a(B)$，并将之以公式(1.3.16)的形式写出来. 零能级共振 $B_0$ 的位置移动相对于“空的”的共振值 $B_{res}$：

$$\mu(B_0-B_{res})=-\langle\varphi_{res}|WG_{op}(0)W|\varphi_{res}\rangle. \tag{1.3.24}$$

这种共振改变的物理起源是，一个无限散射长度要求贡献到开放和闭合轨道的总散射振幅 $k\cot\delta(k)$精确地抵消. 在背景散射长度大大偏离其典型值，用 $\Delta B$ 测量非对角耦合是强的情况下，当裸闭合轨道束缚态远离连续阈值时，这种抵消已经出现. 对于这种改变的一个简单的分析已经由 Julienne 等人给出，

$$B_0=B_{res}+\Delta Bx(1-x)/[1+(1-x)^2], \tag{1.3.25}$$

其中，$x=a_{bg}/\bar{a}$. 在等式(1.3.21)中定义的特性长度 $r^*$ 是由非对角线耦合

$$\langle\varphi_{res}|W|\varphi_0\rangle=\frac{\hbar^2}{2M_r}\sqrt{4\pi/r^*} \tag{1.3.26}$$

确定的.

因此它的倒数 $1/r^*$ 是开放和闭合轨道耦合强烈程度的量度. 在实验上与宽共振最相关的情况下，该长度 $r^*$ 比背景散射长度小得多. 具体而言，这同样适用于在 $B_0$分别等于 834 G 和 202 G，且 Feshbach 共振的 Fermi 子 $^6$Li 和 $^{40}$K 的情况下，研究 BCS-BEC 交叉. 它们的特征是实验确定的参数，分别是 $a_{bg}=-1405a_B$，$\Delta B=-300$ G，$\mu=2\mu_B$ 和 $a_{bg}=174a_B$，$\Delta B=7.8$ G，$\mu=1.68\mu_B$，其中 $a_B$ 和 $\mu_B$ 分别是 Bohr 半径和 Bohr 磁子. 从这些参数可得，与两个谐振相关联的特征长度结果是 $r^*=0.5a_B$ 并且 $r^*=28a_B$，都服从宽谐振条件 $r^*\ll|a_{bg}|$.

在弱束缚态接近谐振时，散射特性的限制之下，Feshbach 共振的一个重要特征有关于形成弱结合二聚体的可能性在小的负失谐 $\nu=\mu(B-B_0)\to0^-$下的体系，其中散射长度接近$+\infty$. 我们简要介绍下面这些二聚体的某些关键性质，为简单起见，限制在谐振附近，$|B-B_0|\ll|\Delta B|$.

为了确定双通道 Hamilton 量［(1.3.19)式］的束缚态，人们考虑 Green 函数 $G(E)=(E-\hat{H})^{-1}$，并在 $E=-\varepsilon_b<0$ 处寻找这个函数的低能量极点. 相应的束缚态可写为

$$\langle x|\Psi^{(b)}\rangle=\begin{pmatrix}\sqrt{1-Z\psi_{bg}}(r)\\ \sqrt{Z}\varphi_{res}(r)\end{pmatrix},\tag{1.3.27}$$

其中,系数 $Z$ 表征闭合轨道混合物. $\varepsilon_b$ 和 $Z$ 的值可以通过在每个通道上明确地突出 $H$ 的本征方程进行计算. 在接近共振时(此时散射长度由共振的贡献决定),对于 $a>0$,方程(1.3.22)和标准关系 $\varepsilon_b=\hbar^2/2M_r a^2$ 显示有特征能量 $\varepsilon^*=\hbar^2/2M_r(r^*)^2$ 的弱束缚态的结合能

$$\varepsilon_b=[\mu(B-B_0)]^2/\varepsilon^*\tag{1.3.28}$$

平方地消失. 在从原子连续性开始的实验条件下,正是它通过围绕 $B_0$ 磁场的绝热变化改变上述失谐达到该弱束缚态. 关联闭合轨道混合 $Z$ 可以从结合能得到:

$$Z=-\frac{\partial\varepsilon_b}{\partial\nu}\approx 2\frac{|\nu|}{\varepsilon^*}=2\frac{r^*}{|a_{bg}|}\frac{|B-B_0|}{|\Delta B|}.\tag{1.3.29}$$

对于宽共振,其中 $r^*\ll|a_{bg}|$,此混合仍然远小于 1,超出磁场范围 $|B-B_0|\lesssim|\Delta B|$.

要注意束缚态 $|\Psi^{(b)}\rangle$ 不应该与束缚态 $|\Phi_{op}^{(b)}\rangle$ 混淆,存在在开放轨道上的 $a_{bg}>0$,适用于消失耦合 $W(r)$. 当 $|B-B_0|\ll|\Delta B|$ 时,该束缚态 $|\Phi_{op}^{(b)}\rangle$ 具有量级 $\hbar^2/(2M_r a_{bg}^2)$ 的结合能,比方程(1.3.28)的大得多. 对于 $|B-B_0|\approx|\Delta B|$,态 $|\Psi^{(b)}\rangle$ 和 $|\Phi_{op}^{(b)}\rangle$ 具有相当的能量,并避免了交叉. 当上述结果失去普遍性时,我们就不得不转向本征值问题的具体研究.

总而言之,在很宽的范围内,Feshbach 共振提供了一个灵活的工具来改变超冷原子之间的相互作用的强度. 然而,为了实现适当的具有可调两体相互作用的多体 Hamilton 量,附加的要求是,由于三体碰撞,融入深束缚态的弛豫速率必须是可忽略不计的. 对于 Fermi 子,在 Feshbach 共振附近弛豫速率有可能是小的.

## §1.4 光晶格中的 Bose-Einstein 凝聚

20 世纪 80 年代到 90 年代,原子物理学出现了两大突破. 这两个成就均获得了诺贝尔奖:1997 年获奖的原子激光冷却[47]和 2001 年获奖的 Bose-Einstein 凝聚(BEC). 激光冷却带来了达 $\mu$K 的当时的历史最低温度,以及对光实现人工晶体约束,即所谓的光晶格. 它们也为更强大的冷却技术的发展(特别是蒸发冷却)铺平了道路,这使得碱金属原子稀薄气体的 Bose-Einstein 凝聚在 1995 年(分别见理论和实验综述[48],以及教科书类型的专著)成为可能. 在本节中,我们将仔细审视这两者的交叉领域:光晶格和 Bose-Einstein 凝聚. 第一个 BEC 实现后不久,一些研究小组开始研究 BEC 性质的周期势. 目前,在光晶格中 BEC 本身已经成为活跃的研究领域,这一方面是令人兴奋的,因为这为今后的发展带来很多的希望. 另一方面,关

于这一主题的文献数量已成规模，对于一个新人，很难系统地了解迄今为止研究者们已经做了什么，哪些有待未来去做. 本节的目的恰恰是提供一个系统了解的机会.

除了作为与原子和激光物理非常近的学科，光晶格中的 BEC 系统与许多其他物理领域相关联. 一个与凝聚态物理明显的联系是：光晶格中电子不只与本节的主题有微妙的相似之处，而且有大量的理论和实验工作(例如，Bose-Hubbard 模型和 Mott 绝缘体转变)已经详细说明了这个相似性的内涵. 关于这个系统的文献的量是如此之大，因此我们希望有兴趣的读者去看更专业的综述[49](参见更流行的解释[27]). 在本节中，我们将注意力集中在另外的有趣的类比上，即通常所说的非线性光学和非线性物理上. 因此，我们应提出相当详细的周期势凝聚体动力学的理论. 如在某些情况下，在 BEC 中的原子可以通过碰撞彼此进行相当强烈的相互作用，非线性在系统的行为中发挥重要作用. 我们相信，其与非线性光学的联系在未来可以带来有益的交流.

### 1.4.1 从激光冷却到 Bose-Einstein 凝聚

第一个用激光冷却原子的建议在激光研究还是在初始阶段的时候就被提出了[50]. 早在 1970 年，就有人提议，可以利用归因于原子热运动的 Doppler 效应，根据它们远离或者向着激光移动，在不同的频率来使它们吸收激光. 由原子黏结的纯粹的动量反冲可以被用来降低原子束温度，或者，如果光来自空间的所有方向，来冷却原子气. 当这个简单的原理最终在 20 世纪 80 年代早期得到应用的时候，立刻达到了空前低的、在绝对零度以上只有几百 $\mu$K 的温度. 这些温度甚至比研究者希望达到的温度更低，因为(先前忽略的)光抽运力导致了亚 Doppler 冷却机制. 对于原子，也很快实现了把有效冷却使用的激光束创造的空间干涉图样表示成一个三维的蛋盒结构. 实验证实人类确实能够用光制造人造晶体束缚陷阱. 最初近共振格子在连续激发声子(引起冷却力)的原子中使用，后来用远共振保守势来做研究. 我们将在这里讨论的是后一种光晶格.

原子的激光冷却在原子物理领域迅速成为一种通用工具，应用领域从精确光谱学到原子钟和原子干涉仪. 超冷原子也被证明是一个实现中性原子磁阱的理想原料. 通过磁偶极力固定的原子气可继而通过降低阱的深度被蒸发冷却，从而让大量的激发态原子逃出并且允许其余的原子重新热化. 用这种方法，由于声子散射导致的激光冷却的固有极限可以被突破，且温度可以达到几 nK 那么低. 如果同时捕获气体的密度足够大，BEC 的相空间密度条件可以被满足，也就是说，一个 BEC 被创造出来了.

受 Bose 的一篇关于光子统计的文章的启发，1926 年，Einstein 预言了这种在全同的 Bose 子里当总体的相空间密度超过个体时的新的相变. 在那种情况下,系统的最低量子能级的宏观占据出现. 作为结果的 BEC 可以用单一序参量——宏观波函数 $\psi$ 来表示,尽管发现的若干现象可以援引 BEC 的概念来解释,尤其是只在 BEC 被首次观察到的 1995 年冷碱金属原子云中以"理想形式"被观察到的超流情况下. 相关文章中可以发现早期 BEC 实验的很好的解释[48].

一旦第一个 BEC 被创造出来,一系列实验和理论上的探索就会开始. 在几年之内,BEC 最重要的特点就被测出和解释了. 今天,在一个典型的 BEC 实验中,使用的大致方案和首次展示 BEC 时所用的类似:

(1)原子在磁光阱中是冷的并被收集.

(2)冷原子云转到一个保守阱(要么是磁场的,要么是光学的).

(3)通过降低阱深,实现了受迫蒸发冷却.

在蒸发冷却循环结束时,多达 $10^7$ 个原子的碱金属凝聚体被常规地创造出来了. 尽管 BEC 已经用相当大的原子种类获得了,但是本书中大量的实验描述用的是 Rb 和 Na. 对于本章来说,典型的实验 BEC 设计的细节不是我们介绍的重点,我们建议读者参考相关文献[48]中专业的解释.

一旦一个 BEC 在谐波阱中通过蒸发冷却被制造出来,下一个合理的步骤是考虑它并探索它的性质. 这可以通过位于阱中的凝聚体或者使用飞行时间法来做. 尽管原位特征对于一些应用是有价值的,但在这里我们仍集中精力在飞行时间法上,因为它是非常通用的,也非常适用于周期势场中的凝聚体. 这个方法的简单之处在于,在时间 $t=0$ 时关掉阱场(磁的或光学的),并且在几(典型的是 5～25)ms 后捕捉 BEC 的图像. 这个图像很多时候通过吸收得到,例如,照一束共振激光束在原子云上并且通过光子吸收用电荷耦合摄像机观察投影. 此方法和其他的方法有显著的相反差图像,在 Ketterle 等人的文章里,描述了相关细节[48].

### 1.4.2　光晶格

为了在周期势场而不是调和势场中捕获 BEC,利用施加于凝聚体原子上的两个或者更多重叠的激光束和光压力产生的干涉图样是足够的. 在下文中,我们会简略地介绍原子核和激光之间与相互作用相关的基本概念,然后转到介绍创造和操纵光晶格的技术上. 产生一维光晶格的例子如图 1.4.1 所示.

#### 1.4.2.1　光压力

光晶格和其他光学陷阱(也称为偶极力陷阱或者简单地称作偶极陷阱)以交流 Stark 偏移的原理工作. 当原子被放置在光场中时,光场的振荡电场在原子中诱导出一个电偶极矩. 在感生偶极子和电场之间的相互作用引起了一个原子能级的能量变化 $\Delta E$:

$$\Delta E=-\frac{1}{2}\alpha(\omega)\langle E^2(t)\rangle, \tag{1.4.1}$$

其中,带有 $\omega=\omega_{\text{res}}+\Delta$ 的 $\alpha(\omega)$ 是在 $\omega_{\text{res}}$ 处显示一个共振的原子能级的动力学极化率,$\Delta$ 是取自原子共振的光场的失谐,括号〈〉表示一个循环平均值.

如果光场的频率比原子共振的频率小,例如,$\Delta<0$(“红失谐的”),感生偶极子 $D=\alpha(\omega)E$ 将和电场同相.因此,作为结果的势能将在原子上产生一个力,它的梯度指向场增加的方向.然后一个稳定的光陷阱可以通过简单地集中一束激光束到 $\omega$ 尺度的中部实现.如果激光束的横截面是 Gauss 型的,作为结果的位置依赖交流 Stark 偏移

$$\Delta E(r,z)=V(r,z)=V_0\exp\left(-\frac{2r^2}{\omega(z)^2}\right), \tag{1.4.2}$$

$$\omega(z)=\omega_0\sqrt{1+\left(\frac{z}{z_{\text{R}}}\right)^2}, \tag{1.4.3}$$

其中 $V_0\propto I_{\text{P}}/\Delta$ 是阱深,$I_{\text{P}}$ 是激光束的峰值强度,$\omega_0$ 和 $z_{\text{R}}=w_0^2\pi/\lambda_{\text{L}}$ 分别是 Gauss 光束的点大小(中部)和 Rayleigh 长度.在 $r=0$ 附近,在中部(例如 $z=0$ 处)展开这个表达式,我们发现在谐波近似下,在这样一个势中,一个质量为 $m$ 的原子的径向振荡频率(例如,垂直激光束传播方向)由

$$\omega_{\perp}=\frac{1}{\omega}\sqrt{\frac{2V_0}{m}} \tag{1.4.4}$$

给出.光学陷阱的深度 $V_0$ 的规模是 $I_{\text{P}}/\Delta$,然而在阱中心将要自发散射光子的原子中的比率 $\Gamma$ 与 $I_{\text{P}}/\Delta^2$ 成比例.这意味着 $\Gamma/V_0\propto 1/\Delta$,因此,自发散射对阱深的散射率的比率可以通过使用一个大的失谐来变小.

除了径向捕捉力,还有一个施于原子上的纵向力.然而,由于在那个方向(由 Rayleigh 长度 $z_{\text{R}}$ 给出)上大得多的长度尺度,这个力远小于径向的力.为了把原子限制在空间各个方向上,我们可以使用两个(或者更多)交叉的偶极阱或者重叠一个附加的磁力阱.可以通过连续不断地降低阱深来实现受迫蒸发冷却(例如,减少激光强度).

#### 1.4.2.2　一维光晶格

现在让我们考虑一下当用两束完全相同、最高强度为 $I_{\text{P}}$ 的激光束并且以它们的交叉截面完全重叠的方式使它们相向传播(见图 1.4.1)时发生了什么.此外,我们使它们的极化方向平行.在这种情况下,我们认为两束激光束用一段在两个极大或极小的作为结果的光强之间的间隔 $\lambda_{\text{L}}/2$ 形成一种干涉图样.然后通过原子把势简单地理解为

$$V(x)=V_0\cos^2(\pi x/d), \tag{1.4.5}$$

其中，晶格间隔 $d=\lambda_L/2$，$V_0$ 是晶格深度. 代表性地，相比使用转变和饱和强度 $I_0$，我们宁可通过公式(1.4.1)从原子极化率计算晶格深度 $V_0$：

$$V_0=\zeta\hbar\Gamma\frac{I_P}{I_0}\frac{\Gamma}{\Delta},\tag{1.4.6}$$

其中，通过在次能级之间各种可能改变的 Clebsch-Gordan 系数，因子 $\zeta$ 依赖于问题中的能级结构.

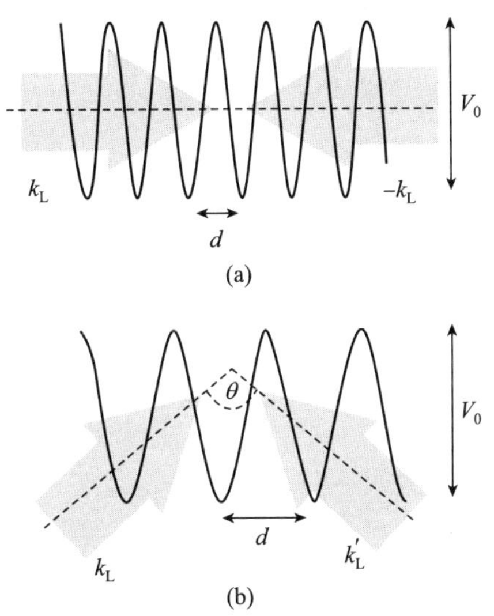


图 1.4.1　(a)用相向激光束和(b)用激光束封闭一个角 $\theta$ 创造一维光晶格. 晶格深度参数 $V_0$ 和晶格间隔 $d$ 在正文中定义. 图片摘自[44]

现在，让我们更仔细地看一下由公式(1.4.5)描述的势并定义一些关键的参数. 两个和势相关的明显的量是从波峰到波谷测量势深的晶格深度 $V_0$ 和晶格间隔 $d$. 典型地，测量晶格深度在单位反冲能

$$E_R=\frac{\hbar^2\pi^2}{2md^2}\tag{1.4.7}$$

上常常和无量纲参数 $s=V_0/E_R$ 一起被使用. 围绕势的最小值(例如，在 $x=d/2$)做一个幂级数展开，我们发现，对比我们在前面对偶极阱频率推导的计算，

$$\omega_{\text{lat}}=\frac{\pi}{d}\sqrt{\frac{2V_0}{m}}\tag{1.4.8}$$

给出了晶格阱中捕获的原子的谐波振荡频率. 把这个和偶极阱的频率 $\omega_\perp$ 对比，我们看到两者都包含它们各自长度尺度的倒数. 从前面的部分我们知道，对于一个典型的 $\omega_0=10\ \mu\text{m}$ 的偶极阱，频率高达几百 Hz 是可能的. 这大致为 $\lambda_L=800$ nm 的晶格的长度尺度 $d$ 的 1/20. 这意味着相同的激光强度下，我们能够(局部地)实现一个谐波捕获频率高达几百 kHz 的阱.

1.4.2.3 技术问题

实际上，一维光晶格可以以若干种方式被创造.最简单的选择是使用一个线偏振的激光束并用高质量的镜子溯源反射它.为了能控制激光束的强度并由此控制晶格深度，我们可以使用声光调制器(AOM).这个装置可以精确和快速地(少于 1 μs)控制激光束强度并产生对激光数十 MHz 的频移.

如果用秒相位相干激光束(这是可以制得的，例如，可用偏振激光器把激光束分成两束并用一个波片来获得恰当的偏振)来代替溯源反射激光束，则引进另一个自由度.现在，在两束晶格光线之间有一个频移 $\Delta\nu_L$ 是可能的了.现在周期晶格势将不再是静止的，而是以速度

$$\nu_{\text{lat}}=d\,\Delta\nu_L \tag{1.4.9}$$

运动的.如果频率差以 $\mathrm{d}\Delta\nu_L/\mathrm{d}t$ 的速度变化，则晶格势将会以

$$a_{\text{lat}}=d\,\frac{\mathrm{d}\Delta\nu_L}{\mathrm{d}t} \tag{1.4.10}$$

被加速.明显地，在晶格的静止参考系中将有一个力 $F=ma_{\text{lat}}$ 作用在凝聚体原子上.稍后我们将看到，这给了我们一个在光晶格中操作 BEC 的强有力的工具.

另一个用两束激光束实现的一维晶格的自由度是晶格常数.在两个相向激光束导致的晶格的两个相邻阱之间的间隔 $d=\lambda_L/2$ 可以通过使激光束以角 $\theta<180°$ 相交被加强[见图 1.4.1(b)].假设两束激光的偏振方向与它们跨越的平面垂直，将导致一个带有晶格常数 $d(\theta)=d/\cos(\theta/2)$ 的周期势.为了简化数学符号，在本节中我们将一直用 $d$(并且所有的量从它推导而来，特别是 $E_R$)表示晶格常数，而忽略曾用来实现它的晶格几何结构.

1.4.2.4 一般和更高维的势

到目前为止，我们只考虑了一维晶格.自然而然地，通过增加更多的激光束，我们可以轻松地制造二维或三维晶格.实际上，在近共振晶格的早期实验中，检测了各种各样的不同几何图样.然而，在失谐晶格中的 BEC 实验，到目前为止，只是对上面讨论的一维方案做了一个简单的推广.这个推广在于，为了创造二维晶格，增加了一对互相垂直的激光束，以及另一对沿着第三个空间方向的激光束.由超过三束激光创造的干涉图样是相当复杂的，并且敏感地依赖光束的偏振和相干相以及它们的方向.这种依赖性可以被用来实现各种各样的晶格几何图样，但是一个更简单的方法是取数对独立的激光束建造晶格势.这可以通过引进一个在数对晶格光线之间的数十 MHz 的频率偏置(使用 AOMs)来实现.于是，在不同于期望的晶格方向上的干扰作用被削弱了，因为它们比在晶格阱中以典型频率振荡的原子快得多.

比如，图 1.4.2 显示了两个非常不同的、使用相同的几何结构的两组相向晶格

光线在特定的角度上创造的二维势. 通过改变两束偏振的激光对之间的角度, 我们可以创造非常不同的势. 在两个驻波之间的相对相位是一个附加的自由度, 它可以被用来控制势的拓扑结构. 这实际上需要稳定的相, 因为任何相变化将导致势的变形. 可以在两束光对之间通过引入比阱的捕获频率大得多的一个不同频率更简单地实现一个二维的势.

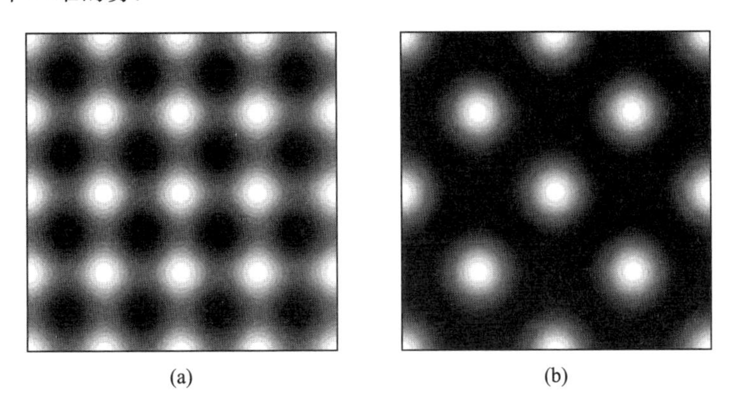


图 1.4.2　两种用其他方法创造二维势的例子. 在(a)中, 两束波的偏振是垂直的, 例如, 两个无干扰的晶格是叠加的. 而在(b)中, 偏振是彼此平行的, 导致四束光干涉. 在(a)中显示的势也可以用平行偏振和在两个驻波之间的一个(足够大的)频率差来实现. 图片摘自[44]

可随意转换和调制晶格的可能性, 原子可被捕获和加速的一维、二维和三维周期结构的创造, 已经给了实验者巨大的灵活性, 不仅如此, 通过增加一些额外的激光束和(或)控制晶格光线的偏振和相关相, 可以实现更多复杂的势, 例如准周期或者笼目格子. 通过控制晶格光线的偏振创造状态相关、可以相互转移的势也是可能的. 为了获得这种势, 可以使用两束偏振矢量围绕角 $\theta$ 的线性偏振激光束. 这个结构导致了具有相关势 $V_+(x,\theta)=V_0\cos^2(kx+\theta/2)$ 和 $V_-(x,\theta)=V_0\cos^2(kx-\theta/2)$ 的 $\sigma^+$ 和 $\sigma^-$ 驻波的叠加, 相对位置依赖 $\theta$, 可由电光调制器控制.

### 1.4.3　光晶格中 Bose-Einstein 凝聚

最后, 我们想做一些关于在晶格中与凝聚体相关的物理概念的一般性的评论, 并指出为什么研究这些系统是值得的. 形成这部分主题的问题可以用两种不同的方式来问:"为什么在光晶格中研究凝聚体"和"为什么在光晶格中研究冷聚物". 我们将设法回答这两个问题.

由于光晶格已经比 BEC 更加深入人心, 因此让我们以上述的两个问题开始. 先考虑放置超冷原子进入光晶格和放置 BEC 进入光晶格之间的不同之处. 第一, 我们可以说超冷原子与 BEC 的温度和密度非常不同. 对于冷原子, 温度在 μK 量级, 密

度大约在 $10^{10}$ $cm^{-3}$，然而对于 BEC，典型值是温度大约数十到数百 nK，密度达到 $10^{14}$ $cm^{-3}$ 或者更多. 在物理参数上数量级的差意味着 BEC 通常在晶格阱的最低能级，在应用晶格后没有进一步冷却的需要. 第二，更高的密度导致晶格的填充系数增加，它可以轻易地超过 BEC，然而对于超冷原子的填充系数通常大约是 $10^{-3}$. 因此，晶格的每个位置将被占据，而没有大量空缺. 第三，更高的密度也意味着归因于原子间相互作用的效应变得重要. 与晶格的周期性相关的典型效应，例如 Bloch 振荡和 Landau-Zener 隧穿效应[50]，被原子-原子相互作用非常明显地影响. 因此，随着非线性被引入到这个问题，放置 BEC 而非“只是”冷原子进入光晶格立即就带来很多更丰富的物理现象.

从另一个完整的 BEC 考虑这个问题，我们可以问为什么在光晶格中研究它们是有趣的. 一个常见的回答是在图 1.4.2(a)所示的方式中，我们增加了一个新的长度尺度到系统里，也就是晶格间隔 $d$，它一般小于 1 $\mu$m，从而比 BEC 本身小得多. 在图 1.4.2(b)所示的方式中，周期性被引进到只有谐波限制之前. 新的长度尺度 $d$ 导致很大的局域捕获频率，并且在大的晶格深度的极限中存在通过隧穿效应不相互影响(或者只存在非常弱的相互影响)的(几乎)完全孤立的微型凝聚体是可能的. 另一方面，周期性使研究，例如，最初在凝聚体物理中发展的模型(如预言了超流和 Mott 绝缘体间的量子相变的 Bose-Hubbard 模型)变为可能. 在晶格中许多凝聚体的特性显示了非线性系统的更多一般概念，例如孤子传播和不稳定性. 这其中的很多概念在非线性光学中也是重要的，并且我们将指出这些相似性.

总之，我们可以说光晶格具备几个优势：大量的势可以通过几乎完全控制参数(例如晶格深度和间隔)来制造，并且在实验中晶格可以被完全改变或关掉，使得光晶格对于冷原子物理也成为一个理想的实验平台.

## §1.5 冷原子 Fermi 气体

在碱金属原子的稀薄蒸气中初步实现 Bose-Einstein 凝聚实际上已经在超冷原子领域开辟了新的令人兴奋的前景[13][14]. 在研究初期，多数研究聚焦于 Bose 子性质的量子气体，目的是调查 1995 年以前仍然难懂、难以实现的 Bose-Einstein 凝聚的重要结果.

这些研究的主要成就是，超流特征的调查，包括集体振荡的流体动力学性质，Josephson 类效应和量子自旋的实现，物质波干涉的观察[16]，原子激光装置中相干现象的研究，四波混频和 Hanbury Brown-Twiss 效应的观察，旋量凝聚的实现，孤子的传播和分散 Schoek 波的观测，Mott 绝缘体相，Bloch 振荡中相互作用和移动光晶格存在下动力学不稳定性的观察，以及低维结构的实现[包括一维(1D) Tonks-

Girardeau 气体与二维(2D)结构中 Berezinskii-Kosterlitz-Thouless 相变].

在理论方面,第一个努力是致力于使弱相互作用 Bose 气体的 Gross-Pitaevskii 理论在实验关注的俘获条件下存在. 这种非线性平均场理论已经被证明能够解释多数在 Bose-Einstein 凝聚的气体中有关实验上可测量的量,如密度分布、集体振荡、涡旋结构等. 理论界的关注,后来还集中在不能由平均场描述解释的现象上,诸如,在低维和快速旋转的结构以及深光晶格中相关性(相关参数)的作用.

不久以后,实验者和理论家也开始关注对 Fermi 气体的研究. 研究 Fermi 子系统的主要动机是 Fermi 子与 Bose 子在许多方面互补的情况. 量子统计在低温下起主要作用. 尽管相关温标提供的量子简并的起始点在两种情况下是相同的(与 $k_B T_{deg} \approx \hbar^2 n^{2/3}/m$ 类似,其中 $n$ 是气体密度,$m$ 是原子的质量),量子简并的物理结果却是不同的. 在 Bose 子情况下,量子统计效应都与一个相过渡到 BEC 相的发生有关. 相反,非相互作用 Fermi 气体的量子简并温度仅相当于一个经典和量子行为之间的平滑交叉. 与 Bose 子情况相反,Fermi 气体中超流相的发生只能是由于相互作用的存在. 从多体观点来看,Fermi 超流的研究引出了不同的、种类更丰富的问题,这些问题将在本章中讨论. Bose 和 Fermi 气体的另一个重要区别在于碰撞过程. 特别是,在单组分 Fermi 气体中,s 波散射由于 Pauli 不相容原理被抑制. 这种效应在基于热化的、至关重要的蒸发冷却机制上有引人注目的影响. 这已使得在 Fermi 气体中实现低温成为一个难以实现的目标,最终其被意识到与协同冷却技术中使用相同的 Fermi 气体的两个不同的自旋冷却组分或添加 Bose 气体成分作为一种制冷剂有关.

受限 Fermi 气体中量子简并的第一个重要成果被 JILA 的研究小组获得. 在这些实验中,与 Fermi 温度部分类似的温度通过用 $^{40}$K 原子与负散射长度相互作用的两个自旋组分辅助达成. 据 BCS 理论,这种气体在足够低的温度下应呈现超流态. 然而,由于气体的极端稀释度,在这些实验中进入超流相所需的临界温度太小. 量子简并效应后来在 $^6$Li 和 Bose 子 $^7$Li 的同位素之间使用协同冷却的 $^6$Li Fermi 气体中被观察到. 使用不同种类的 Bose 子,Fermi 子冷却也被证明有效,例如,在 $^{40}$K-$^{87}$Rb[51] 以及 $^6$Li-$^{23}$Na[52] 的情况中(见图 1.5.1).

人们很快就意识到,要实现超流态,Feshbach 共振的有效性提供了一个重要的工具. 这些共振表征两体相互作用并允许通过简单地调整外部磁场来改变散射长度的值甚至符号. Feshbach 共振首先在 Bose 子系统中被研究[23]. 然而,非弹性过程严重限制了调谐 Bose 凝聚相互作用的可能性. Fermi 原子强烈的相互作用机制被致力于散射长度取不同值的共振工作实现. 在这种情况下,三体损耗被 Pauli 不相容原理抑制,使得气体的稳定性更高. 共振状态,也称为统一状态,是独特的,因为该气体在同一时间是稀释的(在这个意义上,所述原子间作用势的范围比粒子间距离小得多)和强烈地相互作用的(在这个意义上,散射长度比粒子间距离大得多)[53]. 与相互作用相关联的所有长度尺度从该问题中消失,并且系统被认为显示出普遍的行为,不依赖具体的原子间作用势. Baker[54]和 Bertsch[55]首先讨论了该统一状态在中子-中子散射振幅中以共振效应为基础作为中子物质的一个模型(冷原子和中子物质之间的一个比较,请参阅相关文献[56]). 新系统的临界温度比在 BCS 状态中高得多,与量子简并温度类似,这使得超流相变的实现容易得多. 由于 Feshbach 共振,人们也可以调谐散射长度为正的且小的值. 此处不同自旋原子组成的受约束的二聚体形成,因此该系统原本是一个 Fermi 气体,后来转化为分子的 Bose 气体. 从负值到正值调整整个共振散射长度(及相反过程)的可能性,提供了包括单一气体作为中间状态的 Fermi 超流和 BEC 的物理特性之间的持续联系.

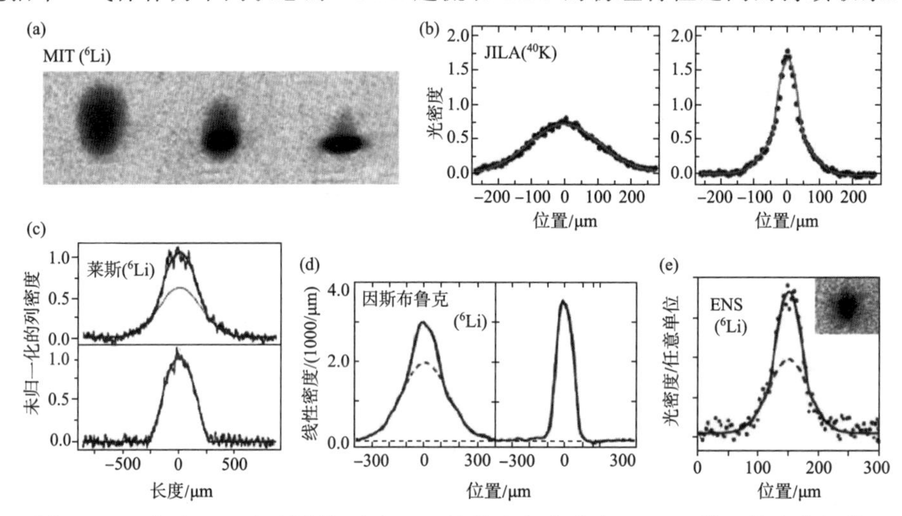


图 1.5.1 分子 BEC 实验图谱(虫室). 双峰的空间分布在 JILA 用$^{40}$K 的膨胀气体、在 MIT 和巴黎高等师范学院(ENS)用$^6$Li 的膨胀气体被观察到. 在因斯布鲁克大学和莱斯大学它们在原位被$^6$Li 取代测量. 图片摘自[53]

在 Feshbach 共振的 BEC 中,分子可以通过在散射长度为正值时直接冷却该气体,或者通过首先冷却在 BCS 侧的气体,然后通过共振调谐 $a$ 的值来得到. 在足够低的温度下,多对原子的 BEC 通过分子谱典型的双峰分布被观察到(见图 1.5.1)[19]. 多对原子的冷凝后来在共振的 Fermi 子侧被测量到[30]. 其他重要的实验已经通过交换研究了这些相互作用 Fermi 气体的令人惊讶的长寿命,得出能量和密度分布.

许多相关的实验也集中在这些相互作用的系统的动态行为上,带有利用其超流体性质的主要动机. 虽然超流体的流体动力学理论在低温下的预测不能被认为是超流态存在的证明,因为类似的行为也在高于临界温度的常态气体的碰撞状态下被预测,但各向异性膨胀的首次观测和集体振荡的测量仍被实现了[57].在射频激发光谱中观察到的配对间隙的测量是接近超流动态实验的重要证据(尽管因为两体关联也出现在正常相导致这并不是定论).对 Feshbach 共振两侧实现的量子旋涡的观测为超流性提供了令人信服的证据.

更多的实验工作一直关注自旋极化立体基阵的研究[31],这用到占据两个不同自旋态、数目不等的原子.特别是,在统一性上,Shin 等人在实验上已经证实了使该系统失去超流性的 Clogston-Chandrasekhar 极限[58].这些立体基阵通过突然改变原子云的形状来降低温度(类似于 BEC),提供观察超流态的结果的唯一可能性.另一个迅速崛起的研究方向是在周期势方面 Fermi 气体的研究.第一个实验结果涉及在跨过 Feshbach 共振的分子的结合能方面周期性晶格的效应和超流向 Mott 绝缘体转变的一些方面.这类研究的目标是寻找凝聚态物理学的一个重要模式的可能性——Hubbard Hamilton 量.这类似于已经在 Bose 系统实现的 Bose-Hubbard 对应.在周期势中 Fermi 气体在缺少相互作用方面也很吸引人.例如,它们会产生在自旋极化 Fermi 气体中长期存在的 Bloch 振荡.

在理论方面,具有可调谐散射长度的相互作用 Fermi 气体的实用性,引发了大量研究工作.而在稀薄 Bose 气体的情况下,Gross-Pitaevskii 方程在低温和小密度下提供了多体物理学的准确描述,一个用于沿 BCS-BEC 交叉的 Fermi 气体的模拟理论是不可用的.理论方面的努力开始于超导体背景下 Eagles 的工作.他指出,对于电子之间极大的吸引力,BCS 理论方程描述了数对小尺寸与一个不依赖于密度的结合能.一个深入的、根据散射长度用 BCS 方法来描述交叉的推广的讨论,由 Leggett 提出[59].这项工作涉及基态性质,后来由 Nozières 和 Schmitt-Rink[60]及 Sá de Melo 等人[61]扩展到有限的温度来计算超流发生的临界温度.这些理论在一个与相互作用、无量纲组合 $k_{\mathrm{F}}a$($k_{\mathrm{F}}$ 为 Fermi 波矢)有关的单一参数方面沿 BCS-BEC 交叉描述了多体结构的性质.在图 1.5.2 中,我们介绍了临界温度的理论预测,表明 $T_{\mathrm{c}}$ 是 Fermi 温度的数量级,适用范围广的 $k_{\mathrm{F}}|a|$ 值.出于这个原因,人们常常谈到高温超导 Fermi 超流(见表 1.5.1).此外,图 1.5.2 显示的结果表明,BCS 和 BEC 之间的过渡确实是一个连续的交叉.

用共振干扰约束原子对至 Fermi 气体情况的第一个应用由 Holland 等人和 Timmermans 等人提出[45][62].BCS 平均场理论的扩展是近似的,然而,即使如此在零点温度,沿交叉多体的许多问题仍悬而未决.不同的方法已被开发,以改善对同一气体以及存在谐波陷阱的 BCS-BEC 交叉的描述.这些方法包括用四体问题来描述谐振的 BEC 侧分子之间的相互作用、用 BCS 平均场理论与局部密度近似处理受限结构、使用图解技术的平均场方法扩展和包含 Hamilton 算符中 Bose 子自由度的理论等.同时,更微观的、基于量子 Monte-Carlo(QMC)方法的计算已能够提供零温时状态方程和超流转变的临界温度.除了上述的方法中,旨在调查系统的平衡性的方向,成功的研究方向还有动态性质的研究,如膨胀和集体振荡、把超流体的流体动力学理论应用到协调受限的 Fermi 气体、在共振光散射中产生的一对破除激励和动态结构因子等.大量理论文章还专门研究自旋极化效应,其目的是揭示密度分布和新的超流体相出现的超流态的影响.

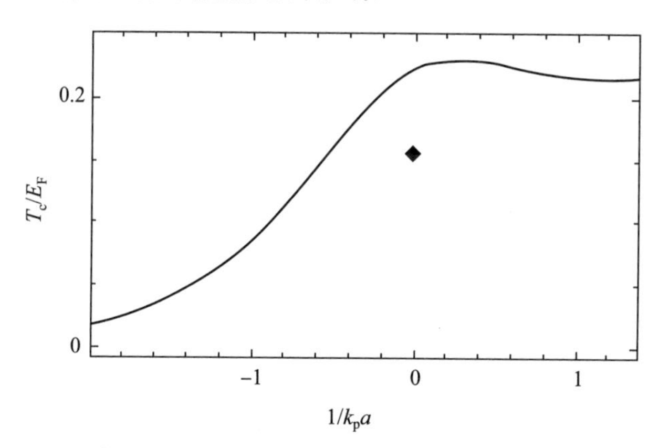


图 1.5.2 以 Fermi 能级 $E_F$ 为单位的转变温度作为沿 BCS-BEC 交叉的相互作用强度的函数.使用 BCS 平均场理论计算.菱形点对应于 Burovski 等人的理论预测,基于量子 Monte-Carlo 模拟的统一性.图片摘自[61]

**表 1.5.1 在各种 Fermi 超流体中转变温度与 Fermi 温度的比 $T_c/T_F$**(表摘自[61])

| | $T_c/T_F$ |
|---|---|
| 常规超导体 | $10^{-5}\sim10^{-4}$ |
| 超流 $^3$He | $10^{-3}$ |
| 高温超导体 | $10^{-2}$ |
| 有共振相互作用的 Fermi 气体 | $\approx0.2$ |

由于有关超冷 Fermi 气体的论文发表的数量很大,我们的讨论强调理论和实验之间的明确比较,并着眼于相互作用的效应,以及由这些新颖的受限量子系统显示出的超流的表现.大多数在本章中提到的结果与理论预测是更加系统性的,也有与实验结果比较更可靠的零温系统.更加全面的、涵盖各个方向理论研究的综述,将需要更大的努力,这已超出了本章的范围.对此,读者可以参考文献[49][63].

## 参考文献

[1] Petrich W, Anderson M H, Ensher J R, et al. Phys. Rev. Lett., 1995, 74(17): 3352.

[2] Davis K B, Mewes M O, Andrews M R, et al. Phys. Rev. Lett., 1995, 75(22): 3969.
[3] Bradley C C, Sackett C, Tollett J, et al. Phys. Rev. Lett., 1995, 75(9): 1687.
[4] Cornell E. Journal of research of the National Institute of Standards and Technology, 1996, 101(4): 419.
[5] Nozière P. Some Comments on Bose-Einstein Condensation//Griffin A, Snoke D W and Stringari S. Bose Einstein Condensation. Cambridge University Press, 1995: 15.
[6] London F. Nature, 1938, 141(3571): 643.
[7] Sokol P. Bose-Einstein Condensation in Liquid Helium//Griffin A, Snoke D W, and Stringari S. Bose Einstein Condensation. Cambridge University Press, 1995:51.
[8] Wolfe J P, Lin J L, and Snoke D W. Bose-Einstein Condensation of a Nearly Ideal Gas: Excitons in $Cu_2O$//Griffin A, Snoke D W, and Stringari S. Bose Einstein Condensation. Cambridge University Press, 1995:281.
[9] Silvera I F and Walraven J. Phys. Rev. Lett., 1980, 44(3): 164.
[10] Fried D G, Killian T C, Willmann L, et al. Phys. Rev. Lett., 1998, 81(18): 3811.
[11] Phillips W D. Rev. Mod. Phys. 1998, 70(3): 721.
[12] Ketterle W and Van Druten N J. Evaporative Cooling of Trapped Atoms// Bederson B and Walther H. Advances in Atomic, Molecular, and Optical Physics. Elsevier,1996: 181.
[13] Anderson M H, Ensher J R, Matthews M R, et al. Science, 1995, 269(5221): 198.
[14] Hau L V, Busch B, Liu C, et al. Phys. Rev. A, 1998, 58(1): R54.
[15] Bradley C C, Sackett C, and Hulet R. Phys. Rev. Lett., 1997, 78(6): 985.
[16] Andrews M R, Townsend C G, Miesner H J, et al. Science, 1997, 275(5300): 637.
[17] Parkins A S and Walls D F. Phys. Rep., 1998, 303(1): 1.
[18] Heinzen D. Int. J. Mod. Phys. B, 1997, 11(28): 3297.
[19] Zwierlein M W, Stan C A, Schunck C H, et al. Phys. Rev. Lett., 2003, 91(25): 250401.
[20] Cummings F W and Johnston J R. Phys. Rev., 1966, 151(1): 105.
[21] Langer J S. Phys. Rev., 1968, 167(1): 183.
[22] Gross E P. Il Nuovo Cimento, 1961, 20(3): 454.

[23] Courteille P, Freeland R S, Heinzen D J, et al. Phys. Rev. Lett., 1998, 81(1): 69.
[24] Stoof H, Houbiers M, Sackett C A, et al. Phys. Rev. Lett., 1996, 76(1): 10.
[25] Jaksch D, Bruder C, Cirac J I, et al. Phys. Rev. Lett., 1998, 81(15): 3108.
[26] Cornish S L, Claussen N R, Roberts J L, et al. Phys. Rev. Lett., 2000, 85(9): 1795.
[27] Paredes B, Widera A, Murg V, et al. Nature, 2004, 429(6989): 277.
[28] Castin Y, Hadzibabic Z, Stock S, et al. Phys. Rev. Lett., 2006, 96(4): 040405.
[29] Bretin V, Stock S, Seurin Y, et al. Phys. Rev. Lett., 2004, 92(5): 050403.
[30] Bartenstein M, Altmeyer A, Riedl S, et al. Phys. Rev. Lett., 2004, 92(12): 120401.
[31] Partridge G B, Li W, Kamar R I, et al. Science, 2006, 311(5760): 503.
[32] Köhl M, Moritz H, Stöferle T, et al. Phys. Rev. Lett., 2005, 94(8): 080403.
[33] Lewenstein M, Sanpera A, Ahufinger V, et al. Adv. Phys., 2007, 56(2): 243.
[34] Jaksch D and Zoller P. Ann. Phys., 2005, 315(1): 52.
[35] Einstein A. Quantentheorie des Einatomigen Idealen Gases. Zweite Abhandlung//Dieter Simon. Albert Einstein: Akademie-Vorträge: Sitzungsberichte der Preußischen Akademie der Wissenschaften 1914-1932. Wiley, 2005: 245.
[36] Truscott A G, Strecker K E, Mcalexander W I, et al. Science, 2001, 291(5513): 2570.
[37] Holzmann M, Fuchs J-N, Baym G A, et al. Comptes Rendus Physique, 2004, 5(1): 21.
[38] Giorgini S, Pitaevskii L, and Stringari S. J. Low Temp. Phys., 1997, 109(1): 309.
[39] Gerbier F, Thywissen J H, Richard S, et al. Phys. Rev. Lett., 2004, 92(3): 030405.
[40] Lieb E H, Seiringer R, and Yngvason J. Bosons in a trap: A rigorous derivation of the Gross-Pitaevskii energy functional//Thierring W: The Stability of Matter: From Atoms to Stars. Springer, 2001: 685.
[41] Chester G. Phys. Rev. A, 1970, 2(1): 256.
[42] Clark B K and Ceperley D. Phys. Rev. Lett., 2006, 96(10): 105302.
[43] Theis M, Thalhammer G, Winkler K, et al. Phys. Rev. Lett., 2004,

93(12)：123001.
[44] Bloch I, Dalibard J, and Zwerger W. Rev. Mod. Phys., 2008, 80(3)：885.
[45] Timmermans E, Furuya K, Milonni P W, et al. Phys. Lett. A, 2001(3-4)：228.
[46] Marcelis B, van Kempen E G M, Verhaar B, et al. Phys. Rev. A, 2004, 70 (1)：012701.
[47] Phillips W D. Rev. Mod. Phys., 1998, 70(3)：721.
[48] Ketterle W, Durfee D, and Stamper-Kurn D M. Proceedings of the International School of Physics "Enrico Fermi". IOS Press, 1999.
[49] Bloch I and Greiner M. Adv. At. Mol. Opt. Phys., 2005, 52：1.
[50] Metcalf H J and Straten P V D. Evaporative Cooling//Metcalf H J and Straten P V D. Laser Cooling and Trapping. Springer, 1999：165.
[51] Roati G, Riboli F, Modugno G, et al. Phys. Rev. Lett., 2002, 89(15)：150403.
[52] Hadzibabic Z, Gupta S, Stan C A, et al. Phys. Rev. Lett., 2003, 91(16)：160401.
[53] Giorgini S, Pitaevskii L P, and Stringari S. Rev. of Mod. Phys., 2008, 80(4)：1215.
[54] Baker G A Jr. Phys. Rev. C, 1999, 60(5)：054311.
[55] Bishop R F, Gernoth K A, Walet N R, et al. Recent Progress In Many-Body Theories：Proceedings of the 10th International Conference, 2000.
[56] Gezerlis A and Carlson J. Phys. Rev. C, 2008, 77(3)：032801.
[57] Bartenstein M, Altmeyer A, Riedl S, et al. Phys. Rev. Lett., 2004, 92(20)：203201.
[58] Shin Y-I, Zwierlein M, Schunck C, et al. Phys. Rev. Lett., 2006, 97(3)：030401.
[59] Leggett A J. Diatomic Molecules and Cooper Pairs// Pękalski A and Prystawa J A. Modern Trends in the Theory of Condensed Matter. Springer, 1980：13.
[60] Nozières P and Schmitt-Rink S. J. Low Temp. Phys., 1985, 59(3)：195.
[61] Sá de Melo C A R, Randeria M and Engelbrecht J R. Phys. Rev. Lett., 1993, 71(19)：3202.
[62] Holland M, Kokkelmans S J, Chiofalo M L, et al. Phys. Rev. Lett., 2001, 87(12)：120406.
[63] Ketterle W, Inguscio M, and Salomon C. Ultracold Fermi Gases. Proceedings of the Varenna "Enrico Fermi" Summer School, 2007.

# 第2章　磁光阱中的冷原子

## §2.1　引言

磁光阱是实现 Bose-Einstein 凝聚的重要实验技术. 本章前半段将介绍磁光阱的工作原理以及实验上如何构造磁光阱,后半段则介绍磁光阱中原子气体的 Bose-Einstein 凝聚现象以及磁光阱(简谐势)中冷原子的物理性质.

Bose-Einstein 凝聚已成为物理学中近年来蓬勃发展的一个重要领域. 其基本思想可以上溯到 Bose 以及 Einstein 的工作,其中 Bose 提出了光量子的统计解释[1],Einstein 基于 Bose 的思想预言了无相互作用 Bose 子的凝聚现象[2][3]. 然而,很长一段时间内这一预言都没有被实验证实. 1938 年 London 受 $^4$He 超流现象的启发,认为超流很可能就是宏观尺度上的 Bose-Einstein 凝聚现象. 1947 年 Bogoliubov 基于 Bose-Einstein 凝聚现象,建立了 Bose 气体相互作用的微观理论[4]. 1956 年 Landau, Lifshitz, Penrose, Onsager 等人引入了非对角长程序的概念,并在此基础上讨论了超流同 Bose-Einstein 凝聚的关系.

原子气体 Bose-Einstein 凝聚的实验研究起始于 20 世纪 70 年代. 最后的实验实现得益于磁光阱技术以及先进的制冷方法. 最初的实验样品是自旋极化的氢(H)原子. 通过蒸发制冷样品,人们发现了类似于 Bose-Einstein 凝聚的现象. 20 世纪 80 年代,磁光阱和激光制冷技术的发明使得实验条件获得了突破. 这一突破对于冷原子的后续研究具有重要意义. 因此 1997 年诺贝尔物理学奖授予美国斯坦福大学的朱棣文,法国巴黎高等师范学院的 Cohen-Tannoudji 以及美国国家标准局的 Phillips,以表彰他们对发展激光冷却和陷俘原子的方法所做的贡献. 此后,人们选择了碱金属原子进行激光制冷实验,并最后于 1995 年成功地实现了 Bose-Einstein 凝聚现象[5]. 这一现象具有重要的理论意义. 2001 年诺贝尔物理学奖授予美国科学家 Cornell, Wieman 以及德国科学家 Ketterle,以表彰他们根据 Bose-Einstein 理论发现了一种新的物质状态——“碱金属原子稀薄气体的 Bose-Einstein 凝聚(BEC)态”.

Bose-Einstein 凝聚也为物理学的其他领域带来了福音. Bose-Einstein 凝聚系统为量子调控提供了一个理想的研究平台,也为人们认知新物态打开了全新的视野. 这体现在超冷原子的 Bose-Einstein 凝聚的研究与光晶格几何结构与维度、原子关联效应涉及的凝聚态现象的紧密结合;与量子涨落、空间和时间的无序、非平衡统计的联系;与Fermi子的关联特性、Hanbury-Brown Twiss(HBT)效应[6]、腔中凝聚体的特性、腔电动力学、精密测量等的结合;与拓扑量子态、量子磁性、量子涡旋、超冷异核分子的新奇量子态等的结合上.这些结合使得这个领域的发展充满了勃勃生机.Bose-Einstein凝聚在许多高新技术领域也展现出诱人的应用前景.人们可以利用冷原子的量子波动性来构造高精密原子光学器件,如具有超高灵敏度的原子干涉仪及陀螺仪等.由超冷原子系统已经发展出具有潜在应用价值的重要技术,包括原子激光、原子透镜、原子光栅、原子光刻等.基于超冷原子、分子的精密测量为新一代全球卫星导航、深空探测、微重力测量、地震预报、地下油田面积的勘测和油井的定位、工业精密测量与控制等提供了新的关键技术.显而易见,学习Bose-Einstein凝聚的原理以及制备是十分重要的.接下来就让我们开始本章的学习,一起领略Bose-Einstein凝聚的风采.

本章将从以下方面介绍原子气体的BEC:第一,磁光阱;第二,磁光阱中的冷原子;第三,磁光阱中非理想的Bose气体;第四,磁光阱中非理想Bose气体的元激发;第五,磁光阱中非理想Bose气体的涡旋;第六,磁光阱中非理想Bose气体的孤子;第七,磁光阱中非理想Bose气体的相干性;第八,磁光阱中非理想Bose气体的量子隧穿效应;第九,磁光阱中非理想Bose气体的热力学性质.

## §2.2　磁光阱

磁光阱是一种囚禁中性原子的有效技术.磁光阱技术的发明为研究冷原子性质,以及观测冷原子提供了技术支持.本节简述磁光阱的工作原理,以及在实验上构造磁光阱的具体方法.

### 2.2.1　磁光阱的工作原理

处于基态的原子总角动量$S=0$,体系不存在简并.在第一激发态$S=1$,当存在外加磁场时,激发态会出现Zeeman分裂,产生三个Zeeman子能级$m_s=-1$,$m_s=0$,$m_s=+1$,能级位移为

$$\Delta E=\mu B=\hbar\Delta\omega. \tag{2.2.1}$$

磁光阱中所加的外磁场$B$较弱且不均匀,沿$z$轴方向线性增加,即$B=bz$($b$为常参数).在$z=0$点,$B=0$.实验中,中性原子由两束沿$z$轴对射的激光来激发.调谐激光频率,保证$z=0$处的原子是负失谐状态.两束激光的偏振方向分别为$\sigma^+$,$\sigma^-$.

设激光频率为$\omega_L$,无外磁场时,原子从基态跃迁到第一激发态所对应的跃迁

频率为 $\omega$. 当激光频率满足：$\hbar\omega_L=\hbar\omega-\mu B$，$\hbar\omega_L=\hbar\omega+\mu B$，$\hbar\omega_L=\hbar\omega$ 时，三个 Zeeman 子能级发生共振(见图 2.2.1). 确切来说，位于 $z>0$ 处的原子会更多地吸收 $\sigma$-光子从而发生跃迁. 在时间平均上，这一过程等效于原子受到一个指向原点的束缚力. 对于 $z<0$ 处的原子，情况与之相反：原子在时间平均上受力方向与在 $z>0$ 时相反，但仍指向原点(上述原理是在一维情况下讨论的). 图 2.2.2 描述了三维磁光阱的结构[7].

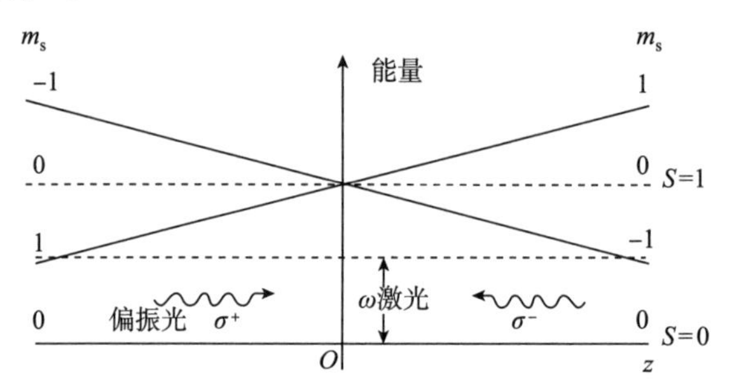


图 2.2.1 自旋 $S=0$ 的基态与自旋 $S=1$ 的激发态的能级图，外磁场 $B(z)=bz$($b$ 为常参数)，$m_s$ 为磁量子数. 激光对原子沿 $z$ 轴方向施加束缚力. 图片摘自[7]

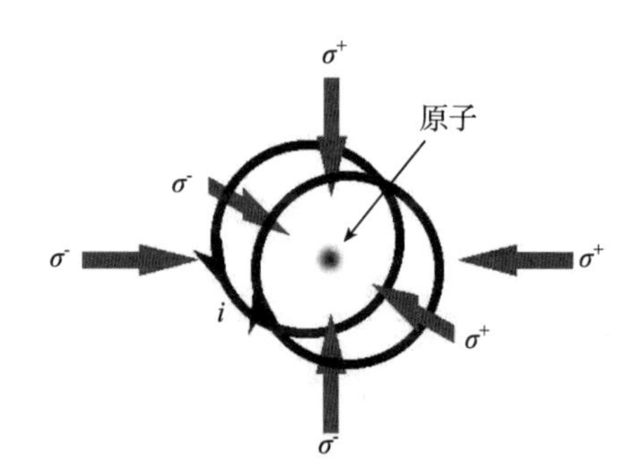


图 2.2.2 磁光阱的三维结构图. 两个通有反向电流的电磁线圈构成球四级势. 激光的极化方向同激发原子的方向一致. 图片摘自(2024-3-10)www.physics.otago.ac.nz/nx/jdc/experimental-aspects-of-bec.html

实际上，由于碱金属原子的基态能级具有超精细结构，总角动量并不为 0. 此时的 Zeeman 频移与上面所介绍的 Zeeman 频移形式上是一致的，只不过有效磁矩发生改变：

$$\mu'=(g_e m_e-g_g m_g)\mu_B, \tag{2.2.2}$$

$g$ 为相应能级的 Landé $g$ 因子，下标 e 和 g 分别表示激发态和基态. 此时磁光阱中的原子所受的散射力为[8]

$$F_{\pm}(z)=\hbar k\,\frac{\Gamma}{2}\frac{\Omega^2/2}{\delta_{\pm}^2+\Omega^2/2+\Gamma^2/4}, \tag{2.2.3}$$

其中 $\Omega$ 为 Rabi 频率，参数 $\Gamma$ 满足 $\frac{\Gamma}{2}=\frac{1}{T_2}$，$T_2$ 为横向弛豫时间，正负号表示激光的传播方向，激光的频率失谐随空间变化关系为

$$\delta_{\pm}(\nu,z)=\delta\mp k\cdot\nu\pm\mu' Az/\hbar. \tag{2.2.4}$$

当 Doppler 频移与 Zeeman 频移远小于激光失谐时，可对原子所受的总散射力按 $\nu$ 与 $r$ 展开，合并展开结果并略去最高次项得到

$$F(\nu,r)=-\alpha\nu-\kappa r. \tag{2.2.5}$$

当 $\nu$ 较小时，显然原子在磁光阱中所受的力满足简谐力的形式，所以磁光阱应为一简谐势阱. 简谐势阱中的碱金属气体在极低温下会发生 Bose-Einstein 凝聚现象.

### 2.2.2　各种形式的磁光阱[8]

#### 2.2.2.1　暗磁光阱

当磁光阱中的冷原子密度达到一定值时，散射荧光的辐射压力会与陷俘激光的束缚力达到平衡，所以在磁光阱中的原子密度存在一定的上限（当原子密度更大时，束缚力不足以抵消辐射压力）. 为了克服这一限制，理论上可通过降低光强来减小辐射压，但由于实验上使用的光源是激光，显然降低光强这一方法不可行. 最终 Ketterle 等人发明了暗磁光阱技术[9]. 原理是将势阱中的原子抽运到不吸收光的暗态上去，原子处于亮态的概率减小，辐射压力也就会减弱了，这样我们就可以提高磁光阱中的原子密度上限. 实现上述技术的实验手段是关闭反抽运，具体操作是：我们可在透过反抽运光的光窗上涂上一点黑斑，使投射到势阱中心的光没有反抽运的成分. 这样势阱中心的绝大多数原子就处于暗态. 实验证明，暗磁光阱不仅可以增加势阱中的原子密度上限，还能大大提高原子的寿命.

#### 2.2.2.2　自旋极化磁光阱（涡旋阱）

在通常的磁光阱中，激光的偏振方向和外磁场方向并不相同. 原子自旋受光偏振的影响，自旋方向变得十分杂乱无序. 这对自旋方向有要求的实验提出了限制. 为此，Walker 等人发明了自旋极化磁光阱[10][11]. 其实现方法是（以二维磁光阱为例）在磁光阱中加一对相对射的光束，中心处的磁场强度为 0，两边磁场方向相反，数值上逐渐增大. 保持一个方向上的两束激光并不严格对称，光轴错开距离 $2a$. 另一方向上，磁场均匀，两束激光偏振相同，且光强较大，光轴方向错开距离仍为 $2a$. 这样的两方向的光就会在平面上形成涡旋力. 该力同与磁场有关的弹性恢复力相结合，形成了使原子指向中心的恢复力. 这样使得原子出现了极化现象.

### 2.2.3　磁光阱中冷原子的制备实验

激光制冷后的碱金属原子气体会表现出 Bose-Einstein 凝聚现象. 实验上实现

稀薄碱金属气体 Bose-Einstein 凝聚的历史很短.在过去几十年中发展起来的磁光阱以及激光制冷技术大大提高了相空间中的重碱金属气体的密度.图 2.2.3 为实现磁光阱中碱金属气体制冷的实验装置简图.

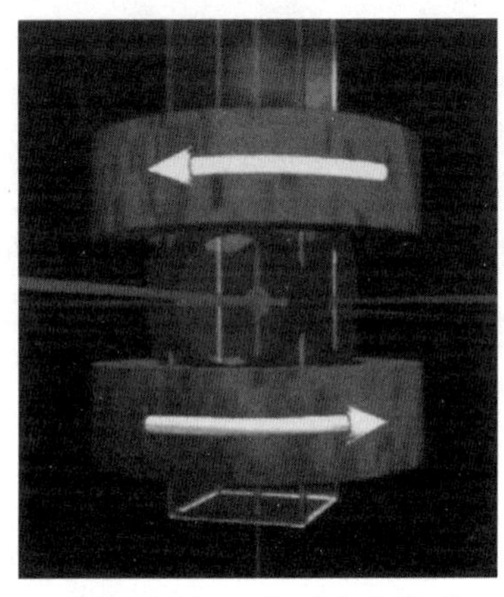

图 2.2.3 磁光阱的简图.六束激光在玻璃气室中汇聚.气室宽 2.5 cm,长 12 cm,激光束的直径为 1.5 cm.电磁线圈可以产生球四极场以及含时周期场的旋转横向分量.玻璃气室悬挂在钢铁室内.钢铁室内含有真空泵以及 Rb 蒸气源.图片摘自[5]

在超高真空的玻璃气室外面是电磁线圈,六束激光对着线圈中心进行照射,以实现碱金属气体的束缚.实验上使用的碱金属气体是 Rb 蒸气.Rb 蒸气首先经过激光制冷后导入气室中进行束缚,之后蒸发制冷使 Rb 蒸气进一步冷却下来.实验中所使用的时间旋转周期势(time orbiting potential)是大型的球四极场以及均匀的横向场,横向场以 7.5 kHz 的频率旋转[12].这使得有效平均势场呈三维轴向对称,并为实现碱金属蒸发制冷提供了紧致、稳定的势阱.

磁光阱中的蒸发制冷可以通过如下手段实现:将处于高能级的原子从磁光阱中释放出去,剩余的原子总能量下降,原子重新分布后便得到较低的温度.由于磁场会导致原子能级发生 Zeeman 劈裂,所以可以通过使用射频(RF)磁场实现上述的高能原子释放过程[12].我们调谐磁场频率以使部分原子跃迁到无势阱的自旋状态.此过程中要逐渐减小 RF 磁场频率,以实现最佳的制冷状态.体系的最终状态以及相空间的密度矩阵取决于最终的 RF 磁场频率.

实验上可把 Rb 蒸气从 300 K 降温到了几百 nK,具体的操作如下:

(1)前 300 s,利用磁光阱中光场的作用力束缚室温下的原子,原子所受到的光压约为 $10^{-11}$ Torr.此时我们使用的是暗磁光阱(前文已提到暗磁光阱中可以束缚大量的原子,此实验中在低压条件下可束缚大约 $10^7$ 个原子[13]).

(2)通过调整磁场梯度以及激光频率将 Rb 蒸气进行压缩并降温到 20 μK[14].

(3)施加偏置磁场以及周期性的极化激光脉冲,激光脉冲激发原子,使原子磁矩同磁场的偏置方向平行[15].

(4)撤掉激光,在粒子周围施加时间周期势,1 ms 之后施加四极旋转场.

(5)含时周期性势场中的四极场增加到最大值,此时弹性碰撞概率增加了近 5 倍.

至此,我们在势阱中束缚了大约 $4\times10^6$ 个温度为 90 μK 的原子. 势阱的坐标振荡频率为 120 Hz,此时的粒子数密度为 $2\times10^{10}$ $\mathrm{cm^{-3}}$. 碰撞频率大致为每秒三次[15],而粒子逸出势阱的频率为每 70 s 一个. 接下来将样品蒸发制冷 70 s,其间 RF 频率以及旋转场场强都缓慢减小. 蒸发频率将决定最后势阱中所剩余的原子数. 蒸发频率与密度峰值的关系如图 2.2.4 所示.

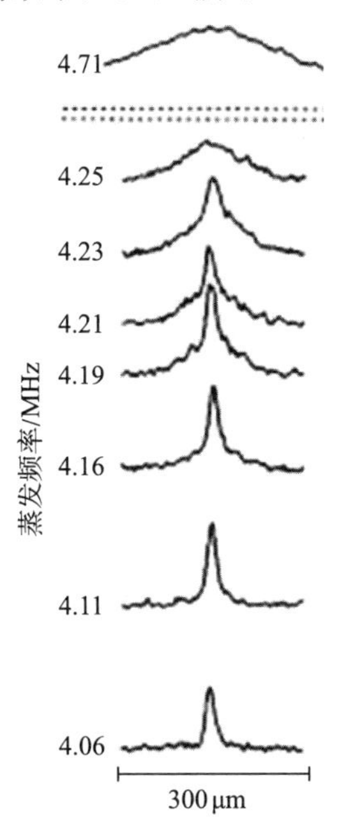


图 2.2.4　当蒸发制冷频率逐渐减小时的密度分布图. 蒸发频率达到 4.23 MHz,体系温度为 170 nK 时,出现明显的峰值,发生 Bose-Einstein 凝聚. 图片摘自[5]

由图 2.2.4 可知,当蒸发频率达到 4.23 MHz(体系温度为 170 nK)时体系出现明显的峰值,此时发生了 Bose-Einstein 凝聚. 当蒸发频率低于 4.23 MHz 时,图像较为扁平,体系没有达到发生 Bose-Einstein 相变的临界温度.

## §2.3　磁光阱中的冷原子

由上节的介绍可以看出磁光阱对冷原子的束缚力的大小同 $z$ 方向的距离成正比,所以磁光阱是简谐势(忽略阻尼作用). 下面讨论简谐势场中冷原子的物理性

质.简谐势的势能表达式为

$$V_{\text{ext}}(r)=\frac{m}{2}(\omega_x^2x^2+\omega_y^2y^2+\omega_z^2z^2). \tag{2.3.1}$$

由于无相作用的多粒子体系的 Hamilton 量等于多个单粒子体系的 Hamilton 量的线性叠加,所以易得多粒子体系的能级表达式为(不考虑相互作用)

$$\varepsilon_{n_xn_yn_z}=\left(n_x+\frac{1}{2}\right)\hbar\omega_x+\left(n_y+\frac{1}{2}\right)\hbar\omega_y+\left(n_z+\frac{1}{2}\right)\hbar\omega_z, \tag{2.3.2}$$

其中 $n_x,n_y,n_z$ 为非负整数.当 $n_x=0,n_y=0,n_z=0$ 时,即可得到体系的基态波函数.由于体系是 Bose 系统(粒子间不存在相互作用),故基态波函数可写为

$$\Phi(r_1,\cdots,r_N)=\prod_i\varphi_0(r_i), \tag{2.3.3}$$

其中 $\varphi_0(r)$为单个 Bose 子的基态波函数,可以写作

$$\varphi_0(r)=\left(\frac{m\omega_{\text{ho}}}{\pi\hbar}\right)^{3/4}\exp\left[-\frac{m}{2\hbar}(\omega_xx^2+\omega_yy^2+\omega_zz^2)\right], \tag{2.3.4}$$

$\omega_{\text{ho}}$ 为谐振子频率的几何平均值,有

$$\omega_{\text{ho}}=(\omega_x\omega_y\omega_z)^{1/3}. \tag{2.3.5}$$

此时的粒子数分布 $n(r)=N|\varphi_0(r)|^2$.由(2.3.4)式可得谐振子的特征长度为 $a_{\text{ho}}=\left(\frac{\hbar}{m\omega_{\text{ho}}}\right)^{1/2}$.经实验验证 $a_{\text{ho}}$ 的量级为 1 μm.粒子分布半径大于谐振子的特征长度 $a_{\text{ho}}$.此时满足经典极限($k_BT\gg\hbar\omega_0$).由 Boltzmann 分布得 $n(r)\propto\exp[-V_{\text{ext}}(r)/k_{\text{B}}T]$.简谐势的势函数为 $V_{\text{ext}}(r)=(1/2)m\omega_{\text{ho}}^2r^2$.Gauss 宽度为 $R_{\text{T}}=a_{\text{ho}}(k_{\text{B}}T/\hbar\omega_0)^{1/2}$.容易看出 Gauss 宽度大于简谐势的特征长度,故采用 Bose 分布作为简谐势中的冷原子分布的近似是合适的.

在 Bose 系统中,有限温下时,部分原子会受热激发到较高的能级.然而在极低温下,热激发作用极弱,大部分粒子都会处于基态,就会形成所谓的 Bose-Einstein 凝聚现象.

显然磁光阱中的冷原子会出现上述 Bose-Einstein 凝聚现象.图 2.3.1 是 5000 个球势阱中温度为 $T=0.9T_c^0$ 的 Bose 子分布图,其中 $T_c^0$ 是发生 Bose-Einstein 相变的临界温度.$n(z)=\int n(x,0,z)\mathrm{d}x$,即 $z$ 方向的粒子数密度.

通过对基态波函数做 Fourier 变换,我们可得出体系的动量分布.对于粒子数较大的体系,极低温下的动量分布是 Gauss 分布.动量为零的粒子处于分布的中心.分布的特征长度正比于 $a_{\text{ho}}^{-1}$.

当气体原子的相互作用较强时,不可将气体看作理想气体.此时分布函数也会发生明显改变.存在相互作用的冷原子体系将在下节谈到.

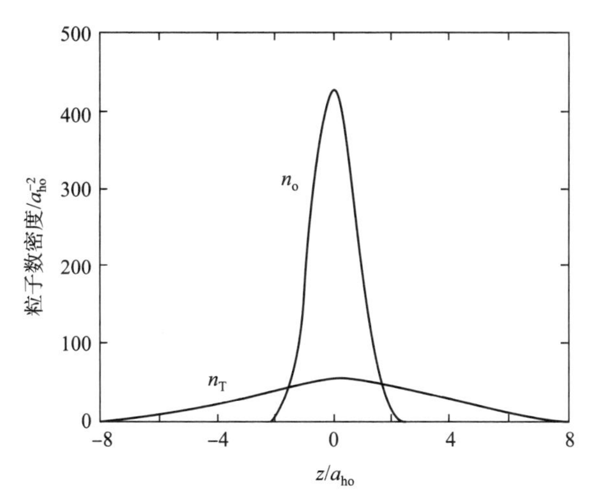


图 2.3.1　在 $T=0.9T_c^0$ 下的 5000 个无相互作用的 Bose 子的密度分布图. 分布中心的峰值表示体系处于凝聚态. 其中距离和粒子数密度的标度单位是 $a_{ho}$ 以及 $a_{ho}^{-2}$. 图片摘自[16]

## §2.4　磁光阱中非理想的 Bose 气体

### 2.4.1　平均场近似

为研究简谐势阱中非理想原子气体的性质，首先要写出此多粒子体系的 Hamilton 量：

$$\hat{H}=\int \mathrm{d}r\hat{\psi}^{\dagger}(r)\left[\frac{-\hbar^2}{2m}\nabla+V_{\text{ext}}(r)\right]\hat{\psi}(r)$$
$$+\frac{1}{2}\int \mathrm{d}r\mathrm{d}r'\hat{\psi}^{\dagger}(r)\hat{\psi}^{\dagger}(r')V(r-r')\hat{\psi}(r)\hat{\psi}(r'),\qquad(2.4.1)$$

其中 $\hat{\psi}(r')$，$\hat{\psi}(r)$是 Bose 子的场算符，$V(r-r')$是两体相互作用项. 体系的基态波函数以及热力学性质都可以由(2.4.1)式的 Hamilton 量给出. Krauth 曾提出了利用路径积分 Monte-Carlo 方法计算 $10^{14}$ 个相互作用的粒子的热力学性质的方法[16]. 他所采用的势阱是具有排斥势的球形阱. 尽管在理论上要得到较为精确的数值解需要巨大的计算量，但实际上，我们可以使用平均场近似来简化这一模型，而且平均场近似也使物理图像更为清晰，并可对体系的热力学性质以及动力学性质做出预测.

本书使用的平均场近似方法是 Bogoliubov 平均场近似. 此近似通过引入准粒子的方法，将存在相互作用的粒子转化为无相互作用的准粒子. 首先将场算符写为

$\hat{\psi}(r)=\sum_{\alpha}\psi_{\alpha}(r)a_{\alpha}$，其中 $\psi_{\alpha}(r)$ 是单粒子的波函数，$a_{\alpha}$ 是湮灭算符. 产生算符 $a_{\alpha}^{\dagger}$，与湮灭算符 $a_{\alpha}$ 在 Fock 空间的定义为

$$a_{\alpha}^{\dagger}|n_0,n_1,\cdots,n_{\alpha}+1\rangle=\sqrt{n_{\alpha}+1}\,|n_0,n_1,\cdots,n_{\alpha}+1\rangle, \tag{2.4.2}$$

$$a_{\alpha}|n_0,n_1,\cdots,n_{\alpha}+1\rangle=\sqrt{n_{\alpha}+1}\,|n_0,n_1,\cdots,n_{\alpha}-1\rangle, \tag{2.4.3}$$

其中 $n_{\alpha}$ 是粒子数的本征态，满足 $\hat{n}_{\alpha}=a_{\alpha}^{\dagger}a$. 产生算符与湮灭算符满足如下对易关系：

$$[a_{\alpha},a_{\beta}^{\dagger}]=\delta_{\alpha,\beta},\quad [a_{\alpha},a_{\beta}]=0,\quad [a_{\alpha}^{\dagger},a_{\beta}^{\dagger}]=0. \tag{2.4.4}$$

当发生 Bose-Einstein 凝聚时，大部分原子聚集在某一基态上. 在热力学近似 $(N\to\infty)$ 下，在基态上产生或消灭有限个粒子对整个体系的量子态不会产生很大的影响. 换言之，产生算符与湮灭算符具有与 c 数类似的性质 $a_0=a_0^{\dagger}=\sqrt{N_0}$. 设均匀气体所占据的体积为 $V$，$|0\rangle$ 为发生 Bose-Einstein 凝聚的基态. 基态波函数为 $\psi_0=1/\sqrt{V}$. 多粒子体系的波函数可写作 $\hat{\psi}(r)=\sqrt{N_0/V}+\hat{\psi}'(r)$，将其中的 $\hat{\psi}'(r)$ 看作微扰项，我们就得到了一级的平均场近似. 对于含时的平均场近似可写作形式：

$$\hat{\psi}(r,t)=\varphi(r,t)+\varphi'(r,t). \tag{2.4.5}$$

将上式代入(2.4.1)式可得

$$\begin{aligned}\mathrm{i}\hbar\frac{\partial}{\partial t}\hat{\psi}(r,t)&=[\hat{\psi},\hat{H}]\\&=\left[-\frac{\hbar^2\nabla^2}{2m}+V_{\mathrm{ext}}(r)+\int\hat{\psi}^{\dagger}(r',t)V(r'-r)\hat{\psi}(r',t)\right]\psi(r,t)\mathrm{d}r.\end{aligned} \tag{2.4.6}$$

当原子间距很小时，粒子间的相互作用项 $V(r-r')$ 较大，不可以使用 $\varphi$ 来代替 $\psi$. 当 s 波散射的散射长度为常数时，可做近似：

$$V(r'-r)=g\delta(r'-r), \tag{2.4.7}$$

其中耦合常数 $g$ 同散射长度 $a$ 的关系是

$$g=\frac{4\pi\hbar^2 a}{m}. \tag{2.4.8}$$

将势能近似以及 $\varphi$ 代入(2.4.6)式得到一级近似方程

$$\mathrm{i}\hbar\frac{\partial}{\partial t}\varphi(r,t)=\left(\frac{-\hbar^2\nabla^2}{2m}+V_{\mathrm{ext}}(r)+g|\varphi(r,t)|^2\right)\varphi(r,t). \tag{2.4.9}$$

上式被称为 Gross-Pitaevskii 方程[17][18]. 如上所述，使用 Gross-Pitaevskii 方程的条件是 s 波散射长度远小于原子间的平均距离，以及处于凝聚态的原子数远远大于 1. 在极低温下，可以使用 Gross-Pitaevskii 方程来研究系统的宏观行为.

体系的相互作用强度可以用散射体积 $|a|^3$ 内的粒子数($\bar{n}|a|^3$)来描述. 当 $\bar{n}|a|^3\ll 1$ 时，我们称体系为稀薄气体. 对于实验上得到的几种 Bose-Einstein 凝聚

有：$^{23}$Na，$a=2.75$ nm[19]；$^{87}$Rb，$a=5.77$ nm[20]；$^{7}$Li，$a=-1.45$ nm[21]. 由此可见碱金属的 $\bar{n}|a|^3$ 通常小于 $10^{-3}$，故碱金属气体大多为稀薄气体. 值得注意的是稀薄气体并不意味着粒子间的相互作用的效果很弱，因为粒子的相互作用还要同粒子在束缚阱中动能相比较. 对于简谐势中基态原子间的相互作用项可做估计 $E_{\text{int}}\propto N^2|a|/a_{\text{ho}}^3$，$a_{\text{ho}}$ 的定义可见 §2.2. 此外体系的动能项可以近似为 $E_{\text{kin}}\propto Na_{\text{ho}}^{-2}$. 此时动能与势能之比为

$$\frac{E_{\text{int}}}{E_{\text{kin}}}\propto\frac{N|a|}{a_{\text{ho}}}. \tag{2.4.10}$$

由上式可见，即使 $\bar{n}|a|^3\ll 1$，气体仍存在较强的相互作用.

### 2.4.2　非理想 Bose 气体的基态

对于简谐势中的无相互作用的 Bose 气体，气体原子分布为 Gauss 分布. Gauss 分布宽度为 $a_{\text{ho}}$，分布中心的粒子密度正比于粒子数 $N$. 如果原子存在相互作用 $\left(\frac{N|a|}{a_{\text{ho}}}\gg 1\right)$，则气体原子分布会明显偏离 Gauss 分布. Gross-Pitaevskii 方程中的散射波长度可正可负，其大小与正负取决于原子之间的相互作用势. $a$ 值为正，则原子间的相互作用势为排斥势. $a$ 值为负，原子间的相互作用势为吸引势. 若为排斥势，则分布中心的粒子数减少. 若为吸引势，则分布中心的粒子数增多. 我们先讨论，原子间的相互作用对基态的影响.

存在相互作用的体系的基态解可以由平均场近似获得. 我们将凝聚态波函数写为 $\varphi(r,t)=\varphi(r)\exp(-\mathrm{i}\mu t/\hbar)$，其中 $\mu$ 为化学势，波函数 $\varphi$ 满足归一化条件 $\int\varphi^2\mathrm{d}r=N_0=N$. 将该波函数代入 Gross-Pitaevskii 方程得到

$$\left(-\frac{\hbar^2\nabla^2}{2m}+V_{\text{ext}}(r)+g\varphi^2(r)\right)\varphi(r)=\mu\varphi(r). \tag{2.4.11}$$

这一方程是非线性的 Schrödinger 方程，非线性项 $g\varphi^2(r)$ 源自平均场近似. 当原子间的相互作用为 0 时，上式退化为一般的 Schrödinger 方程. Gross-Pitaevskii 方程的数值解法由 Edwards 和 Brunett 提出[22]. 不同的 $\frac{N|a|}{a_{\text{ho}}}$ 对应于不同的波函数解（见图 2.4.1）.

让我们设想一个球势，势场频率为 $\omega_{\text{ho}}$，让我们用 $a_{\text{ho}}$，$a_{\text{ho}}^{-3}$，$\hbar\omega_{\text{ho}}$ 来重新标度长度、密度和能量（用上面带波浪号的物理量表示标度后的物理量）. 重新标度后的 Gross-Pitaevskii 方程变为

$$[-\tilde{\nabla}^2+\tilde{r}^2+8\pi(Na/a_{\text{ho}})\tilde{\varphi}^2(\tilde{r})]\tilde{\varphi}(\tilde{r})=2\tilde{\mu}\tilde{\varphi}(\tilde{r}). \tag{2.4.12}$$

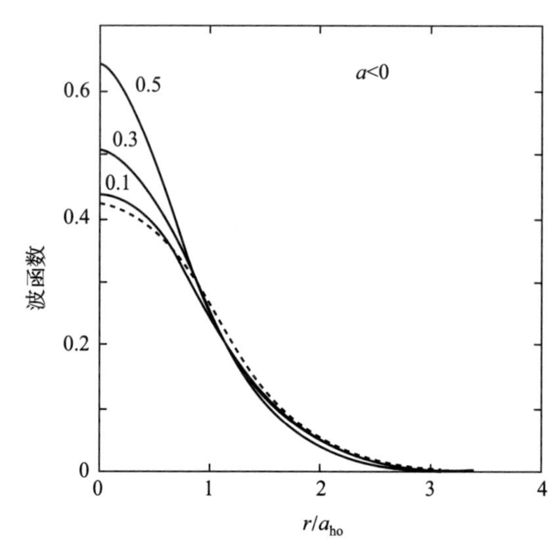


图 2.4.1 $T=0$ 时的波函数图像，其中势阱为球势阱，原子间的相互作用势为吸引势，对应的 $\frac{N|a|}{a_{\text{ho}}}$ 为 0.1，0.3，0.5. 其中虚线代表无相互作用的理想气体. 图片摘自[16]

标度后的波函数仍然满足归一化条件 $\int|\tilde{\varphi}|^2\mathrm{d}\tilde{r}=1$. 值得注意的一点是：Gross-Pitaevskii 方程稳定解对应的能量为在一定粒子数下能量的局域最小值（这同量子力学的变分法思想类似）. 由于基态不存在概率流，能量只是粒子密度的函数，可写作

$$\begin{aligned}E(n)&=\int\left[\frac{\hbar^2}{2m}\left|\nabla\sqrt{n}\right|^2+nV_{\text{ext}}(r)+\frac{gn^2}{2}\right]\mathrm{d}r\\&=E_{\text{kin}}+E_{\text{ho}}+E_{\text{int}}.\end{aligned}\tag{2.4.13}$$

通过直接对(2.4.11)式进行积分可得

$$\mu=(E_{\text{kin}}+E_{\text{ho}}+2E_{\text{int}})/N.\tag{2.4.14}$$

实际上，在 Gross-Pitaevskii 方程的解附近对 $\varphi$ 值做微小的改变，能量仍是稳定的. 采取变换：

$$\varphi(x,y,z)\rightarrow(1+\nu)^{1/2}\varphi[(1+\nu)x,y,z].\tag{2.4.15}$$

将此变换代入能量 $E$ 的表达式：

$$E(\varphi)=\int\left[\frac{\hbar^2}{2m}|\nabla\varphi|^2+V_{\text{ext}}(r)|\varphi|^2+\frac{g}{2}|\varphi|^4\right]\mathrm{d}r.\tag{2.4.16}$$

通过对能量做变分并在一级展开式中消去 $\nu$ 可以得到

$$(E_{\text{kin}})_x-(E_{\text{ho}})_x+\frac{1}{2}E_{\text{int}}=0,\tag{2.4.17}$$

其中$(E_{\mathrm{kin}})_x=\langle\sum_i p_{ix}^2\rangle/2m$，$(E_{\mathrm{ho}})_x=(m/2)\omega_x^2\langle\sum_i x_i^2\rangle$. 在 $y$，$z$ 方向采取相同的变换，对三个方向求和得到

$$2E_{\mathrm{kin}}-2E_{\mathrm{ho}}+3E_{\mathrm{int}}=0. \tag{2.4.18}$$

上式可用于检验 Gross-Pitaevskii 方程的数值解.

实验上，我们先用势阱将气体束缚，之后突然关闭势阱. 粒子的动能可以通过对逸出粒子的速度做积分求得. 对逸出粒子的速度进行积分所得到的能量也叫作释放能，易得释放能的表达式为

$$E_{\mathrm{rel}}=E_{\mathrm{kin}}+E_{\mathrm{int}}. \tag{2.4.19}$$

在展开的第一阶，粒子以恒定的速度扩散，扩散过程中保持能量守恒. 理论上我们可以预测，无相互作用体系的单粒子的释放能与粒子数无关，然而实验却给出单粒子释放能与粒子数具有很强的关联性. 这说明原子间的相互作用是确实存在的.

量子压力(动能)与凝聚态的粒子间的相互作用达到平衡时定义了一个特征长度，此长度被称为恢复长度(healing length)$\xi$. 如果凝聚态的 $\xi$ 从 0 增加到了 $n$，则 Gross-Pitaevskii 方程中的量子压力及相互作用项可以写为 $\hbar^2/(2m\xi^2)$，以及 $4\pi\hbar^2 an/m$. 当量子压力与相互作用项相等时可以求得 $\xi$ 为

$$\xi=(8\pi na)^{-1/2}. \tag{2.4.20}$$

在磁光阱中，我们可以由中心的粒子密度或者平均密度来找到恢复长度的量级. 这也提供了涡旋中心的尺度，这一长度通常也被称为关联长度.

### 2.4.3　吸引相互作用

如果粒子间的相互作用力是吸引力($a<0$)，势阱中心的粒子数密度趋于增加. 这样可以降低原子间的相互作用能量，使体系更趋于稳定. 然而体系的动能具有使粒子远离中心的趋势. 当中心处粒子数密度过大时，动能就不能抵消掉体系凝聚的趋势，最后体系会塌缩掉. 设体系维持稳定时的粒子密度临界值为 $N_{\mathrm{cr}}$，临界值的量级为 $a_{\mathrm{ho}}/|a|$. 此处值得指出的一点是：均匀气体不存在量子压强，所以不存在稳定的凝聚态.

$N_{\mathrm{cr}}$ 的具体数值可由零温下的 Gross-Pitaevskii 方程求得，对于不同粒子数体系，体系能量的局域最小值也不相同. 当粒子数增加时，局域最小值的宽度(the width of the local minimum)减小. 当粒子数超过 $N_{\mathrm{cr}}$ 时，Gross-Pitaevskii 方程不存在解. 对于球形势阱，粒子数临界值满足[23]

$$\frac{N_{\mathrm{cr}}|a|}{a_{\mathrm{ho}}}=0.575. \tag{2.4.21}$$

对于束缚在坐标对称势阱中的 $^7\mathrm{Li}$，Gross-Pitaevskii 方程预测的临界粒子数

$N_{cr}\approx 1400$，这一数值同最近实验所测得的数据相吻合. 硬球势中使体系能量达到最小的波函数(实际上是根据实验数据推测的)为

$$\varphi(r)=\left(\frac{N}{w^3 a_{ho}^3\pi^{3/2}}\right)^{1/2}\exp\left(\frac{-r^2}{2w^2 a_{ho}^2}\right), \tag{2.4.22}$$

其中 $w$ 是变分参数(variational parameter)，它用来确定凝聚宽度(width of condensate)，我们可以得到最小能量的关系式

$$\frac{E(w)}{N\hbar\omega_{ho}}=\frac{3}{4}(w^{-2}+w^2)-(2\pi)^{-1/2}\frac{N|a|}{a_{ho}}w^{-3}. \tag{2.4.23}$$

能量与参数 $w$ 的关系如图 2.4.2 所示.

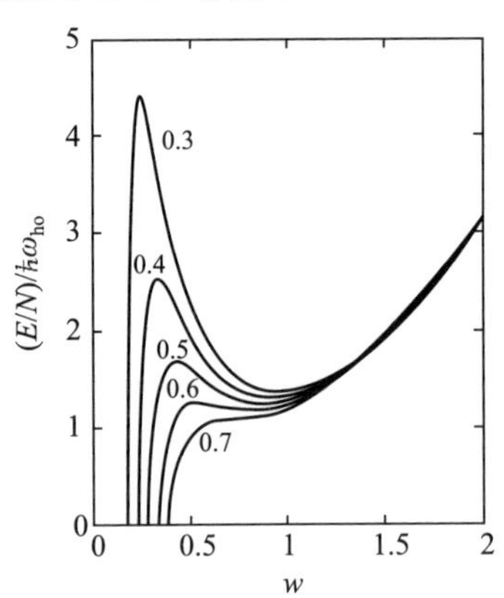


图 2.4.2 单个粒子所具有的能量，标度单位为 $\hbar\omega_{ho}$. 所研究的为球形势中有吸引相互作用的粒子. 横坐标为 Gauss 模型下的有效宽度. 曲线上的参数是 $N|a|/a_{ho}$ 的值，当粒子数达到 $N=N_{cr}$ 时能量不存在局域最小值. 图片摘自[16]

我们从图 2.4.2 中可以看出当常数 $N|a|/a_{ho}$ 取值超过一定的临界值时，体系的能量不存在最小值. 使能量的一阶导数和二阶导数为零，我们可以求得此时对应 $N_{cr}|a|/a_{ho}=0.671$，$w_{cr}=5^{-1/4}\approx 0.669$. 第一个式子也提供了对体系总粒子数的估计值. 对于吸引相互作用的稳定性研究可参考 Pérez-García[24]，Shi，Zheng[25] 等人的工作.

当粒子数达到一定值时，体系会发生塌缩，本文不对塌缩时的物理性质做描述.

### 2.4.4 排斥相互作用

当原子间的相互作用为排斥相互作用($a>0$)时，我们主要讨论体系在 $Na/a_{ho}\gg 1$ 极限下的物理行为(大多数物理实验都满足这一极限，此外在该极限下进行平均场近似也较为简单)[18][26].

当常数 $Na/a_{ho}$ 增大时，分布中心的粒子数密度将明显减小，Gauss 分布变宽，

处于外围的粒子增多. 此时 Gross-Pitaevskii 方程中的量子压力将正比于$\nabla^2\sqrt{n(r)}$. 可见只有边缘处原子的量子压力对 Hamilton 量贡献较大. 而在体系中心的原子的量子压力明显小于粒子间的相互作用项. 此时,我们可以完全忽略量子压力,若只考虑原子间的相互作用,则可以得到粒子数密度的表达式为

$$n(r)=\varphi^2(r)=g^{-1}[\mu-V_{\text{ext}}(r)]. \tag{2.4.24}$$

上式说明只有在 $\mu>V_{\text{ext}}(r)$的区域才有粒子布居. 当上述条件不满足时粒子密度为 0. 这一条件称为 Thomas-Fermi 近似. 由波函数的归一条件,我们可以得到化学势同粒子数的关系为

$$\mu=\frac{\hbar\omega_{\text{ho}}}{2}\left(\frac{15Na}{a_{\text{ho}}}\right)^{2/5}. \tag{2.4.25}$$

此外由化学势的表达式 $\mu=\partial E/\partial N$,可以得到平均每个粒子所具有的能量为 $(5/7)\mu$. 这一能量包括粒子间的相互作用能以及谐振子能量. 当体系的原子数目很多时,动能较弱可忽略不计. 在此极限下,我们可以求得单个粒子所对应的释放能为 $E_{\text{rel}}/N=(2/7)\mu$. 此时,数值求解 Gross-Pitaevskii 方程得到的相互作用与谐振子能量接近于 Thomas-Fermi 近似的值[27]. 设 $\mu=V_{\text{ext}}(R)$为粒子数密度消失的经典转折点. 对于球形势阱,化学势满足 $\mu=m\omega_{\text{ho}}^2R^2/2$. 将该化学势代入(2.4.25)式,我们可以得到凝聚态的半径为

$$R=a_{\text{ho}}\left(\frac{15Na}{a_{\text{ho}}}\right)^{1/5}. \tag{2.4.26}$$

在 Thomas-Fermi 近似下,势阱中心的粒子密度为 $n_{\text{TF}}(0)=\mu/g$. 这比处于势阱中心无相互作用理想气体的预测粒子数密度低很多. 我们可以求得理想气体预测的粒子数密度为 $n_{\text{ho}}(0)=N/(\pi^{3/2}a_{\text{ho}}^3)$,两种情况下势阱中心的粒子数密度之比为

$$\frac{n_{\text{TF}}(0)}{n_{\text{ho}}(0)}=\frac{15^{2/5}\pi^{1/2}}{8}\left(\frac{Na}{a_{\text{ho}}}\right)^{-3/5}. \tag{2.4.27}$$

对于势阱中的$^{23}$Na 与$^{87}$Rb,常数 $Na/a_{\text{ho}}$ 的范围为 $10\sim10^4$. 可见原子间的排斥相互作用在 1~2 个量级上减少了粒子数密度. 当 $Na/a_{\text{ho}}=100$ 时,做出球势阱中的粒子数密度图像(图 2.4.3).

将图 2.4.3 同 Gross-Pitaevskii 方程的精确解比较得出:Thomas-Fermi 近似给出的结果是十分准确的(在接近于 $R$ 的表面区域除外). 将 Thomas-Fermi 近似[(2.4.24)式]用于简谐势阱 $V_{\text{ext}}=(1/2)m\omega_{\text{ho}}^2r^2$,我们可以得到粒子密度:

$$n(z)=(4/3)[2/(m\omega_{\text{ho}}^2)]^{1/2}g^{-1}[\mu-(1/2)m\omega_{\text{ho}}^2z^2]^{3/2}. \tag{2.4.28}$$

这一结果甚至比传统的结果更为准确,因为额外的积分项使得凝聚态边缘的尖峰更加平缓.

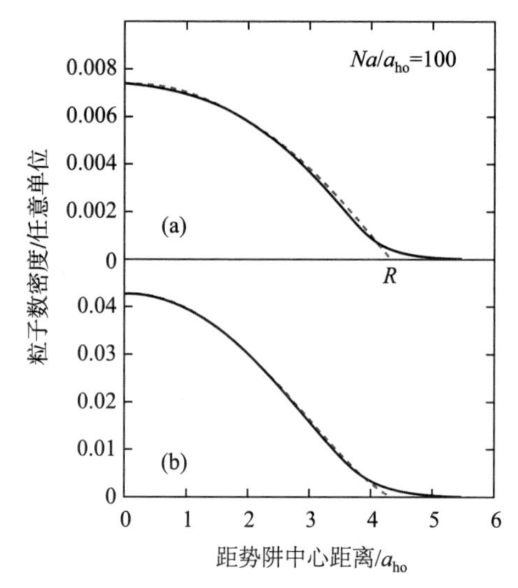


图 2.4.3 球势阱中的排斥相互作用的粒子数密度图像. 势阱参数为 $Na/a_{\mathrm{ho}}$. 图中实线是 Gross-Pitaevskii 方程的稳定解，虚线是 Thomas-Fermi 近似下的解. 上部分的粒子数密度的标度单位是任意单位(arbitrary unit). 而距势阱中心的距离的单位是 $a_{\mathrm{ho}}$，经典转折点为 $R=4.31a_{\mathrm{ho}}$. 图片摘自[16]

在经典的转折点，Thomas-Fermi 近似并不准确. 我们可以利用零点动能与外部的势函数来确定凝聚态的边缘部分，其间我们定义有效表面厚度 $d$. 对于球势阱我们假定动能和外场势能的形式分别为 $\hbar^2/(2md^2)$，$m\omega_{\mathrm{ho}}^2Rd$. 达到平衡时我们可以得到

$$\frac{d}{R}=2^{-1/3}\left(\frac{a_{\mathrm{ho}}}{R}\right)^{4/3}. \tag{2.4.29}$$

当 Thomas-Fermi 近似成立时，上述比值十分小. 在满足 $R\gg a_{\mathrm{ho}}$ 的条件下，我们可以将表面厚度 $d$ 同恢复长度相比较得到 $\xi/R=(a_{\mathrm{ho}}/R)^2$. 可见随粒子数减小，恢复长度减小得更快. 在接近经典转折点处，我们可采用其他的近似方法. 实际上，当满足条件 $|r-R|\ll R$ 时，我们可以用线性项 $m\omega_{\mathrm{ho}}^2R(r-R)$ 来代替束缚势 $V_{\mathrm{ext}}(r)$. 假设势阱是球形势，动能满足渐近关系：

$$\frac{E_{\mathrm{kin}}}{N}\approx\frac{5\hbar^2}{2mR^2}\ln\left(\frac{R}{Ca_{\mathrm{ho}}}\right), \tag{2.4.30}$$

其中常数 $C$ 的值为 1.3. 由(2.4.14)，(2.4.18)，(2.4.30)式可以推出很重要的结果：

$$\mu=\mu_{\mathrm{TF}}\left[1+3\frac{a_{\mathrm{ho}}^4}{R^4}\ln\left(\frac{R}{Ca_{\mathrm{ho}}}\right)\right], \tag{2.4.31}$$

$$E=\frac{5}{7}N\mu_{\mathrm{TF}}\left[1+7\frac{a_{\mathrm{ho}}^4}{R^4}\ln\left(\frac{R}{Ca_{\mathrm{ho}}}\right)\right]. \tag{2.4.32}$$

上面两式就是在 Thomas-Fermi 近似下的化学势以及系统的总能量. 对束缚势下 Bose 气体基态采用 Thomas-Fermi 近似是一种十分有效的方法. 我们可由 Thomas-Fermi 近似方法得到体系的统计性质、动力学性质以及热力学性质.

## §2.5　磁光阱中非理想 Bose 气体的元激发

为了讨论元激发,让我们先回顾上一节所讨论的 Gross-Pitaevskii 方程,同 Schrödinger 方程一样,我们可以从 Gross-Pitaevskii 方程推出连续性方程:

$$\frac{-\hbar^2}{2m}\nabla^2\psi(r,t)+V(r)\psi(r,t)+U_0|\psi(r,t)|^2\psi(r,t)=\mathrm{i}\hbar\frac{\partial\psi(r,t)}{\partial t},\tag{2.5.1}$$

$$\frac{\partial|\psi|^2}{\partial t}+\nabla\cdot\left[\frac{\hbar}{2\mathrm{i}m}(\psi^*\nabla\psi-\psi\nabla\psi^*)\right]=0.\tag{2.5.2}$$

令 $n=|\psi|^2$ 为粒子数密度, $\nu=\frac{\hbar}{2\mathrm{i}m}\frac{(\psi^*\nabla\psi-\psi\nabla\psi^*)}{|\psi|^2}$,则可将连续性方程写为更为直观的形式:

$$\frac{\partial n}{\partial t}+\nabla\cdot(n\nu)=0.\tag{2.5.3}$$

令 $\psi=f\mathrm{e}^{\mathrm{i}\varphi}$,可以得到

$$\nu=\frac{\hbar}{m}\nabla\varphi,\tag{2.5.4}$$

$$m\frac{\partial\nu}{\partial t}=-\nabla\left(\tilde{\mu}+\frac{1}{2}mv^2\right),\tag{2.5.5}$$

其中 $\tilde{\mu}=V+nU_0-\frac{\hbar^2}{2m\sqrt{n}}\nabla^2\sqrt{n}$.

当体系不处于平衡态时(相对于平衡态有微小偏移),为寻找 Gross-Pitaevskii 方程周期解,我们将粒子数密度写成 $n=n_{\mathrm{eq}}+\Delta n$,其中 $n_{\mathrm{eq}}$ 是平衡态的粒子数密度, $\Delta n$ 代表偏移平衡态的粒子数密度,将粒子数密度代入得到

$$\frac{\partial\Delta n}{\partial t}=-\nabla\cdot(n_{\mathrm{eq}}\nu),\tag{2.5.6}$$

$$m\frac{\partial\nu}{\partial t}=-\nabla\Delta\tilde{\mu}.\tag{2.5.7}$$

对(2.5.6)式求微分,并用(2.5.7)式可得

$$m\frac{\partial^2\Delta n}{\partial t^2}=\nabla\cdot(n_{\mathrm{eq}}\nabla\Delta\tilde{\mu}).\tag{2.5.8}$$

上式描述了 Bose 气体在任意势阱中的元激发过程. 为考虑简谐势阱中的元激

发,我们首先考虑体系的 Hamilton 量:

$$H=\int\left[-\hat{\psi}^{\dagger}(r)\frac{\hbar^2}{2m}\nabla^2\hat{\psi}(r)+V(r)\hat{\psi}^{\dagger}(r)\hat{\psi}(r)+\frac{U_0}{2}\hat{\psi}^{\dagger}(r)\hat{\psi}^{\dagger}(r)\hat{\psi}(r)\hat{\psi}(r)\right]\mathrm{d}r. \tag{2.5.9}$$

由于体系存在不确定性(并不是所有的原子都凝聚在基态),可以将体系的波函数写为

$$\hat{\psi}(r)=\psi(r)+\Delta\hat{\psi}(r). \tag{2.5.10}$$

由于所研究体系的平均粒子数保持不变,所以为计算方便引入算符 $\hat{K}=\hat{H}-\mu\hat{N}$:

$$\begin{aligned}\hat{K}=\hat{H}-\mu\hat{N}=E_0-\mu N_0+\int\Big\{&-\Delta\hat{\psi}^{\dagger}(r)\frac{\hbar^2}{2m}\nabla^2\Delta\hat{\psi}(r)\\&+[V(r)+2U_0\mid\psi(r)\mid^2-\mu]\Delta\hat{\psi}^{\dagger}(r)\Delta\hat{\psi}(r)\\&+\frac{U_0}{2}\{\psi(r)^2[\Delta\hat{\psi}^{\dagger}(r)]^2+\psi^*(r)^2[\Delta\hat{\psi}(r)]^2\}\mathrm{d}r\Big\}.\end{aligned} \tag{2.5.11}$$

$\Delta\hat{\psi}(r)$与$\Delta\hat{\psi}^{\dagger}(r)$的 Heisenberg 绘景中的时间演化方程(此处算符 $K$ 来代替体系的 Hamilton 量)为

$$\mathrm{i}\frac{\partial\Delta\hat{\psi}}{\partial t}=[\Delta\hat{\psi},K],\quad \mathrm{i}\hbar\frac{\partial\Delta\hat{\psi}^{\dagger}}{\partial t}=[\Delta\hat{\psi}^{\dagger},K]. \tag{2.5.12}$$

将(2.5.11)式代入(2.5.12)式可以得到

$$\mathrm{i}\hbar\frac{\partial\Delta\hat{\psi}}{\partial t}=\left[\frac{-\hbar^2}{2m}\nabla^2+V(r)+2n_0(r)U_0-\mu\right]\Delta\hat{\psi}+U_0\psi(r)^2\Delta\hat{\psi}^{\dagger}, \tag{2.5.13}$$

$$-\mathrm{i}\hbar\frac{\partial\Delta\hat{\psi}^{\dagger}}{\partial t}=\left[\frac{-\hbar^2}{2m}\nabla^2+V(r)+2n_0(r)U_0-\mu\right]\Delta\hat{\psi}^{\dagger}+U_0\psi^*(r)^2\Delta\hat{\psi}. \tag{2.5.14}$$

为求解上述耦合方程,我们引入变换:

$$\Delta\hat{\psi}(r,t)=\sum_i u_i(r)[\alpha_i\mathrm{e}^{-\mathrm{i}\varepsilon_i t/\hbar}-\nu_i^*(r)\alpha_i^{\dagger}\mathrm{e}^{\mathrm{i}\varepsilon_i t/\hbar}], \tag{2.5.15}$$

其中 $\alpha_i$ 与 $\alpha_i^{\dagger}$ 为激发态的产生算符与湮灭算符. 由波函数的归一条件,我们可以看出 $u_i$ 满足 Bogoliubov 方程:

$$\left[\frac{-\hbar^2}{2m}\nabla^2+V(r)+2n_0(r)U_0-\mu-\varepsilon_i\right]u_i(r)-n_0(r)U_0\nu_i(r)=0, \tag{2.5.16}$$

$$\left[\frac{-\hbar^2}{2m}\nabla^2+V(r)+2n_0(r)U_0-\mu-\varepsilon_i\right]\nu_i(r)-n_0(r)U_0u_i(r)=0. \tag{2.5.17}$$

以上的推导是为了说明一旦我们知道了某一体系的本征值以及相应的 $u_i,\nu_i$，我们就可以得到体系的 $K$ 算符.其结果为 $K=\sum_i \varepsilon_i \alpha_i^\dagger \alpha_i + \text{const}$.

简谐势阱中的元激发可将基态上的原子激发到激发态上去.我们将基态写作 $|0^N\rangle$，将激发态写作 $|0^{N-1}n^1\rangle$，对原子的相互作用项做一级展开，得到体系的基态总能量：

$$E_0=\frac{N}{2}\hbar(\omega_1+\omega_2+\omega_3)+\frac{N(N-1)}{2}\langle 00|U|00\rangle, \tag{2.5.18}$$

其中 $\langle 00|U|00\rangle$ 表示两粒子间的相互作用项.激发态能量可以被写为

$$\begin{aligned}E_n=&\frac{N}{2}\hbar(\omega_1+\omega_2+\omega_3)\\&+n\hbar\omega_3\frac{(N-1)(N-2)}{2}\langle 00|U|00\rangle+2(N-1)\langle 0n|U|0n\rangle,\end{aligned} \tag{2.5.19}$$

最后一项的系数 2 源自 Hartree 和 Fock 项的相同贡献.

所以，元激发所需要的能量为

$$\varepsilon_n=E_n-E_0=n\hbar\omega_3+(N-1)(2\langle 0n|U|0n\rangle-\langle 00|U|00\rangle, \tag{2.5.20}$$

经简单的计算可以给出

$$\langle 01|U|01\rangle=\frac{1}{2}\langle 00|U|00\rangle,\quad \langle 02|U|02\rangle=\frac{3}{8}\langle 00|U|00\rangle. \tag{2.5.21}$$

从上式可以看出 $n=1$ 时的元激发频率与无相互作用的频率相同，当 $n=2$ 时(此处，我们假设粒子数远远大于 1)则有

$$\varepsilon_2=2\hbar\omega_3-\frac{N}{4}\langle 00|U|00\rangle. \tag{2.5.22}$$

以上过程中，我们并没有考虑由无相互作用引起的低能激发的退化(原子间的相互作用会减弱退化)，但较高能级的元激发同粒子数无关.

## §2.6　磁光阱中非理想 Bose 气体的涡旋

### 2.6.1　涡旋线

在介绍涡旋之前先让我们回顾 §2.4 中讲过的 Gross-Pitaevskii 方程，让我们换一种形式写出(2.4.11)式：

$$\left(\frac{-\hbar^2\nabla^2}{2m}+V_{\text{ext}}(r)-\mu+g|\psi_0(r)|^2\right)\psi_0(r)=0. \tag{2.6.1}$$

这一小节将讨论上述 Gross-Pitaevskii 方程的涡旋解.由于粒子数趋于 0 区域的尺度与恢复长度在一个量级，所以我们不能用传统的粒子流方法来描述涡旋解.此

外,涡旋并不是稳定的结构.只有当涡旋以很高的角速度旋转时,涡旋才对应方程(2.4.16)的最小值.量子化的涡旋线由 Onsager(1949)[28] 和 Feynman(1955)[29] 预测.

涡旋是研究超流的重要工具.我们知道超流体的旋转行为,同一般流体的旋转行为存在较大的区别.在常规体系中,与旋转相关的速度场可以用刚体的形式给出为 $\boldsymbol{v}=\boldsymbol{\Omega}\times\boldsymbol{r}$,然而这一速度场同上面给出的 $\boldsymbol{v}=\frac{\hbar}{m}\nabla\varphi$ 相矛盾,这使得我们不得不寻找一种新的旋转方式.

让我们设想原子气体处在半径为 $R$,母线长为 $L$ 的圆柱体中,并假设气体以圆柱体母线为轴绕轴旋转.现在我们求解此旋转体系的 Gross-Pitaevskii 方程.首先让我们假设 Gross-Pitaevskii 方程的解具有如下形式:

$$\psi_0(r)=\mathrm{e}^{\mathrm{i}s\varphi}|\psi_0(r)|, \tag{2.6.2}$$

其中 $r,\varphi,z$ 是柱坐标,波函数满足归一化条件 $|\psi_0|^2=n$,此外,波函数是角动量的本征态,其本征值为 $l_z=s\hbar$.所以涡旋的总角动量为 $L_Z=Ns\hbar$.其中 $s$ 是整数以保证波函数的解是单值的.由上述波函数我们还可以知道容器内气体绕轴旋转的切向速度为

$$v_s=\frac{\hbar}{m}\frac{s}{r}. \tag{2.6.3}$$

将上述旋转速度同刚体的旋转速度相比,我们会发现两者存在明显区别(两种旋转体的速度随半径变化如图 2.6.1 所示).刚体的切向旋转速度与 $r$ 成正比,满足 $\boldsymbol{v}=\boldsymbol{\Omega}\times\boldsymbol{r}$.速度沿中心为 $z$ 轴的圆环做环路积分得到

$$\oint v_s\cdot\mathrm{d}l=2\pi s\frac{\hbar}{m}. \tag{2.6.4}$$

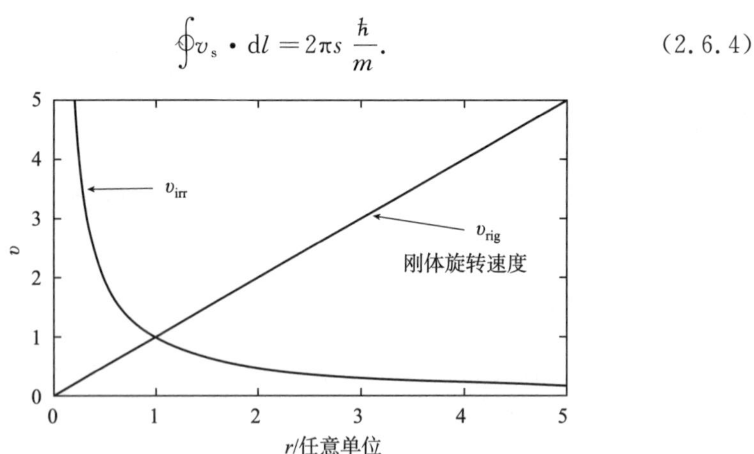


图 2.6.1 无旋和有旋流的切向速度场.当 $r$ 趋于 0 时,无旋速度场的曲线趋于 $1/r$.这里 $r$ 与 $v$ 在自然单位下测量.图片摘自[30]

上式的积分结果与环路的半径无关,这是因为绕 $z$ 轴方向的速度涡旋满足如

下关系：

$$\oint v_s \cdot dl = 2\pi s \frac{\hbar}{m}. \tag{2.6.5}$$

上面两式给出了在 Bose-Einstein 凝聚下判定有无旋的标准（涡旋线上除外）. 将(2.6.2)式代入 Gross-Pitaevskii 方程可以得到如下方程：

$$\frac{-\hbar^2}{2m}\frac{1}{r}\frac{d}{dr}\left(r\frac{d|\psi_0|}{dr}\right)+\frac{\hbar^2 s^2}{2mr^2}|\psi_0|+g|\psi_0|^3-\mu|\psi_0|=0. \tag{2.6.6}$$

远离涡旋线的原子气体保持平稳. 此时 $|\psi_0|\to\sqrt{n}$，我们采用无量纲化：

$$|\psi_0|=\sqrt{n}f(\eta), \tag{2.6.7}$$

其中 $\eta=r/\xi$，$\xi=\hbar/\sqrt{2mgn}$ 是恢复长度. 将(2.6.7)式代入 Gross-Pitaevskii 方程得到 $f$ 满足的方程：

$$\frac{1}{\eta}\frac{d}{d\eta}\left(\eta\frac{df}{d\eta}\right)+\left(1-\frac{s^2}{\eta^2}\right)f-f^3=0. \tag{2.6.8}$$

上式中 $f$ 满足条件 $f(\infty)=1$，当 $\eta\to 0$ 时，(2.6.8)式的解满足 $f\approx\eta^{|s|}\to 0$. 这将导致粒子数密度在涡旋轴处趋于 0. 图 2.6.2 中给出了 $S=1$ 时 $f(\eta)$ 的图像.

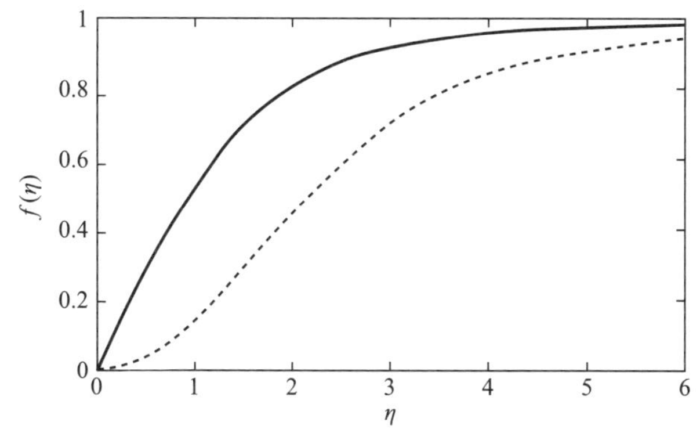


图 2.6.2　Gross-Pitaevskii 方程(以球坐标 $r/\xi$ 为自变量)的涡旋解($S=1$ 以实线表示，$S=2$ 以虚线表示)气体密度为 $n(r)=nf^2$. 其中 $n$ 是均匀气体密度. 图片摘自[30]

将(2.6.1)式代入(2.6.16)式求积分，用积分所得到的能量减去体积为 $V=L\pi R^2$ 的基态气体能量，我们就可以得到涡旋的能量. 值得注意的一点是上述过程需要在确定粒子数的条件下才能进行，所以我们不得不考虑粒子数改变所带来的困难. 当体系具有确定化学势时这一问题就可以规避了. 我们可以得到涡旋线的能量为 $E_v=E'-E'_g$，其中 $E'_g=Vgn^2/2-\mu Vn$，由于涡旋线可以忽略，我们可以毫无问题地引入化学势 $\mu=gn$. 下面，我们将涡旋的能量写作无量纲量 $f$ 的函数：

$$E_v=\frac{L\pi\hbar^2 n}{m}\int_0^{R/\xi}\left[\left(\frac{df}{d\eta}\right)^2+\frac{s^2}{\eta^2}f^2+\frac{1}{2}(f^2-1)^2\right]\eta d\eta. \tag{2.6.9}$$

计算上式积分可以得到

$$E_{\mathrm{v}}=L\pi n\,\frac{\hbar^{2}}{m}\ln\left(\frac{1.46R}{\xi}\right). \tag{2.6.10}$$

(2.6.9)式已被实验验证. 当旋转体的角速度为 $\Omega$ 时,我们可以推出体系的 Hamilton 量为

$$H=H_{0}-\Omega L_{z}, \tag{2.6.11}$$

其中的 $H_0$ 与 $L_z$ 是实验上得到的 Hamilton 量以及角动量,当角动量 $\Omega$ 大于临界值 $\Omega_c$ 时,涡旋解是 $H_0$ 的基态解. 我们可以得到角动量的临界值为

$$\Omega_{\mathrm{c}}=\frac{E_{\mathrm{v}}}{N\hbar}=\frac{\hbar}{mR^{2}}\ln\left(\frac{1.46R}{\xi}\right). \tag{2.6.12}$$

### 2.6.2 涡旋环

本小节中所讨论的涡旋环是由闭合的涡旋线围成的环,环的半径为 $R_0$,图 2.6.3 是涡旋环的示意图.

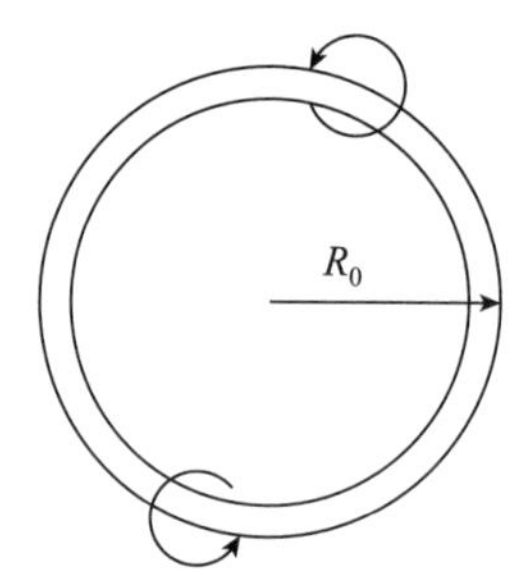


图 2.6.3 半径较大的涡旋环. S 相揭示了环面包围的表面的不连续性. 图片摘自[30]

对于半径较大的环($R_0\gg\xi$),涡旋的能量可以由之前的结果计算出来. 这里我们引入划分长度 $R_c$,设 $r_\perp$ 是距离涡旋线的距离. 区域 $R_c\ll r_\perp$ 是距离涡旋线较近的区域,$R_c\gg r_\perp$ 的区域是远离涡旋线的区域. $R_c$ 应该满足条件 $\xi\ll R_c\ll R_0$. 在靠近涡旋线的区域,涡旋可以被看作直线,应用方程(2.6.9)就可以求得涡旋的能量. 在远离涡旋的区域,势阱中气体可以被看作不可压缩的流体,其激发态能量来自动能项. 将两部分能量求和得到的总能量(并不依赖于 $R_c$)为

$$\varepsilon(R_{0})=2\pi^{2}R_{0}\,\frac{\hbar^{2}}{m}n\ln\left(\frac{1.59R_{0}}{\xi}\right). \tag{2.6.13}$$

涡旋环的一个有趣性质就是相应的速度流会产生净动量 $\boldsymbol{p}=m\int \mathrm{d}r\boldsymbol{n}v_{\mathrm{s}}$ . 对于半径较大的涡旋环($\xi\ll R_0$),涡旋线会导致粒子分布的不均匀性. 此时动量可以写作 $\boldsymbol{p}=m\boldsymbol{n}\int \mathrm{d}r\,\nabla S$ ,这一积分可以写作面积分的形式:$m\boldsymbol{n}\int \mathrm{d}sS$ . 计算上述积分可以

得到

$$\boldsymbol{p}=2\pi^2\hbar nR_0^2\boldsymbol{n},\tag{2.6.14}$$

其中 $\boldsymbol{n}$ 是与环垂直的单位向量. 由于速度 $v_s$ 在远距离时,以 $1/r^3$ 衰减,所以远离中心的面积分可以忽略不计.

同涡旋线不同,涡旋环并非是静止不动的. 涡旋环的运动速度由下式给出:

$$v=\frac{\mathrm{d}\varepsilon}{\mathrm{d}p}=\frac{\mathrm{d}\varepsilon/\mathrm{d}R_0}{\mathrm{d}p/\mathrm{d}R_0}.\tag{2.6.15}$$

在对数精度(logarithmic accuracy)下我们可以得到结果:

$$v=\frac{\hbar}{2mR_0}\ln\left(\frac{1.59R_0}{\xi}\right).\tag{2.6.16}$$

上述方程在涡旋环的半径较大($R_0\gg\xi$)时成立. 上述方程也说明当涡旋环的尺度增加时,速度会减小. 让我们考虑中心在 $z$ 轴上的涡旋环,并且环沿 $z$ 轴方向运动,让我们假设此时的运动方程具有解:

$$\psi(r,t)=\psi_0(r,z-vt)\mathrm{e}^{-\mathrm{i}\mu t/\hbar}.\tag{2.6.17}$$

让我们引入无量纲的球坐标 $\eta=r/\xi$,以及 $\zeta=(z-vt)/\xi$. 在此坐标下写出波函数:

$$\psi_0=\sqrt{n}f(\eta,\xi)\mathrm{e}^{-\mathrm{i}\mu t/\hbar}.\tag{2.6.18}$$

将上述波函数代入 Gross-Pitaevskii 方程我们得到

$$2\mathrm{i}U\frac{\partial f}{\partial\zeta}=\frac{1}{\eta}\frac{\partial}{\partial\eta}\left(\eta\frac{\partial f}{\partial\eta}\right)+\frac{\partial^2 f}{\partial\zeta^2}+f(1-|f|^2),\tag{2.6.19}$$

其中无量纲的速度 $U$ 定义为

$$2\mathrm{i}U=\frac{mv\xi}{\hbar}=\frac{v}{c\sqrt{2}},\tag{2.6.20}$$

其中的 $c$ 是声速. 化学势为 $\mu=gn$. 在求解上述方程时,需考虑边界条件:当 $f\to1$ 时,有 $\eta,\zeta\to\infty$.

在上述边界条件下的求解问题首先由 Jones 与 Roberts 解决[31]. 激发态能量 $\varepsilon$ 可通过 §2.4 中(2.4.16)式减去平均气体的能量得到. 即将激发态能量写作形式

$$\varepsilon=E'-E_g'=\frac{\hbar^2}{m}\xi n\bar{\varepsilon},\tag{2.6.21}$$

其中

$$\bar{\varepsilon}=\frac{1}{2}\int\left[\left|\frac{\partial f}{\partial\eta}\right|^2+\left|\frac{\partial f}{\partial\zeta}\right|^2+\frac{1}{2}(1-|f|^2)^2\right]2\pi\eta\mathrm{d}\eta\mathrm{d}\zeta.\tag{2.6.22}$$

由以上所述,我们可以求得涡旋的动量为

$$\boldsymbol{p}=\hbar\boldsymbol{n}\xi^2\tilde{p},\tag{2.6.23}$$

其中

$$\tilde{p}=\frac{\mathrm{i}}{2}\int\left[(f-1)\frac{\partial f^{*}}{\partial\zeta}-(f^{*}-1)\frac{\partial f}{\partial\zeta}\right]2\pi\eta\mathrm{d}\eta\mathrm{d}\zeta. \tag{2.6.24}$$

为了保证上述积分收敛,我们忽略在无穷远处的面积分项.将 Gross-Pitaevskii 方程的解代入(2.6.16)式即可求得涡旋环的运动速度.我们可以看出涡旋环的运动速度满足 $v=\mathrm{d}\varepsilon/\mathrm{d}p$,速度关系在无量纲化的情况下可以写为 $U=\mathrm{d}\tilde{\varepsilon}/\mathrm{d}\tilde{p}$.当半径较大的涡旋环以较小的速度运动时,涡旋环的能量与动量接近于(2.6.12)式和(2.6.13)式的结果.当涡旋环的速度增加时,涡旋环的半径减小.当速度增加到 $U=U_1=0.62$ 时,涡旋环的半径减为 0.当 $U>U_1$ 时,相值变为单值.当 $U_2=0.66$ 时,$\tilde{\varepsilon}$,$\tilde{p}$ 取最小值.这意味着当 $U=U_2$ 时,在 $\varepsilon$-$p$ 平面上存在两支解,见图 2.6.4.处于上部的那支解能量不稳定.当 $U=1/\sqrt{2}$ 时,对应速度 $v=c$.所以,最低激发态的速度 $U_2$ 接近于(但小于)声速.仍需注意的一点是,此时能量的最小值 $\hbar^2\xi n/m\approx\mu/(na^3)^{1/2}$ 仍比经典的激发态能量大很多.

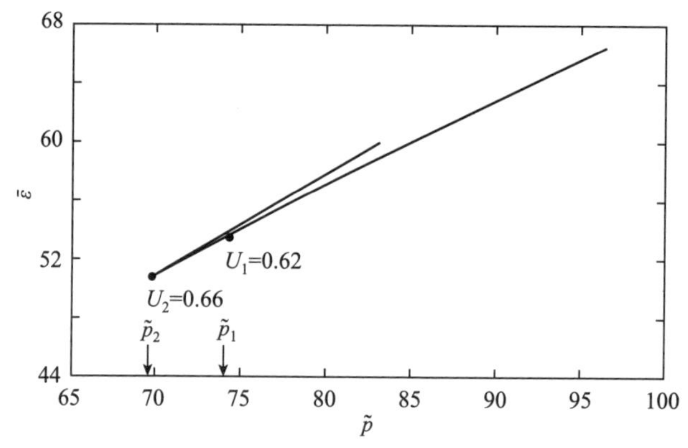


图 2.6.4 在约化量纲下的涡旋环的动量-能量曲线,上面的一支不稳定,下面的一支更为稳定.当 $\tilde{p}\gg1$ 时,其速度($U=1/\sqrt{2}$)接近于声速.图片摘自[30]

另一个有趣的研究对象就是涡旋对,涡旋对是旋转方向相反的两个相互平行的涡旋.涡旋对之间的距离为 $d$,涡旋对中的单个涡旋是闭合的矩形涡旋线.当 $d\gg\xi$ 时,在对数精度下可以求得此时的能量与动量为

$$\varepsilon=2\pi\frac{n\hbar^2}{m}\ln\left(\frac{d}{\xi}\right), \tag{2.6.25}$$

$$p=2\pi n\hbar d. \tag{2.6.26}$$

同涡旋环一样,涡旋对也不是静止不动的,其运动速度为 $v=\mathrm{d}\varepsilon/\mathrm{d}p=\hbar/md$.当 $d$ 的尺度为恢复长度或更小的尺度时,我们可以用无量纲的 Cartesian 坐标系重写(2.6.18)式,与之对应的能量和动量可以通过无量纲的 $\tilde{\varepsilon}$,$\tilde{p}$ 来重新标度.此时 $\varepsilon=(\hbar^2/m)n\tilde{\varepsilon}$,$p=n\hbar\xi\tilde{p}$.涡旋对以速度 $U=mv\xi/\hbar$ 运动时 Gross-Pitaevskii 方程解的性质同涡旋环的情况存在区别.$U=U_c=0.5$ 是临界值.当 $U<U_c$ 时仍存在涡旋

对，当 $U \to U_c$ 时，涡旋对之间的距离趋于 0. 当 $U > U_c$ 时，不存在涡旋对，但仍满足当 $U \to 1/\sqrt{2}$ 时，$\tilde{p} \to 0, v \to c$，参见图 2.6.5.

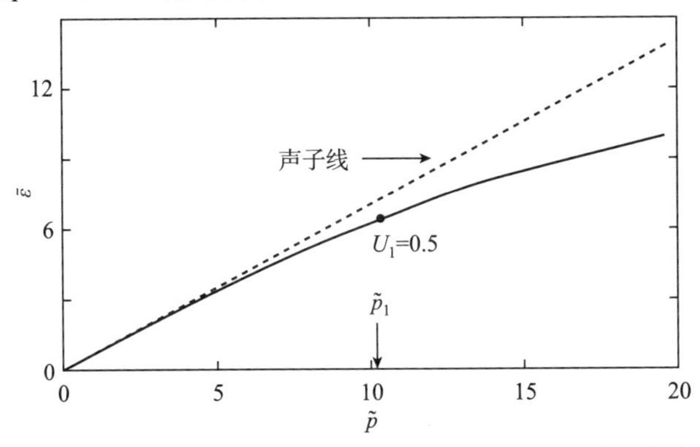


图 2.6.5　涡旋-反涡旋对的动量-能量关系曲线(单位是约化单位)当动量较小时，曲线的斜率接近于声速. 图片摘自[30]

### 2.6.3　分数涡旋

拓扑激发例如量子涡旋在超冷原子 Bose-Einstein 凝聚领域在近期被广泛地研究[1]~[9]. 对单分量 BEC 的涡旋来说，沿闭合环绕涡旋线(定义为 $\varsigma = \int_\Gamma \mathrm{d}l \cdot v_s$)的曲线 $\Gamma$ 的超电流速率 $v_s$ 是以 $2\pi\hbar/m$ 为单位量子化的($m$ 为原子质量)，其中$\varsigma = \pm 1, \pm 2, \cdots$是一系列共轭量子态单值波函数的分析值. 并且，只有环绕值$\varsigma = \pm 1$的涡旋或者基本涡旋才是能量稳定的. 而二阶涡旋$\varsigma = \pm 2, \pm 3, \cdots$能够自发劈裂为几个通过长程排斥势相互作用带的基本涡旋.

环绕数小于基本值($\varsigma = 1$)的构型，可以用单波函数描述，且其能量通常是不稳定的. 一个很明显的例子是二维构型，其中当极性角度 $\theta = 2\pi$ 时，凝聚态相角 $\Phi(r, \theta)$在 $r$-$\theta$ 平面沿着涡旋中心从 $\pi$ 到 $2\pi$ 缓慢均匀转动 180°. 在这里，$\pi$ 相的跃迁明显地表明了波函数中的单值切断. 相应环绕速率场为 $v_s(r, \theta) = \hbar/(2mr)e_\theta$，环绕数$\varsigma = 1/2$ 为基本值的一半. 沿着每个 $\theta = 2\pi$ 线的每个单位长度切断的能量的相位跃迁是有限的，所以在单独分数涡旋中每个切断的总能量尺度为 $L$，而整数涡旋的能量尺度为 $L$ 的对数函数. 最终连接两个单独的分数涡旋的切断促成了一种线性常长程吸引势，并适用于所有的分数激发. 所以在单分量凝聚态中，$\varsigma = \pm 1$ 的涡旋为基本涡旋，不会由于分数涡旋进一步劈裂为更小的成分.

超精细自旋自由度可以极大地改变以上讨论中的基本涡旋. 对于光阱中的 $^{23}$Na 原子或者 $^{87}$Rb 原子凝聚态，因凝聚态，冷原子超精细自旋是相关联的. 冷原子自旋缓慢旋转，但不产生超电流能的纯自旋缺陷能够产生切断，例如发生 $\pi$ 相跃迁的线上的自旋旋转引起的 Berry 相位[11]. 这种自旋缺陷可以随后由于单一半整数涡旋(HQV)效应终止切断，最终导致自旋缺陷与 HQV 间的线性修正势的存在. 例如，HQV 中 $\varsigma=1/2$ 使得自旋缺陷存在一种在自旋相列凝聚态中的基本激发[12][13].

在旋转 BEC 中产生分数涡旋. 为了动力学产生 HQV，我们用数值方法求解含时自旋为 1 的 BEC 耦合 Gross-Pitaevskii 方程[32]

$$
\begin{aligned}
(\mathrm{i}-\gamma)\hbar\frac{\partial\Psi_{\pm1}}{\partial t}=&\Big[-\frac{h^2}{2m}\nabla^2+V_{\mathrm{tr}}-\mu\mp\lambda-\Omega L_z+c_0\rho\\
&+c_2(\rho_{\pm1}+\rho_0-\rho_{\mp1})+W_{\pm}\Big]\Psi_{\pm1}+c_2\Psi_0^2\bar{\Psi}_{\mp1}, \qquad (2.6.27)\\
(\mathrm{i}-\gamma)\hbar\frac{\partial\Psi_0}{\partial t}=&\Big[-\frac{h^2}{2m}\nabla^2+V_{\mathrm{tr}}-\mu-\Omega L_z+c_0\rho+c_2(\rho_1+\rho_{-1})\Big]\Psi_0\\
&+2c_2\Psi_1\Psi_{-1}\bar{\Psi}_0,
\end{aligned}
$$

其中 $\rho=\sum\limits_{mF}\rho_{mF}$ 为总凝聚态密度，$V_{\mathrm{tr}}(r)$ 为光阱自旋相关的修正势，$W_{\pm}(r)$ 为用来进一步产生 HQV 的脉冲磁阱势. $\mu$ 与 $\lambda$ 为用来保持总原子数与磁性的 Lagrange 乘子，$\gamma$ 为阻尼系数[7].

我们只研究雪茄形势，其中方位势 $\lambda=\omega_{\perp}/\omega_z\approx14$[2]. 考虑二维柱形势，其中二维参数 $C_0=\dfrac{8\pi N(a_0+2a_2)}{3L_z}$，$C_2=\dfrac{8\pi N(a_2-a_0)}{3L_z}$，$L_z$ 为系统沿 $z$ 轴的大小，$N=3\times10^6$ 为 Na 原子数. 当与非轴对称偶极势结合的时候，旋转框架下的光阱势 $V_{\mathrm{tr}}(r)=m\omega_{\perp}^2[(1+\varepsilon)x^2+(1-\varepsilon)y^2]/2$. 这里 $\omega_{\perp}=2\pi\times250$ Hz，各向异性参数 $\varepsilon=0.025$. 我们同样引入额外的磁阱势 $W_{\pm}(r)=\mp\beta m\omega_{\perp}^2(x^2+y^2)/2$，其可以在 Ioffe-Pritchard 阱中通过 Na 原子 Zeeman 劈裂 $m_{\mathrm{F}}g_{\mathrm{F}}\mu_{\mathrm{B}}B$ 产生，Landé $g$ 因子 $g_{\mathrm{F}}=-1$.

我们数值模拟的初态选择 $|1,\pm1\rangle$ 被平等激发. 在实验上，已被证明当条纹场很小并且沿着势阱 $z$ 轴梯度场几乎消失时，这种态可以实现并且 $|1,\pm1\rangle$ 分量完全是可观测的[10]. 我们接着用 Crank-Nicolson 隐格式研究了初始态的含时演化[7]. 单位长度 $a_{\mathrm{h}}=\sqrt{\hbar/2m\omega_{\perp}}=0.48$ μm，阱周期 $\omega_{\perp}^{-1}=4$ ms，相互作用参数 $C_0=500$，$C_2=450$，俘获率 $\gamma=0.03$. 进一步我们通过准许阱中心在区间 $[-\delta,\delta]\times[-\delta,\delta]$ 内任意跃迁($\delta=0.001\,h$，$h$ 为边界大小)在我们的模拟中引入对称破缺效应，这对涡旋是一个接一个的而不是反成的，这对到达凝聚态至关重要[7]~[9].

然而在没有外脉冲磁场的情形下，旋转 BEC 中产生整数涡旋的动力学非稳定性频率与 HQV 相当，并且形成了一种三角整数涡旋链. 这种整数涡旋链在非磁性微扰下是局域稳定的. 当用阱频率振荡的额外光阱势来振动它们时，它们显示出了亚稳

性. 正因为这个原因我们采用了一种简谐含时磁阱势,并且发现当脉冲磁场 $\beta>0.005$ 时,能够形成 HQV 链. 这里我们设置 $\beta=0.1$,这对产生单一 HQV 与证明 HQV 链的形成都是合适的. 当加入磁阱势后, $|1,1\rangle$ 态运动至边界,而 $|1,-1\rangle$ 态保持在阱中心,而具有不同 Thomas-Fermi 半径的表面均匀分布的 $|1,\pm1\rangle$ 态开始相互交叠.

开始,在凝聚态中,动力学产生了一种单一半整数涡旋,这可被应用在研究 HQV 的动力力学当中. 当我们突然打开转动装置时(其中 $\omega=0.65\omega_\perp$),阱各向异性参数 $\varepsilon$ 在 20 ms 内从 0 快速增加到其终值 0.025. 当 $t=800$ ms 时,只有在 $|1,-1\rangle$ 态的涡旋产生. 在此之后,我们突然降低 $\Omega$ 值至 $0.3\,\omega_\perp$ 并且在 200 ms 内绝热关闭磁阱势. 我们随后发现形成了一种稳定而单一的 HQV(见图 2.6.6). 在 $t=1600$ ms 后, $0.3\omega_\perp$ 是在之前估计的稳定区间内的,并且动力学模拟与能量分析相一致[14].

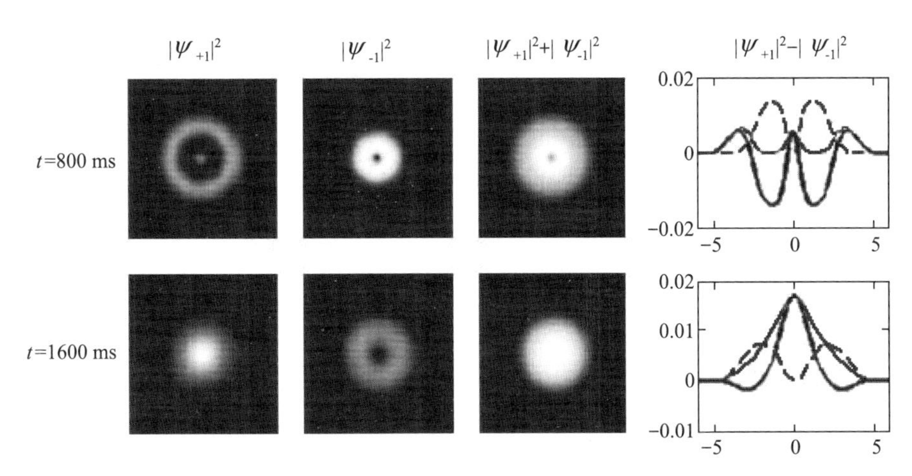


图 2.6.6　半整数涡旋的产生. $|\psi_{+1}|^2$, $|\psi_{-1}|^2$, $|\psi_{+1}|^2+|\psi_{-1}|^2$ 的密度分布以及自旋密度 $|\psi_{+1}|^2-|\psi_{-1}|^2$. 转动频率在 $t=800$ ms 突然由初始值 $\Omega=0.65\omega_\perp$ 减小到 $\Omega=0.3\omega_\perp$. 当磁阱势绝热关闭后,单一半整数涡旋在 $t=1600$ ms 时形成. 图片摘自[32]

分数涡旋链可以用相似的方法产生. 我们产生 HQV 链的主要实验步骤与结果见图 2.6.7. 当旋转频率突然变为 $\Omega=0.7\omega_\perp$,并且各向异性参数 $\omega$ 设置为其最终值 0.025 后,我们发现原子云开始扩散并且在阱中旋转. 在大约 150 ms 时,表面由于 $|1,1\rangle$ 态的四极激发产生波纹,而表面没有 $|1,-1\rangle$ 态的振荡产生. 在 $t=240$ ms 时,我们发现 $|1,1\rangle$ 态的密度轮廓是沿着短轴的,而 $|1,-1\rangle$ 态是沿着长轴的,表面 $|1,-1\rangle$ 态不会一直被埋在 $|1,1\rangle$ 态的内部. 表面两部分的振荡是独立的,并且会动力学解耦. 在 $t=430$ ms 时,我们发现两个额外的 HQV 其中额外的核内

的$|1,-1\rangle$态在中心成核.相应地,我们发现在中心附近两个小区域中$|1,-1\rangle$态原子完全消失且$|1,1\rangle$态原子的密度很高.

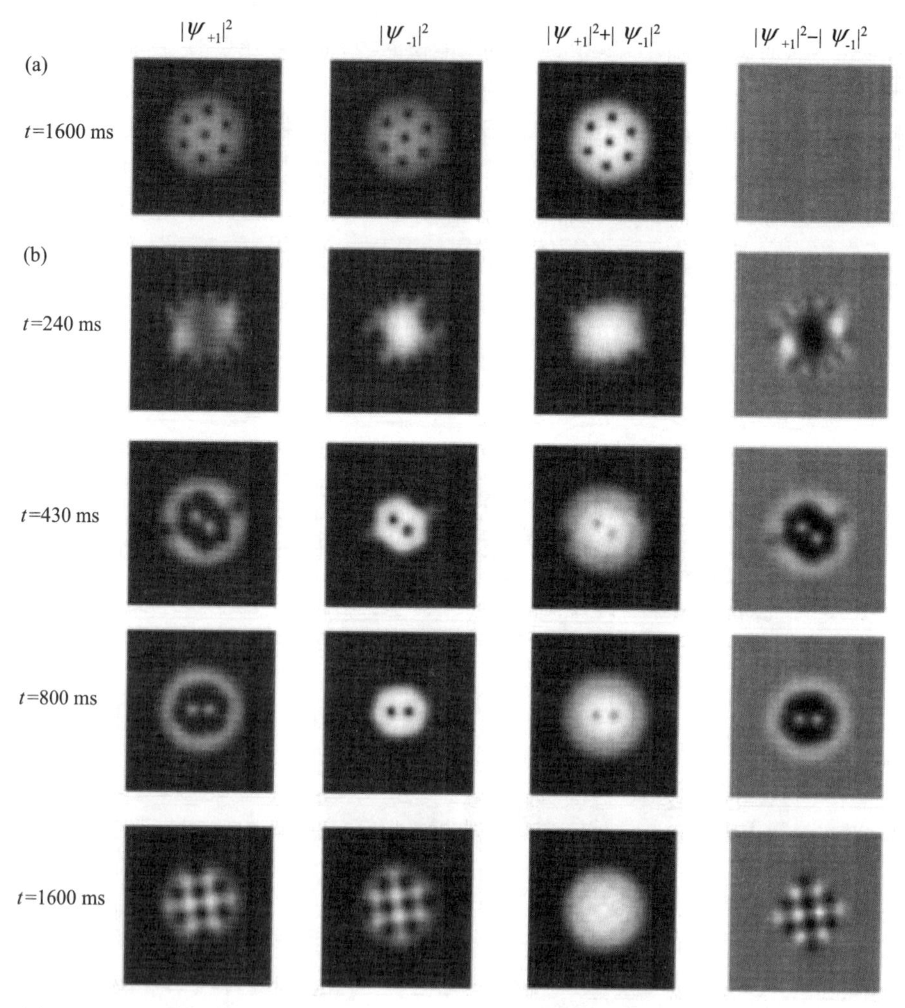


图 2.6.7 (a)旋转光阱中 $t=1600$ ms 时,三角整数涡旋链的形成.(b)当添加额外脉冲磁阱势时半整数涡旋链形成.这里展示了各种凝聚态密度的含时演化.磁阱势加至 $t=800$ ms,光阱旋转 $\Omega=0.7\omega_\perp$.之后磁阱在 200 ms 内绝热关闭.半整数涡旋链在 $t=1600$ ms 时形成,从自旋密度形状上来看该涡旋链是一种明显的四方链.图片摘自[32]

在 $t=800$ ms 时,$|1,+1\rangle$和$|1,-1\rangle$是相分离的,但是 HQV 核的结构几乎保持不变.最终,我们在 200 ms 内绝热关掉额外磁场势,结果开始出现“交错方块”(interlaced square)形状 HQV 链.在这种结构中,为了加减 HQV 间的强排斥相互

作用,涡旋将均匀地分布在加减 HQV 之间或者在$|1,\pm1\rangle$各部分之间.这也意味着每个分离的加 HQV 比减 HQV 更倾向于相邻,这反过来可以用于防止强相互作用 $V_{pp}$,$V_{mm}$ 并利用相对较弱的相互作用 $V_{pm}$.为了进一步减小最邻近涡旋间的排斥相互作用 $V_{pm}$,一个加 HQV 被从相邻的减 HQV 移开最大的距离.总体来说,由于 $V_{pp}$ 与 $V_{pm}$ 间的非对称性,二分(bipartite)涡旋链应该在受挫几何(frustrated geometries),例如三角链中更容易出现,其中加 HQV 与另外的加 HQV 相邻导致更强的排斥势.在我们的模拟中,$^{23}$Na 原子在旋转势 $c_0\cong30c_2$ 时,四方涡旋链可以被发现.三角或四方链的平衡能量在量子 Hall 领域也已经被研究[15].在外场致耦合的两分量 BEC 中形成了涡旋分子[17],并且在凝聚态中观测到了赝自旋 1/2 的 Rb 原子[18].在这里我们主要关注 HQV 链的动力学的产生,以及一种相对低频的自旋密度波结构.这种结构可以通过在 Stern-Gerlach 场中提取球形扩张的冷原子的吸收图像来证实[10].

总的来说,我们证明了实际在 Na 原子 BEC 中产生分数涡旋与涡旋链的方法.我们发现四方半量子涡旋链有不同的周期调制自旋密度波空间结构,这是相邻半整数涡旋间的短程排斥势造成的.我们的结果对实验上产生这种激子来研究新奇量子现象是至关重要的.

为在实验上实现分数涡旋,在实验开始时,我们在光偶极阱中产生$|F=1,m_F=0\rangle$超精细自旋态$^{23}$Na 原子 BEC[19].偶极阱频率为$(\omega_x,\omega_y,\omega_z)/2\pi\approx(4.2,5.3,480)$ Hz,凝聚态包含 $3.5\times10^6$ 个原子,其中 Thomas-Fermi 半径为$(R_x,R_y,R_z)\approx(185,150,1.6)$ μm.至于峰原子密度,自旋恢复长度为 $\xi_s=\sqrt{2mc_2n}\approx4.5$ μm,这比样品厚度 $R_z$ 大,因此凝聚态的自旋动力学实际上是二维的.外磁场 $B_z=30$ mG,$q/h=0.24$ Hz,余下的场梯度小于 40 μG/cm.

我们通过搅拌(stirring)施加对冲激光 10 ms,使凝聚态的中心区域产生量子涡旋[20].由于 P 相凝聚态具有 U(1)对称性且多带电的涡旋会因不稳定而衰减[21],可以确定产生的涡旋是单带电的.平均自悬殊大约是 6[见图 2.6.8(b)][33].

凝聚态通过微波缀饰技术调整四级 Raman 场 $q$ 转变为反铁磁相[22]~[26].首先我们用 65 μs 射频脉冲将自旋方向从$+\hat{z}$转到$+\hat{x}$,形成 $m_z=\pm1$ 的交叠态.随后我们立刻打开失谐频率为$-300$ kHz 的微波场,$|F=1,m_F=0\rangle$态跃迁到$|F=2,m_F=0\rangle$态,导致 $q/h=-10$ Hz.我们发现在 Stern-Gerlach 自旋分离测量中,微波缀饰中的 $m_z=0$ 部分消失不见了.

用自旋相关相差成像方法可以测量凝聚态磁性的空间分布[27]~[29].管灯是环形极化的,频率失谐为$-20$ MHz,将发生 $3S_{1/2}|F=1\rangle\rightarrow3P_{1/2}|F'=2\rangle$跃迁.由于管光束的分量是相反的,对立相图像的光信号是与自旋分量密度差成比例的.

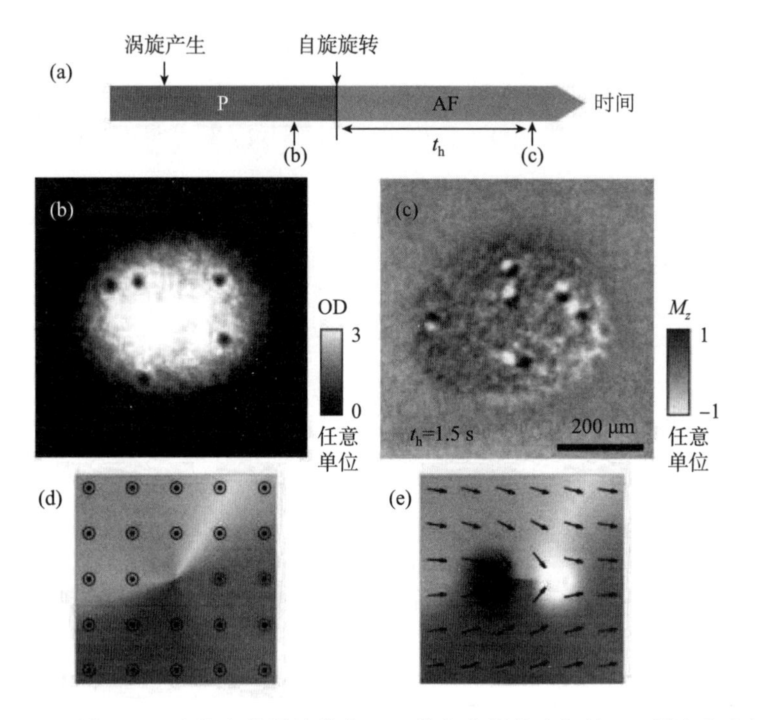


图 2.6.8 两个 HQV 中单电荷涡旋分布.(a)单电荷涡旋在极性(P)凝聚态中相产生,随后凝聚态转变为反铁磁相.(b)包含单电荷涡旋凝聚态的光密度(OD)图像.(c)在 $t_h=1.5$ s 时的反铁磁磁感应相差图像.图片取自释放陷阱势 24 ms 后.(d)单电荷涡旋态$(q_n,q_s)=(1,0)$.(e)具有$(q_n,q_s)=(1/2,1/2)$以及$(1/2,-1/2)$的一对 HQV 态.图片摘自[33]

当包含涡旋的凝聚态在反铁磁态中准备好时,我们发现涡旋核心的可见度在光学图像中逐渐减小,凝聚态中相反磁性的对点缺陷出现[见图 2.6.8(c)].这种磁缺陷是 HQV 对,是由单电荷涡旋分离导致的.我们发现 HQV 对分离的方向是随机的,这表明了分离动力学不是由外部扰动,例如剩余磁场梯度导致的,而是由内部单电荷涡旋态的不稳定导致的.

## §2.7 磁光阱中非理想 Bose 气体的孤子

### 2.7.1 常系数孤子

本小节我们讨论含时 Gross-Pitaevskii 方程的一种特殊解——孤子.当粒子间的相互作用势为排斥势时,此时的 Gross-Pitaevskii 方程的解对应于介质中粒子密度以恒定的速度改变.系统内部的物理特征保持时间演化不变性.

暗孤子的存在是 Gross-Pitaevskii 方程的非线性特征所导致的，而暗孤子的物理效应被量子压强抵消了一部分. § 2.6 所讨论的涡旋环是孤子的一种特殊情况.在本小节中，我们只研究一维的 Gross-Pitaevskii 方程的解.序参量 $\psi$ 只依赖于竖坐标 $z$.类似于上一节(2.6.18)式中的无量纲化的方法.引入无量纲变量 $\psi_0=\sqrt{n}f\exp(-\mathrm{i}\mu t/\hbar)$.类似于 § 2.6 的(2.6.19)式，我们可推出方程：

$$2\mathrm{i}U\frac{\mathrm{d}f}{\mathrm{d}\zeta}=\frac{\mathrm{d}^2f}{\mathrm{d}\zeta^2}+f(1-|f|^2), \tag{2.7.1}$$

其中

$$\zeta=\frac{z-vt}{\xi}. \tag{2.7.2}$$

此时波函数并不取决于半径变量 $\eta$，我们当前的目标是找到一个满足如下边界条件的局域解：

$$|f|\to1,\quad \frac{\mathrm{d}f}{\mathrm{d}\zeta}\to0. \tag{2.7.3}$$

当 $\zeta\to0$ 时，将(2.7.1)式乘以 $f^*$，并减去(2.7.1)式的共轭方程.经简单的积分我们可以得到

$$2\mathrm{i}U(1-|f|^2)+f^*\frac{\mathrm{d}f}{\mathrm{d}\zeta}-f\frac{\mathrm{d}f^*}{\mathrm{d}\zeta}=0. \tag{2.7.4}$$

上述方程满足(2.7.3)式给出的边界条件.事实上，方程(2.7.4)就是在新的坐标变量下给出的连续性方程.由于 $f$ 是复数，将 $f$ 写作 $f=f_1+\mathrm{i}f_2$.由 $f$ 的虚数部分可给出方程：

$$2U\frac{\mathrm{d}f_1}{\mathrm{d}\zeta}=\frac{\mathrm{d}^2f_2}{\mathrm{d}\zeta^2}+f_2(1-f_1^2-f_2^2). \tag{2.7.5}$$

我们需求得 $f_2$ 的常数解，此时方程(2.7.5)退化为 $2U\mathrm{d}f_1/\mathrm{d}\zeta=f_2(1-f_1^2-f_2^2)$，这一方程同(2.7.4)式一致，当我们选取 $f_2=\sqrt{2}U=\nu/c$ 时，得到方程：

$$\sqrt{2}\frac{\mathrm{d}f_1}{\mathrm{d}\zeta}=\left(1-\frac{\nu^2}{c^2}-f_1^2\right). \tag{2.7.6}$$

式中，$f_1$ 为 $f$ 的实部，对(2.7.6)式进行积分可以得到非平庸解[34]：

$$\psi_0(z-\nu t)=\sqrt{n}\left(\mathrm{i}\frac{\nu}{c}+\sqrt{1-\frac{\nu^2}{c^2}}\tanh\left[\frac{z-\nu t}{\sqrt{2}\xi}\sqrt{1-\frac{\nu^2}{c^2}}\right]\right). \tag{2.7.7}$$

在给定初值的情况下，上式给出了序参量随时间和空间的演化方程.粒子数密度 $n(z-\nu t)=|\varphi_0|^2$ 在分布中心取最小值为 $n(0)=n\nu^2/c^2$.当波函数解的传播速度为0时，中心的粒子数密度显然也为0(粒子数密度变化可参看图2.7.1).此外，

波函数解的宽度可以由恢复长度确定下来.其比例系数为 $1/\sqrt{1-\nu^2/c^2}$,当速度 $\nu$ 趋近于 $c$ 时,波函数的宽度变为无穷大.波函数的相位发生的变化为

$$\Delta S = 2\arccos\left(\frac{\nu}{c}\right). \tag{2.7.8}$$

当 $z$ 从负无穷变化到正无穷时,对于暗孤子,函数 $\psi_0$ 是实的奇函数.相位变化为 $\Delta S=\pi$.

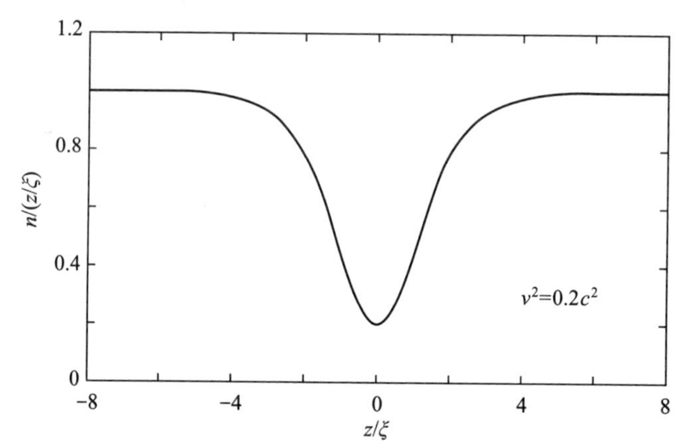


图 2.7.1　暗孤子密度分布曲线.孤子的宽度同恢复长度成正比.当孤子的速度接近声速时,孤子宽度变得很大.图片摘自[35]

孤子单位面积上的能量 $\varepsilon$ 可以通过比较有无孤子时的基态能量之差来得出.其结果如下:

$$\varepsilon = \int_{-\infty}^{+\infty}\left[\frac{\hbar^2}{2m}\left|\frac{\mathrm{d}\psi_0}{\mathrm{d}z}\right|^2 + \frac{g}{2}(|\psi_0|^2 - n)^2\right]\mathrm{d}z. \tag{2.7.9}$$

将上式的积分变量 $z$ 变为 $f_1$,则可以求得上述积分的值为

$$\varepsilon = \frac{4}{3}\hbar c n\left(1-\frac{\nu^2}{c^2}\right)^{3/2}. \tag{2.7.10}$$

上式蕴含了很多有趣的性质.首先,当速度较小时,孤子具有与一般粒子相似的物理性质,只不过其质量为 $m_s=-4\hbar n/c$,是负的.粒子密度调制(density modulation)实际上对应的是空穴(hole),而不是粒子.由于速度 $\nu=\partial\varepsilon/\partial p_c$,所以可以计算出孤子所携带的动量为

$$p_c = \int_0^{\nu}\frac{\partial\varepsilon}{\partial\nu}\frac{d(\nu)}{\nu} = -2\pi n\left(\frac{\nu}{c}\sqrt{1-\frac{\nu^2}{c^2}} + \arcsin\left(\frac{\nu}{c}\right)\right). \tag{2.7.11}$$

当速度较小时,动量为 $p_c \approx 4\hbar n\nu/c$.当速度趋近于光速时,动量为

$$p_c \approx \hbar n\left[-\pi + \frac{4}{3}\left(1-\frac{\nu^2}{c^2}\right)^{3/2}\right] = -\pi\hbar n + \frac{\varepsilon}{c}. \tag{2.7.12}$$

值得注意的一点是由 $\nu=\partial\varepsilon/\partial p_c$ 定义的动量并不满足 $p=m\int dz j_z$. 事实上简单的积分计算可以得到

$$p_c=p-\hbar n(\pi-\Delta S),\tag{2.7.13}$$

其中 $\Delta S$ 是当 $z$ 取正负无穷时对应的序参量的相位差别. 上式指出了正则动量同物理动量的区别. 这是由孤子在无穷远处的相位不连续性导致的.

当考虑到粒子密度在 $x,y$ 方向出现波动时，上面所讨论的解是不稳定的. 实验上可以通过选取合适的几何约束来抵制这种不稳定性. 比如说，我们选取竖直的几何势阱[35]，当孤子的速度增加时，其能量就会减小. 热激发中的孤子相互碰撞使得部分孤子速度累积过高. 当孤子速度趋于光速时，孤子就会消失. 如果粒子间的相互作用势为吸引势，Gross-Pitaevskii 方程就允许孤子解. 孤子解对应 $z$ 方向的波包. 很容易验证不含时的 Gross-Pitaevskii 方程具有如下波函数解：

$$\psi_0(z)=\psi_0(0)\frac{1}{\cosh(z/\sqrt{2}\xi)},\tag{2.7.14}$$

其中 $\xi$ 被定义为 $\xi=\hbar/\sqrt{2m|g|n_0}$. 与此解对应的化学势为

$$\mu=\frac{-1}{2}|g|n_0.\tag{2.7.15}$$

此时，波包可以如同自由粒子一样在 $z$ 方向运动，亮孤子并不具有稳定的结构. 亮孤子可以在紧致半径的限制条件(tight radial confinement)下产生(此时限制条件使得不稳定性下降)[36].

### 2.7.2　变系数孤子

我们展示了一组一维非线性 Schrödinger 方程的精确解，这组精确解描述了抛物型排斥势场中，原子间相互作用随时间变化的 Bose-Einstein 凝聚体中亮孤子的动力学. 我们的结果表明，在安全范围内的参数下，通过增加原子散射长度的绝对值，亮孤子可以被压缩到非常高的局部物质密度. 这为我们探索一维 Gross-Pitaevskii 方程的有效范围提供了实验上的工具. 我们也发现亮孤子中的原子数量具有动力学的稳定性：亮孤子与背景形成了时间周期性的原子交换[37].

随着对 Bose-Einstein 凝聚体实验上的观测和理论上的研究，我们对原子物质波中的非线性激发，如暗孤子和亮孤子，产生了强烈的兴趣. 研究者们认为原子物质的亮孤子对将来发展 BEC 的具体应用具有头等重要性. 所以发展一种新的技术，让我们能够构造特定的、具有设想的峰值物质密度的孤子，是非常有用的. 一种可能性就是通过外磁场来改变原子间的相互作用. 最近的实验表明使用 Feshbach 共振能够改变有效散射长度，甚至包括其正负号. 这给操纵 BEC 中的原子物质波和非线性激发提供了一个很好的机会. 在参考文献[10]中阐述的通过 Feshbach 共振来改变 Gross-Pitaevskii 方程的非线性的成果，为我们调控从周期性波中产生的亮暗孤子提供了一个强大的工具. 此外，正弦变化的散射长度已经被用来形成 Faraday 波的图像，或者作为一种方法在没有外势阱的情况下来维持二维 BEC.

我们全面分析了抛物型排斥势场中，原子散射长度随时间变化的 Bose-Einstein 凝聚体中亮孤子的动力学. 我们的研究主要借助 Darboux 变换，通过这种方法，我们可以直接构造一维非线性 Schrödinger 方程（NLSE）的精确解. 在合理尺度的参数下，可以利用 Feshbach 共振增加原子散射长度的绝对值，这样 BEC 中的亮孤子可以被压缩到非常高的局部物质密度. 在压缩 BEC 中亮孤子的过程中，亮孤子的原子数目保持动力学的稳定性，并且亮孤子和背景之间存在原子交换.

在平均场层次，Gross-Pitaevskii 方程决定了 BEC 宏观波函数的演化. 在物理上重要的情形是雪茄形的 BEC，因此将 Gross-Pitaevskii 方程降低到一维 NLSE 是合理的，

$$\mathrm{i}\frac{\partial\psi(x,t)}{\partial t}+\frac{\partial^2\psi(x,t)}{\partial x^2}+2a(t)|\psi(x,t)|^2\psi(x,t)+\frac{1}{4}\lambda^2x^2\psi(x,t)=0. \tag{2.7.16}$$

在方程(2.7.16)中，时间 $t$ 和坐标 $x$ 是以单位 $2/\omega_\perp$ 和 $a_\perp$ 来度量的，其中 $a_\perp=(\hbar/m\omega_\perp)^{1/2}$ 和 $a_0=(\hbar/m\omega_0)^{1/2}$ 分别对应横向和轴向的线性振子长度. $\omega_\perp$ 和 $\omega_0$ 对应谐振子振动频率，$m$ 是原子质量，而 $\lambda=2|\omega_0|/\omega_\perp\ll1$. Feshbach 共振控制的非线性系数形式为 $a(t)=|a_s(t)|/a_\mathrm{B}=g_0\exp(\lambda t)$（$a_\mathrm{B}$ 为 Bohr 半径）. 归一化的宏观波函数 $\psi(r,t)$ 和原始的序参量 $\Psi(r,t)$ 通过下面的关系联系：

$$\Psi(\boldsymbol{r},t)=\frac{1}{\sqrt{2\pi a_\mathrm{B}}a_\perp}\psi\left(\frac{x}{a_\perp},\frac{\omega_\perp t}{2}\right)\times\exp\left(-\mathrm{i}\omega_\perp t-\frac{y^2+z^2}{2a_\perp}\right). \tag{2.7.17}$$

从稳定性的观点考虑，三维和一维方程是非常不一样的. 一个真正的一维系统不会因为原子数目增加而发生系统坍塌. 然而，在现实的一维极限下的并不是一个真正的一维系统，粒子数密度由于在垂直方向强烈的回复力会持续增加. 为了避免亮孤子的坍塌，我们必须将我们要研究的 BEC 的参数约束在安全的范围内，这样系统就能被看作是等效的一维系统，比如在横向，两体相互作用能远远小于动能 $\varepsilon^2=a_\perp/\xi^2\approx N|a_s|/a_0\ll1$（$\xi$ 是恢复长度）. $^7$Li 原子 BEC 中生成的亮孤子的参数为 $N\approx1\times10^3$，$\omega_\perp=2\pi\times700$ Hz，$\omega_0=2\pi\times7$ Hz，$a_\mathrm{final}=-4a_\mathrm{B}$（这是安全范围内的参数）. 与参考文献[4]中的实验使用相同条件，并且使 $a_s(t=0)=-0.25a_\mathrm{B}$，我们可以计算出 $\varepsilon^2=a_\perp/\xi^2\approx N|a_s|/a_0=9.5\times10^{-3}\ll1$. 然后，散射长度以 $a(t)=g_0\exp(\lambda t)$ 的形式增长. 在至少 50 个无量纲的时间单位之后，原子散射长度的绝对值变成 $|a(t)|=0.8a_\mathrm{B}$，对应 $\varepsilon^2=a_\perp/\xi^2\approx N|a_s|/a_0=3\times10^{-2}\ll1$. 在上述条件下，这个系统就是等效的一维系统. 因此，安全范围内的参数可以描述为：(1)与参

考文献[4]中的实验条件一样；(2)以 $a(t)=g_0\exp(\lambda t)$ 的形式在 50 个无量纲的时间单位内增加散射长度. 我们也必须详细说明这个长时间动力学上的专业术语. 在无量纲变量下的 1 单位时间，$\Delta t=1$，对应现实 $2/\omega_\perp$ s. 这意味着，比如当势阱中 BEC 的横向尺寸为 $a_\perp\approx1.4\ \mu$m 时，对应无量纲的时间为 $4.5\times10^{-4}$ s. 现在实验中 BEC 的寿命在 1 s 的数量级上，这大约是 220 个无量纲的单位时间.

方程(2.7.16)的种子解可以选择形式：

$$\psi_0(x,t)=A_c\exp\left[\frac{\lambda t}{2}+i\varphi_c\right], \tag{2.7.18}$$

其中，$\varphi_c=k_0x\exp(\lambda t)-\frac{\lambda x^2}{4}+\{(2g_0A_c^2-k_0^2)\times[\exp(2\lambda t)-1]/2\lambda\}$，$A_c$ 和 $k_0$ 是任意实常数. 为得到方程(2.7.16)新的解，我们对方程中的种子解使用 Darboux 变换 $\psi_1=\psi_0+\frac{2}{\sqrt{g_0}}[(\zeta+\bar{\zeta})\varphi_1\bar{\varphi}_2/\varphi^T\bar{\varphi}]\exp(-\lambda t/2-i\lambda x^2/4)$. 然后，我们得到精确解：

$$\psi=\left[A_c+A_s\frac{(\gamma\cosh\theta+\cos\varphi)+i(\alpha\sinh\theta+\beta\sin\varphi)}{\cosh\theta+\gamma\cos\varphi}\right]\times\exp(\lambda t/2+i\varphi_c), \tag{2.7.19}$$

其中

$$\begin{aligned}\theta&=-\frac{[(k_0+k_s)\Delta_R-\sqrt{g_0}A_s\Delta_I][\exp(2\lambda t)-1]}{2\lambda}+\Delta_Rx\exp(\lambda t),\\ \varphi&=-\frac{[(k_0+k_s)\Delta_I-\sqrt{g_0}A_s\Delta_R][\exp(2\lambda t)-1]}{2\lambda}+\Delta_Ix\exp(\lambda t),\end{aligned} \tag{2.7.20}$$

$$\begin{aligned}&\alpha=\frac{\sqrt{g_0}A_c(k_0-k_s+\Delta_I)}{\Lambda},\quad \beta=1-\frac{2g_0A_c^2}{\Lambda},\\ &\gamma=\frac{\sqrt{g_0}A_c(\Delta_R-\sqrt{g_0}A_s)}{\Lambda},\end{aligned} \tag{2.7.21}$$

$$\begin{aligned}&\Delta=\sqrt{[-\sqrt{g_0}A_c+i(k_s-k_0)]^2-4g_0A_c^2}\equiv\Delta_R+i\Delta_I,\\ &\Lambda=g_0A_c^2+\frac{(\Delta_R-\sqrt{g_0}A_s^2)}{4}+\frac{(k_s-k_0+\Delta_I)}{4},\end{aligned} \tag{2.7.22}$$

这里的 $k_s$ 是任意的实常数. 一方面，当 $A_c=k_0=0$ 时，方程可以简化到著名的孤子解 $\psi_s=A_s\text{sech}\theta_s\exp(\lambda t/2+i\varphi_s)$，其中 $\theta_s=-\sqrt{g_0}\exp(\lambda t)A_sx+\sqrt{g_0}k_sA_s[\exp(2\lambda t)-1]/\lambda$，$\varphi_s=\varphi_c-g_0A_c^2[\exp(2\lambda t)-1]/2\lambda$[4]. 另一方面，当孤子的强度消失($A_s=0$)时，方程(2.7.19)可以化简到方程(2.7.18). 这样，方程(2.7.19)表示一个嵌入背景中的亮孤子. 要考虑背景中亮孤子的动力学，背景的空间长度 $2L$ 与孤子的尺寸相比必

需非常大.在现实实验中,BEC 的背景长度至少可以达到 $2L=370\ \mu\text{m}$[3].同时,图 2.7.2 中亮孤子的宽度大约为 $2l=2\times1.4\ \mu\text{m}$[坐标系中 1 个无量纲变量单位 $\Delta x=1$ 对应 $a_{\perp}=(\hbar/m\omega_{\perp})^{1/2}=1.4\ \mu\text{m}$].所以,事实上我们有在实验中实现孤子的必要条件:$l\ll L$.

利用方程(2.7.19)的性质,我们阐述了如何通过操纵散射长度来使压缩 BEC 中的亮孤子达到设想的物质密度峰值.已经有文献提到,突然改变的散射长度可以产生新的孤子,从而导致孤子的分裂.显然,孤子的分裂将会减少原始孤子中的原子数目,这对应用是不利的.但是,在方程(2.7.19)中改变散射长度可以避免孤子分裂成为新的孤子.为了简化问题,我们假设方程(2.7.22)中 $k_0=k_s$,并且只考虑 $A_s^2>4A_c^2$ 的情形.对于 $A_s^2<4A_c^2$ 的情形,方程(2.7.4)中的一个微扰就能导致模式的不稳定.在上述条件下,方程(2.7.19)可以推导出下面的形式:

$$\psi=\left[-A_c+\delta_2\frac{\delta_2\cos\varphi-\mathrm{i}A\sin\varphi}{A_s\cosh\theta-2A_c\cos\varphi}\right]\times\exp\left(\frac{\lambda t}{2}+\mathrm{i}\varphi_c\right),\tag{2.7.23}$$

其中

$$\begin{aligned}\theta&=\sqrt{g_0}\,\delta_2 x\exp(\lambda t)-\frac{\sqrt{g_0}\,k_0\delta_2[\exp(2\lambda t)-1]}{\lambda},\\ \varphi&=-\frac{g_0A_s\delta_2[\exp(2\lambda t)-1]}{2\lambda},\quad \delta_2=\sqrt{A_s^2-4A_c^2}.\end{aligned}\tag{2.7.24}$$

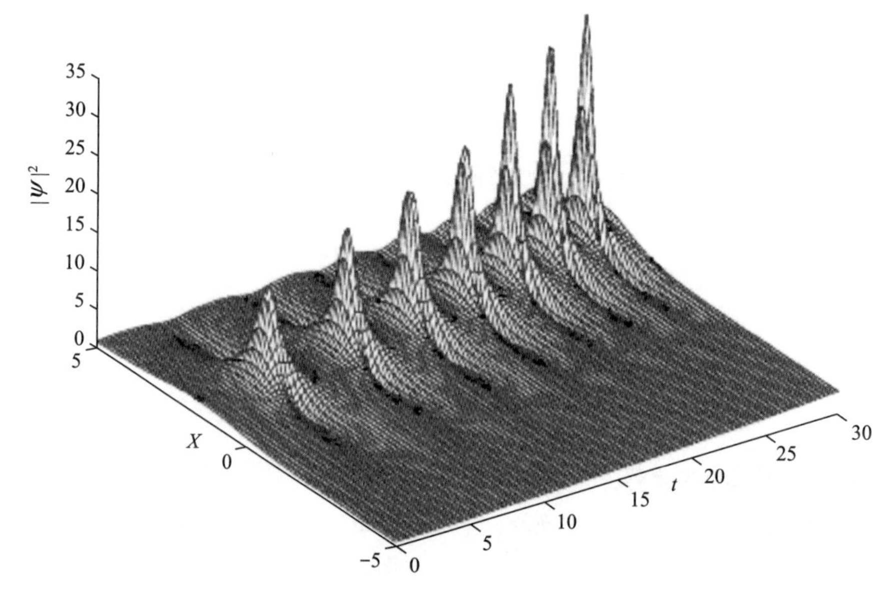


图 2.7.2 在抛物型排斥势场中,Feshbach 共振控制的孤子动力学.其中参数如下:$\lambda=2\times10^{-2}$,$g_0=0.25$,$A_c=1$,$A_s=2.4$,$k_0=0.03$.图片摘自[37]

为了让大家有更好的理解，我们在图 2.7.2 中画出了方程(2.7.23)的图像，展示了抛物型的排斥势阱中 Feshbach 共振控制亮孤子的动力学. 我们从图 2.7.2 中可以看到，随着散射长度绝对值的增加，亮孤子的峰值不断增加并且宽度不断压缩. 因此，我们可以得到具有设想的峰值密度的亮孤子. 在抛物型排除势场中，我们可以观测到一个有趣的现象：亮孤子开始运动并且沿着纵向传播，而不是像在抛物型的吸引势场中一样振荡. BEC 中的孤子可能被压缩到一个设想的物质密度峰值，这为探索一维 Gross-Pitaevskii 方程的有效范围提供了实验上的工具. 因为准一维 Gross-Pitaevskii 方程只能被应用在低密度下，事实上，我们也非常有兴趣研究在现实实验上通过增加散射长度的绝对值，能够把一个孤子压缩到什么程度.

受实验的启发，我们设计了压缩 BEC 中亮孤子方法，步骤如下：

(1) 对于 $^7$Li，我们使用参数 $N\approx 10^3$，$\omega_\perp=2\pi\times 700$ Hz，$\omega_0=2\pi\times 7$ Hz 和 $a_s=-0.25a_B$ 来产生 BEC 中的亮孤子. 排除项的主要效应就是 BEC 的中心将会沿着径向加速.

(2) 在上述讨论的安全范围内的参数下，利用 Feshbach 共振，使用 $a(t)=g_0\exp(\lambda t)$ 增加散射长度的绝对值. 其中 $\lambda=2|\omega_0|/\omega_\perp=2\times 10^{-2}$ 是一个小量. 在无量纲变量中的 1 单位时间 $\Delta t=1$ 对应现实的 $2/\omega_\perp=4.5\times 10^{-4}$ s.

(3) 在至少 50 个无量纲的时间单位后，原子的散射长度达到 $|a(t)|=0.8a_B$，小于 $|a_{\text{final}}|=4a_B$. 这意味着在压缩亮孤子的过程中，孤子的稳定性和一维近似的有效性可以像图 2.7.2 中展示的那样被保持. 因此，此处所讨论的现象在当前的实验条件下是可以被观测到的.

此外，根据方程(2.7.23)，我们发现当 $\sinh\theta=0$ 时，亮孤子的物质密度峰值达到最大值：

$$|\psi|^2=\exp(\lambda t)\left(A_c^2+\frac{\delta_2 A_s}{A_s-2A_c\cos\varphi}\right). \tag{2.7.25}$$

而当 $\cosh\theta=\dfrac{A_s}{A_c\cos\varphi}-\dfrac{A_s\cos\varphi}{A_s}$ 时，亮孤子的物质密度峰值达到最小值：

$$|\psi|^2=\exp(\lambda t)\left(A_c^2-\frac{A_c^2\delta_2^2\cos^2\varphi}{A_s^2-4A_c^2\cos^2\varphi}\right). \tag{2.7.26}$$

这表明设想的亮孤子物质密度峰值只能被压缩到以上的最小值和最大值之间. 为了探究在抛物型的排斥势场中亮孤子的稳定性与随散射长度变化的关系，我们得到

$$\lim_{L\to\infty}\int_{-L}^{+L}\left[|\psi(x,t)|^2-|\psi(\pm L,t)|^2\right]\mathrm{d}x=\frac{2\delta_2}{\sqrt{g_0}}, \tag{2.7.27}$$

这符合在方程(2.7.23)中描述的确切地去除了背景的亮孤子中的原子数目. 这表面在亮孤子的压缩过程中，亮孤子的原子数目保持不变. 而相反地，有物理量：

$$\kappa = \lim_{L\to\infty}\int_{-L}^{+L}\left|\psi(x,t)-\psi(\pm L,t)\right|^2 dx = \frac{2\delta_2}{\sqrt{g_0}}(1+A_c M\cos\varphi), \tag{2.7.28}$$

其中

$$M=\frac{4\arctan\left(\sqrt{A_s+2A_c\cos\varphi}/\sqrt{A_s-2A_c\cos\varphi}\right)}{\sqrt{A_s^2-4A_c^2\cos^2\varphi}} \tag{2.7.29}$$

表示在 $\psi(\pm L,t)\neq 0$ 条件下亮孤子和背景中全部的原子数. 方程(2.7.28)展示了亮孤子和背景之间形成了时间周期的原子交换. 正如在图 2.7.3(a)中所示,在零背景的情形下,比如 $A_c=0$ 时,将不存在原子交换.

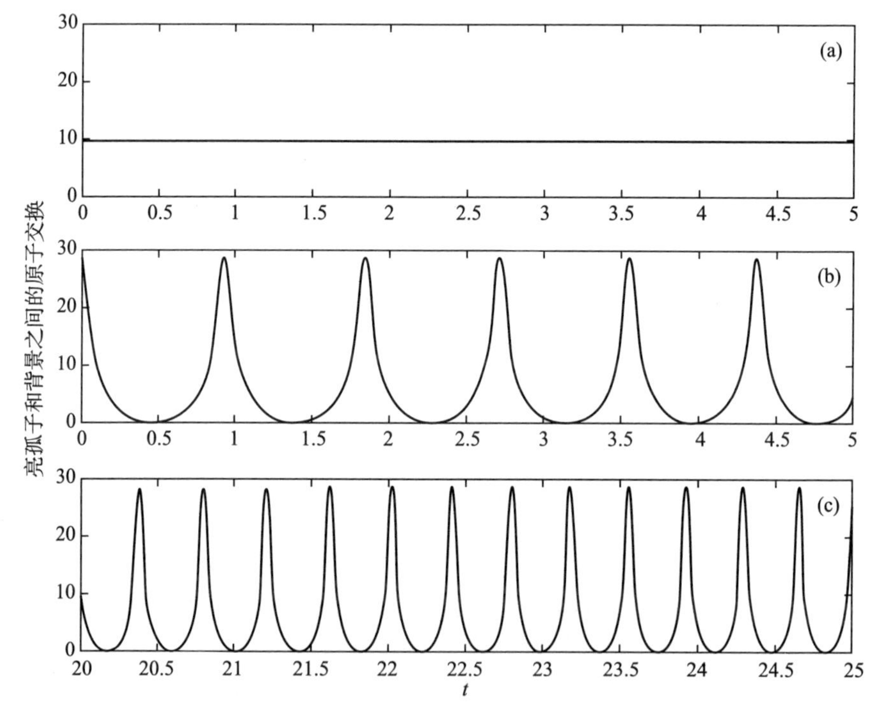


图 2.7.3 由方程(2.7.28)给出的亮孤子和背景之间时间周期的原子交换[37]. 时间范围为(a),(b)$t=[0,5]$和(c)$t=[20,25]$. 参数:$\lambda=0.02$, $g_0=1$, $A_s=4.8$, (a)$A_c=0$ 和(b),(c)$A_c=2.3$. 图片摘自[37]

然而在图 2.7.3(b)和 2.7.3(c)中的非零背景的情形下,亮孤子和背景之间的原子交换随着散射长度绝对值的增加而加快. 结论是,抛物型排斥势场中的 BEC 中亮孤子的原子数目保持动力学的稳定性,而不受散射长度变化的影响. 考虑到上述问题,我们应该再在背景上构建 BEC 中的亮孤子. 那么是否可能在实验上产生这样一个态？我们注意到方程(2.7.8)将会变成特定的形式(在时间为 $t_0 = \frac{1}{2\lambda}\ln\left[-\frac{\lambda(4n+1)\pi}{A_s\delta_2 g_0}+1\right], n=-1,-2,-3,\cdots$时)：

$$\begin{aligned}\psi(x,t) &= -A_c\exp\left(\frac{\lambda t_0}{2}\right)\exp(\mathrm{i}\varphi_c) - \mathrm{i}\delta_2\exp\left(\frac{\lambda t_0}{2}\right)\mathrm{sech}\theta\exp(\mathrm{i}\varphi_c) \\ &= -\psi_0(x,t_0) - \psi_{\text{soliton}}(x,t_0).\end{aligned} \tag{2.7.30}$$

这是关于方程(2.7.18)和一个亮孤子的线性组合的. 所以方程(2.7.30)表明我们可以通过在方程(2.7.18)描述的背景上相干地增加一个亮孤子来得到方程(2.7.23).

综上所述,我们展示了在一组抛物型排斥势场中,非线性系数随时间变化的一维非线性 Schrödinger 方程的精确解. 我们的结果描述了排斥势场中 Feshbach 共振控制的 BEC 中亮孤子的动力学. 此外,在安全范围内的参数下,将 BEC 中的亮孤子压缩到设想的物质密度峰值是可能的. 这为研究一维 Gross-Pitaevskii 方程的有效范围提供了实验的工具. 我们也发现亮孤子中的原子数目保持动力学的稳定性. 当增加散射长度的绝对值时,亮孤子和背景之间的原子交换变得更加快速. 近期实验上控制散射长度技术的发展让我们在将来能够在实验上验证我们的预测.

## §2.8 磁光阱中非理想 Bose 气体的相干性

### 2.8.1 理论

用一维非线性 Schrödinger 方程的精确解研究 Bose-Einstein 凝聚干涉的非线性效应的方法适用于横向运动被限制或忽略不计的情况. 采用逆散射法,可将干涉图样当成线性 Schrödinger 方程的散射问题来研究,其势阱由凝聚体的初始密度分布给出. 我们的理论不仅在一维情形下定量地提供了一个分析框架,而且对于在实验和数值模拟中观察到的干涉图样特征给出了一些“奇妙的”直观理解方式.

对于在理论和实验上研究相干非线性动力学来说,非线性 Schrödinger 方程是一个范例. 碱金属原子的 Bose-Einstein 凝聚的实现和快速发展为这个方程的实际应用提供了新的平台. 几乎所有这些理论研究都基于数值解,对于二维和三维问题以及有外力的情况这是必要的. 另一方面,在过去几十年间解析方法的发展取得了巨大的进步,如逆散射方法,可用于非线性系统中寻找一维情况下的精确解. 还有一些有待观察的解析结果可能会影响我们对碱金属原子 BEC 波包相干动力学的理解.

我们将应用逆散射方法解决 BEC 波包干涉问题[38]. 三维 BEC 波包的干涉是近期观察到的. 一维情况可以通过在干涉过程中保持雪茄状 BEC 波包的侧向约束或通过使用横向尺寸较大的凝聚体与它们之间的大间隙来实现,从而,它们之间几乎没有侧向膨胀的 BEC 波包合并在一起. 对于一维实验我们的理论不仅做出了原子间相互作用如何影响干涉条纹的分析预测,还对实验和数值模拟中观察到的干涉图形的一些特征提供了直观理解.

逆散射法的基本思想是将非线性问题转化为线性散射问题. 在我们所研究的情况下,一维非线性 Schrödinger 方程被转换成线性 Schrödinger 散射问题,其势阱是 BEC 波包的初始密度分布分析的双势垒形状. 我们认为 BEC 波包的干涉是一个长时间的行为,因此,通过非线性 Schrödinger 方程的渐近解来描述. 这种渐近解在线性散射问题的反射系数方面具有精确的形式,因此我们可以通过计算双势垒的反射系数来研究干涉图.

理论公式,即我们从非线性 Schrödinger 方程或 Gross-Pitaevskii 方程出发进行的数值模拟,与以前的实验干涉数据有很好的一致性[7]. 对于超出平均场水平的理论探索,读者可参考其他文献. 在无量纲化形式中,一维情况的凝聚体波函数 $\varphi$ 可写为

$$\mathrm{i}\frac{\partial\varphi}{\partial t}=-\frac{1}{2}\frac{\partial^2\varphi}{\partial x^2}+g|\varphi|^2\varphi, \tag{2.8.1}$$

其中 $x$ 以 $\xi=1\ \mu\mathrm{m}$ 为单位,$\xi$ 是这类实验中的特征长度单位,$t$ 的单位为 $\frac{m\xi^2}{\hbar}$($m$ 为原子质量),$\varphi$ 的单位为 $n_0aaa$ 的平方根,是凝聚体初始分布中的最大密度,相互作用常数定义为 $g=4\pi n_0 a\xi^2$,其中 $a>0$ 为原子间散射长度. 有了这个单位选择,动量单位是 $\hbar/m\xi$;在实验中,常数为 $g=5\sim10$ 和飞行时间 $t\approx120$.

在图 2.8.1(a)~(c)中,我们绘制了两个具有零相对相位的 Gauss 波包根据等式(2.8.1)演变的结果. 干涉模式在 $t=9$ 之前形成. 之后,$|\varphi(x,t)|^2$ 仅在空间上均匀地扩展,而随时间线性地扩展,其基本轮廓,谷和峰值保持不变. 值得注意的是,我们在图 2.8.1 中选择了 $g=2$,而不是较大的实验值,以便具有较低的峰值,使得读者可以更清楚地看到曲线的结构. 对于较高的 $g$,波包扩展得更快,干涉图样结束得更早. 所以,飞行时间 $t\approx120$ 在实验中对于干涉图样来说已经足够长了. 在一维非线性 Schrödinger 方程的精确解的帮助下,我们现在可以解析地研究干涉的渐近模式.

非线性 Schrödinger 方程(2.8.1)的精确解可以通过逆散射法得到[8]. 其主要步骤是解决由以下微分方程定义的辅助线性散射问题:

$$\begin{aligned}
&\mathrm{i}\frac{\partial\psi_1}{\partial x}+\sqrt{g}\,\varphi\psi_2=\frac{k}{2}\psi_1,\\
&\mathrm{i}\frac{\partial\psi_2}{\partial x}+\sqrt{g}\,\varphi^*\psi_1=-\frac{k}{2}\psi_2.
\end{aligned} \tag{2.8.2}$$

当有边界条件 $x\to-\infty$ 时,$\psi_1\to\mathrm{e}^{ikx/2}$. 当 $x\to+\infty$ 时,注意,非线性问题中的波

函数 $\varphi(x,t)$ 在线性问题中表现为散射势. 反射和透射系数 $r(k)$ 和 $\tau(k)$ 被定义为渐近行为中的振幅: $x\to+\infty$ 时 $\psi_1\to\tau(k)\mathrm{e}^{\mathrm{i}kx/2}$, $x\to-\infty$ 时 $\psi_2\to r(k)\mathrm{e}^{-\mathrm{i}kx/2}$. 这种线性散射问题的设计采用这样一种方式: 对于 $\varphi(x,t)$, 随着时间的推移, 按照非线性方程 (2.8.1), 反射系数 $|r(k)|$ 的幅度是不变的. 我们随后的讨论只需要知道 $|r(k)|$, 所以我们可以使用初始波函数 $\varphi(x,0)$ 来表示散射势.

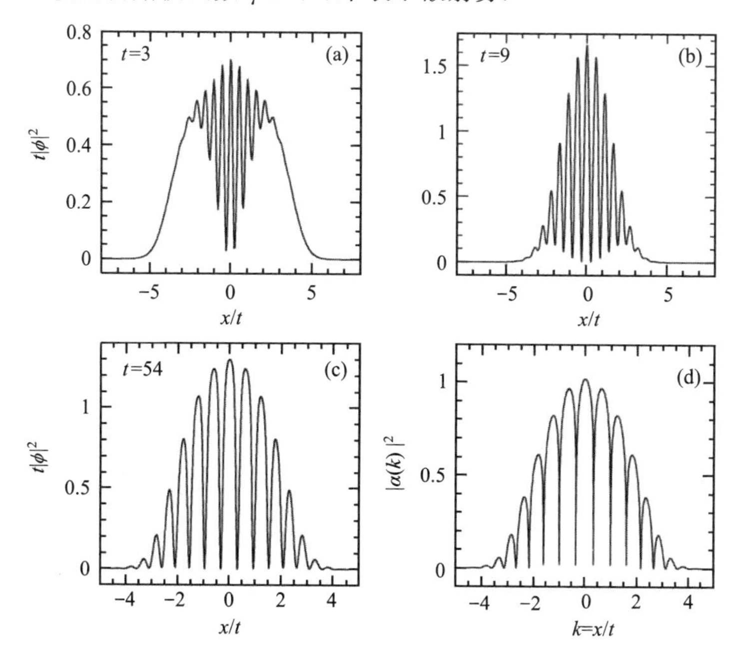


图 2.8.1　两个 BEC 的演变 ($g=2, d_0=12, \sigma=1$), 根据方程 (2.8.4), 波包在 (a) $t=3$, (b) $t=9$, (c) $t=54$ 下的情况. 图片摘自[38]

非线性问题的长时间渐近解具有精确的形式:

$$\varphi(x,t)=\frac{\alpha\left(\dfrac{x}{t}\right)}{\sqrt{t}}\mathrm{e}^{\mathrm{i}(x^2/2t)-\mathrm{i}2|\alpha(x/t)|^2\ln(4t)}+O(t^{-1}\ln t), \tag{2.8.3}$$

其中 $r(k)$ 由 $\alpha\left(k=\dfrac{x}{t}\right)$ 确定. 由于干涉图样被密度分布 $|\varphi(x,t)|^2$ 完全描述, 所以知道 $\alpha(k)$ 的大小是足够的:

$$|\alpha(k)|^2=-\frac{1}{2\pi g}\ln(1-|r(k)|^2). \tag{2.8.4}$$

为了证明上述结果的有效性, 我们画出直接从散射方程 (2.8.2) 得到的图 2.8.1(d), 结果与图 2.8.1(c) 中所示的量 $t|\phi|^2$ 具有很好的一致性. 这一巧合表明, $|\alpha(k)|^2$ 是长时间渐近的动量分布. 通过波函数 (2.8.3) 的 Fourier 变换与适合长

时间使用的稳定相位法也可直接证实该关系. 该结果表明,就长时间分布而言,实际空间中的边缘间距 $\Delta x$ 和动量空间中的 $\Delta k$ 仅通过(2.8.5)式(以物理单位)相关:

$$\frac{\Delta x}{t}=\frac{\hbar}{m}\Delta k. \tag{2.8.5}$$

因此,从现在开始,我们将重点关注动力空间的干涉. 最近,有建议指出应观察动量空间与非弹性光子散射的干涉.

虽然上述公式可以处理任意的初始条件,我们仍将简单地假设 BEC 波包在我们的讨论中具有零相对相位. 我们可以将散射问题重新定义为线性 Schrödinger 方程. 通过定义 $\psi=\psi_1-\mathrm{i}\psi_2$,我们发现

$$-\frac{\mathrm{d}^2\psi}{\mathrm{d}x^2}+(g\varphi_0^2-\sqrt{g}\,\varphi_0')\psi=\frac{k^2}{4}\psi. \tag{2.8.6}$$

这是一个线性 Schrödinger 方程,具有由非线性问题的初始波函数形成的势阱. 以前定义的反射系数因此可以一维地计算为标准量子散射问题.

干涉图样的两个属性可以立即由公式(2.8.4)得到:(1)干涉图样应对称分布;(2)密度分布的包络在 $k$ 值较高时应较低. 第一个属性的原因是事实上,$|r(-k)|=|r(k)|$ 是真正的势阱;第二个属性是因为在较高能量下传输通常更容易. 这两个属性是通用的,不依赖 BEC 密度的初始分配.

对于弱势或大动量,我们可以用 Born 近似计算反射系数. 然后给出干涉图样的动量密度分布:

$$|\alpha(k)|^2\approx\frac{|r(k)|^2}{2g\pi}\approx\frac{1}{2g\pi k^2}\left|\int\mathrm{d}x\,(g\varphi_0^2-\sqrt{g}\,\varphi_0')\mathrm{e}^{\mathrm{i}kx}\right|^2. \tag{2.8.7}$$

在 $g\to 0$ 的极限中,我们可以忽略势阱的第一项,并且部分地整合,然后产生动量分布是初始状态的自由粒子结果. 特别地,如果初始波函数由两个 Gauss 波包组成,波包间隔为 $d_0$,宽度均为 $\sigma$,我们发现

$$|\alpha(k)|^2=4\sigma^2\cos^2\left(\frac{kd_0}{2}\right)\mathrm{e}^{-k^2\sigma^2} \tag{2.8.8}$$

描述了具有周期 $2\pi/d_0$ 的均匀干涉图样. 这正是自由粒子结果.

更有趣的情况是当 $g$ 在实验中是大的时候. 在这种情况下,对于在电位峰值上的能量 $k^2/4$,可以使用 WKB 方法来计算过阻抗反射,产生

$$|\alpha(k)|^2\approx\frac{2}{g\pi}\mathrm{e}^{-[\pi(k^2/4-g)\sigma/\sqrt{g}]}\cos^2\int_{-d_0/2}^{d_0/2}\mathrm{d}x\left(\frac{k^2}{4}-V(x)\right)^{1/2}. \tag{2.8.9}$$

基于这个表达式,很容易发现条纹($k\geqslant 2\sqrt{g}$)对于两个 BEC 云的大分离和小分离是均匀的. 从一个峰值反映的指数系数中也可以看出,当能量 $k^2/4$ 高于障碍物时,分布衰减得非常快. 因此,干涉图样的主要部分在对应于低于障碍物的能量 $k<$

$2\sqrt{g}$ 的范围中.

对于散射势阱 $V(x)=g\varphi_0^2-\sqrt{g}\varphi'$,在图 2.8.2 中表示出了三种不同的情况. 在每种情况下,势阱中都有准边界. 谐振传输发生在这些级别,其中当 $r(k)$ 消失时,根据公式(2.8.4),发现 BEC 波包的节点. 因此,通过计算这些准边界的能量,可以得到 BEC 波包干涉图中条纹的位置和间距. 图 2.8.2(a)展示出了两个初始相距不远的 BEC 波包的情况. 势阱可以被一个谐振子势阱近似:

$$V(x)\approx V_0+\frac{1}{2}V_0''x^2, \tag{2.8.10}$$

其中 $V_0$ 是壁之间的最小势,$V_0''$是势阱的最小曲率. 因此可以用该谐振子势阱的能级来估计边缘位置:

$$k_{\pm n}=\pm 2\sqrt{E_n}=\pm 2\left[V_0+\left(n-\frac{1}{2}\right)\sqrt{2V_0''}\right]^{1/2}. \tag{2.8.11}$$

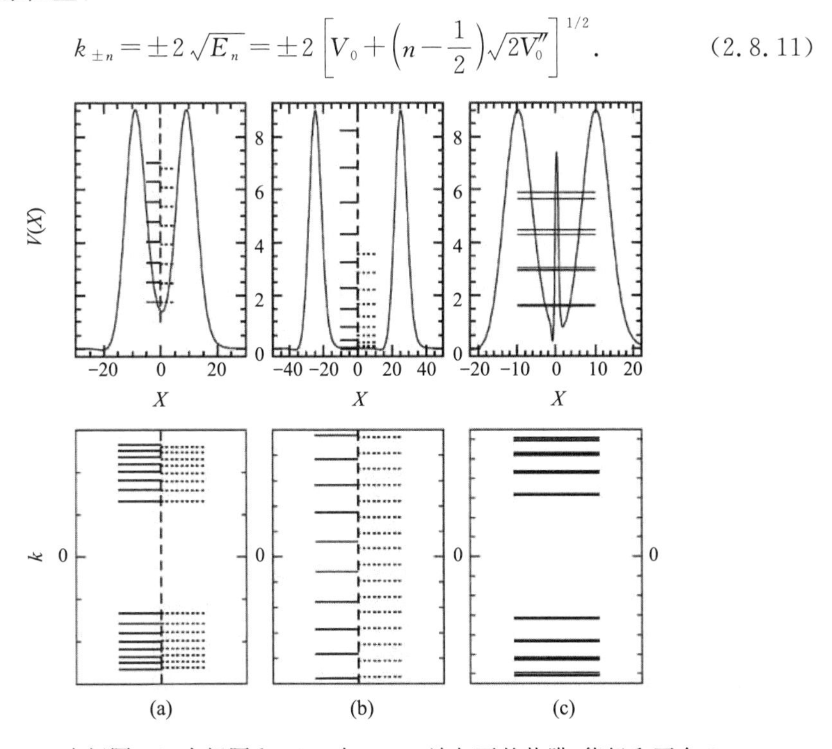


图 2.8.2 (a)小间隔,(b)大间隔和(c)三个 Gauss 波包下的势阱,能级和两个 Gauss 波包在 $k$ 能级. 实线是精确的数值结果,而虚线是用于比较的解析结果. 注意,(b)中的能级被放大 10 倍; $k$ 级间距是边缘间距或干涉带. 图片摘自[39]

我们将图 2.8.2(a)与准确的能级进行比较,看到二者吻合得非常好. 因此,中心条纹间距由下式给出:

$$\Delta k_0=k_1-k_{-1}=4\left(V_0+\sqrt{V_0''/2}\right)^{1/2}. \tag{2.8.12}$$

而高阶条纹的间距由 $\Delta k_n=k_{n+1}-k_n$ 给出. 所得到的边缘位置在图 2.8.2(a)

中绘制,其中我们看到中心带由于非零势阱 $V_0$ 而非常宽,而其他频带窄得多,接近均匀间隔.因此,我们可以理解为什么初始 BEC 波包中的强重叠可导致实验和数值模拟中所见的不均匀模式.

随着初始分离变得更大,边缘间隔变得更均匀.$d_0=10\sigma$ 的情况在图 2.8.2(b)中展示,其中我们看到条纹几乎是均匀的,但是具有比自由粒子结果大得多的间距.自由粒子情况用右边的虚线画出来以便进行比较.从关系 $\Delta k=\pi/d^*$ 可以看出较大的间距,其中 $d^*$ 是势阱的有效宽度.在势阱的底部附近,图 2.8.2(b)所示的能级分布实际上取决于阱宽大于 Gauss 波包之间的距离 $d$ 按 Gauss 的全宽 $\sigma$ 的顺序[6].对于非常大的分离,该差异最终变得可忽略,产生对应于自由粒子结果的水平间距.这些结果也符合我们的物理直觉:通过大量的初始分离,气体云彼此相遇时变稀,交互较少,因此条纹变得更像非交互性气体.现在很清楚的是,图 2.8.2 中所示的均匀图案是由两个因素产生的:初始大分离和快速横向膨胀,二者有助于降低冷凝体的密度[5].

干涉条纹的宽度可以从相应的准边界的线宽获得,由于隧道穿过势垒,其具有有限的寿命.一般来说,水平宽度随着能量的增加而增加,这意味着侧面的边缘比靠近中心的边缘更厚.更具体地,可以使用 WKB 方法来估计水平宽度与水平间隔的比率:

$$\frac{\delta k_n}{\Delta k_n}=\frac{\delta E_n}{\Delta E_n}=2\mathrm{e}^{-2\sqrt{g-E_n}\,w(E_n)}, \tag{2.8.13}$$

其中 $w(E_n)$ 是水平能量重叠宽度.由于指数依赖性,对于大的 $g$ 和厚波包,条纹宽度可以非常窄,如图 2.8.1(d)所示.观察这样窄的宽度对实验者来说是个挑战:缺乏非常好的光学分辨率和系统稳定性将导致这些狭缝密度分布得不均以及条纹的对比度或可见度降低.另一方面,狭缝的发展似乎需要很长时间.对于图 2.8.1(c)所示的情况,在时间 $t=54$ 还可以看到相当宽的谷值.对于宽度的时间依赖性,没有一个很好的理论可以解释,尽管 Heisenberg 不确定性宽度似乎给出正确的数量级.

此外,我们可以在这个框架内直观地预测两个 BEC 波包的干涉图样.在图 2.8.2(c)中,我们绘制了三个 BEC 波包的情况,并看到干涉中出现的条纹配对.同样,当可以安排 BEC 云的周期性阵列时,我们可能会期望在干涉模式中看到带结构.

### 2.8.2 实验

为观察两种自由膨胀的 Bose-Einstein 凝聚体之间的干涉,可在由磁力和光学力形成的双势阱中通过蒸发冷却 Na 原子来产生由 40 μm 分离的两个凝聚体.在关闭势阱后,观察到长度为 15 μm 的高对比度物质波干涉条纹,使凝聚体膨胀

40 ms 并重叠. 这表明 Bose 凝聚的原子是“激光状”的,也就是说,它们是相干的并且表现出长距离的相关性. 这些结果对原子激光和 Josephson 效应有直接的影响.

研究在稀薄原子气体中实现 Bose-Einstein 凝聚(BEC)的学者们对这种新形式的物质产生了极大的兴趣. 新形式物质的特征之一是有限温度下系统的量子力学基态的宏观占据. Bose 凝聚体的特征在于没有热激发,其动能仅仅是捕获势阱的零点运动的结果(通常由原子之间的排斥相互作用体现). 这是以前的实验中已经用于检测和研究 Bose 凝聚体的性质. 通过冷原子“峰值”的突然出现,在扩大的云图(飞行时间图片)和磁势阱内的密度中心都观察到 Bose-Einstein 凝聚的相变[4][5]. 原子云的各向异性扩展和频率不同于捕获频率倍数的出现与弱相互作用的 Bose 气体的平均场理论的预测是一致的. 然而,在流体动力学状态中,已经预测了类似的各向异性膨胀和密集经典气体的激发频率,因此它们不是 BEC 的特征. 事实上,非线性 Schrödinger 方程相当于超流体的流体动力学方程,在许多情况下,它与传统的流体力学方程非常相似. 以前的 BEC 研究主要关注 Bose 凝聚体“非常冷”的性质,但没有揭示直接反映其相干性质的性质,例如其相位,序参量(宏观波函数)或长程序. 在超导体中,可通过 Josephson 效应直接观察序参量,而在超流体 He 中,观察量子涡旋运动提供了间接的证据.

Bose 凝聚体的一致性已经成为许多理论研究的主题. Kagan 和合作者预测,Bose 凝析物将首先形成为冷原子构成的准凝聚体,但缺乏长程序,仅在更长的时间尺度上建立. Stoof 预测会立即形成一致的凝聚体. 几个研究小组讨论了凝聚体的干涉实验和量子隧穿[18]~[29]. 如果冷凝水最初在明确定义的原子数的状态下,它的序参量(宏观波函数)消失. 然而,量子测量过程仍然会导致量子干涉,并且产生凝聚体的相,从而破坏反映粒子数守恒的全局规范不变性. 这类似于 Anderson 著名的假想实验,连接了 Josephson 电流,测试两个最初分离的超流体 He 气桶是否会显示相对相位的固定值.

已经有了这样一个固定的相对相位的观点. 然而,即使这个相位存在,由于预测在发射膨胀期间会有碰撞的影响或由 Bose 凝聚原子的平均场产生的相位扩散,直接测量还是难以直接进行. 此外,凝聚体的相位在讨论原子激光器(同向物质波源)中起关键作用.

凝聚体的相位是复数(宏观波函数),并不是可观察的. 只能测量两个凝聚体之间的相对相位. 在这里,我们展示了两个原子 Bose 凝聚体之间的高对比度干涉的观察结果,这是这种系统中一致性存在的明确证据.

对于实验装置[39],在以前的实验条件基础上进行改进,生成了两个 Bose 凝聚体. 将 Na 原子光学冷却并捕获,然后转移到双势阱. 通过射频(RF)诱导的蒸发进一步冷却原子. 凝聚体被限制在立体式磁阱中,磁阱由磁场 $B''=94\ \mathrm{G/cm^{-1}}$,径向梯度 $B'=$

120 G/cm$^{-1}$ 和偏置场 $B_0=0.75$ G 的轴向曲率确定原子云是雪茄形,长轴水平的. 通过将蓝失谐的远离共振激光聚焦到磁势阱的中心而产生双势阱,产生排斥光学偶极子力. 由于氩(Ar)离子激光在 514 nm 处相对于 Na 共振在 589 nm 处的远失谐,因此自发发射的加热可忽略不计. 将该激光束聚焦成横截面为 12 $\mu$m×67 $\mu$m(半径 $1/e^2$)的光片,其长轴垂直于凝聚体的长轴. Ar 离子激光束的传播几乎共线于垂直探测光束. 我们用聚焦器成像聚焦的 Ar 离子激光束与相机成像对准光照片.

让蒸发冷却远远低于转变温度,以获得没有明显的正常分馏的凝聚体. 在 30 s 内产生了在 $F=1, m_F=-1$ 基态中含有 $5\times10^6$ 个 Na 原子的凝聚体. 激光光成像的存在既没有改变我们以前的工作中的冷凝原子的数量,也不改变蒸发路径;因此,用光学堵塞的磁势阱较早遇到的加热问题是纯技术性的. 在本应用中,不需要 Ar 离子激光束来避免损耗过程,因此我们在选择激光功率和焦点参数方面有完全的自由度.

通过非破坏性相位对比成像直接观察到双重凝聚体[见图 2.8.3(a)]. 这种技术是我们以前在色散成像方面的工作的延伸,它大大提高了信噪比. 探针光频率失谐离共振跃迁非常远(1.77 GHz 的红色),因此其吸收可以忽略不计. 图像由沿向前方向相干散射的光子形成. 通过在 Fourier 平面中用相位板将传输的探测光束延迟 1/4 波长将由凝聚体引起的相位调制转换成相机的强度调制. 以前,发射的探测光束被细导线(暗场成像)阻挡.

通过同时关闭磁势阱和 Ar 离子激光光板来观察凝聚体之间的干涉. 两个膨胀的凝聚体重叠并通过吸收成像来观察. 40 ms 飞行时间后,光泵浦光束将原子从 $F=1$ 超精细状态转移到 $F=2$ 状态. 以 10 ms 的延迟,将原子暴露于 $F=2\rightarrow F'=3$ 跃迁共振的短(50 ms)圆偏振探测光束,并吸收 20 个光子. 在这些条件下,原子在曝光期间水平移动 5 mm.

吸收成像通常沿着视线整合,因此只具有二维空间分辨率. 因为 15 $\mu$m 条纹的势阱深度与扩展云的尺寸相当,并且由于条纹通常不平行于探测光轴,所以视线整合将引起相当大的模糊. 我们通过将探测光吸收到云的薄水平切片上实现三维分辨率来避免这个问题. 光泵浦光束聚焦成可调厚度(通常为 100 mm)和几 mm 宽度的光片;该泵浦光束垂直于探针光传播方向并平行于阱的长轴.

结果,探针光仅由原子被光泵浦的薄层云吸收. 因为仅在切片中存在原子的部分需要高空间分辨率,所以需要与数百万个原子凝聚的良好信噪比.

我们介绍两个 Bose 凝聚体之间的干涉. 一般来说,连续光源和脉冲源的干涉条纹模式不同. 两点状单色连续光源会产生弯曲(双曲)干涉条纹. 相比之下,两个点状脉冲源显示直线干涉条纹;如果 $d$ 是两个点状凝聚体之间的距离,那么它们在空间任意点的相对速度为 $d/t$，其中 $t$ 是脉冲在源上(关闭势阱)和观测之间的延迟. 条纹周期是与具有质量 $m$ 的原子的相对运动相关的 de Broglie 波长 $\lambda$：

$$\lambda=\frac{ht}{md},\tag{2.8.14}$$

其中 $h$ 是 Planck 常量. 干涉图案的幅度和对比度取决于两个凝聚体之间的重叠(见图 2.8.4).

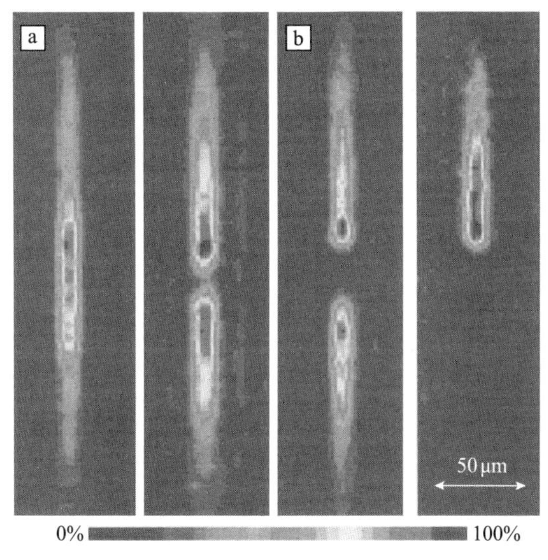


图 2.8.3　(a)单个 Bose 凝聚体(左)和双 Bose 凝聚体的相位对比图像(束缚在势阱中). 通过将 Ar 离子激光器片的功率从 7 mW 改变到 43 mW 来改变两个凝聚体之间的距离. (b)原始双重凝聚体的相位对比图像，其中下方的凝聚体被消除. 图片摘自[39]

40 ms 飞行时间后的两个凝聚体的干涉图见图 2.8.2，一系列具有 15 mm 边缘间距的测量结果显示对比度在 20%～40%. 当使用标准光学测试图案校准成像系统时，我们发现在相同空间频率下的 40%的对比度. 因此，原子干涉的对比度在 50%～100%. 因为凝聚体比观察到的条纹间隔大得多，所以它们必须具有高度的空间相干性.

我们观察到 Ar 离子激光器片的大功率条纹周期变小[见图 2.8.5(a)]. 较大的功率增加了两个凝聚体之间的距离[见图 2.8.5(a)]. 从相位对比图像，我们确定了两个凝聚体的密度最大值与 Ar 离子激光功率之间的距离 $d$. 条纹周期与间距最大值的关系[见图 2.8.5(b)]与公式的预测一致(虽然这个公式只适用于两点源).

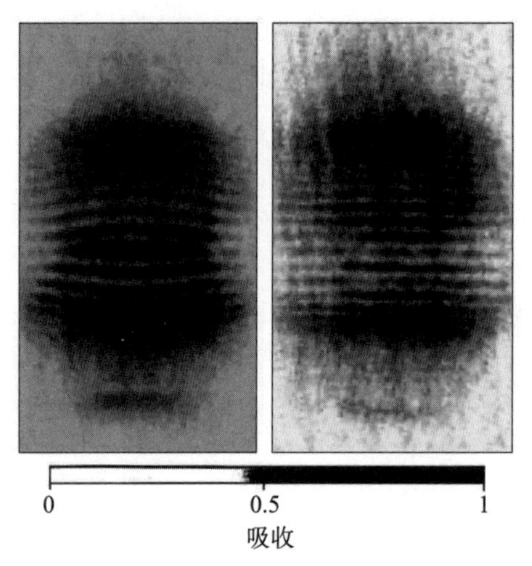


图 2.8.4　对于 Ar 离子激光照片的两个不同的功率(原始数据图像),在 40 ms 的飞行时间后观察到两个膨胀的凝聚体的干涉图. 条纹周期为 20 mm 和 15 mm,功率为 3 mW 和 5 mW,左右图像的最大吸收分别为 90%和 50%. 视野为水平 1.1 mm,垂直方向为 0.5 mm. 水平宽度被压缩到原先的 1/4 倍,这增强了边缘曲率的影响. 为了确定边缘间距,排除了左边的黑色中央边缘. 图片摘自[39]

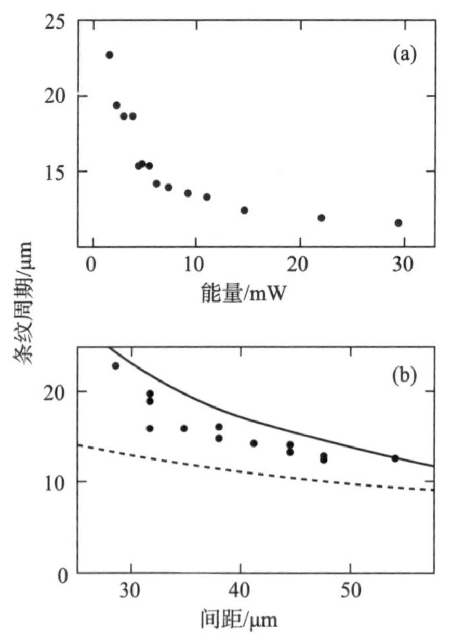


图 2.8.5　(a)Ar 离子激光光源中的条纹周期与功率. (b)条纹周期与两个凝聚体的密度最大值之间的观察间距. 实线是由公式给出的依赖关系. 虚线是理论预测,其结合了 96 mm 的恒定质心间隔,忽略了具有激光功率的小变化(610%). 图片摘自[39]

Wallis 等人计算出具有 Gauss 势垒的谐波势阱中两个扩张凝聚体的干涉图. 他们得出结论,如果 $d$ 被质心分离的几何平均值被两个凝聚体的密度最大值之间的距离代替,则中心条纹仍然有效. 该预测也在图 2.8.5(b)中示出. 鉴于我们在确定最大间距($\approx 3\ \mu$m)和质心间距($\approx 20\ \mu$m)时的实验不确定性,一致性令人满意. 我们得出结论:扩展相互作用的凝聚体的数值模拟与观察到的条纹周期一致[26].

我们进行了一系列测试以支持我们对物质波干涉的解释. 为了证明条纹图案是由两个凝聚体引起的,我们将其与单一凝聚体的图案进行比较(这相当于进行双切口实验并覆盖其中一个狭缝,结果见图 2.8.6). 一个凝聚体在释放前 20 m 被聚焦的弱共振光束照射,导致其几乎完全消失,这是由于光泵浦到未捕获状态和通过光子反冲加热后的蒸发[图 2.8.1(b)].

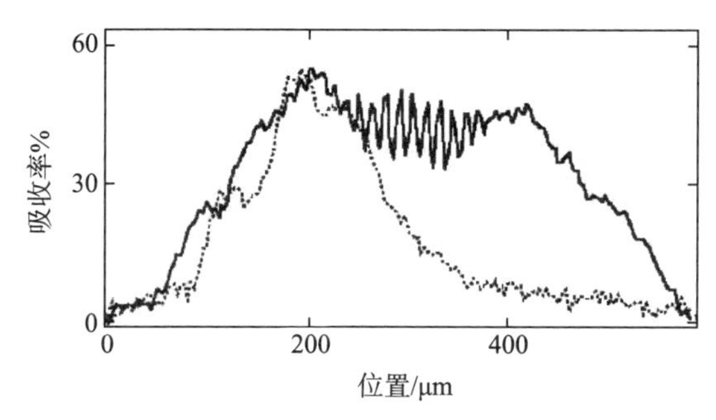


图 2.8.6　比较单一和双重凝聚体的飞行时间图像,通过类似于飞行时间图片的方式显示垂直剖面. 实线是两个干涉凝聚体的轮廓,虚线是单个凝聚体的轮廓,两者都从相同的双势阱(Ar 离子激光功率 14 mW;边缘周期 13 mm;飞行时间 40 ms). 剖面的横向整合在 450 mm. 虚线轮廓乘以一个因子 1.5,以说明单个冷凝液中的原子数较少很可能是在排除下半部分时的损失导致的. 图片摘自[39]

所产生的飞行时间图像没有表现出干涉,并且单个扩张凝聚体的轮廓与双重凝聚体轮廓的一侧匹配(图 2.8.4). 单个膨胀凝聚体的轮廓显示出一些粗糙的结构,这很可能是由限制势阱的非抛物线形状引起的. 我们发现当 Ar 离子激光的焦点具有一些较弱的次级强度最大值时,该结构变得更加显著. 此外,当磁势阱关闭之后 Ar 离子激光照射片保持 2 ms 时,两个凝聚体之间的干涉消失. 吸收图像显示两个凝聚体被推开并且随后不重叠.

另一项测试证实,条纹不能归因于两个碰撞凝聚体的密度波. 因为干涉图案取决于凝聚体的相位,条纹应该受相位强烈影响,但对扰动不敏感. 在两个凝聚体膨胀期间施加谐振射频辐射导致条纹对比度降低至 1/4. 当在 1 kHz 下,在 0 和 300 kHz 之间扫描 25 次时,发现对比度最大的降低. 当单个凝聚体暴露于相同的射频辐射时,没有发现飞行时间图像中的明显差异. 条纹对比度减少的一个可能的解释是频繁扫描通过谐振的微不均匀的直流和射频磁场产生的原子在超精细状态的不同叠加只产生了部分干涉.

条纹的可视性主要取决于几个成像参数. 当光泵送片的厚度增加到 800 mm 时,边缘变得几乎不可见,而成像系统的焦点可以在高达 61 mm 的更宽范围内变化而不造成对比度的变化. 这意味着条纹相对于探针光束处于小角度(≈20 mrad).

尽管在扩张期间没有试图控制剩余磁场,但当干涉非常强烈时,条纹非常规则. 高对比度意味着膨胀期间的相扩散或与正常原子的碰撞都不重要. 当射频蒸发在较高温度下停止时,后一个方面可得到更详细的研究. 我们仍然观察到相同对比度的条纹,但是由于较小的冷凝原子数量,振幅降低[40]. 在转变温度下,条纹和凝聚体消失.

我们现在考虑这两个凝聚体是否真正独立. 当 Ar 离子激光器的功率变化时,我们实现了分离好的和相连接的凝聚体. Bose 凝聚体的化学势为 4 kHz. 由 Ar 离子激光产生的屏障的高度估计为每千瓦功率 2 kHz. 在 100 mW 激光功率下,势垒高度为 10 mK,导致其已经分裂得远高于相移温度为 2 mK 的原子云. 分离好的凝聚体的隧穿时间估计大于宇宙的年龄,因此我们的实验应该等同于 Anderson 的假想实验,也是两个独立激光器之间的干涉实验. 两个独立的凝聚体将显示出具有在实验之间变化的相位的高对比度干涉条纹. 然而,在我们的实验中,因为 10 mm 尺度上的机械不稳定性,即使固定的相对相位也将被检测为随机的. 一旦有可能区分固定相位和随机相位,我们就应该能够研究相位一致性是如何建立和丢失的. 一个可能的实验是在冷凝后绝热地接通 Ar 离子激光器,从而分离单个凝聚体,并研究一个确定的相位随时间的变化.

对于低于 4 mW 的 Ar 离子激光功率,干涉图案在总是暗的中心条纹上稍微弯曲并对称(见图 2.8.2). 我们推测,对于小的间距,两个凝聚体在扩展期间很早就重叠,它们之间的相互作用是不可忽视的. 当激光片的功率进一步降低时,条纹数量减少,而中央黑暗特征持续存在,并最终丧失对比度. 对于这样的低能量,凝聚体处于没有完全分离的模式.

观察 15 mm 周期的物质波干涉需要物质波长为 30 mm 的原子,这对应于单光子反冲能量的 0.5 nK 或 1/2600 th 的动能. 该能量远小于我们的势阱(≈100 nK)中 Bose 凝聚体的平均场能量,也远小于零点能量(15 nK). 幸运的是,从立体型势阱释放的凝聚体的极度各向异性扩张产生了在轴向上具有非常长 de Broglie 波长的原子.

上述冷凝液切割和三维吸收成像技术为进一步研究开辟了可能. 我们已经关闭了势阱,观察到两个凝聚体的相对相位的存在. 下一个合乎逻辑的步骤是将这种技术与我们近期演示的用于 Bose 冷凝水的输出耦合器相结合. 在这种情况下,记录第一输出脉冲的干涉图形通过量子测量过程产生被捕获的凝聚体的相干状态.

随后的输出脉冲可用于研究相位的时间演变和由相位扩散导致的相干损失.

通过在两个凝聚体之间使用更薄的屏障($\approx 1\ \mu m$),应该可以可靠地建立一个弱连接,并研究量子隧穿,或 Josephson 效应的原子. 对于超导体,Josephson 效应是检测序参量的常用方法. 对于原子 Bose 凝聚体,我们直接观察到相对相位. 这是可以用稀薄原子气体中的 Bose 冷凝来探索的补充物理学的一个例子. 此外,我们已经展示了用远离共振激光束操纵磁势阱的 Bose 凝聚体的技术可行性. 因此,可以执行 Bose 凝聚体的"显微手术",例如成形捕获势阱或产生局部激发(例如,使用如"桨轮"的激光束来激发旋转运动).

观察到高对比度干涉条纹是在凝聚体的程度上的空间相干性存在的明显证据[43]. 在理论处理中,一致性(对角线远距离顺序)已被用作 BEC 的定义标准. 最近关于 Bose 凝聚体的输出耦合器的工作已经包含了原子激光器的所有元件,因为它产生了多个脉冲,所以应该具有超过单个凝聚体尺寸的相干长度.

虽然这被描述为原子激光器的第一个实现,但我们认为 Bose 凝聚原子可测量相位是一个关键但缺失的特征. 目前的工作解决了这个问题,并且表明具有输出耦合器的 Bose 凝聚体是原子激光器.

补充说明:我们最近将射频输出耦合器与观察两个凝聚体之间的干涉相结合. 来自分离凝聚体的输出脉冲显示出高对比度干涉,与上述结果非常相似. 这证明射频输出耦合器保持了凝聚体的一致性.

## §2.9　磁光阱中非理想 Bose 气体的量子隧穿效应

建立和发展量子隧穿的一般理论的周期瞬子方法,预言了光晶格中冷原子在能带间的量子隧穿效应,并且已被实验证实. 在克服围绕瞬子解的量子化方案、零模发散两个关键困难后,人们发现了一种新的总能量不为零、满足周期边界条件的瞬子解——周期瞬子,首次提出在高、低能区都适用的计算量子隧穿的周期瞬子方法,从而使有限温度量子隧穿计算变为可能,解决了量子力学基本理论中的一个难题. 周期瞬子方法填补了热助量子隧穿的计算空白,把隧穿理论推广到有限温度. 人们研究了光晶格中 Bose-Einstein 凝聚体的量子隧穿,包括 Landau-Zener 隧穿及 Wannier-Stark 隧穿. 发现在包含自旋为 2 的冷原子 Bose-Einstein 凝聚体的两个光学势阱中可以产生一种新颖的量子效应——非 Abel 的 Josephson 效应,并进一步设计了可以观察这种非 Abel 的 Josephson 效应的真实物理系统.

### 2.9.1　量子隧穿的一般理论——周期瞬子方法

2002 年,人们利用周期瞬子方法预言了光晶格中冷原子在能带间的量子隧穿效应,发现了量子隧穿逃逸率的温度依赖关系[40]. 这是第一个定量的理论计算. 周期瞬子方法填补了热助量子隧穿的计算空白,把隧穿理论推广到有限温度. 2008年,意大利佛罗伦萨大学 Tino 教授从实验上验证了该预言[41]. 2006 年,德国凯泽斯劳滕大学 Müller-Kirsten 教授的《量子力学教程》中[42],有 4 章共 161 页专门论述该方法. 这一新理论立即带来了新发现,例如,用周期瞬子方法发现量子隧穿到经典热跃迁的过渡可以是一级相变,打破了只有二级相变的定论. 周期瞬子方法在高能物理、量子引力和凝聚态中都有重要应用.

### 2.9.2 非 Abel 的 Josephson 效应

1973 年诺贝尔物理学奖授予英国剑桥大学 Josephson 博士,以表彰他对穿过隧道壁垒的超导电流所做的理论预言:对于超导体-绝缘层-超导体互相接触的结构,只要绝缘层足够薄,超导体内的电子对就有可能穿透绝缘层势垒,即产生 Josephson 效应. 作为一种宏观量子效应,Josephson 效应不仅具有重要的科学意义,而且有广泛的实际应用,例如制作超导量子干涉器件.

我们发现在包含自旋-2 的冷原子 Bose-Einstein 凝聚体的两个光学势阱中可以产生一种新颖的量子效应——非 Abel 的 Josephson 效应,并进一步设计了可以观察这种非 Abel 的 Josephson 效应的真实物理系统,如图 2.9.1 所示. 相较于 Abel 的情况,非 Abel 的 Josephson 效应具有不同的密度和自旋隧穿特征. 可以获得表征非 Abel 的 Josephson 效应的特征量——自旋-2 的冷原子 Bose-Einstein 凝聚体的两个光学势阱之间不同量子态的赝 Goldstone 模(pseudo Goldstone modes),如图 2.9.2 所示. 也可以给出在实验上观察非 Abel 的 Josephson 效应的方案. 这项新的研究工作对进一步认识新奇量子现象,特别是 Bose-Einstein 凝聚系统的新型量子效应具有非常重要的意义[43].

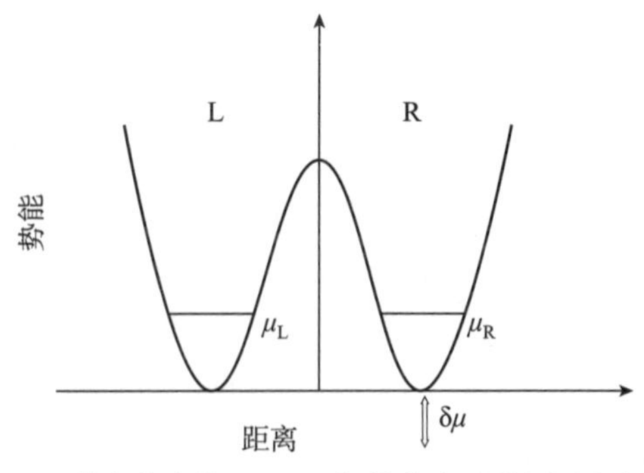


图 2.9.1 双阱中的自旋-2 Bose 气体的实验简图. 图片摘自[43]

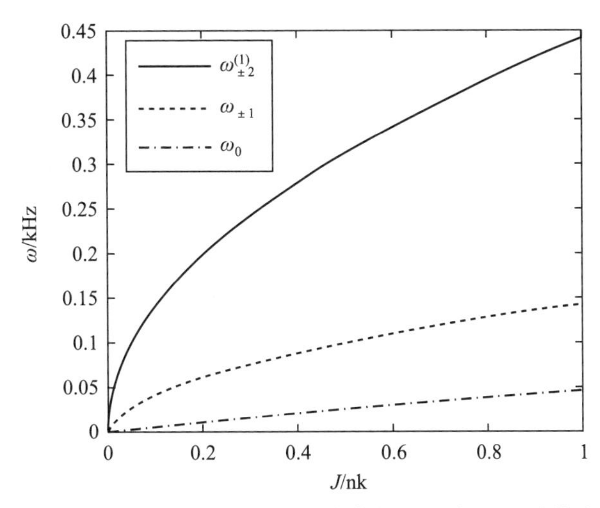


图 2.9.2 赝 Goldstone 模频率与耦合参数 $J$ 的关系. 图片摘自[43]

### 2.9.3 光子 Josephson 效应

我们设计了包含二能级冷原子的两个弱耦合微腔的光学系统,如图 2.9.3 所示.

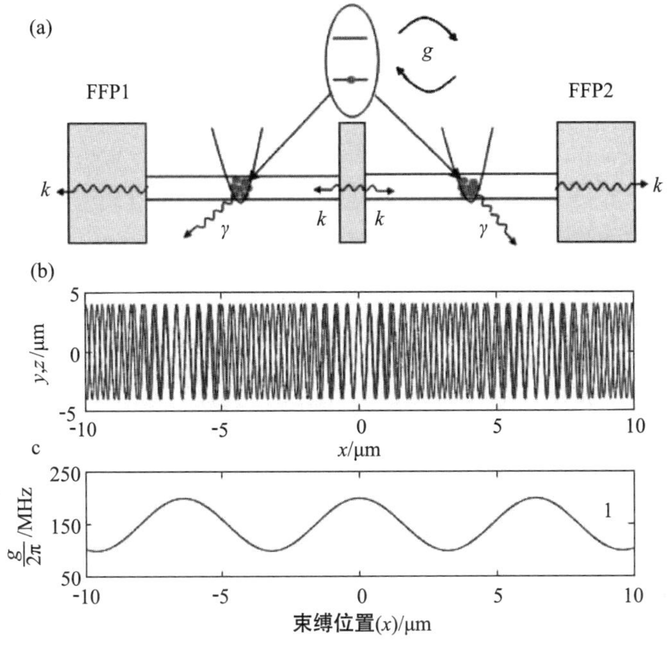


图 2.9.3 光学系统实验装置图及耦合谐振轴线的控制台. 图片摘自[44]

发现通过调节微腔中的冷原子运动,将包含冷原子的两个弱耦合微腔的光学系统设计成类似超导和超流的电路,产生了一种新颖的量子效应——光子的交流和直流 Josephson 效应(AC and DC Josephson effect of photons),如图 2.9.4 所示,并进一步设计了相干光子干涉器件.这项新的研究工作对进一步认识新奇量子现象,特别是耦合原子-微腔系统的新型量子效应具有非常重要的意义[44].

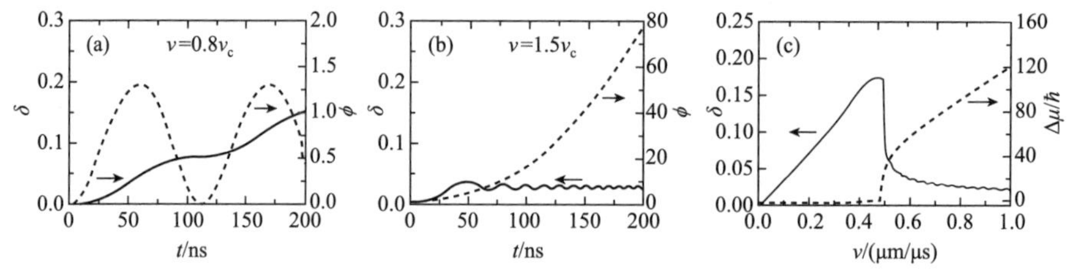


图 2.9.4 极化凝聚态中化学势与电流的关系.图片摘自[44]

## § 2.10 磁光阱中非理想 Bose 气体的热力学性质

### 2.10.1 能量尺度

Bose-Einstein 凝聚是在某一特定温度下的热力学相变.处于简谐势阱中的粒子,当温度低于某一临界值时,密度分布和速度分布会出现尖峰.进一步降低体系的温度,尖峰就会更加凸起.而处于分布边缘的粒子就会明显减少,在极低温下,边缘不再有粒子分布.在相变点处,能量随温度的变化关系会出现突变.即在某一温度下,分布密度会突然出现一个最大值.

对于无相互作用的 Bose 气体,BEC 相变在某一临界温度下发生.临界温度满足 $K_B T_c^0 = \hbar\omega_{ho}[N/\xi(3)]^{1/3}$.处于凝聚态的部分原子满足 $N_0/N = 1-(T/T_c^0)^3$,其能量满足关系 $E \propto T^4$.我们所面临的主要问题是在何种条件下粒子间的相互作用不可忽略.在 Bose-Einstein 凝聚中,由于粒子数密度很高,所以粒子间的相互作用项不可以忽略.排斥相互作用会使粒子分布中心的峰变得平缓,而吸引相互作用会使峰变得更加凸出.首先让我们估算排斥势相互作用下的体系能量尺度.零温下,在 Thomas-Fermi 近似下求得单个粒子的平均相互作用能为 $E_{int}/N = (2/7)\mu$,其中化学势 $\mu = (1/2)\hbar\omega_0(15Na/a_{ho})^{2/5}$.将化学势同其热力学能量 $K_B T$ 对比会得到很多的有趣的性质.如果热力学能量 $K_B T < \mu$,则我们认为由于粒子间的相互作用导致的热力学行为起主导作用,如果 $K_B T > \mu$,则相互作用项只会引起微扰修正.这样对于排斥势来说化学势给出了一个介于谐振子能量与相变温度之间的关系 $K_B T_c^0 > \mu > \hbar\omega_{ho}$,一个重要的参量就是

$$\eta = \frac{\mu}{K_B T_c^0} = \alpha\left(N^{1/6}\ \frac{a}{a_{ho}}\right)^{2/5}. \tag{2.10.1}$$

$\eta$ 在数值上介于 $T=0$ 时 Thomas-Fermi 近似下给出的化学势与无相互作用的气

体的临界温度之间. 其中参数 $\alpha=15^{2/5}[\xi(3)]^{1/3}/2$. 如果在实验上代入上述参数的值,则测得 $\eta$ 值的范围为 0.35 到 0.40. 所以我们可以推测,当温度达到临界温度的量级时,相互作用的效果仍是可以被观察到的.

此处,我们需要指出上述参数 $\eta$ 与体系参数的关系. 首先 $\eta$ 不同于解释两体相互作用的参数 $Na/a_{\mathrm{ho}}$. 参数 $Na/a_{\mathrm{ho}}$ 决定了化学势的值,此时化学势以谐振子的能量为单位. 虽然 $\eta$ 也可确定化学势的值,但此时的单位是临界温度对应的能量. 此时,我们有 $\eta\approx N^{1/15}$,这一关系是十分平滑的. 所以为了改变粒子间相互作用的效果,我们应该改变比值 $Na/a_{\mathrm{ho}}$ 而不是改变粒子数 $N$. 参数 $\eta$ 的另一个重要性质是它可以用传统气体参数 $a^3n$ 表示,表达式为 $\eta=2.24[a^3n_{T=0}(0)]^{1/6}$. 其中 $n_{T=0}(0)$ 是零温下分部中心的粒子密度. 由于表达式中的 1/6 次方所以即使气体参数很小,$\eta$ 也会保持在 1 的量级左右. 用相变温度以及能量 $\hbar^2/ma^2$ 来标度气体参数 $\eta$ 可以得到表达式:

$$\eta=1.59(K_{\mathrm{B}}T_{\mathrm{c}}^{0})^{1/5}(\hbar^2/ma^2)^{-1/5}. \tag{2.10.2}$$

上述方程指出在热力学极限下,粒子数趋于无穷,$\omega_{\mathrm{ho}}\to 0$,其中 $N\omega_{\mathrm{ho}}^{3}$ 保持固定,此时的气体参数 $\eta$ 可被良好定义.

当体系温度高于临界温度,体系不存在 Bose-Einstein 凝聚. 此时粒子间的相互作用可以被忽略,因为此时的体系处于稀薄状态. 此时,我们可由 $E_{\mathrm{int}}/N\simeq gN/R_{\mathrm{T}}^{3}$ 推测出粒子间的相互作用能. 其中 $R_{\mathrm{T}}=(2K_{\mathrm{B}}\mathrm{T}/m\omega_{\mathrm{ho}}^{2})^{1/2}$ 是热力学密度分布半径. 当体系的温度达到 $T_{\mathrm{c}}$ 的量级时,有关系:

$$\frac{E_{\mathrm{int}}}{NK_{\mathrm{B}}T_{\mathrm{c}}^{0}}\approx N^{1/6}\frac{a}{a_{\mathrm{ho}}}\approx\eta^{5/2}. \tag{2.10.3}$$

此时的比值同凝聚态的比值相比,$\eta$ 的幂次更高,也就说明当体系不处于凝聚态时,体系的相互作用能更小.

### 2.10.2　临界温度

在无相互作用的体系中,体系制冷的同时保持正常项,当温度降到临界温度 $T_{\mathrm{c}}^{0}$ 时,体系满足 $n(0)\lambda_{\mathrm{T}}^{3}=\xi(3/2)\simeq 2.61$,其中 $\lambda_{\mathrm{T}}=[2\pi\hbar^2/(mK_{\mathrm{B}}T)]^{1/2}$ 是热波长,$n(0)$ 是临界温度下势阱中心的粒子数密度. 而粒子间的排斥相互作用趋于使中心的粒子数密度分布变得平缓,而吸引相互作用则起到相反的效果. 降低峰值处的粒子数密度将会导致临界温度的数值减小. 我们可用平均场近似把粒子变成无相互作用的准粒子,此时立即的温度的变化可以由 Hartree-Fock(HF)理论求出. 首先写出 HF 的 Hamilton 量:

$$H_{\mathrm{HF}}=\frac{-\hbar^2\nabla^2}{2m}+V_{\mathrm{ext}}(r)=\frac{-\hbar^2\nabla^2}{2m}+V_{\mathrm{ext}}(r)+2gn, \tag{2.10.4}$$

其中,$2gn$ 是平均场理论框架下的粒子间的相互作用[45],而 $n(r)$ 是体系的总粒子数密度,包含凝聚态和其他热力学量的粒子数密度. $n(r)$ 可以通过求解由粒子数密度表达的有效势场的 Schrödinger 方程得出. 当存在 Bose-Einstein 凝聚时,单粒子的激发态方程同序参量方程相互耦合. 而整个耦合方程需要通过自洽方法求解. 在零温下,Hartree-Fock 模型中的 Hamilton 量同单粒子的 Hamilton 量一致.

在半经典近似下可以很容易求得在(2.10.4)式的本征态下的热力学平均值,理想气体热力学密度可以表达成形式

$$n_{\mathrm{T}}(r)=\lambda_{\mathrm{T}}^{-3}g_{3/2}(\mathrm{e}^{[V_{\mathrm{eff}}(r)-\mu]/K_{\mathrm{B}}T}). \tag{2.10.5}$$

此处,我们用 $[V_{\mathrm{eff}}(r)-\mu]$ 代替了 $v_{\mathrm{eff}}$,因为发生 Bose-Einstein 凝聚时,由归一化条件可以得到

$$N=\int \mathrm{d}r n_{\mathrm{T}}(r,T_{\mathrm{c}},\mu_{\mathrm{c}}). \tag{2.10.6}$$

当(2.10.4)式取最小本征值时,对应的化学势可以满足上述归一化方程. 对于较大的体系,起主导作用的是粒子间相互作用的化学势:

$$\mu=2gn(0). \tag{2.10.7}$$

在最低阶数 $g$ 下可以由无相互作用模型得到中心的粒子密度. 在 $\mu_{\mathrm{c}}=0$, $T_{\mathrm{c}}=T_{\mathrm{c}}^{0}$ 下展开(2.10.6)式的右面并引入相对涨落项 $\delta T_{\mathrm{c}}=T_{\mathrm{c}}-T_{\mathrm{c}}^{0}$ 可以得到结果

$$\frac{\delta T_{\mathrm{c}}}{T_{\mathrm{c}}^{0}}=-1.3\frac{a}{a_{\mathrm{ho}}}N^{1/6}. \tag{2.10.8}$$

上式表明当耦合常数取最低阶时,临界温度的涨落项随散射长度线性变化,并且当粒子间的相互作用为排斥势时,相对涨落为负. 将(2.10.8)式中的自变量改为 $\eta$ 并重写上述方程可以得到 $\delta T_{\mathrm{c}}/T_{\mathrm{c}}^{0}=-0.43\eta^{5/2}$,对于一个经典的情况,$\eta=0.4$,此时的涨落约为 4%. 这一涨落可以与有限尺度修正的涨落相比较. 有限尺度引来的修正与势阱的各向异性有关,修正的大小随粒子数的增多而下降. 对于一些粒子数较大的体系,有限尺度带来的修正甚至可以忽略不计. 这时可以直接使用(2.10.8)式来预测临界温度的涨落值.

### 2.10.3 低于临界温度时的 Bose-Einstein 凝聚

当温度低于临界温度时,Bose-Einstein 凝聚现象会变得更加突出. 此时粒子间的相互作用显然不可忽略. 此处我们只考虑粒子间的相互作用为排斥相互作用的情况. 假设粒子数很大,有限尺度的修正可以忽略不计. 本部分的主要目的是建立凝聚态与温度的关系,以及体系的能量.

首先考虑温度对于序参量以及化学势的依赖关系. 当 $N_0(T)a/a_{\mathrm{ho}}\gg 1$ 时,我们可以忽略由于热力学效应导致的相互作用. 对 Gross-Pitaevskii 方程实行 Thomas-Fermi 近似可以很好地解释 $T>0$ 时的 Bose-Einstein 凝聚现象. 由前面几

节的内容,我们可以推出温度对于化学势以及凝聚态的粒子数的依赖关系为

$$\frac{\mu(N_0,T)}{K_B T_c^0} \simeq \frac{\mu(N,T=0)}{K_B T_c^0}\left(\frac{N_0}{N}\right)^{2/5} = \eta(1-t^3)^{2/5}. \qquad (2.10.9)$$

为了将凝聚态部分表示成约化温度 $t=T/T_c^0$ 的形式,我们使用无相互作用时体系的预期粒子数密度为 $N_0=N(1-t^3)$. (2.10.9)式提供了较好的化学势预测值,其准确值的范围应该是 $\mu<T<T_c^0$. 当体系的温度极低时,(2.10.6)式中的激发态导致的热力学贡献可忽略不计.

处于高温状态的非凝聚态原子在平均场有效势场的近似下可以看成无相互作用的粒子. 此处我们忽略稀薄气体的温度对粒子数密度的贡献,只考虑 Thomas-Fermi 近似下的凝聚态的粒子数密度. 此时我们可以得到 $V_{\text{eff}}(r)-\mu=|V_{\text{ext}}-\mu|$, 大部分温度较高的原子分布在凝聚态的边缘,边缘的势函数满足 $V_{\text{ext}}>\mu, V_{\text{eff}}=V_{\text{ext}}$. 所以在近似下,温度较高的原子所处的有效势场与无相互作用的粒子类似. 然而这并不意味着粒子间的相互作用可以忽略不计. 事实上,上述粒子化学势同无相互作用粒子的化学势存在较大的差异. 让我们接下来考虑一下热损耗问题. 在半经典近似下我们可以得到方程:

$$N_T = \int \frac{\mathrm{d}r\,\mathrm{d}p}{(2\pi\hbar)^3}\{\exp[(p^2/2m+V_{\text{eff}}(r)-\mu)/K_B T]-1\}^{-1}. \qquad (2.10.10)$$

使用 Thomas-Fermi 近似对上式做积分,其中 $V_{\text{eff}}(r)-\mu=|V_{\text{ext}}(r)-\mu|$,得到

$$\frac{N_0}{N} = 1-t^3-\frac{\xi(2)}{\xi(3)}\eta t^2(1-t^3)^{2/5}. \qquad (2.10.11)$$

上式表明相互作用同 $\eta$ 线性相关,而且比临界温度时的相互作用大很多. 用同样的方式可以计算体系的温度. 温度以及相互作用的效果是两方面的. 一方面在有限温度下凝聚态的粒子数会降低. 另一方面处于凝聚态之外的粒子的热力学分布的系数由(2.10.11)式修正. 对两部分能量求和可以得到总能量随温度的变化关系:

$$\frac{E}{NK_B T_c^0} = \frac{3\xi(4)}{\xi(3)}t^4+\frac{1}{7}\eta(1-t^3)^{2/5}(5+16t^3). \qquad (2.10.12)$$

注意相互作用对能量的贡献同样随 $\eta$ 线性变化. 同(2.10.9)式以及(2.10.11)式相似,(2.10.13)成立的温度条件为 $\mu<T<T_c$. 另一个重要的物理量是解除势阱限制时的释放能. 用上述近似方法可以求得释放能的表达式为

$$\frac{E_{\text{rel}}}{NK_B T_c^0} = \frac{E-E_{\text{ho}}}{NK_B T_c^0} = \frac{3\xi(4)}{2\xi(3)}+\frac{1}{7}\eta(1-t^3)^{2/5}\left(2+\frac{17}{2}t^3\right). \qquad (2.10.13)$$

上述方程提供了实验上验证两体相互作用的方法.

至此,我们所讨论的公式解释了耦合常数 $\eta$ 的一阶物理现象. 它们只在相对高温以及相互作用较弱的体系中成立. 为了验证以上公式对能量预测的准确性,我们绘制了图 2.10.1,图中我们将(2.10.12)式中的总能量同基于 Popov 近似的自洽

理论所计算得到的总能量相对比.由图可以看出只要不是温度很接近临界温度,两种方法算得的能量还是很一致的.

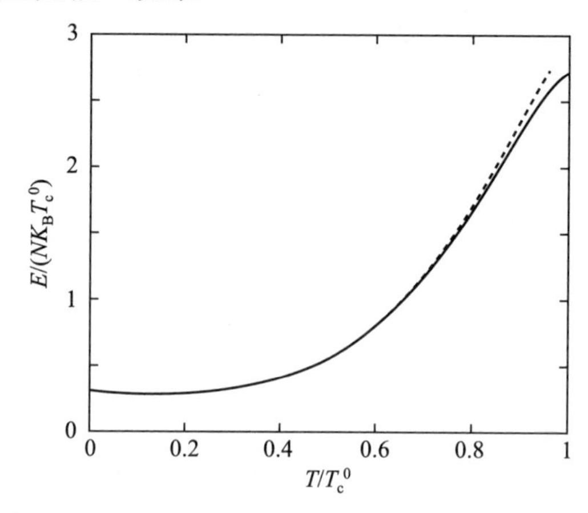


图 2.10.1 单个粒子所具有的能量(自变量为 $T/T_c^0$),$\eta=0.4$,其中的实线对应于微扰下结果.而虚线对应于 Popov 近似下的自洽求解的结果.图片摘自[16]

### 2.10.4 热力学极限以及尺度效应

当我们所研究体系的粒子数趋于无穷,谐振子频率趋于 0($\omega_{ho}N^{1/3}$ 保持固定的值)时,我们称体系趋于热力学极限.此处的谐振子频率是三个方向的频率的几何平均值.在简谐势阱中,$\omega_{ho}N^{1/3}$ 以及温度代表相关热力学参数,这一参数取代了均匀气体中的粒子数密度.此外,这一参数还确定了临界温度的数值 $K_BT_c^0=\hbar\omega_{ho}N^{1/3}/[\xi(3)]^{1/3}$.在热力学极限下,无相互作用体系的所有热力学量均可以由临界温度以及约化温度 $t=T/T_c^0$ 表达出来.当然一些无量纲量只与约化温度 $t$ 有关.在排斥相互作用中,参数 $\eta$ 只与粒子数和频率有关,所以 $\eta$ 在热力学极限下可被良好定义.此外,我们还要注意表示粒子间相互作用的参数 $Na/a_{ho}$,在基态下求解 Gross-Pitaevskii 方程可以得到其物理行为 $Na/a_{ho}\approx N^{5/6}\eta^{5/2}$.热力学极限下,条件 $Na/a_{ho}\gg1$(用以保证凝聚态的 Thomas-Fermi 近似的准确性)在临界温度之下通常是自然成立的.从上面的讨论中我们看到了参数 $T_c^0,t,\eta$ 的作用.所以我们可用这些参量来重新标度体系.标度行为可以用一种通常的方法来证明.在频率趋于 0 的极限下,体系的几何尺度增加,而体系的粒子数密度则不会有明显变化.其结果就是在热力学极限下,粒子数密度可以由局域方程确定:$\mu(T)=\mu_{local}(\bar{n},T)+V_{ext}(r)$,其中 $\mu_{local}(\bar{n},T)$是存在相互作用的均匀体系中的化学势.用粒子数来改写上述方程可以得到 $n(r)=\bar{n}[\mu-V_{ext}(r,t)]$,注意 $\mu_{local}(\bar{n},T)$应为粒子数密度的单调函数.下面,我们引入一个新的变量,$\xi=V_{ext}(r)$,则可以将总粒子数密度写作形式:

$$N=2\pi\left(\frac{2}{m\omega_{\text{ho}}^2}\right)^{3/2}\int_0^\infty \mathrm{d}\xi\bar{n}(\mu-\xi,T)\sqrt{\xi}. \tag{2.10.14}$$

鉴于 $\omega_{\text{ho}}N^{1/3}\propto T_{\text{c}}^0$，我们可以将势阱参数引入上述方程. 对于稀薄的 Bose 气体，相互作用项只由一个参数(散射长度)决定. 而积分(2.10.14)的右面由参数 $\mu$，$T$，$\hbar^2/ma^2$ 决定，其中 $\hbar^2/ma^2$ 是唯一的与质量以及散射长度有关的能量项. 而我们从(2.10.14)式也可以看出化学势可以表达成形式 $\mu=\mu(T,T_{\text{c}}^0,\hbar^2/ma^2)$，用无量纲参量进行重新标度后可以得到

$$\mu=K_{\text{B}}T_{\text{c}}^0f(t,\eta). \tag{2.10.15}$$

上述讨论值适用于粒子数趋于无穷的情况. 然而实验上粒子数仍是有限的($10^4\sim10^7$ 个粒子)，所以有限尺度带来影响不可以忽略. 在图 2.10.2 中我们绘制了两种不同条件下基于 Popov 近似，由自洽方程带来的数值解. 决定凝聚态的参量只有 $t$，$\eta$. 两种条件下均保持 $\eta=0.4$. 空心的方框点对应 $N=5\times10^4$ 个 Rb 原子处在参数为 $a/a_{\text{ho}}=5.4\times10^{-3}$，$\lambda=\sqrt{8}$ 的势阱中的情况. 而实心方框点则对应 $N=5\times10^4$ 个 Na 原子处在参数为 $a/a_{\text{ho}}=1.7\times10^{-3}$，$\lambda=0.05$ 的势阱中的情况. 可以看出，两组数据都同不对称的标度函数(实线)相一致. 这一图像揭示了当参数 $\eta$ 相同时不同的热力学结构会给出相同的物理行为.

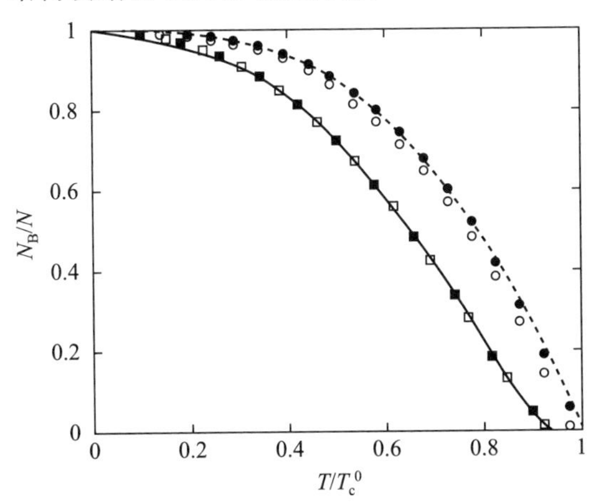


图 2.10.2　凝聚态部分理论测的两种势阱中有无相互作用的 $T/T_{\text{c}}^0$. 考虑由自洽场得到的相互作用体系(Popov 近似下)的结果. 其中，空心方框代表 $N=5\times10^4$ 个 Rb 原子束缚在参数为 $a/a_{\text{ho}}=5.4\times10^{-3}$，$\lambda=\sqrt{8}$ 的势场中的结果. 实心方框代表 $N=5\times10^7$ 个 Na 原子处在参数为 $a/a_{\text{ho}}=1.7\times10^{-3}$，$\lambda=0.05$ 的势场中. 而实线是 $\eta=0.4$ 的数值解. 空心和实心圆代表 $N=5\times10^4$，$N=5\times10^7$ 个无相互作用的数值结果. 虚线是热力学极限下无相互作用的$(1-t^3)$的曲线. 图片摘自[16]

### 2.10.5 热力学函数

前面我们用 Hartree-Fock 方法得到了温度与化学势、凝聚态部分的关系，而 Hartree-Fock 方法可以通过数值方法求解自洽方程[46]. Hartree-Fock 在较高温度下具有相当大的准确性. 当体系的温度趋近于临界温度时仅使用平均场理论是远远不够的. 当体系温度低于 BEC 临界温度时，这一理论就更加不精确了，因为在理论上我们忽略了激发态能谱的低能项. 我们知道平均场近似描述高能与低能的项都是在所谓的 Popov 近似下完成[47]. 这一近似方法的主旨基于有限温度 $T$ 下展开 Gross-Pitaevskii 方程可以描述凝聚态以及非凝聚态的粒子，另一方面也基于激发态的 Bogliubov 近似方程. 这些方程为

$$\left(\frac{-\hbar^2\nabla^2}{2m}+V_{\text{ext}}(r)+g[n_0(r)+2n_{\text{T}}(r)]\right)\varphi=\mu\varphi, \tag{2.10.16}$$

$$\varepsilon_i\mu_i=\left(\frac{-\hbar^2\nabla^2}{2m}+V_{\text{ext}}(r)-\mu+2gn(r)\right)\mu_i(r)+gn_0(r)v_i(r), \tag{2.10.17}$$

$$-\varepsilon_i v_i=\left(\frac{-\hbar^2\nabla^2}{2m}+V_{\text{ext}}(r)+\mu+2gn(r)\right)v_i(r)+gn_0(r)\mu_i(r), \tag{2.10.18}$$

其中的粒子数密度可以通过如下关系计算：$n_{\text{T}}=\sum_j(|u_j|^2+|v_j|^2)[\exp(\beta\varepsilon_j)-1]^{-1}$，其中 $u_j, v_j, \varepsilon_j$ 是上述方程的解. 这些量都与温度无关. 总的粒子数密度可以表示为 $n(r)=n_0(r)+n_{\text{T}}(r)$. 方程(2.10.16)～(2.10.18)中的粒子数密度已经被实验证实了[48]. 图 2.10.3 展示了在粒子数以及温度固定的情况下由上面三式预测的结果.

我们应用激发态的粒子分布 $f_j=[\exp(\beta\varepsilon_j)-1]^{-1}$ 结合熵的表达式 $S=K_{\text{B}}\sum_j\{\beta\varepsilon_j f_j-\ln[1-\exp(-\beta\varepsilon_j)]\}$. 我们可以得到全部的热力学[49]. 比较 Hartree-Fock 方法与 Popov 方法，我们会发现对于大多数热力学量来说两种方法并无太大区别. 只有当参数 $\eta$ 较大时，两种计算方法才会显示出一定的区别. 图 2.10.4 中是化学势随约化温度 $t$ 的变化关系，其中化学势选取 $K_{\text{B}}T_{\text{c}}^0$ 为标度单位. 当 $T\gg T_{\text{c}}^0\mu$ 时，化学势逼近理想气体值($\mu/K_{\text{B}}T_{\text{c}}^0=t\ln[\xi(3)/t^3]$).

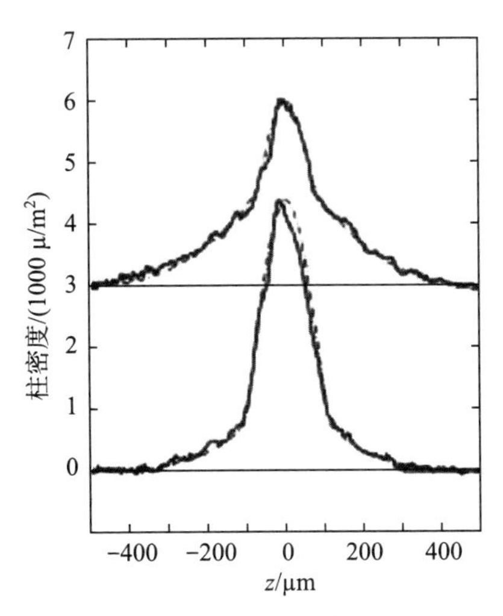


图 2.10.3　Rb 原子的轴向分布图中的两组，它们分别是 $T=0.7\ \mu K$ 以及 $T=1.2\ \mu K$ 的实验结果. 虚点线是由(2.10.16)～(2.10.18)式的理论预测的结果. 理论预测对应的参数为 $N=1.4\times10^7$，$T=0.8\ \mu K$(下面的一支)，$N=2.3\times10^7$，$T=1.1\ \mu K$(上面的一支). 可以看出在误差范围内，实验结果同理论结果是一致的. 图片摘自[16]

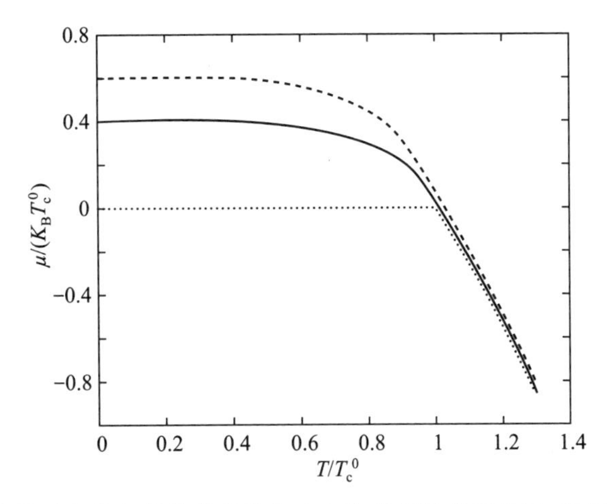


图 2.10.4　在热动力学极限的化学势与 $T/T_c^0$ 的函数关系曲线. 实线参数 $\eta=0.4$，虚线参数 $\eta=0.6$，点线是无相互作用模型的曲线($\eta=0$). 图片摘自[16]

图 2.10.5 中是 $N_0/N$ 与约化温度关系的图像. 空心圆是实验上测得的数据点. 实验上粒子数 $N$ 随约化温度改变而改变，参数 $\eta$ 的范围为 0.39～0.45. 实验上的数据同平均场理论预测得到的数据(实线)做比较($\eta=0.4$). 虚线是无相互作用模型的曲线.

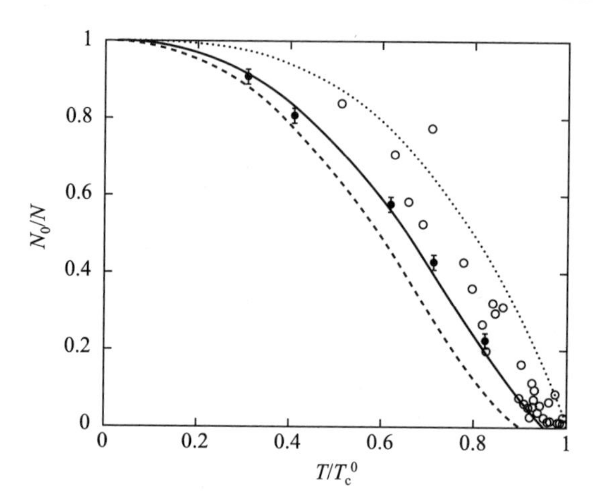


图 2.10.5 实线参数 $\eta=0.4$，虚线参数 $\eta=0.6$，无相互作用($\eta=0$)以点线表示. 空心圆代表实验观测值 $\eta$ 为 0.39～0.45. 实心圆是 Monte-Carlo 的模拟值，参数为 $\eta=0.35$. 图片摘自[16]

图 2.10.6 是释放能随约化温度的变化曲线，空心圆是实验上测得的数据[50]（其温度小于临界温度并且曲线明显分布在其他曲线的上方. 这显然可以验证两体相互作用). 在现有的实验能力上，我们只能观测释放能(实验上可观测到在临界温度附近释放能发生了骤变).

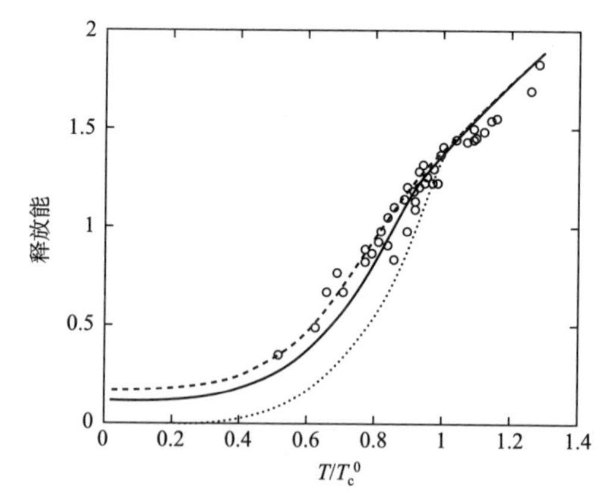


图 2.10.6 释放能与 $T/T_c^0$ 在热力学极限下的函数关系曲线. 实线与虚线与 $\eta$ 对应的关系同图 2.10.4 中的对应关系相同. 空心圆是 Ensher 在 1996 年得到的实验结果. 图片摘自[16]

最后以上由平均场方法得到的有限温下结果可以同量子 Monte-Carlo 方法做比较. 图 2.10.6 中是 Monte-Carlo 路径积分方法算得的凝聚态的部分. Monte-Carlo 模拟中使用的是 10000 个原子，$\eta=0.35$，其相互作用势是硬核势. 实验结果同平均场近似的实验结果十分相似. 实线(平均场近似)中的 $\eta=0.4$(这一结果比

Monte-Carlo 方法更接近于实验数据). 但 $\eta=0.35$ 的解释更合理一些. Monte-Carlo 方法与平均场方法比较的细节由 Holzmann, Krauth 和 Naraschewski 完成[51].

## 参考文献

[1] Bose S N. Z. Phys. A,1924,26(1): 178.

[2] Einstein A. Quantentheorie des Einatomigen Idealen Gases. Sitzber. Kgl. Preuss. Akad. Wiss. ,1924:261.

[3] Einstein A. Quantentheorie des Einatomigen Idealen Gases. Zweite Abhandlung. Sitzber. Kgl. Preuss. Akad. Wiss. ,1925:3.

[4] Bogoliubov N. J. Phys. ,1947,11: 23.

[5] Anderson M H,Ensher J R,Matthew M R,et al. Science,1995,269(5221): 198.

[6] Schellekens M,Hoppeler R,Perrin A,et al. Science, 2005,310(5784): 648.

[7] Raab E L,Prentiss M,Cable A,et al. Phys. Rev. Lett. , 1987,59(23): 2631.

[8] 王义遒,原子的激光冷却与俘陷. 北京:北京大学出版社,2007.

[9] Ketterle W,Davis K B,Joffe M A,et al. Phys. Rev. Lett. ,1993,70(15): 2253.

[10] Walker T,Feng P,Hoffmann D,et al. Phys. Rev. Lett. , 1992,69(15): 2168.

[11] Walker T,Hoffmann D,Feng P,et al. Phys. Lett. A,1992,163(4): 309.

[12] Petrich W, Anderson M H, Ensher J R, et al. Phys. Rev. Lett. , 1995, 74(17): 3352.

[13] Haroche S and Gay J C. The Proceedings of the 11th National Conference on Atomic Physics. World Scientific,1989.

[14] Aanderson M H, Petrich W, Ensher J R, et al. Phys. Rev. A, 1994, 50(5): R3597.

[15] Gardner J R, Cline R A, Miller J D,et al. Phys. Rev. Lett. , 1995,74(19): 3764.

[16] Franco F, Giorgini S, Pitaevskii L P, et al. , Rev. Mod. Phys. , 1999, 71(3):463.

[17] Gross E P. J. Math. Phys. ,1963,4(2): 195.

[18] Pitaevskii L P. Sov. Phys. JETP, 1961,13(2): 451.

[19] Tiesinga E, Williams C J, Julienne P S, et al. Journal of Research of the National Institute of Standards and Technology,1996,101(4): 505.

[20] Boesten H M J M, Tsai C C, Gardner J R, et al. Phys. Rev. A, 1997,

55(1): 636.

[21] Abraham E R I, McAlexander W I, and Sackett C A, et al. Phys. Rev. Lett., 1995, 74(8): 1315.

[22] Edwards M and Burnett K. Phys. Rev. A, 1995, 51(2): 1382.

[23] Ruprecht P A, Holland M J, Burnett K, et al. Phys. Rev. A, 1995, 51(6): 4704.

[24] Pérez-García V M, Michinel H, Cirac J I, et al. Phys. Rev. Lett., 1996, 77(27): 5320.

[25] Shi H and Zheng W M. Phys. Rev. A, 1997, 55(4): 2930.

[26] Baym G and Pethick C. Phys. Rev. Lett., 1996, 76(1): 6.

[27] Dalfovo F, Pitaevskii L, and Stringari S. Phys. Rev. A, 1996, 54(5): 4213.

[28] Onsager L. Il Nuovo Cimento(Suppl 2), 1949: 279.

[29] Feynman R P. Chapter Ⅱ Application of Quantum Mechanics to Liquid Helium// Progress in Low Temperature Physics, Vol. 1. Elsevier, 1955:17.

[30] Pitaevskii L P and Stringari S. Bose-Einstein Condensation. Oxford University Press, 2003.

[31] Jones C A and Roberts P H, 1982, 15(18): 2599.

[32] Ji A C, Liu W M, Song J L, et al. Phys. Rev. Lett., 2008, 101(1): 010402.

[33] Seo S W, Kang S, Kwon W J, et al. Phys. Rev. Lett., 2015, 115(1): 015301.

[34] Tsuzuki T. J. Low. Temp. Phys., 1971, 4(4): 441.

[35] Burger S, Bongs K, Dettmer S, et al. Phys. Rev. Lett., 1999, 83(25): 5198.

[36] Khaykovich L, Schreck F, Ferrari G et al. Science, 2002, 296(5571): 1290.

[37] Liang Z X, Zhang Z D, and Liu W M. Phys. Rev. Lett., 2005, 94(5): 050402.

[38] Liu W M, Wu B, and Niu Q. Phys. Rev. Lett., 2000, 84(11): 2294.

[39] Andrews M R, Townsend C G, Miesner H J, et al. Science, 1997, 275(5300): 637.

[40] Liu W M, Fan W B, Zheng W M, et al. Phys. Rev. Lett., 2002, 88(17): 170408.

[41] Ivanov V V, Alberti A, and Schioppo M. Phys. Rev. Lett., 2008, 100(4): 043602.

[42] Müller-Kirsten H J W. Introduction to Quantum Mechanics: Schrodinger Equation and Path Integral. World Scientific, 2006.

[43] Qi R, Yu X L, and Li Z B. Phys. Rev. Lett., 2009, 102(18): 185301.

[44] Ji A C, Sun Q, Xie X C, et al. Phys. Rev. Lett., 2009, 102(2): 023602.

[45] Goldman V V, Silvera I F, and Leggett A J. Phys. Rev. B, 1981, 24(5): 2870.

[46] Minguzzi A, Conti S, and Tosi M P. J. Phys.: Condens. Matter, 1997, 9(5): L33.

[47] Popov V N. Sov. Phys. JETP, 1965,20(5): 1185.
[48] Hau L V,Busch B D,Liu C,et al. Phys. Rev. A, 1998,58(1): R54(R).
[49] Giorgini S,Pitaevskii L, and Stringari S. J. Low Temp. Phys., 1997,109(1-2): 309.
[50] Ensher J R,Jin D S,Matthews M R,et al. Phys. Rev. Lett.,1996,77(25): 4984.
[51] Holzmann M,Krauth W, and Naraschewski M. Phys. Rev. A,1999,59(4): 2956.

# 第3章 光晶格中的冷原子

## §3.1 引言

本章的目的是满足这个领域的新手和专家的需求.为了迎合新人的需求,我们写了§3.2.这部分教程式地介绍了关于光晶格、Bose-Einstein凝聚以及这两种现象相结合的历史、方法和主要研究动机.一个对该领域完全陌生的读者应该能借此熟悉该领域.接下来,在§3.3到§3.5,我们对周期势的Bose-Einstein凝聚理论处理进行了一个系统和全面的说明.§3.6讨论迄今为止进行的实验,并将其与前面各节中提出的理论工作联系起来.最后,在§3.7,我们介绍一些目前的趋势,并对未来可能的研究方向进行推测.

本章将从五个方面介绍原子气体的BEC:第一,光晶格中冷原子的能带;第二,光晶格中冷原子的非线性;第三,光晶格中冷原子的量子相变;第四,光晶格中的冷原子实验;第五,不同维度光晶格中的Fermi子、Bose-Fermi混合物.

## §3.2 光晶格中冷原子的能带

在第一部分的总体介绍之后,我们更详细地讨论周期势的Bose-Einstein凝聚的理论描述.我们主要关注的是处理大量原子的物理情况.在这种情况下,原子序数波动可以忽略不计,可以使用平均场方法.我们只简要地讨论量子涨落至关重要的情况(Bose-Hubbard模型).一个弱相互作用气体的BEC的一般数学描述已经在不同的综述文章中得到了解决[4][5],因此,在本节中,我们集中讨论BEC在周期势阱方面所取得的成果.

考虑相互作用的多粒子系统的数学描述,由于粒子之间的相互作用项是低能量下由两体碰撞引起的,这些碰撞可以用单个参数来表征,其中s波散射长度在下文中表示为$a_s$,其与双电势的细节无关.这种近似导致描述$N$个相互作用Bose子的多体Hamilton量在外部俘获势阱$V_{ext}$中:

$$\hat{H}=\int d^3x\hat{\psi}^\dagger(x)\left[-\frac{\hbar^2}{2m}\nabla^2+V_{ext}\right]\hat{\psi}(x)+\frac{1}{2}\frac{4\pi a_s\hbar^2}{m}\int d^3x\hat{\psi}^\dagger(x)\hat{\psi}^\dagger(x)\hat{\psi}(x)\hat{\psi}(x). \tag{3.2.1}$$

用 $\hat{\psi}(x)$ 表示一个给定内部原子状态的原子的 Bose 子场操作符. 该 Hamilton 量可以计算出系统的基态以及它的热力学性质. 一般情况下,这些计算可能变得非常复杂,而且在大多数情况下是不切实际的. 为了克服完全求解多体 Schrödinger 方程的问题,平均场方法是普遍使用的. 详细推导可以在 Dalfovo 等人的文章中找到[4].

Bogoliubov 为均匀情况 $V_{\text{ext}}=0$ 确定了稀释 Bose 气体平均场描述的基本思路. 原始 Bogoliubov 描述对实际实验中的物理情况(包括不均匀和时间依赖的配置)的推广通过描述 Heisenberg 表示中的场操作算符给出:

$$\hat{\Psi}(x,t)=\psi(x,t)+\delta\hat{\Psi}(x,t)\ , \tag{3.2.2}$$

其中,$\psi(x,t)$ 是一个复合函数,定义为场运算符的期望值,即 $\psi(x,t)=\langle\hat{\Psi}(x,t)\rangle$,其模数表示凝聚体密度 $n_0(x,t)=|\psi(x,t)|^2$,其中 $N$ 是原子的总数量. 函数 $\psi(x,t)$ 在经典领域通常被称为"凝聚的宏观波函数". 这个描述是特别有用的. 如果 $\delta\hat{\Psi}(x,t)$ 是小的,意味着所谓的凝聚体的量子损耗很小. 我们将在下面看到,对于光晶格中的 BEC,这个假设在非常深的周期性势场的情况下可能变得无效.

在凝聚体可忽略不计的极限情况下,凝聚波函数 $\psi(x,t)$ 的时间演变(归一化为总原子数)在温度 $T=0$ 时,通过对(3.2.2)式使用 Heisenberg 方程 $\mathrm{i}\hbar\partial\hat{\psi}(x,t)/\partial t=[\hat{\psi},\hat{H}]$ 带来在平均场 $\psi(x,t)$ 下的著名的 Gross-Pitaevskii 方程:

$$\mathrm{i}\hbar\frac{\partial}{\partial t}\psi(x,t)=\left(-\frac{\hbar^2\nabla^2}{2m}+V_{\text{ext}}(x)+g|\psi(x,t)|^2\right)\psi(x,t), \tag{3.2.3a}$$

$$g=\frac{4\pi\hbar^2a_{\text{s}}}{m}. \tag{3.2.3b}$$

在一维周期性势阱情况下,通过假设准一维情况可进一步进行简化. 若 BEC 被限制在具有横向俘获频率的圆柱对称阱中,则该描述有效,且可忽略纵向(轴向为 $x$ 方向)约束. 此外,由原子-原子相互作用产生的能量必须小于横向振动态 $E_{\perp}=\hbar\omega_{\perp}$ 的能量分裂. 在这种近似中,宏观波函数 $\psi_{\perp}(y,z)$ 的径向部分 $\psi=\psi_{\perp}(y,z)\psi_x(x)$ 可以产生与横向基态宽度对应的 Gauss 描述. 得到的方程由下式给出[6]:

$$\mathrm{i}\hbar\frac{\partial}{\partial t}\psi_x(x,t)=\left(-\frac{\hbar^2}{2m}\frac{\partial^2}{\partial x^2}+V_{\text{ext}}(x)\right)\psi_x(x,t)$$
$$+g_{1\text{D}}|\psi_x(x,t)|^2\psi_x(x,t), \tag{3.2.4a}$$

$$g_{1\text{D}}=2a_s\hbar\omega_{\perp}. \tag{3.2.4b}$$

因此,相互作用能小于横向振动态的能量分裂的条件意味着凝聚体的线密度被限制为 $n_{1\text{D}}<1/2a_{\text{s}}$,在 Rb 的情况下 $a_{\text{s}}=5.7$ nm,导致最大线性密度约为 100 原子/μm. 在大多数的实验中,这个简单的情况并没有实现.

已经表明,也可以假定横向状态处于自洽基态中(非线性不可忽略,参见 Baym

和 Pethick 在 1996 年的成果)[8],这也将描述简化为一个维度,但是最终的结果是非多项式非线性 Schrödinger 方程[9]. 非多项式意味着方程(3.2.4a)被修改,具有 $|\psi_x|^2 \to |\psi_x|^2/\sqrt{1+2a_s N_t|\psi_x|^2}$. 并且出现了附加的非线性项,其由 $\hbar\omega_\perp/2[1/\sqrt{(1+2a_s N_t|\psi_x|^2)+\sqrt{1+2a_s N_t|\psi_x|^2}}]$给出.

在讨论如何使用 Gross-Pitaevskii 方程来描述 BEC 中的非线性现象之前,我们首先简要描述周期性势阱中单个粒子的线性理论. 由于 BEC 在光晶格中的非平凡动力学是由线性性质的周期性势能的离散平移不变性与由原子间相互作用引起的非线性之间的相互作用产生的,线性传播性质的知识是理解 BEC 在光晶格中的动力学的基本前提.

### 3.2.1 能带结构

一旦找到了系统的本征态和相应的生成能力,描述周期性势阱中非相互作用物质波的传播就是简单明了的,为简单起见,我们将讨论限制在的一维正弦周期势(见图 3.2.1):

$$V_{\text{ext}} = V_0\cos^2(kx) = sE_R\cos^2(kx). \tag{3.2.5}$$

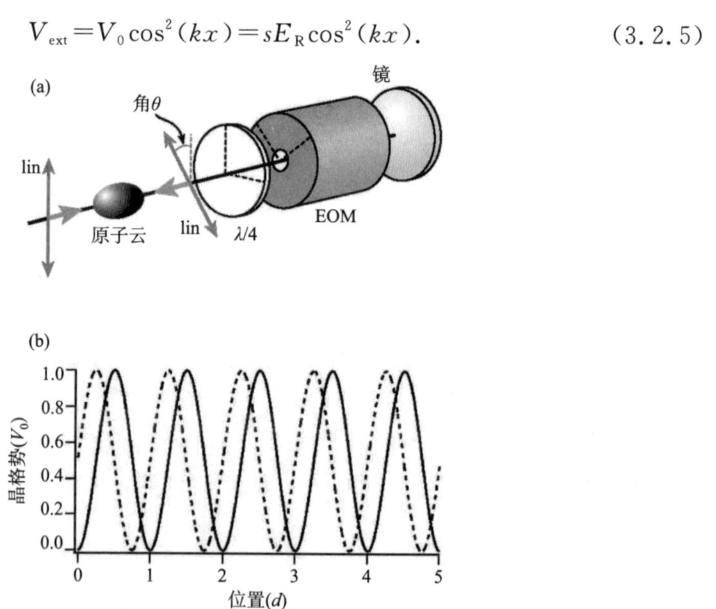


图 3.2.1 实现自旋相关的势阱(a)导致势阱 $V_+$. (b)$\theta=0°$(实线)和 $\theta=45°$(虚线)[7]

(3.2.5)式中 $k=\pi/d$,其中 $d$ 是电势的周期性. 对二维和三维情况,甚至非正弦电势的扩展是直接的.

几乎所有的固体物理教科书的第 1 页都描述了寻找这个系统的本征能和本征态的方法——毕竟,固体中的电子也存在周期性的势能(在这种情况下,这是由晶体离子产生的). 在静态光波中的超冷原子的背景下,这种联系在原子光学的早期被讨论过.

通过应用 Bloch 定理可以简单地找到平稳解,其中特征波函数具有形式:

$$\varphi_{n,q}(x)=\mathrm{e}^{\mathrm{i}qx}u_{n,q}(x), \tag{3.2.6}$$

其中 $q$ 被称为准共振[10],$n$ 代表边界指标. 函数 $u_{n,q}(x)$ 的周期满足 $u_{n,q}(x+d)=u_{n,q}(x)$. 这允许我们用由 $G=2\pi/d$ 定义的倒格矢来重写 Fourier 级数中的波函数和势能:

$$\Phi_{n,q}(x)=\mathrm{e}^{\mathrm{i}qx}\sum_m c_m^n \mathrm{e}^{\mathrm{i}mGx}, \tag{3.2.7a}$$

$$V(x)=\sum_m V_m \mathrm{e}^{\mathrm{i}mGx}. \tag{3.2.7b}$$

把这个特征函数的拟设代入 Schrödinger 方程,并在 $|m|=N$ 中截断求和,得到一个 $2(2N+1)$维的线性方程组:

$$\left\{\frac{\hbar^2}{2m}(q-mG)^2+V_0\right\}c_{q-mG}+V_G c_{q-(m+1)G}+V_{-G}c_{q-(m-1)G}=Ec_{q-mG}, \tag{3.2.8}$$

其中,$m=-N,-N+1,\cdots,N-1,N$. 对于方程(3.2.8),我们可以得到 $V_{\pm G}=V_0/4$,$V_{m=0}=V_0/2$. 对于一个给定的准共振 $q$,这个方程导致 $2N+1$ 个不同的生成函数,通常被称为带能量 $E_n$,其中 $n=0,1,\cdots,2N$. 每个特征能量具有由 Fourier 分量 $c_{q-mG}^n$ 给出的相应的本征函数.

生成力和本征态依赖于势场的深度 $V_0$,另外还取决于准共振 $q$. 在图 3.2.2 中,我们总结了浅势能 $V_0=E_\mathrm{R}$ 和深势能 $V_0=10E_\mathrm{R}$ 的特征基的性质. 显然,周期性势能的存在显著地改变了自由粒子的能量. 能生成能带中被间隙分开的带,即不允许某些能量存在.

在弱势极限,特征函数生成关键取决于准共振 $q$. 由于在第 $n$ 个和第 $n+1$ 个带之间的所谓间隙能 $E_\mathrm{gap}^n$ 与弱电势极限下的 $V_0^{n+1}$ 成比例[1],粒子在最低和第一激发能带. 因此,具有高能量的粒子被很好地描述为自由粒子,并且在这种情况下,周期性电势的影响可以忽略不计.

在弱电势极限下,能带结构大致由下式给出:

$$\frac{E(\tilde{q})}{E_\mathrm{R}}=\tilde{q}^2\mp\sqrt{4\tilde{q}^2+\frac{S^2}{16}}, \tag{3.2.9}$$

其中 $\tilde{q}=q/k-1$,$s=V_0/E_\mathrm{R}$. 减号(加号)表示最低(第一激发)频带. 这个众所周知的结果可以在 Ashcroft 和 Mermin 的成果中找到[11],并在图 3.2.2 中用虚线表示. 在这个图中,一个恒定的能量被添加到(3.2.9)式给出的能量中,以匹配在数值上获得的能带结构.

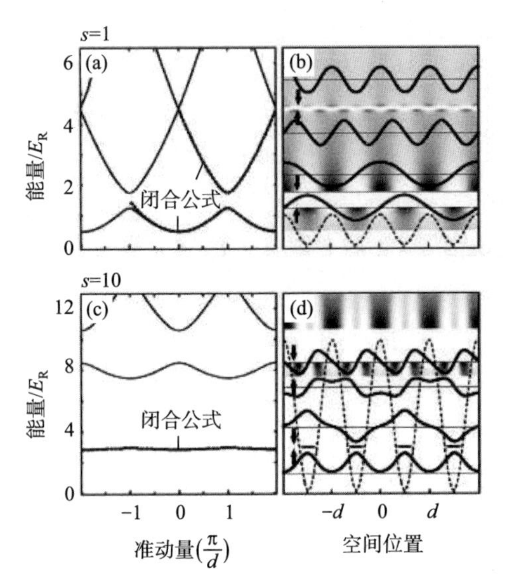


图 3.2.2 不同势阱深度的能带结构:(a)$s=1$ 的弱势阱,(c)$s=10$ 的深势阱.在图(b)和(d)中我们可视化相应 Bloch 状态的空间依赖性.周期性势阱由虚线表示.对于每个能量,对应的 Bloch 状态的绝对平方值被描绘在灰度图中,高概率由黑色表示.另外,在箭头所示的间隙处示出了波函数.可以清楚地看到,第一个缝隙处的波函数从阱到阱变化,即有一个相位滑移.这些模式也被称为"交错模式"[7]

在图 3.2.2 中,我们描述了现实空间中的能量.在同一个图中,我们添加了关于本征函数的实际空间概率分布的信息.灰度被选择为使得高概率区域是黑暗的.很明显,最低能量和最高能量的本征函数几乎是恒定的,这意味着原子波函数主要由与"几乎"自由粒子相对应的平面波给出.重要的是要注意,对于靠近最低频带的较高频带边缘的能量,概率分布是周期性的,并且其最大值与潜在最小值一致.为了这个能量,我们另外描述了波函数,它揭示了相邻势最小值的相对相位是 π.这是在频带边缘(Brillouin 区边缘)上众所周知的正弦 Bloch 状态.在文献中,这种 Bloch 状态也被称为"交错模式".从图中还可以看出,第一激发带中的 Bloch 态也是正弦曲线,它与周期性势阱同相.因此,这个状态的能量由于与周期性势阱的较大重叠而较高.

在深周期势的极限(也被称为紧束缚极限)中,低频带的生成力只是弱依赖于准原子质量.最低能带的准共模依赖性也可以用解析的方法给出[12]:

$$\frac{E(q)}{E_R}=\sqrt{s}-2J\cos(qd), \tag{3.2.10a}$$

$$J=\frac{4}{\sqrt{\pi}}(s)^{3/4}e^{-2\sqrt{s}}. \tag{3.2.10b}$$

这个能量表达式中添加了一个恒定的能量.它显示出与数值上获得的具有良好的一致性.相应的本征函数在右侧进行描述.尽管最低频带的本征函数的绝对值对准模式没有显著的依赖性,但在 $q=0$ 和 $q=\pi/d$ 处的波函数不同于相邻势阱极小值之间的相对相位[参见图 3.2.2(d)中的实线].在弱周期性势阱极限中,最低频带的较高频带边缘处的波函数是交错的,即不同位置之间的阶段跳跃.

在这种情况下研究的典型现象只涉及最低频带.此时,在每个位置都有局部波函数的描述.因此,在这个极限中,动力学可以用局部的 Wannier 函数来描述,这些函数被定义为方程(3.2.6)中定义的 Bloch 函数的叠加:

$$\varphi_n(R,x)=\frac{1}{d}\int \mathrm{d}q\,\mathrm{e}^{-\mathrm{i}Rq}\Phi_{n,q}(x), \tag{3.2.11}$$

其中 $R$ 表示 Wannier 函数的中心.动力学通过井间隧穿来描述.两个点之间的隧道耦合的特征能级由带宽 $4J$ 给出.

周期势阱的线性特性由势阱调制深度 $V_0$ 唯一确定.下面我们区分弱周期势阱和深周期势阱极限.这两个极端状态之间的过渡是连续的,因此不能给出明确的边界.通过使带宽和间隙能量相等,可以找到对于该过渡的特征性势阱调制,其在潜在调制深度下具有相同的量值 $V_0=1.4E_{\mathrm{R}}$.

### 3.2.2 线性系统中的动力学

对于线性物质波传播的理论描述,我们应该区分仅涉及一个频带中 Bloch 态的情况(带内动力学)和带间动态(interband dynamics),其中涉及导致能带占有变化的过程.此外,当存在额外的外部势阱时,我们将讨论动态.

#### 3.2.2.1 带内动力学:纯周期势

一般来说,线性状态下的描述是非常简单的,因为动量波函数随时间的变化完全是由于动量相关的能量,这导致每个动量的相位因子在时间上线性增加.因此,可以通过将初始波函数分解为具有相应振幅 $f_n(q)$ 的 Bloch 状态来描述光晶格中波包的时间演变,并且这之后的演化纯粹是累积相位 $\varphi_{n,q}(t)=E_n(q)/\hbar$ 的结果:

$$\psi(x,t)=\sum_n\int_{-\pi/d}^{\pi/d}\mathrm{d}q f_n(q)\Phi_{n,q}(x)\mathrm{e}^{\mathrm{i}\varphi_{n,q}(t)}. \tag{3.2.12}$$

显然,如果波函数的准等分布的宽度与 Brillouin 区宽度相当,那么动力学不能被压缩成简单的分析公式,但仍然可以用直接的方式进行数值计算.

如果如图 3.2.3 所示,准模型分布仅包含以 $q_0$ 为中心的小范围的准模型,则描述变得非常简单.只有一个频带,例如最低频带,在固体物理学中,这也被称为半经典近似.在这种情况下,能量色散关系(能带结构)可以用 Taylor 展开来近似:

$$E(q)=E(q_0)+(q-q_0)\left.\frac{\partial E(q)}{\partial q}\right|_{q_0}+\frac{(q-q_0)^2}{2}\left.\frac{\partial^2 E(q)}{\partial q^2}\right|_{q_0}+\cdots. \tag{3.2.13}$$

此外，我们假设 $\Phi_{n,q}(x)\approx u_{q_0}(x)\mathrm{e}^{\mathrm{i}q_0 x}$，这种近似忽略了周期长度尺度上的时间演变. 因此，波包的动力学由下式给出：

$$\psi(x,t)=u_{q_0}(x)\mathrm{e}^{-(\mathrm{i}/\hbar)E(q_0)t}\times\int \mathrm{d}q f(q)\mathrm{e}^{-\mathrm{i}(q-q_0)[x-v_{\mathrm{g}}(q_0)t]-\mathrm{i}[\hbar(q-q_0)^2/2m_{\mathrm{eff}}(q_0)]t}. \tag{3.2.14}$$

这里我们定义

$$v_{\mathrm{g}}(q_0)=\frac{1}{\hbar}\frac{\partial E(q)}{\partial q}\bigg|_{q_0}, \tag{3.2.15}$$

$$m_{\mathrm{eff}}(q_0)=\hbar^2\left(\frac{\partial^2 E(q)}{\partial q^2}\bigg|_{q_0}\right)^{-1}. \tag{3.2.16}$$

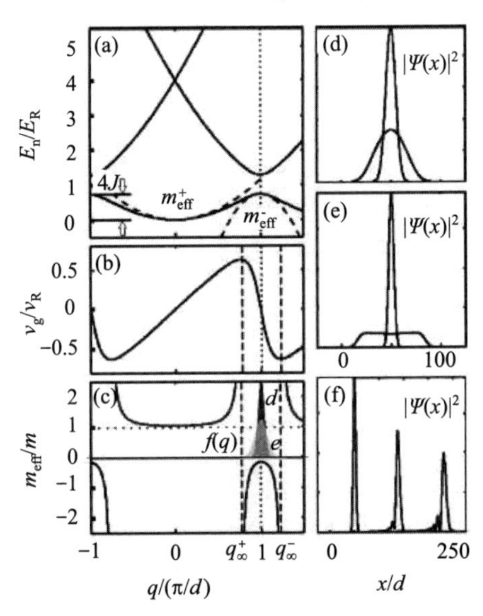


图 3.2.3 波包在弱周期电势中线性传播的总结[7]. (a)对应于 $s=1$ 的能带结构可以在 $q=0$ 和 $q=\pi/d$ 处被谐波近似. 这对应于有效质量近似. (b)群速度(单位为 $v_{\mathrm{R}}=\hbar k/m$)对应于最低的波段，这揭示了在 Brillouin 区的中心和边缘，波包不会移动. 另外，最低波段的速度被限制在最大速度. (c)波包的扩散是由有效质量描述的群速度色散的结果. 有效质量(在 $q^{\pm}_{\infty}$ 趋于无穷)可以比自由质量更大，而在 $q=\pi/d$ 时更小，同时是负值. 用黑色、灰色表示动量分布的波包演变. 阴影显示在 $d$. (d)在恒定有效质量区域内制备的波包的包络的真实空间演化. 波包无失真地传播. (e)如果广泛的准模式分布不允许能量的二次近似，则 Taylor 展开中的高阶项变得相关，并导致波包的失真. (f)在无限质点 $q_0=q^{+}_{\infty}$ 的传播时间的 2.5 倍和 5 倍的波包的演变[在图(d)和(e)]，该波包以与最低频带相关的最大速度移动并显示强烈抑制的扩散

从方程(3.2.14)我们得出结论:波包随群速度 $v_g$ 移动.类似于由于色散在自由空间中波包的扩散关系 $E=\hbar^2k^2/2m$,光栅中的物质小波也扩散,但是有一个改变的色散描述了有效质量.在图 3.2.3 中,还描绘了群速度和有效质量.

对于对应于中心准则 $q_0=0$ 和 $q_0=\pi/d$ 的特殊情况,尽管具有修改的质量,波包仍不像自由空间那样移动和扩展.值得注意的是,$q=0$ 的有效质量是正的且大于自由质量,而在 $q=\pi/d$ 时,其绝对值小于自由粒子质量.对于一个给定的势阱深度,存在一个准共振 $q$,其中群速度为极值.这意味着色散关系的二阶导数为零,因此有效质量发散.换句话说,在 $q=q_\infty$ 时制备的线性波包以最低频段允许的最大速度移动,而不以一次近似值扩展.一般需要考虑 Taylor 展开方程(3.2.13)中的高阶项,最终导致波包在较长的时间尺度上失真.

对于浅周期和深周期势阱,可以导出有效质量的闭合公式,并在表 3.2.1 中给出.

**表 3.2.1　对于有效质量在中心的解析解 $q=0$ 和 Brillouin 区边缘 $q=\pi/d$[7]**

| $s[V_0/E_R]$ | $m_{eff}/m(q=0)$ | $m_{eff}/m(q=\pi/d)$ |
|---|---|---|
| 0～3 | $\dfrac{1}{1-\dfrac{2}{\sqrt{4+s^2/16}}+\dfrac{8}{(4+s^2/16)^{3/2}}}$ | $\dfrac{1}{1-\dfrac{8}{s}}$ |
| 5～∞ | $\dfrac{\hbar^2}{2d^2J}$ | $-\dfrac{\hbar^2}{2d^2J}$ |

在深光晶格的情况下,如果对局部动力学进行处理,则描述可以被显著地简化.在这种情况下,通过从一个井到另一个井的隧道来描述动力学.隧道效率 $J$ 有时也被称为"跳跃率",可以估算:

$$J\simeq-\int \mathrm{d}r\left[\frac{\hbar^2}{2m}\vec{\nabla}\varphi_n\cdot\vec{\nabla}\varphi_{n+1}+\varphi_n V_{\mathrm{ext}}\varphi_{n+1}\right],\tag{3.2.17}$$

其中 $\varphi_n$ 是第 $n$ 个电势最小值的归一化波函数. 这些波函数也被称为 Wannier 状态[如方程(3.2.14)]而不是 Gauss 函数.实际上,通过对局部波函数进行 Gauss 拟合,会大大高估隧道效率.在深周期性的势阱极限中,带宽与隧穿率之间也有直接的联系,即 $E_w=4J$.表示隧道特征能量的波段宽度的精确解与描述波包分散的有效质量的比较如图 3.2.4 所示.

3.2.2.2　带内动力学:附加势

在存在额外外部势阱(外力)的情况下,周期性势阱中的波包动态性通常不容易解决.然而,只要准小波空间中的波包的宽度很小,问题就变得相对简单,因此波包可以用单个平均值准则 $q_0$ 来表征.然后外力通过 $q_0(t)$ 导致时间依赖的 $\hbar q_0(t)=F_x$.

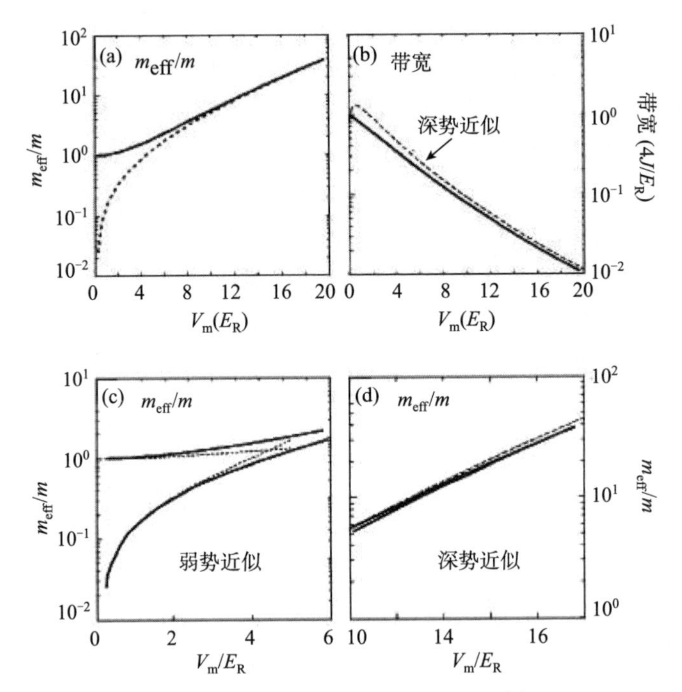


图 3.2.4 对于作为势阱调制深度的函数的特征线性能量[7],(a)数值计算的中心有效质量的绝对值 $q=0$(实线)是正的,边界 $q=\pi/d$(虚线)Brillouin 区的质量是负的.文中讨论的解析结果用(c)和(d)中的虚线表示,对于具有深度调制的势阱,质量的绝对值变得相等,并且没有准共振依赖性.(b)随着调制深度的增加,带宽呈指数下降.在深势阱范围内,该能级与相邻两井之间的掘进速率相关

恒定力 $F$ 的情况(例如由于引力场)导致了 $q_0(t)=q_0(t=0)+Ft/m$[11][13][14].由于波包组的群速度依赖于准共振,所以波包的位置不断变化,如图 3.2.5 所示.当中心准动量过 Brillouin 区边界时,由于波包群速度改变符号,力的结果不是带来波包的加速度,而是导致振荡.该振荡在现实空间中被称为 Bloch 振荡.

通过分析一个高于晶格间距的变分 Gauss 分布波包,我们研究了深周期势的 Bloch 振荡.四个变化参数(质心位置,分组宽度,分组上的线性相位梯度和分组上的二次相)参与的运动方程基本上与弱电势极限下的结果相同.在一个附加的谐波势阱波包的运动已在弱电势极限和在很深的势阱中被讨论[14].

### 3.2.2.3 带内动力学

在强电场作用于周期势阱的物质波的情况下,可能发生跃迁到更高的频带的情况(见图 3.2.5).在固体中电子的情况下,如果所施加的电场足够强,电子就可以加速克服分隔价带和导带的间隙能量,这被称为 Landau-Zener 隧穿.

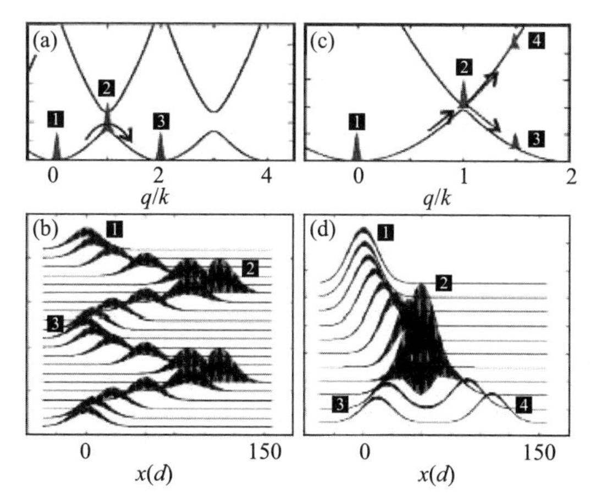


图 3.2.5　当一个恒定的力存在时的周期性势阱的波包动力学.(a),(b)一个外力导致中心准动量 $q=0$ 的变化.由于当准速率超过 Brillouin 区时,群速度发生变化,波包将在实际空间中呈现振荡行为.这被称为 Bloch 振荡,是带内动态的一个例子.(c),(d)对于强外力,在绝缘带边缘附近可能出现非绝热跃迁到第一激发带现象.这被称为 Landau-Zener 隧穿,并导致波包的分裂.所有图都清楚地显示 Bloch 状态结构.在 $q=0$ 附近,波包仅被周期性势阱周期弱调制,而在波带边缘则被完全调制,显示出 Brillouin 区边缘处的正弦 Bloch 状态[7]

Zener 指出,对于给定的恒定力的加速度 $a_{\exp}$,可以推导出隧穿概率[15]

$$r=\exp\left(-\frac{a_{\mathrm{c}}}{a_{\exp}}\right),\quad a_{\mathrm{c}}=\frac{V_0^2 d}{16\hbar^2} \tag{3.2.18}$$

跨越绝热极限的空隙[16].由此产生的波包动力学如图 3.2.5 所示,其中 Landau-Zener 隧穿导致了波函数的分裂.理论和实验也已经表明非线性的影响可以彻底地改变这种行为.

## §3.3　光晶格中冷原子的非线性

到目前为止,我们只考虑了理论描述直接由带结构完全定义的线性体系.正如我们已经看到的,由于粒子之间的相互作用,凝聚波函数的运动方程由非线性 Schrödinger 方程定义.这引入了一个新的能量标度.因此,与线性传播相反,对于特殊的势能参数,我们期待新的参数体系和相关的新现象以及动力学.其中最引人注目的是孤子传播非扩散波的出现和不稳定性,即凝聚波函数的微小扰动能够按时间成倍增长.与这些不稳定性相关的"灾难"意味着使用平均场方法的描述变得无效,该平均场方法假设只有一个波函数是宏观的.在 Brazhnyi 和 Konotop 的评论中可以找到这方面的一些例子[17].

### 3.3.1 非线性能量

对于平均场能量，每个原子对应一个给定的凝聚波函数，归一化为 1，定义为

$$U=g\int d^3x\,|\,\psi(x)\,|^4. \tag{3.3.1}$$

在周期性势阱的情况下，计算在位相互作用能量更为合理. 在位相互作用能量测量晶格在一个周期内相互作用的强度. 然后，积分方程(3.3.1)在晶格的一个周期上进行评估.

为了获得方程式(3.3.1)给出的在位相互作用能的估计值，我们假设以下简单的情况：凝聚体已经以圆柱形对称束缚实现，具有径向束缚频率并沿着晶格方向纵向消失. 周期性势阱是在 $x$ 方向上实现的. 此外，我们假设在径向的波函数（由 Baym 和 Pethick 所描述）谐波束缚的近似 Gauss 函数的自洽基态描述[8]. 在纵向方向上，我们假设波函数不会显著偏离线性 Bloch 或 Wannier 态，可如 § 3.2 讨论的那样计算. 显然这是一个近似值，但它允许通过将这个能量与问题的其他特征能量（如能带宽度和间隙能量）进行比较来估计非线性在哪一点变得重要.

在图 3.3.1 中，我们比较了隧道分裂（能带宽）以及与在位相互作用能量的间隙能量作为晶格深度的函数. 线性能量的依赖性可以直接被理解. 深势阱极限的能隙必须收敛于基态与周期势阱最小谐波附近的第一激发态之间的能量差. 这由 $\bar{\omega}=2\sqrt{s}E_{\mathrm{R}}$ 给出. 带的宽度是从一个井到另一个井的可能性的结果. 在深势阱的极限下，这个概率将以指数级减小，因此带宽随指数调制深度呈指数函数规律下降.

为了更深入地了解绝对能量尺度，我们现在计算典型实验情况下的在位相互作用能量. 我们假设一个 $^{87}$Rb 原子的凝聚体被限制在一个束缚中，其横向俘获频率为 $\omega_{\perp}=2\pi\times200$ Hz. 增加每个井的原子数导致密度增加，从而导致在位能量增加. 在位相互作用能的增益不是线性地依赖于原子数的，因为自洽基态的宽度将随着该态的原子数的增加而增加，导致密度增加较小. 为了揭示这种特征非线性能量对准共振的依赖性，我们在图 3.3.1 中描述了两个极端情况 $q=0$ 和 $q=\pi/d$. 显然，在深势极限中，二者没有明显的差别，这是符合预期的，因为最低频带的特征波函数的绝对值仅仅依赖于类似于准共振的现象. 见图 3.2.2，在弱周期势的极限下，Brillouin 区边缘的非线性能量较高. 这是由于在 $q=0$ 处的 Bloch 态很难被调制，而在 Brillouin 区的边缘 Bloch 态完全被调制，参见图 3.3.2，导致局部密度增加.

介绍了问题的特征能量之后，我们现在可以用以下三个参数来分类光晶格中的 BEC：

(1)带宽 $4J$：描述与相邻潜在最小值之间的隧道相关的能量.

(2)$U$：给出单个晶格位置上每个原子的在位相互作用能.

(3)$E_{\text{gap}}$:表示 $q=\pi/d$ 处的能带之间的能量差;在深光晶格中,这是晶格的单个势阱中的最低和第一振动态之间的能量差.

虽然对于线性波段理论的概念,一旦非线性能量不再是问题中的最小能量尺度,其就会被破坏,但它仍然允许我们区分图 3.3.1 中所示的不同状态.

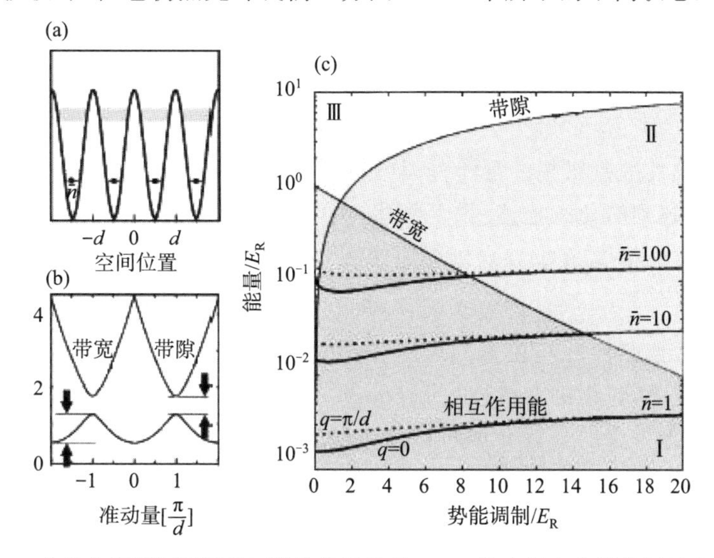


图 3.3.1 作为势阱调制深度的函数的特征能量.(a)$\bar{n}$ 代表每个位置的原子数.(b)带宽和带隙的定义.(c)从图中可以看出,线性能量尺度——带宽和带隙将参数空间划分为三个不同的区域:在深色阴影区域,能量小于带隙和带宽;在淡阴影区域,能量在带隙和带宽之间;在无阴影区域,能量高于两个特征线性能量尺度.假设径向俘获频率为 $\omega_{\perp}=2\pi\times200$ Hz,也给出了每个位置不同原子数的在位相互作用能.实(虚)线表示 Brillouin 区中心(边缘)处与 Bloch 态相关联的相互作用能.每个阱内有 100 个原子,通过简单地改变潜在的调制深度,表现出非常不同的动力学状态 I 和 II[7]

非线性是最小能量尺度的状态在图 3.3.1 中由深色阴影区域表示.显然,在实践中很容易实现非线性是最小能量尺度的实验.另一方面,进入非线性大于带宽但仍小于带隙能量的区域更具挑战性.这可以通过增加每个孔的原子数或增加横向捕获频率来实现.最后,非线性是最大能量尺度的第三个区域非常难以用选定的横向俘获频率达到 $\omega_{\perp}=2\pi\times200$ Hz 的,因为将更多的原子放入每个井并不会显著增加密度.这是因为随着原子序数的增加,横向自洽基态的扩展.因此,只有通过实现高的横向俘获频率和小的势阱调制深度才能达到这个状态.

考虑到这一类方案,我们现在讨论这些规律已经存在的理论描述.我们从与线性情况最接近的状态,即非线性相互作用能量是问题的最小能量尺度的情况开始讨论.

### 3.3.2 非线性能量尺度

与人们的期望相反，由于原子之间相互作用的存在，只有一小部分动力学发生变化. 下文将清楚地表明，非线性物理学包含许多违反直觉的、戏剧性的现象. 由于数学描述对于弱线性和深线性的势阱极限是不同的，类似于线性情况，我们将分别讨论这两个系统.

3.3.2.1 弱的周期势限制

如果非线性度是系统的最小能量尺度，则可以从周期性势阱中物质波包的线性描述开始，找到简化的描述. 如上所述，为了简单起见，我们假定 $n=0$ 时可以用一个缓慢变化的幅度 $A(x,t)$（按周期比例）乘以对应于中心准共振的 Bloch 态：

$$\psi(x,t)=A(x,t)\Phi_{n=0,q_0}(x)e^{-(i/\hbar)E(q_0)t}. \tag{3.3.2}$$

这种函数依赖性已经在不同的工作中表现出来了[6][18]~[20]. 在弱相互作用的物质波的情况下，包络的非线性 Schrödinger 方程 $A(x,t)$ 可以用“多尺度分析”得出，对这个理论方法的一般介绍可以在 Bender 和 Orszag 的工作中找到[16]. 所得到的包络微分方程与 Gross-Pitaevskii 方程具有相同的形式，但具有修正的线性色散和相互作用能量：

$$\begin{aligned}i\hbar\left(\frac{\partial A(x,t)}{\partial t}+\nu_g\frac{\partial A}{\partial x}\right)=&-\frac{\hbar^2}{2m_{\text{eff}}}\frac{\partial^2}{\partial x^2}A(x,t)+V(x,t)A(x,t)\\&+g_{1D}\alpha_{n1}|A(x,t)|^2A(x,t),\end{aligned} \tag{3.3.3}$$

其中 $m_{\text{eff}}$ 是 §3.2 讨论的有效质量. 系数 $\alpha_{n1}=(1/d)\int_{-d/2}^{d/2}dx\,|u_{q_0}|^4$ 为 1～2，描述了相互作用能的重新归一化，这是由于在周期性势中更强的局域化（见图 3.2.2 中的 Bloch 态）. 这已经在特征非线性能量的背景下进行了讨论. 其中本征态对准共振的依赖导致不同的特征能量（见图 3.3.1）.

即使这个方程的平稳解与线性情况没有显著的不同，这个系统的动力学仍是完全不同的. 特别值得注意的是，即使对于排斥性原子-原子相互作用，只要中心准共振处于负有效质量状态，就形成亮孤子，即非扩散波包. Steel 和 Zhang（1998）的工作中，首次预测了周期性势阱的所谓“间隙孤子”[6]. Hilligsøe 等人分析了在准一维波导中实现的这些间隙孤子的稳定性. Hilligsøe（2002）和 Scott 等人（2003）工作的主要结果是，孤子由于耦合到对应于较高横向振动状态的频带而被破坏[21][22]. 并且由于形成涡旋，在这种情况下，在反常色散的情况下对孤子传播的预测，即负有效质量，也被 Zobay 等人提出[23]. 在这项工作中，提出可以利用两个磁性子与光耦合产生的灰态能量的速度依赖关系作为产生必要的反常色散的方法. Yulin 和 Skryabin（2003）预言了孤子，也被称为“间隙孤子”，这将非线性光学领域中发展的耦合模式描述应用于周期势阱的 Bose-Einstein 凝聚[24].

在非线性情况下出现的另一个非常有趣的现象是调制不稳定性. 我们将用单独的一小节来写这个话题. 一般来说,不稳定性意味着凝聚波函数的微小扰动快速地呈指数增长. 这可以根据给定的有效非线性 Schrödinger 方程(3.4.3)来定性地理解,应认识到这个方程意味着负有效质量体系中的排斥相互作用,导致具有相反时间演化的粒子之间的有效吸引相互作用. 众所周知,对于一个有吸引力的相互作用,崩溃动态可能发生,即一个小的扰动可以指数地快速增长.

在 Konotop 和 Salerno(2002)的工作中,这种调制不稳定性在"多尺度分析"和类比于非线性光子光学的背景下被讨论了[18]. 实质上,事实证明,可以利用不稳定性来准备孤子. 在图 3.3.2 中,在 Brillouin 区边缘 $q_0=\pi/d$ 制备的均匀凝聚体的时间演变被显示. 显然,凝聚波函数是周期性调制的,在 Brillouin 区边缘,显示正弦 Bloch 态. 波函数很快分解成四个局部结构,它们代表上面提到的间隙孤子. 在 Konotop 和 Salerno(2002)的工作中,也显示了在正质量体系中,宏观波函数对于小空间调制是稳定的. 重要的是要指出,Wu 和 Niu(2001)的更彻底的分析,揭示了在弱势极限下,由线性分析推导出的有效负质量问题,只是调制不稳定性的一个充分标准,而不是必要的标准,即使在正质量状态下也可能出现不稳定性. 这表明定量预测的有效质量近似的适用范围有限[25].

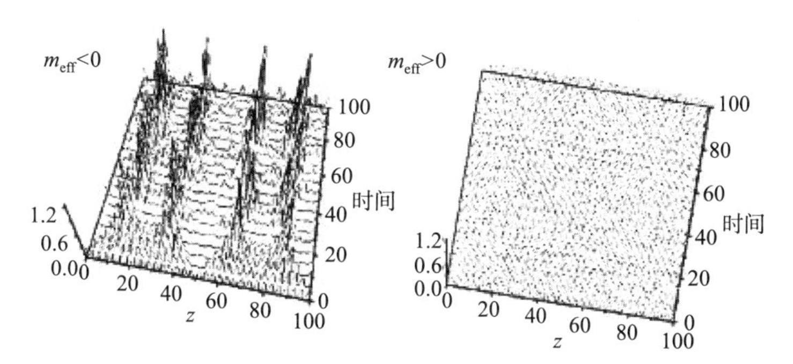


图 3.3.2　Konotop 和 Salerno 在 2002 年的《正和负有效质量体系中制备的排斥原子的凝聚波函数的时间演化》. 凝聚波函数的调制揭示 Brillouin 区边缘的 Bloch 状态的正弦空间依赖性. 显然,负质量体系中的初始波函数不稳定,衰减成亮孤子和背景. 重要的是要注意,虽然原子-原子的相互作用是排斥性的,但非扩张波包却形成了. 在正质量范围内,即在 Brillouin 区边缘的第二频带中,波函数也被空间调制,但是不存在不稳定性[18]

### 3.3.2.2　深的周期势限制——紧束缚限制

频带宽度小于间隙能量的区域通常被称为"紧束缚区域". 从图 3.3.2 可以看出,线性 Bloch 波在深度极限处表现出强烈的局域化. 这表明通过描述具有局部

Wannier 态的凝聚波函数，正在进行的物理过程变得更加透明. 与最低频带有关，重要的是要注意，强的局域化导致高原子密度，因此线性 Wannier 状态由于原子-原子相互作用的存在而被修改.

因此，自洽的基态依赖于内部的原子数一个潜在的最小值，凝聚波函数更好地描述为

$$\psi(r,t)=\sum_n \psi_n(t)\Phi_n[r;N_n(t)]. \tag{3.3.4}$$

这里函数 $\Phi_n[x;N_n(t)]$位于第 $n$ 个势阱的最小值处，代表一个势阱井内的自洽基态. 通过对 Gross-Pitaevskii 方程应用这个方法，Smerzi 和 Trombettoni(2003)推导出离散非线性通过单个振幅 $\psi_n(t)$描述动力学的方程[26]. 这种方法也可以通过考虑波函数的横向宽度的原子数依赖性来描述不是真正的一维极限的情况[方程(3.2.4)].

考虑到横向自由度的一般微分方程是非常复杂的(Smerzi 和 Trombettoni, 2001)，下面我们只讨论局部波函数不依赖于局部原子序数的状态，对应于 Smerzi 和 Trombettoni(2003)提到的零维情况，此时，$\Phi_n[r;N_n(t)]=\varphi_n(r)$，这已经在之前由 Trombettoni 和 Smerzi(2001)讨论过了[26][27]. 此时，得到的方程是众所周知的离散非线性 Schrödinger 方程：

$$\mathrm{i}\hbar\frac{\mathrm{d}}{\mathrm{d}t}\psi_n=J(\psi_{n+1}+\psi_{n-1})+\widetilde{U}|\psi_n|^2\psi_n+\varepsilon_n\psi_n, \tag{3.3.5}$$

其描述了离散与非线性相互作用所产生的特殊动力. 基本过程是由参数 $J$ 描述的隧穿效应引起的下一个邻近耦合产生的，这个隧穿参数相当于一些文献中使用的隧穿参数 $K$，对应线性能量 $\varepsilon_n$ 和非线性系数 $\widetilde{U}=U/N_t$，注意，$\widetilde{U}$ 与(3.3.1)式中给出的特征非线性能量 $U$ 成正比：

$$J\simeq-\int \mathrm{d}r\left[\frac{\hbar^2}{2m}(\vec{\nabla}\varphi_n\cdot\vec{\nabla}\varphi_{n+1})+\varphi_n V_{\mathrm{ext}}\varphi_{n+1}\right], \tag{3.3.6}$$

$$\varepsilon_n=\int \mathrm{d}r\left[\frac{\hbar^2}{2m}(\vec{\nabla}\varphi_n)^2+V_{\mathrm{ext}}\varphi_n^2\right], \tag{3.3.7}$$

$$\widetilde{U}=gN_{\mathrm{t}}\int \mathrm{d}r\varphi_n^4, \tag{3.3.8}$$

其中 $g=\frac{4\pi\hbar^2 a}{m}$，$N_{\mathrm{t}}$ 是凝聚体中的原子总数.

#### 3.3.2.3 带内动力学：纯周期势

通过研究在势的周期性规模上变化缓慢的 Gauss 分布的时间演化，可以进一步了解在深周期势中的 Bose-Einstein 凝聚的全局动力学. 这种方法被称为集体变量方法(Trombettoni 和 Smerzi，2001；Menotti 等人，2003)[27][28]. Gauss 波包通过

四个参数进行参数化：质心位置，波包的宽度 $\gamma$，描述波包的群速度的线性相位和波包的二次相位.我们一方面可以描述波包的线性演化，其动量空间中的二次离散直接转化为实空间中的二次相位.另一方面，由于在 Gauss 最大值附近的密度是二次的，所以由于相互作用引起的非线性能量也在一次近似中导致二次相位.

根据这些变分参数的运动方程，可以通过两个基本参数 $\cos p$ 和 $\Lambda$ 来表征动力学.如图 3.3.3 所示，参数 $\cos p\in[-1,1]$ 直接连接到准动量 $p=qd$.另一个参数由 $\Lambda=(N_t g/2J)\int \mathrm{d}r\varphi_n^4=\widetilde{U}/2J$ 给出.并且，由于原子-原子相互作用引起了非线性.图 3.3.3 展示出了取决于两个基本参数的传播特性，并且揭示了由此产生的演变可以通过扩散、孤子传播和自陷发生.

通过施加宽度和二次相都不依赖于时间的条件来发现孤子进化，这导致条件 $\Lambda_{\mathrm{sol}}=2\sqrt{\pi}\,|\cos p|\,\mathrm{e}^{-1/2\gamma_0}/\gamma_0$，其中 $\gamma_0$ 表示以晶格常数为单位的初始 Gauss 波函数的 1/e 宽度.从这个条件方程得出，孤子中的原子数与孤子的宽度成反比.需要注意的是，这些孤子与弱势阱极限的孤子密切相关(Steel 和 Zhang，1998；Zobay 等人，1999；Alfimov 等人，2002)[6][23][29].

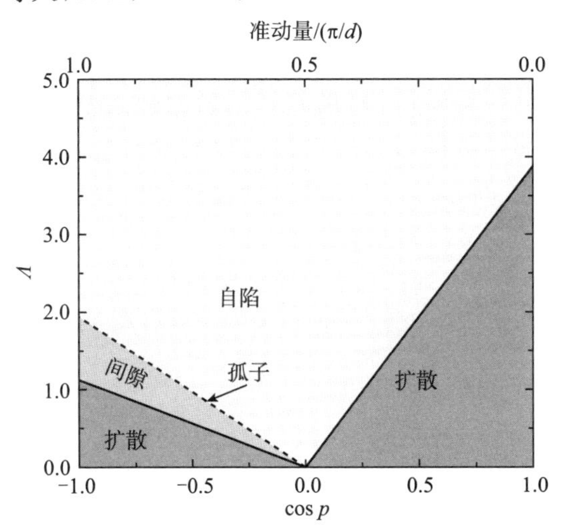


图 3.3.3　深周期势的非线性传播分类(来自 Trombettoni 和 Smerzi 的工作)，在给定的周期性电势中，初始以 $q_0=p/d$ 为中心的 Gauss 波包的传播主要取决于总原子数 $\Lambda\propto N_t$ 和准动量 $q_0$.对于大的非线性，在一些初始动态之后，波包停止独立于最初的准自我束缚态.对于小的非线性(小原子数)，波包将无限扩大.这也被称为扩散制度.孤子传播或"呼吸"时间周期性和空间局部激发，只有对于对应负质量的准动量才有可能存在.由于这种激发依赖于非线性和线性传播之间的微妙平衡，所以它只出现在非常明确的原子数量上[27]

这里描述的离散孤子，只有少数晶格位点，与弱势中描述的间隙孤子相比，表现出降低的迁移率. 这是由于所谓的 Peierls-Nabarro 势垒，这将在下面讨论(见 3.3.3 小节). Dauxois 和 Peyrard(1993)指出离散孤子和连续孤子之间的质量差异[30]："离散孤子的世界相比现实世界来说是无情的，在离散的情况下，相互作用显示出一种系统的倾向，以牺牲其他的利益为代价来促进大激励的增长."

Abdullaev 等人(2001)将这种处理方式扩展到处在不变背景下的离散孤子. 在这项工作中，他们表明，在深周期势的极限下，均匀背景上的小激发也可以表现出孤子传播[31]. 虽然上面讨论的孤子是非线性 Schrödinger 方程的解，但在背景上的孤子是 Korteweg-de Vries 方程的解. 由于它描述了水中的孤子波，所以这个方程在孤子传播领域是非常著名的.

在此，我们已经讨论了极限，对凝聚体的激发也进行了研究. 结果可以在 Javanainen(1999)，Martikainen 和 Stoof(2003)以及 Menotti 等人(2003)的研究中发现[32]~[34].

#### 3.3.2.4 带内动力学：附加势

Krämer 等人在理论上研究了在一个深的周期性电势中的波包动力学(2002)[35]，此外，振荡幅度大的振荡的分解由 Chiofalo 和 Tosi(2000，2001)，Smerzi 等人(2002)和 Menotti 等人(2003)研究[28][36][37].

在小振幅的情况下(Krämer 等人，2002)，凝聚波函数的运动是通过采用紧束缚的方式来发现的[见公式(3.3.4)][35]. 为了进一步计算，在周期性上对其进行平滑，从而得到以参数 $n_m(x,y,z)$ 为特征的波函数包络方程，作为"宏观(平滑)"密度，以及"平滑"相 $S(x,y,z)$ 的波函数.

一个非常有趣的结果是通过假设凝聚波函数具有恒定相位梯度并因此在相邻的阱之间存在恒定的相位差来获得的，$\partial_x S = P_x(t)/\hbar$ 以 $P_x(t)$ 作为时间相关参数. 利用这个假设，质心的运动 $X(t)=\int \mathrm{d}V x n_m(t)/N_t$ 由下式得出：

$$\hbar\dot{X}=2Jd\sin\left(d\,\frac{P_x}{\hbar}\right),\quad \dot{P}_x=-m\omega_x^2 X. \tag{3.3.9}$$

这个简单的微分方程系统在超导 Josephson 结的动力学中被称为"电阻分流结"模型(Barone，2000)[39]. 在光晶格中 BEC 的情况下，这在理论上以及由 Cataliotti 等人的实验进行了调查(2001)[40]. 重要的是要注意，所得到的方程不依赖于原子之间的相互作用，并因此描述了以相应的有效质量振荡的波包的线性动态. 有效质量近似一般适用于任何微小振幅(集体激励 Stringari，1996)[41]，这可通过 $\omega_x \to \omega_x\sqrt{m/m_{\mathrm{eff}}}$ 达成，其中 $x$ 表示频率仅在周期性势能的方向上被修改(Krämer 等人，2002)[35]. 为了在理论和实验之间进行绝对的比较，在计算有效质量或者隧穿参数 $J$ 时必须小心.

### 3.3.3　非线性能量尺度在中间区域

如图 3.3.3 所示的束缚机制是由无限长的包的宽度是有限的,并且不随时间变化的条件来定义. 这导致了参数 $\Lambda$ 的临界值由 $\Lambda_c=2\sqrt{\pi}\gamma_0\cos p_0 e^{-1/2\gamma_0^2}$ 给出. 条件 $\Lambda<\Lambda_c$ 意味着每个粒子的非线性在位相互作用能量小于该带的宽度,因此可以通过假设具有平均准模式的波包来定性描述演化. 我们已经提到,在这个极限中波包将会传播,这是图 3.3.3 中的扩散机制. 在 $\Lambda>\Lambda_c$ 的情况下,在位相互作用能量大于频带的宽度,因此基于单个中心准共振的描述失效. 尽管在这些情况下,变分方法是一个非常粗略的数值近似方法,但它仍然可以很好地估计出现这种效应的参数. 自陷态的详细动力学过程非常复杂,涉及调控不稳定性(Dauxois 等,1997)[42],呼吸的形成,时间周期性和空间局部激发,孤子等等(Tsukada,2002;Menotti 等,2003)[43][28]. 尽管动力学复杂,波包传播的抑制仍可归因于波包边缘处的局部动力学. 有从 Josephson 结物理学已知的宏观自我俘获(Smerzi 等人,1997)发生[44],这有效地导致"壁"将波包保持在一起.

只要非线性不会变得太大,以上给出的中间非线性动力学的处理就是一个近似解. 一个对非线性物理学领域中发展起来的技术(如非线性光学)进行的更好理论描述($4J<U<E_{gap}$)可以进行应用.

在 Louis 以及 Ahufinger 和 Sanpera 等人的工作中,虽然孤子解决方案确实存在,但它们在周期的长度尺度上表现出的结构,迄今为止尚未被方案包括在内[45]~[47]. 此外,孤子解可以根据它们对周期势最小值的对称性进行分类. Louis 等人发现了一套解决方案,如图 3.3.4 所示.

这些离散孤子的另一个特征是由于 Peierls-Nabarro 势垒导致的迁移率降低(Ahufinger 等,2004)[47]. 通过查看移动离散孤子的两个极端情况,可以理解这个势垒. 如果传播的初始条件是用反对称激发来描述的,见图 3.3.4(c),即包络的中心与周期势阱的最大值一致,则一个运动孤子意味着在一定的时间后,包络线将是对称的[见图 3.3.4(b)]. 直接从图 3.3.4(a)所示的结果可以看出,只有在动能克服了这两个集体激发的化学势差时,才能激发这个运动. 这个势垒对于在二维空间形成稳定孤子是必不可少的. 在弱势极限下存在不稳定性(Baizakov 等人,2002)[48],这种不稳定性可以通过应用时间相关的非线性或时间相关的色散来消除.

这种情况($4J>U>E_{gap}$)意味着弱的势能极限,并且清楚地表明动力学不能在一个单一的频带近似值内被描述. 在这种情况下,带结构的线性概念甚至不允许定性预测,只允许概念非线性物理学给出合理的结果.

一般可以说,在中间非线性的情况下,要找到解析解是非常困难的,因为所涉及的所有能级都具有可比性. 因此,忽略与能量尺度相关的项的简化方法的结果比

特征能量尺度小得多

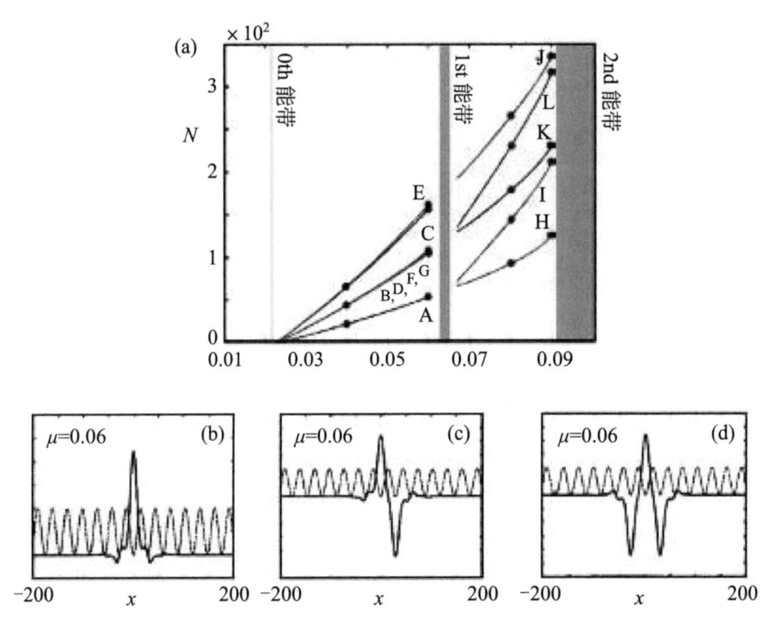


图 3.3.4 在中间非线性在位相互作用能的状态下的平稳解的选择(Louis 等人，2003)显然[45]，原子-原子相互作用带来能量位于线性系统能隙中的新的稳态解. 由于这些都是非线性解，它们的能量取决于原子数 $N$.(a)显示有不同的解.(b)、(c)、(d)中显示对应于 A,B,C 点能量的三个解. 与紧束缚近似处理所期望的解相反，它们显示出势阱最小值内的结构

### 3.3.4 非线性能量尺度是占优的

这意味着非线性在位相互作用能量甚至大于间隙能量. 因此，线性带的概念已经不适用了. 首先，我们讨论利用微扰理论得到的有效势概念的描述. 这导致了对这动态的非常简单的描述. 随后，我们提出一个相当令人惊讶的事实，即在这个情况下，甚至存在解析解. 最后，我们介绍静态解的能量作为一个函数的准则，揭示了在这里讨论的有趣的循环结构.

#### 3.3.4.1 有效势近似

这种方法的基本思想是描述每个原子在由 Gross-Pitaevskii 方程中的第二项引起的外部周期电势和能量变化之和的有效电势的运动. 由于在周期势阱的情况下原子密度在势阱最小时是最高的，所以势能将有效地降低原子-原子相互作用(Choi 和 Niu，1999)[49]. 利用微扰理论导出有效势的显性解析表达式：

$$V_{\text{eff}}=\frac{V_0}{1+4C}\cos^2(kx)+\text{const}, \tag{3.3.10}$$

其中 $C=\pi n_0 a/k^2$，这是以 $8E_R$ 为单位的均匀情况下的非线性能量 $U$. 只要凝聚体密度接近均匀，这种结果就是一个很好的近似值，这就是弱外势或强原子相互作用的情况.

在这个近似中，预测由于周期势阱的存在，主导非线性的周期势阱中的均匀 Bose-Einstein 凝聚的运动几乎不变. 此外，Choi 和 Niu(1999)首次提出 Landau-Zener 隧穿概率的增加，这又由 Liu 等人进行了更详细的研究[49]. 通过认识到在排斥性原子-原子相互作用的情况下，有效势阱的调制比在线性情况下小，因此间隙能量也更小，可以直接理解隧穿概率的这种增加.

3.3.4.2 解析的定态解

虽然我们在这里讨论的大部分解决方案不能从分析上推导出来，但有一种特殊情况可以给出一类解析解，那就是同质的情况，即没有额外的外部势阱的情况(Bronski 等人，2001)[50][51]. 可以导出形式 $V(x)=-V_0 sn^2(x,k)$ 的势的解，其中 $sn(x,k)$ 表示具有椭圆模量 $0\leqslant k\leqslant 1$ 的 Jacob 椭圆正弦函数. 在 $k=0$ 的极限中，势阱是正弦曲线，因此描述了光晶格的情况.

主要的结果是存在有和没有非平凡阶段的固定解. 对于 $k=0$，对应于正弦势阱的情况，图 3.3.5 显示了一组具有非平凡相位的解. 可以看出，解的稳定性取决于原子的背景密度. 如果背景低于临界值，则解变得不稳定. 这个行为将在后续章节中更详细地讨论. 这是人们在非线性物理学中遇到的惊人现象的另一个例子：非线性首先导致不稳定性，但通过增加恒定的原子背景导致均匀的非线性能量，解可以稳定.

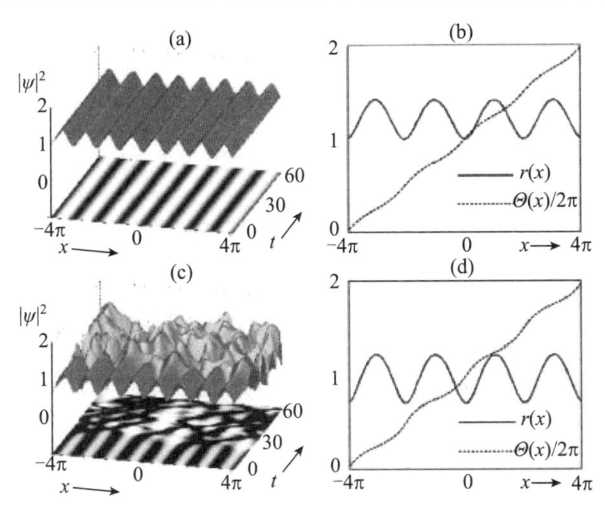


图 3.3.5 摄动三角解的演化($k=0$)与非平凡阶段(Bronski 等人，2001)[50]. (a)、(c)表示一个稳定和不稳定的解决方案的时间动态差别. 初始条件的差别表示如(b)、(d)所示，其中 $r$ 和 $\theta$ 表示初始波函数的绝对平方值和相位. 主要的区别在于不稳定的背景，数值在不稳定的情况下较小. 采自 Bronski 等(2001)[50]

### 3.3.4.3 能带结构中的循环

当非线性在位相互作用能量大于间隙能量时，不能期望能带结构的线性概念适用. 尽管如此，能量最小化的非线性问题的解析解仍然揭示了一些与线性能带结构的联系，尽管循环等新特性发挥了作用(见图 3.3.6).

Wu 和 Niu(2000)调查双模型时发现了第一个循环出现的迹象[53]. 他们表明，对于大的非线性 $U>E_{\text{gap}}$，不稳定性出现在第一个 Brillouin 区边界附近的能带结构中. 进一步的工作更清楚地揭示了区域边界上的非解析行为(Wu 和 Niu，2002；Wu 和 Niu，2003，Diakonov 等人详细讨论过)[54][55]. 在图 3.3.6 中，显示了两个数值计算的能谱，其显示 Brillouin 区中心和边缘附近的燕尾形状.

尽管循环似乎是周期性势阱的特征，但 Machholm 等人(2003)指出，Brillouin 区中心是一个普遍的现象，甚至在消失的周期性势阱的范围内仍然存在[52]. 在零电势极限下，第二和第三频带之间形成的环路退化，具有非常特殊的凝聚体激发态，即一列暗孤子.

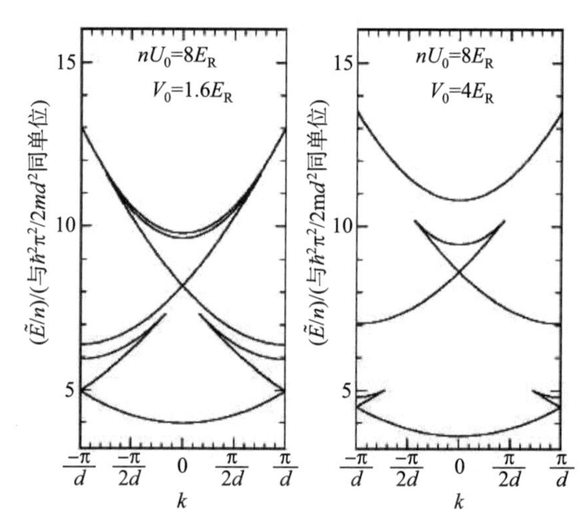


图 3.3.6 每个粒子的能量作为准共振的函数(Machholm 等人，2003)[52]. 能谱可以被解释为改变的线性能带结构. 对于线性系统的两个频带彼此接近的准齐型，观察到显著的改变. 当势阱调制增加时，结构变得不那么明显(右图)

Mueller(2002)讨论了循环结构的外观与超流动性和滞后性的关系[56]. 环路结构的出现是因为能量格局有两个局部最小值，对应于燕尾的下部，和正常带被对应于能量的局部最大值的状态隔开.

虽然找到稳定的解析解是非常重要的，但在实验室中，实际上只能看到对微扰稳定的解析解. 因此，彻底的解析解的稳定性分析是必要的. 这将作为理论和可能的实验之间的直接联系.

### 3.3.5　稳定性分析

非线性系统解的稳定性分析是必不可少的.在周期势阱的情况下,可以确定两类不稳定性:Landau 不稳定性,小扰动导致系统能量降低;动态调制不稳定性,小扰动成倍增长(Wu 和 Niu,2000,2001,2002,2003;Burger 等人,2002; Wu 等人,2002; Machholm 等人,2003)[25][52]~[53].

3.3.5.1　Landau 不稳定性

Landau 不稳定性经常在 Bose 液体的情况下被讨论,并且具有超流动性的显著特性,即,如果液体的速度低于临界值,则液体可流过毛细管或其他类型的紧密空间而没有摩擦. Landau 认为,超流体只有在激发声子产生时才受到摩擦.在液体上降低了量子系统的能量. Bose-Einstein 凝聚体在光晶格存在的情况下也是如此.

为了找出小的激发是否降低给定 Bloch 态的能量,我们计算了一个微扰动的 Bloch 态的能量:

$$\Psi_q(x)=\mathrm{e}^{\mathrm{i}qx}[\varphi_q(x)+u_q(x,Q)\mathrm{e}^{\mathrm{i}Qx}+v_q^*(x,Q)\mathrm{e}^{\mathrm{i}Qx}]\theta. \tag{3.3.11}$$

$u_q(x,Q)$和 $v_q^*(x,Q)$有与周期性势阱相同的周期,并有 $Q\in[-\pi/d,\pi/d]$.由扰动引起的能量偏差可以通过评估方程(3.2.1)与平均场近似给出的能量的期望值来找到. Berg-Sørensen 和 Mølmer(1998),Machholm 等人 2004,以及 Wu 和 Niu(2003)给出了对于数学方法的详细讨论[55][59][60].

如果扰动 Bloch 态的能量增加,则原始 Bloch 波对应于局部能量最小值并因此呈现超流.在 $\delta E$ 为负的情况下,预计有正常流体.由于任意初始 Bloch 波的一般情况是非常复杂的,不能得出解析解,所以数值计算是必要的.结果总结在图 3.3.7 所示的稳定性相图中.

物理情况由三个参数定义:势阱调制深度 $V_0$,非线性 $U_n$,其中 $n$ 是平均密度,$U$ 在方程(3.3.1)中被定义.假设有一个齐次波函数,以及与均匀 Bose-Einstein 凝聚流相对应的准齐次 $q$.对于每个参数,能量偏差 $\delta E$ 被计算为自由参数 $Q=\pi/d$ 的函数,其描述了摄动与空间周期 $D$ 的扰动.图 3.3.7 中的阴影区域表示 Landau 不稳定区域,其中系统能量可以通过发射声子来降低.

如果 Bose-Einstein 凝聚体 $q$ 的准同态缓慢增加,那么能量降低的第一种激发模式就有很长的波长 $Q\to 0$,这在 $q=q_e$ 时会发生. Machholm 等人(2003)系统地探讨过 $q_e$ 对非线性和潜在调制深度的依赖关系[52].这些长波长不稳定性的起始条件可以通过已经讨论的流体动力学方法分析获得.

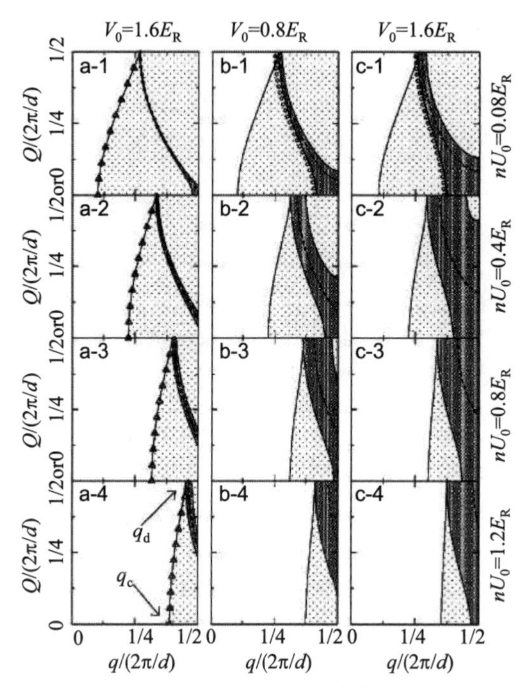


图 3.3.7 由 Wu 和 Niu(2003)得到的稳定性曲线[55]. 描述物理情况的参数是势阱调制 $V_0$,均匀情况下的非线性 $U_n$ 和凝聚体均匀凝结流的准共振. 参数 $Q$ 是扰动的相应波矢. 值得注意的是,$Q=\pi/d$ 意味着密度的调制是周期性电位的两倍. 静止状态呈现 Landau 不稳定性的区域由浅阴影区域和相关的临界准模型 $q_c$ 表示. 深阴影区域表示具有相关临界准则 $q_d$ 的动力学不稳定区域

### 3.3.5.2 动力学不稳定性

Bose-Einstein 凝聚体在光晶格中的一个特征是动力学不稳定性的发生,其在均匀系统中仅存在于有吸引力的相互作用中,但是即使在相互作用是排斥的时候也可以由周期性势阱的存在来诱导. 动力学不稳定性意味着与平稳解的微小偏差随时间呈指数增长.

分析类似于能量不稳定性分析,但是现在修改的状态被插入到时间相关的 Gross-Pitaevskii 方程中. 过程仅保持扰动中的线性项,最后以描述小扰动的时间演变的线性微分方程结束.

如果相应的特征值是真实的,Bloch 状态就是稳定的. 然而,复特征值表明扰动将呈指数增长. Wu 和 Niu(2003)的结果在图 3.3.7 中给出了阴影区域[55]. 值得注意的是,动力学不稳定性只能发生在 Bloch 状态,这种状态也是能量不稳定的. 对于凝聚体 $q=q_d$ 的准共振,变得不稳定的模式由 $Q=\pi/d$ 表示. 这意味着相应的指数增长模式代表了一个倍增的周期(Machholm 等人,2004)[60],因为函数 $u(x)$ 和

$v(x)$在等式(3.3.11)中具有与周期性势阱相同的周期. Anglin 给出了关于弱相互作用多体系统的动力学不稳定性的一般讨论.

以一个系统分析给出准分量 $q_e$ 和 $q_d$ 分别作为能量和动力不稳定性的起始潜在深度和非线性可以在 Machholm(2003)等人的研究中找到[52]. 值得注意的是,在迄今为止的讨论中,我们总是假设一个单一的情况. 正如之前已经提到的那样,迄今为止进行的大多数实验都不符合这个假设. 直到最近,通过考虑横向自由度,不稳定分析才被推广到更现实的案例.

在有效质量近似的背景下,人们也对动力学不稳定性进行了研究. 在这种情况下,人们也会谈到在非线性光学领域众所周知的"调制不稳定性". 已经证明,在这种近似下,Bloch 波带在波段的稳定性在较低波段和较高波段之间有显著差异(Konotop 和 Salerno,2002)[18]. 由于负质量,较低频带的模式是不稳定的,而第一激励频带的较低边缘是稳定的,正如人们对正有效质量所期望的那样. 重要的是要注意,从线性理论推导出一个负质量,只是不稳定的一个充分,但不必要的标准.

### 3.3.6　类比非线性光学

目前讨论的许多效应已经在非线性光子光学领域中得到了处理. Bose-Einstein 凝聚体在周期性势阱中与空间调制折射率结构中强激光脉冲的物理性质之间存在直接联系,表现出 Kerr 非线性(Agrawal,2001)[61]. 在光学中,可以通过 Bragg 光纤在激光脉冲的传播方向上实现折射率调制(Eggleton 和 Slusher,1996)[62]. 总的来说,参见 de Sterke 和 Sipe(1994),这是弱周期性势极限的光学模拟[63]. 描述激光脉冲包络 $A$ 传播的方程由下式给出:

$$\mathrm{i}\frac{\partial A}{\partial x}=\frac{1}{2}\beta\frac{\partial^2 A}{\partial t^2}-\gamma|A|^2A. \tag{3.3.12}$$

可见,上式中相关参数是群速度色散参数 $\beta$ 和非线性参数 $\gamma$,所以在光学方面得到的结果是可以通过表 3.3.1 直接转移到原子系统的.

**表 3.3.1　非线性光学与 BEC 中的符号之间的对应关系**(这里我们只指定弱周期势和 Bragg 光栅光纤的极限)

| 非线性光学 | | BEC |
|---|---|---|
| $t,x$ | $\leftrightarrow$ | $x,t$ |
| $\beta$ | $\leftrightarrow$ | $\hbar/m_{\mathrm{eff}}$ |
| $\gamma$ | $\leftrightarrow$ | $2\alpha_{\mathrm{nl}}a\omega_{\perp}$ |

通过实现弱耦合的光波导阵列进行的概述,参见 Christodoulides 等人(2003)的文章[64]. 原子系统的主要优点在于可以实现非常大的非线性,这在光学系统中是不可实现的.

## §3.4 光晶格中冷原子的量子相变

### 3.4.1 量子相变

冷原子物理中的一个核心问题就是研究处在不同条件下冷原子系统的量子相变. 量子相变是指当体系的某一个参量,比如温度或相互作用发生连续变化时,系统的结构与物理性质也相应地发生改变的一种现象. 在相变理论中,对称性破缺与序参量是两个普遍而重要的概念. 体系的对称性主要是指在一些操作下,某些物理量并不随着这些操作所改变的参数而改变的现象. 这些操作可以形成一个封闭的集合,这样的集合被称为对称群. 对液体来说,物理性质并不随着转动与平移操作的进行而改变,可以说,液体具有转动和平移对称性. 对于一个体系而言,由于一些外部条件的变化,如温度的降低或升高,将导致系统的一种或多种对称性元素消失. 这种现象被我们称为对称性破缺. 一般而言,对称性破缺的出现就伴随着量子相变的发生. 多体间的不同种类相互作用或关联就是通过对称性破缺来产生各种有序相的. 对称性破缺可以被分为两类:一类是系统的 Hamilton 量保持不变的自发对称性破缺,而另外一种就是系统受到了外部扰动,从而使得 Hamilton 量发生改变产生的对称性破缺. 基于量子相变的对称性破缺理论,可以认为相变的特征是当系统的宏观变量发生变化时,系统丧失或者得到某种对称性. 这样可以给出序参量的定义:当系统从一个高对称性的无序相转变为一个低对称性的有序相时,系统中的某一个物理量将从一个高对称性中的零值变为低对称性中的非零值,这样的一个物理量称为序参量. 基于序参量随着宏观变量的变化而产生的变化是连续的还是非连续的,我们可以把相变分为两类:一类是一级相变,在一级相变中,系统的序参量将随着宏观变量的改变而出现不连续的跃变;另外一类可以被称为二级相变,在二级相变中,系统的序参量将随着宏观变量的改变而出现连续的变化. 而在某些情况下,宏观变量的变化将把相变的级数从二级变到一级,而如果能将宏观变量做任意小的改变,则相变又将从一级相变达到二级相变,这样,所通过的两类相变之间的阈值点就被叫作三临界点.

在凝聚态物理中,量子相变问题始终是一个十分重要的问题,下面将分别介绍几种相变理论:Mott 金属-绝缘体相变,磁性相变,自旋冰与自旋液体以及量子 Hall 效应.

#### 3.4.1.1 Mott 金属-绝缘体相变

在介绍 Mott 金属-绝缘体相变之前,必须先介绍能带理论. 能带理论是一种单电子的近似理论,其出发点是固体中的电子不再被束缚于某个原子,而是在整个固体中运动，被称为共有化电子. 对于具有周期性结构的理想晶体，电子可以看成是在由理想晶体形成的等效势场中运动. 再结合紧束缚近似可以得到晶体的能带结构. 根据能带理论，可以将晶体划分为绝缘体、半导体与金属. 如图 3.4.1(a)所示，对于绝缘体或半导体而言，被电子填满的最高的低能带被称为价带(valence band)，而再高的带都是空带，其中最低的空带被叫作导带(conduction band). 导带与价带之间存在带隙(band gap). 对半导体来说，带隙较小，而绝缘体的带隙则较大. 如图 3.4.1 所示，对金属而言，除去完全被电子占据的能带外，还有被部分占据的能带，这部分能带被称为导带. 其中最高的被占据能级称为 Fermi 能级[65].

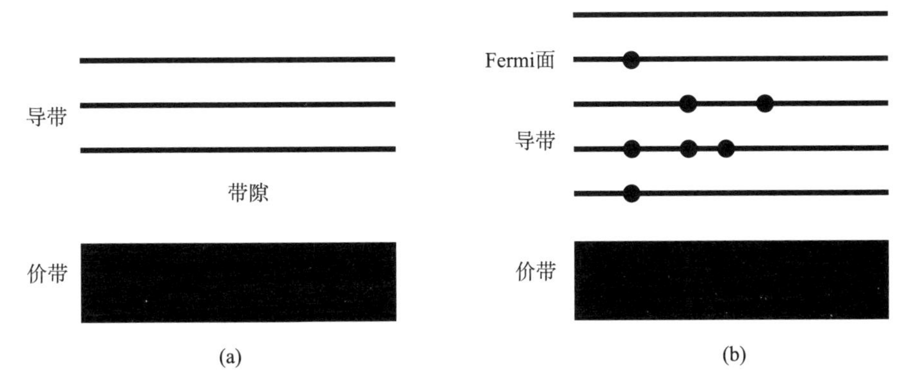


图 3.4.1　(a)绝缘体或者半导体的能带示意图和(b)金属的能带示意图

能带论在解释金属与绝缘体的性质的时候获得了巨大的成功，然而，在 1937 年，该理论对于金属单氧(O)化物 CoO，MnO 等却给出了错误的基态. 根据能带论的预测，CoO 等应该是金属态，但是实际的实验却表明 CoO 等材料是绝缘体. Mott 等人的研究表明，能带论忽略了电子间的关联，所以并不适合被用来处理强关联电子系统. 于是，这类金属氧化物被称为 Mott 绝缘体. 在 Mott 绝缘体中，假设同一个格座上的同一轨道的电子双占据时，相对单占据时增加的能量为 $U$，一般情况下，$U$ 就是电子-电子间的 Coulomb 排斥作用. 如果计入电子间的关联，则系统的单能带将分裂为两个子带，如图 3.4.2 所示，这种由于电子间的关联分裂的能带被称为上下 Hubbard 带，分别是 $E_0$ 与 $E_0+U_0$，而 $\Delta$ 表示能带宽度. 当 $\Delta\geqslant U$ 时，上下 Hubbard 带将发生重叠，实际上形成一个半满的能带，这时系统将表现为金属性. 而当 $\Delta\leqslant U$ 时，由于上下 Hubbard 带之间存在能隙，所以系统表现为绝缘体相. $(\Delta/U)_c$ 就是 Mott 金属-绝缘体相变点的位置. Mott 金属-绝缘体相变可以用 Hubbard 模型来进行描述，而且已经广泛被应用于研究强关联电子体系中的相变问题，比如用于建立铜(Cu)氧化物的高温超导理论.

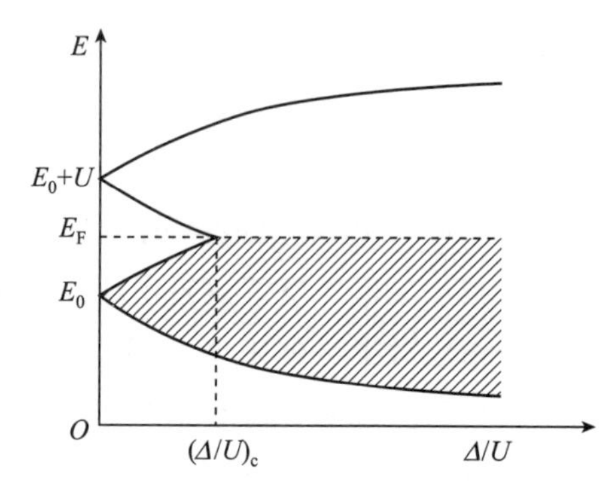


图 3.4.2 Mott 金属-绝缘体相变示意图

3.4.1.2 磁性相变

物质的磁性主要与电子尤其是电子的自旋有关，一般涉及固体中的磁偶极子或者磁矩的方向. 物质的磁性包括磁无序的顺磁态、磁有序的铁磁态、反铁磁态、亚铁磁态等. 磁有序的出现主要是由于磁性原子(或离子)之间的强相互作用破坏了时间反演对称性或者自旋旋转对称性，使它们的磁矩自发地排列起来，从而形成铁磁、反铁磁、亚铁磁等结构[66]. 下面将分别介绍这几种态：

(1)顺磁态：如图 3.4.3(a)所示，在顺磁材料，比如 Na，铝(Al)等之中，磁矩的排布是无规律的. 只有在外场诱导下，所有的磁矩才可能倾向于朝一个方向排布，这将导致一个很小的与磁场成线性关系的磁化强度. 而一旦外场消失，系统的磁化也将消失. 顺磁材料的磁化率与温度的关系可以写为：$\chi \propto T^{-1}$.

(2)铁磁态：有一些材料，比如：铁(Fe)，钴(Co)，镍(Ni)，当它们在转变温度 $T_c$ 以下时，自旋磁矩有自发平行取向的趋势，如图 3.4.3(b)所示. 在 $T_c$ 以上时，自旋磁矩是无规排列的，表现为顺磁态. 铁磁材料的磁化率与温度的关系满足 Curie-Weiss 规律：$\chi \propto (T-T_c)^{-1}$.

(3)反铁磁态：一些典型的反铁磁材料，比如锰(Mn)，CrO 等，当它们在转变温度 $T_c$ 以下时，自旋磁矩将是反平行排列的，如图 3.4.3(c)所示. 当温度高于 $T_c$ 时，系统将表现出顺磁态. 铁磁材料的磁化率与温度的关系满足 $\chi \propto (T+\Theta)^{-1}$.

(4)亚铁磁态：亚铁磁材料，比如 $Fe_3O_4$，当它们在转变温度 $T_c$ 以下时，自旋磁矩将出现反平行排布. 可以将反平行排布的自旋磁矩划分为两种子格. 且两种子格格座上的自旋磁矩大小不等，如图 3.4.3(d)所示. 这样，对系统整体而言，将出现净磁化强度. 在存在净磁化强度这点上，亚铁磁体与铁磁体类似，但铁磁体大多是金属，而亚铁磁体大多是绝缘体. 而在 $T_c$ 以上时，系统的自旋磁矩成无规取向. 但是，在 $T_c$ 以上时，亚铁磁体的磁化率与温度的关系并不满足 Curie-Weiss 规律. 只有当温度 $T>2T_c$ 时，$\chi^{-1}(T)$才逐渐趋向于线性变化.

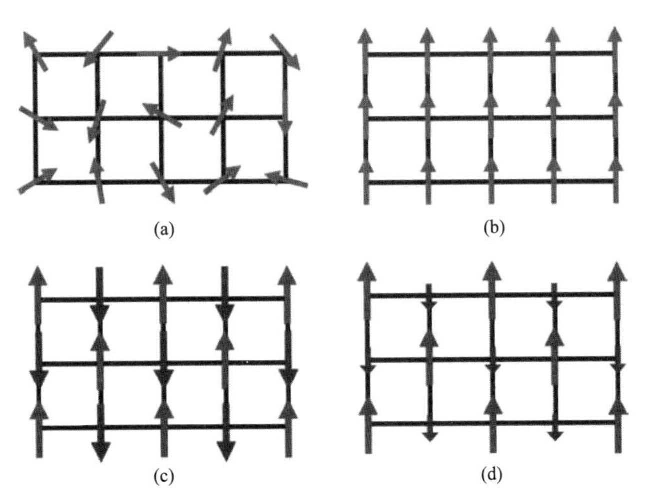

图 3.4.3 几种磁性态的示意图:(a)顺磁态;(b)铁磁态;(c)反铁磁态;(d)亚铁磁态

3.4.1.3 自旋冰与自旋液体

在介绍自旋冰之前,先来看一下普通的冰. 如图 3.4.4(a)所示,对于由水凝结而成的冰来说,将满足 Pauling 提出的所谓"冰定则"(ice rules):每一对氧离子之间必须存在一个质子(在这里就是 H 离子),而且这个质子必须局域化在靠近或者远离 O 离子格座的位置上. 而每个 O 离子都存在有四个最近的质子,而"冰定则"要求对于某个特定的 O 离子来说,必须有两个质子距离较近,而另外两个质子距离较远. 这就形成了一个所谓"两入两出"结构(two-in,two-out configuration). 对于磁性材料来说,在一定条件下,自旋磁矩有可能有某种特殊的排布. 将自旋磁矩具有类似"冰定则"要求的"两入两出"结构的磁性材料称为自旋冰,比如 $Dy_2Ti_2O_7$. 如图 3.4.4(b)所示,对于具有烧绿石晶格(pyrochlore lattice)结构的晶体,其中每个四面体的角都与旁边的四面体共有一个稀土离子. 如果自旋出现如下排布:两个自旋朝向四面体内部,另外两个自旋朝向四面体外部,则该稀土离子的自旋被晶格场相互作用所限制. 这种自旋排布类似于冰,我们将这种态称为自旋冰,相应的材料称为自旋冰材料. 目前发现的自旋冰材料主要有 $Ho_2Ti_2O_7$, $Dy_2Ti_2O_7$, $Yb_2Ti_2O_7$ 等. 在自旋冰中可能出现的磁单极子使得对自旋冰的研究一直是凝聚态物理领域中的一个热点.

对于自旋冰来说,随着能量的降低,自旋涨落本身也将变弱,最终将陷入平衡并被冻结. 这是由不同满足"冰定则"的结构间的较大能量壁垒导致的:系统从一种满足"冰定则"的结构变到另外一种结构需要翻转六个自旋. 对一个拥有许多自旋离子的系统来说,这意味着从一种结构变到另外一种结构需要消耗巨大的能量. 所以在自旋冰之中,自旋涨落实际被冻结.

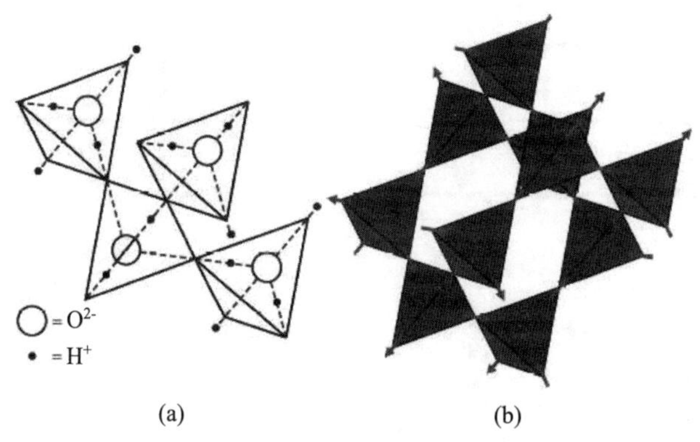


图 3.4.4 (a)由水凝结成的冰示意图和(b)自旋冰示意图:空心圆表示 O 离子,实心圆表示 H 离子,虚线表示 H-O 键.箭头表示自旋磁矩

与自旋冰不同,对一个具有自旋 $S=1/2$ 以及近似的 Heisenberg 对称性的系统来说,量子效应将变得更强.在这样的系统中并不存在明显的能量边界.这就意味着系统可以自由地从一种结构变为另外一种结构,这种状态被称为自旋液体.自旋液体实际是一种没有磁性的量子态,但是在其内部却存在着局域磁矩.这样一种无磁性的状态可以由共价键自旋单态来构成.共价键自旋单态是由具有反铁磁相互作用的两种相反的自旋形成的总自旋为 0 的自旋单态.如图 3.4.5 中的虚线所示.如果系统中所有的自旋都是这种共价键自旋单态的一部分,那么体系在整体上将是无磁性的.共价键自旋单态是一种量子态,组成共价键自旋单态的两个自旋间是相互高度纠缠的.自旋液体一般可以分为临界自旋液体和拓扑自旋液体两种.临界自旋液体是一种稳定的无能隙的自旋液体.其自旋关联函数随距离呈代数衰减,因此也被称为代数自旋液体.而拓扑自旋液体主要由共价键自旋单态的不同排布构成.最有名的拓扑自旋液体就是共振共价键态(resonating valence-bond state,简称 RVB 态).如果系统中的共价键自旋单态呈现出某种特定的分布,如图 3.4.5(a)所示,那么这种状态可以被称为共价键固体态(valence-bond solid state,简称 VBS 态).但是这种 VBS 态实际上并不是一种真实的自旋液体态,因为它破坏了晶格原有的对称性并且缺乏长程关联.而 RVB 态则是由不同类型的共价键自旋单态的排布叠加而成的.在 RVB 态中,系统并不倾向于哪一种特殊的共价键自旋单态排布,这种态也可以被看成是一种共价键"液体"而非固体.根据系统中是否存在长程关联,RVB 态还可以被划分为短程 RVB 态和长程 RVB 态两种.图 3.4.5(b)给出了短程 RVB 态其中一种可能的共价键自旋单态排布,不同的自旋只跟距离自己最近的自旋纠缠在一起.在大部分短程 RVB 态中,系统一般是存在能隙的,这意味着破坏一个共价键自旋单态需要消耗能量.这种现象在对六角格子中的 Hubbard 模型的研究中已经被发现[67].而长程 RVB 态中则可能存在长程的自旋关联,即一个自旋有

可能跟距离自己很远的自旋纠缠在一起. 对于长程 RVB 态来说,破坏一个长程的共价键自旋单态并不需要很大的能量,所以长程 RVB 态也有可能是无能隙的. 自旋液体态已经在多种实验材料,比如 $ZnCu_3(OH)_6C_{12}$ 等中被找到.

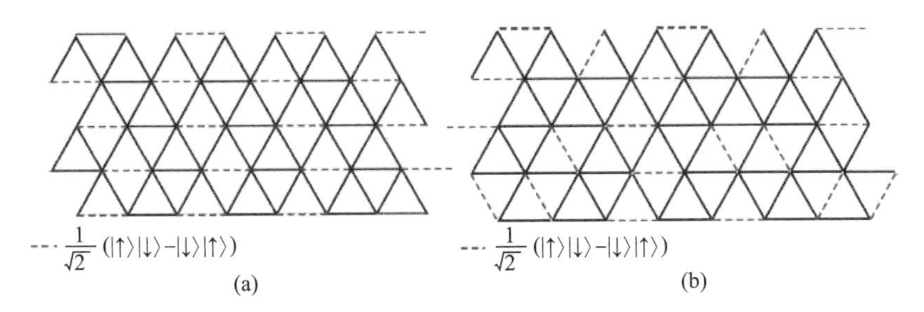


图 3.4.5　(a)共价键固体(VBS)态示意图和(b)短程共振共价键(RVB)态示意图

#### 3.4.1.4　量子 Hall 效应与量子自旋 Hall 效应

经典的 Hall 效应是由磁场中运动的电子所感受到的 Lorentz 力引起的,该现象最早在 1879 年由 Hall 观测到. Hall 设计了这样一个实验,在一个金属平板中加以纵向电流,并在垂直于电流方向的面上外加磁场. 这样就可以在金属平板的横向上观测到电压. 这种现象就被称为 Hall 效应. 量子 Hall 效应最早在 1987 年由 Klitzing 等人观察到. 他们发现,在放置于强磁场下的二维材料中,材料内的电子被局域化在了分立的 Landau 能级上. 在满带与空带间将有带隙存在,在这种情况下,该材料应该表现出绝缘性. 然而与普通的绝缘体不同的是,材料的边界仍然可以导电. 边界上的电子将形成回旋型的轨道并沿一个方向传播,也就是形成所谓的 Hall 电流,如图 3.4.6(a-1)所示. 在这种情况下,没有反射态(与 Hall 电流传播方向相反的态)出现. 可以将这称为边缘态或者手性边缘态(chiral edge states). 图 3.4.6(a-2)显示的是具有边缘态的量子 Hall 效应的色散关系示意图. 在导带与价带之间存在能隙,连接着导带与价带的边缘态则对应于沿边界回旋传播的电子. 量子自旋 Hall 效应的概念最早是由 Kane 和 Mele 在研究石墨中的自旋 Hall 效应的时候发现的. 与量子 Hall 效应类似,量子自旋 Hall 效应也是在绝缘体材料的边界上发现有传导电流. 但在量子自旋 Hall 效应中出现的边缘态被称为“螺旋形”边缘态(“helical” edge state). 这种边缘态存在有所谓的“自旋筛选”行为:即上自旋沿着一个方向传播,而下自旋则沿着另外一个方向传播,如图 3.4.6(b-1)所示. 时间反演对称性在量子自旋 Hall 效应中起着十分重要的作用. 可以证明,这种“螺旋形”边缘态是受时间反演对称性保护的:也就是说,只要体系具有时间反演对称性,那么同一个边界上的互为时间反演共轭的两个边缘态在保持时间反演对称的杂质散射下将总是稳定的,并不会打开能隙. 图 3.4.6(b-2)显示的是上下自旋沿不同方向传播的边缘态的色散关系示意图. 虚线表示上自旋形成的边缘态,点画线表示下自旋形成的边缘态. 量子自旋 Hall 绝缘体有时又被称作拓扑绝缘体,对拓扑绝缘体的研究是现在凝聚态物理领域中十分热门的一个领域.

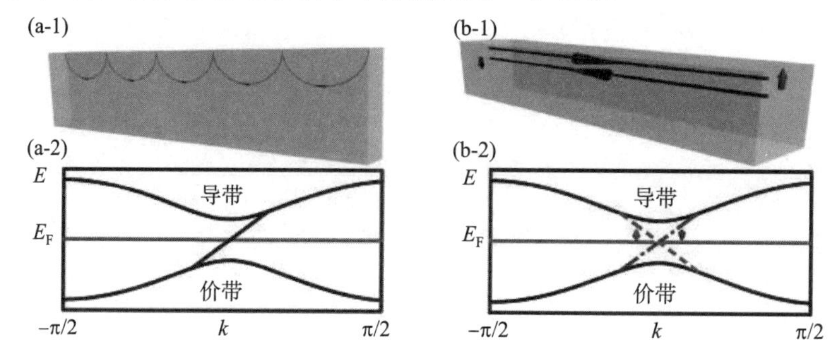


图 3.4.6 (a-1)Hall 电流示意图.(a-2)具有边缘态的量子 Hall 效应的色散关系示意图.(b-1)量子自旋 Hall 效应的边缘态示意图;(b-2)上下自旋沿不同方向传播的边缘态的色散关系示意图

### 3.4.2 光晶格

如何在实验中模拟一个可控的强关联体系,本身对物理学来说就已经是一个十分重要而复杂的问题了. 对于一个实际材料而言,实验参数并不能被直接调控,而只能通过加压或者掺入杂质的方式来间接调控. 并且对于一个实际材料而言,材料中复杂的能带、杂质,甚至是一些长程的 Coulomb 相互作用,都会对实验结果产生较大的影响,甚至可能在极大程度上干扰甚至掩盖想要观测的物理性质. 作为一个干净、没有杂质的实验平台,光晶格技术无疑是可以用来模拟强关联系统的最便利的工具之一,比如它可以用来很好地模拟 Hubbard 模型. 通过有限数目的激光,就可以得到具有不同几何结构的格点系统. 除此之外,通过调节激光强度,还能方便地改变原子间的跃迁能,从而间接改变原子间的相互作用. 除此之外,还可以利用 Feshbach 共振来直接改变原子间的相互作用. 光晶格中的原子的自旋是所谓的赝自旋,也就是说,这个体系实际上是利用原子的子能级来代表不同的自旋的. 这种性质使得光晶格十分适合用于研究高自旋体系的性质. 而最新发展起来的人工规范场技术,使得光晶格系统可以用来模拟具有自旋轨道耦合体系的性质,这让光晶格在强关联物理领域中的应用达到了一个新的高度. 除此之外,在自旋极化的冷原子系统中寻找 FFLO 相(Fulde-Ferrell-Larkin-Ovchinnikov phase)也成为近期研究的一大热点. 所以,在近年来发展起来的光晶格技术可以十分便利地用于模拟各种不同的强关联系统.

#### 3.4.2.1 光晶格的理论模型

下面简单介绍光晶格的理论模型. 在光晶格技术中,即使用被囚禁的冷原子的

超精细结构(hyperfine structure)中的不同子能级来模拟不同的自旋,原子的自旋也一般是赝自旋.例如,我们可以利用$^{40}$K原子的两个子能级$|-9/2\rangle$和$|-5/2\rangle$来模拟上下自旋.光晶格的这种赝自旋特性使得该技术可以很方便地用于模拟自旋轨道耦合,例如最近发展起来的人工规范场技术.

我们考虑在光晶格中移动的具有相互作用的Bose原子气体.可以从一个完整的包含两粒子相互作用的多粒子Hamilton量出发,该Hamilton量可以写为

$$H=\int \mathrm{d}x\hat{\psi}(x)+\left(\frac{p^2}{2m}+V_0(x)+V_t(x)\right)\hat{\psi}(x)$$
$$+\frac{g}{2}\int \mathrm{d}x\hat{\psi}(x)+\hat{\psi}(x)+\hat{\psi}(x)\hat{\psi}(x). \tag{3.4.1}$$

式中$J$表示具有给定原子内态的Bose场算符,$V_0$表示光晶格的格点深度,其大小可以通过改变形成光晶格的激光强度来调节,$V_t$表示可能存在的外加的限制场(比如磁势阱等),$g$表示两个原子间的相互作用,如果原子间只存在s波散射,那么有$g=\frac{4\pi a_s}{m}$($a_s$是s波散射长度).下面假设所有的粒子都处在光晶格的最低一条能带上,并用Wannier函数将Bose场算符$\hat{\psi}$展开为:$\hat{\psi}(x)=\sum\limits_i-\hat{b}_i\omega^{(0)}(x-x_i)$,其中$\hat{b}_i$是原子在格座$x_i$上的分布算符.我们可以把(3.4.1)式约化为

$$H=-\sum_{ij}J_{ij}\hat{b}_i^+\hat{b}_j+\frac{1}{2}\sum_{ijkl}U_{ijkl}\hat{b}_i^+\hat{b}_j^+\hat{b}_k\hat{b}_l, \tag{3.4.2}$$

$$J_{ij}=-\int \mathrm{d}x\omega_0(x-x_0)\left(\frac{p^2}{2m}+V_0(x)+V_t(x)\right)\omega_0(x-x_j),$$

$$U_{ijkl}=g\int \mathrm{d}x\omega_0(x-x_0)\omega_0(x-x_j)\omega_0(x-x_k)\omega_0(x-x_l),$$

式中$J_{ij}$对应于相邻格座间的原子的跃迁能,而$U_{ijkl}$则表示不同格座间原子的相互作用.如果只考虑原子的在位能,即取$U_{0000}=U$,并假设整个系统的最近邻跃迁都是一样的,取$J_{ij}=J$,将(3.4.2)式约化后,可以得到在各向同性的光晶格中的标准Bose-Hubbard模型的Hamilton量:

$$H=-J\sum_{ij}\hat{b}_i^+\hat{b}_j+\frac{U}{2}\sum_j\hat{b}_j^+\hat{b}_j^+\hat{b}_j\hat{b}_j+\sum_j\varepsilon_j\hat{b}_j^+\hat{b}_j. \tag{3.4.3}$$

如图3.4.7所示,$J$表示最近邻格座间的跃迁能,$U$表示在同一个格座上的原子间的相互作用,$\varepsilon_j=V_t(x_j)$表示由外加的限制场引起的能级平移[68][69].

如前所述,可以利用囚禁在光晶格中冷原子的某个精细结构中的态来表示自旋自由度.如一个自旋为1/2的系统可以用态$|\downarrow\rangle\equiv|a\rangle$与态$|\uparrow\rangle\equiv|b\rangle$来进行模拟.通过将原子在不同的态之间移动,就可以模拟不同自旋间的交换相互作用等.利用与得到标准Bose-Hubbard模型Hamilton量类似的方法,可以得到具有自旋

的 Fermi-Hubbard 模型：

$$H=-\sum_{(ij)\sigma}J_{\sigma}c_{i\sigma}^{+}c_{j\sigma}+U\sum_{i}n_{i\uparrow}n_{i\downarrow}\,,\tag{3.4.4}$$

式中 $c_{i\sigma}^{+}$ 表示在格座 $i$ 上 Fermi 子的产生算符，而 $c_{i\sigma}$ 则表示在格座 $j$ 上 Fermi 子的湮灭算符，$n_{i\sigma}=c_{i\sigma}^{+}c_{i\sigma}$ 表示格座 $i$ 上的 Fermi 子的密度算符，$J_{\sigma}$ 表示依赖于模拟自旋的原子内态 $|\downarrow\rangle$ 与 $|\uparrow\rangle$ 的跃迁能，$U$ 表示在格座 $i$ 上的原子之间的相互作用. 用同样的方法，我们可以得到 Bose-Fermi 子混合情况下的 Hamilton 量等，这里不再赘述. 从(3.4.3)式与(3.4.4)式就可以看出，光晶格系统是一个很好的可以模拟 Hubbard 模型的实验系统.

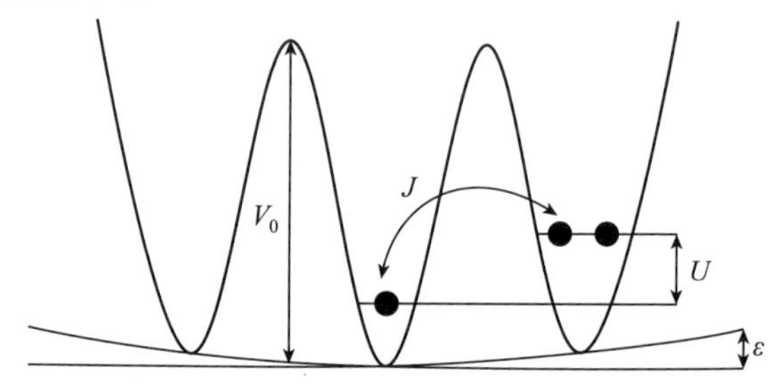


图 3.4.7 光晶格理论模型示意图：$V_0$ 表示格点深度，$J$ 表示不同原子在不同格座之间跃迁的跃迁能，$U$ 表示占据同一个格座原子的相互作用，$\varepsilon$ 表示由外场引起的能级平移

#### 3.4.2.2 光晶格的调控

##### 3.4.2.2.1 对光晶格几何结构的调控

通过将两束沿同一平面传播的激光叠加可以实现一个具有周期性结构的势场. 这两束激光之间的干涉可以形成一个光学驻波，这个光学驻波就可以用来囚禁原子. 如图 3.4.8(a)所示，如果我们想要得到一个一维的光晶格，可以先利用两束激光将冷原子压成一个二维的圆盘，之后我们再在平行于二维冷原子圆盘的平面上增加两束激光(与原来的两束激光相垂直)，这样，就可以得到一系列一维势能管. 这些一维势能管将把原来的二维冷原子圆盘切割为雪茄形. 如图 3.4.8(b)所示. 不同“雪茄”之间没有原子跃迁. 这样，就得到了一系列一维光晶格. 通过调节激光强度，就可以控制“雪茄”内冷原子的跃迁. 与之类似，如果再加载两束与之前的激光都垂直的激光束，如图 3.4.8(c)所示，就可以得到一个三维的简立方光晶格. 图 3.4.8(d)就是以这种方式形成的简立方光晶格示意图[70]~[73].

二维立方光晶格是比较容易实现的一种二维光晶格. 为了得到一个比较标准的单层二维平方结构，一般需要在垂直方向上增加两束强度较大的激光，这样就可以在垂直平面内形成一个具有 Gauss 结构的驻波. 这样的方式可以使垂直平面内不同层之间的原子不存在跃迁. 这样就可以得到一种近似单层的晶格结构. 如图

3.4.9(a)所示，我们可以利用在平面内的四束成 90°角的激光(黑色箭头)来产生一组具有立方结构的周期势. 这个势能可以写为 $V(x,y)=V_0[\sin^2(k_x y)+\sin^2(k_y y)]$，其中 $k_x$ 和 $k_y$ 是在 $z$-$y$ 平面上的激光波矢，$V$ 是格点深度. 再通过两束在垂直平面的激光(灰色箭头)在 $z$ 轴上形成一组比较深的势阱，使原子在垂直平面上不能跃迁. 图 3.4.9(a)显示的是用这种方法生成的立方光晶格的示意图. 黑色部分表示势阱中最深的点[74].

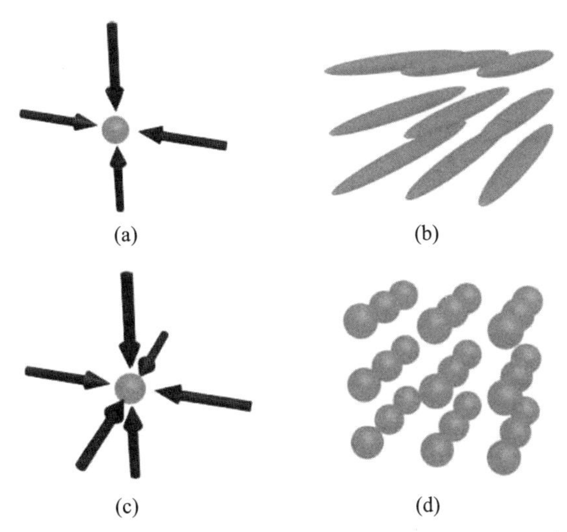


图 3.4.8　(a)利用 4 束成 90°角且强度较大的激光可以产生一系列的一维光晶格；(b)一维光晶格示意图；(c)利用 6 束成 90°角的激光可以产生一个三维光晶格；(d)激光所产生的三维简立方光晶格示意图

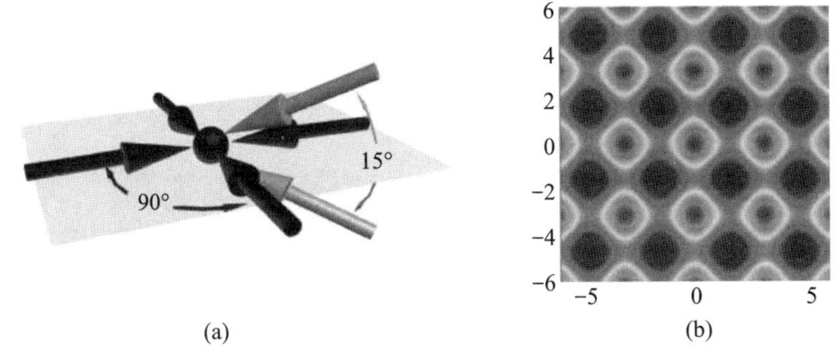


图 3.4.9　一种近似的单层晶格结构和立方光晶格示意图：(a)在 $x$-$y$ 平面内，利用四束垂直的激光(黑色箭头)生成二维方形驻波来囚禁原子，通过两束在垂直平面内的激光(灰色箭头)，可以形成在 $z$ 轴上的一个较深的势阱，从而使得原子在垂直平面上不存在跃迁.(b)用(a)所提出的方案形成的立方光晶格示意图

除了二维的方格子以外，利用具有不同传播角度的激光还可以形成其他几种

几何结构,比如六角格子和笼目格子[75]~[81]. 如图 3.4.10(a)所示,可以利用两束在垂直平面上共面,且大约成 70.4°角的蓝失谐激光来形成一个驻波. 用同样的方法得到另外两束驻波,并使得这三束驻波在 $z$ 平面上的投影成 120°角. 这样就可以在 $x$-$y$ 平面上形成下面的周期势:$V(x,y)=V_0\sum_{j=1,2,3}\sin^2\left(k_L(\cos\theta_j+y\sin\theta_j)+\frac{\pi}{2}\right)$,其中 $\theta_1=\frac{\pi}{6},\theta_2=-\frac{\pi}{6},\theta_3=\frac{\pi}{2}$,$k_L$ 是投影到 $x$-$y$ 平面上的驻波波矢,$V_0$ 是格点深度. 图 3.4.10(b)显示的是所产生的六角光晶格示意图,黑色部分表示格点势能最低点. 图 3.4.10(c)显示的是产生笼目光晶格的实验方案. 与产生六角光晶格类似,要产生笼目光晶格同样需要形成三束在 $x$-$y$ 平面上投影互成 120°角的驻波. 这样的驻波可以利用在垂直平面上共面,且与 $x$-$y$ 平面分别成 0°,$\arccos\left(\frac{1}{3}\right)\approx 70.5°$,$\arccos\left(\frac{1}{9}\right)\approx 83.6°$的三束激光来实现. 这样就可以在 $x$-$y$ 平面上形成下面的周期势:$V(x,y)=V_0\sum_{i=1}^{3}\left[\cos\left(\boldsymbol{k}_i\cdot\boldsymbol{r}+\frac{3}{2}\varphi\right)+2\cos\left(\frac{\boldsymbol{k}_i\cdot\boldsymbol{r}}{3}+\frac{\varphi}{2}\right)+4\cos\left(\frac{\boldsymbol{k}_i\cdot\boldsymbol{r}}{9}+\frac{\varphi}{6}\right)\right]$,其中$\boldsymbol{k}_1=\left(\frac{1}{2},\frac{\sqrt{3}}{2}\right)$,$\boldsymbol{k}_2=\left(\frac{1}{2},-\frac{\sqrt{3}}{2}\right)$,$\boldsymbol{k}_3=(-1,0)$,$\varphi=\pi$. 图 3.4.10(c)显示的是所产生的笼目光晶格的示意图,黑色部分表示格点势能最低点.

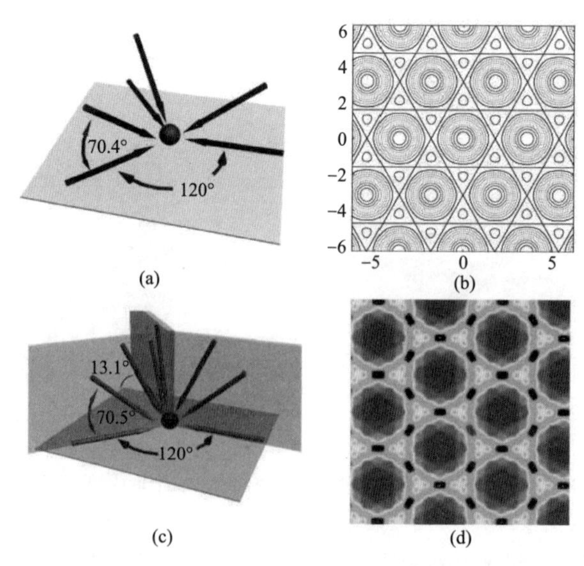


图 3.4.10 (a)生成六角光晶格的实验方案示意图. (b)六角光晶格的示意图(黑色部分表示格点势能最低点). (c)生成笼目光晶格的实验方案示意图. (d)笼目光晶格示意图(黑色部分表示格点势能最低点)

3.4.2.2.2　Feshbach 共振

在光晶格中囚禁的冷原子之间相互作用的大小一般用散射长度来描述，而光晶格中的原子散射长度可以利用一种叫作 Feshbach 共振的技术来进行调节[82][83]. 图 3.4.11 显示的是 Feshbach 共振两通道模型. 考虑两个原子势能 $V_{bg}$ 和 $V_0$，分别称为开通道和闭通道. 在发生散射以前，原子都处在开通道上，当发生散射以后，原子的能量会有一个$\mathcal{L}$的变化. 在闭通道上存在能量为 $E_c$ 的界态. 当在闭通道上界态的能量接近于在开通道上散射态的能量时，就发生了 Feshbach 共振. 这种弱耦合将使得两个通道发生混合. 这样将改变原子的散射长度，也就将改变原子间相互作用的大小. 在光晶格中，可以利用磁场来改变闭通道上界态的能量，使其尽量朝散射态靠近. 在光晶格中，利用 Feshbach 共振技术，可以通过改变磁场大小来调节冷原子的散射长度，进而改变冷原子之间的相互作用强度. 在光晶格中，波散射长度与磁场 $B$ 的关系可以写为：$a(B)=a_{bg}\left(1-\frac{\Delta}{B-B_0}\right)$. 其中 $a_{bg}$ 是与 $V_{bg}$ 相关的背景散射长度，$B_0$ 是共振磁场的位置（当 $B=B_0$ 时，$a=\pm\infty$），$\Delta$ 是共振宽度. $a_{bg}$ 与 $\Delta$ 都是可正可负的. 这意味着可以通过 Feshbach 共振调控得到吸引相互作用或者排斥相互作用.

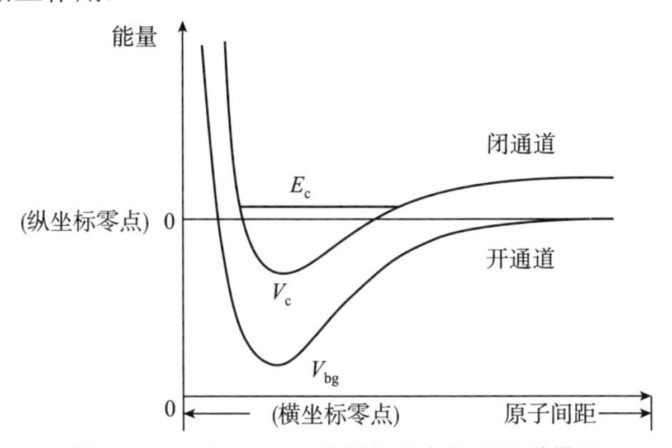


图 3.4.11　Feshbach 共振最基本的两通道模型

3.4.2.3　利用光晶格技术对量子相变的研究

3.4.2.3.1　Mott 相变

最早在光晶格系统中观察到 Bose 子的超流-Mott 相变的实验是由 Hänsch Bloch 小组完成的[72]. 他们在 $^{87}$Rb 的 BEC 中利用六束激光形成光晶格，并通过改变激光强度来改变格点深度. 如图 3.4.12(a)所示，在低温下，当格点深度较浅时，原子可以自由地在所有格座之间跃迁，在整个格子之中呈现出强烈的巡游性. 这时系统处于超流态.

如果突然将冷原子从光晶格中释放，再利用吸收成像技术，将能观察到巨大的物质干涉项，如图 3.4.12(c)中的(c-1)，(c-2)，(c-3)子图所示. 随着格点深度的增加，原子的巡游性将逐渐减弱. 而当格点深度高于一定数值时，如图 3.4.12(b)所示，原子将被囚禁在某个格座中，不能自由跃迁. 这时系统就进入一个 Mott 绝缘体相. 在 Mott 绝缘体相中，系统不能再用一个大物质波来描述，所以当将冷原子从光晶格中突然释放时，在利用吸收成像技术得到的照片中，将观察不到明显的干涉项，如图 3.4.12 中的(c-7)和(c-8)子图所示.

与 Bose 子的超流-Mott 相变类似，对于 Fermi 子系统而言，可以通过改变激光强度调节格子深度，或者利用 Feshbach 共振改变原子间相互作用的大小来实现 Fermi 子的金属-Mott 绝缘体相变[73]. 如图 3.4.13(a)所示，当相互作用比较小时，不同格座间的冷原子将可以自由跃迁，由于原子的强巡游性，这时系统将表现出金属性.

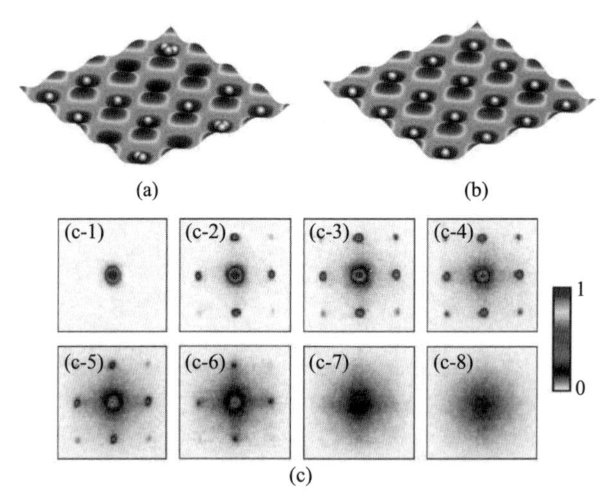


图 3.4.12　(a)超流体示意图. (b)Mott 绝缘体示意图. (c)实验上对 Bose 子的超流-Mott 绝缘体相变的观测，利用吸收成像技术观察到的不同格点深度下的冷原子的物质波干涉谱：(c-1)，$0E_r$；(c-2)，$3E_r$；(c-3)，$7E_r$；(c-4)，$10E_r$；(c-5)，$13E_r$；(c-6)，$14E_r$；(c-7)，$16E_r$；(c-8)，$20E_r$. $E_r=\dfrac{\hbar^2 k}{2m}$是原子的反冲能量，用来标度格子深度的大小[84]

当相互作用大于临界值的时候，由于强排斥相互作用，不同格座间的原子将不能互相跃迁，于是原子就被局域化在格座上. 这时系统就进入了 Mott 绝缘体相. 这时，在半满情况下，一个格座上将只有一个粒子占据，如图 3.4.13(b)所示. 由于 Pauli 不相容原理，在一个格座的同一个能级上最多只能存在有两个不同自旋的原子. 所以，如果在光晶格中填充的原子较多，则有可能出现每个格座上都填充两个原子的情况，这种情况被称为带绝缘体，如图 3.4.13(c)所示.

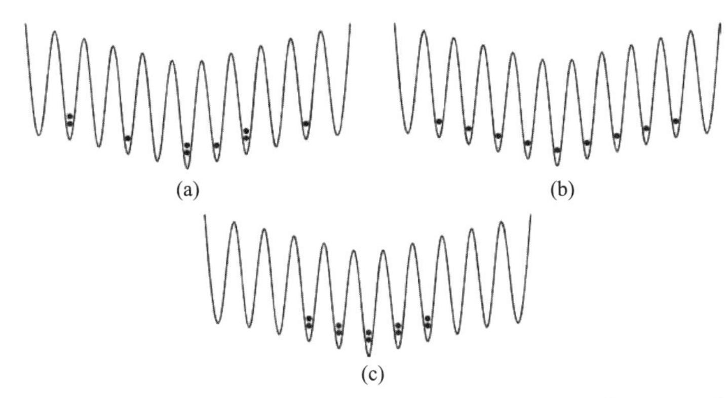

图 3.4.13　(a)光晶格中的 Fermi 子的金属相示意图.(b)光晶格中 Mott 绝缘体示意图.(c)光晶格中的带绝缘体示意图

3.4.2.3.2　对反铁磁链的模拟

光晶格技术可以用于模拟如铁磁-反铁磁相变等行为.这个实验在 2011 年由 Simon,Bakr 等人完成[85],如图 3.4.14 所示,先用四束激光(黑色箭头)在 $x$-$y$ 平面内形成一系列准一维的光晶格链.然后通过增加一个外来的调制磁场(灰色箭头),产生一组阶梯势,使得每个格座的格子深度下降$\mathcal{L}$.这样就可以得到一组阶梯势能.

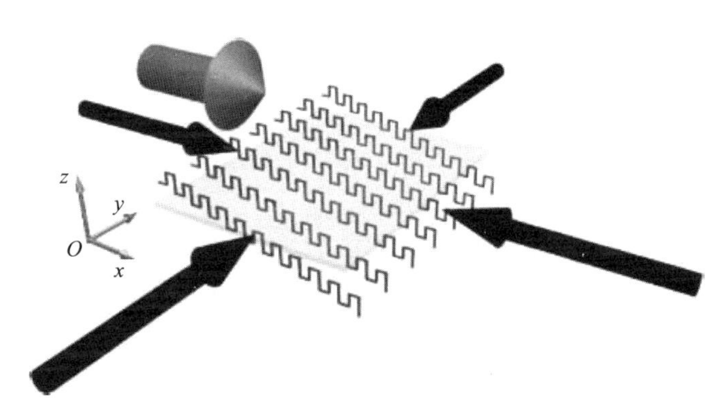


图 3.4.14　四束激光形成的准一维光晶格链

在这个实验中,Simon 等人利用每个格座上不同的原子占据数来模拟自旋.比如$|1,1\rangle=|\uparrow\uparrow\rangle$,$|0,2\rangle=|\uparrow\downarrow\rangle$.如图 3.4.15(a)所示,当所有的格座上都是奇数占据的时候,系统处于铁磁态,在实验上用亮色来代表.如图 3.4.15(b)所示,当所有的格座上都是偶数占据的时候,则系统处于反铁磁态,在实验上用暗色来表示.图 3.4.15(c)显示的是实验的结果,可以发现,随着阶梯势的增加,系统将从铁磁态转变为反铁磁态.利用这个方法,就可以利用光晶格技术来模拟一些经典的磁性相变.

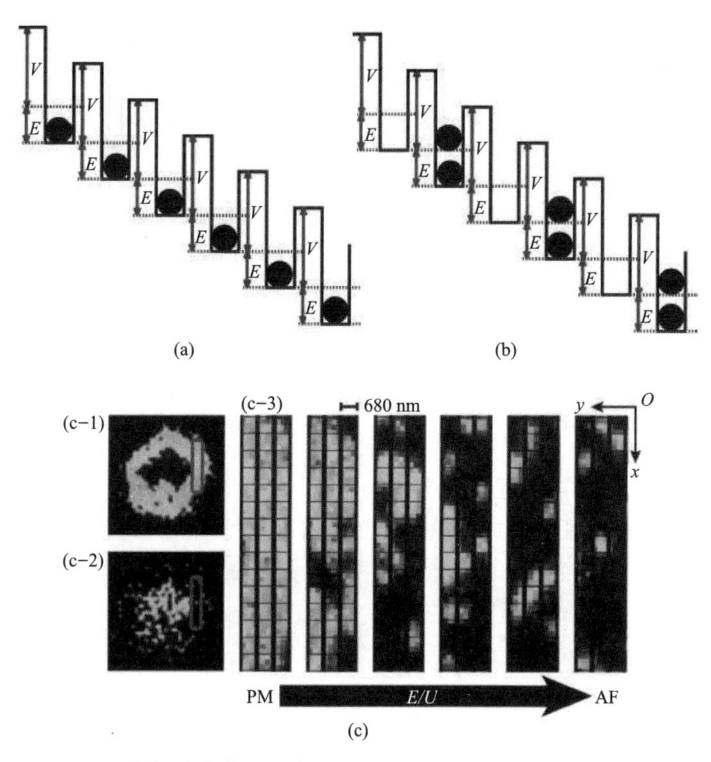


图 3.4.15　用不同占据数来模拟自旋：$V$ 表示格子深度，$E$ 表示由于外加磁场形成的阶梯势.(a)当每个格座是奇数占据的时候，系统是铁磁态.(b)当每个格子都是偶数占据的时候，系统是反铁磁态.(c)实验上用亮色表示奇数占据，暗色表示偶数占据，从左到右，可以看出从铁磁到反铁磁的转变[86]

3.4.2.3.3　对具有自旋轨道耦合的量子 Hall 效应的模拟

如何利用冷原子系统在实验上模拟具有自旋轨道耦合的体系，并研究其中可能出现的量子自旋 Hall 效应是现在研究的一大热点. 在实验上，可以通过人工规范场技术来模拟具有自旋轨道耦合的强关联系统，并通过调节实验参数来实现量子自旋 Hall 效应. 在冷原子系统中，实现具有自旋 Hall 效应类型基态的一个十分可能而有效的方法，是将旋转的冷原子气体冷却到极低温. 而且可以利用原子-激光相互作用来控制用来模拟轨道磁矩的旋转. 其中一种可能的实验方案是利用几何 Berry 相来模拟 Aharonov-Bohm 效应. 例如，考虑一个具有基态($g$ 态)和激发态($e$ 态)的两能级原子，并通过激光将这两个能级关联在一起. 如果激光的强度和相位随空间变化，那么这个系统中的原子-激光本征值将与 $g$ 态和 $e$ 态线性关联在一起，也将随空间改变. 可以利用原子-激光本征值的空间依赖性，调整对应的 Berry 相，最终实现在冷原子系统中对磁场中电子的 Aharonov-Bohm 相的模拟. 这种方法十分适合扩展并用来在冷原子系统中模拟自旋轨道耦合,从而进一步在冷原子系统中实现量子自旋Hall效应.

原子-激光相互作用也十分适合用来实现在光晶格中的人工规范场.例如,考虑一个在二维正方光晶格中移动的两能级原子.通过激光调制,使得最低能量处在偶数列和奇数列上,并且使得偶数列上的原子处在 $g$ 态,奇数列上的原子处在 $e$ 态.再通过激光驱动 $g$-$e$ 态之间的变化,就可以控制在奇数列与偶数列之间的跃迁.通过适当调整激光的相位,就可以使得在一个原胞内沿封闭轨道运动的原子产生一个非零的相位.用这个方法就可以模拟一个具有磁通量的系统.在实验上,该技术可以模拟得到 $0\sim2\pi$ 之间任意大小的相位,也就是说,它可以用于模拟任意强度的有效磁场(见图3.4.15).

### 3.4.3 动力学平均场方法

随着重Fermi子材料以及高温超导现象的发现,强关联领域的问题越来越受到研究者的关注,比如Mott金属-绝缘体相变,以及巡游铁磁性问题等.在这些系统中由于电子的相互作用能与电子动能的量级相当.所以一些传统的方法,比如微扰论等,在处理这些问题的时候会有很多困难,即使是对最简单的强关联模型:Hubbard模型和Kondo模型来说也是如此.而且在强关联体系中,在微扰论中被忽略的一些作用,比如,电子的局域化,量子以及自旋涨落的影响等,将变得十分重要.只有在一维情况下,这些问题才可能是严格可解的.而在二维以及三维的情况下,一直以来研究者都好奇:某些特定的物理问题是否能使用一个基于微扰论或者是在某些特定极限下的一些理想的模型来描述.且对这些理想模型的研究所揭示的某些现象是真实存在的,还是只是基于某些人工近似而得到的一些人为的结果也是一个问题.而且,研究者发现,在强关联体系中的一些理想模型所要求的特定极限通常是无法达到的,这也使得研究强关联系统十分困难.随着数值技术的发展,人们渐渐认识到,可以利用一些能达到的极限来对原始模型做近似.利用这些近似,系统的一些重要性质就可以被凸显出来.如何选择合适的近似,使得其他物理量的干扰对于要研究的问题变得不重要就成为了这时候的主要问题.随着计算机技术的发展,一些数值方法,比如精确对角化法,量子Monte-Carlo方法得到了重大的发展.但是,这些方法也存在相应的困难,比如,精确对角化算法的计算代价将随所求解的体系的大小成指数增长,而在低温下量子Monte-Carlo方法中所遇到的负符号问题则是一个不可逾越的障碍.

本章我们将介绍一种在近年来发展起来的处理强关联问题十分有效的方法:动力学平均场方法及其团簇扩展:量子团簇理论[87][88].动力学平均场方法的基本思路是将一个格点模型映射为一个单格点的量子杂质模型.这个单格点将被看成

是一个杂质,并与一个有效媒介联系在一起.这个有效媒介可以用来描述其他格点对这个单格点的作用,并可以通过自洽求解的方法来确定.这种自洽方法将可以保持系统原来的对称性,并可以用来得到系统整体的性质.动力学平均场方法忽略了空间涨落,但是包含了所有的局域量子涨落.而局域量子涨落所引起的局域量子关联效应也是强关联系统里最重要的问题之一.而且,在动力学平均场方法中,虽然空间涨落被忽略,但是热力学涨落被包括在内.这使得该方法中的平均场是依赖时间或者频率的.这也就是该方法被称为"动力学"平均场理论的主要原因.动力学平均场方法虽然在无穷维的情况下是精确的,但是在一些二维情况下或者在一些阻挫系统中并不十分有效,这是因为在这些系统中,在动力学平均场方法中被忽略的空间涨落以及非局域的关联将变得十分重要.所以,传统的动力学平均场方法并无法很好地解决比如自旋系统中的自旋波,无序系统中的局域化,关联电子体系中的自旋液体等问题.为了能加入这些非局域关联与空间涨落,量子团簇理论作为动力学平均场方法的一种团簇扩展方法被发展起来.量子团簇理论是在动力学平均场方法的框架下,将原来的与有效媒介耦合的单格点扩展为一个有限尺寸的团簇点,并加入短程关联和空间涨落.动力学团簇近似方法与原胞动力学平均场方法都是量子团簇理论的种类.

下面我们简单回顾动力学平均场方法及量子团簇理论的发展历程.1989 年,由 Metzner 和 Vollhardt 最早指出:通过对跃迁积分做适当的标度,将使得关联 Fermi 子的格点模型在无穷维情况下,转变为一个非平庸的极限模型[89].之后,由 Müller-Hartmann 证明了多体 Green 函数微扰理论的局域性,并用其推导出了用 Luttinger-Ward 泛函形式表示的自能的自洽方程,并利用弱耦合微扰理论将其展开到不同级数[90][91].这个方法被用于研究 Falicov-Kimball 模型,并由 van Dongen 和 Vollhardt 给出了对 Falicov-Kimball 模型的平均场描述[92].之后,由 Janiš 利用动力学干涉势近似理论,给出了无限维情况下,Hubbard 模型的 Green 函数和自能的泛函方程,但是这些方程并无法用于精确的计算[93].在此基础上,由 Ohkawa, Georges 和 Kotliar 等人认识到泛函方程可以由一个处于自洽的环境中的 Anderson 杂质模型来描述,这就是动力学平均场方法框架的主要部分[94][95]. Georges 和 Kotliar 等人对比了该理论与经典平均场理论,并指出了其与 Weiss 有效场理论的相似之处.他们揭示了动力学平均场方法可以被推广到用于研究具有对称性破缺的相,并且可以用于研究强关联电子体系中的各种不同的模型.之后,许多数值方法被用于在动力学平均场方法框架内求解有效杂质模型.比如, Hirsch-Fye 量子 Monte-Carlo 方法,精确对角化方法以及 Wilson 数值重整化群方法等.在这之后,动力学平均场方法被广泛地应用于研究在半满的 Hubbard 模型中的 Mott 金属-绝缘体相变问题之中.之后,为了将短程关联以及空间涨落包括在动力学平均场框架内,两种新的方法发展起来:由 Hettler 和 Jarrell 等人发展的动力学团簇近似方法和由 Kotilar 等人发展的原胞动力学平均场方法[96]~[98].这些方法将格点问题映射为一个自洽地与平均场耦合的有限大小的团簇问题.当团簇内只有一个格点的时候,该方法则过渡为原来的动力学平均场方法.这些方法被统称为量子团簇理论.两种方法之间的关联性也得到了研究[88].目前,量子团簇理论被广泛地运用于研究高温超导问题,以及研究阻挫系统中的几何阻挫和各向异性对 Mott 金属-绝缘体相变和一些磁性相变的影响.另外一种得到巨大发展的方法被称为“LDA+DMFT”,该方法是将 LDA(局域密度近似)与动力学平均场方法结合.利用 LDA 方法得到电子的能带结构,并构造出一个包含电子关联项的多体 Hamilton 量.再通过动力学平均场方法求解此 Hamilton 量,最终自洽地得到电子在各个轨道上的占据情况.这个方法利用动力学平均场方法计入传统的“LDA+U”方法所缺少的电子关联效应,并被广泛应用于对过渡金属氧化物,重 Fermi 子材料以及巡游铁磁材料的研究[99][100].在近几年中,为了将动力学平均场方法推广到用于研究一些不具有平移对称性的系统,比如带有简谐势的光晶格模型中,由 Helmes,Rosch,Hofstetter 和 Blümer 等人将动力学平均场方法推广为实空间动力学平均场方法[101][102].该方法将一个具有 $N$ 个格座的格点模型映射为 $N$ 个与有效媒介自洽关联在一起的单杂质模型,并分别求解这些单杂质模型以得到系统的性质.这种方法将包括 Fermi 子的非局域量子特征和强相互作用的局域作用.实空间动力学平均场方法可以用来研究具有真实尺寸的系统的物理性质. Helmes 等人研究了带有简谐势的三维立方光晶格中的 Fermi 子的量子相变问题,并预言了的类似 Bose 子的“婚礼蛋糕”结构.这种结构在之后的实验中被发现.

本小节先简要介绍动力学平均场方法的原理,计算流程以及其局限.接着我们将分别介绍两种在动力学平均场框架下用于计算低维体系的方法:动力学团簇近似方法与原胞动力学平均场方法.这两种方法也被统称为量子团簇理论.然后我们将介绍几种在动力学平均场方法中经常使用的杂质求解器,之后我们将结合例子来介绍动力学平均场的计算过程,最后我们将介绍关于动力学平均场方法的一些新进展.

#### 3.4.3.1 动力学平均场方法

动力学平均场方法的基本思想是将一个格点模型映射为一个有效的杂质模型[87].如图 3.4.16 所示,左侧表示一个具有周期性边界条件的格点模型,动力学平均场方法从格点模型中抽取出任意一个格点 $A$,将格点 $A$ 视为一个杂质,并将其他格点对格点 $A$ 的对作用等价为一个有效场(Weiss 分子场).动力学平均场方法通过将格点模型映射为一个有效杂质模型,并借助 Weiss 分子场 $g_0^{-1}(\mathrm{i}\omega_n)$来对有效杂质模型中的杂质所处的环境进行描述.通过求解 $g_0^{-1}(\mathrm{i}\omega_n)$,可以获得杂质格点的 Green 函数 $G(\mathrm{i}\omega_n)$. 在动力学平均场的理论框架下,$G^{-1}(\mathrm{i}\omega_n)$等价于对应格点的局域 Green 函数$G_{ii}(\mathrm{i}\omega_n)(g_0^{-1})$. 由于在 $D=\infty$极限下,体系的自能是一个完全局域的量,并不依赖于动量. 所以,格点模型的局域自能可以由杂质模型的自能来得到:$\Sigma(\mathrm{i}\omega_n)=g_0^{-1}(\mathrm{i}\omega_n)-G_0^{-1}(\mathrm{i}\omega_n)$. 再利用 Green 函数的 Dyson 方程,可以得到

$$g_0^{-1}(\mathrm{i}\omega_n)=\Sigma(\mathrm{i}\omega_n)+\left(\int_{-\infty}^{\infty}\frac{D(\varepsilon)}{\mathrm{i}\omega_n+\mu-\varepsilon-\Sigma(\mathrm{i}\omega_n)}\mathrm{d}\varepsilon\right)^{-1}. \tag{3.4.5}$$

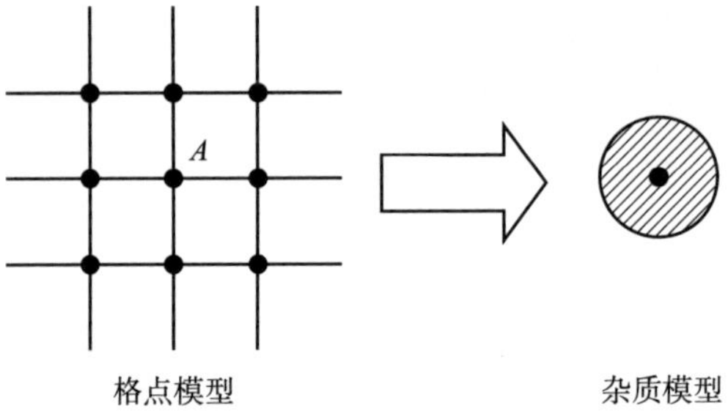

A

格点模型　　　　杂质模型

图 3.4.16　左侧表示格点模型,其中黑色实心圆表示格点;右侧表示一个有效杂质模型,黑色实心圆表示杂质,带斜线的圆表示作用在杂质上的 Weiss 分子场

(3.4.5)式中,$D(\varepsilon)=\frac{1}{N}\sum_k\delta(\varepsilon-\varepsilon_k)$是无相互作用下的局域态密度. 这样,我们就可以得到一组封闭的动力学平均场的自洽方程组.

动力学平均场方法的简要计算流程如图 3.4.17 所示. 首先可以通过微扰论得到自能 $\Sigma(\mathrm{i}\omega_n)$. 然后利用(3.4.5)式,得到 $g_0(\mathrm{i}\omega_n)$. 利用杂质求解器获得 $G(\mathrm{i}\omega_n)$,再利用 Dyson 方程得到新的自能 $\Sigma(\mathrm{i}\omega_n)$. 最后重复前面的步骤直到自能收敛.

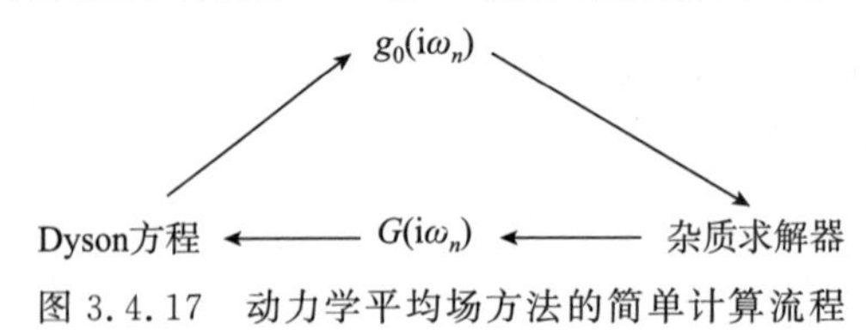


图 3.4.17　动力学平均场方法的简单计算流程

如前所述,动力学平均场方法利用了 $D=\infty$极限下,$\Sigma_{ij}(\mathrm{i}\omega_n)=\delta_{ij}\Sigma(\mathrm{i}\omega_n)$的条件. Metzner 等人的研究指出,此条件只有在无穷维极限下才是准确的. 而在研究过程中,人们发现动力学平均场方法甚至在维度 $D\geqslant3$ 的情况下都将是准确的. 在一般的维度较低的系统中,比如在 $D<3$ 的情况下,空间的短程关联以及涨落的影响将变得十分重要. 而在动力学平均场方法中所采用的自能局域化近似本身忽略了这些短程关联以及涨落. 所以动力学平均场方法在计算低维系统的时候,并不十分有效. 而在研究一些具有几何阻挫的体系时,由于空间涨落以及短程关联占主导,在这种情况下,动力学平均场方法同样存在局限性. 为了在动力学平均场框架下将空

间涨落与短程关联尽量包括在内，两种新的团簇方法被发展起来，一种被称为动力学团簇近似方法，另外一种被称为原胞动力学平均场方法. 它们也被称为量子团簇理论.

### 3.4.3.2　量子团簇理论

#### 3.4.3.2.1　动力学团簇近似方法

如前所述，动力学平均场方法假设系统自能是局域化的，自能与动量无关，如 3.4.18(a-1)所示[88].

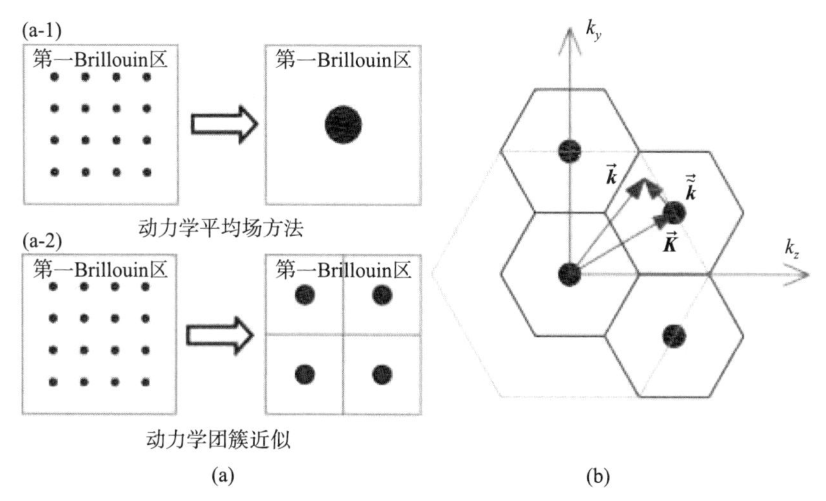


图 3.4.18　(a-1)动力学平均场方法将自能近似为不依赖于动量的一个局域量.(a-2)动力学团簇近似方法将第一 Brillouin 区划分为若干个团簇，并假设每个团簇内部的自能都是局域化的.(b)动力学团簇近似方法的粗粒化过程示意图

为了在动力学平均场方法框架内将空间涨落与短程关联包括在内，由 Hettler 和 Jarrell 等人发展起来一种新的方法：动力学团簇近似方法. 动力学团簇近似方法从动量空间出发，将第一 Brillouin 区划分为若干个区域，这些区域被称为“团簇”，并分别对团簇内的 Green 函数做粗粒化[见图 3.4.18(a-2)]. 如图 3.4.18(b)所示，我们将可以将三角格子的第一 Brillouin 区[图 3.4.18(b)中最浅色实线所包含的区域]划分为四个团簇[图 3.4.18(b)中由黑色实心圆和黑色实线划分的区域]，记作 $\vec{K}$. 我们将团簇内部的动量记为$\vec{\tilde{k}}$. 对于任意一个动量$\vec{k}$，我们可以做映射并得到 $\vec{K}=\vec{k}-\vec{\tilde{k}}$. 这样，对于第一 Brillouin 区内部的任意一个动量我们都可以将其划分到距离最近的一个团簇内 $\vec{K}$. 我们假设团簇$\vec{K}$ 内部的所有自能都是局域的，也就是说 $\Sigma(\vec{k},\mathrm{i}\omega_n)=\Sigma(\vec{K},\mathrm{i}\omega_n)$ . 我们可以利用下式来对 Green 函数做粗粒化：

$$\bar{G}(\vec{\boldsymbol{K}},\mathrm{i}\omega_n)=\frac{N_c}{N}\sum_{\vec{k}}G(\vec{\boldsymbol{K}},\vec{\tilde{k}})=\frac{1}{N_{\vec{\tilde{k}}}}\sum_{\vec{\tilde{k}}}\frac{1}{\mathrm{i}\omega_n-\varepsilon_{\vec{K}+\vec{\tilde{k}}}-\Sigma(\vec{\boldsymbol{K}},\mathrm{i}\omega_n)},\quad(3.4.6)$$

其中 $N_c$ 是团簇点的个数，$N$ 是第一 Brillouin 区内所有动量点的个数，$N_{\vec{\tilde{k}}}=\frac{N}{N_c}$ 是团簇内部动量点的个数.

这样，原始的格点模型就被映射为一个自洽的具有有限尺寸的有效团簇模型. 通过这种粗粒化的过程，动力学团簇近似方法引入了自能对动量的依赖. 之后，再通过求解团簇模型，结合 Dyson 方程，便可以得到能自洽求解的动力学团簇近似方法的封闭方程组. 动力学团簇近似方法的计算流程如图 3.4.19 所示.

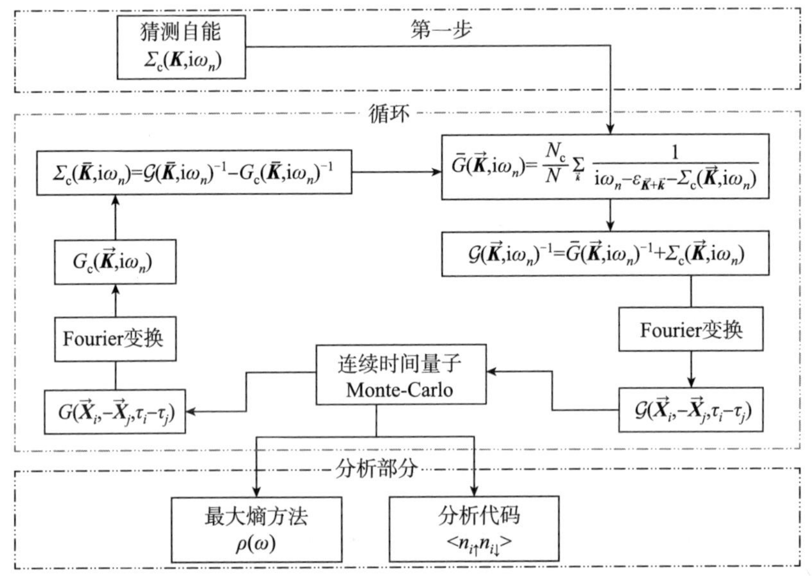

图 3.4.19 动力学团簇近似方法的简要计算流程. 在这个流程中，我们选取连续时间 Monte-Carlo 方法作为杂质求解器

计算过程为：

(1) 可以利用微扰论猜测一个初始自能 $\Sigma_c(\vec{\boldsymbol{K}},\mathrm{i}\omega_n)$.

(2)利用公式(3.4.6)做粗粒化，得到 $\bar{G}(\vec{\boldsymbol{K}},\mathrm{i}\omega_n)$.

(3) 利用 $\bar{\mathcal{G}}(\vec{\boldsymbol{K}},\mathrm{i}\omega_n)^{-1}=\bar{G}(\vec{\boldsymbol{K}},\mathrm{i}\omega_n)^{-1}+\Sigma_c(\vec{\boldsymbol{K}},\mathrm{i}\omega_n)$ 得到团簇 Weiss 场 $\bar{\mathcal{G}}(\vec{\boldsymbol{K}},\mathrm{i}\omega_n)$，并对 $\bar{\mathcal{G}}(\vec{\boldsymbol{K}},\mathrm{i}\omega_n)$ 做 Fourier 化得到 $\bar{\mathcal{G}}(\vec{\boldsymbol{X}}_i-\vec{\boldsymbol{X}}_j,\tau_i-\tau_j)$.

(4) 将 $\bar{\mathcal{G}}(\vec{\boldsymbol{X}}_i-\vec{\boldsymbol{X}}_j,\tau_i-\tau_j)$ 放入杂质求解器(例如连续时间 Monte-Carlo 方法)中进行求解，得到 $\bar{G}(\vec{\boldsymbol{X}}_i-\vec{\boldsymbol{X}}_j,\tau_i-\tau_j)$. 再利用 Fourier 变化得到 $\bar{G}(\vec{\boldsymbol{K}},\mathrm{i}\omega_n)$.

(5) 利用 $\Sigma_c(\vec{\boldsymbol{K}},\mathrm{i}\omega_n)=\bar{\mathcal{G}}(\vec{\boldsymbol{K}},\mathrm{i}\omega_n)^{-1}-\bar{G}(\vec{\boldsymbol{K}},\mathrm{i}\omega_n)^{-1}$ 得到新的自能 $\Sigma_c(\vec{\boldsymbol{K}},\mathrm{i}\omega_n)$.

(6) 重复进行(2)到(5),直到自能 $\Sigma_c(\vec{K}, i\omega_n)$ 收敛到所需要的精度内.

(7) 当自能收敛之后,我们可以利用一些额外的程序来计算得到体系的物理量,比如态密度等.

动力学团簇近似方法被广泛应用于二维 Hubbard 模型的研究,并能给出与高温超导 Cu 氧化物的实验结果相当吻合的包含 d 波超导,反铁磁和赝能隙等的相图.

3.4.3.2.2　原胞动力学平均场方法

与前面提到的动力学团簇近似方法不同,原胞动力学平均场方法则是从实空间出发,将 $N_c$ 个格子组合成一个超晶格[88]. 这样原本具有 $N$ 个格子的系统就约化为具有 $\dfrac{N}{N_c}$ 个超晶格的系统,并可被称为一个团簇. 通过线性变换,我们可以将系统从格点表象变换到团簇表象. 再通过引入团簇 Weiss 场 $\hat{g}(i\omega_n)$来描述周围团簇对其中某一个团簇的影响. 结合 Dyson 方程:

$$\hat{g}^{-1}(i\omega_n) = \left(\sum_{\vec{k}} \frac{1}{i\omega + \mu - \hat{t}(\vec{k}) - \hat{\Sigma}(i\omega)}\right)^{-1} + \hat{\Sigma}(i\omega), \tag{3.4.7}$$

就可以得到联系团簇自能 $\hat{\Sigma}(i\omega)$与团簇 Weiss 场 $\hat{g}(i\omega)$的自洽方程组. 在公式(3.4.7)中,$\vec{k}$ 是基于超晶格的约化 Brillouin 区中的动量,$\hat{t}(\vec{k})$则是团簇内的跃迁矩阵. $\hat{t}(\vec{k})$可以用下面的公式得到:

$$\hat{t}_{ij}(\vec{k}) = \sum_{\vec{r}_1 - \vec{r}_2} t_{ij}^{r_1 r_2} e^{-i\vec{k}\cdot(\vec{r}_1 - \vec{r}_2)}, \tag{3.4.8}$$

其中,$\vec{r}_1$ 与$\vec{r}_2$ 是超晶格的晶格常数,$i$ 和 $j$ 则是团簇内部格座的编号. 如图 3.4.20(a)所示,编号 1,2,3,… 对应超晶格的编号 Ⅰ, Ⅱ, Ⅲ …,而 $i$, $j$ 则可取图上的 $a$, $b$, $c$, $d$.

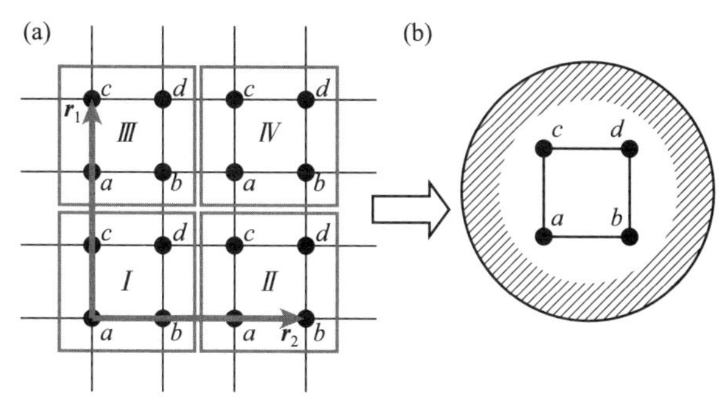


图 3.4.20　原胞动力学平均场方法示意图. (a)原胞动力学平均场方法从实空间出发. (b)映射得到的与有效媒介耦合在一起的有效团簇模型

原胞动力学平均场方法的简要流程如图 3.4.21 所示,其过程为:

(1) 利用微扰论猜测一个初始自能 $\hat{\Sigma}(\mathrm{i}\omega)$.

(2) 利用公式(3.4.7)得到 $\hat{g}^{-1}(\mathrm{i}\omega)$.

(3) 将 $\hat{g}^{-1}(\mathrm{i}\omega)$放入杂质求解器(例如连续时间 Monte-Carlo 方法)中进行求解,得到 $\hat{G}_{\mathrm{C}}(\mathrm{i}\omega)$.

(4) 利用 $\hat{\Sigma}(\mathrm{i}\omega)=\hat{g}^{-1}(\mathrm{i}\omega)-\hat{G}_{\mathrm{C}}(\mathrm{i}\omega)$ 得到新的自能 $\hat{\Sigma}(\mathrm{i}\omega)$.

(5) 重复进行(2)到(4),直到自能 $\hat{\Sigma}(\mathrm{i}\omega)$ 收敛到所需要的精度内.

(6) 当自能收敛之后,我们可以利用一些额外的程序来计算得到体系的物理量,比如态密度,双占据数等.

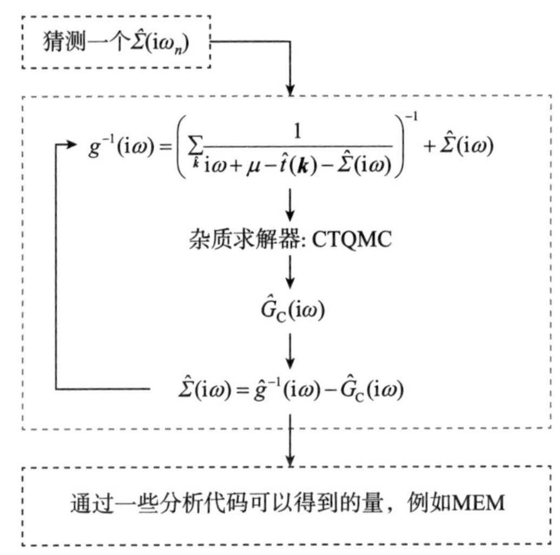


图 3.4.21 原胞动力学平均场方法的简要计算流程示意图,这里所使用的杂质求解器是连续时间 Monte-Carlo 方法

原胞动力学平均场方法现在已经被广泛地应用于求解各种带有几何阻挫的系统的相变问题.与具有周期性边界条件的动力学团簇近似方法不同,原胞动力学平均场方法具有开放性边条.这也就意味着该方法可以被改进,以便用来研究带有自旋轨道耦合的系统以及不具有平移对称性的系统的量子相变问题.

3.4.3.3 连续时间 Monte-Carlo 方法

Monte-Carlo 方法是一个求解强关联体系的有效方法[103][104].但是对于 Fermi 子系统以及一些存在几何阻挫的系统而言,Monte-Carlo 方法本身存在有一个无法克服的问题:负符号问题.传统的 Monte-Carlo 方法,比如蠕虫算法和世界线算法,虽然计算速度快而且能计算比较大的系统,但是它们本身并无法克服负符号问题.所以,一些新的 Monte-Carlo 方法被发展起来,比如图形 Monte-Carlo 方法.下面我们将介绍连续时间 Monte-Carlo 方法,该方法可以很方便地与动力学平均场方法及量子团簇理论结合起来，来研究强关联系统的量子相变问题.

下面我们将简单推导连续时间 Monte-Carlo 方法的计算流程. 首先，考虑这样一个 Hamilton 量：

$$H=-\sum_{(ij)\sigma}tc_{i\sigma}^{\dagger}c_{j\sigma}+U\sum_{i}n_{i\uparrow}n_{i\downarrow}-\mu\sum_{i\sigma}n_{i\sigma}=H_0+H_1, \tag{3.4.9}$$

其中 $H_0=-\sum_{(ij)\sigma}tc_{i\sigma}^{\dagger}c_{j\sigma}-\mu\sum_{i\sigma}n_{i\sigma}$，$H_1=U\sum_{i}n_{i\uparrow}n_{i\downarrow}$.

体系的配分函数可以写为

$$\begin{aligned}Z&=Tr(\mathrm{e}^{-\beta H})=Tr(\mathrm{e}^{-\beta(H_0+H_1)})\\&=Tr(\mathrm{e}^{-\beta H_0}T\tau\mathrm{e}^{-\int_0^\beta H_1(\tau)\mathrm{d}\tau})\\&=Tr(\mathrm{e}^{-\beta H_0}T\tau\mathrm{e}^{-\int_0^\beta U\sum_i n_{i\uparrow}(\tau)n_{i\downarrow}(\tau)\mathrm{d}\tau}),\end{aligned} \tag{3.4.10}$$

对 $U$ 做展开，并将 $\int_0^\beta \mathrm{d}\tau_k\Sigma_{ik}$ 记为 $\int\mathrm{d}k$，$n_{i_k\sigma}(\tau_k)$ 记作 $n_\sigma(k)$，则(3.4.10)式可以写为

$$\begin{aligned}Z&=Tr(\mathrm{e}^{-\beta H_0})\left(\sum_k\frac{(-U)^k}{k!}\int\mathrm{d}1\cdots\int\mathrm{d}kn_\uparrow(1)n_\downarrow(1)\cdots n_\uparrow(k)n_\downarrow(k)T\tau\right)\\&=Z_0T\tau\sum_k\frac{(-U)^k}{k!}\int\mathrm{d}1\cdots\int\mathrm{d}k\langle n_\uparrow(1)n_\downarrow(1)\cdots n_\uparrow(k)n_\downarrow(k)\rangle_0,\end{aligned} \tag{3.4.11}$$

其中，$Z_0=Tr(\mathrm{e}^{-\beta H_0})$，$\langle A\rangle_0=\dfrac{Tr(\mathrm{e}^{-\beta H_0}A)}{Tr(\mathrm{e}^{-\beta H_0})}$.

如果系统的上下自旋没有关联，那么(3.4.11)式可以写为

$$\begin{aligned}Z&=Z_0T\tau\sum_k\frac{(-U)^k}{k!}\int\mathrm{d}1\cdots\int\mathrm{d}k\langle n_\uparrow(1)n_\downarrow(1)\cdots n_\uparrow(k)n_\downarrow(k)\rangle_0\\&=Z_0\sum_k\int\mathrm{d}1\cdots\int\mathrm{d}kZ_k,\end{aligned} \tag{3.4.12}$$

其中 $Z_k=\dfrac{T\tau(-U)^k}{k!}\langle n_\uparrow(1)n_\downarrow(1)\cdots n_\uparrow(k)n_\downarrow(k)\rangle_0$.

利用 Wick 定理对 $\langle n_\sigma(1)\cdots n_\sigma(k)\rangle_0$ 做展开，则有

$$\langle n_\sigma(1)n_\sigma(k)\rangle_0=\det\widehat{D}_\sigma^0, \tag{3.4.13}$$

其中

$$\det\widehat{D}_\sigma=\begin{bmatrix}G_\sigma^0(1,1)&G_\sigma^0(1,2)&\cdots&G_\sigma^0(1,k)\\G_\sigma^0(2,1)&G_\sigma^0(2,1)&\cdots&G_\sigma^0(2,k)\\\vdots&\vdots&\ddots&\vdots\\G_\sigma^0(k,1)&G_\sigma^0(k,2)&\cdots&G_\sigma^0(k,k)\end{bmatrix}, \tag{3.4.14}$$

(3.4.14)式中的 $G_\sigma^0(m,n)=G_\sigma^0(x_m,\tau_m;x_n,\tau_n)$，$x_m$ 与 $\tau_m$ 分别是体系的空间与时

间坐标.如果体系有 $N$ 个格子,那么,$x_m=\text{random}(1\sim N)$[random(1～N)表示从1号格座到第 $N$ 号格座中随机选取一个格座];如果我们将时间积分(从0到 $\beta$)划分为 $L$ 份$\left(\Delta\tau=\dfrac{\beta}{L}\right)$,那么 $\tau_m=\text{random}(1\sim L)\Delta\tau$.我们将矩阵 $\hat{D}_\sigma^0$ 的大小称为结点,比如当矩阵 $\hat{D}_\sigma^0$ 是 $k\times k$ 阶的时候,我们就称 $\hat{D}_\sigma^0$ 一共有 $k$ 个结点.

下面我们分别考虑两种结构:$k$ 个结点与有 $k+1$ 个结点.根据(3.4.12)式中的 $Z_k$ 的表达式,我们可以将这两种结构的权重[权重表示某两种结构在(3.4.12)式求和中的贡献]写为

$$W_k=(-\Delta\tau U)^k\det\hat{D}_\uparrow^0(k)\det\hat{D}_\downarrow^0(k),\tag{3.4.15}$$

$$W_{k+1}=(-\Delta\tau U)^{k+1}\det\hat{D}_\uparrow^0(k+1)\det\hat{D}_\downarrow^0(k+1),\tag{3.4.16}$$

再根据细致平衡条件,有

$$P_\text{a}\frac{1}{L\cdot N}W_kP_{k\to(k+1)}=P_\text{r}\frac{1}{k+1}W_{k+1}P_{(k+1)\to k},\tag{3.4.17}$$

其中 $P_\text{a}$ 表示增加一个结点的概率,$P_\text{r}$ 则表示减少一个结点的概率.有 $P_\text{a}+P_\text{r}=1$.一般取 $P_\text{a}=P_\text{r}=0.5$.然后,我们可以利用 Metropolis 方法进行抽样.定义 Metropolis 比率 $R$,对于增加一个结点的情况,有 $R=\dfrac{P_{k\to(k+1)}}{P_{(k+1)\to k}}$,对于减少一个结点的情况则有 $R=\dfrac{P_{k\to(k-1)}}{P_{(k-1)\to k}}$.下面我们分别对增加一个结点与减少一个结点两种情况进行讨论.

3.4.3.3.1 增加一个结点

对于增加一个结点的情况,也就是 $k\to(k+1)$.有

$$R=\frac{P_{k\to(k+1)}}{P_{(k+1)\to k}}=-\frac{UN\beta}{k+1}\frac{\det\hat{D}_\uparrow(k+1)\det\hat{D}_\downarrow(k+1)}{\det\hat{D}_\uparrow(k)\det\hat{D}_\downarrow(k)}.\tag{3.4.18}$$

利用算法(fast move)快速更新,可以得到

$$\begin{aligned}\lambda_\sigma&=\frac{\det\hat{D}_\sigma(k+1)}{\det\hat{D}_\sigma(k)}\\&=G_\sigma^0(k+1,k+1)-\sum_{ij}^{k}G_\sigma^0(k+1,i)\hat{M}_\sigma(k)_{ij}G_\sigma^0(j,k+1),\end{aligned}\tag{3.4.19}$$

其中 $\hat{M}_\sigma(k)=\hat{D}_\sigma(k)^{-1}$.在整个抽样过程中,我们实际只保存和更新矩阵 $\hat{M}_\sigma$ 即可.如果 $R>\text{random}(0\sim1)$,则接受 $k\to(k+1)$这个过程,更新矩阵 $\hat{M}_\sigma$.否则就不接受,不更新矩阵 $\hat{M}_\sigma$.

矩阵 $\hat{M}_\sigma$ 可以用下面这个式子来进行更新：

$$\hat{M}_\sigma(k+1)=\begin{pmatrix} \hat{M}_\sigma(k)_{11}+\sum_{m,n}^{k}\frac{L_\sigma(1,k+1)R_\sigma(k+1,1)}{\lambda} & \cdots & -\frac{L_\sigma(1,k+1)}{\lambda} \\ \hat{M}_\sigma(k)_{11}+\sum_{m,n}^{k}\frac{L_\sigma(2,k+1)R_\sigma(k+1,1)}{\lambda} & \cdots & -\frac{L_\sigma(2,k+1)}{\lambda} \\ \vdots & \ddots & \cdots \\ -\frac{R_\sigma(k+1,1)}{\lambda} & \cdots & \frac{1}{\lambda} \end{pmatrix}, \tag{3.4.20}$$

其中，$L_\sigma(i,j)=\sum_m M_\sigma(k)_{im}G_\sigma^0(m,j)$，$R_\sigma(i,j)=\sum_m G_\sigma^0(i,m)M_\sigma(k)_{mj}$.

3.4.3.3.2　减少一个结点

对于减少一个结点的情况，也就是 $k\to(k-1)$，假设，需要去除的是第 $n$ 号结点，与前面的过程类似，有

$$\begin{aligned} R&=\frac{P_{k\to(k+1)}}{P_{(k+1)\to k}}=-\frac{k}{UN\beta}\frac{\det\hat{D}_\uparrow(k-1)\det\hat{D}_\downarrow(k-1)}{\det\hat{D}_\uparrow(k)\det\hat{D}_\downarrow(k)} \\ &=-\frac{k}{UN\beta}\prod_\sigma M_\sigma(k)_{mn}. \end{aligned} \tag{3.4.21}$$

如果 $R>\text{random}(0\sim1)$，则接受 $k\to(k-1)$ 这个过程，更新矩阵 $\hat{M}_\sigma$. 否则就不接受，不更新矩阵 $\hat{M}_\sigma$. 矩阵 $\hat{M}_\sigma$ 可以用下面这个式子来进行更新：

$$M_\sigma(k-1)_{ij}=M_\sigma(k)_{ij}-\frac{M_\sigma(k)_{in}M_\sigma(k)_{nj}}{M_\sigma(k)_{nn}}. \tag{3.4.22}$$

通过上面所给出的抽样方式，我们就可以构建出一条 Markov 链. 我们感兴趣的物理量就可以通过测量得到. 例如，Green 函数 $G_\uparrow(i,j)=-\langle T\tau c_\uparrow(i)c_\uparrow^\dagger(j)\rangle$. 用类似于(3.4.10)式，(3.4.11)式，(3.4.12)式的展开方法，最后我们可以得到

$$G_\uparrow(i,j)=\langle G_\uparrow^0(i,j)-\sum_{mn}G_\downarrow^0(i,m)\hat{M}_{\uparrow mn}G_\uparrow^0(n,j)\rangle_{\text{QMC}}. \tag{3.4.23}$$

通过上面所给出的抽样方式，我们就可以构建出一条 Markov 链. 我们感兴趣的物理量就可以通过测量得到. 例如，Green 函数 $G_\uparrow(i,j)=-\langle T\tau c_\uparrow(i)c_\uparrow^\dagger(j)\rangle$. 用类似于(3.4.10)，(3.4.11)，(3.4.12)式的展开方法，最后我们可以得到

$$G_\uparrow(i,j)=\langle G_\uparrow^0(i,j)-\sum_{mn}G_\uparrow^0(i,m)\hat{M}_{\uparrow mn}G_\uparrow^0(n,j)\rangle_{\text{QMC}}. \tag{3.4.24}$$

上式中的 $\langle\rangle_{\text{QMC}}$ 表示取 Monte-Carlo 平均.

3.4.3.4　*动力学平均场方法的最新发展*

随着研究的深入，动力学平均场方法也有了巨大的发展，这些发展主要集中

在:发展能更好更精确地求解杂质问题的杂质求解器;扩大动力学平均场方法的应用范围,比如使其可以用于研究无序系统以及一些具有非均匀外势的系统;针对动力学平均场方法本身的局限,发展新的理论,比如加入空间涨落效应与关联等.下面我们将简单介绍两种动力学平均场方法的最新发展:局域密度近似+动力学平均场方法(LDA+DMFT)和实空间动力学平均场方法(space-resolved DMFT).

3.4.3.4.1 局域密度近似+动力学平均场方法(LDA+DMFT)

在 LDA 方法之中,首先假设每个电子都是独立运动的,电子与电子之间不存在关联.这样,每一个电子都可以看成是在由其他电子产生的一个时间平均的电荷密度场之中运动.这种方法在弱关联的情况下能给出很好的结果,但是并不适用于强关联系统.LDA+DMFT 的方法最早由 Anisimov 等人从 LDA+U 的思路出发,将 DMFT 引入 LDA,来克服 LDA 忽略材料中的电子间关联的缺陷.图 3.4.22 显示的是 LDA+DMFT 的简易计算流程.该方法包含两个迭代流程,一个是 DMFT 自身的迭代,另一个是结合 LDA 的迭代.与 LDA+U 方法类似,该方法引入了一个 Wannier 函数 $\chi_a$ 来描述电子,其中 $a$ 表示轨道.之后就可以定义得到局域 Green 函数 $G_{\text{loc}}$ 与电荷密度空间分布 $\rho(r)$.如图 3.4.22 所示,下面我们介绍 LDA+DMFT 的大致流程.

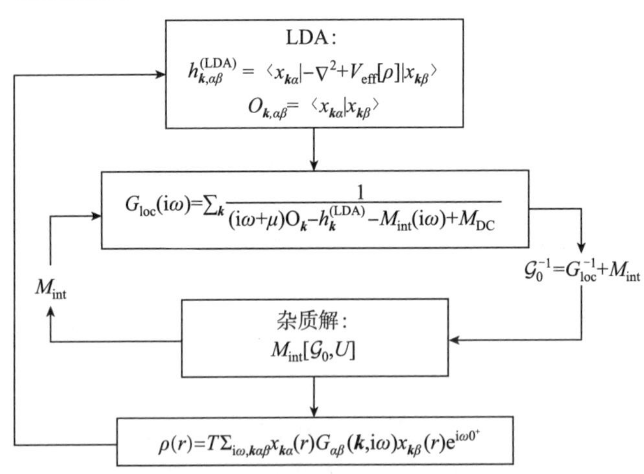


图 3.4.22 LDA+DMFT 计算流程示意图.在 LDA+DMFT 方法中,必须同时使用两个迭代求解:一个是 DMFT 本身的迭代,以此来确定电子密度的分布情况 $\rho(r)$;另外一个是利用 DFMT 求解出的 $\rho(r)$,重新代回到 LDA 中,直到最终迭代到自洽为止

(1)给定初始的 $\rho(r)$.

(2)利用给定的 $\rho(r)$,写出 LDA 的单体 Hamilton 量 $h^{(\text{LDA})}_{\boldsymbol{k},\alpha\beta}$,其中 $V_{\text{eff}}$ 表示基于 $\rho(r)$ 得到的有效势能.

(3)利用 $h_{\boldsymbol{k},\alpha\beta}^{(\mathrm{LDA})}$ 得到局域 Green 函数$G_{\mathrm{loc}}$，其中 $M_{\mathrm{int}}$ 表示局域自能，MDC 表示自能中的重复计数项(这是由于在 LDA 中近似包含了 Coulomb 相互作用的影响，而在前面计算得到的 $M_{\mathrm{int}}$ 中也包含了 Coulomb 相互作用的影响，为了避免重复计算 Coulomb 相互作用的影响，需要扣除在 LDA 中近似包含的 Coulomb 相互作用. 这一项被称为重复计数项).

(4)利用$\mathcal{G}_0^{-1}=G_{\mathrm{loc}}^{-1}+M_{\mathrm{int}}$ 计算得到$\mathcal{G}_0^{-1}$，并将其输入到杂质求解器中解出新的 $M_{\mathrm{int}}$.

(5)重复步骤(3)和(4)直到收敛. 这次迭代就是 DMFT 自身的迭代.

(6) DMFT 迭代结束之后，利用$\mathcal{G}_{\mathrm{loc}}^{-1}=G_0^{-1}-M_{\mathrm{int}}$ 得到局域 Green 函数，并求出 $\rho(r)$.

(7)重复步骤(2)到(6)直到收敛，这次迭代就是结合 LDA 的迭代.

(8)迭代结束，可利用一些其他程序计算得到物理量.

将真实的能带理论结合到动力学平均场方法中，并用来研究关联电子体系，极大地丰富了动力学平均场方法所能研究的领域[99][100]. LDA+DMFT 的方法也为那些 LDA 与 LDA+U 所不能很好求解的系统提供了一种新的研究方法，比如可以利用这种方法研究关联金属以及具有顺磁局域磁矩的一些体系. 近年来，LDA+DMFT 方法被广泛用于研究过渡金属氧化物以及重 Fermi 子材料，取得了十分丰富的成果.

3.4.3.4.2　实空间动力学平均场方法(space-resolved DMFT)

实空间的动力学平均场方法通过将具有 $N$ 个格座的格点模型映射为 $N$ 个单杂质模型，并对这些单杂质模型分别求解，来研究不具有平移对称性的系统的相变问题[73][101][102]. 比如，具有谐振势的光晶格系统中的 Fermi 子的相变问题. 研究人员从 Hamilton 量

$$H=-\sum_{(ij)\sigma}Jc_{i\sigma}^{+}c_{j\sigma}+U\sum_{i}n_{i\uparrow}n_{i\downarrow}+V_0\sum_{i\sigma}r_i^2n_{i\sigma}\qquad(3.4.25)$$

出发，其中 $J$ 是原子在不同格座之间的跃迁能，$U$ 是在位能，$V_0$ 是谐振势(该势能随距离而改变). 实空间的动力学平均场方法假设自能是局域化的，令 $\widetilde{\Sigma}_{ij}=\delta_{ij}\Sigma_{ij}$，即用一个对角的自能矩阵来代替原来的自能矩阵，再将每个格座分别映射为一个杂质模型，这与这些杂质模型自洽耦合在一起的有效媒介是不一样的. 实空间动力学平均场方法的主要计算流程如图 3.4.23 所示：

(1) 给定自能 $\Sigma$，并做动力学平均场近似，得到新的自能矩阵 $\widetilde{\Sigma}$.

(2)利用 $G_{\mathrm{lat}}^{-1}(\omega)_{ij}=\delta_{ij}(\omega+\mu-\widetilde{\Sigma}_i(\omega)-V_0r^2)-J_{ij}$ 得到 $G_{\mathrm{lat}}(\omega)$.

(3) 利 Dyson 方程 $G_{\mathrm{And},i}^{-1}(\omega)=G_{\mathrm{lat}}^{-1}(\omega)_{ii}+\widetilde{\Sigma}_i(\omega)$得到 $G_{\mathrm{And},i}(\omega)$.

(4) 将$\mathcal{G}_{\mathrm{And},i}(\omega)$输入到杂质求解器中，得到 $G_{\mathrm{lat}}(\omega)$，再利用 $\widetilde{\Sigma}_i(\omega)=G_{\mathrm{And},i}^{-1}(\omega)$

$-G_{\text{lat}}^{-1}(\omega)_{ii}$ 得到新的自能 $\tilde{\Sigma}_i(\omega)$.

(5) 重复(2)到(4)直到收敛.还可以利用一些其他程序计算得到物理量.

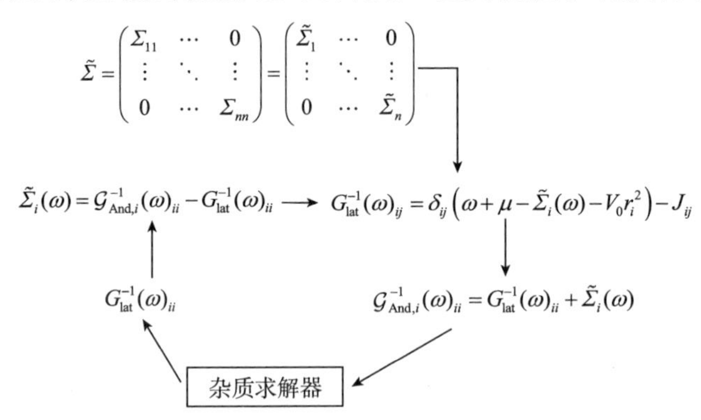


图 3.4.23 实空间动力学平均场方法计算流程示意图.该方法将具有 $N$ 个格座的格点模型映射为 $N$ 个单杂质模型,并对这些单杂质问题分别求解

这个方法目前已经被应用于求解真实的光晶格系统,而且其理论预测的结果与实验十分吻合.在此基础上,如果与原胞动力学平均场方法相结合,就可以将其用于研究二维体系中的量子 Hall 效应.实空间的动力学平均场方法为动力学平均场方法的应用带来了更为广阔的前景.

### 3.4.4 三角光晶格中冷原子的量子相变

对于传统的实验材料而言,如果想要调节其中的实验参数(比如电子的动能和相互作用等),一般使用加压或者掺入杂质的方法.但是这些方法对实验材料的调节并不是那么方便与直观.同时,由于实验材料本身具有的一些多带结构或者存在于材料内部的一些其他的杂质,问题会复杂化.这样一来,一些原本希望能观测到的现象将可能因受到干扰而变得不够明显,甚至可能被实验材料内部杂质所引发的一些现象所掩盖.为了能更直观地研究并模拟强关联系统,一种新的被称为光晶格技术的实验手段在近几年得到了迅速发展.光晶格技术已经广泛地被用来模拟强关联理论中的 Huabbard 模型.该技术通过有限个激光来形成驻波,并在此基础上构成具有一定几何结构的晶格,再将冷原子囚禁于其中.通过调节每束激光的强度,可以改变势阱的深度,进而调整囚禁在光晶格中的冷原子的跃迁能.而被囚禁原子间的相互作用可以利用 Feshbach 共振技术进行调节.目前在实验上,光晶格技术已经趋于成熟.光晶格技术为研究强关联系统提供了一个简单并且容易调控的强有力的实验平台.

许多数值方法被用来研究这种强关联系统,尤其是阻挫系统.在对强关联体系的研究中,动力学平均场方法被证明是一种强有力的工具.动力学平均场方法在无穷维极限下是精确的[87]. 即使是在三维的情况下,利用动力学平均场方法也能得到十分准确的结果. 然而,该方法忽略了空间涨落与非局域关联. 这使得动力学平均场方法并不适合研究阻挫系统以及一些低维体系,因为在这类体系中,非局域关联与空间涨落的影响十分重要. 所以,在动力学平均场框架下,动力学团簇近似方法被发展起来. 如前文所述这种方法将原有格点模型映射为一个耦合在自洽的有效媒介中的团簇模型来计入系统的短程关联与空间涨落. 动力学团簇近似方法已经被广泛应用于研究一些具有几何阻挫的二维强关联模型,如三角格子等[88][105].

本小节主要讨论利用动力学团簇近似方法来研究在三角光晶格中的冷原子的量子相变问题. 我们选用连续时间 Monte-Carlo 方法作为杂质求解器[103][104]. 三角光晶格可以利用三束成 120°的激光来产生,通过调节激光的强度可以调控光阱深度,而通过 Feshbach 共振,可以调整原子间相互作用的大小. 我们通过研究系统的态密度发现,随着相互作用的增强,系统将经历 Fermi 液体-赝隙-Mott 绝缘体的相变过程. 当温度比较低的时候,随着相互作用的增强,将可以在 Fermi 能附近观察到一个明显的 Kondo 共振峰. 由于低温下 Kondo 效应的影响,随着温度的降低,将可以发现 Fermi 液体-赝隙-Fermi 液体的再入式现象. 在对动量空间的谱函数的研究中也发现了这个现象. 我们还发现,随着相互作用的增强,Fermi 面上的谱函数将由一个对称性很好的环状结构,转变为一个平坦的面. 这意味着相互作用破坏了 Fermi 面. 在本小节的最后,将讨论如何在实验上观察到这种相变.

#### 3.4.4.1　三角光晶格的产生与理论模型

与实际材料相比,利用光晶格来模拟强关联系统的优势在于,其中的各种实验参数的调控比较容易,而且在光晶格中没有杂质等问题的干扰,是一个十分干净的系统. 这样的系统十分适合用于模拟强关联系统,例如 Hubbard 模型. 为了实现三角光晶格的制备,可以考虑这样一个实验系统:如图 3.4.24(a)所示,首先,利用蒸发制冷技术来制备极低温下的超冷原子$^{40}$K. 同时,利用总角动量 $F=9/2$ 的两个子能级,比如$|-9/2\rangle$和$|-5/2\rangle$来模拟两种自旋. 然后,再利用三束成 120°的激光打在制备好的$^{40}$K 原子上. 这三束激光可以使用波长 $\lambda=1064$ nm 的镱(Yb)激光. 用这样的方式生成的光晶格的势能可以用下面的式子来进行描述:

$$V(x,y)=V_0\left(3+4\cos\left(\frac{3k_x x}{2}\right)\cos\left(\frac{\sqrt{3}k_y y}{2}\right)+2\cos(\sqrt{3}k_y y)\right). \quad (3.4.26)$$

式中,$V_0$ 是由激光束在 $x$-$y$ 平面上形成的驻波高度,它反映了光阱深度的大小,$k_x$ 和 $k_y$ 是沿着 $x$ 和 $y$ 方向上的波矢的两个分量. 在实验上 $V_0$ 一般使用反射能量 $E_r=\hbar^2k^2/2m$ 来作为单位. 所形成的光晶格如图 3.4.24(b)所示,其中的黑色部分表示光阱的最深点. 图 3.4.24(c)显示了所形成的三角光晶格的等高线图,其中光阱最深点用黑色线条表示. 我们可以通过虚线将光阱最深处连接起来,这样,就能看出用上面所说的方式所形成的是一组很好的有三角形几何结构的光晶格.

在这样的一个人工构造的阻挫系统中的相互作用 Fermi 子可以用下面的 Hamilton 量来进行描述：

$$H=-t\sum_{(ij)\sigma}c_{i\sigma}^{+}c_{j\sigma}+U\sum_{i}n_{i\uparrow}n_{i\downarrow}. \tag{3.4.27}$$

式中,$c_{i\sigma}^{+}$ 和 $c_{i\sigma}$ 分别表示在编号为 $i$ 的格座上的粒子的产生和湮灭算符,$n_{i\sigma}=c_{i\sigma}^{+}c_{i\sigma}$ 表示 Fermi 子原子的密度算符. 而 $t=\left(\frac{4}{\sqrt{\pi}}\right)E_{\mathrm{r}}\left(\frac{V_0}{E_{\mathrm{r}}}\right)^{3/4}\exp\left(-2\left(\frac{V_0}{E_{\mathrm{r}}}\right)\right)^{1/2}$ 是动能,其大小可以通过格点的势能深度 $V_0$ 来调节. $U=\sqrt{\frac{8}{\pi}}ka_{\mathrm{s}}E_{\mathrm{r}}\left(\frac{V_0}{E_{\mathrm{r}}}\right)^{3/4}$ 则是由 s 波散射长度 $a_{\mathrm{s}}$ 来确定的原子相互作用,其大小可以利用 Feshbach 共振来调节[106]. 令动能 $t=1$,将其取为能量单位.

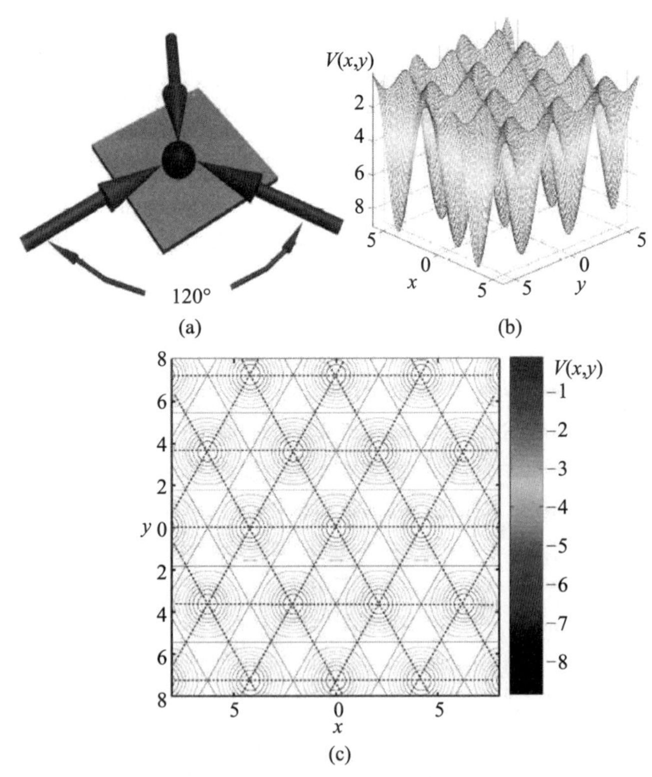


图 3.4.24 (a)产生三角光晶格实验的实验图.(b)产生的三角光晶格的示意图.(c)三角光晶格的等高线图

3.4.4.2 动力学团簇近似方法+连续时间 Monte-Carlo 方法简述

可以利用动力学团簇近似方法结合连续时间 Monte-Carlo 方法来研究在三角

光晶格中的冷原子的量子相变问题. 动力学团簇近似将具有 $N$ 个格座的格子在动量空间划分为 $N_c$ 个子格，将格点模型映射为一个与有效媒介耦合在一起的有限尺寸团簇模型，并在动量空间对 Green 函数做粗粒化. 通过这种方式，动力学团簇近似方法就可以将非局域关联与空间涨落包含在内. 当 $N_c=1$ 时，动力学团簇近似方法就过渡为动力学平均场方法，当 $N_c=\infty$ 的时候，动力学团簇近似方法就是一个精确的算法. 在得到有限尺寸的团簇模型之后，可以利用杂质求解器来求解团簇模型，并得到体系的 Green 函数. 在这里，选用连续时间 Monte-Carlo 方法来作为我们的杂质求解器. 与传统的量子 Monte-Carlo 方法相比，连续时间 Monte-Carlo 方法不需要使用 Trotter 分解，所以该方法得到的结果更为精确. 在利用连续时间 Monte-Carlo 方法获得系统的 Green 函数之后，再利用 Dyson 方程，可以得到系统的新的自能. 利用获得的自能可以重新对 Green 函数在动量空间做粗粒化，并重复前面的过程，用自洽的方式来迭代求解，直到自能收敛. 当自能收敛之后，可以利用最大熵方法等来得到系统的态密度，并研究我们所关心的一些其他物理性质，比如双占据数等. 图 3.4.25(a)显示的是实空间的三角格子示意图. 图 3.4.25(b)则显示了当 $N_c=4$ 时，利用动力学团簇近似方法划分第一 Brillouin 区(平行线)并对其做粗粒化的一种方式. 该方法将第一 Brillouin 区切分成 4 个小原胞，并分别对四个小原胞中的 Green 函数做粗粒化.

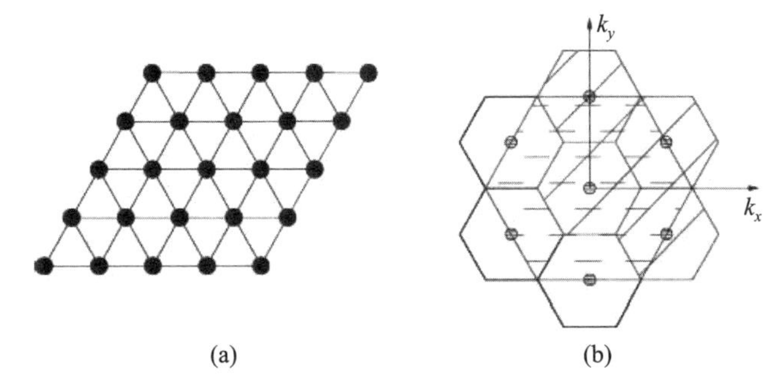


图 3.4.25　(a)三角格子示意图.(b)当 $N_c=4$ 时，利用动力学团簇近似方法划分第一 Brillouin 区(水平短线)并对其做粗粒化的示意图

#### 3.4.4.3　三角光晶格中冷原子的 Mott 金属-绝缘体相变

首先，研究双占据数 $D_{\text{occ}}=\partial F/\partial U=\dfrac{1}{N_c}\sum\limits_i\langle n_{i\uparrow}n_{i\downarrow}\rangle$ 随相互作用 $U$ 的演化，其中 $F$ 是自由能，$N_c$ 是选取的团簇点的个数. 如图 3.4.26 所示，当相互作用比较小时，例如当 $U<8.6$ 时，双占据数 $D_{\text{occ}}$ 将随着温度的降低而增大. 这种现象产生的主要原因是：在低温下，原子的自旋涨落将随温度的降低而增强. 在弱相互作用的情况下，原子表现为强巡游性，双占据数是一个有限值. 随着相互作用的增强，排斥

相互作用将抑制原子的巡游性，使得原子逐渐局域化在格座上，相邻格座之间的原子将不能跃迁. 这使得系统的双占据数 $D_{occ}$ 随着相互作用的增强而减小，而温度对相互作用的影响也将越来越小. 当相互作用大于临界值的时候，比如 $U \gg 8.6$ 时，原子将被强排斥相互作用局域化在格座上，这暗示着 Mott 金属-绝缘体相变的发生. 在这种情况下，系统的双占据数 $D_{occ}$ 趋于零，且不同温度下的双占据数 $D_{occ}$ 曲线也基本重合. 这意味着系统已经转变为一个 Mott 绝缘体. 双占据数 $D_{occ}$ 随着相互作用变化的连续变化暗示着该相变是一个二级相变. 双占据数是在光晶格实验上很容易观测到的一个量，Esslinger 等人在 2008 年进行了关于 Fermi 子超冷原子在光晶格中的 Mott 金属-绝缘体相变实验，他们先将双占据格座上的一个粒子输运到一个空能级上，再利用吸收成像技术观测有多少粒子被输运到这个空能级上，来统计系统的双占据情况，并以此来判断系统是否转变为一个 Mott 绝缘体.

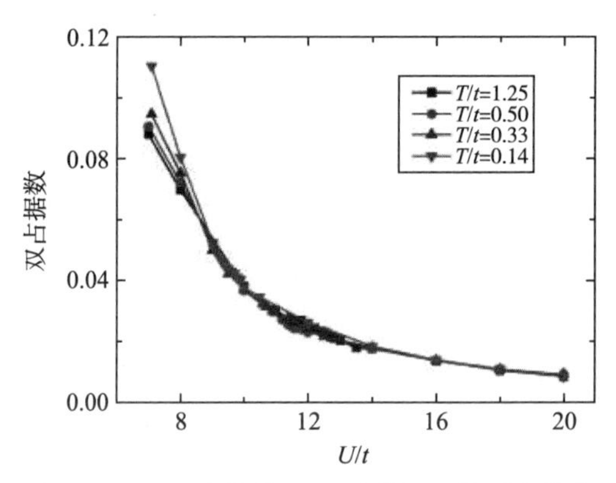


图 3.4.26 双占据数 $D_{occ}$ 随着相互作用的演化

为了能确定系统的相变点，要利用最大熵方法[107]来得到系统态密度. 图 3.4.27 显示了系统的局域态密度在不同温度下，随相互作用的演化. 图 3.4.27(a)显示了当 $T=0.5$ 时，态密度随相互作用 $U$ 的变化. 当相互作用 $U$ 较小时，比如 $U=4.0$ 时，可以在 Fermi 能附近观察到一个明显的准粒子峰，这意味着系统处于一个 Fermi 液体态. 随着相互作用的增强，这个准粒子峰将分裂为两个，并形成一个带赝隙的结构($U=8.0$,$U=9.0$). 随着相互作用的进一步增大，强排斥相互作用将在 Fermi 能附近打开一个能隙，这意味着系统转变为一个绝缘体($U=12.0$,$U=20.0$). 图 3.4.27(b)显示了当 $T=0.25$ 时，态密度随相互作用变化的演化. 与图 3.4.27(a)类似，系统的态密度依然随相互作用的增加，出现 Fermi 液体-赝隙-绝缘体的转变过程. 但是当温度较低的时候，随着相互作用的增强，在赝隙出现之前，我们可以在 Fermi 能附近观察到一个明显的 Kondo 共振峰($U=8.0$). 这是由于随相互作用的增强，有部分原子局域态增强. 但是因为大部分其他的原子依然处在强巡游态，所以这些局域原子就等价于处在强巡游背景下的杂质原子. 在低温下，将发生

Kondo效应,并可以在Fermi能附近观察到Kondo共振峰.随着相互作用的进一步增强,温度的影响将逐渐减小,于是Kondo峰被抑制,并最终形成赝隙结构($U=9.3$).随着相互作用的进一步增强,Fermi能附近将出现一个能隙,这同样意味着系统转变为一个绝缘体($U=12.0$,$U=20.0$).

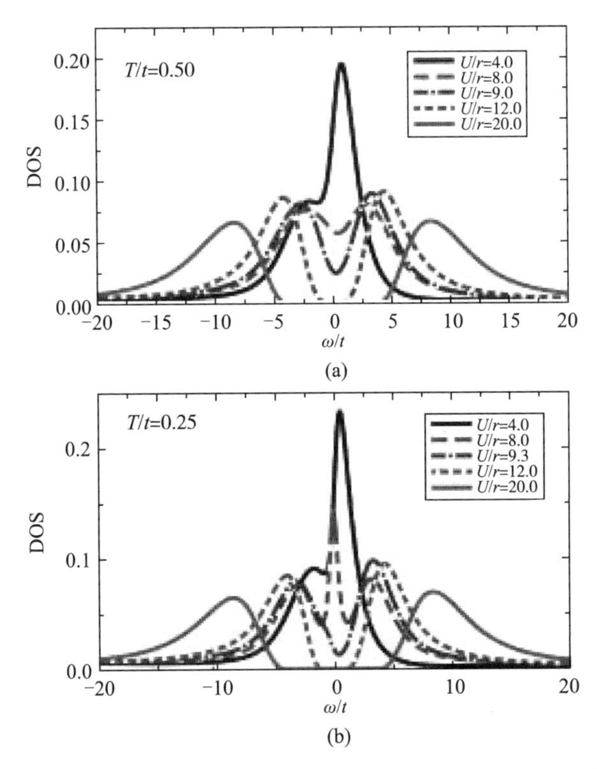


图3.4.27　态密度随着相互作用的演化:(a) $T/t=0.50$;(b) $T/t=0.25$

为了更好地研究三角光晶格中的冷原子随着温度降低的性质变化,我们还研究了动量空间中的谱函数$A_k(\omega)=-\lim\limits_{\eta\to 0^+}\mathrm{Im}[G_k(\omega+\mathrm{i}\eta)/\pi]$.其中$A_k(\omega)$描述了具有动量$k$和能量$\omega$的准粒子的分布概率.图3.4.28显示了$A_k(\omega)$在$U=7.0$时随温度变化的演化.如图3.4.28(a)所示,当$T=1.67$时,可以在Fermi能附近观察到一个$\omega=0$附近的明显的准粒子峰,这意味着系统处于一个Fermi液体态.随着温度的降低,这个准粒子峰将被抑制,并逐渐消失.如图3.4.28(b)所示,当$T=1.11$时,这个准粒子峰分裂为两个(图中接近$\omega=3.0$的部分和接近$\omega=-2.5$的部分),并在Fermi能附近形成一个$A_k(\omega)$不为零的赝隙结构($\omega=0$附近).而如果温度进一步降低,如图3.4.28(c)所示,当$T=0.5$时,发现Fermi能附近的赝隙结构消失,并出现一个准粒子峰($\omega=0$附近).这意味着,随着温度的降低,系统又回到了一个Fermi液体态.而如果温度继续降低,比如$T=0.2$时,可以在Fermi能附近观察到一个明显的 Kondo 共振峰($\omega=0$ 附近),如图 3.4.28(d)所示.也就是说,我们发现随着温度的降低,系统将经历一个 Fermi 液体-赝隙- Fermi 液体的转变过程,这被称为再入式现象.这种 Fermi 液体-赝隙- Fermi 液体再入式现象的发生,主要是由于在低温下的 Kondo 效应阻止了赝隙的出现.而在图 3.4.28(d)中($T=0.2$),在 Fermi 能附近发现了十分明显的 Kondo 共振峰.在实际材料的实验中,可以通过研究 X 射线激发谱来研究样品的谱函数.但是同样的技术在冷原子实验里难以实现.在最新的 BEC-BCS 转变实验中,一种新的被称为光电子光谱(photoemission spectroscopy)的技术被用来探测系统的谱函数.该技术利用不同频率的脉冲将冷原子移动到空的自旋能态上,再利用态选择性飞秒吸收成像技术(state-selective time-of-flight absorption imagining)来得到冷原子系统中的激发谱与能量色散曲线.

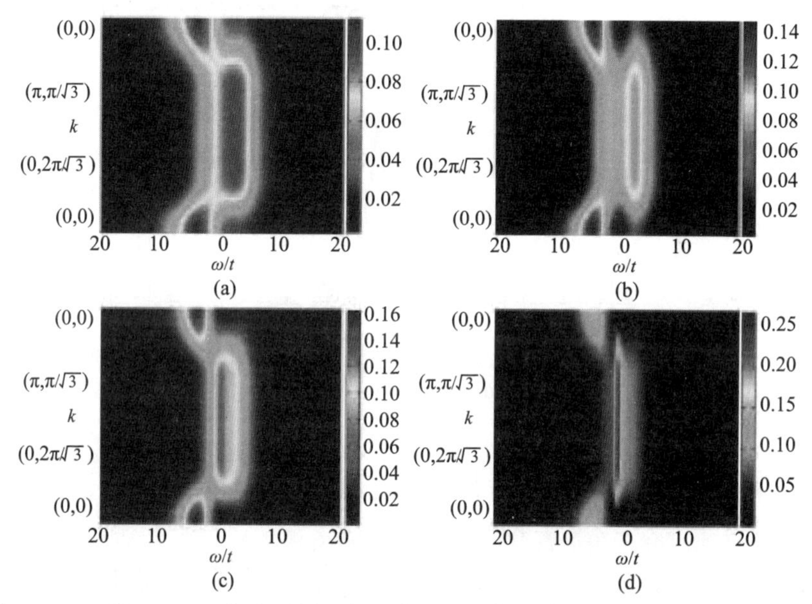


图 3.4.28 当 $U=7.0$ 时,在不同温度下动量空间中的谱函数:(a) $T=1.67$;(b) $T=1.11$;(c) $T=0.5$;(d) $T=0.2$

图 3.4.29 显示的是 Fermi 面上的谱函数在温度 $T=1.25$ 时随相互作用的演化,Fermi 面上的谱函数可以利用公式 $A(k;\omega=0)\approx-1/\pi\lim_{\omega\to 0}\mathrm{Im}[G(k,\mathrm{i}\omega_n)]$来得到.通过对最小的两个 Matsubara 频率做线性延拓来得到零频下的自能,再得到系统在 Fermi 面上的谱函数.如图 3.4.29(a)所示,当相互作用比较小的时候,可以发现系统的 Fermi 面上的谱函数具有一个明显的环状结构,这意味着所有的粒子都分布在一个确定的能量上,该行为也意味着此时系统处于一个具有高度巡游性的 Fermi 液体态上.随着相互作用的增强,如图 3.4.29(b)所示,我们发现原来的

圆环被渐渐压扁，谱函数的数值逐渐变小且变宽. 这说明系统的 Fermi 面正在逐渐被相互作用 $U$ 破坏. 当相互作用很大时，如图 3.4.29(c)所示，原有的环状结构转变为一个平坦的面. 这意味着 Fermi 面被相互作用所破坏，系统进入一个绝缘体相. 在冷原子实验中，Fermi 面上的谱函数可以通过吸收成像技术来观测[108].

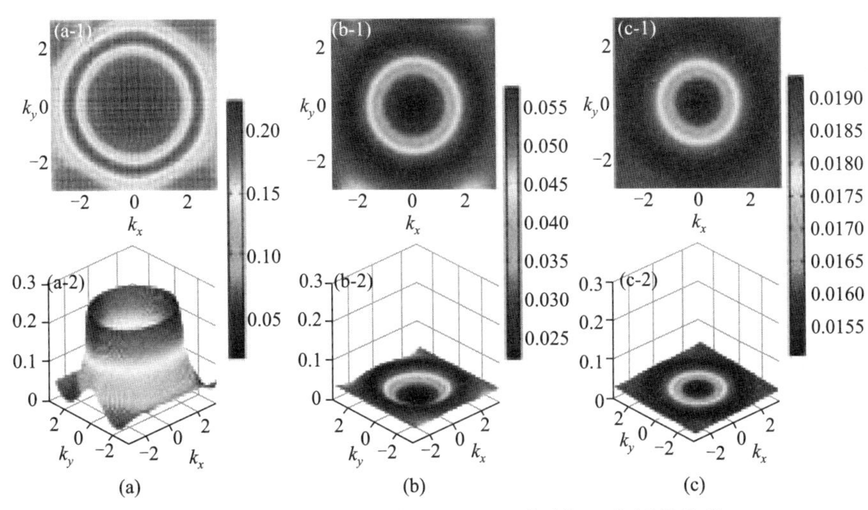


图 3.4.29　Fermi 面上的谱函数在温度 $T=1.25$ 时随相互作用的演化：(a) $U=5.0$；(b) $U=10.0$；(c) $U=16.0$

图 3.4.29 给出了在三角光晶格中的 Fermi 子的温度-相互作用相图. 我们发现，在三角光晶格中的强相互作用 Fermi 子的相图被分为三个主要的部分：Fermi 液体，赝隙和 Mott 绝缘体. 当温度较低时，在 Fermi 液体与赝隙交界的地方还将出现一个比较小的 Kondo 区. 我们发现，当相互作用较小的时候，随着温度的降低，系统将经历一个 Fermi 液体-赝隙- Fermi 液体的再入式的转变. 这种再入式现象的发生主要是由于在低温下，Kondo 效应抑制了赝隙的出现. 当温度比较高的时候，如 $T=1.0$ 时，随着相互作用的增强，系统将由一个 Fermi 液体转变为一个具有赝隙结构的态，可以通过研究系统的态密度来观察到这种赝隙现象. 而随着相互作用的增强，在 Fermi 能附近将有一个能隙打开，这意味着系统将成为一个绝缘体. 而通过观察双占据数我们发现，这时系统的双占据数趋于零，意味着系统处于一个 Mott 绝缘体相. 当温度较低时，比如 $T=0.2$ 时，相互作用较小，通过研究系统的谱函数，可以在 Fermi 能附近观察到一个明显的 Kondo 峰(图 3.4.30 中夹在三角虚线和方块点实线之间的区域). 随着相互作用的增强，Kondo 共振峰将被抑制，而系统将进入一个具有赝隙结构的区域. 随着相互作用的进一步增强，可以在 Fermi 能附近发现一个十分明显的能隙. 这意味着系统转变为一个 Mott 绝缘体.

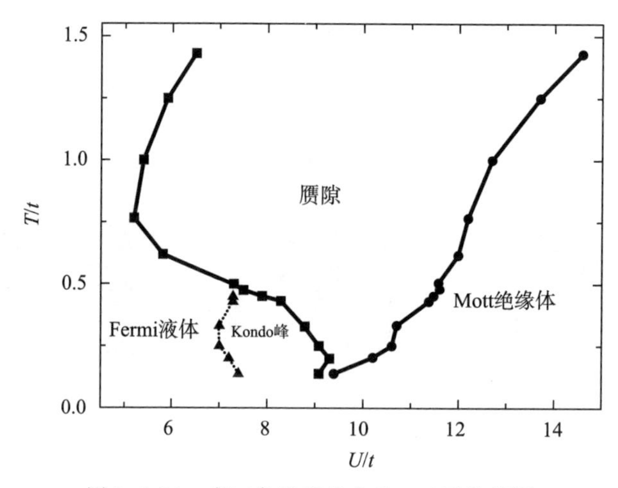


图 3.4.30 在三角光晶格中 Fermi 子的相图

3.4.4.4 光晶格中冷原子的量子相变观测

在这一小节中,我们将介绍在光晶格中观测冷原子的 Mott 金属-绝缘体相变的一些实验技术,如观测双占据数与 Fermi 面等. 利用这些实验技术可以在实验上观察到图 3.4.30 中所显示的各种有趣的相,如 Fermi 液体、赝隙和 Mott 绝缘体. 通过改变温度以及相互作用的大小,将可以在实验上发现冷 Fermi 子气体 Fermi 液体-赝隙- Fermi 液体的再入式现象,以及 Fermi 液体-赝隙- Mott 绝缘体相变.

下面考虑如何在实验上制备三角光晶格:首先,可以利用蒸发制冷技术来制备 $^{40}$K 原子[109],并使得原子分别处于 $F=9/2$ 的两个子能级中,比如 $|-9/2\rangle$ 和 $|-5/2\rangle$,其中 $F$ 表示总角动量. 我们再利用三束波长为 $\lambda=1064$ nm 的激光(Yb 激光)打在超冷原子气体上. 这样就可以形成一个三角光晶格,并可将制备好的冷原子囚禁在其中[110]. 可以通过调节激光强度来调节格子深度 $V_0$,从而调节相邻格座间冷原子的跃迁能 $t$. 而原子间的排斥相互作用 $U$ 可以利用 Feshbach 共振来进行调节[71]. 在冷原子系统中,精确地测量温度是比较困难的,现在一般的做法是先将所有的限制势能去除,使得原子可以自由地弹性扩散. 之后,再利用飞秒成像技术得到冷原子的速度分布,再由此出发利用 Fermi 拟合来计算出大约的温度[73].

目前,可以通过测量在冷原子系统中双占据的格座数量来判断冷原子系统是否处于 Mott 绝缘体相. 在 2008 年,Esslinger 等人利用一个立方晶格来囚禁冷原子[67],并通过 Feshbach 共振技术来改变原子间的相互作用,从而实现了在光晶格中的冷 Fermi 子气体的 Mott 绝缘体相. 他们通过观察双占据数来判断冷原子是否进入了 Mott 绝缘体相. 在制备了强排斥相互作用的冷 Fermi 子原子气体之后,为了观测到系统的双占据数,首先突然增加光晶格的深度来将冷原子禁锢在格座上,以防止发生额外的跃迁. 再利用 Feshbach 共振技术,来改变双占据的原子的能量.

这样一来,就可以使用一个频率脉冲(frequency pulse)将在双占据格座上面的其中一个原子移动到一个没有被占据的空的子能级上.然后利用吸收成像技术,得到被移动的原子的数目.统计这些被移动的原子的数目,就可以得到系统中双占据格座的比例.在半满的情况下,如果双占据数是一个有限值,那么说明系统处在具有强巡游性的金属相.反之,如果双占据数很小并接近于零,那么就说明系统进入到一个具有强局域性的 Mott 绝缘相之中.

在冷原子实验中可以观察到的另外一个性质就是 Fermi 面.由 Esslinger 等人在 2005 年完成了在一个三维立方光晶格系统中的冷原子 Fermi 面的观测[108].在他们的实验中,首先制备一组 $^{40}$K 超冷原子,再将其囚禁于一个由六束激光形成的三维立方光晶格中.他们通过 Feshbach 共振来改变冷原子之间的相互作用.在这个实验中,主要观察了第一 Brillouin 区内的原子的占据情况,以此来测量 Fermi 面.为了观测冷原子系统的 Fermi 面,首先应该使光晶格的光阱深度慢慢减小,这样可以使得原子绝热保持在最低的能带上,并近似保存原子准动量的全部信息.再利用大约毫秒量级的时间,将光阱深度降低到零.大约 1 ms 之后,关闭所有的限制势,使得原子可以自由弹性扩散.大约 9 ms 之后,再利用吸收成像技术获得冷原子的动量分布.这样就可以直接观测到系统的 Fermi 面.

在研究系统的相变时,系统的谱函数是一个十分重要的物理量.在实际材料的探测实验中,我们可以通过 X 射线激发谱来获得材料在某种实验条件下的谱函数.该方法利用阴极射线,将样品的内层电子激发,并形成一个空能级.当外层电子占据这个空能级的时候,一个 X 射线光子将会被释放.通过研究激发谱,就可以得到样品的谱函数.但是同样的技术在冷原子体系中却难以实现.而在近期的关于 BEC-BCS 转化的实验中,一种新的被称为光电子光谱(photoemission spectroscopy)的技术被用来尝试探测相互作用 Fermi 子的元激发与能量色散.在光电子光谱中,通过一束频率脉冲(frequency pulse)将两个处于不同自旋态并耦合在一起的原子移动到一个空的不被占据的自旋态.然后,激光光阱将被突然关闭,原子气体将自由弹性扩散.利用态选择性飞秒吸收成像技术,可以获得原子的速度分布.再通过调节,将原子移动到空自旋态上所使用的脉冲频率上,就可以得到单粒子激发的激发能谱,并获得能量色散曲线[111].如何在冷原子系统中探测系统的谱函数,依然是该领域一个十分热门的问题.

### 3.4.5　六角光晶格中冷原子的量子相变

对于六角格[或称蜂窝状晶格(honeycomb lattice)]上的紧束缚模型以及相互作用模型的研究有很长的历史.在这个晶格系统上,有一系列奇异的物理现象.特别是近年来单层石墨烯在实验室被制备出来后[112],人们对其物理原型六角格产生

了极大的兴趣.而近期拓扑绝缘体与可能的量子自旋液体的发现更是引起了一波研究六角格结构的热潮.六角格有许多奇异的特性,因此在其上产生了丰富的物理现象.这里我们简列几个:(1)六角格上的紧束缚模型能带结构为半金属.半满时,Fermi 面上的能态密度为 0,其 Fermi 面仅仅分布在 Brillouin 区 $K$,$K'$两点.(2)六角格紧束缚模型的低能色散关系近似为线性,即 $E(k)=\pm\nu_f|k|$,当 $k\to K$,$K'$时.这导致其低能激发是无质量的 Fermi 子,即著名的 Diac Fermi 子.(3)六角格的配位数为 3,介于一维与二维之间.在强关联环境中,这种格子的性质是更接近于一维还是二维是一个非常有趣的问题.(4)六角格是可双分的,其对反铁磁的关联无阻挫效应.但是同时,由于六角格的 Fermi 面收缩为两点,它没有嵌套矢量,所以与正方格子相比,它的反铁磁磁化率发散速度要慢很多.

我们知道在 Hubbard 模型中,电子之间在位相互作用 $U$ 可引起电子局域化,并最终形成一个 Mott 绝缘体.一般说来,$U$ 驱使电子局域化的机制大概有两种,一是由类 Hartree 作用引起电子局域化,即主要由于电子之间的排斥势能使电子有效质量增加,电子运动被阻塞而形成绝缘体,这也被称为 Brinkman-Rice 机制.另一类则主要由类 Fock 作用使得电子局域化.这一类型的绝缘体往往被叫作 Slater 绝缘体.Slater 提出这一类型的绝缘体与带绝缘体或 Peierls 绝缘体有类似特性.它是由于反铁磁交换关联使得系统有效第一 Brillouin 区减小,能带在磁 Brillouin 区边界劈裂,从而使系统成为绝缘体的[113].一大类 Cu 基高温超导体的母体即为此种绝缘体.

那么在六角格的 Hubbard 模型中,实际上是哪种 Mott 转变起作用呢?早在 1992 年,Sorella 与 Tosatti 就用 Monte-Carlo 方法研究了这个问题,他们给出的结果是:在 $U_c/t=4.5$ 左右,系统的磁化率发散,同时系统出现能隙.这似乎意味着两种 Mott 机制具有相同的权重[114][115].这是一个值得怀疑的结果.况且受限于计算能力,他们只在实际计算量很小的系统下做有限尺寸分析.除此之外,六角格中的低能激发 Dirac 液体随相互作用强度行为的演化也是一个很值得关注的问题.我们知道,在一般 Fermi 球中,前向散射与 Copper 散射总是具有最大的相空间,当 Fermi 气体中加入相互作用后,如果没有 Copper 通道的失稳或 Fermi 面奇异行为,系统可能遵守绝热近似定律,即相互作用的 Fermi 子与无相互作用时的 Fermi 子能够保持一一对应关系.这就是 Landau 著名的 Fermi 液体假设:Fermi 液体保持与 Fermi 气体完全相同的物理结构,仅仅是有效质量被重整化.Fermi 液体表现出来的最显著特征是其 Fermi 面上的态密度与相互作用强度 $U$ 无关,而仅仅是有效质量 $m^*$ 随着 $U$ 的增大而不断增大,或者说,准粒子权重 $Z$ 逐渐减小.Fermi 面上的 Kondo 共振峰宽度与 $Z$ 成正比.随着 $U$ 的增加,峰不断变窄,最终在 Mott 相变点消失.这就是著名的 Fermi 液体行为.但是对于 Dirac Fermi 子而言,其有效质量为零,故 Fermi 液体的图像肯定不能完全适用.所以我们迫切地需要知道在相互作用情况下,Diac Fermi 子的演化行为.

另外一个有趣的问题是,我们知道动力学平均场理论(DMFT)在三维时是一个良好的近似.在二维也仍然能给出大致定性正确的结论.但是在一维时,由于强的空间涨落,必须使用 DMFT 的团簇扩展.六角格是介于二维与一维之间的系统.那么在这种情况下,DMFT 近似给出的结果是否仍然准确[116],同样是一个非常重要的问题.

在本小节中,我们将运用动力学平均场理论及其团簇扩展(CDMFT)研究六角格上 Hubbard 模型中的 Mott 相变问题[117].我们发现,随着相互作用强度 $U$ 的增强,Diac 粒子的 Fermi 速度并不改变,其保留在 $U$ 为零时的值.同时,低能的态密度也维持不变,直到 $U_c/t\approx 3.4$ 左右时 Mott 相变的发生.我们发现这个半金属 Mott 绝缘体转变是一个二级相变.同时,结果显示,在发生 Mott 相变时,体系并没有发展出反铁磁长程序,这说明该系统可能是一个量子自旋液体.我们的结果可以通过六角光晶格来实现.

3.4.5.1 研究方法

我们考虑如下的标准 Hubbard 模型:

$$H=-t\sum_{(ij),\sigma}c_{i\sigma}^{\dagger}c_{j\sigma}+U\sum_{i}n_{i\uparrow}n_{i\downarrow}+\mu\sum_{i}c_{i\sigma}^{\dagger}c_{i\sigma}. \tag{3.4.28}$$

式中,$c_{i\sigma}^{\dagger}$,$c_{j\sigma}$ 分别是产生和湮灭算符,且实空间(格点)指标 $i$ 以及自旋指标 $\sigma$,$n_{i\sigma}=c_{i\sigma}^{\dagger}c_{j\sigma}$ 是密度算符.$U$ 是在位相互作用,$\mu$ 为化学势,在此模型中,半满情况对应 $\mu=\frac{U}{2}$.这个模型的裸色散关系($U=0$ 时)为

$$E(k)=\pm t\sqrt{3+2\cos(k_y a)+4\cos(\sqrt{3}k_x a/2)\cos(k_y a/2)}, \tag{3.4.29}$$

正负号分别表示($\pi$)和($\pi^*$)带.在低能情况下,此关系近似为线性的:$E(\boldsymbol{k})=\pm\nu_F|\boldsymbol{k}|$[118],如图 3.4.31 所示.在本小节中,我们使用单格点的 DMFT,以及 6,8,18,24 格点的 CDMFT.我们的结果主要来自 6 格点的 CDMFT.但是不同团簇的结果也会被用到来验证六角格点的关联长度及其对物理性质的影响.我们主要使用 6×6 的粗粒 Dyson 方程:

$$g^{-1}(\mathrm{i}\omega)=\left(\sum_{k}\frac{1}{\mathrm{i}\omega+\mu-t(k)-\sum(\mathrm{i}\omega)}\right)^{-1}+\sum(\mathrm{i}\omega). \tag{3.4.30}$$

在这节中使用连续时间 Monte-Carlo 方法(CTQMC)来求解团簇杂质模型.每一个典型的 CDMFT 循环会用到 $7\times10^6$ 个 Monte-Carlo 抽样.总的相对误差(CDMFT 误差+QMC 误差)小于 $10^{-3}$.

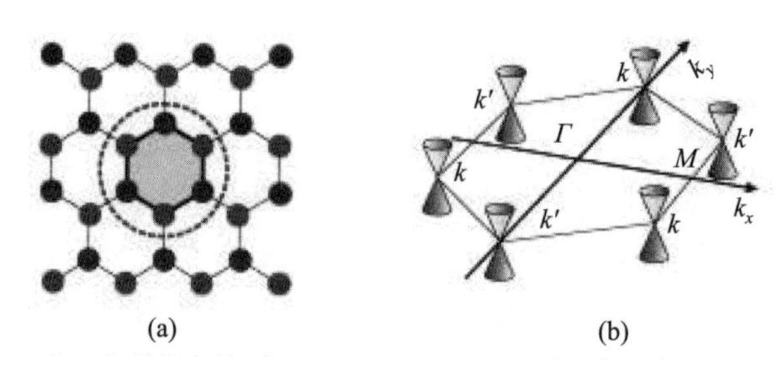


图 3.4.31 (a)六角格(虚线里的是此节中使用 6 格点的 CDMFT 空间构型);(b)六角格的第一 Brillouin 区(Dirac 锥显示了 Fermi 面附近的低能线性激发行为)

### 3.4.5.2 维持恒定的 Fermi 速度

首先分析局域态密度(local density of states, LDOS). 局域态密度 $\rho(\omega)$有

$$\rho(\omega)=\sum_{\boldsymbol{k}}A(\boldsymbol{k},\omega)=-1/\pi\mathrm{Im}[G_{ii}(\omega)]. \tag{3.4.31}$$

作为单粒子谱函数 $A(\boldsymbol{k},\omega)$的全部动量求和,在均匀系统中,局域态密度 $\rho(\omega)$可以很好地表征系统的金属绝缘体转变. 在 CDMFT 方法里,其一般由虚时局域 Green 函数$G_{ii}(\tau)$做数值解析延拓而得到. 这里使用的解析延拓方法是最大熵方法. 结果如图 3.4.32 所示.

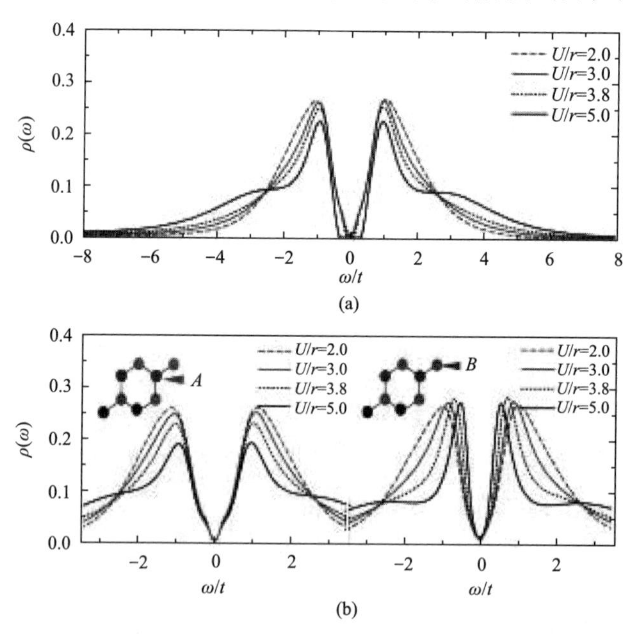


图 3.4.32 不同相互作用强度 $U$ 下的局域态密度演化情况(这里温度 $T/t=0.05$). (a) 6 格点的 CDMFT 解. (b) 8 格点的 CDMFT 结果[插图:8 格点团簇的空间构型. 左边:$A$ 格点(中心格点)的低能态密度不随 $U$ 变化. 右边:$B$ 格点(边缘格点)上的态密度的权重随 $U$ 增加而不断增加]

当 $U$ 逐渐增大时，van Hove 奇异点附近的谱权重逐渐向高能转移. 与此同时，低能的态密度却并不改变，直到 $U_c/t=3.7$，Mott 相变发生，Fermi 面出现能隙. 这是与 DMFT 结果[116]完全相左的结论. 这意味着当相互作用增强时，粒子的 Fermi 速度并不改变. 我们认为这是长程的粒子关联导致的结果. 为了支撑我们的结论，我们也研究了一个特别的 8 格点的团簇，如图 3.4.32 插图所示. 结果显示，在 8 格点的团簇中，边界格点的态密度与 DMFT 结果有相似性，支持 Fermi 速度重整化. 而中央格点则支持 CDMFT 的结论. 这两类格点在同一个团簇中，它们唯一的区别在于所受关联强度不同. 边缘格点由于邻接数较少，只受短程关联比重较大，而受长程关联较小. 这说明，DMFT 给出 Fermi 速度被相互作用重整化的结论是有问题的，这应该只是 DMFT 近似略去非零长度关联所引起的假象. 实际上，计算更大尺寸的团簇(如 24 格点)所得到的结果都支持 CDMFT 的结论.

### 3.4.5.3　半金属-绝缘体相变

我们同时也研究了双占据 $D_{\text{occ}}$ 随相互作用强度 $U$ 的变化. Brinkman 和 Rice 在研究 Mott 相变时曾用双占据作为变分参数. 双占据的定义是格点被自旋上下粒子同时占据的概率，同时它是自由能随 $U$ 的一阶导数：

$$D_{\text{occ}}=\langle n_{i\uparrow} n_{i\downarrow}\rangle=\frac{\partial F}{\partial U}. \tag{3.4.32}$$

因此 $D_{\text{occ}}$ 可以作为一个很好的判断相变级数的物理量，结果如图 3.4.33 所示，随着粒子之间排斥势的增强，$D_{\text{occ}}$ 在整个参数区域连续下降. 可见在六角格上的半金属-Mott 转变是一个连续的相变. 这也推翻了 DMFT 关于六角格是一级相变的结论. 从图 3.4.33 可见另外一个非常有趣的现象，即在半金属区域，$D_{\text{occ}}$ 不随温度变换. 对于一般系统，比如正方格子、笼目格子上的 Hubbard 模型，低温下 $D_{\text{occ}}$ 在绝缘区域是不随温度变化的[119]. 这是很容易理解的，因为在绝缘态，单粒子激发是有能隙的，然而在金属区，$D_{\text{occ}}$ 一般是与温度有一定函数关系的.

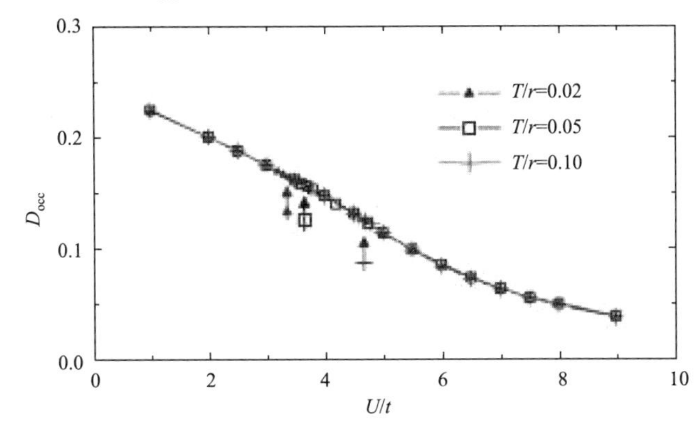


图 3.4.33　不同温度下，双占据数 $D_{\text{occ}}$ 随 $U$ 的变化. 箭头指出了不同温度下的相变点

### 3.4.5.4　单粒子谱函数与相图

我们再来看单粒子谱函数 $A(\boldsymbol{k},\omega)$ 的演变规律. $A(\boldsymbol{k},\omega)$ 完备地表示了系统的单粒子激发行为,如图 3.4.34 所示. 相互作用 $U/t$ 在 3.0 左右,系统 Fermi 面上($\omega=0$)的谱权重被剧烈压制,一个明显的赝隙被打开. 当 $U/t$ 达到 3.7 左右时,这个赝隙最终吞没了整个 Fermi 面,发展成一个完全的 Mott 能隙. 赝隙的出现说明系统 Mott 相变是强反铁磁关联的结果.

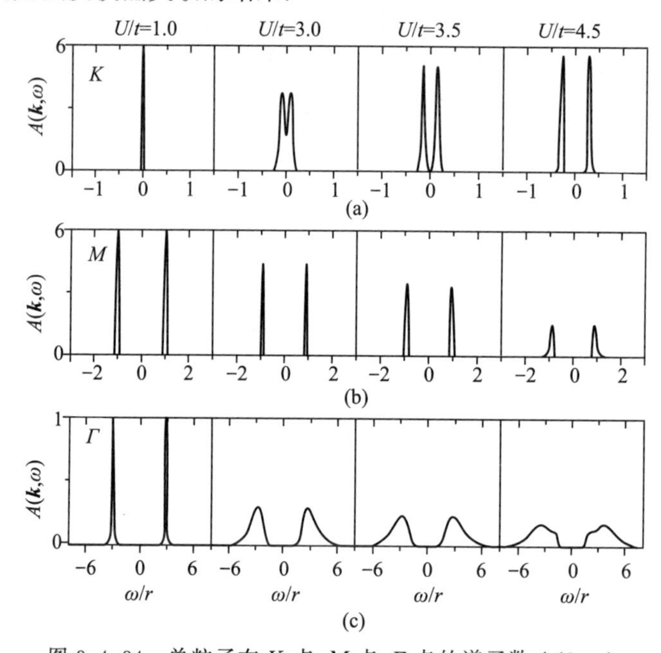


图 3.4.34　单粒子在 $K$ 点,$M$ 点,$\Gamma$ 点的谱函数 $A(\boldsymbol{k},\omega)$

在半金属区域,虽然低能局域态密度不受 $U$ 的影响,但在动量空间,随着相互作用增强,谱权重重新在空间分布. 如图 3.4.35 所示,原本有三角形变(trigonal warped)[120] 的 Dirac 锥在相互作用增强的情况下,其谱权重逐渐分布均匀,展示了粒子在 Hubbard 相互作用下破碎并重新在动量空间分布的行为. 图 3.4.35(b) 显示,由于时间反演对称性在 Mott 相变时保持,Dirac 点 $K$ 和 $K'$ 实际上同时发生半金属-绝缘体相变中. 在相变过程中,Fermi 点的位置也总是保持在 $K$ 和 $K'$ 点而没有发生移动.

最后,得到了六角格上相互作用 Dirac 粒子的相图,如图 3.4.36 所示.

半金属与 Mott 绝缘体由一条连续相变线分开. 直接的结果都是在有限温度下获得的,从图上可外推零温半金属- Mott 绝缘体相变的 $U_c/t\approx3.3$. 这与 Monte-Carlo 所建议的结果 $U_c/t=3.5$ 相近. 与 DMFT 相比,我们的结果大大降低了临界相互作用强度. 这与以前的文献结果相比[109],也更加合理.

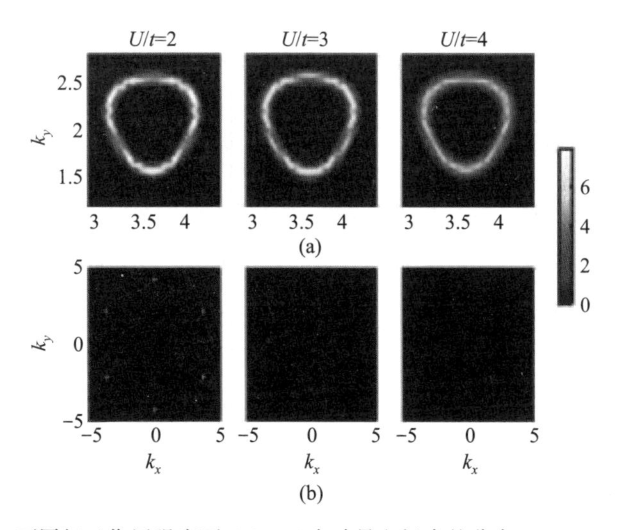


图 3.4.35　不同相互作用强度下 $A(\boldsymbol{k},\omega)$ 在动量空间中的分布.(a) Dirac 点$(2\sqrt{3}\pi/3, 2\pi/3)$附近的 $A(\boldsymbol{k},\omega/t=0.4)$随着 $U$ 的增大逐渐变得均匀.(b) $A(\boldsymbol{k},\omega/t=0)$显示六角格的 Fermi 面是 Dirac 点 $K,K'$(Mott 相变在 Dirac 点同时发生)

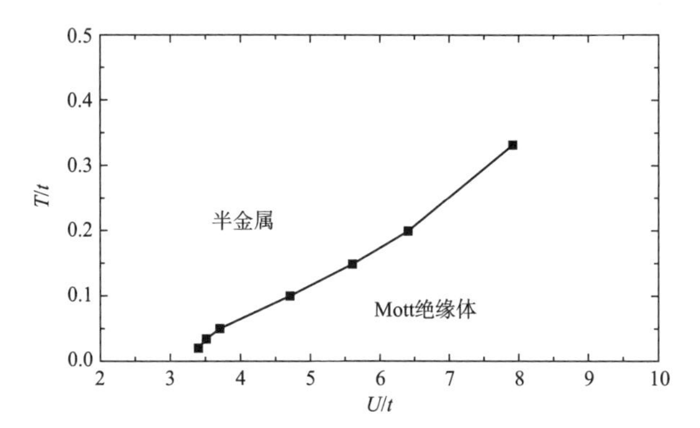


图 3.4.36　六角格上的相互作用 Dirac 粒子的相图,半金属与 Mott 绝缘体由一条二级相变线分开

### 3.4.6　三角笼目格子中冷原子的量子相变

在凝聚态物理中,几何阻挫系统一直是一个有趣的系统.在具有几何阻挫的强关联系统中,可以发现很多有趣的现象,比如:自旋液体与自旋冰.而且,在强关联体系中,研究其电荷与磁矩的分布总是可以发现很多新奇的现象.近期,人们在试验中发现了一种新的材料:$Cu_9X_2(cpa)_6\cdot xH_2O$[121].这种实验材料具有一种被称为三角笼目格子的几何结构.几何结构也可以通过光晶格技术来形成,它通过在笼目格子中再插入一组三角格子,形成了一种“三角套三角”的几何结构.人们研究了

这种格子的有效自旋模型[122]. 但是在强关联区域中，三角笼目格子真实的电荷与自旋的相变问题却依然没有得到解决. 而且，与普通的阻挫系统(比如三角格子和笼目格子)不同，在三角笼目格子中的"三角套三角"结构将系统本身划分为两套子格子. 而且，在以往的研究中，由于不同格座之间跃迁能的不同导致的非均匀性对相变的影响，往往被简单忽略. 在三角笼目格子中，这种非均匀性将对其中的金属-绝缘体相变以及磁性相变产生怎样的影响，将是一个十分有趣而复杂的问题.

近年来，人们发展了许多解析及数值方法来研究强关联系统中的相变问题，比如，动力学平均场方法. 然而，在阻挫及低维体系中，动力学平均场方法的计算结果并不理想. 这主要是由于动力学平均场方法忽略了非局域关联与空间涨落. 因此，一种被称为原胞动力学平均场方法的新方法被发展起来. 该方法通过将原始的格点模型映射为一个与有效媒介相耦合的有效团簇模型在动力学平均场的框架下加上空间关联以及几何涨落. 这个方法已经被应用于研究二维阻挫系统中的量子相变问题. 本小节将利用原胞动力学平均场方法结合连续时间 Monte-Carlo 方法来研究非均匀三角笼目格子中的 Mott 金属-绝缘体相变和磁性相变问题. 通过调节三角笼目格子中两种子格之间的跃迁能量，我们成功引入了非均匀性，发现了两种由非均匀性与相互作用诱导出的新相：片绝缘体与 Kondo 金属. 通过研究动量空间的谱函数，可以研究这两种相的物理性质. 通过定义一个有效的磁性序参量，可以研究三角笼目格子随相互作用与非均匀性变化的磁性相变. 我们发现，随着相互作用增加，系统将从一个顺磁绝缘体相转变为一个亚铁磁绝缘体相. 我们可以通过角分辨光电子谱(ARPES)，中子散射以及核磁共振(NMR)等技术，在三角笼目格子的实验中观察到这些有趣的相.

#### 3.4.6.1 三角笼目格子

三角笼目格子是近期在一种新的实验材料 $Cu_9X_2(cpa)_6 \cdot xH_2O$ 中发现的一种结构. 在这种材料中，Cu 离子将形成如图 3.4.37(a)所示的三角笼目格子的几何结构，该格子可以分为两套子格子，图中圆环为 A 子格子，而实心圆则是 B 子格子. A 子格子与笼目格子的几何结构是完全一样的，而 B 子格子则是直接嵌套在 A 子格子中间的.

图 3.4.37(a)中的细点线段表示 A 子格子和 B 子格子之间的跃迁，其中的实线段表示 B 子格子和 B 子格子之间的跃迁. 我们考虑一个标准的 Hubbard 模型：

$$H = -\sum_{\langle i,j\rangle\sigma} t_{ij} c_{i\sigma}^{\dagger} c_{j\sigma} + U\sum_{i} n_{i\uparrow} n_{i\downarrow} + \mu\sum_{i,\sigma} n_{i\sigma}, \tag{3.4.33}$$

其中，$t_{ij}=t$ 表示最近邻的跃迁，$U$ 是排斥相互作用，$\mu$ 是化学势. 通过调节化学势，可以将体系保持在半填满状态. 引入一个非均匀因子 $\lambda = t_{ab}/t_{bb}$，该参数可以用于表征不同格点间跃迁能的差异程度. 取 $t_{bb}=1.0$，并以此作为能量单位. 当 $\lambda>1$ 时，三角笼目格子将类似于一个笼目格子，如图 3.4.37(a-2)所示. 而当 $\lambda<1$ 时，三

角笼目格子则类似一个由许多三角片组成的系统，如图 3.4.37(a-3)所示. $\lambda=1$ 时的三角笼目格子可以被称为“对称的三角笼目格子”，如图 3.4.37(a-1)所示. 图 3.4.37(b)显示的是对称的三角笼目格子的第一 Brillouin 区(粗实线)与无相互作用 Fermi 面(细实线). 其中的 $\Gamma, K, M$ 与 $M'$ 表示在第一 Brillouin 区中对称性不同的几个点. 对于这种对称的三角笼目格子而言，A 子格子和 B 子格子的无相互作用态密度是十分类似的，如图 3.4.37(c)所示. 如果改变非均匀因子，就会使 A 子格子和 B 子格子中无相互作用态密度有极大的不同. 在实验上，可以通过加压以及加入杂质的方式来引入非均匀性.

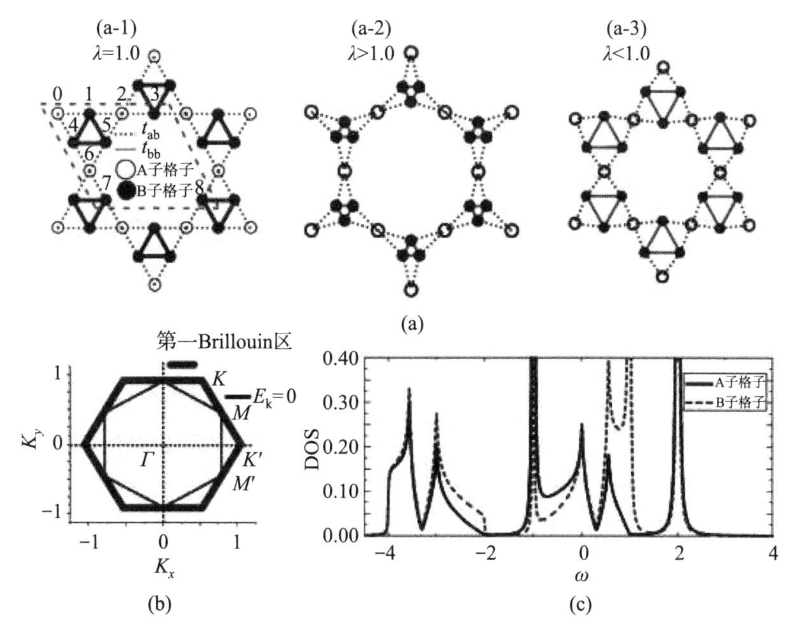


图 3.4.37　(a)不同的非均匀性因子的三角笼目格子的示意图. (b)三角笼目格子在 $\lambda=0, U=0$ 情况下的第一 Brillouin 区与 Fermi 面. (c)三角笼目格子在 $\lambda=0, U=0$ 情况下的态密度

### 3.4.6.2　原胞动力学平均场方法+连续时间 Monte-Carlo 方法简介

我们利用原胞动力学平均场方法结合连续时间 Monte-Carlo 方法来研究在非均匀性影响下的三角笼目格子中的 Mott 金属-绝缘体相变与磁性相变问题. 在原胞动力学平均场方法中，原始的格点模型将通过标准的动力学平均场方法，被映射为一个与有效媒介耦合的有效团簇模型. 有效媒介 $\hat{g}$ 可以利用下面的粗粒化程序来得到：

$$\hat{g}^{-1}(\mathrm{i}\omega)=\left(\sum_{k}\frac{1}{\mathrm{i}\omega+\mu-\hat{t}-\hat{\Sigma}(\mathrm{i}\omega)}\right)+\hat{\Sigma}(\mathrm{i}\omega). \tag{3.4.34}$$

式中，$\hat{t}(\boldsymbol{k})$表示原胞的跃迁矩阵，$\boldsymbol{k}$ 表示在约化第一 Brillouin 区内的波矢，$\omega$ 是 Matsubara 频率.之后，引入连续时间 Monte-Carlo 方法作为杂质求解器来计算团簇 Green 函数 $\hat{G}_c(\mathrm{i}\omega)$. 利用前面得到的 $\hat{g}$ 和 $\hat{G}_c(\mathrm{i}\omega)$，可以通过 Dyson 方程来得到新的自能 $\hat{\Sigma}(\mathrm{i}\omega)=\hat{g}^{-1}(\mathrm{i}\omega)-\hat{G}_c(\mathrm{i}\omega)$. 再利用得到的新的自能，重新进行粗粒化.并重复前面的过程，进行自洽的迭代求解，直到自能收敛.然后，就可以求得我们所感兴趣的一些物理量，比如态密度、双占据数等.与传统的动力学平均场方法相比，原胞动力学平均场方法包含了非局域关联与几何涨落，因此十分适合用于研究低维情况下几何阻挫系统中的相变问题.

#### 3.4.6.3 三角笼目格子的 Mott 金属-绝缘体相变与磁性相变研究

图 3.4.38 中的插入图显示的是对称的三角笼目格子($\lambda=0$)的相图.我们发现，如果没有引入非均匀性，随着相互作用的增强，系统将由一个金属相转变为一个 Mott 绝缘体相.而在引入非均匀性之后，如图 3.4.38 所示：当 $\lambda=0.6$ 时，三角笼目格子的相变线将发生改变，并且 A 子格子与 B 子格子的相变点将会发生分离.这样就将形成两种新的共存相，一种我们称为片绝缘体(plaquette insulator)，另外一种我们称为 Kondo 金属(kondo mental).当相互作用较弱的时候，A 子格子和 B 子格子中的电子都将表现出强巡游性，所以整个系统都将表现出金属性.当温度较高，比如 $T=0.5$ 时，随着相互作用的增强，A 子格子上的电子的局域性增强，于是电子将倾向于在 B 子格子组成的小三角形中运动.由于 A 子格子有强局域性而且不存在次近邻跃迁，电子在不同小三角形之间跃迁需要消耗的能量增加，这样系统在整体上将表现为绝缘体性，所以我们称系统为片绝缘体.当温度较低，比如当 $T<0.34$ 时，B 子格子中的电子的局域性增强，而 A 子格子的电子依然保持强巡游性.在这种情况下，B 子格子中的电子将等价于处在强巡游背景下的磁性杂质，这样的一个系统与 Kondo 模型的物理图像十分类似.所以我们将其称为 Kondo 金属.随着相互作用的进一步增大，A 子格子与 B 子格子中的电子的局域性逐渐增强，最终进入一个 Mott 绝缘体相.而我们还发现，当相互作用较低时，A 子格子中的相变线将随着温度的降低出现一种金属-绝缘体-金属的再入式现象.这种现象是由非均匀性引起的.这种金属-绝缘体-金属的再入式现象在 Kawakaimi 等人对各向异性三角格子的研究中也有发现，而在各向同性的三角格子与普通的、不具有非均匀性的笼目格子的研究中却没有发现.这两种共存态都是由非均匀性引起的，在图 3.4.38 的插入图中我们可以看到，当 $\lambda=1.0$ 时，随相互作用的增加，系统将直接由金属态转变为 Mott 绝缘体态，而片绝缘体、Kondo 金属以及金属-绝缘体-金属的再入式现象都没有被发现.

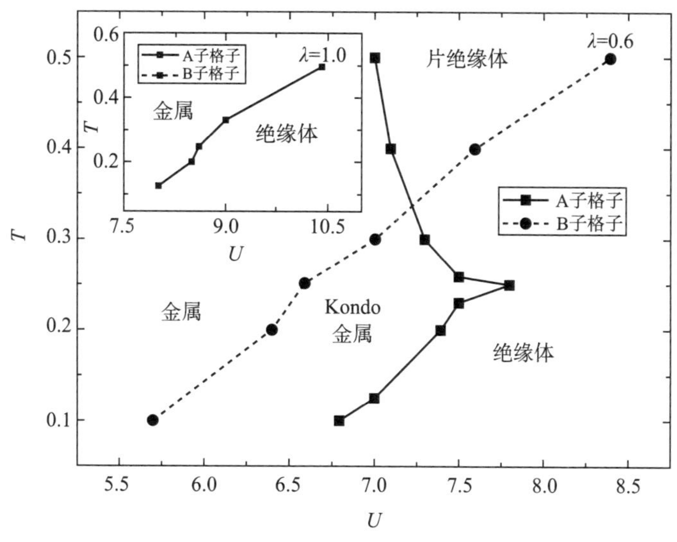


图 3.4.38　当 $\lambda=0.6$ 时的三角笼目格子的相图

为了能更好地研究图 3.4.38 中所出现的各种相的性质，可以利用最大熵方法计算动量空间中的三角笼目格子的谱函数 $A_k(\omega)$. 计算结果如图 3.4.39 所示，式中的 $\Gamma, K, M$ 与 $M'$ 是在图 3.4.37(b)中的第一 Brillouin 区中具有不同对称性的点. 如图 3.4.38(a)所示，当 $T=0.5, U=6.0$ 时(对应于图 3.4.38 中的金属相)，这时系统将表现出强巡游性.

通过对动量空间中的谱函数的研究，我们发现了在 $\omega=-4$ 和 $\omega=2$ 附近存在两个准粒子峰，而在 Fermi 能附近并不存在能隙. 这意味着系统处于一个金属态. 随着相互作用的增强，比如到了 $U=9.0$ 时(对应于图 3.4.38 中的 Mott 绝缘体相)，强排斥相互作用抑制了电子的巡游性，这时系统将表现出强局域性. 如图 3.4.39(b)所示，通过研究动量空间中的谱函数，在 Fermi 能附近可以观察到一个十分明显的能隙. 这意味着系统进入了 Mott 绝缘体区. 而在这两种相之间，当温度较高，比如 $T=0.5, U=7.8$ 时(对应于图 3.4.38 中的片绝缘体相)，系统将进入片绝缘体区. 如图 3.4.39(c)所示，通过研究动量空间中的谱函数，我们可以在 Fermi 能附近观察到一个比较小的能隙. 这意味着在这种情况下，系统中的电子的局域性较强，在整体上将表现出绝缘体性. 而在温度比较低，比如 $T=0.2, U=7.0$ 时(对应于图 3.4.38 中的 Kondo 金属相)，系统将进入 Kondo 金属区. 由于低温下自旋涨落的增强，电子的巡游性增大. 通过对动量空间中的谱函数的研究，我们发现，在 Fermi 能附近并不存在明显的能隙. 这意味着在这种情况下，系统中的电子的巡游性较强.

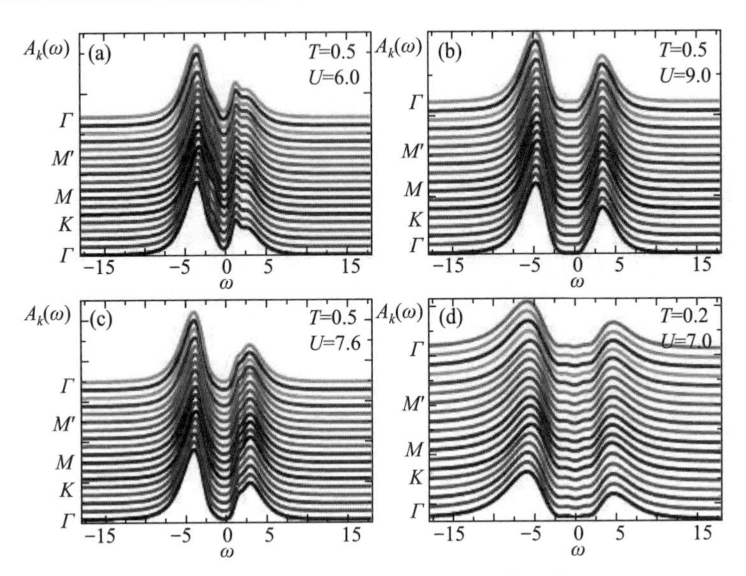


图 3.4.39 $\lambda=0.6$ 时，动量空间中的三角笼目格子的谱函数.(a) $T=0.5$，$U=6.0$，对应图 3.4.38 中的金属相，在 Fermi 能附近不存在能隙.(b) $T=0.5$，$U=9.0$，对应图 3.4.38 中的 Mott 绝缘体相，可以在 Fermi 能附近观察到一个明显的能隙.(c) $T=0.5$，$U=7.8$，对应图 3.4.38 中的片绝缘体相，可以观察到 Fermi 能附近的一个小能隙.(d) $T=0.2$，$U=7.0$，对应图 3.4.38 中的 Kondo 金属相，在 Fermi 能附近观察不到能隙

计算系统的双占据数随着相互作用变化的演化为

$$D=\partial F/\partial U=\frac{1}{N}\sum_{i}\langle n_{i\downarrow}n_{i\downarrow}\rangle. \tag{3.4.35}$$

式中，$F$ 是自由能，$N$ 是格子数. 图 3.4.40 给出了三角笼目格子中 A 子格子与 B 子格子的双占据数随相互作用的变化. 我们发现，在相互作用较小的情况下，由于低温下电子的自旋涨落增强，系统的双占据数将随着温度的减少而增加. 这时系统处于具有高巡游性的金属相. 随着相互作用的增强，系统中电子的巡游性将被抑制，系统的双占据数逐渐减小. 当相互作用大于 Mott 金属-绝缘体相变临界点时，不同温度下的系统的双占据数将基本重合，并且趋近于零. 这意味着电子将被局域化在格座上，不能自由跃迁. 这表明系统转变为 Mott 绝缘体. 图中的箭头标出了 Mott 金属-绝缘体相变的临界点的位置.

在图 3.4.41 中，研究了三角笼目格子的 Fermi 面上的谱函数随着温度、相互作用以及非均匀性变化的演化. Fermi 面上谱函数的定义为

$$A(\boldsymbol{k};\omega=0)\approx-\lim_{\omega\to0}\mathrm{Im}[G_{\boldsymbol{k}}(\omega+\mathrm{i}0)/\pi]. \tag{3.4.36}$$

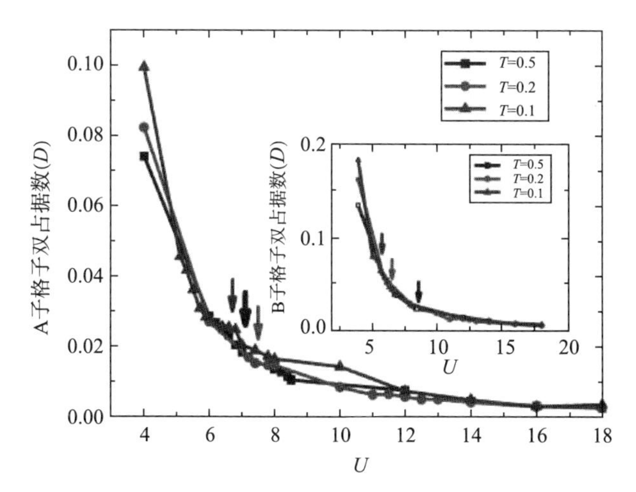


图 3.4.40　三角笼目格子中的 A 子格子与 B 子格子的双占据数随相互作用的演化. 图中的箭头标出了 Mott 金属-绝缘体相变的临界点

式中,$G_k(\omega)$是依赖于动量 $\boldsymbol{k}$ 的 Green 函数. 当 $\lambda=1.0$ 时,如图 3.4.41(b)所示,我们可以在 $M$ 点附近看到六个明显的峰. Fermi 面上的谱函数与无相互作用的情况类似,随着 $U$ 增大,由于粒子的局域化,Fermi 面将逐渐变得平整. 这表明,相互作用将破坏系统的 Fermi 面. 非均匀性将在很大程度上影响 Fermi 面上的谱函数的形状. 如图 3.4.41(a-1)所示,当 $\lambda=0.6$ 时,Fermi 面上的谱函数的形状十分类似于由一堆三角片组成的体系. 而当 $\lambda=1.25$ 时,Fermi 面上的谱函数与笼目格子的 Fermi 面上的谱函数十分类似. 当 $U$ 持续增大,系统的 Fermi 面都将趋于平整,如图 3.4.41(a-2),(b-2),(c-2)所示. 这表示,随着相互作用的增强,非均匀性的影响将逐渐减小. 只有在弱相互作用的情况下,非均匀性对系统的影响才占主导地位.

为了进一步研究在三角笼目格子中的磁性相变问题,定义一个有效磁性序参量:

$$m=\frac{1}{N}\sum_{i}\operatorname{sign}(i)(\langle n_{i\uparrow}\rangle-\langle n_{i\downarrow}\rangle), \tag{3.4.37}$$

其中 $i$ 是图 3.4.37(a)中的格子编号,$N$ 是总格子数. 定义当 $i=0,2,6$ 时,$\operatorname{sign}(i)=1$,而当 $i=1,3,4,5,7,8$ 时,$\operatorname{sign}(i)=-1$. 图 3.4.42 显示了单粒子能隙 $\Delta E$ 与有效磁性序参量 $m$ 在 $\lambda=1$ 和 $T=0.2$ 时,随着相互作用变化的演化. 我们发现,如果没有引入非均匀性,三角笼目格子中的 A 子格子与 B 子格子的相变点将是重合的. 当 $U<8.5$ 时,将不存在能隙且磁性序参量 $m=0$. 这表明系统处在一个没有磁性的金属态,这被称为顺磁金属. 随着相互作用的增强,比如 $8.5\leqslant U<13.8$ 时,我们发现在三角笼目格子中存在能隙,并且不存在磁序($m=0$). 这表明系统是一个顺磁绝缘体态. 随着相互作用的进一步增加,系统将进入一个同时存在能隙与磁序

($m\neq 0$)的区域.将这个相称为亚铁磁绝缘体.在亚铁磁绝缘体相中,A子格子上的自旋将全部朝向一个方向,而B子格子上的自旋全部朝另外一个方向.由于A子格子与B子格子的自旋磁矩数量不等,所以无法抵消,就形成了亚铁磁序.图3.4.42显示的是具有非均匀性的三角笼目格子的能隙随相互作用变化的演化.我们发现,当$\lambda=0.6$,$T=0.5$时,非均匀性将引起三角笼目格子中两种子格子上相变点的分离.当相互作用$7.0\leqslant U<8.5$时,系统将变成片绝缘体.

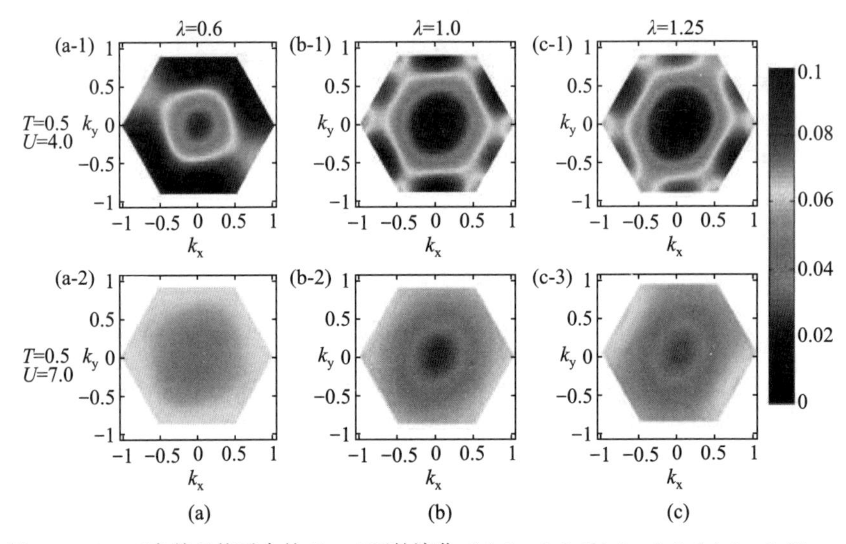


图 3.4.41 三角笼目格子中的 Fermi 面的演化.(a) $\lambda=0.6$.(b) $\lambda=1.0$.(c) $\lambda=1.25$

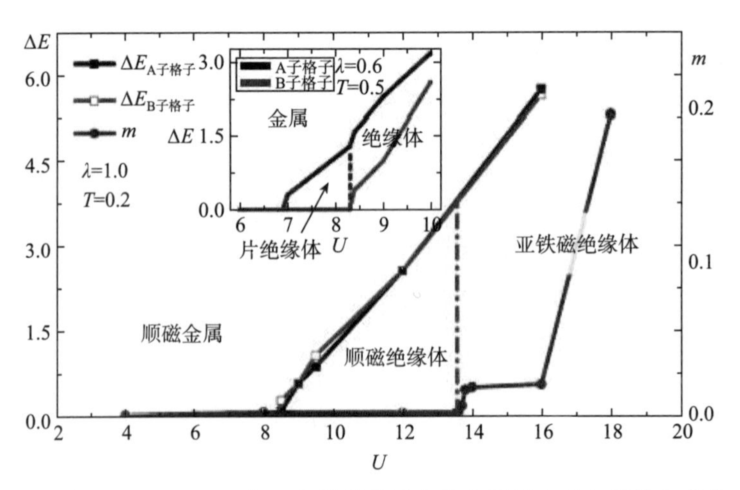


图 3.4.42 当$\lambda=1$,$T=0.2$时,三角笼目格子中的磁性序参量与能隙的变化.插入图:当$\lambda=0.6$,$T=0.5$时能隙的变化

图3.4.43显示了当$T=0.2$时,三角笼目格子随相互作用$U$和非均匀性$\lambda$变

化的相图. 我们发现,当 $\lambda=1.0$ 时,系统不存在非均匀性. 随着非均匀性的增强,系统将进入一个包含片绝缘体与 Kondo 金属的共存区. 而当 $0.9\leqslant\lambda<1.11$ 时,非均匀性的影响减弱,共存区消失. 这时相互作用的影响将占主导. 随着相互作用的增强,系统将转变为顺磁绝缘体. 我们发现,当相互作用较强时,非均匀性对相变基本没有影响. 当系统处于顺磁绝缘体相区时,将可以发现系统中存在能隙,但是没有磁序. 这个顺磁绝缘体很可能是一个短程的 RVB 态,其中可能存在的共价键排布,如图 3.4.43 的插入图(a)所示.

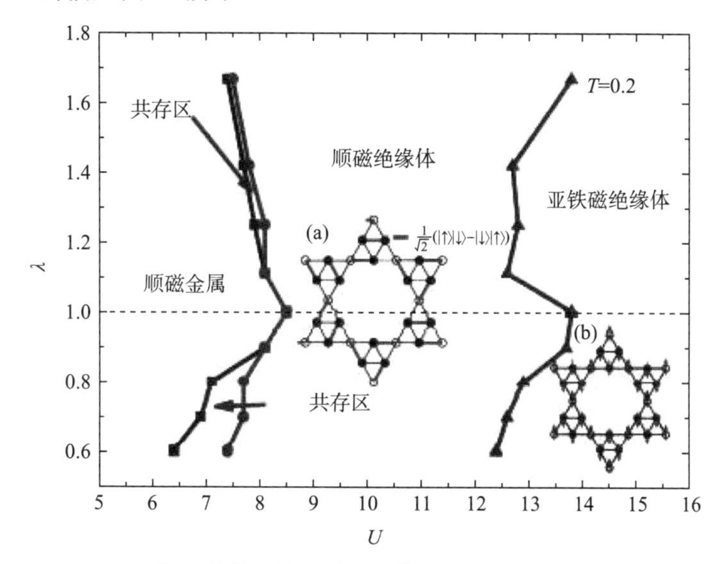


图 3.4.43　$T=0.2$ 时,三角笼目格子随相互作用 $U$ 和非均匀性 $\lambda$ 变化的相图. 插入图(a):顺磁绝缘体中可能存在的共价键排布. 插入图(b):亚铁磁绝缘体的自旋分布示意图

值得注意的是,短程 RVB 态实际是所有可能的共价键排布的迭代. 系统并不倾向于某种特定的共价键排布方式. 当相互作用较大时(比如当 $\lambda=1.0$,$U>13.8$ 时),系统将转变成一个具有磁序的亚铁磁绝缘体. 亚铁磁绝缘体的自旋排布如图 3.4.43 的插入图(b)所示,其中 A 子格子上的自旋全部朝一个方向,而 B 子格子上的自旋全部朝另外一个方向.

### 3.4.7　六角光晶格和规范场中冷原子的量子相变

1980 年 Klitzing 等人在低温强磁场条件下对硅(Si)MOSFET 反型层二维电子气样品测量时,意外发现了量子 Hall 效应,即强磁场下 Hall 电阻 $R_{\mathrm{H}}$ 呈量子化[123]. 这一发现迅速为凝聚态理论及实验打开了一个新方向. 其后的分数量子 Hall 效应,量子反常 Hall 效应以及量子自旋 Hall 效应,或称拓扑绝缘体也为凝聚态理论与实验开辟了新的道路. 从基本原理上讲，量子 Hall 效应的关键特点在于：在强磁场下，量子化的 Landau 能级在二维体内不可压缩(若考虑杂质效应，则为近不可压缩). 这使得系统在 Hall 平台上横向电阻率 $\rho_{xy}$ 可能展现 $\rho_{xx}=0$[124]. 同时，垂直于二维平面的磁场可以拓扑保护边缘态不受杂质散射影响，所以边缘通道在严格意义上成为完全的量子电导. 单个通道的量子电导为 $\sigma_{xy}=\frac{e^2}{h}$. 在二维标度下，电阻率可以高精度地测量(见图 3.4.44，Hall 平台的平整度可达 $10^{-8}$，绝对值的测量精度达到 $10^{-7}$)[125]. 因此，Hall 电阻 $\frac{h}{e^2}$ 可以作为电阻的计量标准. 同时，由 Hall 电阻也可以高精度地推导出其他基本物理量. 这使得量子 Hall 效应在物理学上有举足轻重的作用. 事实上，在 Klitzing 发现量子 Hall 效应的第一篇文章中，即根据 Hall 电阻确定了带有 6 位有效数字的精细常数 $\alpha^{-1}=137.0353\pm0.0004$[123][近期测量值为 137.03600300(270)][125].

量子 Hall 效应边缘态非耗散的特殊性质(见图 3.4.45)强烈地吸引着人们来试图更广泛地应用它，比如制造用于量子计算的介观器件. 然而量子 Hall 效应需要低温高磁场的条件，这在大多数情况下是很难满足的. 因此寻求没有磁场的量子 Hall 效应成为一个重要的任务. 这可以通过量子反常 Hall 效应或量子自旋 Hall 效应来实现. 在理论上，这方面的一个尝试是 Haldane 提出的在六角格上实现的 Haldane 模型[126]. Haldane 构造出一个破坏时间反演对称性的复杂模型. 这个模型虽然破坏时间反演对称性，但系统的净磁通为零，因此不存在 Landau 能级. 但在合适的参数条件下，系统存在 $\sigma_{xy}=\pm\frac{e^2}{h}$ 的 Hall 电导. 后来，Kane 和 Mele 将两支 Haldane 模型套在一起，提出了时间反演不变的 Kane-Mele 模型[107]. 这个模型的拓扑特征可以由一个 $Z_2$ 的拓扑不变量标志来标示[127]. 在系统拓扑性质非平凡的情况下，它是一个时间反演不变拓扑绝缘体——边缘为金属而体内部为绝缘体. 在体能隙不闭合的情况下，拓扑绝缘体不能与普通带绝缘体绝热联系. 拓扑绝缘体从本质上来说与量子 Hall 效应是类似的，在物理系统之下都有低能模型 Chem-Simons 理论[128]. 其通过自旋轨道耦合来获得 U(1)的附加相因子，从而获得磁通-粒子绑定. Kane 和 Mele 提出 $Z_2$ 拓扑绝缘体时，设想其可能会在单层石墨烯中实现[107]. 其后 Zhang 及 Bernervig 等人则预测在 HgTe/CdTe 量子阱中会出现量子自旋 Hall 效应[129]. 随后，人们确实在 HgTe/CdTe 量子阱实验中观察到量子电导，从而证实量子自旋 Hall 绝缘体的存在. 除了 HgTe/CdTe 量子阱外，还有许多体系可能存在量子自旋 Hall 效应，比如铊(Tl)、铟(In)吸附的石墨烯，硅烯材料等.

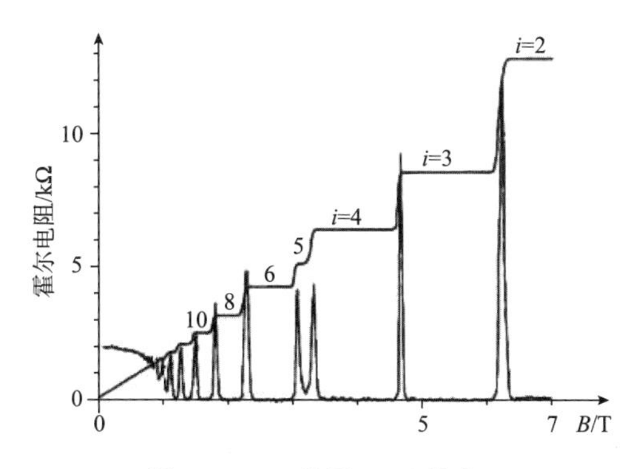


图 3.4.44　量子 Hall 效应

量子 Hall 电阻的"台阶高低"由 Fermi 面下的 Landau 能级数目确定. 随着磁场的增加,单个 Landau 能级简并度增大($\propto B$),从而使得 Landau 能级不断移出 Fermi 面外,因此 Hall 电阻呈台阶式地增加. 在实际材料中,由于杂质的展宽效应,Landau 能级并非完全不可压缩. 因此在两个 Landau 能级之间,会有一个小区域 $\rho_{xx}\neq 0$,对应两个 Hall 平台之间的一小段较光滑的连接[130].

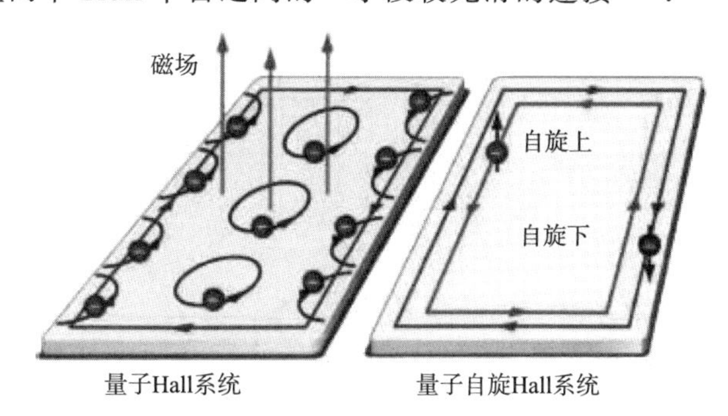


图 3.4.45　量子 Hall 效应与量子自旋 Hall 效应. (a)量子 Hall 效应中,真空与材料的界面形成一个有效势,其电场 $\boldsymbol{E}$ 从材料指向真空,其与磁场 $\boldsymbol{B}$ 的联合作用使得电子获得一个沿 $\boldsymbol{E}\times\boldsymbol{B}$ 方向的速度;(b)量子自旋 Hall 效应中,有效磁场由自旋轨道耦合提供,真空与材料边界上有两支自旋相反,电流相反的边缘态[131]

一大类的三维拓扑绝缘体也在理论及实验上被验证. 值得注意的是,在单纯或薄片铱(Ir)材料 $XIrO_3$(X 为 Na 或 Li)中,可能也存在量子自旋 Hall 效应[132]. 在这个系统中,强的电子-电子关联同时存在. 虽然清楚地知道 $Z_2$ 拓扑绝缘体对于非磁杂质是稳定的,但是在强的电子-电子相互作用下,其性质却仍然是不甚明朗的. 在本小节中,用 CDMFT 以及实空间扩展的 CDMFT 来研究在有电子-电子排斥相互作用的情况下,$Z_2$ 拓扑绝缘体的性质和边缘激发行为. 下面将讨论强相互作用对拓扑稳定性的影响.

3.4.7.1 模型与方法

在本小节中,采用简化的 Kane-Mele 模型作为出发点[107]. 这个模型在拓扑绝缘体领域被广泛采用,以研究 $Z_2$ 拓扑不变行为. 同时,可将 Hubbard 型相互作用加入 Kane-Mele 模型,来考虑电子之间的多体关联行为. 原始的描述 $Z_2$ 拓扑绝缘体的 Kane-Mele 模型为

$$H=t\sum_{\langle i,j\rangle}c_i^{\dagger}c_j+\mathrm{i}\lambda_{z0}\sum_{\langle\langle i,j\rangle\rangle}v_{ij}c_i^{\dagger}\sigma^z c_j+\mathrm{i}\lambda_{\mathrm{R}}\sum_{\langle i,j\rangle}c_i^{\dagger}(\boldsymbol{\sigma}\times\boldsymbol{d}_{ij})c_j+\lambda_v\sum_i\xi_i c_i^{\dagger}c_i, \tag{3.4.38}$$

其中,第一项是普通的 Hopping 项,第二项是 $z$ 轴镜像对称的自旋轨道耦合. $v_{ij}=\pm1$ 是一个与次近邻跃迁方向有关的系数,其用来保证电子感受到自旋轨道耦合"有效磁场"的同时维持时间反演不变. $v_{ij}$ 的具体形式为:$v_{ij}=\mathrm{sign}[(\boldsymbol{d}_i\times\boldsymbol{d}_j)_z]$. $\boldsymbol{d}_i$ 和 $\boldsymbol{d}_j$ 是两个次近邻格点 $i$ 及 $j$ 到它们中间格点的矢量. $\lambda_{\mathrm{R}}$ 是 Rashba 自旋轨道耦合,它可以由二维材料的衬底或是外加的垂直电场而引起. 第三项是交错的子格子势($\xi_i=\pm1$). Kane 和 Mele 用它来描述拓扑绝缘体与普通绝缘体之间的转变. 因为很明显,当 $\lambda_v$ 极大时,系统是一个简单的带绝缘体. Hamilton 量式(3.4.38)的相图如图 3.4.46 所示,在 $\lambda_{\mathrm{R}}$,$\lambda_v$ 与 $\lambda_{\mathrm{SO}}$ 有适当比例的区域存在量子自旋 Hall 效应相(QSH),而其他区域是拓扑简单的带绝缘体.

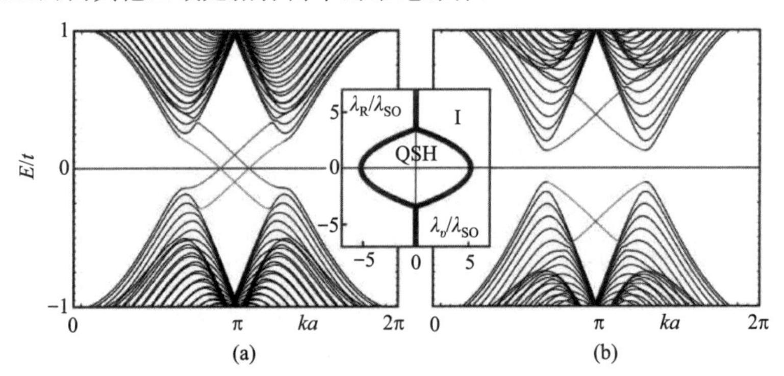


图 3.4.46 Kane-Mele 模型相图[133]

我们研究电子-电子相互作用对拓扑绝缘体性质的影响. 为简单起见,令 $\lambda_{\mathrm{R}}=0$ 以及 $\lambda_v=0$,即取图 3.4.46 中插相图的原点位置. 略去原始 Kane-Mele 模型中的 Rashba 自旋轨道耦合与子格子交错势,并加上 Hubbard 型电子-电子相互作用,得到所谓的 Kane-Mele-Hubbard 模型(KMH 模型)Hamilton 量:

$$H=-t\sum_{\langle i,j\rangle\sigma}c_{i\sigma}^{\dagger}c_{j\sigma}+\mathrm{i}\lambda\sum_{\langle\langle i,j\rangle\rangle\alpha\beta}v_{ij}c_{i\alpha}^{\dagger}\sigma_{\alpha\beta}^{z}c_{j\beta}+U\sum_i n_{i\uparrow}n_{i\downarrow}. \tag{3.4.39}$$

在本小节中,以 $t$ 为单位,$t\equiv1$. $U$ 为相互作用强度,是在有自旋轨道耦合情况下的相互作用强度.

3.4.7.2　无相互作用情况

由于量子自旋 Hall 效应的物理特征已经完全包含在 $U=0$ 时的(3.4.39)式中,首先对无相互作用情况下的 Kane-Mele Hamilton 量做分析. 六角格是两带结构(由两套 Bragg 格子 A,B 组成),同时在自旋轨道耦合存在的情况下,自旋上下的简并被破坏,所以系统实际包含四个带. 我们用旋量

$$\Psi^{\dagger}=[a_{\uparrow}^{\dagger},b_{\uparrow}^{\dagger},a_{\downarrow}^{\dagger},b_{\downarrow}^{\dagger}], \tag{3.4.40}$$

$$\Psi=\psi^{\dagger^{\dagger}}$$

来表示 Hamilton 量更方便,$a_{\uparrow}^{\dagger}$,$b_{\uparrow}^{\dagger}$ 分别表示(自旋朝上的)A,B 子格子上的粒子产生算符. 对(3.4.39)式在 $U=0$ 时做 Fourier 变换,可写为

$$H_k=\begin{bmatrix}\gamma(k) & -g(k) & 0 & \\ -g(k)^* & -\gamma(k) & 0 & \\ 0 & & -\gamma(k) & -g(k) \\ 0 & & -g(k)^* & \gamma(k)\end{bmatrix}, \tag{3.4.41}$$

其中,$g(k)$是六角格的近邻 Hopping 求和,$g(k)=t\sum_{i=(1,2,3)}\mathrm{e}^{\mathrm{i}k\cdot b_i}$,$b_i$ 是六角格某个格点与其最近邻格点之间的距离. $\gamma(k)$是自旋轨道耦合部分的 Fourier 变换. 当取六角格矢量 $\boldsymbol{a}_1=\frac{1}{2}(3,\sqrt{3})$,$\boldsymbol{a}_2=\frac{1}{2}(3,-\sqrt{3})$时,有 $\gamma(k)=-2\lambda[-\sin(\sqrt{3}k_y)+2\cos(3k_x/2)\sin(\sqrt{3}k_y/2)]$. 将(3.4.41)式对角化,即可得到 Kane-Mele 模型的色散关系:

$$E_{\pm}(k)=\pm\sqrt{|g(k)|^2+\gamma(k)^2}, \tag{3.4.42}$$

其由上下两个双重简并的能带构成. 当 $\lambda$ 较小($\lambda<0.193t$)时,系统的能隙反映在 Dirac 点 $K$ 和 $K'$. 这两个特殊点的色散关系可写成 $cE_{\pm}(k)=\pm 3\sqrt{3}\lambda$(见图 3.4.47,图 3.4.48). 所以系统的拓扑能隙大小为 $6\sqrt{3}\lambda$.

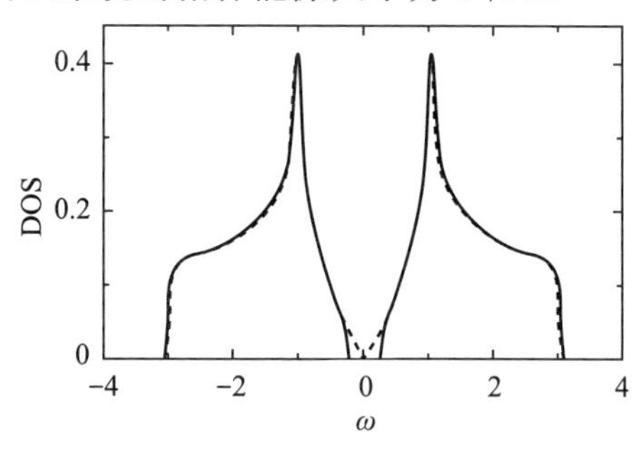


图 3.4.47　$U=0$ 时的 Kane-Mele-Hubbard($kM_{1+}$)态密度式[(3.4.39)式]:虚线代表自旋轨道耦合 $\lambda=0$. 此时系统就是一个简单的六角格上的紧束缚模型. 态密度显示系统是一个半金属态. 实线代表 $\lambda=0.05$ 时的态密度. 此时系统是有能隙的拓扑绝缘体,当 $\lambda$ 较小时,能隙 $\Delta=6\sqrt{3}\lambda$

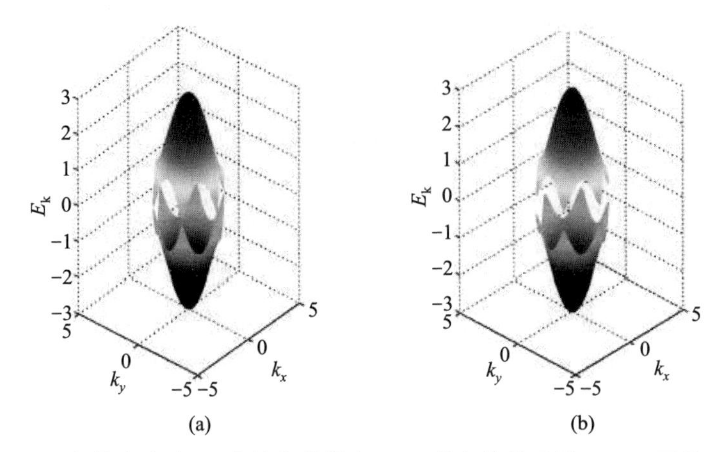


图 3.4.48 色散关系图.(a)自旋轨道耦合 $\lambda=0$ 的色散关系图,Fermi 面是 Dirac 点 $K$,$K'$.(b)当 $\lambda\neq0$ 时,体能隙在 Dirac 点上打开

3.4.7.3 反铁磁有序相

六角格是可双分系统,当相互作用强度 $U$ 足够大时,Hamilton 量式(3.4.39)一定出现自发的反铁磁有序.自旋轨道耦合常数 $\lambda=0$ 时,很明显 Hamilton 量式(3.4.39)回到 SU(2)对称的情况.序参量可以指向任意一个方向.而当 $\lambda\neq0$ 时,系统 SU(2)对称性破坏,会有一个特别的 $z$ 轴,此时系统的磁化情况应该从(3.4.39)式的大 $U$ 时的极限来考虑.在 $U$ 很大的极限下,我们可以得到次近邻跃迁所引起的有效自旋相互作用:

$$\widetilde{H}=\frac{4\lambda^2}{U}(-S_i^xS_j^x-S_i^yS_j^y+S_i^zS_j^z). \tag{3.4.43}$$

注意上式的 $i$,$j$ 是次近邻格点指标.因此,这一项有利于 $x$-$y$ 平面内的反铁磁序形成而阻碍 $z$ 轴上的反铁磁序.实际上势阱中的 Bose 子以及平均场结果都支持大 $U$ 时 $x$-$y$ 面内的反铁磁序,这与我们的数值结果是一致的.值得注意的是,由于 $x$-$y$ 面内的磁有序可能存在,需要对 DMFT 的方法做一些改变,使用旋量表象的生成、湮灭算符会更加方便,$\Psi^\dagger=\{c_{i\uparrow}^\dagger,c_{i\downarrow}^\dagger\}$,$\Psi^\dagger=(\Psi^\dagger)^\dagger$.因此 DMFT 框架内 Green 函数 $G$ 的定义变为

$$\langle\Psi(\tau_i)\Psi^\dagger(\tau_j)\rangle=\begin{bmatrix}G_{\uparrow\uparrow}(\tau_i-\tau_j) & G_{\uparrow\downarrow}(\tau_i-\tau_j)\\ G_{\downarrow\uparrow}(\tau_i-\tau_j) & G_{\downarrow\downarrow}(\tau_i-\tau_j)\end{bmatrix}. \tag{3.4.44}$$

CDMFT 框架内的 KMH 模型相图如图 3.4.49 所示.有关磁有序指向的结果如图 3.4.50 所示,$U_c$ 为 4.2 左右时,CDMFT 会出现 $S^x$ 方向的反铁磁解,而在 $S^z$ 方向则保持为零.值得注意的是,图 3.4.50 在 $U$ 做外推时得到的饱和磁化强度与自旋 $S=\frac{1}{2}$二维 Heisenberg 模型的公认磁化强度 $M\approx0.307$ 是相吻合的.

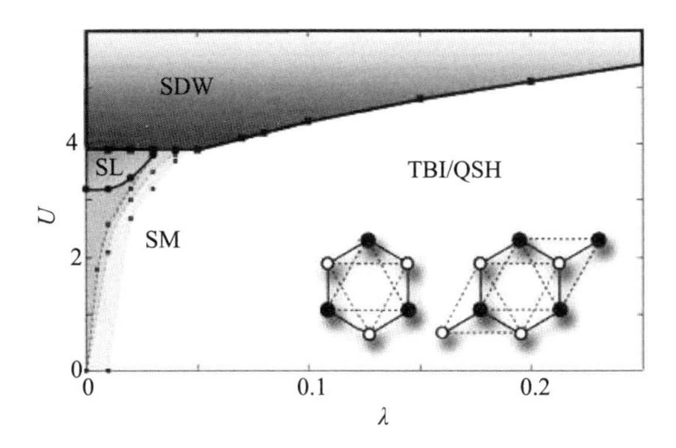


图 3.4.49 CDMFT 框架内的 KMH 模型相图,包括四个相:(1)拓扑绝缘体(TBI)或量子自旋效应相(QSH);(2)反铁磁有序的自旋密度波态(SDW);(3)非磁绝缘体(SL);(4)半金属(SM)区. 从右到左温度为 $T=0.025$°C,0.0125°C,$T=$ 和 0.005°C. 外推 $T\to 0$,半金属区收缩到一条线. 插图:CDMFT 用到的两个典型团簇

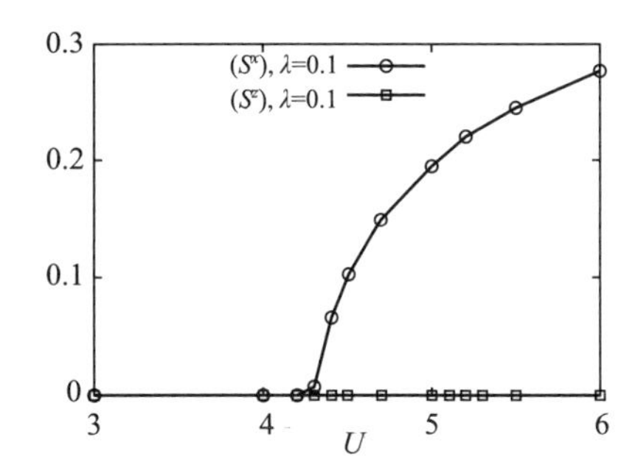


图 3.4.50 Kane-Mele-Hubbard 模型在 $x$-$y$ 平面内的反铁磁磁化方向

### 3.4.7.4 相图分析

我们的结果可用图 3.4.49 来总结. 首先在 $U=0$ 的情况下,系统在任意自旋轨道耦合 $\lambda\neq 0$ 的区域皆为有边缘态且体能隙不为零的拓扑绝缘体. 当 $U$ 增加时,一般来说,体系的拓扑能隙逐渐减小. 当相互作用强度 $U$ 大到一定值 $U_c$ 时,体系发生相变,成为一个 $S^x$ 方向磁化的反铁磁绝缘体. 注意此时系统的单粒子能隙为电荷能隙,而不再是源于自旋轨道耦合的拓扑能隙,因此其在 SDW 相边缘态消失了. 此种情况下的拓扑绝缘体-反铁磁绝缘体相变是非绝热联络的. 所以在相变过程中,体能隙并不闭合. 当自旋轨道耦合 $\lambda$ 较小时,在 SDW 相与 TBI 相之间可能还有其他相的存在(如在相图靠近 $\lambda=0$ 的区域). 这个区域受相互作用 Dirac-Fermi 子性质的影响,当相互作用 $U$ 大小合适时,会有一个可能的量子自旋液体相存在. 此时相变的整体路线是:拓扑绝缘体-半金属-量子自旋液体-反铁磁绝缘体. 对此过程仔细的研究如图 3.4.51 所示.

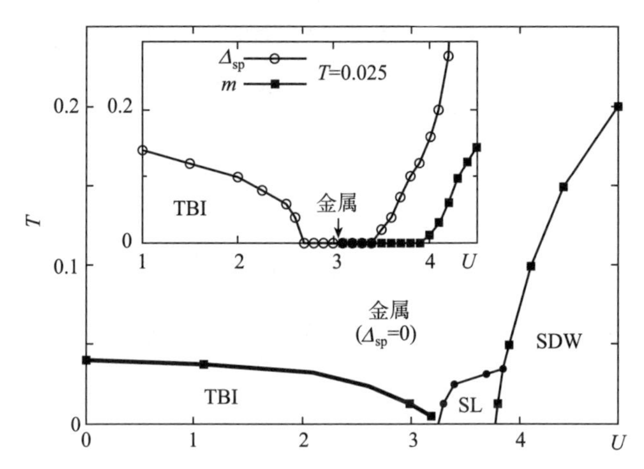


图 3.4.51 Kane-Mele-Hubbard 模型的温度相图. 插图: $\lambda=0.02$ 时单粒子体能隙的演化

在图 3.4.51 中,展示了单粒子能隙随相互作用强度 $U$ 的演化行为. 图 3.4.51 取 $\lambda=0.02$,展示一个小自旋轨道耦合的情况. 插图显示随着 $U$ 增加,单粒子能隙有明显的下降行为,并在 $U_c\approx2.7$ 左右消失,系统进入半金属区域.

如果继续增加相互作用强度,则系统会出现一个非磁绝缘体. 在相图中把它记为"量子自旋液体",这是因为它的出现位置与量子 Monte-Carlo 研究中出现过的量子自旋液体非常相近. 在团簇研究中,因为关联长度太短(团簇太小),并不能确定这个区域的性质为量子自旋液体. 值得一提的是,即使是在大规模 Monte-Carlo 计算或 DMRG 计算中,人们仍然不能确定是否确实发现了量子自旋液体相. 首先的问题是,在物理上并不是特别好定义量子自旋液体相. 如果按照 Anderson 以及随后的 Wen 和 Lee 的拓扑序的定义,则量子自旋液体必须有特定的内部结构,其由系统的基态简并性质确定. 有关量子自旋液体数值计算的最新进展,可以参看文献[72]. 在这里,称非磁绝缘体为量子自旋液体,但它的性质却有待进一步研究. 图 3.4.51 给出了各个量子相在有限温度下的演化情况. 很明显,热无序是一个破坏拓扑绝缘体的因素. 如图 3.4.52 所示,破坏拓扑绝缘体的温度 $T_c$ 与自旋耦合强度 $\lambda$ 大致成线性关系. 这是因为在小 $\lambda$ 的情况下,拓扑能隙与 $\lambda$ 成正比. 图 3.4.51 所示的各个有限温相变的级数如图 3.4.53 所示.

#### 3.4.7.5 边缘态的演化

拓扑绝缘体或量子自旋 Hall 效应的边缘态可用螺旋 Luttinger 液体概念来描述. 在 Fermi 点附近,系统的自由度可由场算符 $\psi_{R\uparrow}\,\psi_{L\downarrow}$ 来描述. 无相互作用情况下的有效 Hamilton 量可写为

$$H_0=v_F\int dx(\psi_{R\uparrow}^{\dagger}\,i\partial_x\psi_{R\uparrow}-\psi_{L\downarrow}^{\dagger}\,i\partial_x\psi_{L\downarrow}). \tag{3.4.45}$$

在有相互作用 $U$ 的情况下,系统可能存在各种散射情况[133],注意背散射项 $\psi_{R\uparrow}^{\dagger}\psi_{L\downarrow}$ +h.c.因为 Hamilton 量的时间反演对称性是被禁止的,所以一般情况下,边缘态并不能由背散射打开能隙.只有保持时间反演不变的散射通道才是可能的,如前向散射($\psi_{R\uparrow}^{\dagger}$,$\psi_{R\uparrow}$,$\psi_{L\downarrow}^{\dagger}$,$\psi_{L\downarrow}$)或倒逆散射($\psi_{R\uparrow}^{\dagger}$,$\psi_{R\uparrow}^{\dagger}$,$\psi_{L\downarrow}$,$\psi_{L\downarrow}$).前者只重整化 Fermi 速度,而后者在 Hubbard 型相互作用中并不能出现.所以一般而言,拓扑绝缘体的边缘态在杂质扰动下能稳定存在(见图 3.4.54).

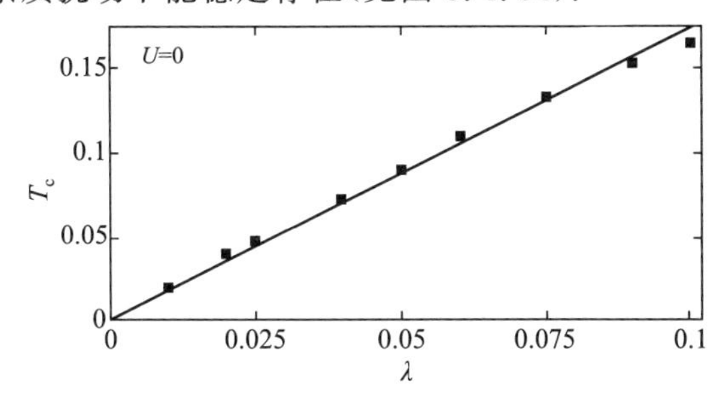


图 3.4.52 热无序可以破坏拓扑绝缘体.$U=0$ 时,破坏拓扑能隙的 $T_c$ 与自旋轨道耦合常数 $\lambda$ 的大小成正比

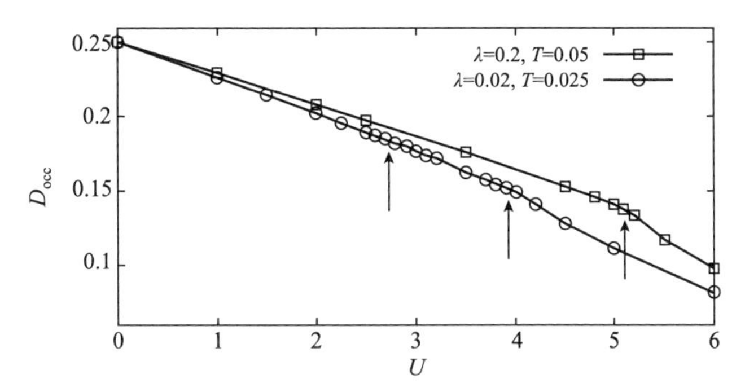


图 3.4.53 $\lambda=0.02$ 与 $\lambda=0.2$ 时的双占据 $D_{occ}$($\langle n_{i\uparrow}n_{i\downarrow}\rangle$)曲线,箭头标示出了各个相变点

但是在体系存在磁性的情况下,情况将完全不同.在 SDW 相,散射变为

$$H_1 \approx -Um\int dx\psi_{L\downarrow}^{\dagger}\psi_{R\uparrow} + \text{h.c.},$$

$$m=\langle\psi_{R\uparrow}^{\dagger}\psi_{L\downarrow}\rangle. \tag{3.4.46}$$

按照标准的 Bose 化过程,边缘态的有效 Hamilton 量为

$$H=\int dx\,\frac{v}{2}\left[\frac{1}{K}(\partial_x\varphi)^2+K(\partial_x\theta)^2\right]-Um\sin\frac{\sqrt{4\pi}\,\pi\varphi}{(\pi a)^2}. \tag{3.4.47}$$

式中,$v$ 是重整化等离体子速度,$a$ 是晶格常数.此时正弦 Gordon 项是关联扰动,边缘态获得电荷能隙.实空间 CDMFT 的计算结果如图 3.4.55 所示.图 3.4.55 是环状 Kane-Mele-Hubbard 模型某个自旋的最低四个能带(最靠近 Fermi 面)的谱

函数 $A_\sigma(k_x,\omega)$，中间两条即是边缘态. 为获得这四支谱函数，我们需要对由实空间 CDMFT 获得的自能 $\Sigma(\mathrm{i}\omega)$ 做对角化.

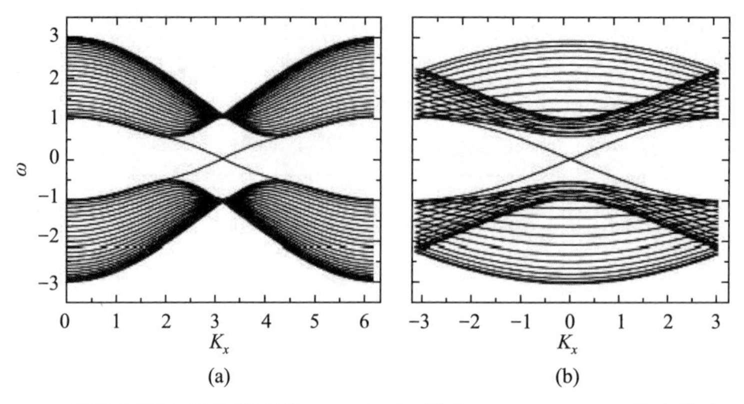


图 3.4.54 两种不同边界条件下的 Kane-Mele 模型($\lambda_R=0,\lambda_v=0$)的边缘态. (a)锯齿边界. (b)扶手椅边界

图 3.4.54 示出扶手椅环状结构的最低四个能带. 中间两条能带是拓扑保护的边缘态. $U=5.2$ 时，系统进入反铁磁绝缘相，边缘态消失. 自旋轨道耦合较小时，系统可以进入量子自旋液体相，此时系统是拓扑简单的，没有边缘态的存在，

$$G_i(k_x,\mathrm{i}\omega)=\frac{1}{\mathrm{i}\omega-E(k_x)-\Sigma(\mathrm{i}\omega)},\tag{3.4.48}$$

$E(k_x)$是投影到一维的色散矩阵(把 $y$ 方向的指标写成矩阵指标，而 $x$ 方向做 Fourier 变换)，$\Sigma(\mathrm{i}\omega)$是实空间 CDMFT 里输出的自能矩阵. 上式物理量皆是 $\mathrm{N_y}\times N_y$ 的矩阵，$N_y$ 是开放边界方向上的格点数. 按照绝热近似，我们认为 $E(k_x)-\Sigma(\mathrm{i}\omega)$的虚部很小，准粒子在 $k_x$ 附近有尖峰，其能量仍然分布在 $E(k_x)$附近. 对 $E(k_x)-\Sigma(\mathrm{i}\omega)$对角化，并挑选实部最接近 0(Fermi 面)的四支本征值 $\widetilde{E}_m(k_x)$代入 Dyson 方程

$$\widetilde{G}_m(k_x,\mathrm{i}\omega)=\frac{1}{\mathrm{i}\omega-\widetilde{E}_m(k_x)}\tag{3.4.49}$$

得到能带空间中的 Green 函数，对其做最大熵分析即可以得到谱函数. 图 3.4.55 展示的结果来自环状扶手椅型晶格结构的计算. 锯齿型的结构有类似结果，我们在此不赘述. 如上所示，在系统反铁磁(SDW)相变之前，边缘态能够稳定存在. 更仔细的研究发现边缘态的 Fermi 速度稍有重整化，符合关系 $v=\sqrt{v_\mathrm{f}^2-g^2}$，$v_\mathrm{f}$ 是 $U=0$ 时的 Fermi 速度，$g$ 是前向散射的耦合常数，与 Luttinger 参数 $K$ 有关系，$K=\sqrt{(v_\mathrm{f}-g)/(v_\mathrm{f}+g)}$. 当系统发生反铁磁相变时，边缘态将被迅速摧毁. 值得注意的是，在 $U=3.6$ 时，系统处于量子自旋液体相，此时虽然系统有体能隙且无磁序，但

系统是拓扑简单的. 在拓扑绝缘体意义上,其和简单真空等价,因此没有边缘态的存在.

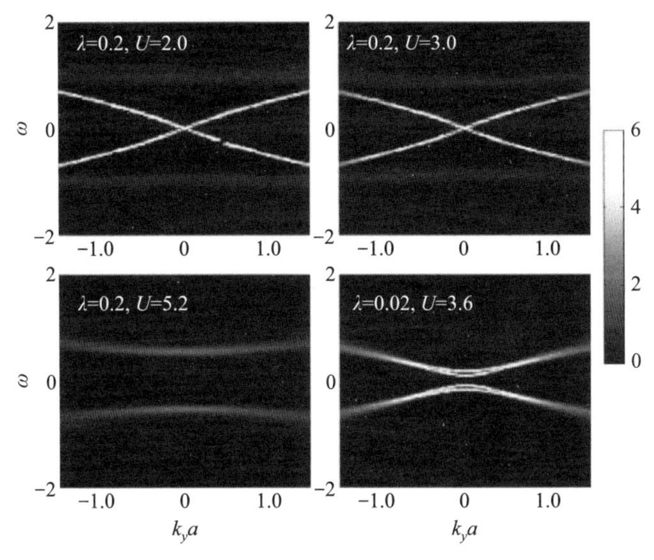


图 3.4.55　边缘态的谱函数分布

3.4.7.6　边缘态的重分布

一般而言,二维拓扑绝缘体的两个边缘离得足够远时,边缘态之间没有干涉. 它们的权重在实空间离开边缘时呈指数下降趋势,即边缘态主要分布在实空间的边缘. 在系统有电子相互作用的情况下,将会有一个有趣的现象发生,即随着相互作用增强,边缘态就逐渐向材料体中心转移,如图 3.4.56 所示.

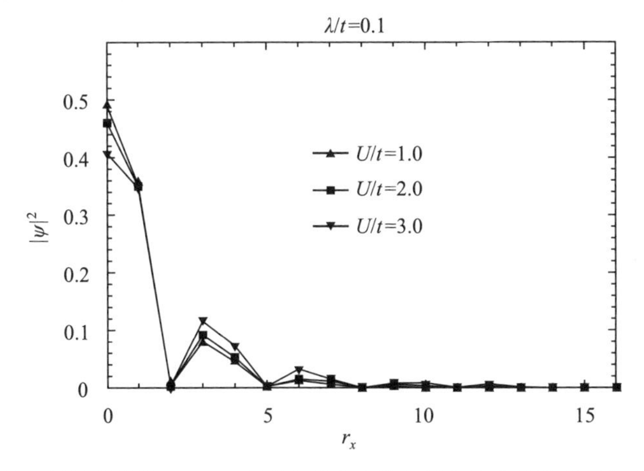


图 3.4.56　扶手椅边界条件,$\lambda=0.1$ 时的边缘态在实空间中的分布随相互作用强度变化的情况. 横坐标 $r_x$ 是开边界方向上的实空间坐标,这里 $r_x$ 只覆盖了一个边界($r_x=0$ 方向)

这个现象可以这样理解:在边缘上由于电子自由度受限,它们感受到的有效相互作用强度比材料中心的电子感受到的相互作用更强,因此会形成一层移动性较弱的近 Mott 层.因此边缘有效电场将往中心移动.内部的电子在这个近 Mott 层反弹形成新的边缘态.整体上考虑,即边缘态的权重将逐渐向中心移动.在研究中,由于六角格是双分格子,系统在 $U$ 较小时已经发生了反铁磁相变,因此边缘态的内移行为并不特别剧烈.我们期望在有阻挫的二维拓扑绝缘体系统(比如笼目格子上的拓扑绝缘体)中,这个现象能被更加清晰地观察到(见图 3.4.56).

3.4.7.7 *动力学平均场近似与边缘磁性*

CDMFT 基于动力学平均场近似,其在低维物理系统中会低估涨落,给出较差的结果.在本小节的研究中,拓扑绝缘体边缘态是准一维的系统.因此在对边缘态的研究中,CDMFT 错误地给出了边缘先于中心磁化的结果,如图 3.4.57 所示.实际上平均场对类似问题的研究都会给出边缘先于中心磁化的结果[134].由图可见,CDMFT 近似下,系统的磁性由边缘逐渐向中心发展.从物理上讲,边缘态是一维螺旋 Luttinger 液体,在中心被磁化(从而破坏边缘态)之前,拓扑绝缘体边缘事实上是不会有任何磁有序的.我们也用 CDMFT 仔细研究了独立于二维拓扑绝缘体的单独的一维螺旋 Luttinger 液体.结果显示,CDMFT 确实会高估反铁磁关联.另外也发现,由于电子自由度受限,一维螺旋 Luttinger 液体的涨落明显弱于普通 Luttinger 液体.这个系统中有相对较强的反铁磁关联.因此它会诱使 CDMFT 错误地给出边缘态磁化的结果.

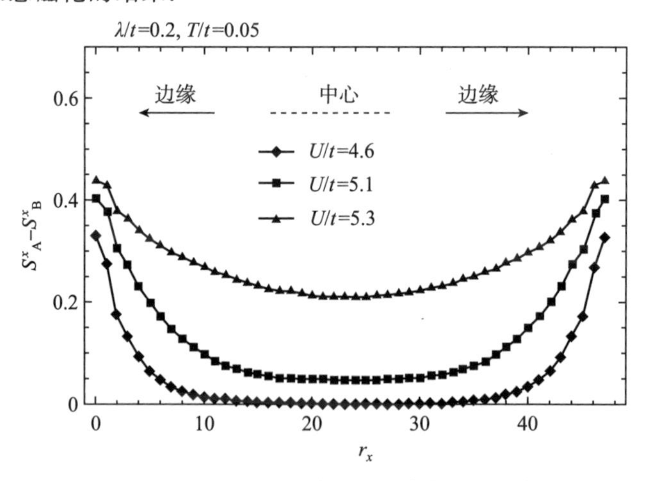


图 3.4.57 CDMFT 给出的边缘态磁性分布

### 3.4.8 小结

我们研究了许多具有不同结构的二维光晶格中的 Mott 相变问题,例如三角格子和六角格子. 这几种具有不同几何结构的光晶格可以利用不同角度的激光束来形成. 作为一个人工形成的阻挫系统,我们在三角光晶格中冷原子的量子相变研究中发现了一种 Fermi 液体-赝隙- Fermi 液体的再入式现象. 在对六角格子的研究中,我们发现了在半金属区中,低能态密度不依赖于相互作用强度. 我们还研究了具有自旋轨道耦合的六角格子中相互作用 Dirac-Fermi 子的量子相变问题,并研究了相互作用是如何破坏拓扑绝缘体相的. 最后,我们研究了三角笼目格子中的金属-绝缘体相变以及磁性相变问题. 我们发现,通过引入非均匀性,在三角笼目格子中将出现两种新的相:片绝缘体相与 Kondo 金属相. 我们所发现的这些新奇的量子相与量子效应都可以在光晶格实验中被观察到.

## §3.5　光晶格中的冷原子实验

接下来,我们将介绍迄今为止关于光晶格中 BEC 的实验研究. 我们主要关注那些与前面部分的理论讨论相关的实验. 在其他一些实验中,干涉激光束主要作为自行探测凝聚体性质的工具.

### 3.5.1　检测与诊断

只有在实验完成后才能从系统中提取信息. 在光晶格中进行凝聚实验是有用的,如在谐波束缚中进行 BEC 实验. 基本上,有两种方法可以从凝聚体中检索信息:在原地和在飞行时间之后. 在前一种情况下,人们可以获得有关凝聚体的空间密度分布,包括其形状以及在与晶格相互作用期间可能已经形成的任何不规则性的信息. 而且,可以确定凝聚体质心的位置.

在飞行时间(一般是几毫秒的量级)之后,检查从晶格中释放出来的凝聚体,等于观察到它的动量分布. 一个谐振子束缚的凝聚体在小相互作用的极限下具有 Gauss 动量分布,而在 Thomas-Fermi 极限中(相互作用支配动能贡献),它具有抛物线密度分布,并在释放后自我膨胀. 相比之下,周期性势能中的凝聚体包含 $2\hbar k_{\mathrm{L}}$ 倍数的更高的动量贡献,其相对权重取决于晶格的深度. 事实上,在紧束缚的极限中,我们可以将凝聚体分解成一系列局部波函数,它们在晶格被关闭后独立膨胀. 最终,它们全部重叠并形成一种干涉模式(在没有相互作用的情况下),这种模式是初始凝聚体的 Fourier 变换. 在沿着晶格方向非常细长的情况下凝聚,我们最初的一个很好的近似具有由晶格深度确定的宽度远小于 $d$ 的等距 Gauss 阵列. 由于这样一个阵列可以写成一个单一的 Gauss 波函数的卷积,函数间距为 $d$,该对象的 Fourier 变换仅仅是单个变换的乘积,即另一个 $\delta$ 峰值乘以确定相对高度(强度)的 Gauss 函数的峰值.

图 3.5.1 显示了一个典型的飞行时间干涉模式从一个深度为 $V_0 \approx 10E_R$ 的光晶格(加谐波束缚)释放的凝聚体.从干扰峰的间距和飞行时间,可以立即推断出晶格的反冲动量,从而推断出晶格常数 $d$.此外,从对应动量能级 $\pm 2\hbar k_L$ 的边峰的相对高度,可以计算晶格深度.

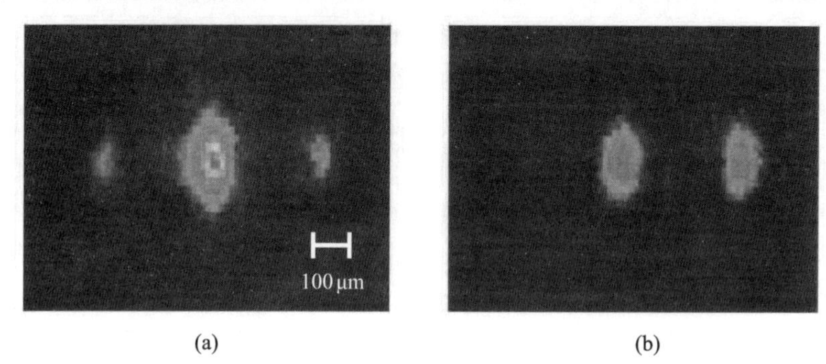


图 3.5.1 在 20 ms 的飞行时间之后,从深度为 $V_0 = 10E_R$ 的一维光栅释放的 Bose-Einstein 凝聚体的干涉图案.在(a)中,晶格处于静止状态,而在(b)中它已经加速到 $v_R$,即凝聚体的准动量在 Brillouin 区的边缘

到目前为止,我们假设晶格中的局部波函数相位相同或相差一个常数,如果这不再是正确的,即如果在相邻格点之间存在随机相位差,则干涉图案变得不太明显.根据相位差的性质和大小,干涉图案可以从峰的轻微展宽到完全消失.干涉图案的“模糊”程度可以通过以下参数来量化(参见图 3.5.2):

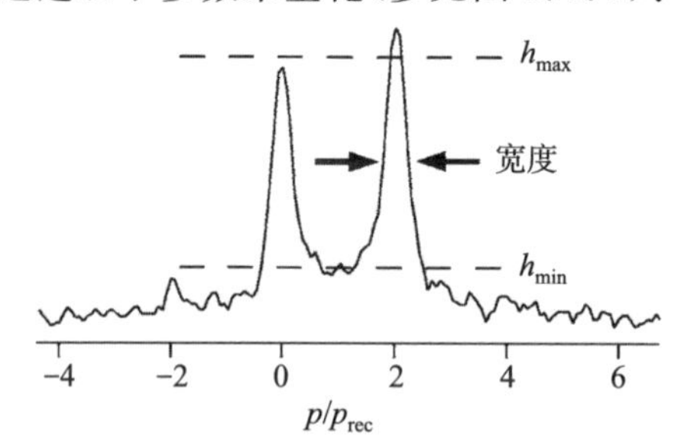


图 3.5.2 用于表征从光晶格释放的凝聚体的干涉图案的量.这里显示的是垂直于格子方向整合的吸收图像.与图 3.5.1 类似,凝聚体在被释放之前被加速到 Brillouin 区的边缘.该图的 $x$ 轴已经被(以反冲动量 $p_{rec} = mv_R$ 为单位)重新缩放以反映晶格释放之前的凝聚动量

(1)类似于干涉测量定义的可见度,被定义为干涉图案的最大值 $h_{max}$ 和最小值 $h_{min}$ 之间的归一化差异:

$$V = \frac{h_{max} - h_{min}}{h_{max} + h_{min}}. \tag{3.5.1}$$

(2)峰的宽度,这反映了对干涉图案有贡献的井的有效数量.如果所有凝聚体

同相,则该宽度达到与凝聚体占据的有限数量的阱 $V$ 直接相关的最小值,即宽度与 $1/V$ 成正比.

在解释干涉图样的能见度或峰宽的测量结果时,必须注意正确理解这些量可能发生的变化的原因.事实上,与直觉相反,即使是相位完全独立,且有纵向位置和调制波动深度不相关的一系列凝聚体,在飞行时间之后,其也能表现出清晰的干涉模式(Hadzibabic 等人,2004)[135].

### 3.5.2　光晶格的校正

在下面关于晶格中凝聚体实验的讨论中,我们经常提到晶格深度(以反冲能量 $E_R$ 为单位),我们不得不考虑如何以及以何种精度测量这些能量.尤其是当理论严格依赖于晶格深度的确切信息,例如,当隧穿速率与深度成指数关系时,重要的就是要有一个可靠的工具来校准实验.

原则上,如果知道原子跃迁的饱和强度和晶格束的参数,即它们的光束腰,失谐和力,晶格深度可以由公式计算.事实上,对于在晶格实验中常使用的原子种类而言原子极化率通常是已知的,并且通过使用光谱学可以非常精确地测量晶格激光的失谐,然而即使在沿着晶格光束的光路的某个点处精确测量光束腰,进一步传播和通过真空系统的窗口也会使光束变形并导致与计算出的强度分布出现偏差.另一方面,绝对光学功率是非常难以测量的,会导致 10%～20%,甚至更多的系统误差.

测量光晶格对原子的良好理解效应的大小将带来更精确的晶格深度值.然而,重要的是,要确保对于在晶格实验中常使用的原子种类而言的密度足够低,以便可能使影响结果的平均场效应被最小化.这可以通过选择一个小的谐波捕获频率,或者从束缚中释放凝聚体并在测量之前使其稍微膨胀来实现.有了这个条件,我们现在列出通常用于校准光晶格的方法:

(1)Rabi 振荡(Pendellösung):通过突然开启在 $v_R$ 移动的晶格,凝聚体被加载到基态和第一激发带的相干叠加中.在飞行时间之后测量的布居数的相对相位以及 0 和 $2\hbar k_L$ 动量分量的权重随频率 $\Omega_{Rabi}=V_0/2\hbar$ 演化.在浅格点极限,以此可以计算出 $V_0$.

(2)Raman-Nath 衍射:如果晶格突然开启一段时间 $\Delta t\ll 1/\omega_{rec}$,则衍射图案处于 Raman-Nath 状态,$V_0$ 的值可以从 0 和 $\pm 2\hbar k_L$ 动量分量的相对数量计算出来(Gould 等人,1986)[136].这种方法的优点是只需要与晶格的交互较短的时间.

(3)从晶格扩大:在这种方法中,将凝聚体绝热加载到晶格中,然后关闭晶格激光器.在飞行时间之后观察到的衍射图实际是(间距为 $2v_R t_{TOF}$ 的)一系列动量峰和(宽度反映局部波包在晶格阱中的局部化程度的)Gauss 包络的乘积.若从 0 和

$\pm 2\hbar k_L$ 动量峰值的相对权重为 $P_{\pm 1}$，则格点深度可以由(3.5.2)式计算：

$$s=\frac{16}{[\ln(P_{\pm 1})]^2}P_{\pm 1}^{1/4}, \tag{3.5.2}$$

条件是在很深($s\geqslant 5$)的光晶格限制中.

(4)Landau-Zener 隧穿：如果晶格在 Brillouin 区的边缘加速，Landau-Zener 隧穿的发生概率为 $r=\exp(-a/a_c)$，在浅晶格极限中，在 $q=\hbar k_L$ 处的能隙大约是晶格深度的一半.

(5)参数加热：通过周期性地调节光晶格的深度，凝聚体原子可以被参量激发(Friebel 等人，1998)[137]. 如果调制频率等于晶格阱中谐波俘获频率的两倍，则会发生加热. 从这个谐振调制频率，晶格深度是可以计算的.

### 3.5.3 Bose 凝聚体在光晶格中的制备

为了在光晶格中做 Bose 凝聚体的实验，必须产生这样一个凝聚体. 做到这一点有两种可能的方式. 一个是首先在传统的谐波磁场或光学波导中产生一个 BEC，然后绝热地增加周期性势阱. 或者就执行蒸发冷却，已经存在周期性势阱，并在组合阱中达到冷却.

第二种方法是由佛罗伦萨大学的小组开创的(Burger 等人，2001)[138]. 该方法使用常规方案在磁阱中进行蒸发冷却，直至温度刚好高于 Bose-Einstein 凝聚的阈值. 此时，光晶格势阱开启，继续蒸发冷却. 这样，系统直接凝聚成谐波加周期势阱的基态. 使用这种方法的前提是光晶格足够远离失谐，以至于在蒸发冷却所需的几秒钟的时间内，在晶格存在的情况下，没有可能干扰冷凝物凝聚体的光子被散射.

第二种方法，即一旦冷凝发生就增加周期性势阱，需要仔细考虑绝热条件. 如果凝聚体密度低，平均场相互作用可以忽略不计，绝热标准就直接来自晶格中 BEC 的能带结构. 本质上，为了最终得到晶格最低能带中的凝聚体，必须足够缓慢地开启晶格激光器，以避免到更高频带的激发. 这种考虑带来加载到一个 Bloch 状态的绝热标准 $|n,q\rangle$ 的形式：

$$\left|\langle \mathrm{i},q|\frac{\partial H}{\partial t}|0,q\rangle\right|\ll \Delta E^2(q,t)/\hbar, \tag{3.5.3}$$

其中 $\Delta E$ 是基态与第一激发态 $i$ 之间的能量差. 典型地，当开启时，晶格在实验室框架中静止，即 $q=0$. 在这种情况下，如果 $\mathrm{d}V_0/\mathrm{d}t\ll 16E_R^2/\hbar$，可以证明绝热准则(方程 3.5.3)被满足. 对于几个 $E_R$ 的典型的潜在深度和对于 Rb 原子的反冲能 $E_R=h\times 3.7$ kHz，可以发现在 1 ms 以上从 0 深度线性地切换到其全部深度应确保绝热性. 在 Mellish 等人的文章中描述了一种用于规避该绝热准则同时仍然将凝聚体完全加载到最低能带中的方法[139].

当 $q\neq 0$ 时，即晶格在升高的同时运动，随着基态带与第一激发带之间的距离

伴随 $q$ 的增加而收缩,绝热判据变得越来越难以满足. 事实上,在 $q=1$ 的第一个 Brillouin 区的边缘,当 $V_0=0$ 时,不可能将凝聚体加载到基态带,因为基态带与第一激发带退化. 如果晶格在 $q=1$ 时突然开启,两个最低能带平均填充,会导致 Rabi 振荡. 这可以用来校准晶格深度.

将凝聚体绝热加载到晶格中也是可能的. 在这种情况下,准共振位于第一个 Brillouin 区之外,因此,凝聚体将不会加载到最低能带,而是加载到一个激发带. 例如,将凝聚体加载到 $\hbar q=1.5\hbar k_L$ 的晶格中意味着假设绝热,填补了准备反馈到第一个 Brillouin 区的状态 $|n=1,\hbar q=-0.5\hbar k_L\rangle$. 这是从能量和动量的守恒开始的,并且已经在两个冷原子的实验中得到验证(Dahan 等人,1996 和 Jona-Lasinio 等人,2003)[140][141].

在基态和激发态两种情况下,都可以通过加速光晶格来改变加载后的凝聚体的准共振. 通过将已知的加速度 $\alpha$ 施加一段时间,可以选择 $q$ 的任何值. 如果 Brillouin 区的边缘要被穿过,则必须选择足够小的值,否则可能发生 Landau-Zener 隧穿效应. 如果凝聚体在最终 $q$ 上保持一段时间,则晶格必须以加速结束时达到的速度继续运动. 在这种情况下,如果在与晶格的相互作用时间内凝聚体的空间运动是可观的,则必须考虑保持凝聚体的谐波势阱的恢复力.

如果凝聚体密度足够大,平均场相互作用变得重要,那么新的能量等级就会出现问题. 现在人们必须考虑凝聚体中可以激发的最低声子模式(Javanainen,1999; Orzel 等人,2001)[32][142],斜坡速度越低,凝聚体被晶格"扰动"越少. 这可以通过测量作为斜坡速度的函数的干涉峰值宽度来进行量化(参见图 3.5.3). 相反,通过观察凝聚体从凝汽阀中释放之后的干涉图案,可以观察到晶格深度的非绝热斜坡效应.

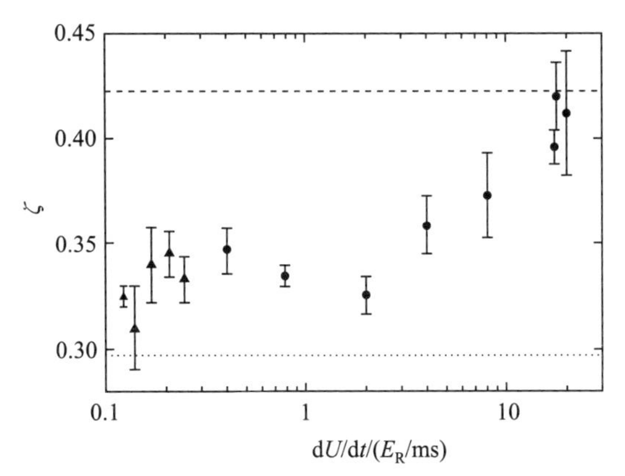


图 3.5.3　装载过程的绝热. 势能装载得越快,参数 $\zeta$ 越大. 干涉峰宽度与干涉峰距离的比率描述了凝聚体退相干描述

Morsch 等人(2003)观察到,在不同的局部平均场能量(见图 3.5.4),在由于

相邻晶格凹陷相移而引起的干扰峰的初始清除之后，在井间隧道的时间尺度上恢复了相位一致性[143][144]. 但是这是以冷凝分数的降低为代价的. 在图 3.5.4(b)中，再散射由散射可见点的下包络线表示. 图 3.5.4(b)表明在初始相移之后，随着相邻网格井中的凝聚体重新获得稳定的相位关系，峰间波动减小.

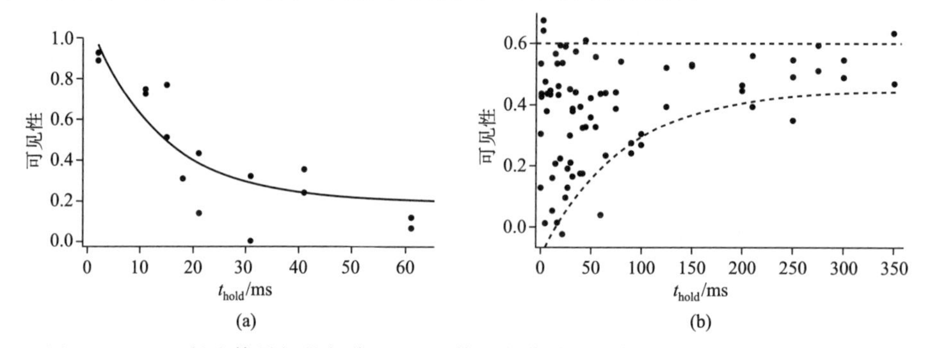


图 3.5.4 (a)凝聚体最初的相位和(b)最终的相位非绝热加载到光晶格中. 在这个实验中，描述凝聚相位相干性的标准是 Morsch 等人的干涉图形的可见性. 请注意，(a)和(b)使用不同的谐波束缚频率，导致相位不同的时间尺度

### 3.5.4 浅光晶格中的实验

#### 3.5.4.1 Bloch 振幅和 Landau-Zener 隧穿

晶体中的电子与光晶格中的 BEC 之间形式上的相似性引起了许多探测它们的能带结构和带间隧穿性质的实验. 在凝聚体进入场之前，在超冷原子中已经观察到周期势能带结构的最显著的影响，即在恒定的力作用于原子时，Bloch 振荡和 Landau-Zener 隧穿发生(Dahan 等，1996；Niu 等人，1996)[140][148]. 但是，Bose-Einstein 凝聚体提供了更可能且更系统地调查它们的不同体系. 沿着这些线索，Bose 凝聚体在光晶格的第一个实验是由 Anderson 和 Kasevich(1998)进行的[145]，引起了理论研究者和实验者的相当大的兴趣.

##### 3.5.4.1.1 线性规范

为了观察 Bose-Einstein 凝聚体的线性状态下的 Bloch 振荡，有必要充分降低它的密度，这样在 Gross-Pitaevskii 方程中的平均场项就变得可以忽略不计. 这可以通过降低频率并且在接通光晶格之前得到凝聚体的密度，或者通过释放凝聚体并使其膨胀(Morsch 等人，2001)来做到[147]. 在这个体系中进行了实验：将 Rb 原子的 BEC 加载到一个浅的光晶格，随后通过线性调频晶格光束之间的频率差异加速度 $a$ 来加速光晶格(Morsch 等人，2001；Cristiani 等人，2002)[146][147]. 在变化的加速时间 $t_{acc}$ 之后，关闭束缚和晶格，并且在飞行时间之后观察凝聚体. 根据得到的干涉图，可以计算出晶格参考系中的凝聚团速度，并且相对于晶格速度 $u_{lat}=t_{acc}$

(见图 3.5.5)清楚地显示 Bloch 振荡.

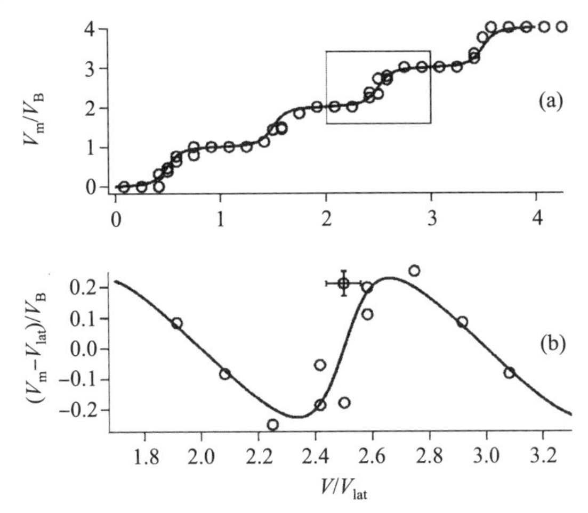


图 3.5.5　凝聚体在光晶格中的 Bloch 振荡(在动量空间).纵轴上显示的是从实验室参考框架中测量的凝聚体的平均速度中减去瞬时晶格速度得到的值,可以清楚地看到在格子框架中的 Bloch 振荡(来自 Cristiani 等人,2002)[146]

加速晶格中出现的另一种现象是先前在晶格中观察到的超冷原子的 Landau-Zener 隧穿效应(Niu 等人,1996)[148].当 $a$ 足够大时,凝聚体不能绝热地跟随晶格最低能带上的准共振能量的变化.在 Brillouin 区的边缘($q=1$),有一个有限的概率 $r$ 使凝聚体隧穿到第一激发带,且可以给出临界加速度 $a_c$.在 Anderson 和 Kasevich(1998)的实验中,使用了垂直方向的晶格,并以地球的加速度 $g$ 驱动原子[145].Landau-Zener 隧穿导致原子"滴"从晶格中脱落出来,见图 3.5.6.

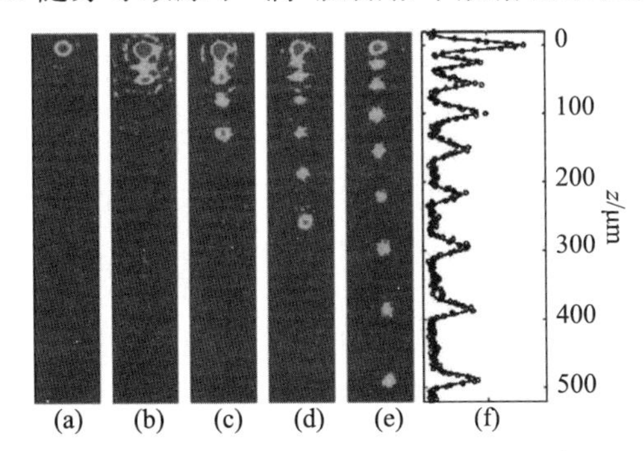


图 3.5.6　在一维垂直一维光晶格中凝结的凝聚的相干"小滴".这个效应可以用在重力作用下经历 Bloch 振荡的凝聚体和在 Brillouin 区边缘的连续交叉处由于 Landau-Zener 隧穿引起的离开晶格的部分凝聚体来解释.在格子中保持的时间分别是(a)0 ms、(b)3 ms、(c)5 ms、(d)7 ms 和(e)10 ms.在(f)中,吸收图像[(e)]与理论拟合的实线一起显示

探测光晶格内凝聚体能带结构的另一种方法是通过在带之间相干地转移总体.这可以通过摇动晶格来完成,也就是说,通过向前和向后周期性地加速,或者通过调整晶格深度来完成这一过程(Denschlag 等人,2002 年)[149].从最低能带中的凝聚体开始,前一种方法将把整体转移到第一激发带,而在后一种方法中,第二带将被填充.如果调制频率恰好匹配,则通过晶格的速度选择 $q$ 值的两个带.因此,通过扫描 $q$ 并找出每种情况下的谐振调制频率,可以绘制出两个频带之间的间隔.如果其中一个频带的 $q$ 相关性是已知的,则可以重建另一个频带.

3.5.4.1.2 非线性限制

当 Gross-Pitaevskii 方程中的非线性项不再可以忽略不计时,BEC 在加速晶格中的行为与线性情况中的行为有明显的偏差(Morsch 和 Arimondo,2002)[150],特别是作为非线性参数 $C$ 的函数进行 Landau-Zener 隧穿实验时,Morsch 等人(2001)发现隧穿概率随着 $C$ 的增加而增加[147].这可以用 Choi 和 Niu(1999)提出的有效势近似来解释.当有效势阱深度减小时,Brillouin 区边缘的带隙也将减小,导致隧穿增加(参见图 3.5.7).

有趣的是,如果在相反的方向进行相同的实验,即从第一激发带中的凝聚体开始,则非线性项的影响正好相反.而在线性情况下,Landau-Zener 隧穿从最低激发能带到第一激发能带或者相反的可能性发生时,平均场相互作用导致隧穿中的不对称性.Jona-Lasinio 等人(2003)表明[151],在非线性情况下,人们期望从第一激发带到最低带的隧穿概率降低而不是增高,如从最低激发带到第一激发带的隧穿情况那样.随着 $C$ 增加,这种不对称性变得更大,并最终导致从激发到最低能带的隧穿完全被抑制.

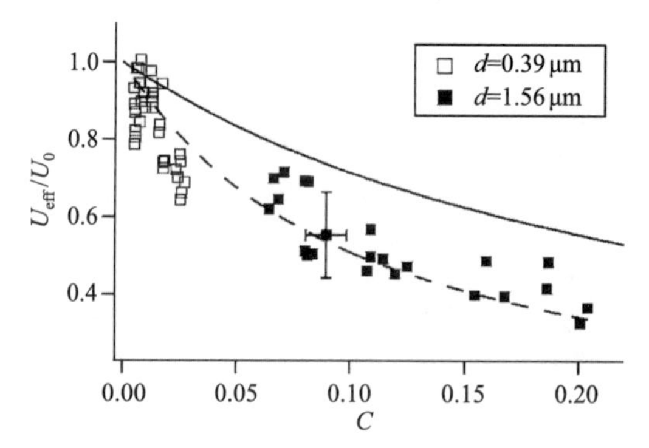


图 3.5.7 在这个结果的表示中,对应 $V_{\text{eff}}$ 的有效势 $U_{\text{eff}}$ 的变化与非线性参数 $C$ 相关.方形符号是通过测量隧穿概率并使用线性 Landau-Zener 公式推断有效晶格深度(给出实验测量的隧穿的线性问题中的等效晶格深度)获得的实验数据点(概率),而实线和虚线是 Choi 和 Niu 的理论预测(1999),并且分别与经重新缩放的非线性参数最佳拟合(从 Morsch 等人,2001)[147]

### 3.5.4.2　超流的不稳定性和击穿

在上一小节中，我们讨论了一些实验，其中在线性和非线性区域内探测了晶格中 BEC 的能带结构. 这些实验为我们提供了有关 Gross-Pitaevskii 方程的特征生成信息的一个周期性的势阱，但是它们没有直接表明任何关于相应的波函数的稳定性的信息. 然而，如果想要连贯地操作一个光晶格的 Bose 凝聚体，那么这样的信息是重要的. 在后续章节我们讨论如何在理论上进行稳定性分析，以及我们正在处理的系统会遇到什么样的不稳定性. 在本小节中，我们看看迄今为止关于光晶格不稳定性的实验结果.

为了从实验上调查不稳定性，首先需要找到反映这种不稳定性的可测量的量. 对于晶格中的 Bose 凝聚体，不稳定模式的增长将导致跨越凝聚体的相位相干性的丧失，这可以在飞行时间测量中被检测到. Cristiani 等人将 BEC 加载到一个晶格中，随后加速到最终速度 $v_{\text{final}} > v_{\text{R}}$，从而最终穿过 Brillouin 区的边缘. 时间光干涉图案的特点是其对比度或可见度是晶格加速度的函数. 晶格加速度确定凝聚体在预计存在不稳定模式的准冷却区域中花费的时间. 对于小的加速度，超出临界准则，干扰模式的对比度开始下降，表明存在不稳定的模式.

在类似的实验中，Fallani 等人（2004）将凝聚体加载到以有限速度运动[并因此具有有限的准共振 $q$（参见图 3.5.8）]的晶格中[152]. 经过几毫秒到几秒的等待时间，凝聚体在飞行时间之后被成像，并且这个过程确定了凝聚体部分中的原子数目. 可再次发现超过临界准冷却系数 0.55 的凝聚体开始被“摧毁”，即原子从凝聚的部分中消失了. 与 Cristiani 等人（2004）的实验相比[153]，这个实验一次仅调查 $q$ 的一个单一值，而不是在一系列准备状态下的综合效应.

上述两个实验都可以解释为一个关键的准共振上面出现的动力学不稳定性，并且正如一些作者所预测的那样，不稳定性以一个特征速率增长. 虽然 Fallani 等人（2004）和 De Sarlo 等人（2005）将其结果与数值模拟进行比较[152][154]，但深入系统的测量（例如参数空间不同区域不稳定模式的增长率相对于格点深度和非线性参数 $C$ 的测量）尚未完成. 一个有趣的前景是对一个不稳定模式的仔细表征，例如 Machholm 等人（2004）在理论上讨论的倍周期模式. 由于难以解释实验结果并确定所涉及的不稳定性，需要更仔细且更定量的研究. 在 Burger 等人的早期实验中观察到的凝聚体超流体的破坏最初归因于高能（Landau）不稳定性，即通过声子发射降低凝聚体的能量. 虽然在这个方向的理论分析给出了合理的结果，但正如（Burger 等人，2002，Wu 和 Niu，2002）[156][54] 早些时候指出的那样，Modugno 等人（2004）的计算表明不稳定的出现远远超出了能量不稳定的临界速度，但实际上与动力学不稳定性一致.

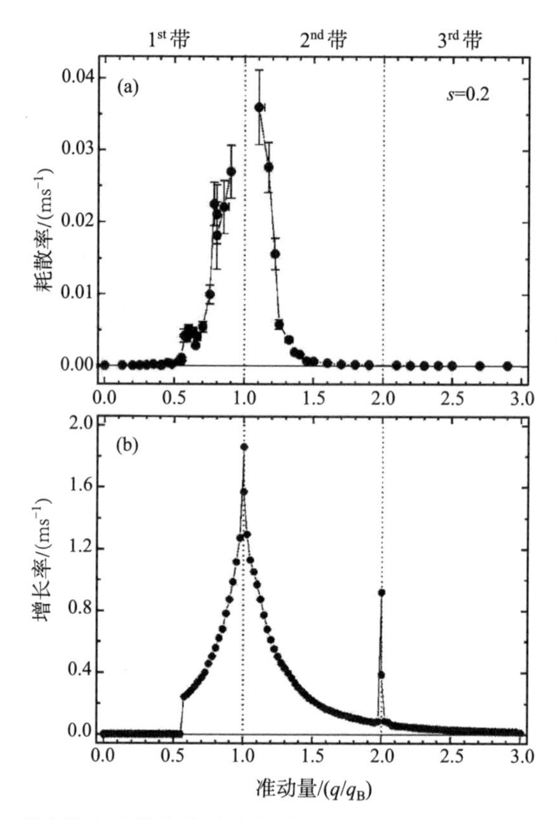


图 3.5.8 Bose 凝聚体在光晶格中的动力学不稳定性的特征.(a)凝固点的损失率保持在一个固定的准共振 $q$ 格子 $s=1.15$.(b)将动态最不稳定模式的理论计算增长率绘制为 $q$ 的函数[95](来自 Fallani 等人,2004)[152]

### 3.5.4.3 分布规则和孤子

#### 3.5.4.3.1 分布和有效质量

与自由空间中的相同物质波相比,周期性势阱内的物质波对外力显示出根本不同的响应.这种行为的后果之一是 Bloch 振荡的发生.考虑到晶格对动力学产生影响的一种直观的方式是引入准独立有效质量 $m_{\text{eff}}(q_0)=\hbar^2\left[\partial^2 E(q)/\partial q^2|_{q_0}\right]^{-1}$,物质波的动力可以很容易地用 $m_{\text{eff}}$ 来解释,它的值可以是正值,负值或者零,并且描述波包的扩散.

在量子力学里,任何具有有限宽度 $\Delta x$ 的波包将在自由空间中经历色散,即它将以与其原始大小成反比的速度膨胀.在存在周期性势阱的情况下,仍然会发生弥散,但是现在必须通过有效质量来考虑作用于物质波势阱的周期性的影响.由于有效质量可以是正的(或负的),色散可以是正常的,也就是波包可以膨胀(或者色散可以是异常的,即波包可以收缩)(Eiermann 等人,2003;Fallani 等人,2003;

Anker 等人,2004 年)[157][160][14]. 在实验上,两种情况都被探索,并表明光晶格可以用来有效地控制 Bose-Einstein 凝聚体的色散. 这种色散管理类似于光纤中使用的方案.

有效质量的概念也可以应用于凝聚体的集体激发. 在 Krämer 等人(2002)的工作中,计算了偶极和四极振荡模式的频率修正. 前者对应于在谐波束缚内执行质心振荡的凝聚体,而后者是"呼吸"振荡. 当存在周期性电势时,这些模式的频率被因子$\sqrt{m/m_{\text{eff}}}$修改,并且因此取决于光晶格的深度. Fort 等人的实验验证了这种依赖性.

3.5.4.3.2　孤子

当凝聚体中的平均场相互作用是可观的时候,出现新的现象. 如果原子与原子之间的相互作用是排斥性的,那么可以(通过相应的准共振 $q_c$)选择负有效质量 $m_{\text{eff}}(q_c)$,这样一来,如果原子数足够小,那么在 Gross-Pitaevskii 方程中有效的吸引相互作用项将导致形成稳定的亮孤子(见图 3.5.9). Eiermann 等人已经观察到了这些所谓的间隙孤子.

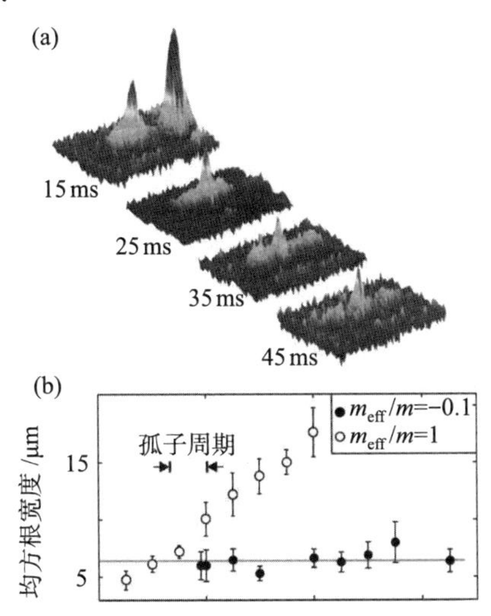


图 3.5.9　间隙孤子的实验证明:光晶格中因排斥相互作用形成亮孤子. (a)吸收图像揭示了不同演化时间的一维波导中的原位密度分布. 显然,25 ms 后形成一个非解扩波包. (b)在负质量和正质量范围内系统地测量波包的宽度. 在负质量范围内形成一个孤子,其宽度是恒定的. 在正常质量范围内,初始的原子分布如期望那样展开

### 3.5.5　深光晶格下的实验

在目前所讨论的实验中,我们考虑了凝聚波函数在整个晶格上展开. 还通过能带结构考虑了周期性势能的存在,并在此框架内讨论了相互作用效应. 正如我们在

理论讨论中所看到的那样，当相邻晶格位点之间的隧穿大于带隙时，图像是有效的. 若非如此，则可以更直观地将晶格内部的凝聚体视为通过孔之间的隧穿而耦合到彼此的局部波函数的阵列.

### 3.5.5.1 光晶格中 BEC 的化学式

如果光晶格的深度进一步增加，即远高于几个 $E_R$，那么在实验的时间尺度上(通常几毫秒)，阱之间的隧穿将迅速变得可以忽略不计. 因为它取决于晶格深度. 同时，单个格点处的波函数将更加紧密地进行限制，导致密度增加. 对于这种情况，Pedri 等人(2001)计算了具有附加谐波约束的光晶格中的凝聚体的"局部"化学势[158]. 在关闭初始谐波约束之后，通过让一个一维晶格内的凝聚体自由膨胀，Morsch 等人(2002)证实了这些计算[159].

### 3.5.5.2 光晶格中的 Josephson 现象

在一个深的光晶格的阱中的孤立凝聚可以看作是一个 Josephson 结的阵列，那么离散化 Gross-Pitaevskii 方程是有用的. 引入离散的非线性 Schrödinger 方程组，其中包括一组耦合微分方程组相关的相邻格点. 可以进一步引入"宏观"变量，描述个体局部 BEC 的实验观察包络. 使用这种方法，当叠加在光晶格上的谐波束缚突然移位时，观察到这个包络的运动，导致包络的整体晃荡运动，并局部地导致晶格阱和相关的"Josephson 电流"之间的相干隧穿[Cataliotti 等人(2003)][160]. 晶格深度的晃荡频率变化见图 3.5.10.

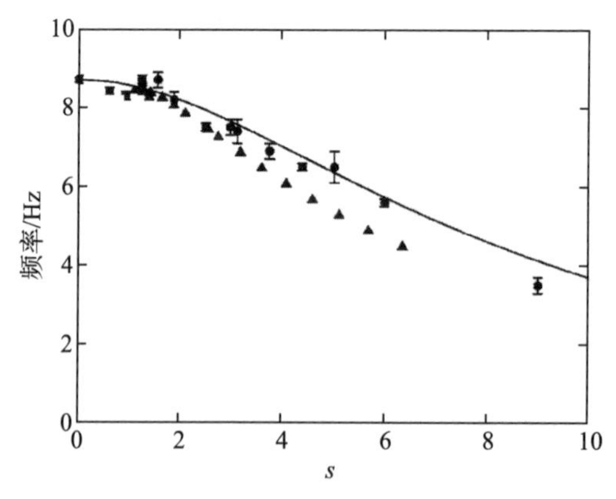


图 3.5.10 在存在深度为 $s$ 的光晶格时，凝聚体晃荡频率的变化. 图中圆形点是来自 Cataliotti 等人数据点的实验，三角形点表示基于 Josephson 模型离散非线性 Schrödinger 方程的理论预测，实线是基于有效质量方法的计算结果

晃荡频率在 $s\approx1$ 和 $s\approx9$ 之间变化，间接反映了临界的 Josephson 电流 $I_c$. 或者，可以回到连续的描述，并用有效质量来解释晃荡频率的变化. 使用这种方法，Krämer 等人准确复制了 Cataliotti 等人的实验数据(见图 3.5.10)，从而建立了有

效质量体系和 Cataliotti 等人的 Josephson 解释之间的联系.

正如所料,当 Josephson 电流超过一个临界值时,相干振荡破裂,包络线被抹掉.

#### 3.5.5.3 挤压数和 Mott 绝缘体转换

增加晶格深度并因此降低相邻阱之间的隧穿率也可以被看作每个晶格位置处的数量波动的减少.随着原子在阱之间跳跃的可能性减小,数量方差 $\sigma_n$ 下降,意味着描述晶格间相对相位扩散的相位变化 $\sigma_\varphi$ 必须增加.这是根据涉及乘积的不确定性原理得到的,其效果可以直接通过观察从光晶格释放的 BEC 的干涉图来看出.在 Orzel 等人(2001)的第一个实验中,实验者将 Rb 原子的凝聚体绝热加载到深一维光晶格中经过一段时间后,通过干涉峰的宽度来表征干涉图的质量(见图 3.5.11)[142].随着晶格深度的增加,每个颗粒的平均场能量与隧穿能量之比减小,干涉图案逐渐被冲刷掉.难道这一点仅证明了相邻井之间的相位一致性丧失了,而不是"如何"丧失了吗?为了表明相干性的丧失实际上是由于抑制了数量的波动,从而产生了数量压缩态,实验者们又绝热地再次降低了晶格的深度,发现相位的连贯性确实得到了恢复.

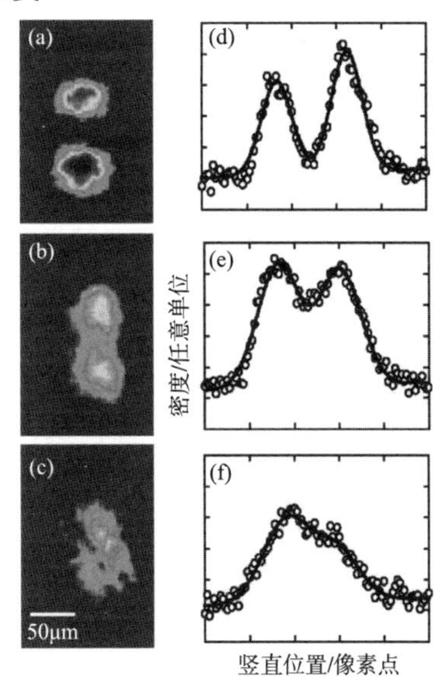


图 3.5.11 小的晶格深度(a)、(d),中等的晶格深度(b)、(e)和大的晶格深度(c)、(f)的干涉图和集成轮廓,使用 Orzel 等人(2001)的实验中的晶格深度[142].随着晶格深度的增加,干涉图案变得越来越"模糊不清"

在类似的,但是使用 3D 光栅的实验中,Greiner 等人(2002)进一步采取了这种方法,并达到 Mott 绝缘体转换[161].在这个量子相变过程中,数量的波动实际上消失了,系统达到了一个状态.在这个状态中所有的晶格阱被明确数量的原子占据.

如在 Orzel 等人的实验中那样[142].

随着晶格深度的增加,随数目波动的减少而增加相位波动的"线索"是干涉图样的恶化.再一次地,这个观察本身并没有明确地证明从最初的超流体到一个 Mott 绝缘体状态的转变(Roth 和 Burnett,2003)[162].Greiner 等人在实验中进一步证实了这一点,他们发现在 Mott 绝缘体的激发光谱中出现间隙,见图 3.5.12.

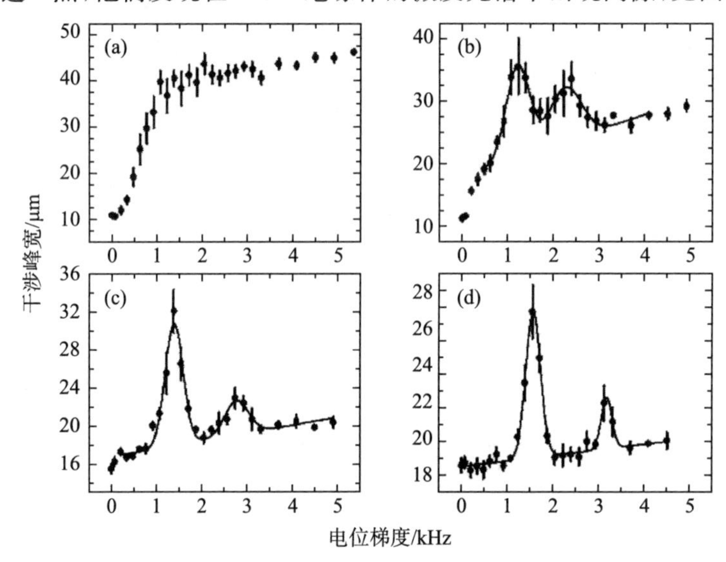


图 3.5.12 超流体的激发光谱[(a)]和 Mott 绝缘体状态[(b)到(c)]通过在 Greiner 等人(2002)的实验[161]中在相邻位置之间施加能量梯度进行测量.从(a)到(d),晶格深度增加,并且 Mott 绝缘体的离散激发光谱变得可见.横轴表示以 kHz 表示的电位梯度

通过在晶格上施加一个磁场梯度(相当于"倾斜"),在相邻位置之间产生能量差,使得原子能够在这些位置之间跳跃.而在小流域深度的超流态中(这种跳跃随着位置之间的能量差异而不断增加,在 Mott 绝缘体体系中,只允许明确定义的能量差异,对应于将原子添加到已经被原子占据的晶格位置的能量"惩罚"原子),在他们的实验中还表明,通过降低光晶格深度,Mott 绝缘体转变是可逆的.Stöferle 等人获得了类似的结果,除此以外,Köhl 等人(2005)使用一维,二维和三维的晶格进行了类似实验[163].

### 3.5.6 光晶格作为工具

在迄今为止所描述的实验中,实验者的主要兴趣在于系统 BEC 加上光晶格的性质,它们与晶格的周期性密切相关,因此与能带结构密切相关,或者在深晶格极限中与周期性阵列本地波函数密切相关.然而,也可以使用光晶格作为工具,例如通过 Bragg 衍射从单一的动量中产生具有不同动量的多个凝聚体,或者探测 BEC 的相干特性,以及在特定的情况下,令人感兴趣的物理现象与晶格的存在之间的关联. 在本小节中,我们将简要介绍一些属于这一类的实验.

#### 3.5.6.1　用光晶格产生动量分量

当一个以 $v=v_R$ 速度运动的光晶格突然接通时,凝聚波函数被投射到最低的两个能带上. 当晶格突然关闭时,与 Brillouin 区边缘的带相对应的平面波干扰它们积累的相位. 当晶格开启时,凝聚体分解成两个动量分量,它们的权重取决于相互作用的长度和晶格深度(Kozuma 等人,1999)[164]. 另外,这个过程可以看作是一阶 Bragg 衍射.

使用这种技术,Deng 等人(1999)通过对晶格施加两个 Bragg 脉冲序列,将凝聚体分解成三个动量分量[165]. 在线性近似中,这些动量分量将独立地分开飞散,它们之间的非线性相互作用导致产生具有动量的第四波包满足了四波混频的条件,这是一个非线性光学的著名过程.

将凝聚体分解成几个动量分量也可以用于实现 BEC 的物质波干涉. 通过分解凝聚体在两个分量和在可变时间后的重新组合,Simsarian 等人(2000)观察到凝聚体从磁阱释放后的相变[166]. 涉及凝聚体的几个动量分量的各种其他实验也已完成从相干性测量到 Talbot 效应的物质波实现.

#### 3.5.6.2　测量凝聚体的激发结构

上述的 Bragg 脉冲通常可以用来激发声子,并将动量传递给凝聚体(Stamper-Kurn 等人,1999)[167]. 在早期的实验中,Stenger 等人(1999)通过有效地测量动态结构因子 $S(q,v)$来确定 Na BEC 的动量宽度[168]. 通过 Bragg 散射晶格光子的动量转移作为两个光束之间失谐的函数. 使用类似的技术,Vogels 等人直接观察了 Bogoliubov 准粒子对凝聚体的转化. Ozeri 等人进一步用层析成像技术确定了向凝聚体传递的动量(Ozeri 等人,2002;Steinhauer 等人,2002,2003)[169]~[72].

#### 3.5.6.3　探索凝聚体的相干特性

Bragg 衍射对动量分布的灵敏度也可以用来检测凝聚体中的相位波动. Gerbier 等人(2003)和 Richard 等人(2003)测量了 Bragg 衍射效率作为失谐函数的情况下,极度拉长的雪茄状凝聚体(长宽比约为 150),其一维特征导致相位波动增加[173][174]. 这些相位波动反映在 Lorentz 式(与 Gauss 截然相反),通过 Bragg 谱的概况从 Richard 等人实验中的宽度能够提取衰减长度 $L_\Phi$ 的空间相关函数.

#### 3.5.6.4　研究相干态的时间演化

在合适的条件下,可以使用深度光晶格来创建大量相同的量子态副本. 例如,低于 Mott 绝缘体转变的临界深度晶格的势阱内的物质波场可以用相干态描述为

很好的近似,也就是不同数目态$|n\rangle$的叠加.相互作用使得这些数态以不同的相位进化,导致在关闭晶格之后的飞行时间实验中干涉图案对比度的损失.Greiner 等人(2002)利用这个事实绘制了 3D 光晶格中原子相干态的时间演化.

## §3.6 不同维度光晶格中的 Fermi 子、Bose-Fermi 混合物

对于这样一个快速发展的领域,本章讨论的评论文章,最多可以介绍一般研究领域和当前的大致情况.在撰写本章时,许多有关光晶格中 BEC 的理论和实验研究的新途径正在开放,从高度相关的系统到量子计算中的应用,光晶格内的中性原子(或“量子位”)被认为是有前景的.此外,超冷原子的一般领域正朝着新的目标迈进,涉及退化的 Fermi 气体和分子凝聚体.这些新的系统很可能很快会与光晶格结合在一起.在某种程度上,它们将在我们接下来介绍的内容中初露端倪.我们毫不怀疑在这样的系统中能发现和研究许多有趣的现象,在这一点上,我们只能在我们认为有希望的发展方向上给读者一个大致的概念介绍.

### 3.6.1 一维和二维系统

光晶格的一个显著特征是在晶格方向上的大的谐波俘获频率.由于晶格激光产生的干涉图案的长度尺寸小,晶格的势阱中的几十 kHz 的俘获频率可以用适度的激光强度来实现.将这些与典型的数百 Hz 的磁捕获频率和与 BEC 实验中通常遇到的大致相同数量级的化学势相对比,人们发现应该有可能实现二维(Stock 等人,2005)或一维量子系统[175],这可以通过向磁阱添加一维或二维光晶格来“冻结”一个或两个自由度来做到.凝聚体表现出二维或一维特征的条件是:愈合长度$\xi=\sqrt{4\pi na}$小于一个或两个谐振子长度$l_i=(\hbar/m\omega_i)^{1/2}$且分别与束缚频率$\omega_i$相关.这里,$n$是通常的密度和 s 波散射长度.Görlitz 等人(2001)实现了对二维和一维体系的交叉,使用了偶极子束缚并降低原子数以满足上述条件[179].利用光晶格的大陷获频率,Moritz 等人(2003)和 Stöferle 等人(2004)通过将来自磁阱的“普通”BEC 加载到三个垂直晶格束的配置中来创建 2D 和 1D 凝聚体[177][178].然后将很少的晶格做成非常深的几十埃,导致一堆薄饼形的二维凝聚体或一维雪茄形的一维凝聚体“管”的网格(见图 3.6.1)通过这种方法,研究者能够进入一维气体的强烈相互作用体系,在一维气体管内部达到符合直觉的小原子密度.在他们的实验中,每个管只包含几十个原子.然而,在一个偶极子阱中,这样一个小的原子数目几乎不可能被观察到,在由二维晶格产生的一维管阵列中,实验在数百个管中被有效地同时进行,导致易于检测的信号.对于一维情况,Stöferle 等人(2004)观察到临界参数由于量子涨落的增加而降低$(U/J)_c$[178],正如理论预期的那样.Laburthe Tolra 等人

(2004)也通过测量减少的三体重组率研究了这些波动的作用和三体相关函数的降低[179][182].

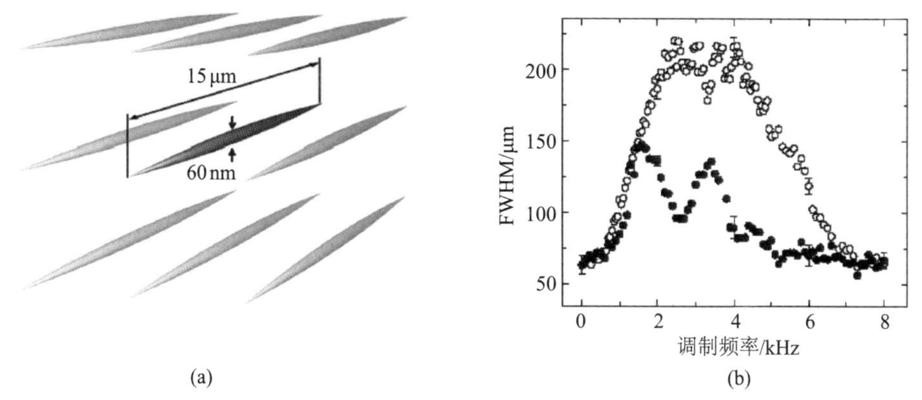


图 3.6.1　(a)在 Stöferle 等人的实验中使用的由二维光晶格产生的“管”阵列(2004),这是为了在一维中实现 Mott 绝缘体转变;(b)一维 Mott 绝缘体的激发光谱是 413 nm.(摘自 Moritz 等人,2003 和 Stöferle 等人,2004)[177][178]

在类似的实验中,Paredes 等人(2004)实现了 Tonks 体系,其中的原子之间的排斥性相互作用完全支配物理学现象[180].这个系统的行为就像一个 Fermi 子气体,即两个粒子永远不会在同一个位置被找到,尽管原子实际上是 Bose 子.在这个实验中,原子的有效质量通过沿着管方向的光晶格增加,从而更容易达到 Tonks 状态.Kinoshita 等人(2004)也使用二维光晶格达到了 Tonks-Girardeau 体系,以创造一维量子气体[181].

### 3.6.2　光晶格中的 Fermi 子

在 20 世纪 90 年代初期,超冷 Bose 子原子的实验研究很大程度上是由“获得 Bose-Einstein 凝聚”驱动的.对 BEC 的研究现在仍然是一个蓬勃发展的领域.但最近,Fermi 子在原子物理学中也引发了许多关注.显然,在 Fermi 子的情况下,人们主要的兴趣在于固态晶体中的电子是 Fermi 子这一事实.超冷 Fermi 子原子的稀薄云团为模拟系统中的 BCS 向超导性转变等现象提供了诱人的前景,因为它能让参数很容易地被控制.因此,增加一个周期性的势能就是朝这个方向自然而然地进一步.Modugno 等人在 2003 年对光晶格中的 Fermi 子进行了实验研究[182].在一维晶格中使用$^{40}$K 原子,将原子冷却至 Fermi 温度 $T_F=430$ nK 的三分之一后,开启 $s=8$ 的光晶格.当存在晶格时,通过比较重叠的磁阱中的 Bose 子和 Fermi 子之间的晃荡振荡,可以清楚地看到$^{40}$K 的 Fermi 特性.由于排斥原理,Fermi 子的初始准共振分布远大于 Bose 子,Fermi 子的晃荡运动严重衰减,与 Bose 子的无阻振荡形成鲜明对比.在一个证明原理实验中,Roati 等人(2004)的实验结果也显示,

Fermi 子应该非常适合被用于光晶格的精确测量[130]，例如，通过 Bloch 振荡的频率来确定地球的加速度，这是因为其与 Bose 子不相互作用，消除了由于 BEC 的平均场相互作用而产生的影响.

在理论方面，Ruostekoski，Javanainen 已经研究了观察光晶格内部的分数 Fermi 子粒子数的可能性[183][184]. 他们预测这种效应将在存在拓扑非平凡 Bose 子背景场的情况下发生，并且与如分数量子 Hall 效应有关.

### 3.6.3 光晶格中的 Bose-Fermi 子混合物

到目前为止，在光晶格中用 BEC 进行的实验几乎完全是在单个自旋态下用单个原子种类完成的. 最近，已经有许多理论研究被发表，其中发现，如果使用多于一种自旋态或原子种类，特别是如果其中一种是 Bose 子的而另一种是 Fermi 子，则预测可出现大量新现象.

光晶格中的 Bose 子和 Fermi 子原子的混合物可产生极其丰富的物理学现象. 在 Lewenstein 等人的研究中，发现了几个新的量子相(包含 Fermi 子和一个或几个 Bose 子的复合 Fermi 子研究，其可以是离域的超流体、金属相、局部密度波或域绝缘子相)[185]. 其他几位研究者也做了类似的研究[186]~[188].

Bose-Fermi 子混合物的另一个有趣的方面是它可以创造一系列的偶极分子. Moore 和 Sadeghpour(2003)表明这可以通过首先创建组合的 Mott 绝缘体状态(其中每个晶格位点具有两种物质的一个原子)，然后使用光离子缔合分子来完成[189]. 这样创建的偶极子分子可以作为量子计算的资源或者通过融化 Mott 绝缘体相而转变成偶极凝聚体.

在第一个将 Bose 子和 Fermi 子结合在晶格的实验中，Ott 等人(2004)已经研究了一个 Bose 子对通过一个光晶格移动的 Fermi 子的影响. 实验结果表明，正如在凝聚体物理学中一样，相互作用导致 Fermi 子电流. 如果 Fermi 子在周期性势阱内自行移动，则 Fermi 子电流将不存在[190].

### 3.6.4 光晶格中的涡旋

Bose-Einstein 凝聚体中的涡旋是一个有趣的量子现象，直接关系到这个系统的超流动性，并且其已经在实验和理论上受到了广泛的研究(Madison 等，2000；McGee 和 Holland，2001)[191][192]. 近期，一些理论论文已经处理了结合涡旋和光晶格的系统. 直观地说，可以通过在沿涡旋方向或在垂直于涡旋的方向应用网格来将单个涡旋和一维网格进行组合. Martikainen 和 Stoof(2003，2004)研究了前一个方式[193][194]，这是特别令人感兴趣的，因为它是高 $T_c$ 超导性的“类比”且具有实现晶格中 BEC 的量子 Hall 体系的可能性. Kevrekidis 等人(2003)和 Bhattacherjee 等人(2004)讨论了垂直于晶格方向的涡旋的情况[195][196]，这是在 3.3.2.1 小节中讨论的间隙孤子的一个类比. Ostrovskaya 和 Kivshar(2004)研究了在光晶格中产生“间隙涡”的可能性(参见图 3.6.2)，他们也解决了深晶格拓扑缺陷局部化的一般问题[197].

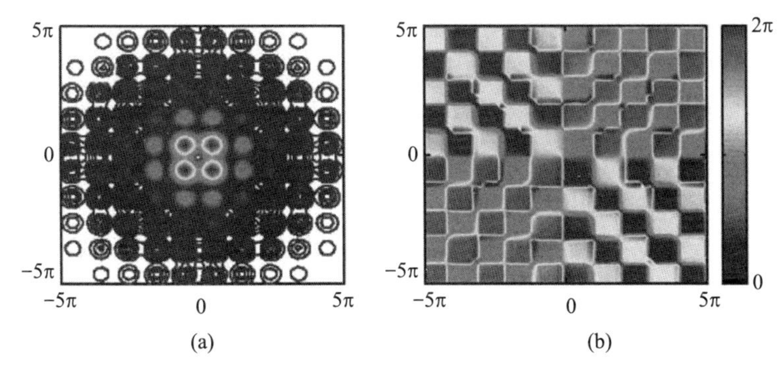


图 3.6.2　密度(a)和相位曲线(b)在二维光晶格中的间隙涡. $x$ 和 $y$ 轴以 $d/\pi$ 为单位进行标记，其中 $d$ 是晶格间距(取自 Ostrovskaya 和 Kivshar)[197]

### 3.6.5　量子计算

构建量子计算机的想法激励了大量的理论和实验工作. 最初，Feynman 构想出了能够计算复杂量子系统动力学的“量子模拟器”，它可以解决传统计算机无法实现的问题，如大数分解，因而已经成为新一代计算机的典范.

Greiner 等人在这方面迈出了第一步，从他们的 Mott 绝缘体转变的演示(见 3.5.5.3 小节)的其中从一个 BEC 开始，每个晶格位置都恰好有一个原子的状态. 在之后的实验中，研究者们还表明，在这种系统中，两个重叠光晶格中原子之间的受控碰撞可以用于创造纠缠[198][199](Bloch 等人，2003；Mandel 等人，2003)，除叠加原理外，它是量子计算的第二要素.

光晶格中的中性原子有许多有吸引力的特征，这使它们成为实现量子计算机的有趣候选“材料”(Deutsch 等人，2000；Porto 等人，2003；Jaksch，2004)[200]~[202]. 它们的特征之一就是它们的固有可扩展性，即原则上不难实现具有大量位点的单独捕获原子的一维，二维或三维阵列. 除此之外，这也意味着有可能创建所谓的“集群状态”，该状态代表了一个单向的量子计算机，能够用一个单一的读出操作进行量子计算.

## §3.7　结论

Bose-Einstein 凝聚在光晶格中构成了一个活跃的研究领域，且已经产生了几个不同的子领域. 粗略地说, 目前的实验和理论工作可以分为三类: 量子计算, 非线性物质波和强相关多粒子系统. 量子计算主要用光晶格作为完成制备过程和进行量子"工程"的工具. 光晶格能以受控的方式进行描述, 以用来实现量子算法. 在非线性物质波与强相关多粒子系统中, 对系统参数的全面控制可在几个方面被利用. 通过改变晶格的几何形状并组合, 例如不同的原子种类, 可以实现在凝聚体体系中不容易实现的多体 Hamilton 量, 并因此可使用晶格中的 BEC 作为模型系统以便对理论预测进行测试. 同样地, 在非线性物质波物理中, 对晶格几何的控制使得周期结构中的 BEC 在非线性光学中的相似实现上具有边缘. 量子计算局限于二维, 而晶格中的 BEC 可以用来研究三维系统的非线性动力学.

虽然很难预测这三个方向中的哪一个在未来的发展中将扮演最重要的角色, 但它们很有可能会带来有趣的新结果. 这也将在很大程度上来自不同社区之间富有成果的互动. 正如在光晶格中研究 Bose-Hubbard 模型的可能性已经引起了凝聚体研究群体的兴趣一样, 非线性光学和周期性势阱中的非线性物质波之间的联系已经开始吸引相关领域的许多研究人员进行交流. 没人知道在未来这些领域还有哪些尚未被探索的道路将被我们发现.

## 参考文献

[1] Giltner D M, McGowan R W, and Lee S A. Phys. Rev. A, 1995, 52(5): 3966.
[2] Bloch I. J. Phys. B, 2005, 38(9): S629.
[3] Jaksch D and Zoller P. Ann. Phys., 2005, 315(1): 52.
[4] Dalfovo F, Giorgini S, Pitaevskii L P, et al. Rev. Mod. Phys., 1999, 71(3): 463.
[5] Leggett A J. Rev. Mod. Phys., 2001, 73(2): 307.
[6] Steel M J and Zhang W. 1998, arXiv:cond-mat/9810284.
[7] Morsch O and Oberthaler M. Rev. Mod. Phys., 2006, 78(1): 179.
[8] Baym G and Pethick C J. Phys. Rev. Lett., 1996, 76(1): 6.
[9] Salasnich L, Parola A, and Reatto L. Phys. Rev. A, 2002, 65(4): 043614.
[10] Meacher D R. Contemp. Phys., 1998, 39(5): 329.
[11] Ashcroft N W and Mermin N D. Solid State Physics. Cengage, 1976.
[12] Zwerger W. J. Opt. B: Quantum Semiclass. Opt., 2003, 5(2): S9.
[13] Scott R G, Bujkiewicz S, Fromhold T M, et al. Phys. Rev. A, 2002, 66(2):023407.
[14] Eiermann B, Anker T, Albiez M, et al. Phys. Rev. Lett., 2004, 92(23): 230401.

[15] Zener C. Proc. R. Soc. London, Ser. A, 1932,137(833):696.
[16] Bender C M and Orszag S A. Advanced Mathematical Methods for Scientists and Engineers: Asymptotic Methods and Perturbation Theory. Springer, 1978.
[17] Brazhnyi V A and Konotop V V. Mod. Phys. Lett. B, 2004, 18(14): 627.
[18] Konotop V V and Salerno M. Phys. Rev. A, 2002, 65(2): 021602.
[19] Pu H, Baksmaty L O, Zhang W, et al. Phys. Rev. A, 2003, 67(4): 043605.
[20] Lenz G, Meystre P, and Wright E M. Phys. Rev. A, 1994, 50(2): 1681.
[21] Hilligsøe K M, Oberthaler M K, and Marzlin K P. Phys. Rev. A, 2002, 66(6): 063605.
[22] Scott R G, Martin A M, Fromhold T M, et al. Phys. Rev. Lett., 2003, 90(11): 110404.
[23] Zobay O, Pötting S, Meystre P, et al. Phys. Rev. A, 1999, 59(1): 643.
[24] Yulin A V and Skryabin D V. Phys. Rev. A, 2003, 67(2): 023611.
[25] Wu B and Niu Q. Phys. Rev. A, 2001, 64(6): 061603.
[26] Smerzi A and Trombettoni A. Phys. Rev. A, 2003, 68(2): 023613.
[27] Trombettoni A and Smerzi A. Phys. Rev. Lett., 2001, 86(11): 2353.
[28] Menotti C, Smerzi A, and Trombettoni A. New J. Phys., 2003, 5(1): 112.
[29] Alfimov G L, Konotop V V, and Salerno M. Europhys. Lett., 2002, 58(1): 7.
[30] Dauxois T and Peyrard M. Phys. Rev. Lett., 1993, 70(25): 3935.
[31] Abdullaev F K, Baizakov B B, Darmanyan S A, et al. Phys. Rev. A, 2001, 64(4): 043606.
[32] Javanainen J. Phys. Rev. A, 1999, 60(6): 4902.
[33] Martikainen J P and Stoof H T C. Phys. Rev. A, 2003, 68(1): 013610.
[34] Menotti C, Krämer M, Pitaevskii L, et al, Phys. Rev. A, 2003, 67(5): 053609.
[35] Krämer M, Pitaevskii L, and Stringari S. Phys. Rev. Lett., 2002, 88(18): 180404.
[36] Chiofalo M L and Tosi M P. Phys. Lett. A, 2000, 268(4-6): 406.
[37] Chiofalo M L and Tosi M P. J. Phys. B, 2001, 34(23): 4551.
[38] Smerzi A, Trombettoni A, Kevrekidis P G, et al. Phys. Rev. Lett., 2002, 89(17): 170402.
[39] Barone A. Weakly Coupled Macroscopic Quantum Systems: Likeness with Difference//Kulik I O and Ellialtioğlu R. Quantum Mesoscopic Phenomena

and Mesoscopic Devices in Microelectronics. Kluwer Academic, 2000: 301.
[40] Cataliotti F S, Burger S, Fort C, et al. Science, 2001, 293(5531): 843.
[41] Stringari S. Phys. Rev. Lett., 1996, 77(12): 2360.
[42] Dauxois T, Ruffo S, and Torcini A. Phys. Rev. E, 1997, 56(6): R6229.
[43] Tsukada N. Phys. Rev. A, 2002, 65(6): 063608.
[44] Smerzi A, Fantoni S, Giovanazzi S, et al. Phys. Rev. Lett., 1997, 79(25): 4950.
[45] Louis P J Y, Ostrovskaya E A, Savage C M, et al. Phys. Rev. A, 2003, 67(1): 013602.
[46] Ahufinger V and Sanpera A. Phys. Rev. Lett., 2005, 94(13): 130403.
[47] Ahufinger V, Sanpera A, Pedri P, et al. Phys. Rev. A, 2004, 69(5): 053604.
[48] Baizakov B B, Konotop V V, and Salerno M. J. Phys. B, 2002, 35(24): 5105.
[49] Choi D I and Niu Q. Phys. Rev. Lett., 1999, 82(10): 2022.
[50] Bronski J C, Carr L D, Deconinck B, et al. Phys. Rev. Lett., 2001, 86(8): 1402.
[51] Bronski J C, Carr L D, Deconinck B, et al. Phys. Rev. E, 2001, 63(3): 036612.
[52] Machholm M, Pethick C J, and Smith H. Phys. Rev. A, 2003, 67(5): 053613.
[53] Wu B and Niu Q. Phys. Rev. A, 2000, 61(2): 023402.
[54] Wu B and Niu Q. Phys. Rev. Lett., 2002, 89(8): 088901.
[55] Wu B and Niu Q. New J. Phys., 2003, 5(1): 104.
[56] Mueller E J. Phys. Rev. A, 2002, 66(6): 063603.
[57] Burger S, Cataliotti F S, Fort C, et al. Europhys. Lett., 2002, 57(1): 1.
[58] Wu B, Diener R B, and Niu Q. Phys. Rev. A, 2002, 65(2): 025601.
[59] Berg-Sørensen K and Mølmer K. Phys. Rev. A, 1998, 58(2): 1480.
[60] Machholm M, Nicolin A, Pethick C J, et al. Phys. Rev. A, 2004, 69(4): 043604.
[61] Agrawal G P. Applications of Nonlinear Fiber Optics, 2nd ed. Elsevier, 2008.
[62] Eggleton B J, Slusher R E, de Sterke C M, et al. Phys. Rev. Lett., 1996, 76(10): 1627.
[63] de Sterke C M and Sipe J E. III -Gap Solitons//Wolf E. Progress in Optics. Elsevier, 1994: 203.
[64] Christodoulides D N, Lederer F, and Silberberg Y. Nature, 2003, 424(6950): 817.
[65] 黄昆，韩汝琦. 固体物理学. 北京：高等教育出版社，1988.
[66] 李正中. 固体理论(第 2 版). 北京：高等教育出版社，2002.

[67] Jördens R, Strohmaier N, Günter K, et al. Nature, 2008, 455(7210): 204.
[68] Jaksch D, Bruder C, Cirac J I, et al. Phys. Rev. Lett., 1998, 81(15): 3108.
[69] Jaksch D and Zoller P. Ann. Phys., 2005, 315(1): 52.
[70] Greiner M, Bloch I, Mandel O, et al. Phys. Rev. Lett., 2001, 87(16): 160405.
[71] Loftus T, Regal C A, Ticknor C, et al. Phys. Rev. Lett., 2002, 88(17): 173201.
[72] Greiner M, Mandel O, Esslinger T, et al. Nature, 2002, 415(6867): 39.
[73] Schneider U, Hackermüller L, Will S, et al. Science, 2008, 322(5907): 1520.
[74] Gemelke N, Zhang X, Hung C L, et al. Nature, 2009, 460(7258): 995.
[75] Zhu S L, Wang B, and Duan L M. Phys. Rev. Lett., 2007, 98(26): 260402.
[76] Duan L M, Demler E, and Lukin M D. Phys. Rev. Lett., 2003, 91(9): 090402.
[77] Lee C, Alexander T J, and Kivshar Y S. Phys. Rev. Lett., 2006, 97(18): 180408.
[78] Jo G B, Guzman J, Thomas C K, et al. Phys. Rev. Lett., 2012, 108(4): 045305.
[79] Damski B, Fehrmann H, Everts H U, et al. Phys. Rev. A, 2005, 72(5): 053612.
[80] Santos L, Baranov M A, Cirac J I, et al. Phys. Rev. Lett., 2004, 93(3): 030601.
[81] Soltan-Panahi P, Struck J, Hauke P, et al. Nature Physics, 2011, 7(5): 434.
[82] Inouye S, Andrews M R, Stenger J, et al. Nature, 1998, 392(6672):151.
[83] Regal C A and Jin D S. Phys. Rev. Lett., 2003, 90(23): 230404.
[84] Haule K. Phys. Rev. B, 2007, 75(15): 155113.
[85] Simon J, Bakr W S, Ma R, et al. Nature, 2011, 472(7343): 307.
[86] Dagotto E. Rev. Mod. Phys., 1994, 66(3): 763.
[87] Georges A, Kotliar G, Krauth W, et al. Rev. Mod. Phys., 1996, 68(1): 13.
[88] Maier T, Jarrell M, Pruschke T, et al. Rev. Mod. Phys., 2005, 77(3): 1027.
[89] Metzner W and Vollhardt D. Phys. Rev. Lett., 1989, 62(3): 324.
[90] Müller-Hartman E. Z. Phys. B, 1989, 76(2): 211.
[91] Müller-Hartman E. Z. Phys. B, 1989, 74(4): 507.
[92] van Dongen P G J and Vollhardt D. Phys. Rev. Lett., 1990, 65(13): 1663.
[93] Janiš V. Z. Phys. B, 1991, 83(2): 227.
[94] Ohkawa F J. J. Phys. Soc. Jpn., 1991, 60(10): 3218.
[95] Georges A and Kotliar G. Phys. Rev. B, 1992, 45(12): 6479.
[96] Hettler M H, Mukherjee M, Jarrell M, et al. Phys. Rev. B, 2000,

61(19):12739.

[97] Hettler M H, Tahvildar-Zadeh A N, Jarrell M, et al. Phys. Rev. B, 1998, 58(12): R7475.

[98] Kotliar G, Savrasov S Y, Pálsson G, et al. Phys. Rev. Lett., 2001, 87(18): 186401.

[99] Held K. Adv. Phys., 2007, 56(6): 829.

[100] Kotliar G, Savrasov S Y, Haule K, et al. Rev. Mod. Phys., 2006, 78(3): 865.

[101] Helmes R W, Costi T A, and Rosch A. Phys. Rev. Lett., 2008, 100(5): 056403.

[102] Gorelik E V, Titvinidze I, Hofstetter W, et al. Phys. Rev. Lett., 2010, 105(6): 065301.

[103] Rubtsov A N, Savkin V V, and Lichtenstein A I. Phys. Rev. B, 2005, 72(3): 035122.

[104] Gull E, Millis A J, Lichtenstein A I, et al. Rev. Mod. Phys., 2011, 83(2): 349.

[105] Imai Y and Kawakami N, Phys. Rev. B, 2002, 65(23): 233103.

[106] Duan L M. Phys. Rev. Lett., 2005, 95(24): 243202.

[107] Kane C L and Mele E J. Phys. Rev. Lett., 2005, 95(22): 226801.

[108] Köhl M, Moritz H, Stöferle T, et al. Phys. Rev. Lett., 2005, 94(8): 080403.

[109] Meng Z Y, Lang T C, Wessel S, et al. Nature, 2010, 464(7290): 847.

[110] Brinkman W F and Rice T M. Phys. Rev. B, 1970, 2(10): 4302.

[111] Stewart J T, Gaebler J P, and Jin D S. Nature, 2008, 454(7205): 744.

[112] Novoselov K S, Geim A K, Morozov S V, et al. Science, 2004, 306(5696): 666.

[113] Gebhard F. The Mott Metal-Insulator Transition: Models and Methods. Springer, 1997.

[114] Sorella S and Tosatti E. Europhys. Lett., 1992, 19(8): 699.

[115] Park H, Haule K, and Kotliar G. Phys. Rev. Lett., 2008, 101(18): 186403.

[116] Jafari S A. Eur. Phys. J. B., 2009, 68(4): 537.

[117] Wu W, Chen Y H, Tao H S, et al. Phys. Rev. B, 2010, 82(24): 245102.

[118] Semenoff G W. Phys. Rev. Lett., 1984, 53(26): 2449.

[119] Ohashi T, Kawakami N, and Tsunetsugu H. Phys. Rev. Lett., 2006, 97(6): 066401.

[120] Dóra B, Gulácsi M, and Sodano P. Phys. Status Solidi (RRL), 2009,

3(6): 169.
[121] González M, Cervantes-Lee F, and Haar L W. Mol. Cryst. Liq. Cryst. Sci. Technol., 1993, 233(1): 317.
[122] Loh Y L, Yao D X, and Carlson E W. Phys. Rev. B, 2008, 77(13): 134402.
[123] Klitzing K v, Dorda G, and Pepper M. Phys. Rev. Lett., 1980, 45(6): 494.
[124] 陈颖健. 量子霍尔效应. 北京:科学技术文献出版社, 1993.
[125] Avron J E, Osadchy D, and Seiler R. Physics Today, 2003, 56(8): 38.
[126] Haldane F D M. Phys. Rev. Lett., 1998, 61(18): 2015.
[127] Hassan Z and Kane C. Rev. Mod. Phys., 2010, 82(4): 3045.
[128] Qi X L, Hughes T L, and Zhang S C. Phys. Rev. B, 2008, 78(19): 195424.
[129] Bernevig B A, Hughes T L, and Zhang S C. Science, 2006, 314(5806): 1757.
[130] Yennie D R. Rev. Mod. Phys., 1987, 59(3): 781.
[131] Qi X L and Zhang S C. Rev. Mod. Phys., 2011, 83(4): 1057.
[132] Shitade A, Katsura H, Kuneš J, et al. Phys. Rev. Lett., 2009, 102(25): 256403.
[133] Wu C, Bernevig B A, and Zhang S C. Phys. Rev. Lett., 2006, 96(10): 106401.
[134] Lee D H. Phys. Rev. Lett., 2011, 107(16): 166806.
[135] Hadzibabic Z, Stock S, Battelier B, et al. Phys. Rev. Lett., 2004, 93(18): 180403.
[136] Gould P L, Ruff G A, and Pritchard D E, Phys. Rev. Lett., 1986, 56(8): 827.
[137] Friebel S, D'Andrea, Walz J, et al. Phys. Rev. A,1998, 57(1): R20.
[138] Burger S, Cataliotti F S, Fort C, et al. Phys. Rev. Lett., 2001, 86(20): 4447.
[139] Mellish A S, Duffy G, McKenzie C, et al. Phys. Rev. A, 2003, 68(5): 051601R.
[140] Dahan M B, Peik E, Reichel J, et al. Phys. Rev. Lett., 1996, 76(24): 4508.
[141] Jona-Lasinio M, Morsch O, Cristiani M, et al. Phys. Rev. Lett., 2003, 91(23): 230406.
[142] Orzel C, Tuchman A K, Fenselau M L, et al. Science, 2001, 291(5512): 2386.
[143] Morsch O, Cristiani M. Müller H, et al. Laser Phys., 2003,13: 594.
[144] Morsch O, Müller J H, Ciampini D, et al. Phys. Rev. A, 2003,

67(3): 031603R.

[145] Anderson B P and Kasevich M A. Science, 1998, 282(5394): 1686.

[146] Cristiani M, Morsch O, Müller J H, et al. Phys. Rev. A, 2002, 65(6): 063612.

[147] Morsch O, Müller J H, Cristiani M, et al. Phys. Rev. Lett., 2001, 87(14): 140402.

[148] Niu Q, Zhao X G, Georgakis G A, et al. Phys. Rev. Lett., 1996, 76(24): 4504.

[149] Denschlag J H, Simsarian J E, Häffner H, et al. J. Phys. B, 2002, 35(14): 3095.

[150] Morsch O and Arimondo E. Ultracold Atoms and Bose-Einstein Condensates in Optical Lattices//Dauxois T, Ruffo S, Arimondo E, et al. Dynamics and Thermodynamics of Systems with Long-Range Interactions. Springer, 2002: 312.

[151] Jona-Lasinio M, Morsch O, Cristiani M, et al. Phys. Rev. Lett., 2003, 91(23): 230406.

[152] Fallani L, De Sarlo L, Lye J E, et al. Phys. Rev. Lett., 2004, 93(14): 140406.

[153] Cristiani M, Morsch O, Malossi N, et al. Opt. Express, 2004, 12(1): 4.

[154] De Sarlo L, Fallani L, Lye J E, et al. Phys. Rev. A, 2005, 72(1): 013603.

[155] Modugno M, Tozzo C, and Dalfovo F. Phys. Rev. A, 2004, 70(4): 043625.

[156] Burger S, Cataliotti F S, Fort C, et al. Phys. Rev. Lett., 2002, 89(8): 088902.

[157] Eiermann B, Treutlein P, Anker T, et al. Phys. Rev. Lett., 2003, 91(6): 060402.

[158] Pedri P, Pitaevskii L, Stringari S, et al. Phys. Rev. Lett., 2001, 87(22): 220401.

[159] Morsch O, Cristiani M, Müller J H, et al. Phys. Rev. A, 2002, 66(2): 021601.

[160] Cataliotti F S, Fallani L, Ferlaino F, et al. J. Opt. B: Quantum Semiclass. Opt., 2003, 5(2): S17.

[161] Greiner M, Mandel O, Esslinger T, et al. Nature, 2002, 415(6867): 39.

[162] Roth R and Burnett K. Phys. Rev. A, 2003, 67(3): 031602.

[163] Köhl M, Moritz H, Stöferle T, et al. J. Low Temp. Phys., 2005, 138(3-4): 635.

[164] Kozuma M, Deng L, Hagley E W, et al. Phys. Rev. Lett., 1999, 82(5): 871.

[165] Deng L, Hagley E W, Wen J, et al. Nature, 1999, 398(6724): 218.
[166] Simsarian J E, Denschlag J, Edwards M, et al. Phys. Rev. Lett., 2000, 85(10): 2040.
[167] Stamper-Kurn D M, Chikkatur A P, Görlitz A, et al. Phys. Rev. Lett., 1999, 83(15): 2876.
[168] Stenger J, Inouye S, Chikkatur A P, et al. Phys. Rev. Lett., 1999, 82(23): 4569.
[169] Ozeri R, Steinhauer J, Katz N, et al. Phys. Rev. Lett., 2002, 88(22): 220401.
[170] Steinhauer J, Ozeri R, Katz N, et al. Phys. Rev. Lett., 2003, 90(17): 170401.
[171] Steinhauer J, Ozeri R, Katz N, et al. Phys. Rev. Lett., 2002, 88(12): 120407.
[172] Steinhauer J, Katz N, Ozeri R, et al. Phys. Rev. Lett., 2003, 90(6): 060404.
[173] Gerbier F, Thywissen J H, Richard S, et al. Phys. Rev. A, 2003, 67(5): 051602.
[174] Richard S, Gerbier F, Thywissen J H, et al. Phys. Rev. Lett., 2003, 91(1): 010405.
[175] Stock S, Hadzibabic Z, Battelier B, et al. Phys. Rev. Lett., 2005, 95(19): 190403.
[176] Görlitz A, Vogels J M, Leanhardt A E, et al. Phys. Rev. Lett., 2001, 87(13): 130402.
[177] Moritz H, Stöferle T, Köhl M, et al. Phys. Rev. Lett., 2003, 91(25): 250402.
[178] Stöferle T, Moritz H, Schori C, et al. Phys. Rev. Lett., 2004, 92(13): 130403.
[179] Laburthe Tolra B., O'Hara K M, Huckans J H, et al. Phys. Rev. Lett., 2004, 92(19): 190401.
[180] Paredes B, Widera A, Murg V, et al. Nature, 2004, 429(6989): 277.
[181] Kinoshita T, Wenger T, and Weiss D S. Science, 2004, 305(5687): 1125.
[182] Modugno G, Ferlaino F, Heidemann R, et al. Phys. Rev. A, 2003, 68(1): 011601.
[183] Ruostekoski J, Dunne G V, and Javanainen J. Phys. Rev. Lett., 2002, 88(18): 180401.
[184] Javanainen J and Ruostekoski J. Phys. Rev. Lett., 2003, 91(15): 150404.
[185] Lewenstein M, Santos L. Baranov A, et al. Phys. Rev. Lett., 2004, 92(5): 050401.
[186] Albus A, Illuminati F, and Eisert J. Phys. Rev. A, 2003, 68(2): 023606.

[187] Büchler H P and Blatter G. Phys. Rev. Lett., 2003, 91(13): 130404.
[188] Roth R and Burnett K. Phys. Rev. A, 2004, 69(2): 021601.
[189] Moore M G and Sadeghpour H R. Phys. Rev. A, 2003, 67(4): 041603.
[190] Ott H, de Mirandes E, Ferlaino F, et al. Phys. Rev. Lett., 2004, 92(16): 160601.
[191] Madison K W, Chevy F, Wohlleben W, et al. Phys. Rev. Lett., 2000, 84(5): 806.
[192] McGee S A and Holland M J. Phys. Rev. A, 2001, 63(4): 043608.
[193] Martikainen J P and Stoof H T C. Phys. Rev. Lett., 2003, 91(24): 240403.
[194] Martikainen J P and Stoof H T C. Phys. Rev. Lett., 2004, 69(5): 053617.
[195] Kevrekidis P G, Carretero-González R, Theocharis G, et al. J. Phys. B, 2003, 36(16): 3467.
[196] Bhattacherjee A B, Morsch O, and Arimondo E. J. Phys. B, 2004, 37(11): 2355.
[197] Ostrovskaya E A and Kivshar Y S. Phys. Rev. Lett., 2004, 93(16): 160405.
[198] Bloch I, Greiner M, Mandel O, et al. Phil. Trans. R. Soc. A, 2002, 361(1808): 1409.
[199] Mandel O, Greiner M, Widera A, et al. Nature, 2003, 425(6961): 937.
[200] Deutsch I H, Brennen G K and Jessen P S. Fortschr. Phys., 2000, 48(9-11): 925.
[201] Porto J V, Rolston S, Tolra B L, et al. Philos. Trans. R. Soc. London, Ser. A, 2003, 361(1808): 1417.
[202] Jaksch D. Contemp. Phys. 2004, 45(5): 367.

# 第4章　规范场中的冷原子

## §4.1　引言

1982年Feynman提出了量子仿真的概念，试图规避利用经典计算机来模拟量子体系的困难．他的想法基于量子力学的普适性原理，试图利用一个可操控的装置来模拟我们感兴趣的量子体系．如今Feynman的想法已经在各种实验装置中得以实现，而中性冷原子气体在这一过程中起着关键作用．这些冷原子气体可以由Bose子、Fermi子或者两者的混合物构成．其环境可通过由激光产生的势场来调控，以形成谐振、周期、准周期或无序化的能量情形．而原子间的相互作用可通过散射共振来调节．这样看的话，Feynman的想法中唯一没有实现的就是稀薄原子气中的等效轨道磁场，这个轨道磁场可以帮助我们模拟例如量子Hall效应．这一章，我们将讨论最近兴起的产生等效轨道磁场的方法：利用原子与激光场相互作用形成人造规范势并作用在中性原子上．我们主要讨论具有U(1) Abel对称性的规范场，例如电磁场，当然也会涉及非Abel规范势的讨论．

量子力学告诉我们，带电荷量$e$的粒子在磁场中运动，当其完成一个回路$C$时，我们会得到一个Aharonov-Bohm相位$\gamma$，这个相位是几何相位，与完成回路的方式无关，其值为$\gamma=2\pi\varphi/\varphi_0$，其中$\varphi$为通过回路$C$的磁通量，$\varphi_0=h/e$是磁通量量子．如果我们能让一个中性原子在某个环境中完成一个回路后也能获得一个几何相位，那就相当于使该原子得到了一个等效的人造磁场．注意，这里的磁场是U(1) Abel规范场．类似地，非Abel规范场可通过原子的内部自由度获得．当完成一个回路$C$后，粒子内态由初态$|\psi_i\rangle$变成$U|\psi_i\rangle$．这里的$U$为作用在粒子的内部Hilbert空间的归一化算符，只与回路的几何性质有关．说到几何相位，最容易想到的就是Berry相位了．假设一个带有磁矩$\boldsymbol{\mu}$的中性粒子在非均匀的磁场$\boldsymbol{B}_0(\boldsymbol{r})$中，初始位置为$\boldsymbol{r}_0$，处于本征态$|m(\boldsymbol{r}_0)\rangle$上，Hamilton量为$-\boldsymbol{\mu}\cdot\boldsymbol{B}_0(\boldsymbol{r})$，并假设它的移动足够缓慢以至于量子绝热定理成立，使其始终保持在该本征态$|m(\boldsymbol{r}_t)\rangle$上．一旦回路$C$完成，它将回到初始态$|m(\boldsymbol{r}_0)\rangle$，仅在相位上多出一个几何相，即Berry相位．

原子与光场耦合时也会产生Berry相位，只是这时$|m(\boldsymbol{r})\rangle$被换成了原子与光场耦合的本征态，即缀饰态(dressed state)．这种态可以在很小的空间尺度(一般为

光的波长量级)内变化并且产生的人造规范场可以很强,这样在可实现的尺度上完成回路后获得的几何相将比 $2\pi$ 大得多.如果处理的对象是超流体,那么它将获得许多稳定的涡旋.

要在中性原子 Hamilton 量中产生人造规范势,几何相位并非唯一选择.将系统绕一给定轴(如 $z$ 轴)以一定角频率 $\Omega$ 旋转,将在转动参考系中产生等效的磁场 $B_z \propto \Omega$.这种方法被广泛用于量子气体中,特别是当束缚势场绕 $z$ 轴旋转不变时,体系 Hamilton 量与时间无关,且可以用平衡态的标准统计物理方程描述.然而,若束缚势场在实验参考系下具有非零的各向异性,此时 Hamilton 量将在各参考系下都显含时间,那么理论上系统将变得难以处理.相比之下,基于几何相的方法并不会对体系的初始 Hamilton 量的对称性质有什么要求,并且其可以在实验参考系下产生规范场.同时,该方法有将实验推广到非 Abel 规范场方面也极具优势.当然,激光的使用也会带来一些弊端,例如剩余自发辐射引起的对原子的加热.

本章将从六个方面介绍规范场中的冷原子:第一,激光场中的二能级原子;第二,多能级系统的规范场;第三,非 Abel 规范场;第四,光晶格中的规范场;第五,规范场中的 Bose 气体;第六,规范场中的 Fermi 气体.最后是结论.

## §4.2 激光场中的二能级原子

为了描述几何规范场的物理本质,首先讨论一个产生人造磁场的最简单的情形.考虑一个具有二能级结构的粒子,我们将介绍在绝热演化过程中它的内部本征态是如何产生我们所需的规范场的,然后我们将讨论实验上的实现.

假设$\{|g\rangle,|e\rangle\}$是与粒子内部自由度相关的二维 Hilbert 空间的基矢,后面这些态将分别代表原子的基态和激发态.假设粒子在依赖空间的外场中演化,一般地,质量为 $m$ 的原子的 Hamilton 量可以写为

$$H=\left(\frac{\boldsymbol{P}^2}{2m}+V\right)\hat{1}+U, \tag{4.2.1}$$

其中,$\boldsymbol{P}=-\mathrm{i}\hbar\nabla$是动量算符,$\hat{1}$ 为内部 Hilbert 空间中的单位算符.耦合算符 $U$ 可以写成矩阵形式:

$$U=\frac{\hbar\Omega}{2}\begin{bmatrix}\cos\theta & \mathrm{e}^{-\mathrm{i}\varphi}\sin\theta \\ \mathrm{e}^{\mathrm{i}\varphi}\sin\theta & -\cos\theta\end{bmatrix}. \tag{4.2.2}$$

这样粒子的运动就由四个可能与位矢 $\boldsymbol{r}$ 相关的实变量决定:势能 $V$ 与粒子内态无关,Rabi 频率 $\Omega$ 表征了$|g\rangle$、$|e\rangle$与外场的耦合强度.其余两个量为混合角 $\theta$ 和相位角 $\varphi$.对于单色光场中的二能级原子,$\Omega\cos\theta$ 表示激光频率与原子谐振频率差,即失谐.$\Omega\sin\theta$ 表示原子与光场的耦合幅度,而 $\varphi$ 为激光相位.

接下来我们首先描述当粒子的内态沿着 $U$ 的某一个本征态绝热演化时粒子的动力学特性，给出这种情形下产生的几何规范势的表达式. 然后给出一种实现 Hamilton 量式(4.2.1)的物理方式.

### 4.2.1　缀饰态的绝热演化

在某个位置 $\boldsymbol{r}$ 处，$U$ 的本征态为

$$\begin{cases} |\chi_1\rangle = \begin{pmatrix} \cos\left(\dfrac{\theta}{2}\right) \\ \mathrm{e}^{\mathrm{i}\varphi}\sin\left(\dfrac{\theta}{2}\right) \end{pmatrix}, \\ |\chi_2\rangle = \begin{pmatrix} -\mathrm{e}^{-\mathrm{i}\varphi}\sin\left(\dfrac{\theta}{2}\right) \\ \cos\left(\dfrac{\theta}{2}\right) \end{pmatrix}, \end{cases} \tag{4.2.3}$$

分别对应本征值 $\dfrac{\hbar\Omega}{2}$ 和 $-\dfrac{\hbar\Omega}{2}$. 这被称为缀饰态. 由 $\{|\chi_j\rangle\}$ 的正交归一性易得：$\mathrm{i}\langle\chi_j|\nabla\chi_j\rangle$ 恒为实数以及 $\langle\nabla\chi_2|\chi_1\rangle \equiv -\langle\chi_2|\nabla\chi_1\rangle$，这里我们让 $|\nabla\chi_j\rangle \equiv \nabla|\chi_j\rangle$.

将 $\{|\chi_j\rangle\}$ 作为内 Hilbert 空间的基矢，我们可以得到原子完整的态矢为

$$|\Psi(\boldsymbol{r},t)\rangle = \sum_{j=1,2}\psi_j(\boldsymbol{r},t)\,|\chi_j(\boldsymbol{r})\rangle. \tag{4.2.4}$$

假设初始时刻原子处于本征态 $|\chi_1\rangle$，如果原子速度项 $\dot{\boldsymbol{r}}$ 对内部态演化的贡献足够小，原子将始终处于 $|\chi_1\rangle$ 态. 这和分子物理中的 Born-Oppenheimer 近似很相似，这里的 $\boldsymbol{r}$ 和内部自由度分别对应原子核坐标和电子的动力学.

现在我们来推演在 $\psi_2$ 一直被忽略的情况下 $\psi_1$ 的运动方程. 首先考虑将动量算符 $\boldsymbol{P}$ 作用在态矢 $|\Psi\rangle$ 上，利用 $\nabla[\psi_j|\chi_j] = [\nabla\psi_j]|\chi_j\rangle + \psi_j|\nabla\chi_j\rangle$ 可得

$$\boldsymbol{P}\,|\Psi\rangle = \sum_{j,l=1}^{2}[(\delta_{j,l}\boldsymbol{P} - \boldsymbol{A}_{jl})\psi_l]\,|\chi_j\rangle, \tag{4.2.5}$$

这里 $\boldsymbol{A}_{jl}(\boldsymbol{r}) = \mathrm{i}\hbar\langle\chi_j|\nabla\chi_l\rangle$. 假定 $\psi_2 = 0$，我们把 Schrödinger 方程 $\mathrm{i}\hbar|\dot{\Psi}\rangle = H|\Psi\rangle$ 投影到缀饰态 $|\chi_1\rangle$ 上，其中 Hamilton 量就取为(4.2.1)式，于是得到 $\psi_1$ 的运动方程：

$$\mathrm{i}\hbar\frac{\partial\psi_1}{\partial t} = \left[\frac{(\boldsymbol{P} - \boldsymbol{A})^2}{2m} + V + \frac{\hbar\Omega}{2} + W\right]\psi_1. \tag{4.2.6}$$

该方程决定了在第一个缀饰态上发现原子的概率. 相对于(4.2.1)式中的 Hamilton 量，这里多了两个几何势 $A$ 和 $W$，这源于内部本征态的位置依赖性. 其中矢势为

$$\boldsymbol{A}(\boldsymbol{r})=\mathrm{i}\hbar\langle\chi_1|\nabla\chi_1\rangle=\frac{\hbar}{2}(\cos\theta-1)\nabla\varphi. \tag{4.2.7}$$

相应的等效磁场为

$$\boldsymbol{B}(r)=\nabla\times\boldsymbol{A}=\frac{\hbar}{2}\nabla(\cos\theta)\times\nabla\varphi. \tag{4.2.8}$$

当这个人造磁感应强度不为零时,(4.2.6)式中矢势就不能通过规范变换消除.原子获得一个等效的电荷(为方便设其为1),其运动表现出在磁场中运动的特性.为了得到非零的磁场,我们必须使混合角 $\theta$ 和相位角 $\varphi$ 在空间中变化,且两者具有互相不平行的非零梯度.

标势项为

$$W(\boldsymbol{r})=\frac{\hbar^2}{2m}|\langle\chi_2|\nabla\chi_1\rangle|^2=\frac{\hbar^2}{8m}[(\nabla\theta)^2+\sin^2\theta(\nabla\varphi)^2]. \tag{4.2.9}$$

Dutta 等人第一次在量子光学的实验中发现了标势存在的证据[1].几何标势并没有多大用武之地,因为存在许多其他的方法来实现原子中的标势,比如用远失谐的激光束得到交流 Stark 偏移[2].但后面我们会讨论到它在一些相关情景中的作用,因为它决定了原子团的稳定形态.

矢势和标势在(4.2.6)式中的贡献可以从它对无量纲绝热参量的展开式中看出(绝热参量定义为内部态随时变化的特征时间与 Hamilton 量随时变化的特征时间之比).$-\boldsymbol{P}\cdot\boldsymbol{A}/m$ 在展开式中为一次方项,而 $\boldsymbol{A}^2/2m$ 和标势 $W$ 为二次方项.同时,也出现了一个额外的 $\boldsymbol{P}$ 的二次方项,当$\boldsymbol{P}^2/m\approx\hbar\Omega$ 时,此项对标势有贡献.这里对该项不做太多讨论,因为一般情况下我们限制动能使之远小于 $\hbar\Omega$,而且我们更感兴趣的是第一项:$-\boldsymbol{P}\cdot\boldsymbol{A}/m$.

$\boldsymbol{A}$,$B$ 和 $W$ 被称为几何项的原因从(4.2.7)~(4.2.9)式显而易见,因为它们仅依赖于随空间变化的 $\theta$ 和 $\varphi$,也就是说仅依赖于$|g\rangle$和$|e\rangle$耦合的空间几何项,而不是耦合强度 $\Omega$.如果我们考虑原子一直处于$|\chi_2\rangle$而非$|\chi_1\rangle$态的情形,那么 $\psi_2$ 的运动方程同样会给出相同的标势 $W$ 和相反的矢势$-\boldsymbol{A}$.

### 4.2.2 利用碱土金属原子实现二能级原子

现在我们讨论如何从量子光学的实验中实现上述模型,从而在中性冷原子气中产生人造轨道磁场.最简单的方法是将单束激光照射到单个原子上.我们限制原子内部自由度使其在两个能级:基态$|g\rangle$和激发态$|e\rangle$之间发生跃迁,跃迁频率为 $\omega_A$,并让激光频率 $\omega_L\approx\omega_A$.我们假定在相关时间尺度上激发态$|e\rangle$上的自发辐射是可以忽略不计的,这样的假定在利用碱土金属原子[钙(Ca)或者锶(Sr)]或 Yb 原子的互组谱线进行实验时是可行的.事实上,对于这些原子来说,其互组谱线中的激发态$|e\rangle$的寿命可长达几秒甚至数十秒之久,远长于一般的冷原子实验的持续

时间.

我们可以用适当的势阱来冻结原子的 $z$ 自由度,使其质心运动被限制在 $x$-$y$ 平面上.激光模式选为沿 $x$ 传播的 Gauss 行波,波数为 $k$,波长 $\lambda=2\pi/k$,$y$ 方向上束腰宽度为 $w$(见图 4.2.1).$|g\rangle$ 和 $|e\rangle$ 为没与外场耦合时的内部本征态.运用旋转波近似,耦合矩阵 $U$ 可以写成[4]

$$U=\frac{\hbar}{2}\begin{bmatrix}\Delta & -k\\ k & \Delta\end{bmatrix}. \tag{4.2.10}$$

失谐 $\Delta=\omega_{\mathrm{L}}-\omega_{\mathrm{A}}$,Rabi 频率 $\kappa$ 表征原子-激光的耦合强度.激光随空间变化的相位也写进了 $\kappa$,所以它是一个复数.

在接下来的讨论中我们忽略激光束的发散,并设 $\kappa(\boldsymbol{r})=\tilde{\kappa}(y)\mathrm{e}^{ikx}$,这里 $\tilde{\kappa}$ 为正实数.这样(4.2.2)式中的 $\varphi$ 就很简单地为激光的相位 $kx$,且 $\nabla\varphi=k\boldsymbol{e}_x$.混合角 $\theta$ 由 $\tan\theta=\tilde{\kappa}/\Delta$ 给定,并给出两种使 $\nabla\theta$ 非零的途径:使 Rabi 频率 $\tilde{\kappa}$ 的梯度(由光场强度的空间变化引起)或失谐 $\Delta$ 的梯度非零.

4.2.2.1　$\nabla\kappa\neq0$

图 4.2.1 展示了一种利用激光束实现横向 Gauss 剖面的方案.这里 Rabi 频率 $\tilde{\kappa}(y)=\kappa^{(0)}\mathrm{e}^{-y^2/w^2}$,这样利用(4.2.8)式可以得到沿 $z$ 方向的磁场:

$$B=B_0\frac{\Delta\tilde{\kappa}^2}{\Omega^3}\frac{y}{w}, \tag{4.2.11}$$

其中 $\Omega^2=\Delta^2+\tilde{\kappa}^2$,这里我们令 $B_0=\hbar k/w$,它给出这种方案下产生的磁场的特征强度.与轨道磁场相联系的特征长度称为磁场长度 $\ell_B=(h/B)^{1/2}$,它给出了单位量子圆周轨道的大小.在这里令 $B\approx B_0$ 我们得到 $\ell_B\approx(w\lambda)^{1/2}$(因此 $\ell_B>\lambda$).

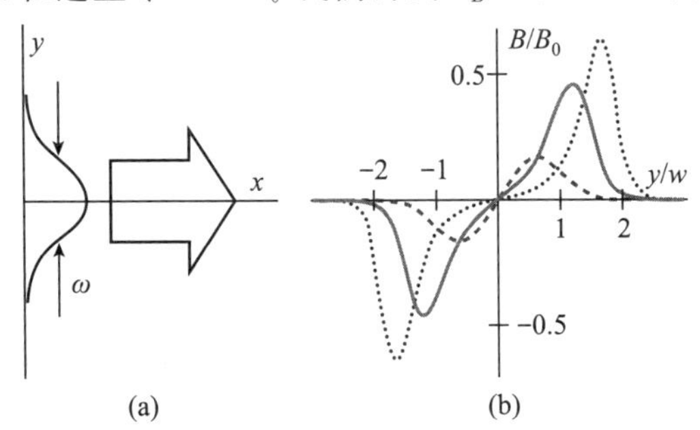


图 4.2.1　(a) 一个沿 $x$ 传播的行波,以及它沿 $y$ 轴的 Gauss 剖面.这个行波用来在谐振频率与激光频率相近的二能级原子中产生几何规范场.(b) 人造磁场随 $y/w$ 的变化曲线,单位 $B_0=\hbar k/w$.$\kappa^{(0)}/\Delta=1$(虚线),$\kappa^{(0)}/\Delta=5$(实线),$\kappa^{(0)}/\Delta=20$(点线).图片摘自参考文献[3]

在不同的 $\kappa^{(0)}/\Delta$ 下,$B$ 随 $y/w$ 的变化关系在图 4.2.1(b)中给出.当 $\kappa^{(0)}/\Delta\gg$

1 时，磁场的最大值在 $\tilde{\kappa}=\Delta$ 附近取得，即 $y_{\max}\approx w[\ln(\kappa^{(0)}/\Delta)]^{1/2}\gg w$ 且 $B_{\max}\approx B_0 y_{\max}/(2\sqrt{2}w)$. 从公式上可以看出，当 $\kappa^{(0)}/\Delta\to\infty$ 时，$B_{\max}\to\infty$，但这会使 $B$ 取较大值的区域 $\Delta y$ 随着 $1/B_{\max}\to 0$ 而减小，并最终小于 $\ell_B\approx 1/B_{\max}^{1/2}$，这使得 $\kappa^{(0)}\gg\Delta$ 的情形在实验上不适用. 更一般地，我们有

$$\int_0^{+\infty} B\,\mathrm{d}y=\frac{\hbar k}{2}\left[1-\frac{1}{\sqrt{1+(\kappa^{(0)}/\Delta)^2}}\right]<\frac{\hbar k}{2}. \tag{4.2.12}$$

考虑 $\kappa^{(0)}/\Delta=5$ 的情形，$|B_{\max}|\approx 0.45B_0$ 在 $|y|/w\approx 1.2$ 处取得，而且在间隔 $\Delta y\approx w/2$ 的区域内有 $B>B_0/4$.

对标势的计算得出

$$W(y)=\frac{E_{\mathrm{R}}}{4}\frac{\tilde{\kappa}^2(y)}{\Delta^2+\tilde{\kappa}^2(y)}\left[1+\frac{4y^2}{w^4k^2}\frac{\Delta^2}{\Delta^2+\tilde{\kappa}^2(y)}\right]. \tag{4.2.13}$$

这里我们定义反冲能 $E_{\mathrm{R}}=\hbar^2k^2/2m$ 为一个原子在静止时吸收或者放出一个光子时所获得的动能，实验中让光腰 $w$ 满足 $kw\gg 1$. 当 $\kappa^{(0)}$ 略小于 $\Delta$ 时，标势 $W$ 的主要贡献来自(4.2.9)式中的 $(\nabla\varphi)^2$ 项，对应(4.2.13)式中括号内的第一项. 标势会产生一个势垒，在 $y=0$ 的地方取最大值，并具有 $E_{\mathrm{R}}$ 的量级. 当 $\kappa^{(0)}/\Delta\gg 1$ 时，$(\nabla\theta)^2$ 对标势做主要贡献，对应(4.2.13)式中括号内的第二项. 在 $y_{\max}$ 处产生的等效的力将会非常大并对阱中的原子产生较大的扰动.

4.2.2.2 $\nabla\Delta\neq 0$

现在我们假定激光束腰 $w$ 足够大以至于可以将其看作平面波. 此时 $\tilde{\kappa}$ 是在空间上是均匀的. 假定激光频率的梯度沿 $y$ 方向，可以将 $\Delta$ 写成 $\Delta=\Delta'(y-y_0)$. 这对于碱土金属原子或 Yb 原子，可额外加入一个远失谐的激光实现，这个激光会使基态 $|g\rangle$ 和激发态 $|e\rangle$ 产生不同的光频移. 此时等效磁场沿 $z$ 方向，幅度为

$$B=B_0\mathcal{L}^{3/2}(y),$$
$$\mathcal{L}(y)=\frac{1}{1+(y-y_0)^2/\ell_\kappa^2}. \tag{4.2.14}$$

这里我们引入特征长度 $\ell_\kappa=\tilde{\kappa}/|\Delta'|$ 并令 $B_0=\hbar k/(2\ell_\kappa)$，那么标势可以写为

$$W(y)=\frac{E_{\mathrm{R}}}{4}\left[\mathcal{L}(y)+\frac{1}{k^2\ell_\kappa^2}\mathcal{L}^2(y)\right]. \tag{4.2.15}$$

使 $\Delta'\to\infty$ 可以使磁场取任意大的值，而 $\nabla\kappa$ 的方案则不能在实际应用中做到这一点. 事实上磁场只有在特征长度 $\ell_\kappa\propto 1/\Delta'$ 小于磁场长度 $\ell_B=(\ell_\kappa\lambda/2)^{1/2}$ 的那些区域内才能取到比较大的值.

### 4.2.3 量子绝热近似的有效性

绝热近似是产生人造规范场的一条基本假设，所以讨论其有效性是非常重要

的. 为了方便，我们用一种半经典的方法来描述粒子，即经典地处理粒子质心的运动，而用量子力学来描述内态的变化. 假设原子初始静止在本征态$|\chi_1\rangle$上，并加速使速度达到 $v$. 其末态处于$|\chi_2\rangle$的概率 $\Pi_2$ 并不严格为零，当$|v|$较小的时候，$\Pi_2\approx|v\cdot\langle\chi_2|\nabla\chi_1\rangle/\Omega|^2$，这里内部自由度与质心运动的耦合为$\langle\chi_2|\nabla\chi_1\rangle=[\nabla\theta-\mathrm{i}\sin\theta\nabla\varphi]\mathrm{e}^{-\mathrm{i}\varphi}/2$.

首先讨论上面$\nabla\kappa$ 的方案，此时$\nabla\theta=\Delta\nabla\tilde{\kappa}/(\Delta^2+\tilde{\kappa}^2)$，并限制 $\kappa^{(0)}$ 略小于 $\Delta$. 当 $w\gg k^{-1}$ 时，光强梯度总是存在，所以$|\nabla\theta|\ll k$. 运动耦合项$\langle\chi_2|\nabla\chi_1\rangle$主要由相位梯度$\nabla\varphi$ 决定，且最大值为$\langle\chi_2|\nabla\chi_1\rangle\approx k|\sin\theta|=k|\kappa^{(0)}/\Omega|$. 考虑当原子吸收或放出一个光子时其速度会改变一个反冲速度 $\boldsymbol{v}_\mathrm{R}=\hbar\boldsymbol{k}/m$ 的量，那么绝热近似成立($\Pi_2\ll1$)的一个必要条件为

$$\hbar\Omega\gg\sqrt{\hbar\kappa^{(0)}E_\mathrm{R}}.\tag{4.2.16}$$

对于大多数实际情况而言，$\kappa^{(0)}\approx\Delta$，(4.2.16)式可以得到一个直观的条件：

$$\hbar\kappa^{(0)}\gg E_\mathrm{R},\tag{4.2.17}$$

即耦合强度要远远大于反冲能量. 当然，若粒子的速度显著大于$\boldsymbol{v}_\mathrm{R}$，则量子绝热近似的有效性条件将更加苛刻.

现在讨论$\nabla\Delta$ 的方案，在远失谐即 $\Delta=\omega_\mathrm{L}-\omega_A$ 很大的地方，(4.2.16)式依然有效. 在靠近共振点($\Delta=0$)的地方，有效性条件也许会更严格，因为混合角的梯度$|\nabla\theta|$会很大. 更准确地说，假使在共振点附近$|\Delta|$比 $\tilde{\kappa}$ 大很多，缀饰态几乎变成裸态，要么$\{|\chi_1\rangle=|e\rangle,|\chi_2\rangle=|g\rangle\}$，要么$\{|\chi_1\rangle=|g\rangle,|\chi_2\rangle=|e\rangle\}$. 在共振点附近约 $\ell_\kappa$ 的范围内这两种情形会互相转换. 考虑原子速度在 $\boldsymbol{v}_\mathrm{R}$ 量级的情形，绝热近似条件为

$$\hbar\tilde{\kappa}\frac{kl_\kappa}{[1+(k\ell_\kappa)^2]^{1/2}}\gg E_\mathrm{R}.\tag{4.2.18}$$

当 $kl_\kappa\gg1$ 时，可在 $y=y_0$ 点得到(4.2.16)式，即 $\hbar\tilde{\kappa}\gg E_\mathrm{R}$. 相反地，在 $k\ell_\kappa\ll1$ 时，磁场的极值非常大，但只能在 $\ell_\kappa\ll k^{-1}$ 这么小的范围内取到，近似条件 $\tilde{\kappa}\ell_\kappa\gg v_\mathrm{R}$ 会更加苛刻. 所以这个方案在连续体系的实验中会带来不便，但在光子晶格中起着很大的作用，这在接下来的讨论中会涉及.

### 4.2.4　几何势

我们现在来讨论几何规范场的物理解释. 主要讨论上述二能级系统的情形，但其物理图像可一般性地推广至多能级系统.

标势 $W$ 可解释为粒子快速的微观运动的动能. Aharonov 等人首先对经典连续内部自由度提出了这样的解释[5]. 这里我们简述 Cheneau 等人对量子化内部自

由度情形的推广[6]. 考虑初始粒子处于$|\chi_1\rangle$态,其质心位置波函数为局域化在给定点$\boldsymbol{r}$处的波包,波包的尺度比混合角$\theta$和相位角$\varphi$的空间变化尺度小. 引入力算符$\boldsymbol{F}=-\nabla\boldsymbol{U}$,注意$\boldsymbol{U}$的本征态$|\chi_j\rangle$并非$\boldsymbol{F}$的本征态,这样$\boldsymbol{F}$作用在粒子上将表现出量子波动,即$\langle\boldsymbol{F}^2\rangle\neq\langle\boldsymbol{F}\rangle^2$,这在Heisenberg图像中用对称的关联函数来表征:

$$\begin{aligned}C(\tau)&=\frac{1}{2}\langle\delta\boldsymbol{F}(0)\cdot\delta\boldsymbol{F}(\tau)+\delta\boldsymbol{F}(\tau)\cdot\delta\boldsymbol{F}(0)\rangle\\&=\hbar^2\Omega^2|\langle\chi_2|\nabla\chi_1\rangle|^2\cos(\Omega\tau),\end{aligned}\tag{4.2.19}$$

其中$\delta\boldsymbol{F}(\tau)=\boldsymbol{F}(\tau)-\langle\boldsymbol{F}\rangle$. 经典力学中,粒子在快速振荡的力$\delta\boldsymbol{F}$下会有快速的微运动,其平均动能为

$$E_{\mathrm{K}}=\int\frac{\widetilde{C}(\omega)}{2m\omega^2}\mathrm{d}\omega,\tag{4.2.20}$$

$\widetilde{C}(\omega)$是$C(\tau)$的Fourier变换. 将(4.2.19)式代入(4.2.20)式,发现$E_{\mathrm{K}}$就是(4.2.9)式中的标势$W$.

(4.2.7)式给出的矢势$\boldsymbol{A}$与Berry相位$\gamma$相关. 当一个量子系统,这里就是和粒子内部自由度相关的二能级系统,缓慢地完成一个回路$\mathcal{C}$,同时保持在某个本征态$|\chi(\boldsymbol{r})\rangle$上不变时,Berry相位:

$$\gamma(\mathcal{C})=\mathrm{i}\oint\langle\chi\mid\nabla\chi\rangle\cdot\mathrm{d}\boldsymbol{r}=\frac{1}{\hbar}\oint\boldsymbol{A}\cdot\mathrm{d}\boldsymbol{r}.\tag{4.2.21}$$

当$\boldsymbol{B}=\nabla\times\boldsymbol{A}\neq0$时,Lorentz力$\boldsymbol{F}=\boldsymbol{v}\times\boldsymbol{B}$作用在原子上,$\boldsymbol{v}$为原子运动速度,对于4.2.2小节中讨论的情形,Lorentz力导致的动量改变就有很简单的物理解释. 假设原子沿$y$轴运动,初始时刻$t_1$时,粒子从$y_1\gg w$出发,最后在$t_2$时刻到达$y_2=0$,因为磁场沿$z$方向,粒子速度沿$y$方向,平均动量改变就沿$x$方向:

$$\langle\Delta P_x\rangle=-\int_{t_1}^{t_2}v_y(t)B\,\mathrm{d}t=\int_0^{y_1}B\,\mathrm{d}y.\tag{4.2.22}$$

由(4.2.12)式及$y_1\gg w$可得:在$\kappa^{(0)}/\Delta\gg1$时有$\Delta P_x\approx\hbar k/2$. 这个结果的物理解释很简单. 当粒子在$y_1\gg w$处时,其占据的缀饰态约为$|g\rangle$,到达原子与光场耦合最强的地方$y_2=0$处时,在$\kappa^{(0)}/\Delta\gg1$限制下占据的缀饰态为$(|g\rangle+|e\rangle\mathrm{e}^{\mathrm{i}kx})/\sqrt{2}$. 所以对原子动量改变$\Delta P_x$的一次测量只能得到0或$\hbar k$,概率均为1/2,所以$\langle\Delta P_x\rangle\approx\hbar k/2$. 关于粒子沿其他路径运动时Lorentz力的物理起源的详细讨论可阅读Cheneau等人的文献[6].

### 4.2.5 含非零环流的态

在讨论了一些简单的产生人造规范场的方案后,现在讨论这个规范场对原子外部自由度的影响. 事实上,产生人造磁场的一个主要目的便是产生一个足够强的轨道磁场来得到一个含非零环流的态. 比如当一个超流体在这样的强磁场中时,其

基态会呈现一个涡旋格. 现在我们讨论在怎样的条件下可以实现这种场景.

当一带电超流体(为方便计,令 $e=1$)被置于磁场中时,涡旋密度为 $\rho_v=B/(2\pi\hbar)$,或者说 $\rho_v=\ell_B^{-2}$,这里 $\ell_B$ 为磁场长度. 如果由几何势 $\boldsymbol{A}$ 产生的磁场在半径 $r$ 的圆盘内恒约为 $\boldsymbol{B}$,那么可以预计超流体在这个圆盘内会稳定地存在 $N_v\approx\pi r^2\rho_v=r^2B/(2\hbar)$ 个涡旋. 现在我们考虑能否使 $N_v\gg1$,即让(4.2.21)式中的相位 $\gamma(\mathcal{C})\gg2\pi$.

再次考虑图 4.2.1 中$\nabla\kappa$ 的情形,并让 $\kappa^{(0)}/\Delta=5$,这样,就在中心高度为 $y=1.2w$,宽度 $\ell_y=w/2$ 的平行于 $x$ 轴的带状区域中产生了值约为 $B_0/4$ 的近乎均匀的等效磁场. 这个带状区域沿 $x$ 轴延伸的长度只受激光发散的限制,若选择光腰远大于光波长,则发散只发生在远大于 $w$ 的地方. 为了研究涡旋格点的物理特性,需在这个带中产生较多排的涡旋点. 因为相邻两排涡旋点的间距约为 $\rho_v^{-1/2}$,所以我们需让

$$N_v\approx\frac{1}{4}\sqrt{w/\lambda}\gg1. \tag{4.2.23}$$

可以清楚地看到,在 $w\gg\lambda$ 时,该方案是非常适用于涡晶格的研究的. 同样的讨论对$\nabla\Delta$ 方案只需将$\ell_y$ 换成$\ell_\kappa$ 即可.

目前为止,我们的讨论都限于单个行波光场的情形,这时混合角 $\theta$ 的变化范围就是光腰 $w$. 几束行波从不同角度照射原子也许会产生更丰富的结果. 干涉现象会使混合角 $\theta$ 的变化范围更小,一般为 $\lambda/2\pi$. 简单地考虑两束光并选择波矢 $\boldsymbol{k}_\pm=k(\boldsymbol{e}_x\pm\boldsymbol{e}_y)/\sqrt{2}$,于是光场空间相位角 $\varphi=kx/\sqrt{2}$,在 $y$ 方向上会产生空间周期为$\lambda/\sqrt{2}$的干涉模式. 因此$|\nabla\varphi|\approx|\nabla\theta|\approx k/\sqrt{2}$. 从(4.2.8)式我们得到人造磁场的最大模值$|B|\approx0.1\hbar k^2\kappa^{(0)}/\Delta$. 磁场的方向沿 $z$ 轴,为 $y$ 的周期函数并且每隔$\lambda/2\sqrt{2}$变一次符号. 与上面讨论的一样,我们可以在每一个磁场近似均匀的圆盘内得到一个量子环流. 为了得到远大于 $2\pi$ 的环流,我们需要修正这种空间交替的场. 在§4.5 中会提及对光晶格中的这种人造规范场的修正方法.

## §4.3　多能级系统的规范场

在§4.2 中讨论的模型里,内态是由基态和激发态线性叠加的态,这两个态中的某一个必须占有较大的权重以产生可观的人造规范场. 所以这种情形只适用于激发态寿命较长的原子,比如碱土金属原子. 为了能够利用更多种类的原子(包括被广泛运用的碱金属原子),我们现在讨论利用原子中电子基态简并的方案. 假定$\{|g_j\rangle,j=1,\cdots,N\}$为基态分裂后的基组——基态组的一组基矢,可以找到原子的一个态矢为该基矢的线性组合,而激发态的贡献可以忽略不计,此时态矢

$|\chi\rangle=\sum_j \alpha_j|g_j\rangle$. 这可以通过所谓的"暗态"或者选择激光频率远失谐于原子的谐振频率来实现. 若原子被制备在这样的缀饰态,且运动得足够缓慢以至于绝热演化条件成立,此时同4.2.2小节中一样也会产生规范势. 由于我们用激光束来产生基态$|g_j\rangle$间的Raman耦合,系数$\alpha_j$可在光波长的小尺度内产生显著变化,这样我们可得到与§4.2中磁场强度相当的几何场,同时能够避免自发辐射对原子的加热.

这一部分我们首先讨论$\Lambda$能级系统中的暗态情形,这里电子基态的两个亚能级$|g_1\rangle$和$|g_2\rangle$通过两束激光耦合到一个激发态能级$|e\rangle$上. 暗态是原子-激光耦合的本征态,它是基态$|g_1\rangle$和$|g_2\rangle$的线性组合,完全不含有激发态$|e\rangle$的贡献. 然后我们讨论两种实现该暗态情形的方式:首先是利用带有轨道角动量的激光束,然后是利用相对传播的Gauss光束(它们的中轴线间有一个空间平移),最后描述一种失谐量与位置相关的方案. 而冷原子中的几何磁场正是在这种方案下第一次被发现的[7].

### 4.3.1 $\Lambda$能级系统中的人造磁场

考虑图4.3.1中的$\Lambda$型原子能级结构,其中两束激光分别将原子态$|g_1\rangle$,$|g_2\rangle$耦合至态$|e\rangle$,激光被分别调谐到关于$|g_1\rangle\to|e\rangle$和$|g_2\rangle\to|e\rangle$的跃迁频率对称. 原子的Hamilton量取(4.2.1)式,光和原子的耦合算符在$\{|g_1\rangle,|g_2\rangle,|e\rangle\}$基组中利用旋波近似可以写为

$$U=\frac{\hbar}{2}\begin{bmatrix}-2\delta & \kappa_1^* & 0\\ \kappa_1 & 0 & \kappa_2\\ 0 & \kappa_2^* & 2\delta\end{bmatrix}. \tag{4.3.1}$$

这里的$\kappa_{1,2}$为复Rabi频率,它包含了随空间变化的激光相位因子. $2\delta$为双光子激发对$|g_1\rangle$和$|g_2\rangle$ Raman共振的失谐.

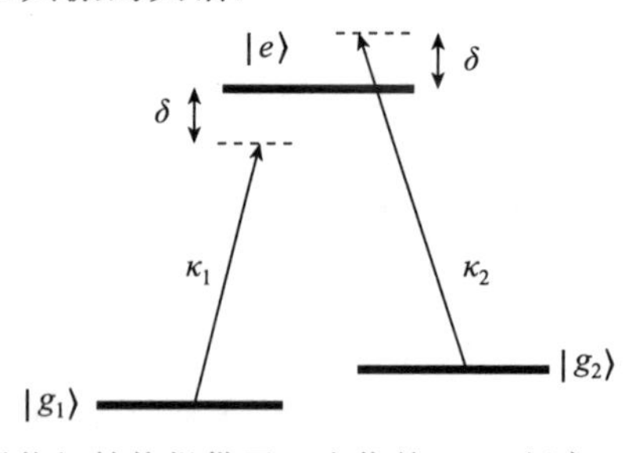


图4.3.1 $\Lambda$型的原子能级结构提供了一个依赖Rabi频率$\kappa_1$和$\kappa_2$的暗态. 图片摘自参考文献[8]

假设双光子(Raman)激发是共振的($\delta=0$),这时耦合矩阵$U$有一个本征能量为0的暗态(非耦合态),这个态没有激发态$|e\rangle$的贡献,可以写为

$$|D\rangle=(\kappa_2|g_1\rangle-\kappa_1|g_2\rangle)/\kappa, \tag{4.3.2}$$

其中 $\kappa=(|\kappa_1|^2+|\kappa_2|^2)^{1/2}$. 其他两个本征态的本征能量分别为 $\pm\hbar\kappa/2$，记为 $|\pm\rangle=(|B\rangle\pm|e\rangle)/\sqrt{2}$，这里 $|B\rangle$ 为亮态（耦合态）：

$$|B\rangle=(\kappa_1^*|g_1\rangle+\kappa_2^*|g_2\rangle)/\kappa. \tag{4.3.3}$$

和 §4.2 中一样，将原子的态矢投影到算符 $U$ 的本征态上，有

$$|\Psi(\boldsymbol{r})\rangle=\sum_{X=D,\pm}\psi_X(\boldsymbol{r})\,|X(\boldsymbol{r})\rangle, \tag{4.3.4}$$

这里波函数 $\psi_D(\boldsymbol{r})$ 和 $\psi_\pm(\boldsymbol{r})$ 分别描述了原子在内态 $|D(\boldsymbol{r})\rangle$ 和 $|\pm(\boldsymbol{r})\rangle$ 内的跃迁运动. 绝热近似假定原子一直处于暗态，于是 $|\Psi(\boldsymbol{r})\rangle\approx\psi_D(\boldsymbol{r})|D(\boldsymbol{r})\rangle$. 把 Schrödinger 方程投影到暗态上并且忽略其他两个内态 $|\pm(\boldsymbol{r})\rangle$ 的耦合，我们可得在暗态下的运动方程：

$$\mathrm{i}\hbar\frac{\partial\psi_D}{\partial t}=\left[\frac{(\boldsymbol{P}-\boldsymbol{A})^2}{2m}+V+W\right]\psi_D, \tag{4.3.5}$$

这里 $\boldsymbol{A}=\mathrm{i}\hbar\langle D|\nabla D\rangle$，$W=\hbar^2|\langle B|\nabla D\rangle|^2/2m$ 分别为等效的矢势和标势. 它们的出现源于暗态的空间依赖性.

可以看出上面的式子和 4.2.1 小节中的式子很相似. 对于(4.2.3)式和(4.3.1)式，令

$$\sqrt{\xi}=\frac{|\kappa_1|}{|\kappa_2|}=-\tan\frac{\theta}{2},\quad \varphi_1-\varphi_2=\varphi, \tag{4.3.6}$$

$\varphi_j$ 是 Rabi 频率 $\kappa_j=\tilde{\kappa}_j\,\mathrm{e}^{\mathrm{i}\varphi_j}\,(j=1,2)$ 中的相位，(4.2.8)式中的人造磁场 $\boldsymbol{B}=\nabla\times\boldsymbol{A}$ 可以写为

$$\boldsymbol{B}=\hbar\frac{\nabla\varphi\times\nabla\xi}{(1+\xi)^2}. \tag{4.3.7}$$

这个有效磁场 $\boldsymbol{B}$ 只有当强度比 $\zeta$ 和相对相位 $\varphi$ 的梯度均不为零并且相互不平行时才是非零值. 接下来我们讨论 $\Lambda$ 能级的几种实现方式：使用具有轨道角动量的激光束或者使用具有轴向偏移的相对传播的 Gauss 光束.

### 4.3.2　含轨道角动量的激光

这里考虑原子局限在 $z=0$ 平面内并被沿 $z$ 轴的两束光照射（见图 4.3.2）的情形，光束制备为 Laguerre-Gauss 模式，每个光子分别具有 $\hbar\ell_1$ 和 $\hbar\ell_2$ 的轨道角动量. 这种方法最早由 Juzeliūnas 等人提出[10]. 复 Rabi 频率可以写为 $\kappa_j(r)=\tilde{\kappa}_j(\rho)\mathrm{e}^{\mathrm{i}\ell_j\varphi}\,(j=1,2)$，这里 $\varphi$ 为绕 $z$ 轴的方位角，$\rho$ 为 $x$-$y$ 平面的半径坐标，沿 $z$ 轴的等效的磁场为

$$B(\rho)=\frac{\hbar\ell}{\rho}\frac{\partial_\rho\xi}{(1+\xi)^2}. \tag{4.3.8}$$

这里 $\ell=\ell_1-\ell_2$ 为两束光的相对圈数（winding number）.

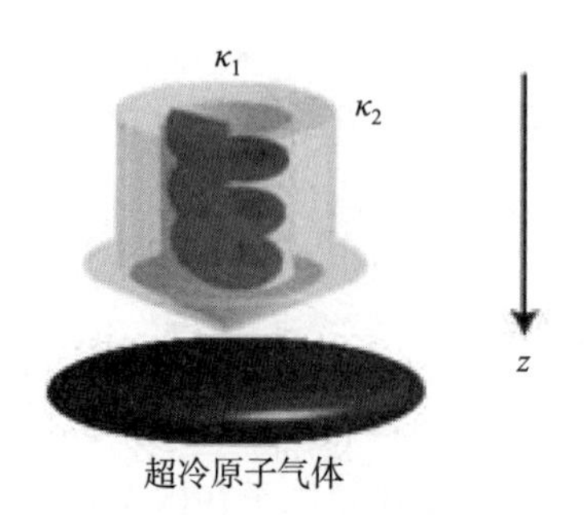


图 4.3.2 两束同向传播的激光诱发 Λ 型能级系统的两个跃迁，其中一束为带有轨道角动量的 Laguerre-Gauss 模式的. 对于一个制备在暗态 $|D\rangle$ 的原子，Rabi 频率 $\kappa_1$ 和 $\kappa_2$ 的非平庸的相位强度比会产生一个平行于光束传播方向的人造磁场. 图片摘自参考文献[9]

具体地，考虑两束光的光腰 $w$ 相等且 $\ell_1=\ell$，$\ell_2=0$ 的情形，那么有

$$\begin{aligned}\tilde{\kappa}_1(\rho)&=\kappa^{(0)}\rho^{\ell}\mathrm{e}^{-\rho^2/w^2},\\ \tilde{\kappa}_2(\rho)&=\kappa^{(0)}\rho_{\mathrm{c}}^{\ell}\mathrm{e}^{-\rho^2/w^2},\end{aligned}\tag{4.3.9}$$

$\rho_{\mathrm{c}}$ 为两束光强度相等处的半径. 圈数 $\ell$ 决定了几何势的形状. 当 $\ell>1$ 时，有效磁场在光束中心处为零，在 $\rho=\rho_{\mathrm{c}}[(\ell-1)/(\ell+1)]^{1/2\ell}$ 处取得最大值；当 $\ell=1$ 时，有效磁场在原点处取得最大值 $B(0)=2\hbar/\rho_{\mathrm{c}}^2$，它的幅度与 $\rho_{\mathrm{c}}$ 负相关，因此可以通过改变两束激光的强度比来调节. 一般 $\rho_{\mathrm{c}}$ 为腰 $w$ 的量级. 由于 $w\gg k^{-1}$，所以这里产生的磁场比 4.2.2 中的值 $B_0=\hbar k/w$ 显著地小.

穿过半径 $r_0$ 的回路 $\mathcal{C}$ 的有效磁通量(以 Planck 常数 $h$ 为单位)为

$$\frac{\gamma(\mathcal{C})}{2\pi}=\frac{1}{h}\oint\boldsymbol{A}\cdot\mathrm{d}\boldsymbol{l}=\ell\,\frac{\xi_0}{1+\xi_0},\tag{4.3.10}$$

$\xi_0$ 为 $\rho=r_0$ 处的光强比率. 如 4.2.5 小节中解释那样，磁通量给出了这种光场下超流体能观测到的最大涡旋数. 当 $\xi_0\gg1$，即 $\rho_0$ 处光束 1(有轨道角动量)的强度远大于光束 2(无轨道角动量)时，涡旋的最大个数近似为 $\ell$. 实验上 $\ell$ 可以到达几十，所以这种情形比较适合产生小涡旋模式而非大涡旋列.

### 4.3.3 利用两束错开的光束

图 4.3.3 中的方法可以看作对 4.2.2 小节中的二能级原子方案的拓展. 利用两束沿着 $x$ 方向以相反方向传播的 Gauss 光束，这样两束光的相位差可以提供(4.3.7)式中必需的 $\varphi$ 的梯度，光强比 $\xi$ 的梯度可由光束对 $x$ 轴的偏离 $\pm a$ 获得. 这种方法最早由 Juzeliūnas 等人提出，之后 Günter 等人进行了改进[10][11]. 改进后的实验选用偏振光使得方法的运用范围更加广泛. 这种方法提供了在较大范围产

生较强磁场的可能性，并通过暗态的性质使自发辐射最小化. 这种方法同样可用于产生自旋 Hall 效应和手性分子的 Stern-Gerlach 效应.

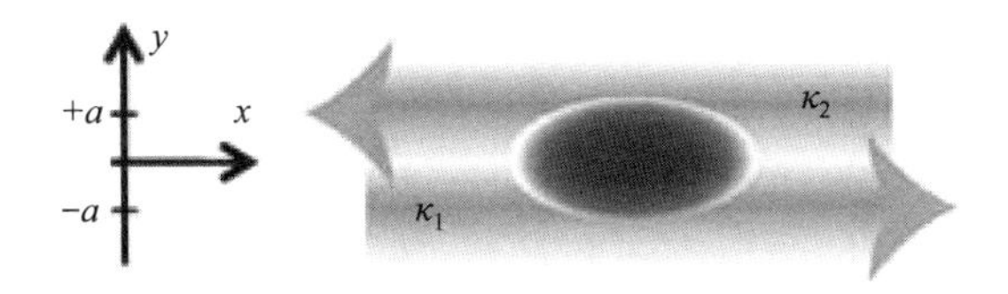


图 4.3.3　两束相离 $2a$ 的相反方向传播的光束诱发 $\Lambda$ 型能级系统的两个跃迁，对于制备在暗态 $|D\rangle$ 的原子，会得到垂直于这个图平面的磁场. 图片摘自参考文献[10]

为了计算简单，假设两束光腰 $w$ 相等，中心 Rabi 频率 $\kappa^{(0)}$ 相等，并忽略沿 $x$ 的发散. 更进一步地，考虑到 $g_1 \to e$ 和 $g_2 \to e$ 跃迁的频率很接近，我们可以令 $k_1 = k_2 = k$，Rabi 频率写为

$$\kappa_j(\boldsymbol{r}) = \kappa^{(0)} \mathrm{e}^{\pm ikx} \mathrm{e}^{-(y \pm a)^2/w^2}, \tag{4.3.11}$$

这里 +(−) 号对应 $j=1(j=2)$，两束光相差 $\varphi = 2kx$，光强比 $\xi = \exp(8ya/w^2)$. 等效磁场沿 $z$ 方向，从(4.3.7)式得到其强度为

$$B(y) = \frac{4\hbar ka}{w^2} \frac{1}{\cosh^2(4ya/w^2)}. \tag{4.3.12}$$

$a$ 可以先验性地任取，当然不能让 $a \gg w$，因为必须保证 $y=0$ 的地方(这里磁场 $B$ 最大)有足够强的光场使原子一直保持在 $|D\rangle$ 态. 一般地取 $a = w/2$，可得 $B(0) = 2\hbar k/w$，这与 4.2.2 小节中的结果相差不大，所以 4.2.5 小节中对于产生大涡旋列的可能性的讨论结果在这里同样适用. 标势 $W(y)$ 同样在沿着 $y=0$ 的直线上取得最大值，所以需额外加入一个势阱 $V$ 以防止原子从此处逃逸.

### 4.3.4　涉及失谐的梯度的规范场

4.2.2 小节中解释了混合角 $\theta$ 的梯度可由激光失谐的梯度或者光场强度梯度来产生，这同样适用于 $\Lambda$ 能级系统，并可推广到更多能级的原子. 第一次被 Lin 等人观测到的几何磁场，就基于发生在基态子能级间的光子 Raman 跃迁的失谐量的梯度[7]. 这部分我们将简单介绍这个实验并与前面介绍的方案联系起来.

Lin 等人用处于 $F=1$ 超精细能级的 $^{87}$Rb 原子完成了该实验. 这个过程中三个 Zeeman 子能级 $|m_F\rangle(m_F = 0, \pm 1)$ 均需占有较大布居数. 两束波矢分别为 $k_1$ 和 $k_2$ 的光束照射到原子上产生 Zeeman 子能级间($\Delta m_F = \pm 1$)的准共振 Raman 耦合(见图 4.3.4)，这种耦合通过在一束光中吸收一个光子然后在另一束光中放出一个光子而产生，同时原子动量改变 $\pm \hbar \boldsymbol{k}_{\mathrm{d}}$，这里波矢差 $\boldsymbol{k}_{\mathrm{d}} = \boldsymbol{k}_1 - \boldsymbol{k}_2 = k_{\mathrm{d}} \boldsymbol{e}_x$ 沿 $x$ 轴. 一个重要的因素是需要额外加入一个真实的磁场，由磁场引起的 Zeeman 劈裂提供子能级 $m_F = 0, \pm 1$. 这为控制双光子失谐 $\delta$ 提供了一种途径. Lin 等人在先前的

实验中加入了一个均匀的真实磁场,产生了一个均匀的几何矢势,对应的等效磁场值为零[5]. 在接下来的实验中他们加入了非均匀的真实磁场,使得 $\delta$ 与位置相关,其中,假设有线性形式 $\delta=\delta'(y-y_0)$,$\delta'>0$ 为 $\delta$ 的梯度且为常数.

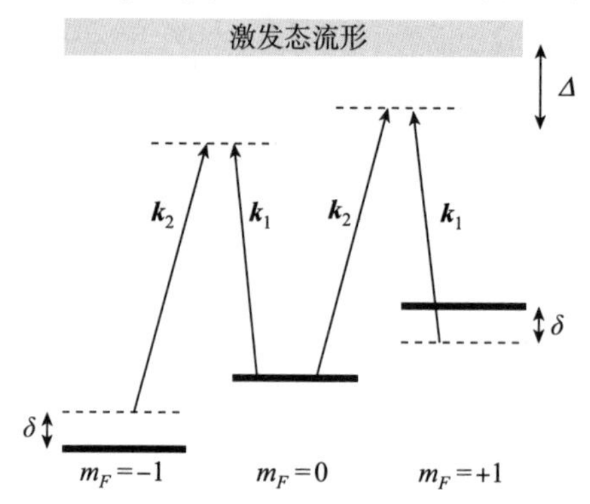


图 4.3.4 Lin 等人的实验中用到的原子系统[7]. 自旋 $F=1$ 基态的 $^{87}$Rb 原子放置在外磁场中,使子能级 $|m_F=\pm1\rangle$(虚线)与 $|m_F=0\rangle$ 分离. 原子被两束波数为 $\boldsymbol{k}_1$ 和 $\boldsymbol{k}_2$ 的激光照射并诱发 Zeeman 子能级间的共振耦合(跃迁规则 $\Delta m_F=\pm1$). 另外,外加磁场的梯度也会引起 $|m_F=\pm1\rangle$ 子能级的位移(实线). 这样就产生了随空间变化的双光子失谐量 $\delta$,这将允许我们产生一个人造规范势. 注意:这幅图里 $\Delta$ 的比例取得并不符合实际(事实上 $\Delta\gg\delta$). 图片摘自参考文献[7]

首先在绝热近似的框架下分析这个实验. 假设耦合的光场在原子气尺度上可以看作平面波,此时该问题在 $x$ 方向具有平移不变性. 那么双光子耦合 Rabi 频率 $\kappa=\kappa^{(0)}\mathrm{e}^{\mathrm{i}\varphi}$,其中 $\varphi=\boldsymbol{k}_\mathrm{d}\cdot\boldsymbol{r}=k_\mathrm{d}x$ 就是 Raman 耦合的相位. 单光子失谐 $\Delta$ 相对于 Rabi 频率可以认为很大,这样可以通过绝热近似消去激发态从而得到基态子能级组上的有效 Hamilton 量. 耦合算符在基组 $\{|m_F\rangle\}$ 中可以写成(4.3.1)式,只是让 $\kappa_2=\kappa_1^*=\kappa$.

只考虑 $U$ 对应于最小本征值 $-\hbar[\delta^2+(\kappa^{(0)})^2/2]^{1/2}$ 的本征态:

$$|\chi\rangle=\mathrm{e}^{\mathrm{i}\varphi}\cos^2\frac{\theta}{2}|-1\rangle-\frac{\sin\theta}{\sqrt{2}}|0\rangle+\mathrm{e}^{-\mathrm{i}\varphi}\sin^2\frac{\theta}{2}|+1\rangle. \tag{4.3.13}$$

这里我们让 $\tan\theta=\kappa^{(0)}/\sqrt{2}\delta$. 此时矢势 $\boldsymbol{A}=\mathrm{i}\hbar\langle\chi|\nabla\chi\rangle=-\hbar\boldsymbol{k}_\mathrm{d}\cos\theta$. 相应的人造磁场可以像 4.2.2 小节中 $\nabla\Delta$ 方案那样(把 $\Delta$ 替换为 $\delta$)写为

$$\boldsymbol{B}=\boldsymbol{e}_Z B_0\mathcal{L}^{3/2}(y-y_0). \tag{4.3.14}$$

在上式中,Lorentz 函数 $\mathcal{L}$ 中的特征长度为 $\ell_\kappa=\kappa^{(0)}/\sqrt{2}\delta'$,人造磁场的极大值为 $B_0=\hbar k_\mathrm{d}/\ell_\kappa$. (4.3.14)式的预言与 Lin 的实验结果符合得很好. 标势 $W(y)\approx(\hbar^2k_\mathrm{d}^2/4m)\mathcal{L}(y-y_0)$也与梯度失谐量情形下的二能级原子相似,这里假定 $k_\mathrm{d}\ell_\kappa\gg1$. 对于在 $y_0$ 处外加的束缚势阱,$W(y)$通过在 $y_0$ 附近产生的相反的势 $-m\omega_W^2(y-y_0)^2/2$

使得原子在 $y$ 方向上的限制减弱，其中 $\omega_W=\hbar k_d/\sqrt{2}m\ell_\kappa$（在 Lin 的实验中，$\omega_W/2\pi\approx30$ Hz）.

对于上述实验，Spielman 提出了另外的解释[12]，这种解释适用于原子-光场耦合中只有相位 $e^{\pm ik_dx}$ 随 $x$ 坐标变换的情形，并且比绝热近似的有效范围更广. 第一步，冻结原子的 $y$ 自由度. 然后对仅依赖 $x$ 的 Hamilton 量 $H_x=P_x^2/(2m)+U$ 进行对角化，这里 $U$ 是一个 $3\times3$ 的矩阵，可由(4.3.1)式令 $\boldsymbol{\kappa}_2=\boldsymbol{\kappa}_1^*=\boldsymbol{\kappa}^{(0)}e^{ik_dx}$ 得到. 本征态为自旋三重态，每个态可由其动量 $\hbar K_x$ 标记，对于每个 $K_x$，对角化都会产生三个离散的 $E_n(K_x)(n=1,2,3)$，$E_n$ 在 $K_{n,\min}$ 处取得的最小值依赖双光子失谐 $\delta$ 和 Rabi 频率 $\boldsymbol{\kappa}^{(0)}$. 对于低能和强耦合情形，可得 $E_n\approx\hbar^2(K_x-K_{n,\min})^2/2m^*$，$m^*$ 为有效质量. 第二步，考虑沿 $y$ 轴的运动以及空间变化的失谐 $\delta=\delta'(y-y_0)$. 对于能量最低的态 $n=1$，这个运动可以近似用投影的 Hamilton 量 $H=P_y^2/(2m)+E_1$ 来描述，这会得到一个矢势 $\boldsymbol{A}=\hbar K_{1,\min}\boldsymbol{e}_x$. 而相应地，有等效磁场 $\boldsymbol{B}=\hbar(\partial K_{1,\min}/\partial y)\boldsymbol{e}_z$，这里写成了 Landau 规范的形式. 当 $M^*\approx M$ 时，该对角化和绝热方法相互吻合. 对于 Rabi 频率小于绝热近似所需的情形，对角化过程中会出现新奇的现象，比如有可能在两个处于不同缀饰态的 Bose-Einstein 凝聚体间模拟自旋轨道耦合，这在实验上由 Lin 等人证实[4].

4.2.5 小节中关于涡旋的讨论在这里同样适用，沿 $y$ 轴排列的涡旋的数目同样约由 $\ell_\kappa\sqrt{\rho_v}\approx\sqrt{\ell_\kappa/\lambda}$ 给出. 在这个方案中只需选择相对较小的 $\nabla\delta$，就可以达到大涡旋列数目的极限. Lin 等人在 Rb 的 BEC 实验中得到了约十个涡旋，这些涡旋并不形成常规的晶格，原因可能是残余光子散射导致对原子团的加热以及原子损耗（损耗到 1/e 所需时间为 1.4 s）[7].

很容易想到提高激光失谐也许会解决光子散射问题，不幸的是在这种情况下这是不行的，至少对于碱金属原子是不行的. 事实上，光致频移的标量部分为 $U_{\text{scal}}\propto I/\Delta$，其中 $I$ 为光强，而双光子 Raman 耦合 $\boldsymbol{\kappa}$ 正比于其矢量部分 $U_{\text{vec}}\propto I\Delta_{\text{FS}}/\Delta^2$，这里 $\Delta_{\text{FS}}$ 表示精细能级分裂，对于碱金属原子只有 $\omega_A$ 的百分之几（Rb 为 2%，Cs 为 5%），并且上面对 $\boldsymbol{\kappa}$ 的衡量对于 $\Delta_{\text{FS}}\lesssim\Delta$ 时是成立的. 所以在大失谐极限下，$\boldsymbol{\kappa}$ 随 $\Delta$ 减小的速率和光子散射率 $\propto I\Gamma/\Delta^2$ 一样快. 也就是说，那些通过增大 $\Delta$ 和 $I$ 来使光致频移的标量部分相对自发辐射过程占有更大比重的方法在这里是不适用的.

## § 4.4　非 Abel 规范场

1984 年，Wilczek 和 Zee 在将绝热定理推广到一类特殊的系统时，提出了非 Abel 几何规范势的观点，该系统的 Hamilton 量在随时间演化的过程中具有一组保持简并的本征态,并且这些态与其他的能级相距甚远.这在很多领域有着重要的应用,包括凝聚态物理等.特别地,Moody 等人证明了在核四极共振的情形下,双原子分子旋转运动有可能产生非 Abel 磁单极子.这部分讨论光场中冷原子的非 Abel 动力学在$(N+1)$态$(N\geqslant 3)$原子被适合的激光激发时会发生.在我们首先将给出在原子与光场耦合时,内态保持简并的情况下,原子绝热运动的一般方程,我们将展现非 Abel 势是如何产生的,并讨论一些典型光场下这种势场的结构,也会展现一些与非 Abel 势有关的物理现象,比如磁单极子的产生,Rashba 自旋轨道耦合以及非 Abel AB 效应.

### 4.4.1 非 Abel 规范场的产生

我们考虑有 $N+1$ 个能级的原子,它与外部光场产生耦合作用.利用旋波近似,我们可以用随时间变化的$(N+1)\times(N+1)$的矩阵 $U(\boldsymbol{r})$来描述任一点 $\boldsymbol{r}$ 处的原子-激光相互作用.仍从(4.2.1)式出发,在给定点 $\boldsymbol{r}$ 处,可将 $U(\boldsymbol{r})$对角化得到 $N+1$ 个缀饰态$|\chi_n(\boldsymbol{r})\rangle$,对应本征值 $\varepsilon_n(\boldsymbol{r})(n=1,\cdots,N+1)$.产生非 Abel 规范场的一个关键点在于一些缀饰态在空间任意 $\boldsymbol{r}$ 处都形成一个简并(或准简并)组.更进一步地,我们假定前 $q$ 个缀饰态形成一个简并子空间 $\varepsilon_q$,并且这些能级和剩下的能级离得较远.

同时描述原子内外部自由度的完整量子态可写为$|\Psi\rangle=\sum\limits_{n=1}^{N+1}\psi_n(\boldsymbol{r})|\chi_n(\boldsymbol{r})\rangle$,$\psi_n$ 为处于内态$|\chi_n\rangle$的原子质心运动的波函数.我们这里感兴趣的是被制备在子空间 $\varepsilon_q$ 下的原子的动力学,忽略跃迁到 $\varepsilon_q$ 外的概率,我们把全 Schrödinger 方程投影到 $\varepsilon_q$ 空间内,对约化的列矢量 $\widetilde{\Psi}=(\psi_1,\cdots,\psi_q)^{\mathrm{T}}$ 有

$$\mathrm{i}\hbar\frac{\partial\widetilde{\Psi}}{\partial t}=\left[\frac{(\boldsymbol{P}-\boldsymbol{A})^2}{2m}+V\,\hat{1}_q+\varepsilon+W\right]\widetilde{\Psi}. \tag{4.4.1}$$

这里$\hat{1}_q$ 是 $\varepsilon_q$ 内的单位矩阵,$\varepsilon$ 为本征能量 $\varepsilon_n(\boldsymbol{r})(n=1,\cdots,q)$的对角化矩阵.这个方程和(4.2.6)式一样,只是现在 $\boldsymbol{A}$ 和 $W$ 都是 $q\times q$ 的矩阵.其等效矢势 $\boldsymbol{A}$ 被称为 Mead-Berry 连接.

相应的等效磁场为

$$B_i=\frac{1}{2}\epsilon_{ikl}F_{kl}, \tag{4.4.2}$$

$$F_{kl}=\partial_k A_l-\partial_l A_k-\frac{\mathrm{i}}{\hbar}[A_k,A_l]. \tag{4.4.3}$$

注意,$\frac{1}{2}\varepsilon_{ikl}[A_k,A_l]=(\boldsymbol{A}\times\boldsymbol{A})_i$ 一般不为零,因为矩阵 $\boldsymbol{A}$ 的向量元间一般不对易.因此即使矢势 $\boldsymbol{A}$ 是均匀的,磁场 $\boldsymbol{B}$ 也可以不为零.这是非 Abel 动力学的特性,且

只有在 $q\geqslant 2$ 时才会发生，而 $q=1$ 就是我们前面讨论的 Abel 动力学的情形.

### 4.4.2　多重态

在原子-激光相互作用中获得简并的子空间的一般方法是实现图 4.4.1 中的情形，即一个单能级 $|e\rangle$ 以 Rabi 频率 $\kappa_j$ 与 $N$ 个能级 $|g_j\rangle(j=1,\cdots,N)$ 耦合. 在本小节的最后我们会讨论如何在实验上实现 $N=3$（三重态）和 $N=4$（四重态）的情形. 耦合算符为

$$U=\sum_{j=1}^{N}\frac{\hbar\kappa_j(\boldsymbol{r})}{2}|e\rangle\langle g_j|+\text{h.c.}, \tag{4.4.4}$$

可以方便地改写为

$$U=\frac{\hbar\kappa(\boldsymbol{r})}{2}(|e\rangle\langle B(\boldsymbol{r})|+|B(\boldsymbol{r})\rangle\langle e|), \tag{4.4.5}$$

$|B\rangle=\sum_{j=1}^{N}\kappa_j^*|g_j\rangle/\kappa$ 为亮（耦合）态[由(4.3.3)式推广而来]，$\kappa$ 为总 Rabi 频率 $\kappa^2=\sum_{j=1}^{N}|\kappa_j|^2$.

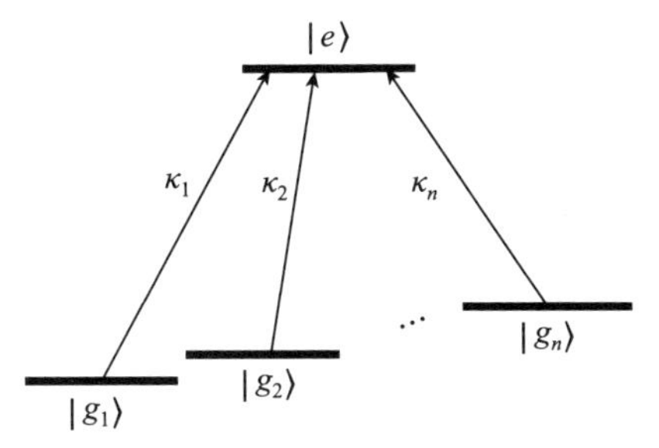


图 4.4.1　多重态结构. 一个 $|e\rangle$ 态通过 $N$ 个不同的共振激光耦合至 $N$ 个不同的 $|g_j\rangle(j=1,\cdots,N)$ 态. 图片摘自参考文献[13]

$U$ 的对角化是直接的. 首先 $|B\rangle$ 和 $|e\rangle$ 的耦合可以产生分别对应本征能 $\pm\hbar\kappa/2$ 的两个本征态 $|\pm\rangle=(|e\rangle\pm|B\rangle)/\sqrt{2}$，然后剩余的 $(N-1)$ 维正交子空间对应着暗态，这些暗态都是 $U$ 的本征能为零的本征态. 这就提供了一个 $q=N-1$ 的简并的子空间 $\varepsilon_q$，这正是产生非 Abel 规范场所需要的. 在接下来的讨论中，我们记 $|D_n\rangle$ $(n=1,\cdots,N-1)$ 为 $\varepsilon_{N-1}$ 的正交归一基.

我们简单地讨论如何在量子光学的实验中实现上述 $N=3$ 和 $N=4$ 的多重态. $N=3$（见图 4.4.1）可以用一个直接的方法，即考虑一个原子在角动量 $J_g=1$ 的电子基态和角动量 $J_e=0$ 的激发态间跃迁来实现，这可以在碱金属原子，如 $^{23}$Na 和 $^{87}$Rb 中实现，也可以在亚稳的电子自旋三重态的 He 原子中发生（$^3S_1$ 到 $^3P_0$ 的跃迁）. $N=4$ 的情况则有些复杂，这里我们简单描述 Juzeliūnas 等人的方法，其利

用了具有两个超精细能级的碱金属原子，如$^{87}$Rb，该原子具有角动量 $F=1$ 和 $F=2$（见图 4.4.2）[10].

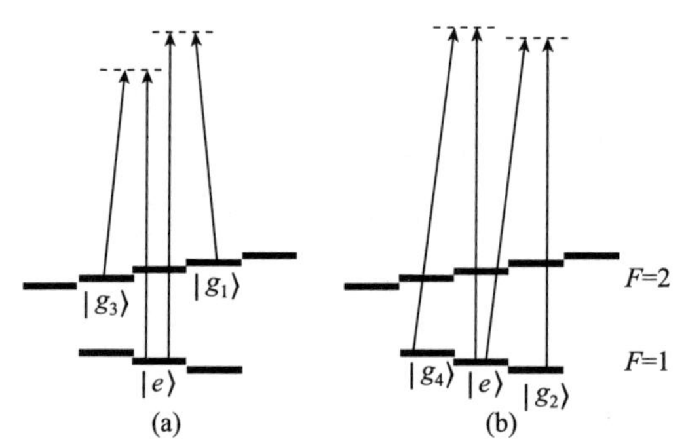


图 4.4.2 用碱金属原子实现多重态的方案（$N=4$）. 这里涉及的耦合对应基态精细能级间的受激 Raman 跃迁，选择 $|e\rangle\equiv|F=1,m_F=0\rangle$，一个弱磁场可以引起 $F=1$ 和 $F=2$ 能级间的简并，并允许我们利用一对偏振和频率合适的激光有选择地诱发 Raman 跃迁.（a）两束激光诱发跃迁 $|e\rangle\to|g_1\rangle\equiv|F=2,m_F=1\rangle$ 和 $|e\rangle\to|g_3\rangle\equiv|F=2,m_F=-1\rangle$，（b）另外一对激光诱发跃迁 $|e\rangle\to|g_2\rangle\equiv|F=1,m_F=1\rangle$ 和 $|e\rangle\to|g_4\rangle\equiv|F=1,m_F=-1\rangle$. 图片摘自参考文献[13]

选择一个特定的基态 $|F=1,m=0\rangle$ 当作 $|e\rangle$，其余四个 Zeeman 子能级 $|F=1,m_F=\pm1\rangle$ 和 $|F=2,m_F=\pm1\rangle$ 作为 $|g_j\rangle$. $|e\rangle$ 和 $|g_j\rangle$ 间的耦合由 4.3.4 小节中那样的双光子共振 Raman 跃迁引起. 正如 4.3.4 小节中解释的那样，这个方案里可以通过选择单光子大失谐（也就是精细结构分裂 $\Delta_{\mathrm{FS}}$ 的量级）来尽可能地减小由光子散射引起的退相干和对原子的加热.

### 4.4.3 产生磁单极子

非 Abel 规范场的一个有趣的性质就是其产生磁单极子的可能性，这一部分我们将展现一种利用原子-激光相互作用产生这样的磁单极子的方法，我们将重点放在物理方面，至于技术上的细节. 有兴趣的读者可参阅文献[14].

这里我们考虑 $N=3$ 的三重态. 为了简便，用角度及相位变量来表示 Rabi 频率 $\kappa_j$：

$$\kappa_1=\kappa\sin\alpha\cos\beta\mathrm{e}^{\mathrm{i}\phi_1},\quad \kappa_2=\kappa\sin\alpha\sin\beta\mathrm{e}^{\mathrm{i}\phi_2},\quad \kappa_3=\kappa\cos\alpha\,\mathrm{e}^{\mathrm{i}\phi_3}. \tag{4.4.6}$$

这时暗态在基矢 $\{|g_1\rangle,|g_2\rangle,|g_3\rangle\}$ 下表示为

$$|D_1\rangle=\begin{pmatrix}\sin\beta\mathrm{e}^{\mathrm{i}\phi_{31}}\\ -\cos\beta\mathrm{e}^{\mathrm{i}\phi_{32}}\\ 0\end{pmatrix},\quad |D_1\rangle=\begin{pmatrix}\cos\alpha\cos\beta\mathrm{e}^{\mathrm{i}\phi_{31}}\\ \cos\alpha\sin\beta\mathrm{e}^{\mathrm{i}\phi_{32}}\\ -\sin\alpha\end{pmatrix}, \tag{4.4.7}$$

这里 $\phi_{ij}=\phi_i-\phi_j$. 这样矢势就写为

$$
\begin{aligned}
\boldsymbol{A}_{11} &= \hbar(\cos^2\beta\,\nabla\phi_{23}+\sin^2\beta\,\nabla\phi_{13}),\\
\boldsymbol{A}_{12} &= \hbar\cos\alpha\left[\frac{1}{2}\sin(2\beta)\nabla\phi_{12}-\mathrm{i}\,\nabla\beta\right],\\
\boldsymbol{A}_{22} &= \hbar\cos^2\alpha(\cos^2\beta\,\nabla\phi_{13}+\sin^2\beta\,\nabla\phi_{23}).
\end{aligned}
\tag{4.4.8}
$$

为了得到磁单极子,我们考虑光场由两束沿 $z$ 轴传播的激光和一束沿 $x$ 轴传播的激光形成的情形,准确地说前两束光为 Laguerre-Gauss 模,具有角动量 $\ell=\pm 1$,第三束光为一阶 Hermite-Gauss 模,这样有

$$
\begin{aligned}
\kappa_{1,2} &= \kappa_0\,\frac{\rho}{R}\mathrm{e}^{\mathrm{i}(kz\mp\varphi)},\\
\kappa_3 &= \kappa_0\,\frac{z}{R}\mathrm{e}^{\mathrm{i}kx}.
\end{aligned}
\tag{4.4.9}
$$

这里 $\rho$ 为离 $z$ 轴的距离,$\varphi$ 为绕 $z$ 轴的方位角. 我们认为光腰相较于这个问题中的其他物理尺度都大得多,于是我们忽略(4.4.9)式中的 Gauss 截面. 利用 4.4.2 小节中的公式对矢势的计算给出

$$
\boldsymbol{A}=-\frac{\hbar}{r\tan\vartheta}\boldsymbol{e}_{\varphi}\hat{\sigma}_x+\frac{\hbar k}{2}(\boldsymbol{e}_z-\boldsymbol{e}_x)[(1+\cos^2\vartheta)\hat{1}+(1-\cos^2\vartheta)\hat{\sigma}_z]. \tag{4.4.10}
$$

这里 $r,\varphi,\vartheta$ 为球坐标,$\hat{\sigma}_j$ 为 Pauli 矩阵,$\hat{1}$为 $2\times 2$ 的单位矩阵. 矢势的第一项与 $\hat{\sigma}_x$ 成比例,这表明磁单极子在原点($r=0$)处的单位磁场强度为

$$
\boldsymbol{B}=\frac{\hbar}{r^2}\boldsymbol{e}_r\hat{\sigma}_x+\cdots, \tag{4.4.11}
$$

省略号表示非磁单极场的贡献正比于 Pauli 矩阵和单位矩阵. 注意在原点,即磁单极子出现的地方,光场总强度为零[(4.4.9)式],这代表一个奇异点,这样我们就需要加一额外势场将原子从这个区域赶出以防止原点附近的非绝热跃迁.

更进一步的分析见 Pietilä 等人的工作,他们研究了一个有相互作用的 BEC 系统在这种磁单极子的场下行为. 他们以数值展现了磁单极子的存在会引起赝自旋结构并带有一个能消去磁单极磁荷的拓扑荷的现象[15].

### 4.4.4　产生自旋轨道耦合

光诱发的非 Abel 规范势可以产生冷原子的自旋轨道耦合,模拟电子在凝聚态物质中的情形. 电子的自旋自由度在半导体自旋电子器件中起着关键的作用. 第一个自旋半导体器件是自旋场效应 Datta-Das 三极管(DDT),它是 1990 年由 Datta 和 Das 提出的,在 2009 年才得以实现. DDT 的一个重要组成是 Rashba-Dresselhaus(RD)自旋轨道耦合. Rashba-Dresselhaus 耦合可以用一个矢势描述,该矢势正比于位于平面内的粒子的$-\frac{1}{2}$自旋算符.

在这一部分,我们解释对于一个有效自旋为 1/2 或 1 的原子如何产生等效的自旋轨道耦合.我们从 $N$ 重能级情形的一般方程出发,这里耦合的激光为 $x$-$y$ 平面内等幅传播的平面波,假定波矢 $\boldsymbol{k}_j$ 形成了一个正多边形,

$$\boldsymbol{k}_j = k(-\boldsymbol{e}_x \cos\alpha_j + \boldsymbol{e}_y \sin\alpha_j), \tag{4.4.12a}$$

$$\alpha_j = 2\pi j / N. \tag{4.4.12b}$$

令 $\boldsymbol{\kappa}_j = \boldsymbol{\kappa}^{(0)} \mathrm{e}^{\mathrm{i}\boldsymbol{k}_j \cdot \boldsymbol{r}} / \sqrt{N}$,并使用正交归一的暗态:

$$|D_n\rangle = \frac{1}{\sqrt{N}} \sum_{j=1}^{N} |g_j\rangle \mathrm{e}^{\mathrm{i}\alpha_j n - \mathrm{i}\boldsymbol{k}_j \cdot \boldsymbol{r}}, n = 1, \cdots, N-1. \tag{4.4.13}$$

将$|D_n\rangle$代入(4.4.2)式,得到恒定的矢势和标势(仍然是非 Abel 的):

$$\begin{aligned} \boldsymbol{A}_{n,m} &= -\frac{\hbar k}{\sqrt{2}} \sum_{\pm} \boldsymbol{e}_{\pm} \delta_{n,m\pm1}, \\ W_{n,m} &= \frac{\hbar^2 k^2}{4m} (\delta_{m,1}\delta_{n,1} + \delta_{m,N-1}\delta_{n,N-1}), \end{aligned} \tag{4.4.14}$$

其中$\boldsymbol{e}_{\pm} = (\boldsymbol{e}_x \pm \mathrm{i}\, \boldsymbol{e}_y)/\sqrt{2}$.对于一个恒定的外势场 $V$,Schrödinger 方程(4.4.1)的一组定态解为平面波 $\widetilde{\Psi}_{\boldsymbol{K}}(\boldsymbol{r}, t) = \phi_{\boldsymbol{K}}\, \mathrm{e}^{\mathrm{i}(\boldsymbol{K} \cdot \boldsymbol{r} - \Omega_{\boldsymbol{K}} t)}$,$\phi_{\boldsymbol{K}}$ 遵守本征方程 $H_{\boldsymbol{K}} \phi_{\boldsymbol{K}} = \hbar\omega_{\boldsymbol{K}} \phi_{\boldsymbol{K}}$,这里 $H_{\boldsymbol{K}}$ 为依赖于$\boldsymbol{K}$ 的$(N-1)\times(N-1)$阶矩阵:

$$H_{\boldsymbol{K}} = \frac{(\hbar \boldsymbol{K}\, \hat{1} - \boldsymbol{A})^2}{2m} + W + V\, \hat{1}. \tag{4.4.15}$$

三重态($N=3$)中波矢$\boldsymbol{k}_j$ 形成正三角形,$W$,$A$ 及 $H_{\boldsymbol{K}}$ 为 2×2 矩阵.标势正比于单位矩阵 $W = (\hbar^2 k^2/4m)\hat{1}$,而矢势 $\boldsymbol{A} = -k\, \hat{\boldsymbol{S}}_{\perp}$ 与 $x$-$y$ 平面内的自旋 1/2 算符 $\hat{\boldsymbol{S}}_{\perp} = \hat{S}_x \boldsymbol{e}_x + \hat{S}_y \boldsymbol{e}_y$ ($\hat{S} = \hbar\hat{\sigma}/2$,这里 $\hat{\sigma}$ 为 Pauli 矩阵)成比例.这产生了 RD 型自旋轨道耦合,由 $V = -\hbar^2 k^2/4m$ 的两个离散分支 $\Omega_K^{\pm} = \hbar(K \pm k/2)^2/2m$ 表征.很多其他形式的光场也用来产生同样的 RD 型自旋轨道耦合.

四重态($N=4$)时,(4.4.2)式的选择对应两个正交的相对传播的激光场.矢势 $\boldsymbol{A} = -k\, \hat{\boldsymbol{J}}_{\perp}/\sqrt{2}$,与自旋 1 算符在 $x$-$y$ 平面的投影$\hat{\boldsymbol{J}}_{\perp} = \hat{J}_x \boldsymbol{e}_x + \hat{J}_y \boldsymbol{e}_y$ 成比例,而标势与自旋算符的 $z$ 轴分量的平方成正比 $W = \hat{J}_z^2 k^2/4m$.本征频率为

$$\hbar\Omega_K^{\beta} = \frac{\hbar^2}{2m}(K^2 + \sqrt{2} K k \beta + k^2) + V, \quad \beta = 0, \pm 1, \tag{4.4.16}$$

其中 $K = |\boldsymbol{K}|$.对于$\beta = \pm 1$,这些曲线可以类比于自旋 1/2 的 RD 模型的曲线,而$\beta = 0$ 的曲线对应一条以 $K=0$ 为对称轴的抛物线.

RD 型自旋轨道耦合的一个奇特的结果是 Dirac 颤动,这个现象常常在冷原子、固体中的电子及势阱中的离子中被研究.对于势阱中的离子系统,近期的实验已观察到了这种现象[16].RD 耦合的另一个表现是当物质波入射到势垒上时会发

生负折射和负反射，研究自旋 1/2 原子和电子时会涉及这个问题. 对于小入射波数 $K \ll k$，正入射时的透射率接近 1. 这种近乎完全透射是一种 Klein 佯谬现象，这与石墨烯中出现的电子隧穿相同. 当入射角增大时，物质波透射率会减小，再次同石墨烯中的电子一样，透射波会产生负折射. 自旋大于 1/2 的粒子有额外的内部自由度，这会修正在势垒处的连续性条件. 对于非垂直入射的负折射现象，Juzeliūnas 等人表明相比于自旋 1/2 的情形，其折射波的波幅会显著增大[13].

RD 自旋轨道耦合也会对自旋极化的冷原子 Fermi 气体系统产生影响，在这方面，有小组进行了较深入的研究，并得到了一些有意义的结果. 研究者获得了各个不同自旋轨道耦合强度下系统的有限温相图，并逐一分析了各个相随着自旋轨道耦合强度的变化(见图 4.4.3)，发现了一些有限温相图呈现出的新特征[16].

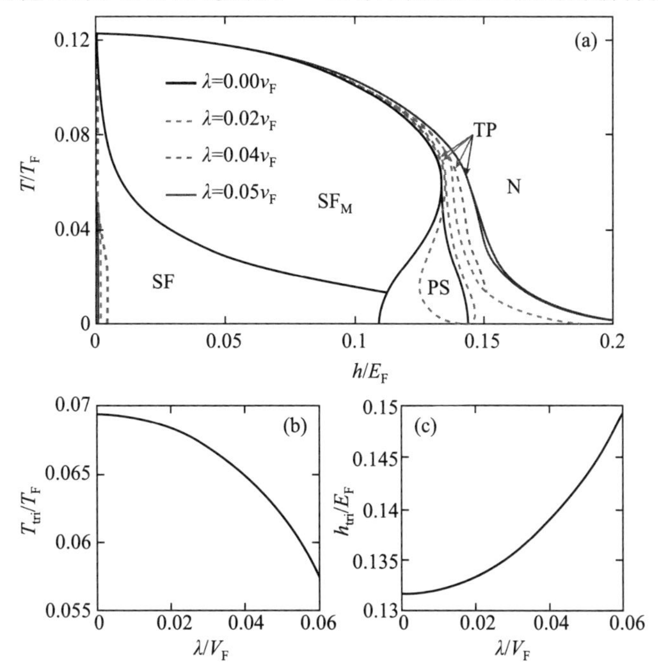


图 4.4.3　(a)不同自旋轨道耦合强度下的相图，包括非极化超流相(superfluid state, SF)、极化超流相(magnetized superfluid state with a finite polarization, $SF_M$)、正常相(normal state, N)、相分离区(phase separation, PS). (b)三相临界点(tricritical point, TP)的温度 $T_{tri}$ 随自旋轨道耦合强度 $\lambda$ 的演化. (c)三相临界点(TP)的磁场强度 $h_{tri}$ 随自旋轨道耦合强度 $\lambda$ 的演化. 图片摘自参考文献[17]

### 4.4.5　非 Abel AB 效应

上述自旋轨道耦合会引起准相对论动力学，这时原子的质心运动用一个小动量及强规范势限制下的等效 Dirac 方程来描述. 这种效应将高能物理、石墨烯及光子晶体中的物理现象与原子物理和量子光学联系在一起.它依赖原子在二维或三维空间中的内部结构,但其与非 Abel 耦合之间的关系尚不明确.

为了观察非 Abel 效应,我们应该研究自旋动力学,在这里也就是赝自旋,即一个由入射激光和原子间相互作用产生的多组分系统.前面我们表明了规范场对赝自旋的影响可以正比于 $x$ 及 $y$ 方向上的 Pauli 自旋矩阵(两个方向上的矩阵不对易),这正是产生 Abel 系统所需的条件.一个简单的非 Abel 情形是所谓的 Aharonov-Bohm 实验.这里我们考虑一个带赝自旋的粒子沿两条不同的路径从 $A$ 运动到 $B$,但它只能沿 $x$ 或 $y$ 方向运动.假设路径由两个沿 $x$ 和 $y$ 方向的长度相等且为 $L$ 的直线构成,那么问题是,如果我们给定在 $A$ 处的赝自旋方向,那运动到终点 $B$ 处的自旋呢?如果自旋处于非 Abel 场中,这个结果会与路径的选择有关.若我们忽略所有外部动力学,并只考虑规范场 $\boldsymbol{A}=A_x\boldsymbol{e}_x+A_y\boldsymbol{e}_y$ 引起的效应,就很容易看到这一点.如果先走 $x$ 方向再走 $y$ 方向,则末态为 $\exp(\mathrm{i}A_yL)\exp(\mathrm{i}A_xL)\widetilde{\Psi}_{\mathrm{in}}$,这里 $\widetilde{\Psi}_{\mathrm{in}}$ 为初始赝自旋.而如果先走 $y$ 方向,再走 $x$ 方向,则末态为$\exp(\mathrm{i}A_xL)\exp(\mathrm{i}A_yL)\widetilde{\Psi}_{\mathrm{in}}$.这两个态并不一定相同,因为如果系统是非 Abel 系统的话,$A_y$ 和 $A_x$ 是不对易的.比如,若 $A_x\propto\hat{\sigma}_y$ 且 $A_y\propto\hat{\sigma}_x$,这两个算符与 $x$ 和 $y$ 方向上的自旋等价,一般就会产生不同的末态.有趣的是,这和一个非 Abel 流线对质子的散射很相似,在那里可以预期质子会转变成中子.

## §4.5 光晶格中的规范场

光晶格是近期才出现的一种量子气体领域的重要工具,它是一些周期排列的势阱点,并通过量子隧穿相互关联.这种势场可通过几束失谐的激光干涉形成.光晶格可以类比于真实固体中离子点阵施加于电子上的周期势场,同时,光晶格也允许我们使量子气进入强关联区域,此时相互作用将对系统起主导作用.可通过增加格点势阱深度来使量子气进入强关联区域,这可导致两个效果:一是,由于晶格位置处对原子的束缚加强使得原子间的相互作用更强,另一个是,量子隧穿概率减小从而使原子动能降低.

在这一节,我们首先回顾周期势场中的能带结构的一些基本特点,以及磁场对单粒子谱的影响.然后讨论激光辅助隧穿(laser-assisted tunneling)的概念,它将允许我们控制通道矩阵元的相位并实现人造规范势.近期 Cooper 等人提出了另一种具有轨道磁场的磁通晶格方案[18].我们会简单介绍该方案和激光辅助隧穿方法的联系.最后我们简单计算在晶格中产生非 Abel 规范场的可能性.

我们还会简单提及一些不借助激光耦合在光晶格中对冷原子产生等效磁场的方法.简单地旋转晶格就是其中一种,并且已经有人对大晶格间距的格子进行了实验. 另外一种方法依赖对晶格势场的瞬态调制，其中势场具有 $x-y$ 或 $x^2-y^2$ 的对称性. 也可通过调制晶格势场来控制矩阵元的符号，这可对一些特定形状的点阵产生人造规范场. 此外，也可通过原子间相互作用得到所需规范场.

### 4.5.1　能带

考虑一个粒子在二维正方格点势场中的运动，晶格的周期为 $d$，势阱深 $V_0$，

$$V_{\text{lat}}(x,y)=V_0[\sin^2(\pi x/d)+\sin^2(\pi y/d)]. \tag{4.5.1}$$

能量本征态为 Bloch 波 $\psi_{\eta,\boldsymbol{q}}(\boldsymbol{r})=\mathrm{e}^{\mathrm{i}\boldsymbol{q}\cdot\boldsymbol{r}}u_{\eta,\boldsymbol{q}}(\boldsymbol{r})$，$\eta=0,1,\cdots$ 为能带的编号，准动量 $q$ 的值处于第一 Brillouin 区 $[-\pi/d,\pi/d]\times[-\pi/d,\pi/d]$ 内，$u_{\eta,\boldsymbol{q}}$ 为 $\boldsymbol{r}$ 的周期函数，在空间的各个方向的周期都是 $d$. 当 $\boldsymbol{q}$ 在第一 Brillouin 区变化时，和 Bloch 波联系的能量 $\epsilon_\eta(\boldsymbol{q})$ 形成能带.

我们假设每个能带的能量宽度都远小于能带间距，晶格处于紧束缚(TB)区域. 更具体地，我们考虑粒子被限制在最低 Bloch 带($\eta=0$)的情形，因为实验上强关联量子气一般处于这个区域. 于是，我们可以不考虑能带的编号，在这种限制下，可以方便地转换到 Wannier 函数正交基：

$$w_{n,m}(\boldsymbol{r})=\mathcal{N}\int_{\mathrm{BZ}}\mathrm{e}^{-\mathrm{i}\boldsymbol{q}\cdot\boldsymbol{r}_{n,m}}\psi_{\boldsymbol{q}}(\boldsymbol{r})\mathrm{d}^2\boldsymbol{q}, \tag{4.5.2}$$

这里 $\mathcal{N}$ 为归一化因子，$\boldsymbol{r}_{n,m}=d(n\boldsymbol{e}_x+m\boldsymbol{e}_y)$($n,m$ 均为整数). 在 TB 区域 Wannier 函数 $w_{n,m}$ 被局限在格点 $\boldsymbol{r}_{n,m}$ 附近，初始 Hamilton 量 $P^2/2m+V_{\text{lat}}$ 可替换成

$$H_{\mathrm{TB}}=-J\sum_{n,m}\hat{a}^\dagger_{n,m}\hat{a}_{n',m'}, \tag{4.5.3}$$

这里 $\hat{a}_{n,m}$ 为粒子在 $w_{n,m}$ 态的湮灭算符，求和只对相邻格点进行，$J$ 为表征相邻格点间跳跃的隧穿能量，更远距离间的跳跃在这种近似下可以忽略. TB 近似下单粒子能量 $\epsilon(\boldsymbol{q})=-2J[\cos(q_xd)+\cos(q_yd)]$，相应能带宽度为 $8J$.

### 4.5.2　Harper 方程和 Hofstadter 蝴蝶(Hofstadter butterfly)

现在考虑将上述正方格点放置在均匀磁场 $\boldsymbol{B}=B\,\boldsymbol{e}_z$ 中的情形，相应矢势 $\mathbf{A}=(-B_y,0,0)$(Landau 规范). 对于一个带电量为 $e$ 的粒子，Hamilton 量式(4.5.3)可写为

$$H=-J\sum_{n,m,\pm}\mathrm{e}^{\pm\mathrm{i}\phi_{n,m}}\hat{a}^\dagger_{n\pm1,m}\hat{a}_{n,m}-J\sum_{n,m,\pm}\hat{a}^\dagger_{n,m\pm1}\hat{a}_{n,m}, \tag{4.5.4}$$

其中

$$\phi_{n,m}=\frac{e}{\hbar}\int_{r_{n,m}}^{r_{n+1,m}}\mathbf{A}\cdot\mathrm{d}\boldsymbol{s}, \tag{4.5.5}$$

积分沿连接相邻格点的直线进行. (4.5.4)式中的相因子 $\mathrm{e}^{\pm\mathrm{i}\phi_{n,m}}$ 可以理解为沿着连

接两相邻格点的直线累积的 AB 相位，选择 Landau 规范，这个相因子为

$$\boldsymbol{r}_{n,m}\to\boldsymbol{r}_{n+1,m}:\phi_{n,m}=2\pi\alpha m. \quad (4.5.6)$$

这里 $\alpha=\Phi/\Phi_0$，$\Phi=Bd^2$ 为通过一个元胞的磁通量，$\Phi_0=h/e$ 为磁通量量子. 选择不同的规范可以带来不同的相因子 $\phi_{n,m}$，但沿绕元胞的封闭回路积分得到的相位

$$\gamma=\sum\phi_{n,m}=eBd^2/\hbar=2\pi\alpha \quad (4.5.7)$$

是规范不变的（$\Sigma$表示求和沿一个单胞进行）.

将 Hamilton 量化简到(4.5.3)式时涉及另外一种近似，即 Peierls 替换. 当 Landau 能级 $\hbar\omega_c$（$\omega_c=B/m$ 为回旋频率）一直远小于能带 $n=0$ 和 $n=1$ 的间隙时，这种近似是有效的. 在 TB 区域外，其有效性已被 Nenciu 仔细地验证了[19].

(4.5.3) 式的单粒子本征态也写成 $\sum\limits_{m,n}C_m\mathrm{e}^{\mathrm{i}q_x nd}\hat{a}^{\dagger}_{n,m}\mid vac\rangle$，相应本征值方程对于系数 $C_m$ 就是 Hubble 方程，它的解在量子 Hall 效应中得到了广泛研究. 图 4.5.1 中描绘的就是 Hofstadter 蝴蝶[17]，它展现了一个显著的自相似特点. 这个能谱的结构远比连续系统的能谱结构复杂，后者被认为是均匀分布的无穷简并的 Landau 能级. 这个能谱结构可以从一个较简单的角度来定性地理解. 对于一个有理数 $\alpha=p/q$（$p$ 和 $q$ 均为整数），Hamilton 量依然是周期的，但沿 $y$ 轴的周期 $qd$ 较大. 这样可以将系统分成 $qd$ 尺度的"宏胞"并寻找新的本征态.

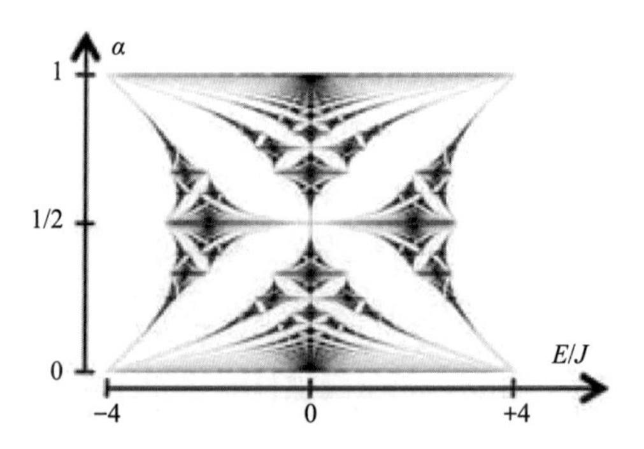


图 4.5.1 Hofstadter 蝴蝶：(4.5.1)式 Hamilton 量的单粒子能谱，单位为隧穿幅度为 $J$，$\alpha=\phi/\phi_0$ 在 0 到 1 间变化. 图片摘自参考文献[20]

因为宏胞有 $q$ 个原始格点，原始能带分裂成 $q$ 个子能带，其能隙很小（有一些例外情况，比如对于 $\alpha=1/2$，其两个子能级在变小后的 Brillouin 区边界相交）. Landau 能级在弱磁通极限 $\alpha=p/q\ll 1$ 下重新得到，特别地，对于 $\alpha=1/2$ 情形，对应的隧穿矩阵元为实数，且相邻列的矩阵元符号相反. 这种情形下激发谱在$(k_x, k_y)=(\pm\pi/d_x, \pi/2d_y)$处有两个"Dirac 点"，在其周围，色散关系是线性的. 在这种情形下，超冷 Fermi 气的行为预计和在石墨烯中观察到的相似.

### 4.5.3　在每个原胞都产生磁通

现在讨论如何在光晶格中的冷原子中实现(4.5.4)式. 可以分两步走:第一步,我们介绍激光辅助隧穿的概念,并展示如何利用它在每个原胞中产生磁通,然而最简单形式的激光辅助隧穿产生的磁通在相邻格点上是相反的,因而不能形成均匀磁场. 在第二步中(见 4.5.4 小节)再修正这种非均匀磁场以获得(4.5.1)式中的 Hamilton 量.

激光辅助隧穿的概念是由 Ruostekoski 等人及 Jaksch 等人引入的. 首先要设计一种依赖于态的晶格,考虑具有两个内部态 $|g\rangle$, $|e\rangle$ 的原子被陷俘于空间分离的子晶格中(见图 4.5.2)的情形. 我们着重考虑子晶格具有晶格间距 $d_x$ 及 $d_y$ 的矩形对称性的情形, $e$ 子晶格可由 $g$ 子晶格沿 $x$ 轴平移 $d_x/2$ 得到. 记

$$\begin{cases}\boldsymbol{r}_{2n,m}^{(g)}=nd_x\boldsymbol{e}_x+md_y\boldsymbol{e}_y,\\ \boldsymbol{r}_{2n+1,m}^{(e)}=(n+1/2)d_x\boldsymbol{e}_x+md_y\boldsymbol{e}_y\end{cases}\tag{4.5.8}$$

为子晶格中势阱点的位置,相应 Wannier 函数为 $w_{2n,m}^{(g)}$ 和 $w_{2n+1,m}^{(e)}$. $x$ 和 $y$ 方向上的隧穿能分别记为 $J_x$ 和 $J_y$.

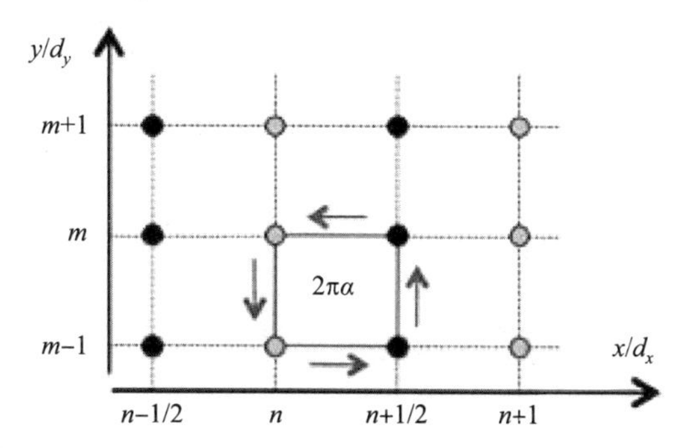


图 4.5.2　依赖于态的二维晶格势场. 灰色(黑色)点表示原子处于基态 $g$(激发态 $e$). 粒子绕单胞完成一个回路会获得 AB 相位 $2\pi\alpha$. $g\to g$ 和 $e\to e$ 跃迁由标准的隧穿引发,而 $g\to e$ 和 $e\to g$ 跃迁对应共振激光辅助隧穿. 在 $g\to e$ 跃迁中,原子吸收一个光子进而从局限于 $x=nd_x$ 附近的态跃迁到局限于 $x=(n\pm1/2)d_x$ 的态(对于 $e\to g$ 跃迁则相反). 图片摘自参考文献[21]

在实际过程中,我们有两种方法来实现这种依赖于态的晶格. 第一种适用于碱金属原子,选择 $|g\rangle$ 和 $|e\rangle$ 为电子基态组中的两个 Zeeman 或超精细态(在这里,电子激发态的寿命显然不够长). 这时光子晶格势场的第一项为标量项和矢量项的和,后者表现为一个等效的磁场. 选择具有相反磁矩的 $|g\rangle$ 和 $|e\rangle$ 态并调节形成 $x$ 晶格激光的失谐,使 $g$ 和 $e$ 态的极化率相反,就产生了 $x$ 方向上的依赖于态的格子. 然而,注意,所需的失谐与共振线很接近,所以由光子散射引起的加热将导致严

重的实际问题.

第二种方法适用于4.2.2小节中提及的有长激发态寿命的原子,如碱土金属原子及Yb原子,这些原子$^3P_0$态的特征寿命超过了十秒.可以选择电子(自旋单态)基态作为$|g\rangle$,$^3P_0$激发态作为$|e\rangle$.对于这样的原子,每个态都与不同的电子态耦合,并可能找到一个"磁波长"(用于$y$晶格)和"反磁波长"(用于$x$晶格),前者两个态极化相同,后者极化相反.两者都远失谐以避免自发辐射引起的加热.

在依赖于态的晶格中,从$g$子晶格中一个给定点处隧穿到相邻的$e$子晶格可由与$|g\rangle$和$|e\rangle$耦合的共振光场引起.假设耦合激光为平面行波,波矢为$\boldsymbol{k}$,相应的复隧穿矩阵元为

$$g,\boldsymbol{r}_{2n,m}^{(g)}\rightarrow e,\boldsymbol{r}_{2n\pm1,m}^{(e)}:J_{\text{eff}}=\hbar\boldsymbol{\kappa}^{(0)}\mathcal{O}\mathrm{e}^{\mathrm{i}\boldsymbol{k}\cdot\boldsymbol{r}_{2n,m}^{(g)}},\tag{4.5.9}$$

这里$\boldsymbol{\kappa}^{(0)}$表征耦合强度,为无量纲数,

$$\mathcal{O}=\int[w_{2n+1,m}^{(e)}(\boldsymbol{r})]^{*}w_{2n,m}^{(g)}(\boldsymbol{r})\mathrm{e}^{\mathrm{i}\boldsymbol{k}\cdot\boldsymbol{r}}\mathrm{d}^2\boldsymbol{r}\tag{4.5.10}$$

为相邻Wannier函数的重叠积分(注意$w_{2n,m}^{(g)}$和$w_{2n+1,m}^{(e)}$不正交,因为它们属于不同的子晶格).(4.5.10)式有一个重要的相因子,它允许我们重新引入AB相.通过选择在$y$-$z$平面传播的激光,且假定沿$x$方向的隧穿可忽略($J_x\ll|J_{\text{eff}}|$),我们得

$$\begin{aligned}H=&-|J_{\text{eff}}|\sum_{n,m,\pm}\mathrm{e}^{\mathrm{i}\varphi_m}\hat{b}_{2n\pm1,m}^{\dagger}\hat{a}_{2n,m}+\text{h. c.}\\&-J_y\sum_{n,m,\pm}\hat{a}_{2n\pm1,m}^{\dagger}\hat{a}_{2n,m}+\hat{b}_{2n+1,m\pm1}^{\dagger}\hat{b}_{2n+1,m},\end{aligned}\tag{4.5.11}$$

式中$\hat{a}_{2n,m}^{\dagger}(\hat{b}_{2n+1,m}^{\dagger})$在态$w_{2n,m}^{(g)}(w_{2n+1,m}^{(e)})$上产生了一个内态为$g(e)$的原子.这里$\mathrm{e}^{\mathrm{i}\varphi_m}$为$J_{\text{eff}}$的复相位,原子从$g$子晶格隧穿到$e$子晶格获得的相位为

$$g,\boldsymbol{r}_{2n,m}^{(g)}\rightarrow e,\boldsymbol{r}_{2n\pm1,m}^{(e)}:\phi_{2n,m}=2\pi\alpha m,\tag{4.5.12}$$

这里$\alpha=k_yd_y/2\pi$,可通过调节波矢$\boldsymbol{k}$到$y$轴的夹角从而在0到1间变化.

虽然(4.5.11)式的Hamilton量含有复数的阶跃幅,但和我们想要模拟的(4.5.4)式的Hamilton量并不一样.原始的Hamilton量在实空间中沿给定的$x$方向每经过一个连接处所得相位的符号相同:$2\pi\alpha m$沿$+x$方向($-2\pi\alpha m$沿$-x$方向,因为$H$是Hermite的).而这里相位和内部空间的方向相联系:$2\pi\alpha m$对应从$g\rightarrow e$,与实空间中的$+x$或$-x$方向无关.

总的来说,我们获得(4.5.12)式.这种情形下,沿$x$方向通过相邻元胞的磁通量符号相反.我们在4.2.5小节就预料到了这样的困难,在那里我们注意到,实现一个在激光波长$\lambda_L$尺度上变化的人造规范势场自然而然会得到一个振荡(或者错列)的有效磁场.虽然这种磁场也会引发一些有趣的现象,但它并不是我们所需的均匀磁场,当然$\alpha=1/2$的特殊情况除外,因为这时相位变化$\pm\pi$是等价的.

### 4.5.4　修正光晶格中的磁场

要修正前面得到的磁场，我们需要一个时间反演对称破缺的等效 Hamilton 量. 对于二能级体系，时间反演算符为 $\mathcal{T}=\mathcal{K}_s\mathcal{K}_c$，这里 $\mathcal{K}_s=\mathrm{e}^{\mathrm{i}\pi\hat{\sigma}_y/2}=\mathrm{i}\hat{\sigma}_y$ 使 $\mathcal{K}_s|g\rangle=|e\rangle$，$\mathcal{K}_s|e\rangle=-|g\rangle$，而 $\mathcal{K}_c$ 为其共轭算符. 将 $\mathcal{T}$ 作用在前面讨论的对象上并不会引起变化，只是会沿 $x$ 有一个 $d_x/2$ 的平移. 所以为了得到均匀磁场，我们需加入一项在"子晶格平移"算符下不对称的因素.

Jaksch 等人提出，为实现这一点，可以加入一个沿 $x$ 方向的线性梯度势场 $V_{\mathrm{grad}}(n)=\xi n$，这样引起的$(g;2n,m)\rightarrow(e;2n+1,m)$跃迁的激光频率有 $+\xi$ 的移动，而对于$(g;2n+2,m)\rightarrow(e;2n+1,m)$有 $-\xi$ 的移动[21]. 通过选择 $\xi\gg|J_{\mathrm{eff}}|$可使两个跃迁频率不简并且需通过两束不同的激光来分别诱发跃迁. 然后，可选择让与$(g;2n,m)\rightarrow(e;2n+1,m)$共振的激光沿 $+\boldsymbol{e}_y$ 传播，让与$(g;2n+2,m)\rightarrow(e;2n+1,m)$共振的激光沿 $-\boldsymbol{e}_y$ 传播. 根据(4.5.9)式，相因子的符号每隔一列会改变，其结果是将错列的磁场修正为均匀场(这里给定的失谐项相比共振项来说可以忽略). 实际上，这样一个势场梯度可通过一个同等地作用于 $g$ 和 $e$ 的真实电场来实现，也可通过由一束失谐激光引起的交流 Stark 频移来实现. 涉及的强电场或光功率以及这个线性梯度场必须覆盖整个量子气体，以保证均匀的跃迁频率，这使得这种方法从实验上来说难以实现.

一个可能比较实际的方法是基于加在主晶格上沿 $x$ 周期为 $2d_x$ 的超晶格势场的，其扮演的角色和上面的外势场的梯度一样. 这种方法需要 3(而不是 2)个不同频率的耦合激光，但这并不会增加多少难度，因为它们的频率差在几十 kHz 范围内，可简单地通过频率调制器产生. 另一种方法由 Mueller 提出：利用三个不同子晶格中的三个内部态. 这种情况下相邻跃迁之间的差异自动显现，且不需要外加势场[22]. 但不幸的是，这种构造对于常用的原子种类来说很难实现.

### 4.5.5　与缀饰态的联系

将光晶格与§4.2 和§4.3 中讨论的情形联系起来是很有意思的，我们假设原子绝热地保持在某个原子-激光耦合的内缀饰态. 我们首先讨论激光辅助隧穿下晶格的情形，然后简单介绍磁通晶格的概念.

在激光辅助隧穿晶格下，缀饰态同样可以定义在这种晶格上. 为了简便，我们考虑耦合激光的 Rabi 频率 $\boldsymbol{\kappa}^{(0)}$ 空间均匀，以及失谐 $\Delta(\boldsymbol{r})=\Delta_0+[V_e(\boldsymbol{r})-V_g(\boldsymbol{r})]/\hbar$ 是空间变化的，$V_e$ 和 $V_g$ 分别表示 $g$ 和 $e$ 子晶格的势能. 令 $V_0$ 表示 $V_e$ 和 $V_g$ 振荡的特征幅度，并假定 $\hbar\kappa^{(0)}\ll V_0$，保证耦合的激光不会导致依赖于态的晶格势场发生严重变形. 正如 4.2.3 小节中解释的，这对应混合角 $\theta$ 在共振点 $\Delta(\boldsymbol{r})=0$ 附近快

速变化的情形.利用典型值$|\nabla\Delta|\approx kV_0/\hbar$,这里$k$是典型的激光波数,我们得到绝热近似有效条件$\kappa^{(0)}\gg\sqrt{V_0E_{\mathrm{R}}}/\hbar$.在TB限制下,右边项近似为基态($\eta=0$)和第一激发态($\eta=1$)间的频率间隙$\omega_{\mathrm{gap}}$.现在绝热条件可以写为$\kappa^{(0)}\gg\omega_{\mathrm{gap}}$,我们可以立即得出结论:一个给定的缀饰态的绝热演化和这部分用到的单带模式在本质上是不相容的,也就是说,这部分考虑的激光辅助隧穿方法对于缀饰态是"非绝热过程",因而和§4.2、§4.3中考虑的绝热方案产生的人造规范场性质不同.

磁通晶格基于一个周期性的二维干涉光场,原子取为§4.2中的二能级系统,耦合矩阵为(4.2.2)式,系数$\Omega,\theta,\varphi$都是$x,y$的周期函数.绝热近似下(4.2.7)式得到的矢势$\boldsymbol{A}$也是$x,y$的周期函数,可以想象通过元胞的磁通量(等于$\boldsymbol{A}$沿着元胞边缘的环流)总为零.然而,若选择光场使$\boldsymbol{A}$在单胞内有奇点,那磁通量就可以不为零.这样的奇点出现在$\sin\theta=0$的地方,此时$\varphi$无法定义,而由(4.2.8)式得到的磁场在这些点并不奇异.Cooper表示这种构造是存在的,$\boldsymbol{B}_z$在单胞内保持同一符号,量级约为$\hbar k^2$.特别地,允许的最低能带的陈数可以不为零,这种方法事实上在超出绝热限制的情况下依然有效[23],因此成为了一种基于激光辅助隧穿的特别有吸引力的方法.

### 4.5.6 光晶格中的非Abel规范场

Osterloh等人首先提出,光晶格同样适用于产生非Abel规范场[24].这里我们简单描述一种可能的方法,正如§4.4中那样,其基本思想是利用几个与不同光场耦合的能级.这里我们考虑一个有$2N$个准简并子能级的原子,被陷俘在子晶格$g$(子能级$g_i,i=1,\cdots,N$)或子晶格$e$(子能级$e_j,j=1,\cdots,N$)中.这里光场诱发的耦合必须引起内部空间的旋转.这个旋转用$N\times N$的矩阵$M$产生,其矩阵元$M_x$,$M_y$及$M_z$不对易.比如,考虑基态组和激发态组都是自旋1/2的原子(自旋1/2这里扮演着"色"荷的角色)在依赖于态的晶格中沿着$x$和$y$轴运动.激光辅助隧穿沿$x$和$y$方向,有额外的概率会引起自旋$m_z=\pm1/2$的改变.比如,可以选择沿$y$方向的激光辅助隧穿使自旋翻转($m_z\to m'_z=-m_z$),于是,$M_y\propto(\alpha\hat{\sigma}_x+\beta\hat{\sigma}_y)$,$\alpha,\beta$为依赖于光相位的系数.然后,沿$x$方向的激光辅助隧穿使自旋不变($m_z\to m'_z=m_z$),于是,$M_x\propto(\gamma\hat{1}+\delta\hat{\sigma}_y)$.给定$\delta\neq0$,此时$x$方向的激光有条件地在内态上施加了一个不同的相位,这就实现了一个非Abel规范势.这种非Abel规范场的物理效应可以预期与§4.4中讨论的一样,特别是在Rashba自旋轨道耦合的产生这一点上.

# §4.6　规范场中的 Bose 气体

## 4.6.1　规范场中的 Bose 气体

如前所述，电子的自旋自由度在半导体电子器件的发展中起着极其重要的作用，而冷原子量子多体系统作为一个容易精确控制的系统，为我们提供了一个研究自旋轨道耦合的理想平台. 这里我们简要介绍 Spielman 等人利用 Raman 激光耦合在 BEC 中实现自旋轨道耦合的工作[12].

为了实现自旋轨道耦合，研究者选择 $^{87}$Rb 基态的两个超精细结构 $|F=1, m_F=0\rangle$, $|F=1, m_F=-1\rangle$ 作赝自旋向上态 $|\uparrow\rangle$ 和赝自旋向下态 $|\downarrow\rangle$. 利用一对波长为 804.1 nm 且互相垂直的 Raman 激光实现强度为 $\Omega$ 的耦合，Raman 激光的失谐量为 $\delta$[图 4.6.1(a)]. 这里 $\hbar k_{\mathrm{L}}=\sqrt{2}\pi\hbar/\lambda$ 和 $E_{\mathrm{L}}=\hbar^2 k_{\mathrm{L}}{}^2/2m$ 分别是动量和能量的自然单位. 这时，原子 Hamilton 量可以写为

$$\hat{H}=\frac{\hbar^2 k^2}{2m}\hat{1}-[B+B_{\mathrm{so}}(\hat{k})]\cdot\mu=\frac{\hbar^2 k^2}{2m}\hat{1}+\frac{\Omega}{2}\hat{\sigma}_z+\frac{\sigma}{2}\hat{\sigma}_y+2\alpha\hat{k}_x\hat{\sigma}_y. \quad (4.6.1)$$

这里 $k_x$ 由准动量和总能量平移代替，$\Omega$ 和 $\delta$ 分别引起沿 $z$ 和 $y$ 方向的 Zeeman 场. 自旋轨道耦合项 $2E_{\mathrm{L}}q\hat{\sigma}_y/k_{\mathrm{L}}$ 源于激光光场的几何特性，$\alpha=E_{\mathrm{L}}/k_{\mathrm{L}}$ 是由 $\lambda$ 和 $\theta$ 决定，与 $\Omega$ 无关.

研究者研究了处于 1064 nm 的交叉偶极力阱中的 BEC 原子的自旋轨道耦合特性. 他们利用偏置磁场 $B_0\hat{y}$ 产生了 $\omega_Z/2\pi\approx 4.81$ MHz 的 Zeeman 频移. 沿着 $\hat{y}\pm\hat{x}$ 方向传输的 Raman 激光之间具有固定频差 $\Delta\omega_{\mathrm{L}}/2\pi\approx 4.81$ MHz. 这个微小的失谐量 $\delta=\hbar(\Delta\omega_{\mathrm{L}}-\omega_Z)$ 由 $B_0$ 来设置. 一开始，BEC 在 $|\uparrow'\rangle$ 和 $|\downarrow'\rangle$ 上具有相同的布居数，耦合强度为 $\Omega$, $\delta=0$，然后，绝热地增加 $\Omega$，使之在 70 ms 内达到 $7E_{\mathrm{L}}$，最后，让系统稳定地保持 70 ms. 接下来，突然关闭 Raman 激光($t_{\mathrm{off}}<1\ \mu$s)，将缀饰态投射到动量态上，然后在 30.1 ms 的飞行时间后，利用吸收成像法进行成像，如图 4.6.1(d)所示. 当 $\Omega>4E_{\mathrm{L}}$ 时，BEC 处于 $E_-(q)$ 的单极小点处. 然而当 $\Omega<4E_{\mathrm{L}}$ 时，可以观察到每个自旋态内包含了两个动量组分，分别对应 $E_-(q)$ 在 $q_\uparrow$ 和 $q_\downarrow$ 处的极小值. 图 4.6.1(c)中实验数据(圆形点)和期望的曲线(虚线)相吻合，证明了自旋轨道耦合的存在. 该实验实现了 BEC 的一种新的控制方法，相对于 Feshbach 方法来说，它并不导致原子损失. 这将允许我们在凝聚态中产生非 Abel 涡旋. 由于这里的自旋轨道耦合是小耦合强度的，这个技术对于 Fermi$^{40}$K 来说同样适用，可以诱导 Fermi 子之间的 p 波耦合，甚至可以期望 Majorana Fermi 子的出现.

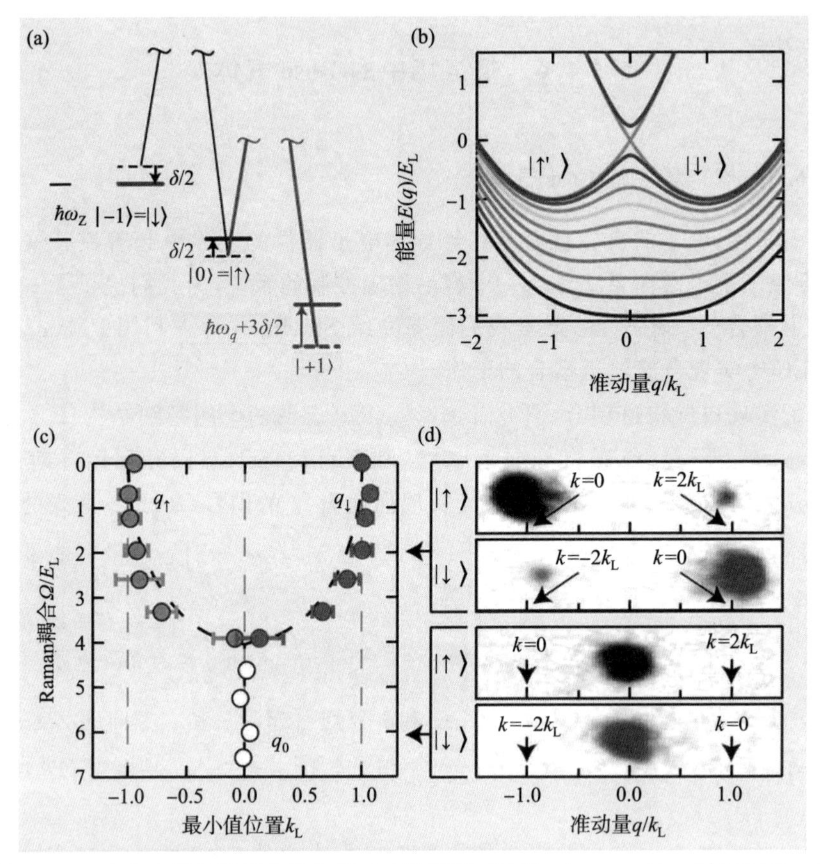


图 4.6.1 产生自旋轨道耦合的方案.(a)能级图,态$|F=1,m_F=0\rangle=|\uparrow\rangle$和$|F=1,m_F=-1\rangle=|\downarrow\rangle$通过波长为 804.1 nm 的激光进行耦合,它们之间的能量差为 Zeeman 频移 $\hbar\omega_Z$.激光的频率差为$\Delta\omega_L/2\pi=(\omega_Z+\delta/\hbar)/2\pi$,调谐到与共振频率差为$\delta$.$|m_F=0\rangle$和$|m_F=+1\rangle$的能量差为$\hbar(\omega_Z-\omega_q)$,由于$\hbar\omega_q=3.8E_L$非常大,$|m_F=+1\rangle$可以忽略不计.(b)计算的色散曲线.$\delta=0$时,当$\Omega$从 0 变化到$5E_L$时的能量曲线.当$\Omega<4E_L$时,曲线中的两个最低点对应缀饰自旋态$|\uparrow'\rangle$和$|\downarrow'\rangle$.(c)测得的最小值,在$\delta=0$时准动量$q_{\uparrow,\downarrow}$和$\Omega$的曲线.对应$E_-(q)$的最小值.每个点都是 10 次实验的平均值.(d)自旋-动量分离.突然关闭激光后测量原子团的分布:上图中$\delta\approx0,\Omega=2E_L$,下图中$\delta\approx0,\Omega=6E_L$.图片摘自参考文献[12]

此外,陈帅等人也研究了自旋轨道耦合 BEC 在偶极振荡势场中的物理性质.重点研究大自旋轨道耦合参数范围内偶极势阱中 BEC 的动力学性质.实验中的偶极势阱强度也是可调的.结果表明,可以通过偶极振荡来测量自旋极化率,如图 4.6.2 所示.

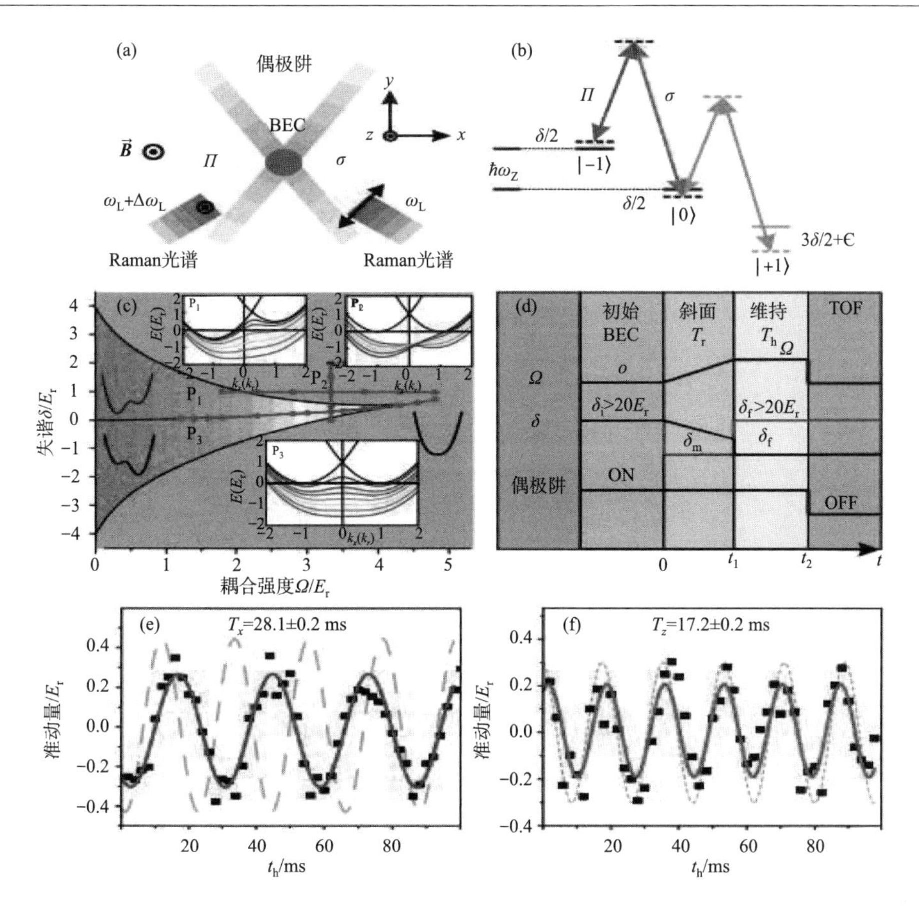


图 4.6.2　(a)实验装置示意图：偏移磁场沿 $z$ 方向，Raman 光限制在 $x$-$y$ 平面内. (b) $F=1$ 的 Raman 耦合过程.(c)单粒子相图.色散曲线有两个最小点，实验路径为 $P_1$，$P_2$，$P_3$.(d)实验的时间顺序偶极振荡强度为 $\Omega=3.3E_r$，$\delta=E_r$，灰色虚线表示的是没有自旋轨道耦合的振荡情形.图片摘自参考文献[25]

### 4.6.2　SU(3)自旋轨道耦合诱导的新奇量子涡旋

研究发现，SU(3)自旋轨道耦合可诱导具有双量子数的自旋流的自旋涡旋，且SU(3)自旋轨道耦合强度与自旋交换作用决定了具有SU(3)自旋轨道耦合的Bose系统的基态相图.对于铁磁的相互作用体系，自旋轨道耦合可导致三重简并的磁性基态；对于反铁磁相互作用体系，自旋轨道耦合打破了体系原有的相规则，具有双量子数的自旋涡旋自发产生，如图4.6.3所示.该奇异量子涡旋与传统的实验上观察到的单量子自旋涡旋相反，且能通过目前的相位接触成像技术被探测到[26].

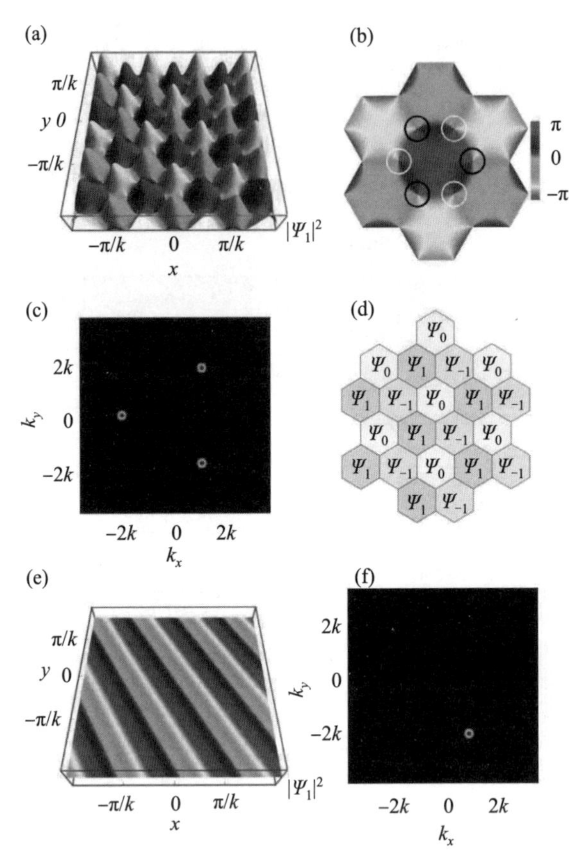


图 4.6.3 在 SU(3)自旋轨道耦合凝聚体中的两种典型的基态相.(a)～(d) 反铁磁相互作用下的拓扑的非平庸晶格相.(e),(f)铁磁相互作用下的三重简并的磁性基态相.图片摘自参考文献[26]

### 4.6.3 自旋轨道耦合诱导的磁单极

我们发现,在铁磁凝聚体中,自旋轨道耦合可诱导出伴随极核涡旋的磁单极子,且该磁单极子依附在沿垂直轴的两条节点涡旋线上,如图 4.6.4 所示.这些磁单极子在实验的时间尺度下是更稳定的,能够通过直接观察涡旋线而被探测到.当自旋轨道耦合增强,发现伴随四方格子磁单极子出现.在自旋轨道耦合存在的前提下,增强相互作用强度可诱导出一种发生在极核涡旋的磁单极子相和伴随 Mermin-Ho 涡旋的磁单极子相之间的循环相变.具有自旋轨道耦合的 Bose-Einstein 凝聚体不仅为研究奇异磁单极子及其相变提供了适宜的平台,也能够在四极磁场关闭以后继续支持稳定的磁单极子[27].

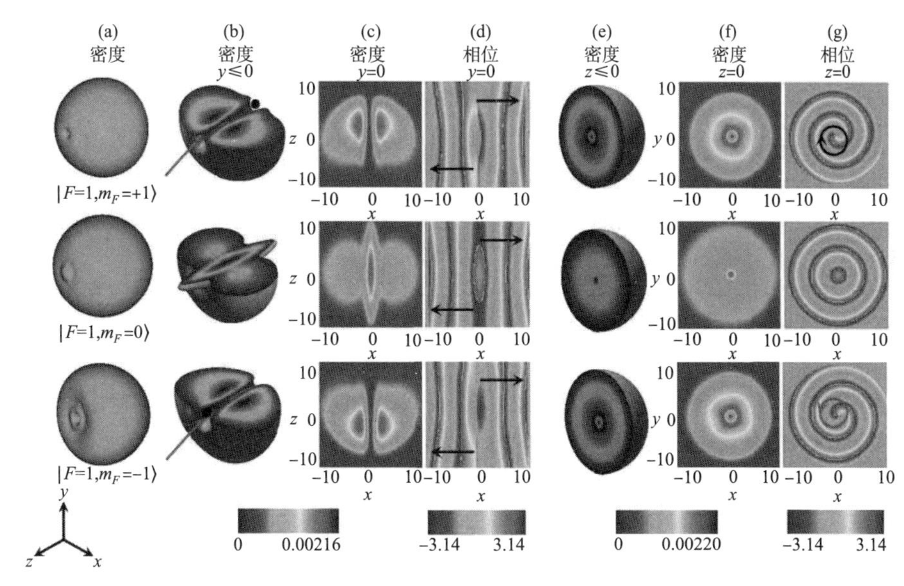


图 4.6.4　伴随极核涡旋的磁单极子. (a)粒子数密度的等值面分布. (b) $y\leqslant 0$ 区域的粒子数密度分布. (c),(d) $y=0$ 切面的密度分布和相位分布. (e) $z\leqslant 0$ 区域的密度分布. (f),(g) 在 $z=0$ 切面的密度分布和相位分布. 图片摘自参考文献[27]

## 4.6.4　自旋轨道耦合诱导的超固态

超固态是一种结合了超流的非对角长程序和固体的对角长程序的物质态. 2017 年,国外两个实验小组利用冷原子气体成功得到了超固态,其中用到的一个实验构型便是利用了自旋轨道耦合 Bose-Einstein 在某些参数范围内的基态条纹相所具有的类似于超固体的性质. 但是,当前多数理论研究都只是诉诸平均场方法分析超固体相,因而对于超固体的稳定性缺乏透彻的理解. 即使是考虑了量子和热涨落的少数研究,也是要么局限在具有一维自旋轨道耦合(NIST 类型)的情形,要么局限在二维自旋轨道耦合,例如 Rashba 类型诱导的平面波相,而对于二维自旋轨道耦合诱导的条纹相超固体的研究仍然匮乏,且研究者对于破坏了连续平移对称性的条纹超固体相的低能激发、声速等仍然缺乏认识. 我们通过 Green 函数泛函积分的方法系统研究了具有面内 Rashba 类型自旋轨道耦合的三维 Bose-Einstein 凝聚体,找到了条纹相超固体在零温下存在的确凿证据:在沿着超固体条纹方向的最低两条能谱中,每一条都有两个无能隙点,它们对应 U(1)规范对称性和连续平移对称性破缺导致的两条 Goldstone 模(见图 4.6.5). 这一点也已通过声速的计算得到了进一步确认. 并且 Rashba 自旋轨道耦合导致声速强烈的各向异性,沿着垂直于条纹的方向的声速甚至为零. 此外,由于量子涨落导致的能量修正在相变点附近出现不连续跳跃,从平面波相到条纹相的相变是一阶相变.

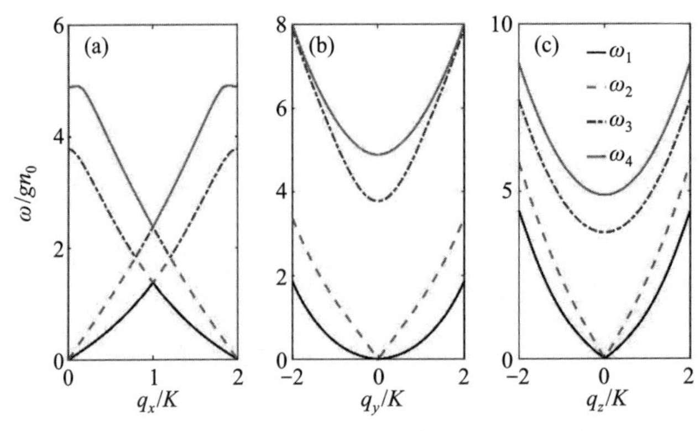


图 4.6.5 最低四支沿着(a)$x$ 方向、(b)$y$ 方向和(c)$z$ 方向的低能激发谱. 沿着 $x$ 方向的两支最低激发谱 $\omega_1$ 和 $\omega_2$ 均有两个无能隙点，显著不同于其他两个方向的低能激发谱. 这种带有两个无能隙点的两支激发谱的根源是条纹超固体相破坏了两个连续对称性. 此处，自旋轨道耦合强度 $\lambda/\sqrt{gn_0}=2$，相互作用强度 $g_{\uparrow\downarrow}/g_{\uparrow\uparrow}=g_{\uparrow\downarrow}/g_{\downarrow\downarrow}=2$

超固体的稳定性要求其量子涨落不能太强. 通过计算体系的低能激发粒子数发现超固体相是稳定的. 且随着 Rashba 自旋轨道耦合和相互作用 $g_{\uparrow\downarrow}$ 的增强，量子涨落单调增强，但超固体仍然是稳定的(见图 4.6.6). 这项研究成果为将来实验研究 Rashba 自旋轨道耦合诱导的超固体提供了基础[28].

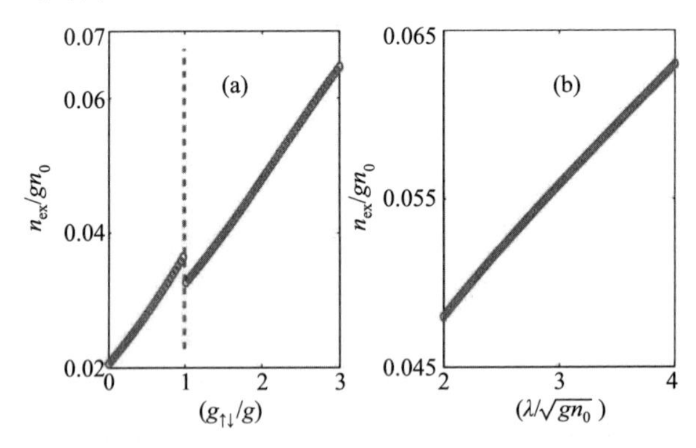


图 4.6.6 低能激发粒子数 $n_{ex}$[以$(gn_0)^{3/2}$ 为单位]随着(a)相互作用强度 $g_{\uparrow\downarrow}$ 和(b)自旋轨道耦合强度 $\lambda$ 的增强而单调增加. 在图(b)中，当 $g_{\uparrow\uparrow}=g_{\uparrow\downarrow}=g_{\downarrow\downarrow}=g$ 时，发生从平面波相到条纹相的一阶相变. 图片摘自参考文献[28]

### 4.6.5 人造规范势诱导的原子器件的光伏效应

我们研究了四个光阱产生的人造规范势诱导的原子电子器件光伏效应(见图 4.6.7). 在有效磁通的作用下，双量子点系统中的原子占据概率出现极化现象，并导致原子流的出现.原子流和磁通之间的关系类似 Josephson 结中的电流相位性质.借助有效电压和与原子电子器件两个不同内态相对应的两个极点,该开放原子系统可被良好定义为一个中性原子光伏单元.通过调节入射光的方向和其他参数,发现对原子流进行有效操控的新方法,如图 4.6.8 所示.实验中可利用光激发谱探测原子流强度[29].

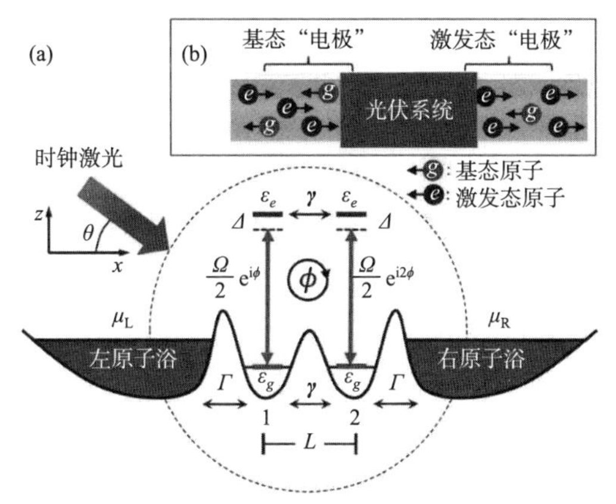


图 4.6.7　(a)原子浴位于量子点两侧,具有相同的化学势 $\mu$. $x$ 轴平行于四个光阱的队列.时钟激光器偏离 $x$ 轴 $\theta$ 作用在量子点上,这样,时钟激光器就赋予了每个原子动量 $\Delta k=[2\pi\cos(\theta)/\lambda C]$.由于自旋轨道耦合效应,一个净人造磁通 $\phi=\Delta k\cdot L$ 出现在封闭轨道包围的区域内.(b)图(a)中的光伏系统示意图.它具有关联基态和激发态原子的两个“电极”.每个箭头表示原子运动方向.

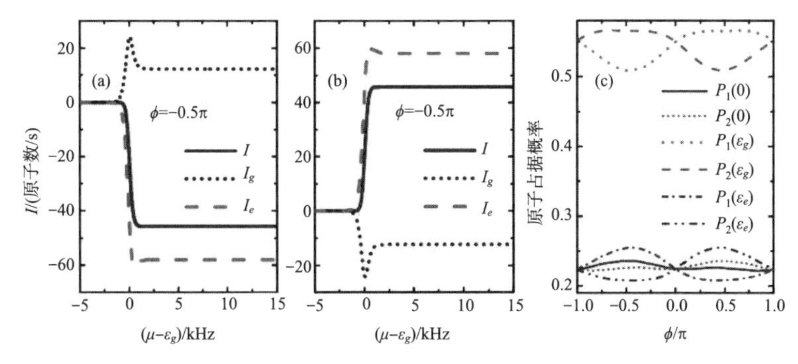


图 4.6.8　(a)和(b)净原子流 $I$,基态流 $I_g$ 和激发态流 $I_e$ 随原子浴的化学势 $\mu$ 的变化.(c)第一个量子点的原子占据概率 $N$,$P_1(\varepsilon_g)$,$P_1(\varepsilon_e)$,第二个量子点的原子占据概率 $P_2(0)$,$P_2(\varepsilon_g)$,$P_2(\varepsilon_e)$.图片摘自参考文献[29]

## §4.7　规范场中的 Fermi 气体

单个原子耦合两个自旋态时可被表示为 $h(k)\cdot\sigma k$,式中 $k$ 是动量,$\sigma$ 对应原

子自旋的 Pauli 矩阵. 若有效磁场 $h$ 和 $k$ 无关,就表明没有产生自旋轨道耦合. 这种情形下, $h$ 表示一个均匀磁场,不同动量的两个原子总是以相同的方式旋转. 因此,在给定的时刻 $t$,二者会沿着相同的方向转动 $|\hat{n}\rangle$.

实际上,和动量无关的耦合,如射频耦合,也可以从简并 Fermi 气体中产生 Feshbach 分子. 在这个过程中,首先通过射频耦合使处于 $|\downarrow\rangle$ 态的原子演化为 $|\uparrow\rangle$ 和 $|\downarrow\rangle$ 的叠加态. 然后,经过退相干过程,原子变为 $|\uparrow\rangle$ 和 $|\downarrow\rangle$ 散射原子的非相干混合物,进一步地,非弹性碰撞将混合物中的一些原子转变为分子. 需要重点注意的是,这个转变过程中涉及了退相干过程. 与之相反的是,自旋轨道耦合致跃迁并不需要非相干过程,是一个完全的量子相干过程.

在实验中,山西大学付正坤和张靖等人[30]利用两束相对角度为 $\theta$ 的 Raman 激光在 $^{40}$K 气体的 $|9/2,-9/2\rangle$ (用 $|\downarrow\rangle$ 表示)态和 $|9/2,-7/2\rangle$ (用 $|\uparrow\rangle$ 表示)态之间产生自旋轨道耦合,并实现 Feshbach 分子. 上述系统的 Hamilton 量由下式给出:

$$\hat{H}_0=\frac{(k_x-k_0\sigma_z)^2}{2m}+\frac{\Omega}{2}\sigma_x-\frac{\delta}{2}\sigma_z+\frac{k_y{}^2+k_z{}^2}{2m}, \tag{4.7.1}$$

式中, $2k_0=2k_r\sin(\theta/2)$ 是转移给原子的动量( $\boldsymbol{k}_r$ 是总的单光子反冲动量), $\Omega$ 为 Raman 耦合强度, $\delta$ 为双光子失谐. 这里, $k_x$ 代表原子的准动量,它和原子真正动量之间的关系是 $k_x\pm k_0$,其中 $\pm$ 分别对应自旋向上和自旋向下的态. 若两束 Raman 激光相互平行, $\theta=0$, $k_0=0$,则不会发生自旋轨道耦合. 当 $\theta\neq0$ 时, $k_0$ 非零,因此总会存在自旋轨道耦合效应. 根据上述分析,若两束 Raman 激光平行,则一个完全偏振的 Raman 气体不能耦合到 Feshbach 分子态;若两束 Raman 激光不平行,则有可能产生相干的分子态.

实验时施加的磁场为 201.4 G,低于 $|9/2,-9/2\rangle$ 态和 $|9/2,-7/2\rangle$ 态产生 Feshbach 共振对应的 202.2 G,该磁场对应的束缚能对于 Feshbach 分子为 $E_b=h\times30$ kHz,典型密度为 $1/(k_Fa_s)=0.92$,这里 $a_s$ 为 s 波的散射长度, $k_F$ 为 Fermi 波矢. 加上一个固定长度的 Raman 激光脉冲后,关闭 Raman 激光,使用一个射频脉冲测量位于 $|9/2,-7/2\rangle$ 态上的 Feshbach 分子和原子的布居数. 射频场驱动从 $|9/2,-7/2\rangle$ 态跃迁到 $|9/2,-5/2\rangle$ 态. 对于 $|9/2,-7/2\rangle$ 态和 Feshbach 分子的混合物,通过扫描射频频率 $\nu_{RF}$,可以观察到 $|9/2,-5/2\rangle$ 态的布居数分布有两个峰值,如图 4.7.1(b)所示. 第一个峰值是由自由的原子-原子跃迁产生的,第二个峰值是由分子-原子跃迁产生的. 因此,后续实验中射频频率被设置为 47.14 MHz(此频率处分子-原子跃迁效果最明显),以便测量 Feshbach 分子[32].

当双光子 Raman 失谐 $\delta$ 被设置为 $\delta=-3.59E_r$ 时,如图 4.7.1(a)所示,人们测量了三种不同的 Raman 激光角度下 Feshbach 分子布居数随 Raman 脉冲宽度的变化情况,分别如图 4.7.1(c)~(e)所示. 可以看到,当 $\theta=180°$时,通过 Raman 过程产生 Feshbach 分子,此时可以清楚地观察到原子-分子之间的 Rabi 振荡过程. 当 $\theta=90^\circ$ 时,产生 Feshbach 分子的效率变差了一点,原子-分子间的 Rabi 振荡变得无法观测. 当 $\theta=0^\circ$ 时,即便在 Raman 脉冲时间达到 40 ms 时也没有产生 Feshbach 分子,这表明若 Raman 过程中没有动量转移,Feshbach 分子和一个纯偏振态之间的跃迁是被禁止的.

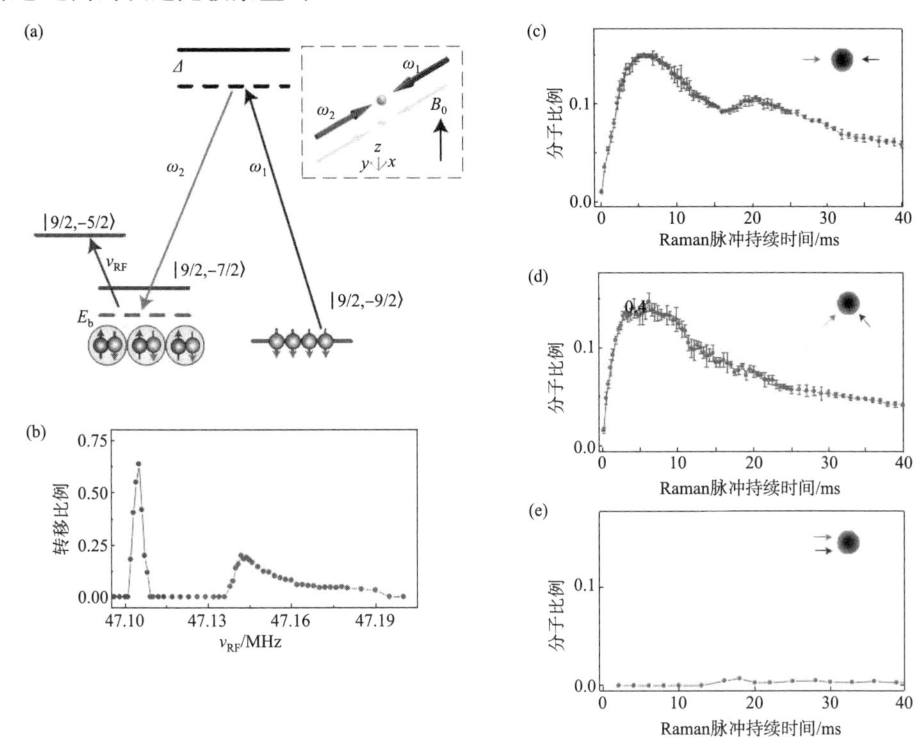


图 4.7.1　能级分布和自旋轨道耦合产生的 Feshbach 分子示意图. (a) 能级分布示意图. (b) $|9/2,-9/2\rangle$ 到 $|9/2,-5/2\rangle$ 的射频谱跃迁;(c)～(e) 两束 Raman 激光夹角 $\theta$ 分别 180°、90°和 0°时的分子布居数. Raman 耦合强度 $\Omega=1.3E_r$,双光子 Raman 失谐 $\delta=-3.59E_r$. 图片摘自参考文献[31]

此外,在实验过程中,也发现了 Raman 激光引起的原子加热和损耗现象. 当 Raman 脉冲持续时间 $t$ 约为 30 ms,温度增加到 $1T_F$ 左右($T_F$ 为 Fermi 温度)时,原子损失为初始值的 2/3.

此外,当 Raman 耦合强度 $\Omega=1.3E_r$,脉冲持续时间为 15 ms 时,Feshbach 分子的布居数也和双光子失谐 $\delta$ 相关,如图 4.7.1 所示.

对于 $\theta=180^\circ$ 和 $\theta=90^\circ$ 的情形,当 $\delta\geqslant-7.18E_r$ 时,开始形成 Feshbach 分子,在 $\delta\approx-2.39E_r$ 时,分子布居数达到最大值,然后逐渐减小,在 $\delta\approx+3.59E_r$ 时,布居数降为 0,如图 4.7.2(a)、(b)中的红色点数据所示. 相反,在 $\theta=0^\circ$ 的情形下,直到 $\delta\geqslant-1.79E_r$ 时才发现 Feshbach 分子,并且分子仅存在于 $\delta=0$ 周围的一个

小范围，如图 4.7.2(c)所示，图中的峰值和图 4.7.2(a)、(b)相比也明显减小．综上可知，$|9/2,-7/2\rangle$态的散射原子是形成非相干分子的前提条件．

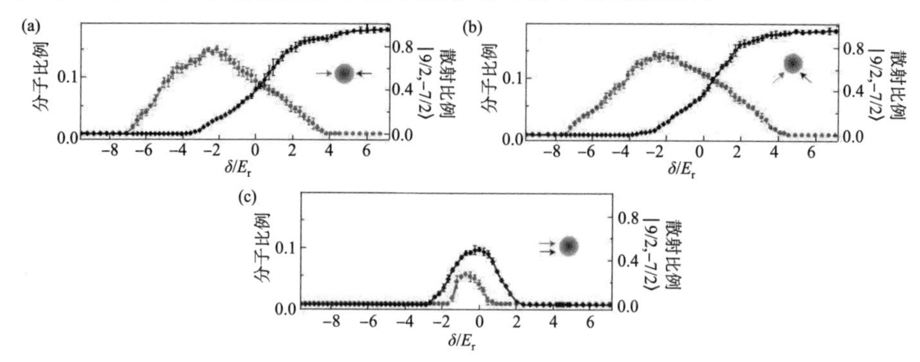


图 4.7.2 Feshbach 分子和$|9/2,-7/2\rangle$态散射原子的布居数与双光子 Raman 脉冲失谐之间的关系．图片摘自参考文献[31]

Feshbach 分子的布居数和磁场也有关系．通过扫描磁场，可以得到 Feshbach 共振产生的分子数分布．不同磁场和分子束缚能 $E_b$ 之间的关系如图 4.7.3(a)所示．从图 4.7.3(b)中可以看到，磁场越大，Feshbach 分子的布居数越大，因为原子-分子跃迁的强度取决于 Feshbach 分子波函数和两个自由原子之间波函数的带隙(F-C 系数)，这个值随 $E_b$ 绝对值的减小而增大．

这里证明的相干动力学表明，系统的束缚态含有单重态和三重态分量．由于 Fermi 子波函数的反对称性，三重态分量至少为一个 p 波对．相反地，通过 p 波共振直接产生的 p 波 Feshbach 分子会因经受强碰撞而被损耗．

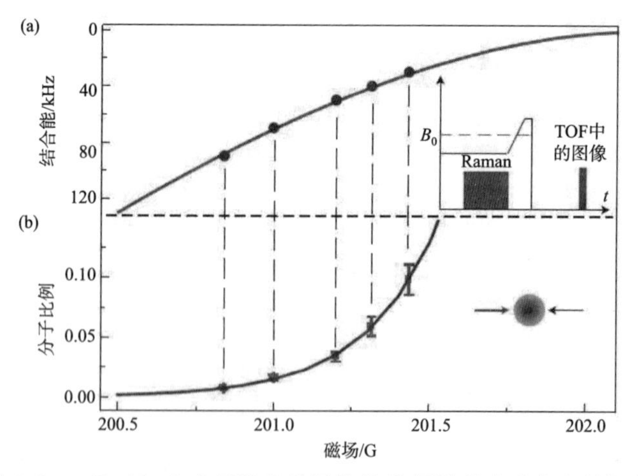


图 4.7.3 Feshbach 布居数和磁场的关系．图片摘自参考文献[31]

## §4.8　结论

这一章我们展现了利用原子-激光耦合在中性原子上产生人造规范势的物理原理，考虑了连续体系和离散晶格的情形，并表明只要选定合适的原子能级结构并加上合适的光场，就可以产生 Abel 规范势和非 Abel 规范势．我们还探索了这些规范场引起的物理效应，如超流体中的量子涡旋形核、通过非 Abel 规范场产生自旋轨道耦合，以及 Hofstadter 蝴蝶等等．

人造规范场也是研究原子系综性质的重要工具．Cooper 等人建议用一个小的人造磁场来探究量子气的超流性质[32]，这个场用类似 4.3.2 小节中的激光方案产生，并可用来模拟"旋转木桶"实验和测量流体，并可使当存在一个超流成分时其转动惯量减少．在人造规范场下正常成分会相对实验参考系保持静止，而超流成分会转动．这个建议的关键是我们可以用光谱学的方法来测量这个过程中各个基态 $g_j$ 所占的量，从而分别得到超流态和正常态所占的比例．

由于篇幅有限，我们的讨论限制在单粒子或平均场物理范畴中．然而，把这些规范场和多体物理中的强关联态联系起来显然也会产生非常有趣的现象．对于连续体的 Abel 情形，和转动气体的情况相似，会产生量子 Hall 效应，这已相继在 Bose 和 Fermi 气中得到了验证[31]．在均匀磁场下的 Bose-Hubbard 模型中，Möller 等人最近提出了一种基于复合 Fermi 子理论得到强关联效应的方法[33]，这种效应在连续系统限制下没有相应的等价．另一条光晶格的研究路线是将人造规范场和最近邻相互作用联系起来进行处理．

在原子气中产生非 Abel 规范场，使我们得到一种具有拓扑性质的物质，它的一个可能的运用是用中性原子模拟拓扑绝缘体．另一个有趣的前景是拓扑量子计算．相比于分数量子 Hall 系统中预期出现的非 Abel 效应，人造规范场在这方面提供了一个不同的方案，在人造规范场中，赝自旋可以有效地转化为非 Abel 任意子，因为两个交换位置的赝自旋会根据它们顺时针或逆时针相互交换的不同而处于不同的末态．这种效应也许可以为容错拓扑量子计算提供一种可能．

## 参考文献

[1] Dutta S K, Teo B K, and Raithel G. Phys. Rev. Lett., 1999, 83(10): 1934.

[2] Grimm R, Weidemüller M, and Ovchinnikov Y B. Adv. At. Mol. Opt. Phys., 2000, 42: 95.

[3] Dalibard J, Gerbier F, Juzeliūnas G, et al. Rev. Mod. Phys., 2011, 83(4):

1523.
[4] Lin Y J, Jiménez-García K, and Spielman I B. Nature, 2011, 471(7336): 83.
[5] Aharonov Y and Stern A. Phys. Rev. Lett., 1992, 69(25): 3593.
[6] Cheneau M, Rath S P, Yefsah T, et al. Europhys. Lett., 2008, 83(6): 60001.
[7] Lin Y J, Compton R L, Jiménez-García K, et al. Nature, 2009, 462(7273): 628.
[8] Ruostekoski J. Phys. Rev. Lett., 2009, 103(8): 080406.
[9] Juzeliūnas G and Öhberg P. Phys. Rev. Lett., 2004, 93(3): 033602.
[10] Juzeliūnas G, Ruseckas J, Öhberg P, et al. Phys. Rev. A, 2006, 73(2): 025602.
[11] Günter K J, Cheneau M, Yefsah T, et al. Phys. Rev. A, 2009, 79(1): 011604.
[12] Spielman I B. Phys. Rev. A, 2009, 79(6): 063613.
[13] Juzeliūnas G, Ruseckas J, and Dalibard J. Phys. Rev. A, 2010, 81(5): 053403.
[14] Ruseckas J, Juzeliūnas G, Öhberg P, et al. Phys. Rev. Lett., 2005, 95(1): 010404.
[15] Pietilä V and Möttönen M. Phys. Rev. Lett., 2009, 102(8): 080403.
[16] Gerritsma R, Kirchmair G, Zähringer F, et al. Nature, 2010, 463(7277): 68.
[17] Liao R, Yu Y X, and Liu W M. Phys. Rev. Lett., 2012, 108(8): 080406.
[18] Cooper N R. Phys. Rev. Lett., 2011, 106(17): 175301.
[19] Nenciu G. Rev. Mod. Phys., 1991, 63(1): 91.
[20] Hofstadter D R. Phys. Rev. B, 1976, 14(6): 2239.
[21] Jaksch D and Zoller P. New J. Phys., 2003, 5(1): 56.
[22] Mueller E J. Phys. Rev. A, 2004, 70(4): 041603.
[23] Cooper N R and Dalibard J. Europhys. Lett., 2011, 95(6): 66004.
[24] Osterloh K, Baig M, Santos L, et al. Phys. Rev. Lett., 2005, 95(1): 010403.
[25] Zhang J Y, Ji S C, Chen Z, et al. Phys. Rev. Lett., 2012, 109(11): 115301.
[26] Han W, Zhang X F, Song S W, et al. Phys. Rev. A, 2016, 94(3): 033629.
[27] Li Ji, Yu Y M, Zhuang L, et al. Phys. Rev. A, 2017, 95(4): 043633.
[28] Liao R. Phys. Rev. Lett., 2018, 120(14): 140403.
[29] Lai W, Ma Y Q, Zhuang L, et al. Phys. Rev. Lett., 2019, 122(22): 223202.
[30] Fu Z, Huang L, Meng Z, et al. Nature Physics, 2014, 10(2): 110.
[31] Cooper N R. Adv. Phys., 2008, 57(6): 539.
[32] Cooper N R and Hadzibabic Z. Phys. Rev. Lett., 2010, 104(3): 030401.
[33] Möller G and Cooper N R. Phys. Rev. Lett., 2009, 103(10): 105303.

# 第 5 章 微腔中的冷原子

## §5.1 引言

这一章讨论在原子场和内部微小激发相互作用的色散关系条件下，冷原子和超冷原子在高精度光学谐振器下与辐射场耦合运动的理论与实验. 光学偶极力和原子在光场上运动的反作用引起了复杂的非线性耦合动力学. 由于谐振器构成开放驱动和阻尼系统，动力学是非保守的，通常能够冷却并限制可极化粒子的运动. 此外，发射的腔场允许实验者以低于亚波长精度的扰动来实时监测粒子的位置. 对于多体系统，谐振器场调制可控制远距离原子-原子相互作用，这为研究集体现象(collective phenomena)奠定了基础. 除远距离原子的相关运动之外，人们还发现了不同原子排列与超辐射光散射结合之间的关键行为和非平衡相变. 光学谐振器里的量子简并气体可用于光学仿真和新量子相探索，例如超固体和自旋玻璃(spin glass). 正如 Dicke 模型预测的，非平衡量子相变可以通过监测腔场被实时控制和探索. 与光栅相结合，腔场可用于非破坏性探测 Hubbard 强关联物理效应，并为低维系统产生长程相互作用.

激光是冷却和操纵原子的通用工具. 激光冷却和光泵依赖自发辐射，特别是在激光频率接近于原子跃迁能量的时候. 如果激光频率远离任何内部激发的原子态，它会被抑制. 在这个极限中，光子的相干散射占主导地位，并且所得到的光压力和偶极力可以从光学势与激光强度引起的 Stark 偏移中成比例地导出. 这形成了捕获和操作冷原子、BEC、量子气体和介观粒子的基础，其中必须避免自发辐射. 在自由空间中，粒子对俘获激光的反作用是可以忽略的. 在微观图像中，这意味着光子被粒子散射的概率如此之小，使得涉及相同光子的二次散射概率可忽略不计. 因此，该场的修正几乎对粒子没有影响，并且光形成保守的光学势.

当光场被限制在高质量的光学谐振器中时，情况变化很大. 由于腔内光子的多次往返，不仅偶极力可能剧烈地增强，而且原子在光线上的反作用也是显著的. 因为原子运动和腔场动力学相互影响，所以它们必须被同时考虑. 在大多数情况下，偶极力不再能够从保守势得到，场动力学变成非线性的.

为了获得直观的图像，考虑例如移动点状原子或整个原子云，在空腔内形成具有折射率的介电介质的情形. 这导致取决于介质相对于谐振器模式结构的位置和形状的光场上的相移.相应地,空腔谐振频率相对于空腔动态移动.如果这种偏移与空腔线宽相当,则由外部泵浦激光器引起的腔场强度可以经历谐振增强,并且因此可以对介质的运动产生反作用.对于几个原子,这种耦合的原子场动力学具有远距离粒子间相互作用的特征.即使粒子是线性极化的,它也产生强的非线性场响应,例如低饱和状态的原子,与更多的光学模式耦合引起干涉效应,这是全局不稳定性和自组织现象的起源.从腔体泄漏的光子导致了这种耦合动力学的阻尼.这样设计的衰减通道可用于冷却介质的运动,并且不依赖于特殊性质.

历史上,腔体量子动力学(腔 QED)研究领域专门研究当边界存在时原子的辐射性质.腔体技术的进步使在微波和光频域中达到强耦合方案成为可能,其中原子跃迁和单个辐射场模式之间的相干相互作用主导所有耗散过程.对于下一步骤,冷和慢的原子已经成功地集中在光腔 QED 实验中,这导致原子运动与腔场的显著耦合.这可以产生足够强的力,以便捕获单个光子场中的原子.即使在腔 QED 的色散条件下,也有几个实验实现了强耦合,其中光场和内部原子跃迁之间的失谐较大.尽管在这种状态下原子和场之间的共振能量交换被抑制,但位置依赖的腔频移仍超过腔线宽.运动引起的有效谐振器频率的变化和对动力学的反作用也是腔光学的物理基础,这可以被认为是色散腔 QED 向宏观物体的延伸.在本章中,我们调查了腔 QED 系统的最新进展,其中粒子和辐射场之间的相互作用的交换是光材料相互作用的主导作用.材料成分的外部自由度范围包括单个原子或冷原子云的中心质量运动到连续介质的密度分布,例如超冷气体的量子化物质波场.

本章阐述了腔体产生的光学偶极子的不同通用特征,主要分五个部分:§5.2,微腔中的单原子,讨论原子运动与腔场动力学之间延迟的后果.这个时间延迟导致不可逆的动力学,可以作为冷却方案的基础(如在空腔中的单个原子所呈现的那样).§5.3,微腔中的冷原子系综,讨论由原子引起的场修正如何反作用于在腔内移动的其他原子的运动.这种空腔介导的原子-原子相互作用是原子云中的集体效应的来源.§5.4,光学微腔中的量子气体,在这一部分,我们考虑通过微腔中冷原子与腔场的强耦合引起的超冷气体的集体动力学.由于低温,动力学涉及一组减少的运动自由度,并且该系统可实现量子多体物理和量子光学的各种范式模型.我们讨论的最基本的情况是在激光驱动的高精度腔内的单个原子或可极化粒子的色散原子场动力学.§5.5,微腔中冷原子的量子相变,包括 Dicke 量子相变、微腔中超辐射态等.

我们讨论的最基本的对象是在激光驱动的高精度腔内的单个原子或可极化粒子的色散原子场动力学.空腔场动态地响应粒子的位置和速度,从而产生作用在粒子运动上的时变偶极子力.这是腔场的有限响应时间,其产生力的速度依赖分量.此分量可有摩擦力的特征,将动能从粒子转移到腔场,并通过空腔损失途径耗散.

这允许在空腔场中的粒子的冷却和自捕获.近期,研究者实现了超冷原子云的次回卷冷却,这不利于蒸发冷却技术,却为达到量子简并铺平了道路.空腔冷却允许通过小吸收减慢任何足够极化的粒子,而不需要循环转变.空腔冷却在原子以外的应用扩展已经成为被广泛研究的课题.从空腔中泄漏的光场携带了关于粒子轨迹的信息.原子运动的连续监测又可用于反馈控制,反馈控制成为用来捕获腔内单个原子进行量子操作的标准工具.对于激光驱动腔内的冷原子系综的情形,由于原子场耦合强度增加,动力学变得更加复杂.在许多情况下,粒子和腔场之间的有效耦合强度与粒子数的平方根成比例.因此,质量中心运动的冷却相应地更有效.由于粒子的相对运动,由一个原子所经历的空腔场的局部强度取决于所有其他原子的位置,所以附加的复杂性来自相对运动.这产生了一个有效长程或全局的原子-原子的相互作用,由总体色散转移描述.每个粒子对该转移的贡献取决于局部场强,其与原子位置处的腔模函数的平方成比例.在低激发状态下,可以通过集体势来进行俘获.此外,人们已经确定了作用于粒子相对运动的耗散力,并且可以建立粒子之间的相互关系.当驱动场的模式与腔模式不同时,空腔介质的远程相互作用具有不同特征.在这种情况下,原子可以被认为是腔内场的源.这些源之间的干扰变得至关重要.相应地,有效的空腔驱动强度取决于腔模式分布中所有原子的位置,它是场幅度而不是其介导长程相互作用的强度.对于以线性空腔的横向激光驱动原子系综的情况,远距离相互作用导致到自组织相的相变,其中,所述原子排列在棋盘格模式中,从而最大限度地散射到空腔模式.在单向驱动的环腔几何中,两个反向传播腔模式之间的集体散射导致集体不稳定性,被称为集体原子反冲激光.各种均值场型理论可用于描述非平衡动力学和大原子系综渐近行为,包括表征上述关键现象的标度律推导.将超冷原子组合或 Bose-Einstein 凝聚体耦合到高精度谐振腔内的辐射场需要对原子运动进行量化描述,并且减少相关外部自由度的数量.在激光腔的情况下,这可以实现,其中空腔场主要耦合到原子组合的单个集体运动模式,提供与腔体的直接类比.这提供了 Dicke-Hamilton 函数及其量子相变的开放系统实现.自组织相也可以被认为是由于 Ising 型对称破缺产生的超固体.更复杂的情况发生在高度简并的多模腔中.

光晶格中的超低温量子气体是最有趣的系统之一,在其中可以利用原子和激光物理学的能力来探索固态物理学的一些现象,例如 Hubbard 模型可以用可调参数和可变维数的周期性排列 Bose 子或 Fermi 子来实现.当光晶格电势由光学高精度空腔所维持的场产生时,相应的腔体 Hubbard 模型预测了新的物质相.在许多情况下,腔场提供了一种方便的内置实时观察工具.分析发射的场允许用最小规模和可良好控制的测量方式动态监测量子相变.

## §5.2 微腔中的单原子

腔 QED 的核心目标是在原子和腔场形成单一实体的强耦合状态下，实现单原子和单光子水平下的光物质相互作用的完美控制. 这种"原子-光子分子"的长寿命需要较慢且非常冷的原子，以确保长的相互作用时间和对原子位置的精确控制. 然而，在足够小的动能下，甚至仅几个腔内光子引起的光力就能影响原子轨迹. 用冷原子进行的第一个腔 QED 实验已经表明，腔体光力可以引导或偏转缓慢移动的原子. 此外，在可以从相互作用体积中除去原子的空腔中的偶极子阱中会发生额外的扩散. 在透射光谱实验中已经观察到这种效应的清晰的特征. 透射光信号的时间分辨检测允许重建原子轨迹. 这些实验设定了包括原子质心自由度和腔 QED 理论中的光学力的阶段. 在接下来的时间里，理论和实验上的努力让互动时间从微秒的传输时间范围延伸到分钟的范围.

### 5.2.1 光对微腔中原子的机械效应

Domokos 和 Ritsch 详细介绍了耦合原子场动力学的理论描述[1]. 在这里，我们重述符号和方法. 在单原子腔 QED 的广阔领域中，我们的讨论限制在空腔中的原子运动，特别是腔体冷却的重要概念中. 我们回顾近期的实验，证明单原子的空腔冷却. 这是电偶极力对空腔内的原子的时间延迟作用的表现. 在单原子级别的诠释很好地补充了在有许多原子的系统情况下遇到的腔体冷却的另一个方面，其中腔体冷却以集体激发光谱的虚部的形式出现.

5.2.1.1 微腔中的二能级原子

我们考虑耦合到具有谐振频率 $\omega_C$，且在光学谐振器内的电磁场的单个模式中具有转变频率 $\omega_A$ 的单个二级原子. 定义腔体失谐量 $\Delta_C=\omega-\omega_C$ 和原子失谐量 $\Delta_A=\omega-\omega_A$. 两个相关的原子状态是基态 $|g\rangle$ 和激发态 $|e\rangle$. 我们引入原子的升降算符 $\sigma^+=|e\rangle\langle g|$ 和 $\sigma=|g\rangle\langle e|$. 腔模变量是光子产生和湮灭算符，分别是 $a^+$ 和 $a$. 在电偶极和旋波近似下和以角频率 $w$ 旋转中，原子场耦合由以下式子描述：

$$\frac{H_{JC}}{\hbar}=-\Delta_C a^+a-\Delta_A(r)\sigma^+\sigma+\mathrm{i}g[\sigma^+af(r)-f^*(r)a^+\sigma]. \qquad (5.2.1)$$

这通常被称为 Jaynes-Cummings(JC) Hamilton 算子，并且在量子光学中，已经被 Shore 和 Knight 检验[2]. 这里的重点在于，明确地考虑了原子的位置 $r$. 原子失谐量 $\Delta_A(r)=\Delta_A-\Delta_S(r)$ 的空间依赖性可以由辅助的、远离失谐的光学陷阱场引起的差分偏移 Stark 交流 $\Delta_S(r)$ 解释. 根据与腔模函数 $f(r)$ 成比例的腔内电场强度，方程(5.2.1)中的耦合强度被空间调制. 对于本节所讨论的情况，我们可以考虑在

光学波长尺度上进行调制，这样，Fabry-Perot 谐振器的一种驻波模式可写成 $f(r)=\cos(kx)$，或写为环形谐振器所维持的行波模式 $f(r)=\mathrm{e}^{\pm ikx}$（$k=\frac{\omega}{c}$，是光波的波数）. 最大的耦合长度由单光子 Rabi 频率 $g=d\sqrt{\frac{\hbar\omega_C}{2\epsilon_0 v}}$ 给出，$d$ 是沿空腔模式极化的原子偶极矩，并且 $v=\int \mathrm{d}^3 r\,|f(r)|^2$ 表示有效空腔模量（令最大的 $|f(r)|=1$）. 旋波近似依赖 $H_{JC}$ 的特征频率远小于光频率的情况（$|\Delta_A|$，$|\Delta_C|$ 和 $g\ll\omega$）. 原子质心运动是系统的动力学分量，这由以下 Hamilton 量描述：

$$H_{\text{mech}}=\frac{p^2}{2m}+V_{\text{cl}}(r). \tag{5.2.2}$$

这里，$m$ 是原子的质量，周期势场 $V_{\text{cl}}$ 代表一个任意的外部捕获势. 对于远离共振的光学偶极子阱的情况，该项与方程(5.2.1)中的差分量交流 Stark 偏移 $\Delta_S(r)$ 一起充分描述了捕获激光的作用. 质心运动的特征频率由携带一单位光子动量 $|p|=\hbar k$ 的原子的动能给出. 在此，我们使用反冲频率的概念，它用符号 $\omega_R=\frac{\hbar k^2}{2m}$ 来表示[3].

该系统可以被频率 $\omega$ 的相干激光场激发，这要么借助驱动振幅 $\eta$ 驱动腔模，要么是直接在 Rabi 频率的原子内部自由度，用以下式子描述：

$$\frac{H_{\text{pump}}}{\hbar}=\mathrm{i}\eta(a^+-a)+\mathrm{i}\Omega h(r)(\sigma^+-\sigma). \tag{5.2.3}$$

对于从垂直于腔轴的横向方向用驻波激光场泵浦原子的情况，空间模式函数由 $h(r)=\cos(kz)$ 给出. $H_{\text{pump}}$ 是有效时间独立的，因为我们在以单色泵激光器的角频率 $\omega$ 旋转的框架中进行描述.

光域中的 C-QED 系统受到与电磁场环境的真空模式的耗散耦合的强烈影响（在光频率下可以忽略热光子）. 相应地，系统的动力学由量子主方程描述[4]：

$$\dot{\rho}=-\frac{\mathrm{i}}{\hbar}[H,\rho]+L_{\text{cav}}\rho+L_{\text{atom}}\rho. \tag{5.2.4}$$

这里 $H=H_{JC}+H_{\text{mech}}+H_{\text{pump}}$，并且 $\rho$ 表示原子和腔自由度的密度算符. 在 Born-Markov 近似下，耗散过程由 Liouville 算符决定，

$$L_{\text{cav}}\rho=-\kappa(a^+a\rho+\rho a^+a-2a\rho a^+) \tag{5.2.5a}$$

描述空腔场以衰减系数 $\kappa$ 的衰减，并且

$$L_{\text{acom}}\rho=-\gamma\left(\sigma^+\sigma\rho+\rho\sigma^+\sigma-2\int \mathrm{d}^2 u N(u)\sigma\mathrm{e}^{-\mathrm{i}k_A\boldsymbol{u}\cdot\boldsymbol{r}}\rho\mathrm{e}^{\mathrm{i}k_A\boldsymbol{u}\cdot\boldsymbol{r}}\sigma^+\right) \tag{5.2.5b}$$

描述激发态 $|e\rangle$ 以速率 $\gamma$ 的自发衰变伴随着光子的发射进入了电磁场的自由空间

模式.这一过程包含一个 $k_A=\frac{\omega_A}{c}\approx k$ 的反冲,与激发光子的速度 $u$ 相反,其在表征给定原子跃迁的方向分布函数 $N(u)$上取平均值.由方程(5.2.4)定义的包括所有自由度(质心运动,内部电子动力学和空腔光子场)的系统的量子动力学,即使对于单个原子也不能求出解析解.

5.2.1.2 色散限制

对于广泛类型的腔 QED 参数,原子饱和效应可忽略不计,原子可以被认为是线性极化粒子.与其他变量相比,由于较大的原子失谐 $\Delta_A$ 或较大的自发衰减速率 $\gamma$,内部原子变量 $\sigma^+$,$\sigma$ 演化得比较快.在任一情况下,下面的绝热消除的常见技术中,原子极化算符 $\sigma$ 可以是“从属于”到腔模和原子位置“主”变量的.在没有直接原子驱动的情况下,即方程(5.2.3)中的 $\Omega=0$ 时,可以得到

$$\sigma\approx\frac{gf(r)a}{-\mathrm{i}\Delta_A+\gamma}. \tag{5.2.6}$$

如果原子激发态的部分可以忽略不计,那么这个近似是有效的.通过代入从属变量 $\sigma$ 到 $H_{JC}$ 和方程(5.2.5)里的 Liouville 算符,可以得到一个有效的主方程.特别令人感兴趣的是这个大的失谐极限,其中质心运动和腔模由以下式子色散耦合:

$$H_{\mathrm{eff}}=-\hbar[\Delta_C-U_0|f(r)|^2]a^+a. \tag{5.2.7}$$

一方面,捕获取决于原子瞬时位置的腔模式共振频率的原子诱导色散位移.另一方面,腔场产生了一个由原子感受到的正比于 $|f(r)|^2$ 的光学势,其深度取决于动态光子数.可以类似地处理耗散,并且,相应的 Liouville 算符被 Domokos,Horak 和 Ritsch(2001)提出[6].原子的色散和吸收效应由以下参数分别表示:

$$U_0=\frac{g^2\Delta_A}{\Delta_A^2+\gamma^2}=-\frac{\omega_C}{v}\chi', \tag{5.2.8a}$$

$$\Gamma_0=\frac{g^2\gamma}{\Delta_A^2+\gamma^2}=-\frac{\omega_C}{v}\chi''. \tag{5.2.8b}$$

这些关系揭示了在腔 QED 参数和电极化 $P=\varepsilon_0\chi E$ 下,线性极化物体的复极化率 $\chi=\chi'-\mathrm{i}\chi''$.由于这种联系,这里提出的理论可用于描述比两级原子更广泛的粒子类型,并且大多数结论可以直接应用于亚波长尺寸的可极化粒子.在 5.2.3.3 小节所述的分子的情况下,线性极化率图像被优化.

使用方程(5.2.7)中的色散相互作用 Hamilton 算子,单模原子强度耦合到单模腔场的量子化一维运动已被数值模拟[6].这个计算证明了半经典理论的基本假设(见 5.2.1.3 小节),说明原子波函数的相干长度在几次不可逆散射事件之后远低于光波长.这种情况会发生,尽管在分散极限中,是通过空腔光子损失,而不是自发光子散射到自由空间中提供与环境的耦合.人们发展了一种有效的数字码,为由

"量子光学工具"组成的系统的 Monte-Carlo 波函数模拟提供了一个一般的框架[7].如果原子是由横向激光驱动的,也就是在方程(5.2.3)里当 $\Omega \neq 0$ 时,内部自由度的绝热去除导致了

$$\sigma \approx \frac{g f(r) a + \Omega h(r)}{-\mathrm{i}\Delta_{\mathrm{A}} + \gamma}, \tag{5.2.9}$$

所以有效绝热 Hamilton 方程(5.2.7)和 Liouville 方程中出现附加项.特别地,横向激光场和空腔模式之间的相干光子散射产生了有效的空腔泵浦项:

$$\frac{H_{\mathrm{pump}}}{\hbar} = \eta_{\mathrm{eff}} h(r)[f^*(r) a^+ + f(r) a], \tag{5.2.10}$$

它具有有效腔驱动幅度 $\eta_{\mathrm{eff}} = \dfrac{\Delta_{\mathrm{A}} g \Omega}{\Delta_{\mathrm{A}}^2 + \gamma^2}$.

5.2.1.3　原子运动的半经典描述

在许多腔 QED 实验中,冷原子被从磁光阱中释放到谐振器体积中.由于原子的温度 $T$ 远高于反冲温度 $k_{\mathrm{B}} T \gg \hbar\omega_{\mathrm{R}}$,其中 $k_{\mathrm{B}}$ 是 Boltzmann 常数,可以假设减小的密度矩阵在位置和动量表示中几乎是对角的.这可以将原子的位置 $r$ 和动量 $p$ 视为随机 c 数变量.超冷原子 $k_{\mathrm{B}} \lesssim \hbar\omega_{\mathrm{R}}$ 的情况将会在§5.4处理.

5.2.1.3.1　Langevin 方程

量化内部和经典运动自由度的分离是为了描述激光冷却而发展的[8].通过将内部自由度扩展到原子极化和空腔模式的组合空间,人们已经将这种方法应用于腔 QED 场景[10].通过消除内部自由度,质心变量的动力学可以用随机微分方程来表示

$$\dot{r} = \frac{p}{m}, \tag{5.2.11a}$$

$$\dot{p} = f + \beta \frac{p}{m} + \Xi. \tag{5.2.11b}$$

这里,$f$ 表示经典力,$\beta$ 表示非保守和速度依赖力项中的摩擦系数.通常,$\beta$ 可以是三维空间中的张量,因为沿着任何方向的原子运动在所有三个空间方向上产生摩擦[10].当张量 $\beta$ 的特征值(或 1D 标量)是负数时,腔体冷却.噪声项 $\Xi$ 引发随机行为.它的平均值为零,并且通过扩散矩阵 $D$ 来定义:

$$\Xi(r) \circ \Xi(t') = D\delta(t - t'). \tag{5.2.12}$$

这里,$\circ$ 表示二元乘法.精确的噪声相关函数在内部动力学的耗散参数 $\kappa$ 和 $\gamma$ 的范围内具有宽度.因此,仅仅在质心运动时间标度集合比反冲频率倒数小得多的情况下能用 Dirac 函数来近似.Hechenblaikner 等人提出在一维情况下从关于内部自由度的主方程计算 Langevin 方程的 c 数参数 $f$,$\beta$ 和 $D$ 的方法[12],三维情况下的方法则由 Domokos 和 Ritsch 提出[13].这种方法解释了内部动力学的量子效应.因

此,完整的方法是半经典的.该方法的实际应用受到极大的限制:用于内部和空腔自由度的非线性量子主要方程必须以数字和所有原子位置 $r$ 求解.此外,光子场的 Hilbert 空间必须在低光子数被截断.Doherty 等人和 Fischer 等人采用了这种方法来模拟 Hood 等人和 Pinkse 等人进行的实验[14]~[17].对于低原子饱和度,可以获得分析近似值,其中原子极化可以由 Bose 子算子代替,因此内部动力学由线性运动方程描述[18].然后可以计算摩擦系数 $\beta$,并且对应于其符号,可以将冷却对加热区域映射为失谐 $\Delta_A$ 和 $\Delta_C$ 的函数,如图 5.2.1 所示.

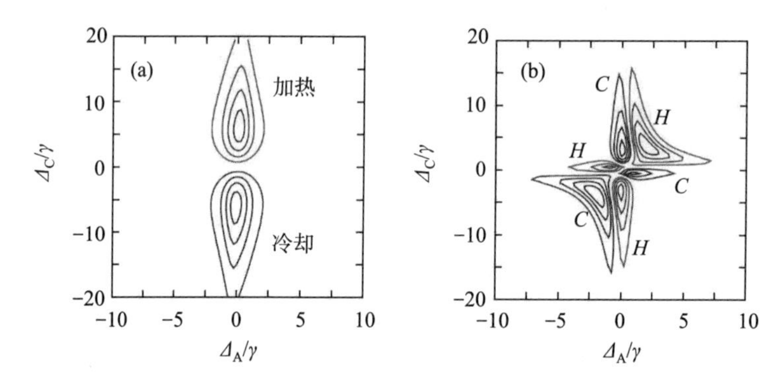


图 5.2.1 (冷却线)冷却和加热区域作为原子和空腔失谐的函数,显示的是摩擦系数 $\beta$ 在激光驱动原子上沿空腔轴线作用的图.(a)坏腔条件 $g=\gamma/2,\kappa=10\gamma$.(b)好腔条件 $g=3\gamma,\kappa=\gamma$,其中可以调用缀饰态的图像进行解释.不同的轮廓线表示冷却($C:\beta<0$)和加热($H:\beta>0$)区域.位于一小部分波长内的紧密局限的原子可以根据其位置而有完全不同的行为.图片摘自参考文献[14][15]

5.2.1.3.2 色散极限中的半经典理论

对于在第 5.2.1.2 小节提出的原子-腔耦合的色散极限,有一种可替代的半经典方法[19].Wigner 准概率分布函数可以在原子质心运动和腔场振幅的联合相空间中定义.量子主方程转化为 Wigner 函数的偏微分方程.通过丢弃包含和高于二阶导数的所有项,所得到的 Fokker-Planck 方程对应于与原子运动和腔场相关联的经典随机变量的演化.可以将这种方法视为对最接近真实量子动力学的半经典模型的构建.与方程(5.2.11)相比,这里允许大的腔内光子数.实际上,该方法的有效性要求光子数大于 1.

考虑一个通用实例:沿着一个模函数为 $f(x)=\cos(kx)$ 外部驱动的线性谐振腔的轴线运动的一维单原子,其由以下方程描述[18]:

$$\dot{x}=\frac{p}{m}, \tag{5.2.13a}$$

$$\dot{p}=-\hbar U_0|\alpha|^2\frac{\partial}{\partial x}f^2(x)+\xi_p, \tag{5.2.13b}$$

$$\dot{\alpha}=\eta-\mathrm{i}[U_0 f^2(x)-\Delta_C]\alpha-[\kappa+\Gamma_0 f^2(x)]\alpha+\xi_\alpha. \qquad (5.2.13c)$$

除了噪声项(5.2.13a)和(5.2.13b)之外，这些方程与Horak等人的文章中初始腔体冷却的经典描述一致[10]. 等式(5.2.13)中，作用在原子上的力与腔模式的光学偶极子电势的梯度形式上相同. 然而，振幅$\alpha$不仅取决于原子的瞬时位置，而且由于其线性响应的有限带宽$\kappa$而具有记忆效应. 因此，实际的力是具有速度依赖性的，其可以产生黏性摩擦力，即空腔冷却. 在这种方法中，摩擦力不能由单个系数$\beta$确定. 另外，在任意速度下摩擦效应被正确地描述.

噪声源以量子力学所强加的一致方式被考虑在内. 这导致了不平凡的相关性$\xi_p\xi_\alpha\neq 0$. Asbóth等人给出了扩散矩阵的结果以及几个原子情形下的推广[20]. 一般模型用于数值研究多体系统在远高于量子简并的温度下的情形.

5.2.1.3.3　散射模型

半经典Langevin方程(5.2.11)可以在没有辐射场模式分解的情况下被构建. 当考虑与由分束器的任意一维配置组成的干涉仪的辐射场相互作用的原子，而不是简单的Fabry-Perot型腔体几何形状时，需要这种方法. 为了应对这种情况，Xuereb等人建立了一个散射模型[21]，并解决了由Xuereb等人在等式(5.2.11)中作用于粒子的力项[22]. 在散射模型中，原子和分束器以相等的基准处理以"散射体"为特征的单极化率参数. 因此，我们能创建一个统一的框架来描述光学系统，揭示原子空腔冷却与反射镜辐射压力冷却之间的密切关系[23][24].

### 5.2.2　微腔冷却

理解涉及原子运动的复杂空腔QED动力学的最有希望的方式之一是实现腔体冷却，即通过腔光子损失通道以受控的方式消耗动能.

使用光学谐振器来提高激光冷却效率的早期想法，依赖于在存在空间边界条件的情况下对电磁辐射场的光谱模式密度的修改. 在最普遍的形式中，扰动体系中腔体冷却的概念的表示由Vuletić和Chu给出[25]~[27]. 如果放置在光腔内的原子以低于腔谐振$\Delta_C<0$的频率被激光驱动，则散射有利于在高于泵浦频率的频率处的光子的发射，这是由于腔共振周围增加的模式密度. 提升光子频率所需的能量由非弹性散射过程中的动能损失提供. 有了这个非常简单的图像，就可以展示出强大的三维冷却效果[28]. 然而，只有在弱原子-光子耦合的情况下，图像才成立[参见图5.2.1(a)]. 当光子的再吸收开始变得不可忽略时，在高精度的空腔中，冷却机构显著改变. 这种剧烈变化如图5.2.1(b)所示，在单原子强耦合方案中呈现比率为$g/\kappa$的摩擦系数. 在驻波腔的情况下，通过Sisyphus型参数，可以在频域中解释动力腔冷却效应，使用腔QED下的腔强耦合方式的缀饰态图像(参见图5.2.2)[29]. 对于环腔的情况，有趣的是，可以在强耦合方案中得到直观的光子散射图像，并且可以

获得任意耦合常数 $g$ 的辐射压力的全速度依赖性[30].

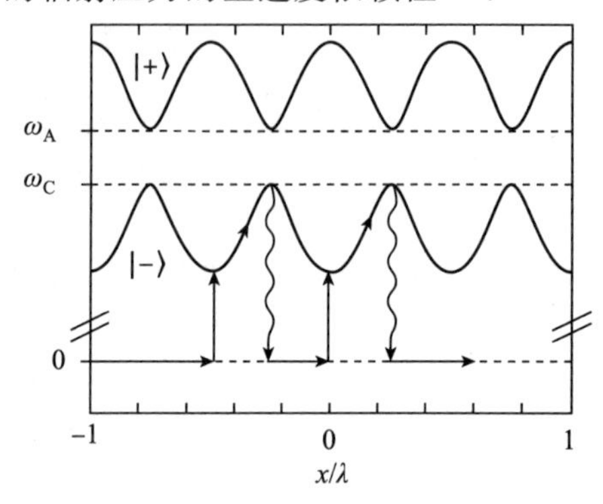


图 5.2.2 在图 5.2.1 的(b)中的双曲面形状的冷却区下面的 Sisyphus 型冷却结构. 原子运动导致内部缀饰态能级 $|\pm\rangle$ 的调制,这是 $|g,1\rangle$ 和 $|e,0\rangle$ 状态的线性组合以及由模式函数 $f(x)=\cos(kx)$ 确定的"混合物". 这相当于质心自由度的状态相关势. 对于 $\Delta_A<0$ 和 $\Delta_C=-\kappa+g^2/\Delta_A$,从基态 $|g,0\rangle$ 到较低缀饰状态 $|-\rangle$ 的转换在波腹处共振激发. 因此,在势阱的最小值处发生更多的激发,而自发或空腔衰变将原子腔系统在空间中均匀地转移回基态. 图片摘自参考文献[31]

在下文中,我们调查了两个方案,其中腔体冷却通过实验得到验证,并呈现相应的冷却效果的直观图片. 这两种方案都在原子-光子相互作用的色散极限下保持原子低饱和度.

5.2.2.1 蓝失谐探针光下腔的冷却

Maunz 等人通过观察延长的存储时间和改善单个 Rb 原子在腔内偶极阱中的定位首次证明单原子的空腔冷却[31]. 陷阱场对于原子是红失谐的,然而冷却是由弱的、蓝失谐的探针场引起的. 对于可比较的原子激发,冷却速率估计超过自由空间冷却方法所达到的至少 5 倍. Maunz 等人就折射率的经典概念对冷却效果进行了直观的解释. 考虑由弱探针激光器 $\Delta_C=0$ 共振激发的驻波光学腔,这来自原子共振失谐 $\Delta_A=2\pi\times 35$ MHz$>0$(蓝色). (参见图 5.2.3)得到的光偏移参数[方程(5.2.8a)]远远超过空腔线宽 $U_0>5\kappa$,使得仅仅一个原子也可以显著影响腔镜之间的光程长度. 由于[方程(5.2.7)]放置在驻波模式轮廓的节点处的原子不耦合到腔场,腔内强度最大,原子将空腔共振转向更高的频率,即不与探针激光器共振,导致腔内强度降低. 然而,在高精度的空腔中,当原子离开节点时,强度不能瞬间下降. 在光子能够泄漏出空腔之前,以几乎恒定的光子数量引起腔体频率的诱导蓝移并导致存储在场中的能量增加. 这以牺牲原子的动能为代价. 当原子从波腹向节点移动时,发生的相反的加速效应要弱得多,因为腔最初不与探针激光共振,因此只有少量的光子存在并经历相应的红移. 这个论点也揭示了原子运动和光子数变化之间的微妙关联. 在冷却效应的基础上,对原子速度 $kv<\kappa$ 施加了上限,这设定了

腔体冷却的速度捕获范围.

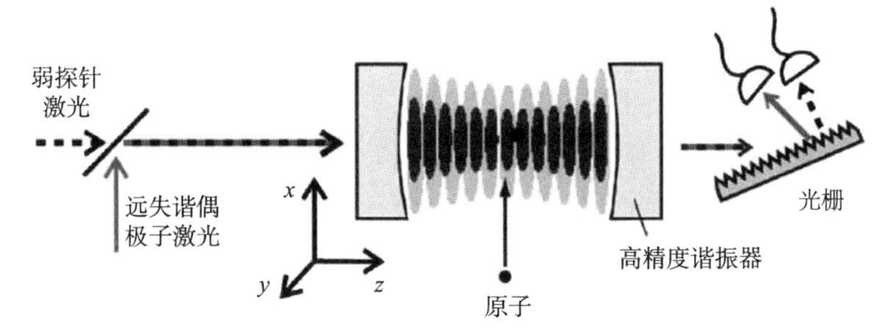


图 5.2.3　用于观察腔体冷却的实验方案. 单个原子被一个光学偶极子俘获器所捕获,该光学偶极子俘获器由远红外失谐的光以与用于腔体冷却的纵向腔模式不同的纵向腔模式形成. 弱探针激光与原子之间相互作用的特征参数为 $(g,\kappa,\gamma)=2\pi\times(16,1.4,3)$MHz. 图片摘自参考文献[31]

在实验中,注入空腔的单个原子被捕获在强烈的腔内偶极阱的场波腹处. 为了能在弱探针光束的腔传播中被检测到,原子必须同时接近探针场模式的波腹. 当探针场引起腔体冷却时,可以直接从传输信号中读出所产生的更强约束,如图 5.2.4 所示. 空腔传播的时间分辨检测允许提取 $\beta/m=21$ kHz 的冷却速率,并与自由空间中二能级原子的蓝失谐 Sisyphus 冷却的 4 kHz 速率相比较,或者与等效原子饱和度的 1.5 kHz 的 Doppler 冷却速率相比较.

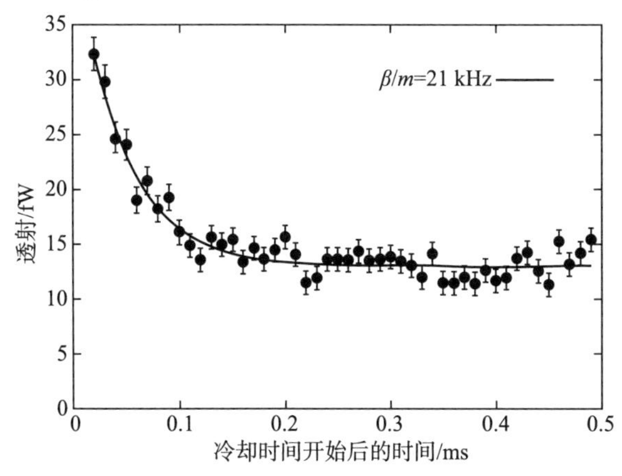


图 5.2.4　腔体冷却演示. 时间分辨减小的弱共振探针光束的平均腔体透射,表明原子在远红失谐捕获场的波腹处的局部化改善. 原子驻留在波腹处越近,腔谐振相对于探针频率的失谐越大. 图片摘自参考文献[31]

### 5.2.2.2　远红失谐光下腔体冷却和捕获

非共振偶极子阱通常用于中性原子的长时间捕获和定位[32]. 抑制自发发射导

致几乎保守的俘获势. 然而,随着自发发射的消除($|\Delta_A| \gg \gamma$),任何自由空间的冷却机制也将消失. 对于强耦合原子腔系统,人们重新考察了远离共振捕获方案,其中腔模式提供了新的耗散通道.

令人惊讶的是,空腔冷却可以在大原子失谐限制$|\Delta_A| \to \infty$中保持非常高的效率. 为了实现最佳冷却,必须将驱动频率设置为稍低于腔谐振频率$\Delta_C \approx -\kappa + U_0$的. 冷却机制的基础是强耦合原子腔体系的极化子共振(对应于弱激励极限中的缀饰状态$|-\rangle$,其中只有 Jaynes-Cummings 频谱的最低激励多样性是重要的. 见图 5.2.2). 即使$\omega_A$和$\omega_C$是非常不同的,因为光子激发与少量的原子激发混合,所以裸腔谐振被略微修改. 在不均匀系统中,混合导致极化子共振对原子位置的依赖性. 虽然调制幅度小,但谐振相当窄,对于腔型极化子,其宽度范围为$\kappa$. 因此,该系统可能对原子运动非常敏感,甚至较慢的原子速度也能诱导稳态场振幅的大的非绝对调制[33]. 为了演示,我们考虑在由外部驱动激光器产生的场中沿原子轴移动的原子的最简单的情况,表明驻波腔场同时捕获和冷却原子[34]. 对于驻波模式$f(x)=\cos(kx)$,冷却速率由下式给出:

$$\frac{\beta}{2\gamma P_e} = \frac{\omega_R}{\gamma} 4\sin^2(kx) \times \frac{2g^2[\Delta_C - U_0\cos^2(kx)][\kappa + \Gamma_0\cos^2(kx)]}{\{[\Delta_C - U_0\cos^2(kx)]^2 + [\kappa + \Gamma_0\cos^2(kx)]^2\}^2}, \tag{5.2.14}$$

其中$P_e$表示激发态的平均值. 选择空腔失谐为$\Delta_C \approx -\kappa + U_0$,导致最佳摩擦系数,空间平均值为

$$\frac{\beta}{2\gamma P_e} = \frac{\omega_R}{\gamma}\left(\frac{g}{\kappa}\right)^2. \tag{5.2.15}$$

在式子左侧,冷却速率被归一化为自发光子散射的速率. 方程(5.2.15)表明,固定饱和度$P_e$处的摩擦系数与原子失谐无关,这产生了没有闭合循环转变的冷却分子或其他物体的观点小节(参见 5.2.3.3).

进一步的研究表明,先前的失谐和强度的设置可以扩展到更一般的几何形状,包括垂直于腔轴的运动,或原子的外部驱动而不是空腔的情形. 冷却所需要的是在波长尺度上的系统的不均匀性,其导致耦合的原子腔体系的位置相关稳定状态. 这种不均匀性可以由腔模式函数产生. 方程(5.2.14)的结果也可以来自驻波泵浦场或强驻波激光场中的空间调制的交流 Stark 偏移. 所有这些来源都有助于优化冷却效率. 通过使用冷却激光器,捕获激光器和空腔真空模式的正交布置实验可验证所得到的冷却效果(参见图 5.2.5).

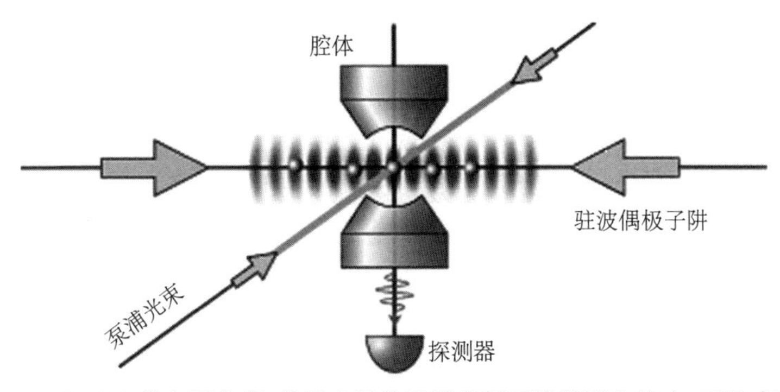


图 5.2.5　C-QED 横向泵方案. 使用光学传送带将原子输送到空腔中. 不是直接驱动空腔,原子是横向激光驱动的,导致光子散射到空腔模式. 驻波偶极子阱产生大的差分移位,即原子失谐的调制 $\Delta_A(r)$[见方程(5.2.1)]. 在这种几何形状中,腔体真空场根据方程(5.2.15)最佳选择调节的弱驱动激光器和陷阱激光器一起形成非常有效的三维冷却方案. 图片摘自参考文献[35]

这种组合产生沿所有三个空间方向的摩擦力. 实现的冷却效率导致微开的温度和高精度腔中的平均单原子捕获时间长达 17 s 的结果,在此期间,可以连续观察强耦合原子(参见图 5.2.6).

在实验中(参见图 5.5.2),使用垂直于腔轴线的远失谐驻波偶极阱将原子输送到空腔[36]. 将单个原子受控地插入到具有空腔冷却的高精度光学谐振器中并与取出的组合带来用于集成永久边界和强耦合的原子腔体系统的确定性方案. 长时间储存时长远高于 10 s,并且单个的受控定位或给定数量的亚微米尺度原子是同时可用的.

空腔冷却的探索对于强耦合腔 QED 系统结合对原子运动的控制实验是一个令人振奋的和必要的步骤. 随着空腔激光冷却和陷阱技术在空腔实验中的实现,实现了足够长的原子-腔相互作用时间. 这些成果已经在单原子腔 QED 中取得了显著的实验突破和成功的应用. 例如,高精度测量证明了光学域中的基本空腔 QED 模型,即通过 Boca 等人和 Maunz 等人解决原子腔体系的最低激励的双重峰以及 Jaynes-Cummings 光谱的量子非调谐区域[37]~[39],可以容易地产生压缩态光[40]. 此外,实现的捕获时间允许确定性单光子源的发展[41],具有完全极化控制[42],并实现长时间寻求的原子-光子量子界面和单原子量子记忆. 许多有前景的方向可以从实现单原子电磁感应透明的基本情况中发展出来[43](例如,具有单光子的全光转换).

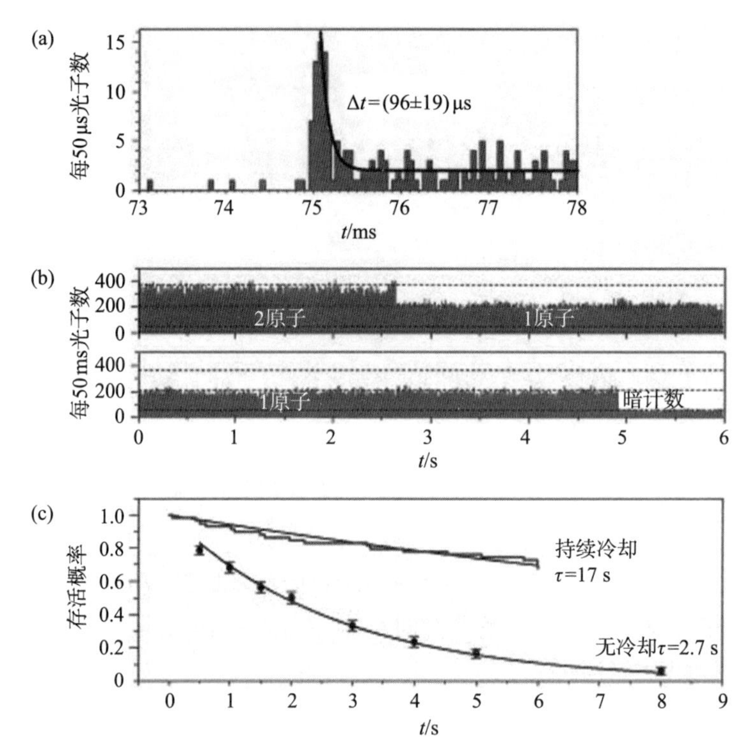


图 5.2.6 演示空腔冷却和长时间捕获腔内受控数量的原子.(a)记录的光子计数速率的一个迹线,其中在开启泵浦激光器后 75 ms 捕获原子(见图 5.2.5).在 10 μs 内,散射率达到稳态值.(b)记录的光子计数速率允许确定原子数和捕获时间.(c)对 50 条轨迹进行分析,每次持续时间为 6 s 并以 1 个原子开始,平均寿命 $\tau$ 为 17 s(上曲线).而不暴露于泵浦激光器的单个原子只存在于 2.7 s 腔体积(下曲线).图片摘自参考文献[35]

#### 5.2.2.3 温度极限

由腔引起的额外摩擦项与零点场波动的修改密切相关.实际上,即使对于大的原子场失谐,空腔持续的光学偶极子阱中的扩散也可以比自由空间场大一个数量级[44].由于波动引起的加热速率可以用半经典方法明确计算可以估计原子获得的固定温度.在最佳条件下,可以找到直观的结果:

$$k_B T \approx \hbar\kappa, \tag{5.2.16}$$

该结果与原子参数无关,通过数值模拟被证实[5],并且与实验观察结果非常吻合.有趣的是,结果仍然在温度达到不再受半经典描述约束的反冲极限 $k_B T \approx \hbar\omega_R$ 的极限范围内有效. Zippilli 和 Morigi 提出了一种具有振动频率 $\upsilon > \kappa$(解决边界条件)的谐波电势的高效基态冷却[45].在空腔中捕获的粒子的自发发射中的量子干涉效应允许基态冷却.即使在坏腔条件中也是如此,其中 $\upsilon < \kappa$ [46].这个预测与方

程(5.2.16)不矛盾,因为它是在精确给定的位置上用于强烈局部捕获的原子(Lamb-Dicke 条件)的,而上面提到的温度极限假定了在空腔波长上的空间平均.

根据方程(5.2.16),只要能够增加空腔的精细度,就似乎没有下限温度. 然而,随着损耗率降低,腔体冷却机构的捕获范围也缩小. Murr 根据对任意速度获得的摩擦力的明确表达式彻底地讨论了这种关系. 当应用非常强的腔场,$\alpha \gg 1$,非常类似于光学机械模型的平均场处理时,有可能以引入额外的波动项为代价有效地增强弱原子-场相互作用[47],这出现在非常大的失谐到有效的强耦合 $g_{\mathrm{eff}} = g_0 \alpha$ 条件下. 该条件可大大加快冷却过程并增强捕获范围,同时仍然导致类似等式(5.2.16)给出的最终温度.

5.2.2.4 多模腔内冷却

当引用多个腔模式作为动力学自由度时,原子场动力学定性地改变. 简单来说,光电势的大小、空间的形状和相关的光压力均成为动态量.

这可以容易地在环腔形的通用示例中被证明[48]. 在原子场耦合的色散条件下,原子不仅修改了两个反向传播腔模式的谐振频率,从而调谐了它们的场振幅,而且通过腔模式之间的相干光子再分配引起了相位锁定. 这确定了腔体辐射场出现的驻波干涉图形的节点和波腹的位置. 对于红失谐的泵浦场 $\Delta_{\mathrm{A}} < 0$,颗粒被吸引到与缓慢移动的原子同时拖动的场的波腹(假设 $kv < \kappa, \gamma$). 然而,由于腔内场的延迟响应,粒子永久地上坡,从而受摩擦力. 与单模驻波腔相比,环形腔的双模几何形状已被证实可以导致更快的冷却和更大的速度捕获范围[49][50]. 此外,用于极化梯度冷却或速度选择性相干布居俘获的激光泵浦配置可以被设想是在环形空腔内的,对于这种情况,可以预测会有非常有效的腔体冷却,而没有温度的基本下限[51].

在泵浦频率附近,空腔中的模式越多,在存在原子的情况下场形状被调制的横向长度越小. 一方面,这导致原子围绕其自身产生的强度为最大值的更强三维位置[52]. 另一方面,冷却时间或多或少地以二次方在高度简并的共焦腔中降低,而扩散仅随着涉及的有效模式线性增加. 在许多原子系统的情况下,空腔介导的原子光学操作的范围也显著扩大. 我们将在 5.4.3 小节中对此进行简述.

### 5.2.3 微腔冷却的推广

空腔冷却的一般原理被期望适用于具有不同辐射场几何形状或其他材料部件的其他系统.

5.2.3.1 冷却被捕获的原子和离子

存在原子被强耦合的高精细度腔俘获的几个实验系统. 离子阱体系已经与中等耦合状态下的高精度空腔相结合[53][54]. 还有全光学方案,其中使用驻波腔的不同纵向模式来将光阱模式与冷却模式分开.在“魔术”波长处采用光场的单个原子的状态不敏感的冷却和捕获,可引起两个相关电子态几乎相同的交流 Stark 偏移[55].此外,实验研究了蓝失谐腔内偶极电势的低场区域中的原子捕获.在类似的腔内偶极阱中,通过红振动边界上的相干 Raman 过渡可将轴向原子运动冷却到基态.同时 Boozer 等人从记录的 Raman 光谱推断出了原子运动[56].

该空腔的冷却机理可以在粒子紧约束情况下工作.在紧约束粒子的 Lamb-Dicke 条件下,由激光场驱动和光学谐振腔俘获的原子的质心运动的冷却和加热速率的明确表达式$\sqrt{\frac{\omega_R}{v}} \ll 1$($v$ 表示谐波阱频率),已经在弱和强的原子-腔耦合的方案中得出.在前者中,出现边界冷却的变化[57].实验上,解析边带方案中单个捕获的$^{88}Sr^+$离子的腔体冷却最近已经被证明和定量表征.腔体传播的频谱,加热和冷却速率以及稳态冷却极限已经与速率方程理论完全一致[58].对应于 5.2.2.3 小节的最终温度占据振动量子受到离子和腔之间的适度耦合的限制.计算已经扩展到强耦合方案,其中已经确定的是,耦合系统的本征态之间的高阶跃迁和导致冷却的新的非平凡参数规律已经被揭示[59].在解析边界条件 $v \gg \kappa, \gamma$ 中,与电子基态和激发态相同的振动光谱的离散度类似于被捕获的多层原子的冷却而引起的不同过渡路径之间的干扰[60].根据理论预测,可以实现基态冷却[71].

5.2.3.2 纳米粒子冷却与光学的关系

空腔冷却仅需要线性极化性的事实表明,它可以直接适用于大物体,例如纳米针[62],薄反射膜[63],甚至小型生物体(如病毒)[64].此外,由于作为宏观对象的膜可以具有大的静态极化率(折射率),冷却比单个原子或分子更有效.实际上,原子空腔冷却与色散光学有很强的联系[65],这在散射模型的框架下很容易被发现.膜的空腔冷却实验在振动量子基态显示出很大的成功[66].由于谐振器内的局部场强剧烈增强,光学偶极阱可以在非常大的失谐下运行,其中只有微粒的静电极化率是与之相关的[67].在耦合的光学和机械系统的这种设置中,具有简并对的反向传播模式的环形腔或其中简并模式可用的其他组态可以提供各种有效模型的实现.考虑例如对称泵浦的环腔.该场可以被写为强输运和高激发余弦模式与空正弦模式的叠加.余弦模式满足两个目的:(1)它产生捕获电势;(2)它通过光子散射从粒子馈送正弦模式(原子,分子,膜).这种模式的 Hamilton 形式如下:

$$H=\frac{p^2}{2m}-\hbar\Delta_C(a_C^+a_C+a_S^+a_S)-\hbar U(x)+i\hbar(\eta a_C^+-\eta^* a_C), \quad (5.2.17)$$

其中 $U(x)$ 是色散相互作用势,$a_C(a_S)$ 分别表示余、正弦模式场的振幅.将势阱极小值周围坐标线性化,我们可以恢复标准的光学 Hamilton 算子:

$$H=\left[\frac{p^2}{2m}+\frac{1}{2}m2\hbar U_0 a_C^+a_C(kx)^2\right]-\hbar(\Delta_C-U_0)a_C^+a_C$$

$$-\hbar\Delta_C a_S^+ a_S - \hbar U_{0'}(a_S + a_S^+)x. \tag{5.2.18}$$

二次耦合到余弦模式，线性耦合到正弦模式. 当粒子耦合这两种模式时，出现能级分裂，其允许人们通过非弹性散射动能从光阱中的振动运动中进行提取. 对于标准腔体冷却，经典体系中的最终温度再次受空腔线宽 $k_B T \approx \hbar\kappa$ 的限制. 然而，在非常好的腔体中，当泵浦场强度足够强时，可以达到边界条件，其中陷阱频率 $v$ 超过空腔线宽，而最终温度对应小于单个激发 $k_B < \hbar v$ 的情形. 在这种基态冷却极限中，必须诉诸运动和光场的量子描述. 有趣的是，正弦模式自动作为内置的监视系统，其以余弦模式连续观察粒子的振动量子态. 因此接近 $T=0$ 时，可以通过正弦模式光子计数来观察粒子的量子跃迁.

5.2.3.3　分子冷却

5.2.3.3.1　冷却分子的平移运动

分子结构从根本上改变和复杂化了激光冷却两级原子的构想图像. 当从泵场进行激励时，分子要么以速率 $\gamma_{Ry}$ Rayleigh 散射到基态 $|g\rangle$，要么以速率 $\gamma_{Rn}$ Raman 散射到亚稳态来进行释放. 通过非弹性 Raman 散射得到许多亚稳态分子态（自旋轨道，旋转和振动）. 通常较低的自由空间分支比 $\gamma_{Ry}/\gamma_{Rn}$ 导致在仅仅几个光子散射事件之后的布居分布，从而过早地猝灭冷却过程. 由于构建多个重复激光系统的成本太高，人们认为通过光子自由空间耗散散射进行的分子光学冷却是不可行的.

由于腔辅助激光冷却依赖于腔耗散通道，因此建议其作为缓解 Raman 损耗的潜在方法. 原则上，自发光子散射可以通过使用大的失谐来完全抑制. 然而，如第 5.2.2 小节所述，为了保持冷却效率恒定，需要在原子或分子中保持给定的激发水平. 因此，只有大的失谐不能解决分子的分支比问题. 为了克服这个严重的问题，根据等式(5.2.15)，必须使用具有远大于单位协调性参数的光学腔. 在这种情况下，增强相干 Rayleigh 散射成衰变腔模式可以确保分子在冷却期间 Raman 散射的可能性很小. 对于 CN 双原子分子，数值计算了腔体冷却过程[68].

5.2.3.3.2　冷却分子的旋转和振动

虽然理论模型和实验主要集中在无结构化的可极化粒子或两级原子的质心运动中，然而分子的复杂振动结构仍是阻止分子有效激光冷却的核心障碍之一. 在许多常见的光束源中，初始温度可以被设计为足够低以冻结大多数振动并且仅留下几个旋转量子的[69]. 然而，与冷却激光的相互作用通常会使在振转歧管内的布居开始重新分布，从而强烈地改变分子的光学性质并妨碍进一步的冷却. 近期，人们才发现和调查了这个规则的一些例外情况[70]. 然而，空腔冷却原则上可以设计成可抵消该加热过程，甚至进一步冷却分子的振动能的. 由于需要过渡频率的巨大扩展以促进这一点，因此被证明有利的是同时应用多种不同的纵向腔模式[71]. 模拟显示,振动冷却可以与运动冷却结合(例如在阱中)[72],以获得所有自由度的冷分子气体.在这一点上,实际实现将需要通过诸如由 Zeppenfeld 等人提出的光电方案的其他方法进行预冷却,以在腔模式体积内实现足够的相互作用时间和密度[74].

5.2.3.4 冷却和激光

在 Chan,Black 和 Vuletić 进行的实验中,观察到激光驱动的原子组合的集体相干发射伴随着原子运动的非常快速有效的、冷却的光腔的领域.虽然效果尚不完全清楚,但其可归因于 Zeeman 歧管内的 Raman 增益.空腔冷却与腔内增益的组合是一个有趣的方向.Vuletić 最初建议将一个坏的空腔有效地转换成一个好腔,同时在更低的温度下快速冷却[74].虽然这概念上被证明是正确的,但在更为现实和详细的建模中,因考虑到波动一致地处理增益,所以给出对可实现的温度的更高的限制.在腔体冷却的光学条件也证实了这一点,其中腔内增益导致更快的冷却但更高的最终温度.在标准设置中,腔内增益可以由放置在空腔内的附加倒置介质产生.如果一个目标是在强耦合条件下运行,就将导致技术工具有挑战性的设置.有趣的是,事实证明,在概念上更简单的配置中,增益也可以由旨在在设置中冷却的相同原子介质提供.当然,这种方案需要一个合适的泵送机构,它能将原子从冷却过渡的下层转移到上层,而不引入太多额外的噪声.在极限情况下,可以设想一个单一的原子,它在外部被泵送至高精度的空腔内.激发发射到腔模式提供增益以产生原子的捕获电势.对于蓝失谐腔,该增益同时从粒子中提取运动能量,从而提供冷却.幸运的是,倒置的原子是蓝失谐的光场中的高场探测器,因此它将以接近最佳增益被捕获[75].因此,该设置提供了在形成激光器的最简单实现的谐振器内的单个原子的激光、捕获和冷却[76].该系统可以推广到几个粒子的情形,这大大降低了对泵的要求.在光栅中的超冷气体极限中,受激光学的增益与最低能带的 Bose 增强相干布居同时发生.而对于脉冲设置,这在原理上构成了一种非常快速有效的冷却方法,连续波装置可以为实现连续波原子激光器提供可能的途径[77].

5.2.3.5 监控和反馈控制

从腔 QED 的早期开始,强耦合的原子腔系统被认为是一个数字分解的中性粒子检测器,这个概念在小型化设备中仍在开发和实现[78].进一步地,高精细谐振器作为显微镜,可以从具有高空间($<\mu$m)和时间($<\mu$s)分辨率记录的空腔传输中重建单个原子的轨迹.使用多模腔可以显著改善该方法.粒子不仅改变了腔内场的相位和强度,而且在不同的空间模式之间重新分配光.因此,在 CCD 摄像机上成像的输出场可以直接实时地进行和监视粒子的运动[79].注意,即使在任何给定时间都有不完整的位置信息,单个原子的最有可能的轨迹也可以借助基于运动的耦合方程的反演算法重建.

一旦粒子的位置和运动是已知的,就可通过调节泵浦激光器来控制空腔内的粒子运动并增加其俘获时间,直接对单个原子的运动应用反馈[80]. 空腔场均提供粒子检测并介导反馈力. 该方法由几个研究小组成功完成,这使单粒子捕集次数增加数个数量级. 当粒子被施加受控和延迟的反馈力时,其动能也可以减小. 这种反馈冷却类似于在高能物理学中应用的随机冷却技术. 当在分散双稳态系统中运行反馈方案时,预测强烈增强的冷却是由作为腔内强度的函数捕获场的时间依赖性切换组成的反馈方案[81]. 这种方法也为光学设置提供了新的前景.

## §5.3　微腔中的冷原子系综

在高精度光学谐振器中,在人们成功制备冷和超冷原子组合的同时,也在腔QED中开启了新的研究方向. 在多体结构中,原子与空腔场的共同耦合为实现长距离定制的原子-原子相互作用创造了大量新的可能性,这是通常在自由空间冷原子实验中不存在的.

原子-原子耦合是由交流电偶极矩之间的空腔辐射场介导的. 然而其性质本质上不同于自由空间偶极-偶极相互作用. 在空腔中,相互作用强度不会因原子间的距离而衰减,而只取决于原子与腔场的局部耦合. 基本上,相互作用不是二元的:原子系综共同作用于辐射场的状态,然后辐射场的作用回到各个原子上. 这种情况通常被称为全局耦合. 相互作用的范围由空腔模式的大小给出,其可以是宏观的. 在没有实现单原子强耦合的情况下,集体能量交换仍然可以通过相干相互作用来支配.

在讨论了由各种几何形状的空腔场介导的长程原子-原子相互作用的性质之后,我们先考虑多腔体对腔体冷却方案的影响. 然后我们讨论由冷原子在线性和环形腔内实现的最引人注意的集体效应. 我们也将通过本节末尾的各种平均理论来讨论不稳定阈值和缩放规律.

### 5.3.1　集体耦合到腔模式

通过方程(5.3.1)的多体泛化来描述 $N$ 个两级原子的集合与单个驻波腔模式之间的谐振相干耦合:

$$\frac{H}{\hbar}=-\Delta_{\mathrm{C}}a^{+}a-\sum_{j}\Delta_{\mathrm{A}}(r_{j})\sigma_{j}^{+}\sigma_{j}+\sum_{j}\mathrm{i}gf(r_{j})(\sigma_{j}^{+}a-a^{+}\sigma_{j}),\tag{5.3.1}$$

其中 $j=1,\cdots,N$ 标记原子. 并且为了简单,模函数 $f(r)$ 是实的. 原子集合可以由具有有效耦合强度的单一集体偶极子表示:(1)只有原子运动可以被平均化,(2)只有腔模式是激光驱动的,和(3)原子处于低饱和度条件. 在这种情况下,原子共同耦合到空腔模式,有效强度为 $g_{\mathrm{eff}}=g\sqrt{\sum_j f^2(r_j)}$ (求和指数从 1 到 $N$). 相应地,对于多原子系统,在单原子协同性 $C=g^2/(2\kappa\gamma)$ 方面出现 $N$ 重增强,其测量光散射到腔模式与周围真空模式的比率[82]. 例如,由原子穿过空腔的热束引起的空腔透射光谱中的单原子正态分裂的强烈变形可以通过这种集体模式图解来解释[83]. 采用光学输送带,数目可调节($N$ 处于 1～100)的冷原子已经被输送到微腔,并由吸收光学双稳态在实时传输光谱证实其已实现大的非线性[84].

然而,总的来说,人们必须考虑由大量内部和运动自由度组成的多体系统. 在下面,我们在相同模式中以最简单的非平凡的两个原子情况展示这一点.

5.3.1.1　腔介导的原子-原子相互作用

我们现在讨论两种不同泵几何形状中空腔介导的原子相互作用的特征,即通过激光驱动原子上的光散射直接或间接地泵浦空腔场.

5.3.1.1.1　腔泵

考虑在激光驱动光腔的场中移动的 $N$ 个原子. 驱动激光器和色散移位腔谐振之间的失谐取决于所有原子的位置,这反过来又经历了腔内场的光偶极子的作用. 对于小的原子速度和低的饱和极限,可以推导出绝对的电势为

$$V(r_1,\cdots,r_N)=\frac{\hbar\Delta_{\mathrm{A}}|\eta|^2}{\Delta_{\mathrm{A}}\kappa+\Delta_{\mathrm{C}}\gamma}\arctan\frac{\gamma\kappa-\Delta_{\mathrm{A}}\Delta_{\mathrm{C}}+g_{\mathrm{eff}}^2}{\Delta_{\mathrm{A}}\kappa+\Delta_{\mathrm{C}}\gamma}.\tag{5.3.2}$$

这类似于用于描述平均电子势中分子中核运动的 Born-Oppenheimer 近似. 电势 $V$ 仅通过集合耦合强度 $g_{\mathrm{eff}}$ 取决于原子位置,因此对于任意数量的原子都是有效的. 这并不奇怪,因为可通过冻结原子运动来计算绝热力. 这由 Muünstermann 等人实验观察到[86],由此产生的空腔介导的长程原子-原子相互作用引起正态分裂的不对称变形.

在有着具有位置 $x_1$ 和 $x_2$ 的两个原子的情况下,沿着腔轴线的相互作用势横向 $V(x_1,x_2)$ 在图 5.3.1 中示出了两个不同的参数设置. 图 5.3.1(a)对应于 Garching 小组使用的实验参数[86]. 虽然单原子光偏移与空腔线宽 $|U_0|\approx\kappa$ 相当,但原子之间的有效相互作用相对较弱,势类似于人们熟悉的与 $\sin^2(kx_1)+\sin^2(kx_2)$ 成比例的"蛋盒"表面. 对于"人为"的原子场耦合"$g=20\gamma$",如图 5.3.1(b)所示,原子-相互作用强烈地影响第二个原子所感受到的势,这取决于第一个原子的位置,反之亦然. 对于该参数设置,单原子光偏移足够大,$U_0\gg\kappa$,因此从腔体波腹中去除一个原子使得另一个原子经历的电势消失. 请注意,对于上图的较小耦合,陷阱较深. 有趣的是,如 Asbóth,Domokos 和 Ritsch 所示,由于附加的非保守力,两个原子的运动甚至与图 5.3.1(a)中的参数设置也相关(参见第 5.3.1.2 小节)[87].

5.3.1.1.2　原子泵送

如果原子从垂直于腔轴的方向被激光驱动，情况就会急剧变化. 然后，通过激光光子的 Rayleigh 散射进入空腔模式可产生腔内光子. 由于光干涉，散射的腔内场表现出对原子间距离的敏感依赖性. 对于由半波长的奇整数倍分开的两个原子，相应的散射振幅进入模式具有大小相同但符号相反的幅度，导致相消干涉和消失的腔场振幅. 另一方面，对于由半波长的偶数倍分离的原子，从两个原子散射的场分量构造性地进行干涉，与单个散射体产生的场强相比，场强提高了 4 倍，被称为超辐射[87].

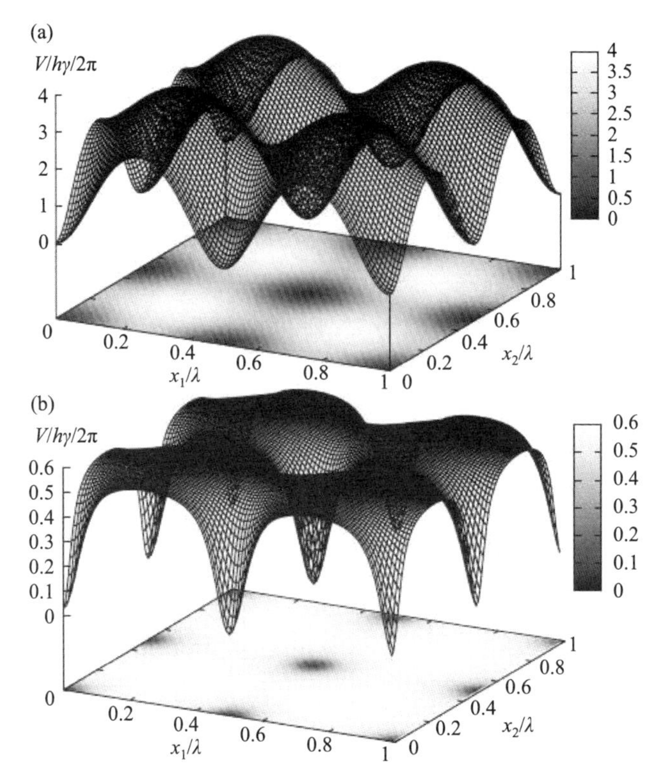


图 5.3.1　作为原子位置 $x_1$ 和 $x_2$ 的绝热腔势函数 $V$. 泵浦激光器的腔体被不谐振地激发，并且失谐 $\Delta_C=-\kappa+U_0$. 原子共振的失谐设定为 $\Delta_A=-50\gamma$，以确保自发光子散射的抑制. 在(a)中已使用典型的实验腔参数($\kappa=\gamma/2$). 而在(b)中，$g$ 被增加了四倍. 在第一种情况下，两个单粒子电位的和可以很好地接近电位. 在第二种情况下，两个原子都被捕获或游离. 图片摘自参考文献[85][86]

在直接泵浦原子的情况下，由于光散射而作用在各个原子上的空腔轴的力不能被表示为与方程(5.3.2)不同的集合电势的梯度. 可以通过检查 $\Delta_i F_j \neq \Delta_j F_i$ 来确认，其中 $\Delta_i$ 是相对于坐标 $r_i$ 的梯度，$F_j$ 是作用于原子 $j$ 的力. 如果有一个势 $V$

使得 $F_j=-\Delta_j V$,双边应该是相等的,因为它们是势的二阶导数,并且根据杨氏定理,求导的顺序是无关的. 事实上,力不能从势中得出并不令人惊讶,因为我们正在处理与环境持续能量交换的开放系统和泵浦激光器形式的无限能量资源. 实际上,空腔驱动几何势方程(5.3.2)的存在就是例外.

在 $U_0,\Gamma_0\to 0$ 的极限左右,更准确地说,在 $N^2U_0\ll(\kappa|\Delta_C|)$ 的极限左右,原子的运动受集体势的约束:

$$V(r_1,\cdots,r_N)=\hbar\frac{\eta_{\text{eff}}^2\Delta_C}{\Delta_C^2+\kappa^2}\left(\sum_{j=1}^{N}\cos(kx_j)\cos(kz_j)\right)^2,\tag{5.3.3}$$

其中余弦模式函数被假设为空腔和泵浦激光场的函数. 干涉效应是显而易见的:当扫描原子-原子在波长上的距离时,不管原子-腔耦合常数 $g$ 如何,空腔场强中的干涉的对比度是一致的. 腔泵浦不是这种情况,其中,在小耦合常数 $g$ 的限度内,原子只会引起腔体强度的小调制. 因此,即使在弱耦合状态下,原子抽运几何也可以观察显著的多体效应. 散射到空腔中的超光散射是各种集体动力效应的基础,在理论上对此已经有了深入的研究. 虽然我们在这个过程中主要忽略原子饱和效应,但是当考虑到小而有限的原子饱和度时,重要的是揭示在集体散射中干扰效应的改变. 由于饱和度也取决于粒子的相对距离,所以会发生新的非线性行为. 例如,如图 5.3.2 所示,用于分离原子之间的半波长的相消干涉不再完美,光子散射产生具有零幅度但具有有限光子数的非经典腔场[88][89].

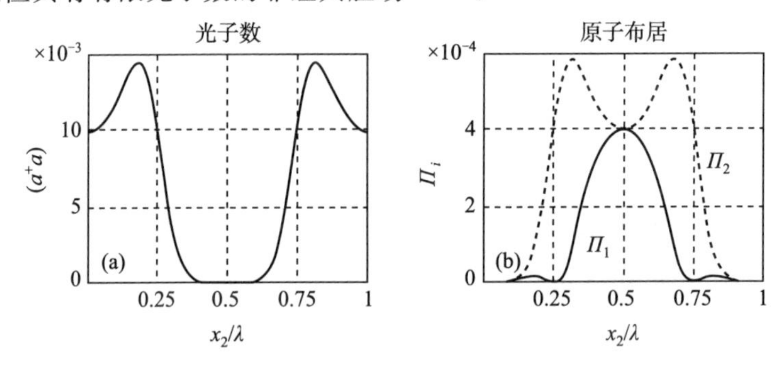


图 5.3.2 两原子集体散射到腔模式,包括内部原子激发. (a)耦合强度为 $g\cos(kx)$ 的泵腔中共振为 $\Delta_C=0$ 时散射到腔模式的光子的平均数. 原子分别位于 $x_1=0$ 和 $x_2$. (b)两个原子的激发状态布居 $\Pi_1$ 和 $\Pi_2$(虚线和实线). 图片摘自参考文献 [89]

### 5.3.1.2 集体冷却,标度律

如第 5.2.2.1 小节所述,单个原子上的空腔冷却力源自原子运动和腔场的延迟动力学之间的微妙相关性. 在许多原子系统中,空腔介导的原子之间的串扰具有对原子速度敏感的分量,即以速度 $v_1$ 移动的原子 1 在原子 2 上引起线性摩擦力,这可能产生速度空间的相关性. 我们想搞清楚在存在其他移动原子时,这些相关性

会发生什么. 为了回答这个问题,可以直接推广第 5.2.1.3 小节中提出的许多原子的半经典模型. 然而,一般来说,这将导致难以分析处理的问题. 许多原子系统的动力学不能降低到有效模式的动力学,如对于静止原子的绝热势方程(5.3.2)的情况. 这两个原子的情况由 Asbóth,Domokos 和 Ritsch 详细讨论,他们发现,使用图 5.3.1 的参数方案,对于图 5.3.1(a),由于依赖速度的腔力,在两个原子运动中强关联聚集[87]. 通过在弱驱动单模场的极限中 $N=1,\cdots,100$ 的数值模拟,研究了腔体冷却效率与粒子数目的比例,其中光学偶极子电势对原子沿空腔轴线自由运动的影响可忽略不计[91]. 如果参数 $U_0$ 被选择得足够小,使得总体光偏移仍然低于空腔线宽 $NU_0<\kappa$,则动能耗散的速率与原子数无关. 这表明,尽管都被耦合到相同的腔模式,云中的各个原子也是彼此独立地冷却的. 这仅限于冷却时间长的冷耦合的弱耦合极限. 当相对于线宽 $\kappa$ 的共模耦合到空腔模式是显著的时,通过在改变原子数 $N$ 的同时保持 $NU_0$ 和 $\eta/\sqrt{N}$ 恒定来研究冷却与原子数的缩放行为. 前者确保由原子引起的相同的最大聚集光偏移,后者相当于几乎恒定的光势深度(与 $U_0\eta^2/\kappa^2$ 成比例). 随着参数的重新调整,单个原子对腔场的影响随着原子数的增加而减小. 最终人们发现温度不变,但冷却时间随原子数 $N$ 线性增加. 只要驱动 $\eta$ 足够弱以产生浅的光电势深度,原子就能几乎自由地移动,沿着空腔轴的所有运动自由度被冷却.

在严格限制的原子极限中,理论计算和实验证实了仅通过腔引起的摩擦力阻尼质心运动[92]~[94]. Elsasser,Nagorny 和 Hemmerich 提出了一种有效的边界冷却方案,用于限制由环形腔的两个反向"蔓延"模式产生的光晶格电势的粒子. 该方案依赖于提供简并性的集体原子场耦合,并产生通过光的后向散射相位锁定的两个驻波模式. 低位模式以调节的强度维持光晶格,使得上部模式变得与振动反 Stock-Raman 转变共振. 边带冷却允许原子达到振动基态. 在横向泵结构中,通过实验证明了对质心运动的集体增强作用,和作为自组织进入 Bragg 散射晶格的伴随效应(见第 5.3.2.1 小节). 人们已经观察到 $-10^3\ \mathrm{m/s^2}$ 的最高减速度(见图 5.3.3),并且已经证明了对于 $\Delta_A/2\pi=-6$ GHz 的光原子失真的阻尼效应.

对于较小的失真 $\Delta_A/2\pi=-160$ MHz,在另一组实验中观察到类似的大速度依赖摩擦力(最大减速 $-1500\ \mathrm{m/s^2}$,温度低至 7 $\mu$K). 无论是单个原子还是空腔场之间的相互作用,都不能解释大的摩擦和低温. 在这种失谐条件中,涉及的理论上的描述更多,因为必须考虑整个超精细歧管,并且相互作用可导致不同磁性亚层之间的 Raman 激光.

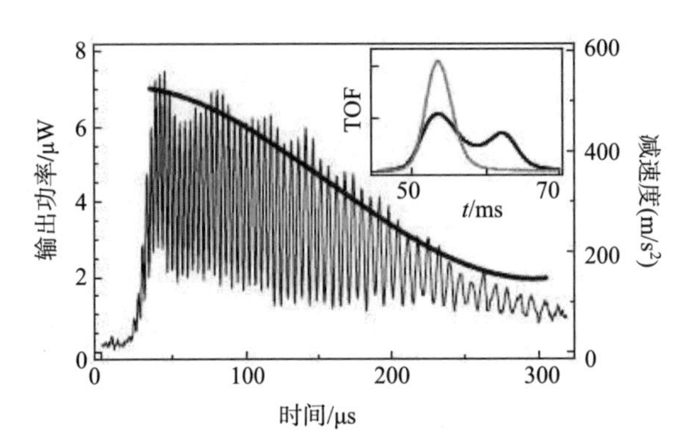


图 5.3.3 观察集体摩擦力对质心运动的影响. 在用横向激光束照射自由下落的原子云(初始速度 15 cm/s)时,表示出了空腔输出功率(细线,左轴). 初始增加表示自我排列成 Bragg 散射格子(见第 5.3.2.1 小节). 通过 300 μs 记录的拍频信号记录质心运动的减速度. 调制源于与周期 $\lambda/2$ 的原子-腔耦合的空间变化,由此,原子不能散射在腔内驻波的一个节点处. 变化的调制频率表示原子减速度(粗线,右轴). 插图显示了自由膨胀后的原子云的密度分布,而没有暴露于 400 μs 的泵浦光束. 根据测得的减速度,大约 1/3 的原子被显著地延迟. 这里泵 $I/I_s=420$($I_s=1.1\ \mathrm{mW/cm^2}$ 是 Cs 的饱和密度的 $D$ 线),$\Delta_A/2\pi=-1.58$ GHz, $\Delta_C/2\pi=-10$ MHz,原子数 $N=2.6\times10^7$. 图片摘自参考文献[93]

### 5.3.1.3 反作用,非线性动力学

一般来说,光对原子运动的机械效应和腔内的光散射之间的相互作用与空间原子密度分布之间的相互作用可导致高度非线性的动力学. 组织在晶格结构中的大的原子集合,例如,共同的 Bragg 散射,更有效地将模式之间的光重新分布到来自各个原子的 Rayleigh 散射之外. 原子数量级的增强因子可以引起光散射对空间分布的小变化的显著敏感性. 举例来说,发现环腔的反向传播模式(表示为+和-)之间的反向散射强烈依赖光栅捕获位置周围的原子分布聚束参数. 在汉堡大学小组进行的实验中,其中一种模式的振幅 $\alpha_+$ 通过反馈回路 $\dot{\alpha}_+=0$ 主动稳定[95],因此另一种模式符合非线性运动方程:

$$\dot{\alpha}_-=\mathrm{i}NU_0B\frac{\alpha_-^2}{\alpha_+}-\kappa\alpha_--\mathrm{i}NU_0\alpha_+B^*+\eta_-. \tag{5.3.4}$$

这里,$\eta_-$ 表示此模式的驱动幅度,$B=\langle \mathrm{e}^{-2ikz}\rangle$ 表示聚束参数(见第 5.3.2.2 小节). 对于热云,原子聚束大致遵循 $B\propto\alpha_-^*/|\alpha_-|\exp(-\mathrm{const}/\sqrt{|\alpha_-|})$. 所得到的非线性动力学是通过在原子-场耦合色散条件下的新型光学双稳态来举例说明的,其在依赖于内部原子-场耦合的非线性的光学双稳态效应的范围之外[96]. 随后的实验也揭示了光通过正常模式分裂在色散条件下的原子分布的机械效应[97].

### 5.3.2　非平衡阶段过渡和集体不稳定

高精度谐振器中热原子的非线性集合动力学可能会导致非平衡相变和集体不稳定性. 在下文中,我们提出了在热力学极限和微观模型中对理论研究的两个实验证明的实例.

5.3.2.1　空间自组织成 Bragg 晶体

与高精度 Fabry-Perot 腔的单一模式相互作用的冷原子的热云在调谐远离失真的激光束(波长为 $\lambda$)的功率 $P$ 时发生相位转变,其垂直于腔轴. 低于阈值功率 $P_{cr}$,热波动稳定原子云的均匀密度分布,以及从原子散射到空腔中的光破坏性地干扰使得平均腔场振幅为零. 在阈值以上,$P>P_{cr}$,原子自组织成 $\lambda$-周期晶格顺序,其由泵浦场和宏观腔场之间的干涉束缚,Bragg 散射到空腔模式. 这种自组织效应可以用类似于方程(5.2.13)的半经典模型来描述,通用于许多原子. 引入一组变量 $p_j$ 和 $r_j$,用 $j=1,\cdots,N$ 标记原子情形. 为简单起见,原子运动被认为是由空腔轴和泵浦激光方向跨越的两个维度,分别具有坐标 $x$ 和 $z$. 相干腔场振幅 $\alpha$ 的运动方程由下式给出:

$$\dot{\alpha}=\mathrm{i}\left[\Delta_{\mathrm{C}}-U_0\sum_j\cos^2(kx_j)\right]\alpha-\left[\kappa+\Gamma_0\sum_j\cos^2(kx_j)\right]\alpha \\ -\mathrm{i}\eta_{\mathrm{eff}}\sum_j\cos(kx_j)\cos(kz_j)+\xi_\alpha, \tag{5.3.5}$$

其中腔模式的有效泵浦强度由 $\eta_{\mathrm{eff}}=\Omega_{\mathrm{g}}\Delta_{\mathrm{A}}/(\Delta_{\mathrm{A}}^2+\gamma^2)$ 表示[参考方程(5.2.10)]. 由于干涉项 $\sum_j\cos(kx_j)\cos(kz_j)$ 光散射到空腔中,同质原子密度分布为零. 即使所有的原子都是最大耦合的,但由于求和符号是交替的,它仍可能很小. 沿空腔和泵送方向施加在各个原子上的光压力由下式给出:

$$\dot{p}_{xj}=-\hbar U_0|\alpha|^2\frac{\partial}{\partial x_j}\cos^2(kx_j)-\hbar\eta_{\mathrm{eff}}(\alpha+\alpha^*) \\ \times\frac{\partial}{\partial x_j}\cos(kz_j)\cos(kx_j)+\xi_{xj}, \tag{5.3.6a}$$

$$\dot{p}_{zj}=-\hbar U_0(\Omega/g)^2\frac{\partial}{\partial z_j}\cos^2(kz_j)-\hbar\eta_{\mathrm{eff}}(\alpha+\alpha^*) \\ \times\frac{\partial}{\partial z_j}\cos(kx_j)\cos(kz_j)+\xi_{zj}. \tag{5.3.6b}$$

这些方程包括 Langevin 随机项 $\xi_\alpha,\xi_{xj}$ 和 $\xi_{zj}$,由非完整的二阶关联定义:

$$\langle\xi_\alpha{}^*\xi_\alpha\rangle=\kappa+\sum_{i=1}^N\Gamma_0\cos^2(kx_j), \tag{5.3.7a}$$

$$\langle\xi_n\xi_\alpha\rangle=\mathrm{i}\hbar\Gamma_0\partial_n\varepsilon(r_j)\cos(kx_j), \tag{5.3.7b}$$

$$\langle\xi_n\xi_m\rangle=2\hbar^2k^2\Gamma_0|\varepsilon(r_j)|^2u_n^{-2}\delta_{nm}+\hbar^2\Gamma_0[\partial_n\varepsilon^*(r_j)\partial_m\varepsilon(r_j)$$

$$+\partial_n\varepsilon(r_j)\partial_m\varepsilon^*(r_j)],\tag{5.3.7c}$$

其中 $n,m$ 可取 $x_j$ 和 $z_j$，与不同原子相关的噪声项不相关. 复数无量纲电场由 $\varepsilon(r)=\cos(kx)\alpha+\cos(kz)\Omega/g$ 给出.

在图 5.3.4 中，示出了在照明的前 50 μs 期间 40 个原子的轨迹的数值模拟结果.

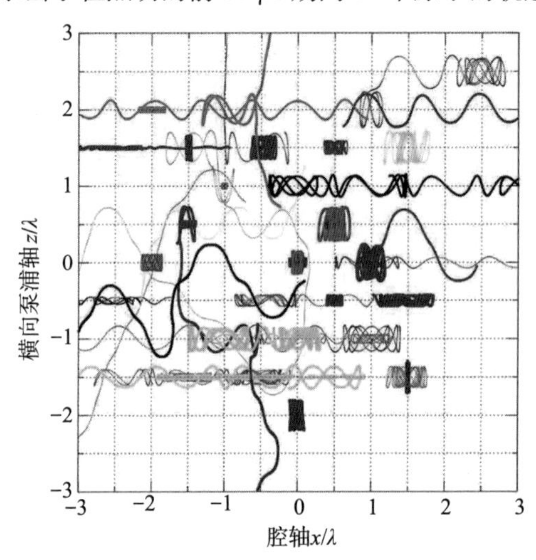


图 5.3.4 激光驱动原子在空腔中的自组织. 在横向照明的前 50 μs 期间的数值模拟二维轨迹. 俘获原子的格子模式出现，其中，所述占用俘获位置由 $\lambda/2$ 的偶数倍分离. 网格线表示与驻波腔或泵浦场的最大耦合点. 存在可能的互补配置，其中原子占据另一组交点. 参数：$\gamma=20$ μs，$(g,\kappa)=(2.5,0.5)\gamma$，原子失谐 $\Delta_A=-500\gamma$，腔失谐 $\Delta_C=-\kappa+NU_0$，泵强度 $\Omega=50\gamma$. 图片摘自参考文献[19]

初始配置由具有来自热分布的均匀分布和速度的随机位置的热原子组合给出. 腔模式最初处于真空状态($\alpha=0$). 通过正确的参数选择，观察到在原子的空间密度分布中出现周期性模式，伴随着相干腔场场振幅的积累(见图 5.3.5). 在新兴的配置中，人们假设红失谐泵浦激光器被捕获的原子围绕干涉泵浦腔的强度最大值振荡. 在沿腔和泵的方向，它们被光波长的偶数倍分开. 由于只有底层晶体格子的黑色或白色区域被占用，建设性的干扰导致泵浦光子到空腔中的有效 Bragg 散射. 如后面更详细地示出的，自组织过程依赖于泵浦激光器和分散移位腔谐振 $\Delta_C$ 之间的失谐 $\delta_C=\Delta_C-NU_0/2$ 的正确选择. 对于 $\delta_C<0$ 情况，方程(5.3.5)中的势函数项 $\cos(kx_j)\cos(kz_j)$ 将原子吸引到“多数”地点，并将其从“少数”地点排除，从而提供正向的反馈，由密度波动引起，然后在逃逸过程中形成两个可能的 Bragg 晶格中的一个. 对于 $\delta_C>0$ 的情况，散射腔场在大多数(少数)地点的位置产生潜在的最大值(最小值)，抵消了密度波动的放大且防止动力学不稳定性. 此外，在这种情况下，延迟的空腔响应导致原子运动的空腔加热，其掩盖了由于缺乏其他耗散过程而导致的平衡状况.

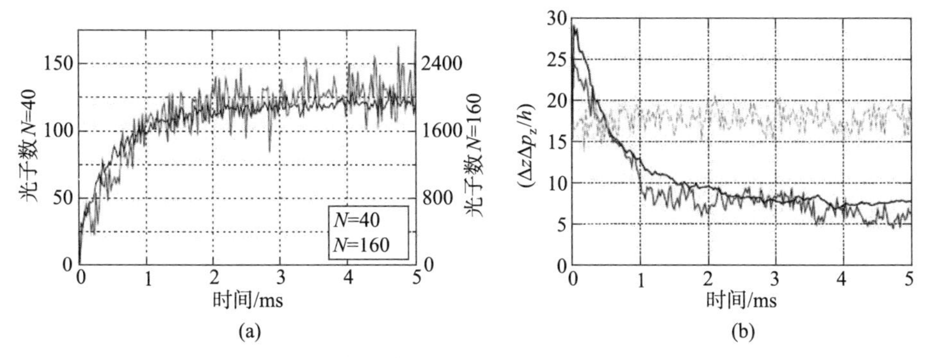


图 5.3.5　在自组织阶段的腔体冷却. 对于 $N=40$ 和 $N=160$ 的原子,长时间尺度上的(a)空穴中的光子数和(b)原子的相空间密度的时间演变. 在(b)中,围绕恒定值波动的虚线曲线对应于低于自组织阈值驱动的均匀分布的 $N=40$ 个原子. 图中参数均与图 5.3.4 相同. 图片摘自参考文献[19]

对于 $\Delta_C - NU_0 < 0$,相干腔场的初始快速积累在更长的时间尺度上继续. 振荡和未捕获的原子的动能由于腔体冷却机制而消散,这导致捕获的原子数量的增加和势阱中更强的定位. 这进一步改善了到腔中的相干散射,如图 5.3.5 中的腔场强度的缓慢增加所示. 对 40 和 160 个原子的自组织过程的腔内光子数的时间演化的比较证明了超辐射效应,即场强度协调地作为粒子数的平方. 图 5.3.5(b)显示,通过原子的相空间密度的降低描述的冷却速率在 $N=40$ 和 $N=160$ 时也是相似的,并且自组织导致了相空间密度比阈值下的均匀分布更小.

MIT 的小组在几乎共焦的 Fabry-Perot 腔中在 6 μK 温度下制备的 $N\approx 10^7$ 个 Cs 原子的实验中观察到激光冷却的原子的自组织. 在横向泵浦光束的阈值强度之上,以超过自由空间单原子 Rayleigh 散射速率达 $10^3$ 的速率观察到到空腔的光的集体发射. 该实验通过测量相对于横向泵浦场的发射腔场的相位中的 π 跳跃来证明自发对称破缺的过程,对应于自组织成棋盘图案的黑色或白色晶格点(见图 5.3.6). 腔场与原子运动之间的延迟导致了质心自由度的集体摩擦力. 原子腔失真达到了 $\Delta_A = -2\pi\times 1.58$ fHz,达到了 1000 m/s$^2$ 的减速度.

对于有限原子数 $N$ 和有限测量时间,有趣的滞后效应伴随自组织(如图 5.3.7 所示). 热力学极限 $N\to\infty$ 通过模拟方程(5.3.5)与原子密度 $N/V\propto Ng^2$ 接近,腔体损耗率保持不变. 人们将模拟时间 4 ms 后的缺陷原子的百分比作为泵浦激光强度. 然而,转换点取决于 $N$,以及初始位置是否均匀分布("向上")或者在最大耦合("向下")的"奇数"点的函数是否清楚地显示了转变. 磁滞的宽度随原子数增加,但随着测量时间的延长而减小. 可以考虑通过有限原子数 $N$ 产生的统计波动来解释此行为. 假设当偶数和奇数点之间的波动能量差瞬间超过平均动能时,触发了均匀分布(上升曲线)的自组织,则按照泵强度阈值的缩放量 $Ng^4$ 数字结果来绘制.当系统从有序相开始时,用于降低泵浦功率(下降曲线)的晶格图案的消失发生在平均场阈值的一半,与原子数 $N$ 无关.

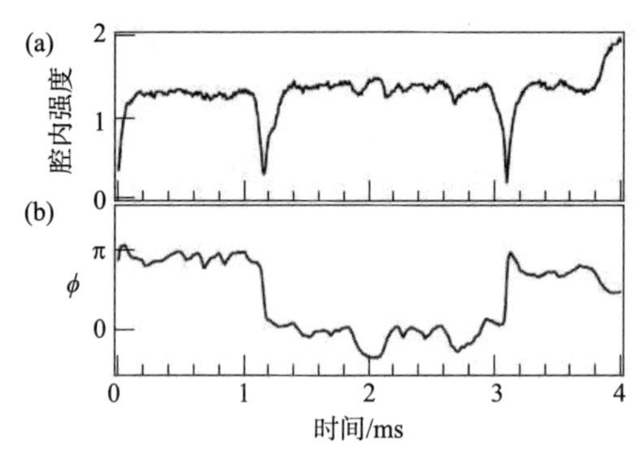


图 5.3.6 观察自组织相变中的自发对称破缺.(a)腔内强度(以任意单位计)和(b)相对泵腔相位的同时时间曲线.强度下降对应于磁光阱(MOT)的光束被切换的时间间隔,迫使原子密度分布随机化.在关闭 MOT 光束之后,原子自动组织成两个可能的格子之一,如相对相位信号所示.实验参数:$N=8.2\times10^6$,$\Delta_A=-2\pi\times1.59$ GHz,$\Delta_C=-2\pi\times20$ MHz,$I/I_{sat}=440$.图片摘自参考文献[42]

激光驱动原子的自组织也发生在支持两个运行波模式的横向驱动的环形谐振器几何中.与线性单模空腔情况相反,这里从均匀到有组织的密度分布过渡涉及自发破缺连续(而不是离散)平移对称.

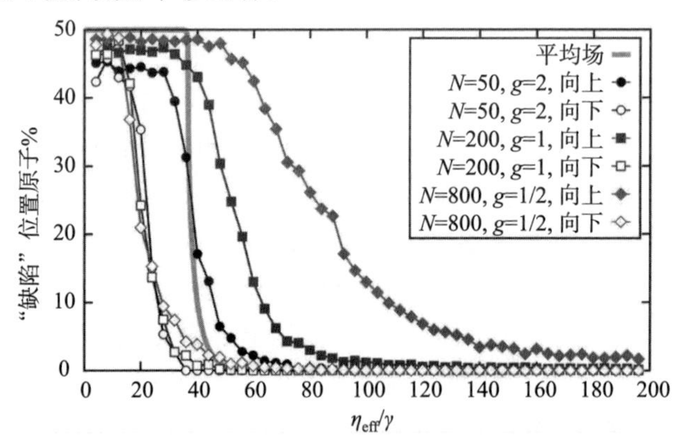


图 5.3.7 有限测量时间的滞后效应.在具有均匀("向上")或有组织("向下")原子气体的陷阱装载后 4 ms,"缺陷"位置中的原子与泵送强度的比值.不同曲线显示了对待热力学极限的方法.实验参数:$\kappa=\gamma/2$,$\Delta_A=-500\gamma$,$Ng^2=200\gamma$,$\Delta_C=-\kappa-Ng^2/|\Delta_A|$,$k_BT=\hbar\kappa$.图片摘自参考文献[5]

#### 5.3.2.2 集体原子反冲激光(CARL)

最初,由 Bonifacio 等人预测,集体原子反冲激光(CARL)是环腔中突出的多体不稳定效应[99]. 冷原子的一个组合耦合到单向泵送的高精度环腔有两个反向传播模式. 在这些空腔模式之间的原子组合的光散射,导致对应于反向传播场模振幅的指数增益的结合在自组织光栅波腹处的原子聚束的集体不稳定性. 在存在原子动能耗散的情况下,可以通过自定原子漂移速度和反射光频率来实现 CARL 的稳态运行.

CARL 方案涉及原子运动对光的 Rayleigh 散射的影响以及光对原子运动的机械效应之间的相互作用. 以前的作用已被观察到,例如,作为与一维 lin⊥lin 光学黏团形成小角度的探针光束的透射光谱中所谓的反冲诱导共振(RIR)[100],以及形成的光学偶极阱通过环形腔的反向传播模式[101]. 围绕泵浦场频率的这种狭窄的、色散的共振,源于原子的不同动量状态之间的双光子 Raman 跃迁. 不同分布的相应动量状态导致探针光束的增益或衰减. 对于热速度分布,调谐器略低于泵浦频率的探针频率产生增益,而对于负失谐,探针衰减. 探针透射光谱测量提供有关温度的信息,甚至更多关于速度分布的信息[102].

人们已经预测,基于 RIR 增益效应,在与强泵浦场相反的方向上注入的弱探针场将由于一部分原子自我聚束成反射强泵的格子而比单原子更有效地通过 Bragg 散射指数放大光束. 然而,需要足够长的相互作用时间使光散射对速度分布的反作用具有显著效果[103]. 这可以通过,例如,将光模式限定在空腔中来实现. 已经观察到由单向环腔的反向传播模式之间的集体原子反冲介导的激光(如图 5.3.8 所示). 可以通过检测借助动量转移过程加速的原子的位移来证明原子运动的反作用. 自相一致的解决方案是:与由泵形成的驻波相关联的原子的加速 Bragg 晶格,并且相对于泵具有 Doppler 偏移频率 $\Delta\omega=2kv$ 的反向反射分量. 反向传播模式的相位动力学可以作为输出耦合的光束之间的拍频信号来进行监视,这显示了越来越多的作为时间的函数的加速度的红失谐探针.

可以通过在原子运动上引入一些外部摩擦力来抵消失控过程. 耗散产生一个稳态解决方案,其涉及整个原子云以速度 $v$ 的恒定漂移. 因此,我们将诸如 $z_j=\tilde{z}_j+vt$ 的原子位置变量和与抽运场模式传播的相反运行波场模式的相干场幅度转换为 $\alpha_-=\tilde{\alpha}_-\mathrm{e}^{2ikvt}$. 漂移速度 $v$ 以一致的方式确定. 描述原子运动的半经典方程由下式给出:

$$\dot{p}_j=\frac{\beta}{m}p_j+\hbar U_0 2ik\left(\alpha_+^*\tilde{\alpha}_-\mathrm{e}^{-2ik\tilde{z}_j}-\tilde{\alpha}_-^*\alpha_+\mathrm{e}^{2ik\tilde{z}_j}\right), \tag{5.3.8a}$$

其中 $\beta$ 表示例如由与缓冲气体的碰撞或光学黏团中的激光冷却产生的线性摩擦. 腔场振幅演变为

$$\dot{\alpha}_{=}=(\mathrm{i}\delta_{\mathrm{C}}-\kappa)\alpha_+-\mathrm{i}NU_0B\tilde{\alpha}_-+\eta, \tag{5.3.8b}$$

$$\dot{\tilde{\alpha}}_-=[\mathrm{i}(\delta_{\mathrm{C}}-2kv)-\kappa]\tilde{\alpha}_--\mathrm{i}NU_0B^*\alpha_+, \tag{5.3.8c}$$

其中 $\delta_C=\Delta_C-NU_0$ 是来自原子移位腔谐振的泵浦频率的有效失谐. 原子位置通过以下聚束参数进入：

$$B=\frac{1}{N}\sum_{j=1}^{N}\mathrm{e}^{-2ikz_j}\equiv b\mathrm{e}^{-i\varphi}\ . \tag{5.3.8d}$$

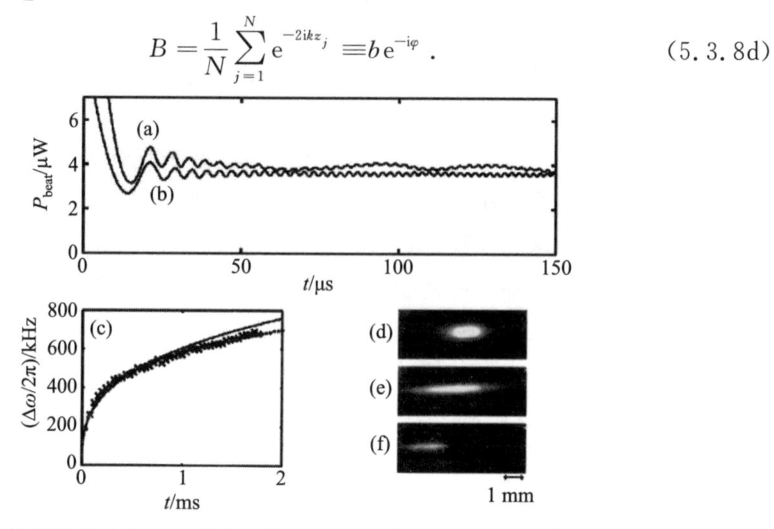


图 5.3.8 集体原子反冲介导的激光观测. (a)在环腔的 $\alpha_+$ 和 $\alpha_-$ 腔模式之间观察到的拍频信号的记录时间演变. 最初，两种模式被泵送以形成 $N=10^6$ 个原子的光晶格. 初始下降是由于在 $t=0$ 关闭 $\alpha_-$ 泵之后，未启动模式的衰减. 超过约 10 μs 的停机时间，持续的振荡表明泵送模式的相干反向散射. (b)温度调节为 200 μK 的数值模拟. (c)"叉号"跟踪断开后拍频的演变(点线来自数值模拟). 拍频的增加对应于后向反射原子的 Bragg 晶格的加速度，其持续到从腔共振的 Doppler 频移为止. 在(d)0 ms 和(e)记录的 $6\times10^6$ 原子云的吸收图像在关闭探针光束泵浦之后记录 6 ms. 所有图像都是在 1 ms 的自由扩展时间之后拍摄的. (f)是通过从(e)减去从关闭后 6 ms 的低吸收图像而获得的图像，其中预期不会产生集体反冲的低腔精度. 腔内功率已经被调整到与高精度情况下相同的值. 图片摘自参考文献[31]

可以形成闭合的方程组，其中原子云由三个实参 $v$，$b$ 和 $\varphi$ 表征. 这些方程的平凡解决方案对应于原子在空间中均匀分布($b=0$，$v=0$)且反向传播场模振幅消失的情况($\alpha_-=0$). 可以从耦合代数方程数值地获得一个非平凡的稳态解. 该解决方案可以通过假设完美聚束 $b=1$ 和 $\varphi=0$ 来分析近似. 然后，唯一剩余的自由参数由遵循代数方程的稳态漂移速度 $v$ 给出：

$$2kv=8\frac{m\omega_R}{\beta}NU_0^2\frac{\kappa|\eta|^2}{|D|^2}, \tag{5.3.9}$$

其中，$D=(i\delta_C-\kappa)[i(\delta_C-2kv)-\kappa]+N^2U_0^2b^2$. 为了深入了解解决方案，可以进行以下简化：(1)忽略 $D$ 中来源于 $\alpha_-$ 模式返回到泵 $\alpha_+$ 模式的(二次)散射最后的 $U_0^2$ 项；(2)考虑共振 $\delta_C=0$.

那么可以找出两种不同条件的典型解决方案. 在大 Doppler 频移 $kv\gg\kappa$，漂移

速度和反向反射功率刻度的极限中，原子数分别为 $v \propto N^{1/3}$ 和 $|\alpha_-|^2 \propto N^{4/3}$. 这在文献中被称为 CARL 极限. 在小的 Doppler 频移 $kv \ll \kappa$ 的相反极限，速度遵守 $v \propto N$，强度表现出超辐射行为 $|\alpha_-|^2 \propto N^2$，在这种几何形状中对应于 Bragg 逆反射. 光与原子气体的集体相互作用中，这两种超散射不稳定性之间的关系是由 Slama，Bux 等人和 Slama，Krenz 等人的实验建立的[105]. 虽然通常仅在非常低的温度(远低于 1 μK[106])下观察到来自原子云的超散射 Rayleigh 散射，但是环形腔的存在增强了协调性，并允许与多个 10 μK 一样热的散热云存在.

在图宾根大学的小组的实验中，光学黏团已被用于对原子施加运动阻尼力[107]. 在这种黏性 CARL 系统中，根据方程(5.3.8)，存在具有自相一致的漂移速度的稳态操作，其中摩擦补偿源于光子的后向散射引起的加速度. 在图 5.3.9(a)中，泵状态和反向传播状态之间的搏动信号的 Fourier 频谱示于各种泵浦强度. 漂移速度可以从背反射场的 Doppler 频移推导出来，如图 5.3.9(b)所示，相应的速度范围为 7～13 cm/s.

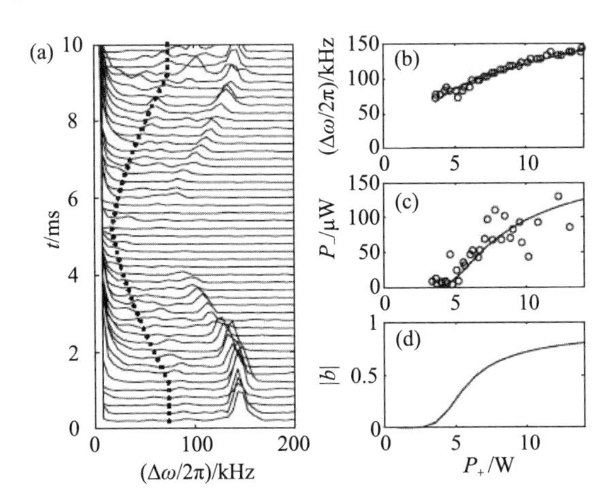


图 5.3.9　集体原子反冲激光的泵浦功率阈值. (a)干涉信号 $P_{beat}$ 的分段 Fourier 变换与泵浦激光功率被降低和提高(点线与泵浦激光功率成比例). 在 $t=0$ 时，系统处于有序 CARL 阶段；通过逐渐降低功率，漂移速度降低(Fourier 频谱中的峰值向下移动)，直到反向反射在阈值泵浦功率下停止. 从大约 $t=5$ ms 起升高泵浦功率，峰值的出现被延迟并且发生在大约相同的泵浦功率阈值. (b)CARL 频率对腔内泵浦功率的依赖性. (c)探针场强对泵浦功率的依赖性. CARL 激光阈值在 $P_+=4$ W 内腔功率附近. 拟合曲线基于第 5.3.3 小节中概述的 Fokker-Planck 理论. (d)计算出的聚束参数. 参数：$\beta=4\kappa$，原子数 $N=10^6$，$\Delta_A=-2\pi\times1.7$ THz，$T=200$ μK. 图片摘自参考文献[106]

拍频和漂移频率随泵功率的变化而变化. 然而，图 5.3.9 的显著特征是明确阈值出现：自聚束和反向散射仅在明确的阈值泵浦功率之上开始. 因此，该测量提供了到同步原子运动状态的相变的实验证据.关键行为的基础是伴随摩擦的扩散:黏团激光束的自发光子散射导致随机加热力,其稳定均匀分布,从而可以防止形成用于弱泵浦功率的 Bragg 晶格[107].超过阈值时,耗散和波动一起导致位置分布,展现出有限的聚束参数.这些效应可在原子位置分布的各种均值场理论的框架内进行讨论(参见第 5.3.3 小节).

我们注意到,在原子跃迁频率与泵浦激光场接近共振的情况下,CARL 系统及其相变也被研究了.然后,原子极化发挥动力作用,转变不需要空间聚束,而是出现相干偏振光栅.

黏性 CARL 转换与通用 Kuramoto 模型类似,描述了具有不同频率的耦合振荡子的自同步[108].为了揭示它们的相似性,可以使用以下假设来转换 CARL 方程:(1)运动过大($\dot{p}_j=0$);(2)泵浦场振幅 $\alpha_+$ 是时间常数($\alpha_+\approx\eta/\kappa$);(3)反向传播模式振幅是稳定的,以频率 $\omega_0$ 振荡,即以由恒定漂移速度确定的频率 $\omega_0$ 有效地振荡,$\dot{\tilde{\alpha}}_-=-\mathrm{i}\omega_0\tilde{\alpha}_-$;(4)$\kappa\ll\omega_0$.通过这些假设并使用符号 $\theta_j=2k\tilde{z}_j$,方程(5.3.7)简化为

$$\dot{\theta}_j=\frac{2k}{m\beta}\xi+Kb\sin(\varphi-\theta_j). \tag{5.3.10}$$

这相当于 Kuramoto 模型.与方程(5.3.8a)中摩擦项 $-\beta p$ 相关联的 Langevin 型随机噪声 $\xi$ 引入了 Kuramoto 型系统中存在的随机频率.耦合强度 $K=2\omega_{\mathrm{R}}NU_0^2|\alpha_+|^2/\omega_0\beta$.平均场特征是明显的:每个振荡子仅耦合到平均场参数 $b$ 和 $\varphi$.相位 $\theta_j$ 被拉向平均场相位 $\varphi$,这增加了序参量 $b$.耦合与 $b$ 成比例,它设置正反馈回路.随着相干性增加 $b$,甚至会有更多的振荡子可以被纳入同步的包(那些在带宽 $Kb$ 内),这将进一步增加 $b$.这种失控过程仅在临界耦合 $K$ 之上开始.

### 5.3.3 大粒子数的相空间和平均场描述

由于耦合的原子场动力学的非线性,耦合到光腔的原子集合的精确分析结果相当稀疏,并且计算需求通常阻碍实际粒子数的模拟[109].在下文中,我们提出了平均场方法,这些方法允许我们预测不稳定阈值,并对热力学极限中的有效动力学进行建模.从假想分布的假设开始,我们可以揭示关键行为,并近似到关键性阈值.我们继续采用可以解释一般位置和速度分布的相空间法.Vlasov 方程允许更准确地估计阈值,并且还能被用于执行稳定性分析和建立相位图.这种分析导致了这样一个有趣的预测:腔介导的相互作用与空腔冷却效应相结合可以作为普遍适用的协同冷却方案的基础.最后,可以构建 Fokker-Planck 方程,以确定非平衡系统在热力学界限中的稳态.这些方法显出与等离子体物理学的相似之处,其中发生粒子和场的同样复杂的耦合动力学[110].

5.3.3.1　临界点

最简单的平均场模型是基于原子运动过压的假设的，而原子位置 $\rho(x,t)$ 的分布函数是热分布.可以通过这种方法计算 CARL 不稳定性和自组织的临界点.

5.3.3.1.1　动力学方程

运动阻尼的特征在于线性摩擦系数 $\beta$(一半的动能阻尼率为 $\beta/m$，原子质量为 $m$)和温度 $T$.然后平均原子密度分布遵循 Smoluchowski 方程：

$$\frac{\partial\rho(x,t)}{\partial t}=-\frac{1}{\beta}\frac{\partial}{\partial x}\left[F(x)\rho(x,t)-k_{\mathrm{B}}T\frac{\partial\rho(x,t)}{\partial x}\right]. \tag{5.3.11}$$

在 CARL 的环形空腔几何中，力 $F(x)$ 可以由方程(5.3.7a)右侧的最后一项给出.它包含通过聚束参数 $B$ 耦合回原子密度分布的场模振幅：

$$\dot{\tilde{\alpha}}=-\kappa\tilde{\alpha}_{-}-\mathrm{i}U_{0}\alpha_{+}B, \tag{5.3.12a}$$

其中

$$B=\int_{0}^{\lambda}\mathrm{d}x\rho(x,t)\mathrm{e}^{(2\mathrm{i}kx)}. \tag{5.3.12b}$$

为简单起见，将质心速度和失谐 $\delta_{\mathrm{C}}$ 设置为零.线性扰动微积分导致均匀解的不稳定阈值.由于空间耦合函数是正弦的，所以在初始动力学中仅涉及几个 Fourier 分量.特别地，为了确定均匀分布的不稳定性，仅需要考虑反向传播腔模式的单模函数 $\mathrm{e}^{-\mathrm{i}kx}$.在所谓的 CARL 极限中(参见 5.3.2.2 小节)，获得腔泵振幅的阈值条件：

$$\eta^{2}\geqslant\left(\frac{k_{\mathrm{B}}T}{\hbar}\right)^{3/2}\sqrt{\frac{m\omega_{\mathrm{R}}}{\beta}}\frac{\kappa^{5/2}}{NU_{0}^{2}}. \tag{5.3.12c}$$

5.3.3.1.2　规范分布

如果 $\kappa$ 是动力学中最大的速率，则可以在平均场方法中进一步进行简化.空腔场动力学绝热消除，然后导致自我保持的光电势 $V(x)$，其中原子的空间密度 $\rho(x)$ 由规范分布确定，

$$\rho(x)=\frac{1}{Z}\exp[-V(x)/k_{\mathrm{B}}T]. \tag{5.3.13}$$

使用配分函数 $Z=\int\exp[-V(x)/k_{\mathrm{B}}T]\mathrm{d}x$ 确保 $\rho(x)$ 的归一化一致.温度可以用在腔体冷却 $k_{\mathrm{B}}T\approx\hbar\kappa$ 中实现的温度来识别，但是通常也可以通过其他方式设置，例如通过在外部光学黏团中的激光进行冷却.非线性通过电势 $V(x)$ 对原子密度 $\rho(x)$ 本身[$V=V(x,\rho(x))$]的依赖性来进入等式.

原则上，当原子运动对辐射场振幅的反作用显著时，作用在空腔中的原子的光学力不是从电势导出的.如 Asbóth 和 Domokos 所指出的，必须使用基于力的动力学方程，如方程(5.3.11)和(5.3.12a).然而，按照平均方法的精神，个体原子对场振幅的影响对于所有其他方面的总和效应来说可以忽略不计.在具有小的单原子

耦合的许多原子的极限中，单个原子的运动通过由多体系综确定的有效电势来很好地描述.

对于驻波腔中的自组织的例子(见 5.3.2.1 小节)，沿着腔轴的光电势给出

$$V(x)=U_2\cos^2(kx)+U_1\cos(kx), \tag{5.3.14}$$

其由来自腔场的 $\lambda/2$ 周期性电势和由空腔和泵浦场之间的干扰引起的 $\lambda$ 周期性的总和组成. 势的深度是

$$U_2=N^2\langle\cos(kx)\rangle^2\hbar I_0U_0, \tag{5.3.15a}$$

$$U_1=2N\langle\cos(kx)\rangle\hbar I_0(\Delta_C-NU_0\langle\cos^2(kx)\rangle), \tag{5.3.15b}$$

其中 $I_0$ 是无量纲单原子散射参数 $I_0\propto\eta^2$. 方程(5.3.13)必须通过迭代以自相一致的方式解决. Asbóth 等人分析确定了阈值：

$$\eta^2_{\text{eff},c}=\frac{k_BT}{\hbar}\frac{\kappa^2+\delta_C^2}{N|\delta_C|}. \tag{5.3.16}$$

5.3.3.2 稳定性分析及相图

在下文中，我们明确地说明了速度分布对动力学和不稳定性阈值的影响. 基于用于相空间分布 $f(x,v,t)$ 的 Vlasov 方程的平均场模型，已经由 Grießer 等人对于无限系统尺寸的微观理论得出. 对于沿着腔轴的一维运动，动力学方程为

$$\frac{\partial f}{\partial t}+v\frac{\partial f}{\partial x}-\partial_x\varphi(x,\alpha)\frac{\partial f}{\partial v}=0, \tag{5.3.17}$$

其中 $\varphi(x,\alpha)$ 是对应于瞬时场振幅 $\alpha$ 的电势. 对于具有模式函数 $\cos(kx)$ 的单模驻波谐振器中的激光驱动冷原子云的一般例子，电势为

$$\varphi(x,\alpha)=\frac{2\hbar}{m}\left(\frac{U_0}{4}|\alpha|^2\cos(2kx)+\eta_{\text{eff}}\text{Re}(\alpha)\cos(kx)\right). \tag{5.3.18}$$

类似于绝热势，方程(5.3.14)，方程(5.3.18)也有一个 $\lambda/2$ 和一个 $\lambda$ 项，后者起源于横向泵浦激光与腔内场之间的干扰. 然而，在这种更一般的方法中，腔场振幅保持动态地遵循自相一致的方程：

$$\begin{aligned}\dot{\alpha}=&(-\kappa+\text{i}\delta_C)\alpha+\eta-\text{i}\alpha\frac{NU_0}{2}\int_{-\infty}^{\infty}\text{d}v\int_0^{\lambda}\cos(2kx)f(x,v,t)\text{d}x\\&-\text{i}N\eta_{\text{eff}}\int_{-\infty}^{\infty}\text{d}v\int_0^{\lambda}\cos(kx)f(x,v,t)\text{d}x,\end{aligned} \tag{5.3.19}$$

其中 $\delta_C=\Delta_C-NU_0/2$. 基于 Vlasov 方程的这种方法非常适合于在短时间内研究平均场动力学，以便测试稳态的稳定性. 在更长的时间尺度上，在第 5.3.3.3 小节中提出的速度分布的 Fokker-Planck 方程的框架中，必须考虑统计波动.

5.3.3.2.1 在驱动的 Fabry-Perot 腔中的冷原子云的非线性响应

对于腔泵浦($\eta_{\text{eff}}=0,\eta\neq0$)，自稳态解决方案表现出强烈的非线性光学响应. 在非线性的基础上，云的粒子分布和有效折射率取决于腔泵浦强度. 在足够的泵浦

强度之上，出现多个固定的解决方案，使人想起光学双稳态. 通过研究场的小波动和粒子分布的动力学，可以对这些解决方案进行系统的稳定性分析. 如图 5.3.10 所示，稳定性分析揭示了双稳态区域以及不存在稳定溶液的参数范围.

在不稳定的参数区域中，动力学 Vlasov 方程的数值解表明了极限循环行为，随后出现的频率高于基本周期[111]. 在量子条件中，基本上相同的行为是通过确定振荡频率 $v \approx 4\omega_R$ 的反冲频率来纠正的[112]（见第 5.4.3 小节）.

5.3.3.2.2　自组织激光驱动的原子云

对于纯横向泵几何形状（$\eta=0, \eta_{\text{eff}} \neq 0$），可以系统地重新计算临界泵振幅 $\eta_{\text{eff,c}}$，标记从稳定状态向不稳定状态的转变，其中小的波动被放大并呈指数增长.

Vlasov 方程(5.3.17)与相干腔场振幅 $\alpha$ 的方程一起具有无限数量的具有空间均匀密度分布和零腔场但具有不同速度分布的静态解，然而，其对波动不一定是稳定的. 的确，$\delta_C<0$ 的任何对称速度分布 $g(v/v_T)=Lv_T f(v)$ 只有在以下情况时才稳定：

$$\frac{N\mid\eta_{\text{eff}}\mid^2}{k_B T} vp\int_{-\infty}^{\infty}\frac{g'(\xi)}{-2\xi}\mathrm{d}x\,\mathrm{i}<\frac{\delta_C^2+\kappa^2}{\hbar\mid\delta_C\mid}, \tag{5.3.20}$$

其中 $vp$ 表示 Cauchy 主值. 这里我们定义热速度 $v_T^2=2k_B T/m$，$L$ 表示腔长度. 对于 Gauss 分布，积分值为 1，条件等效于方程(5.3.16).

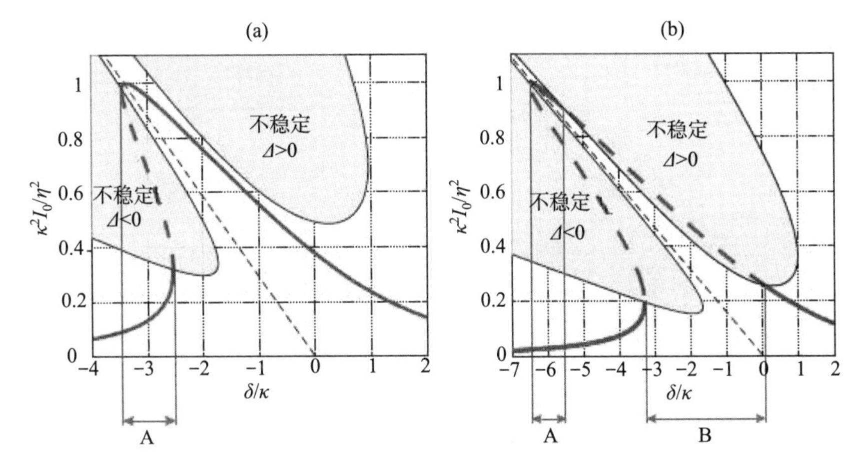


图 5.3.10　用于稳态光子数 $I_0=|\alpha|^2$ 与有效腔失谐 $\delta=\delta_C-NU_0$ 的归一化解决方案用于驱动的驻波腔中的热气体. 驱动强度是(a)$\eta=13\kappa$ 和(b)$\eta=18\kappa$. 位于不稳定区域(阴影区域)内的响应曲线的部分由虚线表示，对应于线性不稳定的稳态，指定为 A 的间隔对应于双稳态，指定为 B 的间隔根本不支持稳定的稳态. 参数：$N=10^5$，$U_0=0.04\kappa$，$\eta=18\kappa$，$\kappa=20000\omega_R$，$k_B T=\hbar\kappa$. 图片摘自参考文献 [113]

图 5.3.11 显示了用扰动 Gauss 分布初始化的方程(5.3.17)～(5.3.19)的数值模拟的结果：

$$f(x,v,0)=\frac{1}{\lambda\sqrt{\pi}v_{\mathrm{T}}}\mathrm{e}^{-v^2/v_{\mathrm{T}}^2}[1-\epsilon\cos(kx)]. \tag{5.3.21}$$

对于横向泵浦环腔的情况，其中 $\epsilon\ll 1$ 可以散射成两个谐振腔模式的叠加. 除了具有连续的平移对称性之外[44]，动力学在质量上类似于单模情况. 要清晰地认识到 $\delta_{\mathrm{C}}$ 的正负值情况下动力学行为的显著差异. 虽然我们在这两种情况下都是不稳定的，但只有 $\delta_{\mathrm{C}}<0$ 才能发现自组织.

5.3.3.2.3 自组织和冷却

原则上，将自组织和集体相干光散射到高精度腔体中可以捕获和冷却任何种类的可极化颗粒. 然而，实际上，对于不能有效地进行光学预冷却的原子物质、分子或纳米粒子来说，引发排序过程所需的相空间密度和激光强度很难实现. 作为替代方法，可以通过将不同样本同时插入到光学谐振器中来实现自组织阈值.

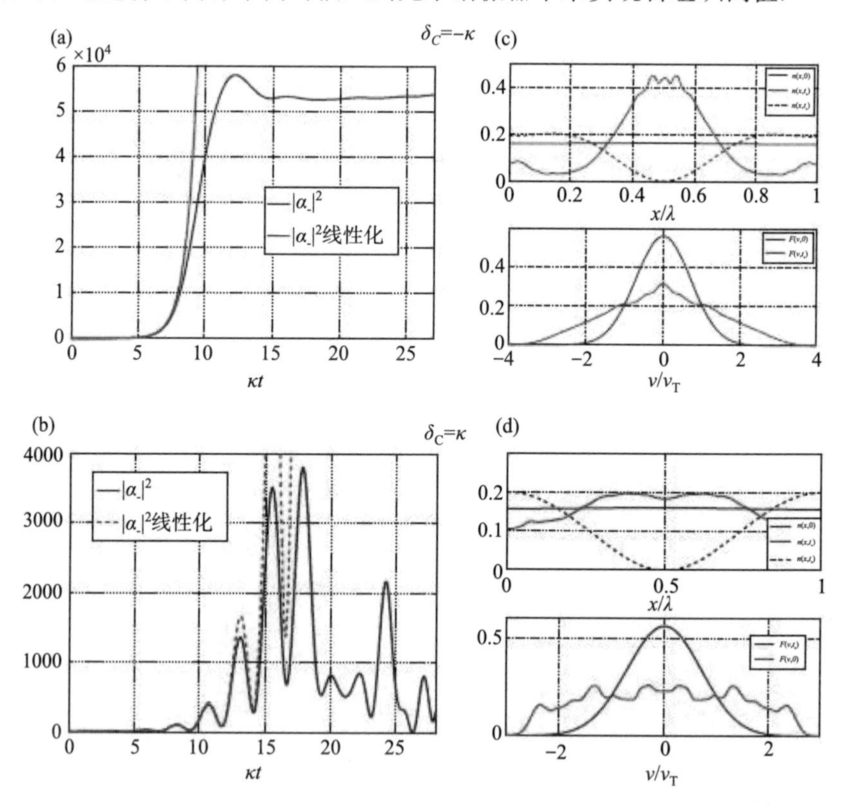


图 5.3.11 激光照射的冷气体在环形空腔中：(a)，(b)空间场强度的时间演变(c)，(d)时间 $t=0$，$\delta_{\mathrm{C}}=-\kappa$ 和时间 $t_{\mathrm{e}}=28/\kappa$，$\delta_{\mathrm{C}}=\kappa$ 处的粒子沿空腔轴的瞬时空间分布 $n(x)$ 和速度分布 $F(v)$. 对于 $\delta_{\mathrm{C}}<0$，在瞬态指数增长之后，场强度随着原子在自组织模式中的捕获而饱和. 相比之下，对于 $\delta_{\mathrm{C}}>0$，瞬态指数增长之后是振荡. 参数：$N=10^4$，$U_0=-\kappa/N$，$\eta_{\mathrm{eff}}=0.05$，$kv_{\mathrm{T}}=\kappa$，$v_{\mathrm{R}}=v_{\mathrm{T}}/5$. 图片摘自参考文献[113]

Vlasov 模型可以推广到由单个横向驻波激光场照射的各类质量为 $m_s$ 的各类 $N_s$ 极化点微粒的稀释气体情形[114]. 对于阈值,可以获得类似于方程(5.3.9)的条件. 均匀分布不稳定,当且仅当

$$\sum_{s=1}^{S} \frac{\hbar N_s \eta_s^2}{k_B T_s}\left(vp\int_{-\infty}^{\infty} \frac{g'_s(u)}{-2u}\mathrm{d}u\right) > \frac{\kappa^2+\delta_C^2}{|\delta_C|}, \tag{5.3.22}$$

其中 $k_B T_s = m_s v_s^2/2$. 注意,方程(5.3.22)的右侧仅取决于腔参数,并且左侧求和的所有项都是正的且与泵浦强度成正比. 这保证了将任何附加物质插入空腔中始终会增加总的光散射速率,从而降低启动自组织过程所需的最小功率,而不必考虑附加颗粒的温度和极化率或密度. 此外,不同的物质可以被定位在空腔中的不同区域. 这将低于阈值的系统被泵送至一种辅助自组织(见图 5.3.12).

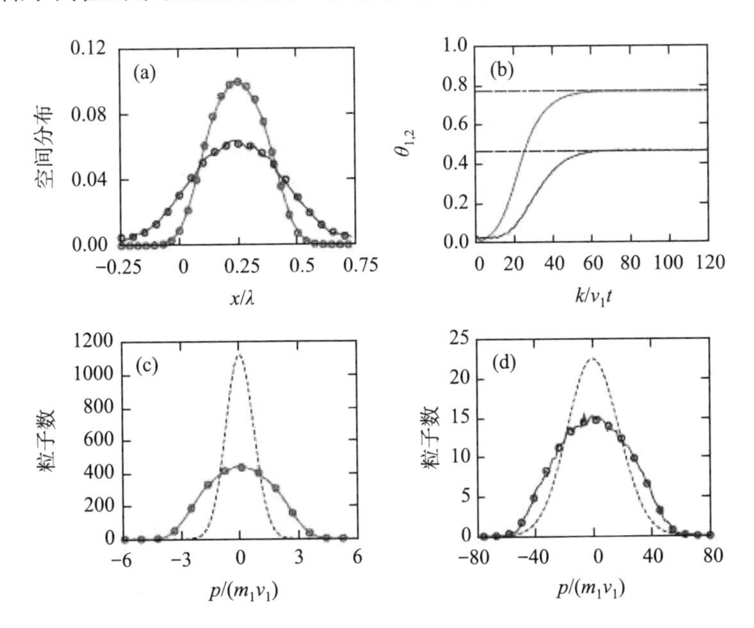


图 5.3.12　同时自组织的两种类型. 系统从不稳定阈值以上的扰动均匀状态开始,使类型本身将被泵送到临界点的 6 倍. (a)显示最终状态下的位置分布,(c),(d)是起始(虚线)和自组织之后的动量分布(实线). 实线描述了粒子集合的随机轨迹模拟的结果,而圆环显示了相应的 Vlasov 模型的预测. (b)显示二阶参数随时间的演变 $\theta_{1(2)}$ 接近理论稳态值. 参数: $N_1=10^4$, $N_2=500$, $m_2=10m_1$, $k_B T_1=10^4\hbar\kappa$, $k_B T_2=2.5\times10^5\hbar\kappa$, $\eta_1=2.4\kappa$, $\eta_2=27.4\kappa$, $\omega_R=10^{-2}\kappa$. 图片摘自参考文献[114]

低于自组织阈值的冷却的发生均衡所有种类的固定动量分布. 图 5.3.13 显示了在存在腔场和冷物质的情况下,重粒子的动能的增强衰减. 尽管分布在固定平衡中是独立的,但冷却过程本身涉及不同种类之间的能量交换. 因此,如果任何种类是冷的或是可以通过不同的方法冷却的,则其他组分是同时并行冷却的.

5.3.3.3 非平衡稳态分布

在更长的时间尺度上，扩散必须以统计平均速度分布的非线性 Fokker-Planck 方程来解释. 这允许计算冷却时间尺度和独特的稳态分布.

5.3.3.3.1 横向泵值低于阈值

在不稳定阈值以下平均空间分布 $f$ 是均匀的，即与 $x$ 无关. 电势和实际原子分布的统计波动变得重要. 对于空间平均分布，冗长的计算得出速度分布 $F(v,t)=\overline{f(x,v,t)}$ 的非线性 Fokker-Planck 方程[115]：

$$\frac{\partial}{\partial t}F+\frac{\partial}{\partial v}(A[F]F)=\frac{\partial}{\partial v}\left(B[F]\frac{\partial}{\partial v}F\right), \tag{5.3.23}$$

相关系数为

$$A[F]=\frac{2\hbar k\delta_{C}\kappa\eta_{\mathrm{eff}}^{2}}{m}\frac{kv}{|D(\mathrm{i}kv)|^{2}}, \tag{5.3.24a}$$

$$B[F]=\frac{\hbar^{2}k^{2}\eta_{\mathrm{eff}}^{2}\kappa}{2m^{2}}\frac{\kappa^{2}+\delta_{C}^{2}+k^{2}v^{2}}{|D(\mathrm{i}kv)|^{2}}. \tag{5.3.24b}$$

通过色散关系，这些函数取决于$\langle F\rangle$：

$$D(s)=(s+\kappa)^{2}+\delta_{C}^{2}-\mathrm{i}\hbar k\delta_{C}\frac{NL\eta_{\mathrm{eff}}^{2}}{2m}\times\int_{-\infty}^{\infty}\mathrm{d}v\left(\frac{F'(v)}{s+\mathrm{i}kv}-\frac{F'(v)}{s-\mathrm{i}kv}\right), \tag{5.3.25}$$

其决定所有腔介导的远程粒子相互作用. 在远低于阈值处，色散关系降低到 $D(\mathrm{i}kv)\cong(\mathrm{i}kv_{\kappa})^{2}+\delta_{C}^{2}$，这对应于独立粒子的情况.

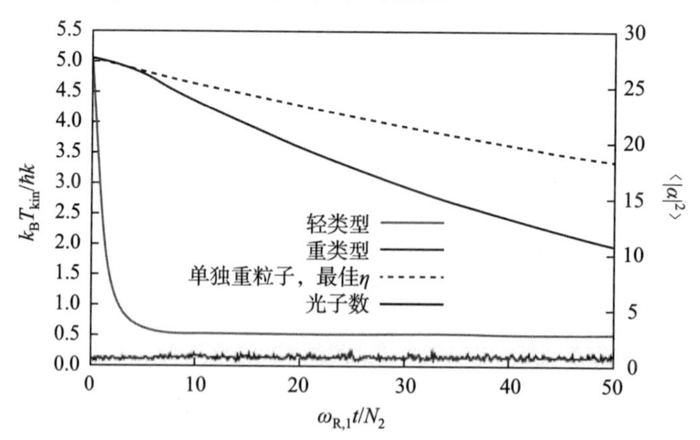


图 5.3.13 交感腔冷却. 重类型和轻类型动能温度的时间演化. 虚线表示单独的重粒子，实线表示在轻粒子存在时增强的冷却低于自组织阈值的情况. 参数 $m_2=200m_1$，$N_1=200$，$N_2=200$，$\sqrt{N_1}\eta_1=134\omega_R$，$\sqrt{N_2}\eta_2=124\omega_R$，$\kappa=200\omega_R$，$\delta_C=-\kappa$. 图片摘自参考文献[114]

稳态解只存在于负失谐 $\delta_C<0$ 时，其中光散射伴随着原子运动的动能提取. 低于阈值得到非热 $q$-Gauss 分布函数：

$$F(v)\propto\left(1-(1-q)\frac{mv^2}{2k_BT}\right)^{\frac{1}{1-q}},\tag{5.3.26}$$

其中 $q=1+\omega_R/|\delta_C|$，并且有效温度

$$k_BT=\hbar\frac{\kappa^2+\delta^2}{4|\delta_C|}\geqslant\frac{\hbar\kappa}{2}\tag{5.3.27}$$

达到 $\delta_C=-\kappa$ 的最低温度. 失谐 $|\delta_C|=\omega_R$ 的大小决定了分布的形状. 对于 $|\delta_C|=\omega_R$，它是 Ludvig Valentin Lorenz 分布，而对于 $|\delta_C|/\omega_R\to\infty$，即 $q\to1$，它收敛到动力学温度为 $k_BT_{kin}=m\langle v^2\rangle$ 的 Gauss 分布.

将稳态 $q$-Gauss 分布(5.3.26)代入到阈值条件(5.3.20)中给出了自相一致的稳定性准则. 因此，均匀分布是稳定的，仅当

$$\sqrt{N}\eta_{eff}\leqslant\kappa\sqrt{\frac{2}{3-q}},\tag{5.3.28}$$

其中，对于 $\delta_C=-\kappa$ 达到最佳腔体冷却的相等性. 稳定性标准可以直观地写出

$$N|U_0|V_p\leqslant\kappa^2,\tag{5.3.29}$$

其中 $V_p=\Omega^2/\Delta_A$ 是由泵浦激光器产生的光学势深度，而 $NU_0$ 是空腔共振的总色散移位. 注意，即使初始温度太高，均匀分布不稳定，腔体冷却也可能导致自组织.

5.3.3.3.2　横向泵高于阈值

在自组织阈值之上，仍然可以通过使用类似于方程(5.3.23)的 Fokker-Planck 方程得到不均匀的空间分布[116]. 在深度捕获的极限和电势的谐波近似情况下，稳态是热分布，其温度取决于有效陷阱频率 $\omega_0$ 和腔线宽度 $\kappa$：

$$k_BT=\hbar\frac{\kappa^2+\delta_C^2+4\omega_0^2}{4|\delta_C|}\overset{\delta_C=-\omega_0}{\approx}\hbar\omega_0.\tag{5.3.30}$$

有效陷波频率 $\omega_0$ 可以近似为

$$\omega_0^2\simeq\sqrt{N}\eta_{eff}\omega_R\left(\frac{\eta_{eff}}{\eta_{eff,c}}+\sqrt{\frac{\eta_{eff}^2}{\eta_{eff,c}^2}-1}\right).\tag{5.3.31}$$

这在 $|\delta_C|\gg\omega_R$ 的条件中是有效的. 当温度明显取决于泵的强度时，较强的泵浦激光束产生更多的限制粒子，动能增加. 该系统有一个有趣的属性：我们添加的粒子越多，光学势能越深，这显示出类似于自重引力系统的特性[117].

最后，将所有这一切都集中在一起，我们获得了自组织的自相矛盾的图，说明了腔体冷却(参见图 5.3.14).

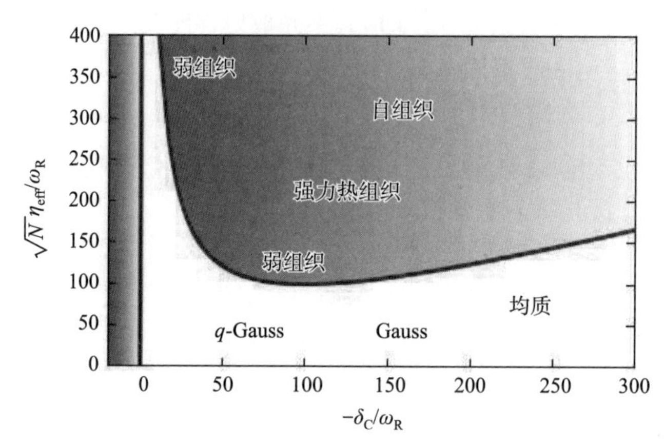


图 5.3.14 $\kappa=100\omega_{\mathrm{R}}$ 弱耦合极限($N|U_0|\ll\kappa$)相图的示意图. 平衡解仅存在于 $\delta_{\mathrm{C}}<-\omega_{\mathrm{R}}/2$,对于 $|\delta_{\mathrm{C}}|=\omega_{\mathrm{R}}$ 情况,实现了 Ludvig Valentin Lorenz 稳态速度分布. 对于失谐 $\delta_{C}$ 大的负值,已经存在强力组织的平衡解,其泵浦强度略高于临界值. 图片摘自参考文献[114]

## §5.4 光学微腔中的量子气体

量子气体被认为是在良好控制的实验条件下研究量子多体现象的理想模型系统. 通过将不同粒子统计的超冷原子集合加载到各种光学潜在景观中并调节接触原子-原子相互作用的强度而产生的可能性使得这些系统非常适合于量子信息和模拟研究[8]. 超低温气体领域与腔 QED 的合并提供了一套额外的可能性. 腔介导的原子-原子相互作用可以通过选择不同的谐振器和泵的几何形状来定制并产生新的量子相位. 与此相关的是,空腔上的原子反应产生的晶格电势可能很大,这为研究超低温气体的声子或软凝聚态物理学效应铺平了道路. 此外,腔场中的相干散射可用于不同多相的非破坏性和实时探测.

BEC 和光腔之间的耦合在概念上是基础的,因为物质波场的单一模式与光场的单一模式相互作用:因为所有原子占据与光学相同的运动量子态腔场. 这种情况可以大大减少描述系统所需的自由度. 因此,实际情况通常几乎完全由基本的 Hamilton 量子物质光互动描述. 这些包括 Tavis-Cummings 或 Dicke 模型,以及腔体机能学的通用模型.

### 5.4.1 实验实现

实验上,已经有不同的方法来实现和研究光学高效率腔体中接近量子简并的 BEC 或 Bose 原子集合. 目前,实验小组使用 $^{87}$Rb 原子. 在图宾根大学小组的实验中,BEC 首次使用磁捕获和运输装载到具有大模体积的环形腔中[118]. 该实验将激光冷却原子的集体原子反冲激光器(见第 5.3.2.2 小节)扩展到超冷态[119]. 不同实验方案见图 5.4.1.

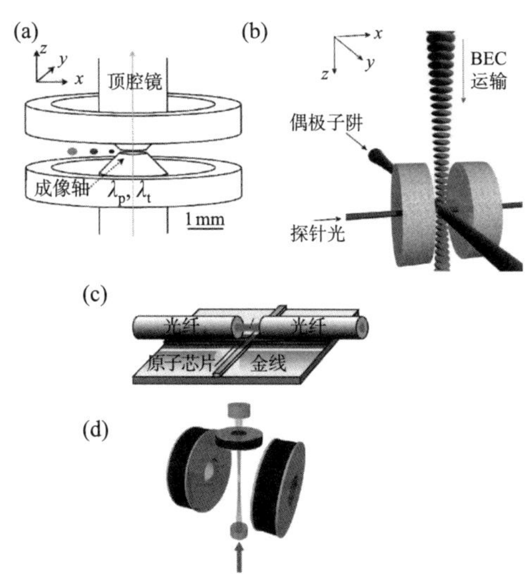


图 5.4.1　用于制备超冷原子和 Bose-Einstein 凝聚体的不同实验方案(在高精度光学 Fabry-Perot 共振器内部). (a)在磁捕获器中制备超轻原子,其由与垂直取向的高精度腔体(长度为 194 μm)同轴的电磁体来形成,并被沿着 $x$ 轴向空腔中心传送. 一旦与空腔模式重叠,原子被加载到由远离失谐腔泵浦场提供的深腔内晶格电位. (b)在位于光学谐振器上方的磁捕获器中制备的超低温原子被加载到垂直取向的光晶格电位中,并通过控制频率将反向传播的激光束传送到腔中. 一旦处于空腔(长度为 176 μm),原子就被加载到交叉束谐波偶极阱,其中实现了 BEC. (c)在基于原子芯片的磁捕获器中制备 BEC,并且以亚波长精度定位,这是长度为 39 μm 的基于纤维的 Farby-Perot 腔的模式. (d)磁捕获器用于制备并将 BEC 转移到长度为 5 cm 的垂直取向的 Fabry-Perot 共振器的场中. 图片摘自参考文献[26][118]

将超低温量子气体或 BEC 加入超空心光腔中(在腔体 QED 的单原子强耦合状态下工作),其体积小,并可通过应用不同的概念实现. 伯克利大学的小组通过将其加载到垂直取向的深腔内光晶格电势中,在超高功率 Fabry-Perot 谐振器内制备高达 $10^5$ 个原子的超冷气体[见图 5.4.1(a)]. 在苏黎世大学小组的方法中使用了具有相似参数的腔体. 这里使用由具有受控频率差的两个反向传播激光束形成的光学梯,将典型的 $2\times10^5$ 个原子的 BEC 输送到光腔的模式体积中[参见图 5.4.1(b)]. 巴黎大学小组使用原子芯片生产高达 3000 个原子的 BEC,并在一个新型的基于光纤的 Fabry-Perot 腔中控制其在亚波长尺度上的位置,这一实验中有高镜面曲率和减小的模量[参见图 5.4.1(c)]. 伯克利大学小组还使用原子芯片在传统的小体积高精度光学腔内实现了几千个原子的 BEC 的亚波长定位[120].

汉堡大学小组近期提出了一个新颖的 BEC 腔体系统，在一个有趣的和目前尚未开发的参数系统中运行[121]. 这里制备典型的 $2\times10^5$ 原子的 BEC 并将其磁力传递到 5 cm 长的近同心 Fabry-Perot 共振器的场中，导致大的单原子合作 $C\gg1$ 和非常窄的腔带宽反冲频次数 $\omega_R$[参见图 5.4.1(d)].

Brennecke 等人和 Colombe 等人研究了与腔场强耦合的简并和非简并原子样品的最低电子激发光谱. 共同耦合到空腔场的 $N$ 原子的存在导致增强的集合耦合，其扩展为 $\sqrt{N}$. 在实验中还测量了相应的大的真空 Rabi 劈裂[122][123]. 耦合的 BEC 腔系统的能谱以及能量分裂与原子数的平方根依赖关系如图 5.4.2 所示.

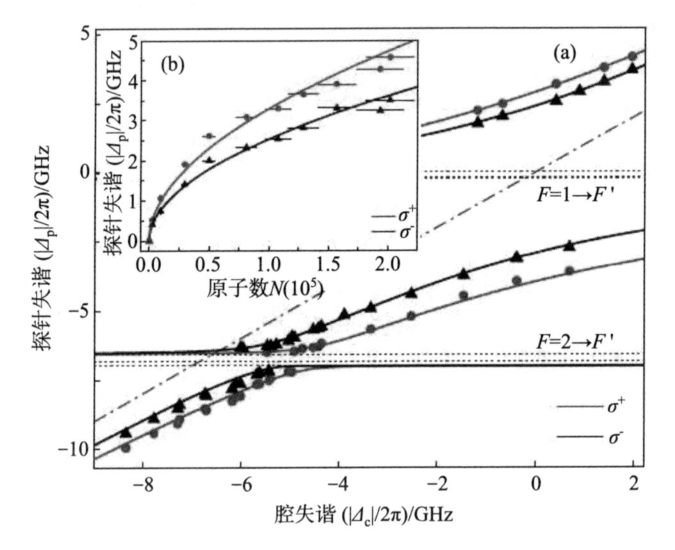


图 5.4.2 联合 BEC 腔系统的整体真空 Rabi 劈裂. 显示的数据通过使用弱探针激光束的腔透射光谱，获得相对于$^{87}$Rb 的 $D_2$ 线的 $|F=1\rangle\rightarrow|F'=1\rangle$ 转换的频率 $\omega_A$ 的探针失谱，由 $\Delta_p$ 表示. 记录透射光的两个正交圆偏振，并显示为圆形点($\sigma^+$)和三角形点($\sigma^-$). (a)探测的共振位置是空腔谐振与 $2.2\times10^5$ 个原子的原子跃迁频率 $\omega_A$ 之间的失谐 $\Delta_C$ 的函数. 原子共振显示为虚线，而 $TEM_{00}$ 的空腔谐振绘制为点画线. 实线是包括高阶腔模式影响的理论模型的结果. (b)将耦合的 BEC 腔系统的较低共振从裸原子共振转移为 $\Delta_C=0$ 的原子数的函数. 实线是对原子数 $N$ 的平方根依赖性的拟合. 图片摘自参考文献[123]

电子激发光谱对于腔模式最大耦合的有效原子数敏感，即取决于在腔模式分布上积分的原子的密度分布. 然而，上述电子激发光谱的测量具有由激发态和空腔寿命给出的能量分辨率，其太大而不能探测 BEC 的外部自由度的低能激发.

### 5.4.2 理论描述

本小节提供了在零温度下耦合和激光驱动的 BEC 腔系统的量子多体描

述[124]. 为了简单起见,我们考虑两个不同的泵浦激光场,其具有相同的频率 $\omega$,一个沿 Fabry-Perot 谐振器的轴线,另一个横向于 Fabry-Perot 谐振器的轴. 例如,由 Moore,Zobay 和 Meystre 提出了与驱动环腔中的 BEC 的情况类似的多体描述. Hamilton 算子由原子,空穴和原子场相互作用部分组成:

$$H=H_{\mathrm{A}}+H_{\mathrm{C}}+H_{\mathrm{AC}}. \tag{5.4.1}$$

在下文中,我们假设腔体频率 $\omega_{\mathrm{C}}$ 和泵激光器频率 $\omega$ 从原子跃迁频率 $\omega_{\mathrm{A}}$ 有足够大的失谐,使得原子场相互作用是纯色散性的. 在这种情况下,所有的激发态都可以被绝热地消除,并且原子大多数时间在其电子基态中. 相应地,运动自由度由标量物质波场运算符 $\Psi(r)$ 捕获.

原子多体 Hamilton 算子由下式给出:

$$H_{\mathrm{A}}=\int \mathrm{d}^3 r \Psi^{+}(r)\left[H^{(1)}+\frac{u}{2} \Psi^{+}(r) \Psi(r)\right] \Psi(r), \tag{5.4.2}$$

其中 $u=4\pi\hbar^2 a_{\mathrm{s}}/m$ 表示具有散射长度 $a_{\mathrm{s}}$ 的短距离 s 波碰撞强度. 单原子 Hamilton 算子

$$H^{(1)}=\frac{p^2}{2m}+V_{\mathrm{cl}}(r) \tag{5.4.3}$$

包括一个外部俘获电势 $V_{\mathrm{cl}}(r)$,也包含由横向泵浦激光场引起的电势.

在具有模式函数 $\cos(kx)$ 和谐振频率 $\omega_{\mathrm{C}}$ 的单个相干激光驱动腔模式的动力学描述在以泵浦激光器频率 $\omega$ 旋转的框架中的 Hamilton 量为

$$H_{\mathrm{C}}=-\hbar\Delta_{\mathrm{C}} a^{+} a+\mathrm{i}\hbar bar\eta\left(a^{+}-a\right). \tag{5.4.4}$$

如前所述,泵浦激光频率和腔谐振频率之间的失谐用 $\Delta_{\mathrm{C}}=\omega-\omega_{\mathrm{C}}$ 表示.

泵与腔体辐射场和原子之间的色散相互作用(在框架中以 $\omega$ 旋转)为

$$H_{\mathrm{AC}}=\int \mathrm{d}^3 r \Psi^{+}(r)\left[\hbar U_0 \cos^2(kx) a^{+} a+\hbar \eta_{\mathrm{eff}} \cos(kx) \cos(kz)\left(a^{+}+a\right) \Psi(r)\right]. \tag{5.4.5}$$

式中第一项来自空间光子的吸收和受激发射,其中 $U_0=g^2/\Delta_{\mathrm{A}}$ 表示单个腔内光子的最大原子光漂移. 如前所述,$g$ 表示最大原子-腔耦合强度,并且 $\Delta_{\mathrm{A}}=\omega-\omega_{\mathrm{A}}$ 表示泵原子失谐. 第二项对应于驻波横向泵浦激光器[与模式函数 $\cos(kz)$]和腔场之间的光子的相干重新分布. 单个原子的最大散射率由双光子(真空)Rabi 频率 $\eta_{\mathrm{eff}}=\Omega g/\Delta_{\mathrm{A}}$ 给出,其中 $\Omega$ 是横向泵浦激光器的 Rabi 频率. 方程(5.4.5)中的两个相互作用项可以看作是光和物质波场的四波混合[125]. 由于通过谐振镜光子泄漏,该系统是受耗散的. 相应的不可逆演化可以通过 Liouville 项来建模,或者等效地由腔场算子 $a$ 的 Heisenberg-Langevin 方程来模拟[126],

$$\frac{\mathrm{d}}{\mathrm{d}t} a=-\mathrm{i}[a, H]-\kappa a+\xi, \tag{5.4.6}$$

具有腔场衰减率 $\kappa$. Gauss 噪声运算符 $\xi$ 在存在空腔衰减的情况下维持光子运算符的换向关系. 在光学域中,电磁场模式的温度可以调整为零. 相应地,具有零平均值,唯一的非完整关联函数

$$\langle \xi(t)\xi^{+}(t')\rangle = 2\kappa\delta(t-t') \tag{5.4.7}$$

是根据波动耗散定理的,例如,其他可能的耗散通道可以直接作用在原子云上.

当腔场介导所有原子之间的全局耦合时,平均场方法非常适合于求解上述方程组[127][128]. 平均场描述假设存在宏观填充物质波场 $\varphi(r)=\langle\Psi(r)\rangle$(凝聚波函数)和具有幅度 $\alpha=\langle a\rangle$ 的相干腔场时,其可以根据以下式子与量子波动分离:

$$a \to \alpha + \delta a, \tag{5.4.8a}$$

$$\Psi(r) \to \sqrt{N_c}\,\varphi(r) + \delta\Psi(r), \tag{5.4.8b}$$

这里 $N_c$ 表示具有归一化为 1 的 $\varphi(r)$ 的凝聚原子数. 量子波动被假设为小的,并且它们的平均值通过定义消失,即 $\langle\delta a\rangle=0$ 和 $\langle\delta\Psi(r)\rangle=0$. 运动的动力学方程由方程(5.4.8)包含依据波动运算符的不同次数项. 对于波动中的零阶,我们得到了一个用于 $\alpha(t)$ 的普通微分方程的冷凝波函数 $\varphi(r,t)$ 的 Gross-Pitaevskii 方程:

$$\mathrm{i}\hbar\frac{\partial}{\partial t}\varphi(r,t) = \Big[-\frac{\hbar^2\nabla^2}{2m} + V_0(r) + N_c u|\varphi(r,t)|^2 + \hbar U_0|\alpha(t)|^2\cos^2(kz) + 2\hbar\eta_{\mathrm{eff}}\mathrm{Re}(\alpha(t))\cos(kx)\cos(kz)\Big]\varphi(r,t), \tag{5.4.9a}$$

$$\mathrm{i}\frac{\partial}{\partial t}\alpha(t) = [-\Delta_C + N_c U_0\cos^2(kz) - \mathrm{i}\kappa]\alpha(t) + \mathrm{i}\eta + N_c\eta_{\mathrm{eff}}\langle\cos(kx)\cos(kz)\rangle, \tag{5.4.9b}$$

其中,我们使用符号 $\langle f(r)\rangle = \int \mathrm{d}^3 r f(r)\,|\,\varphi(r,t)\,|^2$. Gross-Pitaevskii 方程包含依赖于腔场的振幅 $\alpha$ 和强度 $|\alpha|^2$ 的势能项,并表示空腔光对原子的力学效应. 空腔场的动力学涉及凝聚体密度分布的空间平均. 由于腔衰退,时间演化导致平均场的自适应静态解,这通常仅在数值上获得[129].

对于给定的凝聚波函数和相干腔场稳定状态振幅,量子波动与引导顺序形成线性系统,提供激发能量谱. 使用符号 $R=[\delta a,\delta a^{+},\delta\Psi^{+}(r),\delta\Psi^{+}(r)]$,波动运算符的时间演化采取紧凑的形式:

$$\frac{\partial}{\partial t}R = MR + \Xi, \tag{5.4.10}$$

其中 $M$ 是平均场解的线性稳定矩阵[129], $\Xi=[\xi,\xi^{+},0,0]$ 项考虑了腔场的量子输入噪声. 一般来说,矩阵 $M$ 是反常的,即它不与其 Hermite 伴随交换. 因此,它具有不同的左和右特征向量,由 $I^{(k)}$ 和 $r^{(k)}$ 表示,形成具有标量积 $(I^{(k)},r^{(l)})=\delta_{k,l}$ 的双正交系统. 由 $\rho_k=(I^{(k)},R)$ 定义的去耦准正激激发模式是光子和物质波场的混合

激发.

首先从空腔泵几何形状的腔体冷却角度分析激发光谱($\eta \neq 0, \eta_{\mathrm{eff}}=0$). 光谱的虚部表明,超低原子气体的激发可以通过腔体损耗通道阻尼,条件是衰减率 $\kappa$ 为反冲频率 $\omega_{\mathrm{R}}$ 的数量级[130]. 激发光谱用于进一步的研究以描述关键现象,例如腔泵浦几何中的分散光学双稳态[131]和原子泵浦几何中的自组织相变[132]. $\eta_{\mathrm{eff}} \neq 0, \eta=0$,参见 § 5.3. 在稳定状态下,可以从等式(5.4.10)导出一阶相关函数. 重要的是,即使在零温度下,也可能存在原子激发模式 $\delta\Psi^{+}(r)\delta\Psi(r) \neq 0$ 的非零布居. 凝聚体的这种量子耗尽与已经引起 Bogoliubov 模式的有限群体的碰撞相互作用无关[133]. 在方差方面,这里的凝聚体耗尽产生于腔介导的原子-原子相互作用以及与腔衰变相关的耗散过程. 伴随光子损失过程的量子噪声耦合到原子系统中,并将原子激发出冷凝模式. 从形式上讲,它源自 $\Psi(r)$运动方程中含有光子产生算符 $a^{+}$ 的项. 这种噪声放大机制类似于具有不稳定腔体的激光器中的 Petermann 多余噪声因子. Szirmai, Nagy 和 Domokos 表明,即使对于 $u_0 \to 0$ 和 $\eta_{\mathrm{eff}}=0$ 也可以预期 $\sqrt{\Delta_{\mathrm{C}}^{2}+\kappa^{2}}/\omega_{\mathrm{R}}$ 顺序的耗尽与原子场耦合无关[135][136]. 它是全局耦合的一个标志,即量子耗尽与总原子数 $N$ 无关. 在大多数具有线性腔的实验中,$\kappa/\omega_{\mathrm{R}}$ 很大($\approx 10^{3}$). 由于腔衰变也可以解释为腔光子数的连续弱测量,所以耗尽可以归因于原子多体状态下的量子反应(如第 5.4.3.3 小节所述). 还有一点值得注意:一阶相关函数揭示了物质波和腔场模式之间的纠缠[131].

### 5.4.3　微腔光学与超冷原子系综

在本小节中,我们重点关注量子气体和单模式 Fabry-Perot 腔体的集体运动之间的色散相互作用,该腔体以频率 $\omega$ 的激光场以幅度 $\eta$ 相干驱动. 在这种情况下,有原子-光相互作用,方程(5.4.5)可写为

$$H_{\mathrm{AC}}=\int \mathrm{d}^{3} r \Psi^{+}(r)\left[\hbar U_{0} \cos^{2}(k x) a^{+} a\right] \Psi(r). \tag{5.4.11}$$

一方面,原子介质经历周期性电势,其深度与腔内光子数 $a^{+}a$ 成比例. 单腔光子的势深为 $U_0=g^{2}/\Delta_{\mathrm{A}}$,可以通过腔泵浦频率 $\omega$ 与原子跃迁频率之间的失谐 $\Delta_{\mathrm{A}}$ 在实验中进行调谐. 另一方面,原子-光相互作用导致空腔频率的色散偏移,其由原子密度 $\Psi^{+}(r)\Psi(r)$和腔模函数$\cos^{2}(kx)$之间的空间重叠确定. 因此,由腔内偶极子引起的原子密度分布的变化可以通过相对于驱动场移动空腔共振来动态地反作用于腔内场强度.

一般来说,这两种效应的相互作用导致耦合原子腔体系的高度非线性演化. 然而,对于某些限制情况,该系统可以在腔体光力学的框架中有效地描述,该系统研究了谐波力学元素与电磁谐振器内的场之间的辐射-压力相互作用[20]. 在以 $\omega$

旋转的体系中,这通过通用腔光力学 Hamilton 量来描述:

$$H_{\mathrm{OM}}=\hbar\omega_{\mathrm{m}}c^{+}c-\hbar(\delta_{\mathrm{C}}-GX)a^{+}a+\mathrm{i}\hbar\eta(a^{+}-a), \qquad (5.4.12)$$

其中 $c^{+}$ 和 $c$ 表示振荡子频率 $\omega_{\mathrm{m}}$ 的产生和湮灭算符. 力学量通过其位置正交 $X=(c+c^{+})/\sqrt{2}$ 以耦合强度 $G$ 耦合到腔内光子数 $a^{+}a$. 驱动激光器与零位移 $X$ 的谐振频率之间的失谐用 $\delta_{\mathrm{C}}$ 表示. 近期人们实现了谐波振荡子中 $X$ 二次耦合到腔场的装置. 这提供了检测机械元件的声子 Fock 态并提供了机械振荡子或光输出场的压缩态的可能性.

5.4.3.1 实验实现

特定的实验情况允许人们实现具有色散耦合到光学腔内的场的原子系综的光学 Hamilton 方程(5.4.12). 这取决于空腔场主要影响和感测单个集体运动模式,其与空间腔模外形相匹配并起到截断谐波力学成分的作用. 实验中已经实现了使用超冷原子实现腔光力学模型的两种不同方法.

5.4.3.1.1 在 Lamb-Dicke 条件下的集体中心运动

在伯克利大学小组进行的实验中,超冷原子被加载到远离失谐的腔内晶格电势的最低带中,形成数百个紧密限制的原子云的堆叠(见图 5.4.3)[47].

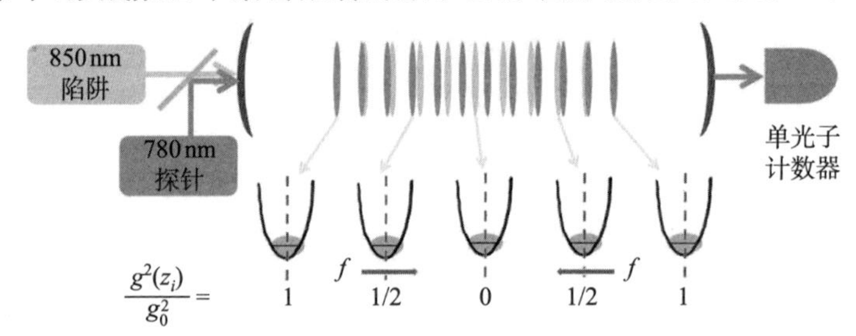


图 5.4.3 在 Lamb-Dicke 条件下的超冷原子腔光力学方案. 高精细腔体支持两种纵向模式:一种约 780 mm 的波长在$^{87}$Rb 的 $D_2$ 线附近,另一种波长为约 850 nm. 后者产生具有陷阱最小值的一维光晶格势,其中超冷$^{87}$Rb 原子被限制在最低振动带内. 原子云根据它们的捕获位置 $z_i$ 产生,在 780 nm 腔谐振上的色散频移. 反过来,微腔场施加与位置相关的力 $f$,如箭头所示. 在 Lamb-Dicke 条件中,集体原子-空穴相互作用退化到通用光学 Hamilton 算子,其中单个整体模式的谐波运动线性耦合到腔场. 图片摘自参考文献[136]

每个原子以与振荡频率 $\omega_{\mathrm{m}}$ 谐波悬浮,并且沿着空腔轴仅延伸一部分光学波长,从而实现 Lamb-Dicke 方程. 腔体模式,其周期性不同于俘获晶格电势的腔模式强烈耦合到原子堆叠的单个集体质心模式. 所有剩余的集体模式与空腔场解耦,并且可以被认为是热浴,通过例如碰撞原子-原子相互作用,不同集合模式仅通过弱耦合进行耦合. 该系统实现了线性机能学 Hamilton 方程(5.4.12),其中 $G=\sqrt{N_{\mathrm{eff}}}kU_0X_{\mathrm{ho}}$ 给出了光学耦合强度. 这里 $k$ 是空腔波矢量,$X_{\mathrm{ho}}=\sqrt{\hbar/2m\omega_{\mathrm{m}}}$ 表示

原子质量 $m$ 的谐波振荡子长度，$N_{\mathrm{eff}} \approx N/2$ 表示总原子数 $N$.

在基于原子的装置中实现了具有超冷原子的光学二次耦合方案，其允许紧密超冷系综的亚波长定位. 通过制备两个原子云，紧密地限制在远离失谐的腔内晶格电势的相邻晶格位置，并且沿空腔轴线控制它们的质心位置，可以实现线性和二次光耦合，提供基于原子的“中间膜”方法的实现方式[137].

5.4.3.1.2 Bose-Einstein 凝聚体中的集体密度振荡

苏黎世大学小组通过实验研究了以超低温原子合成实现线性腔光力学模型的不同途径. $10^5$ 个原子的 BEC 以外部谐波捕获电势制备，并在腔驻波模式结构的几个周期内延伸(见图 5.4.4). 与之前考虑的 Lamb-Dicke 条件相反，这里的动量图像更为合适. 最初，在零动量状态 $|p=0\rangle$ 中，相对于反冲动量 $\hbar k$ 准备了所有凝聚体原子.

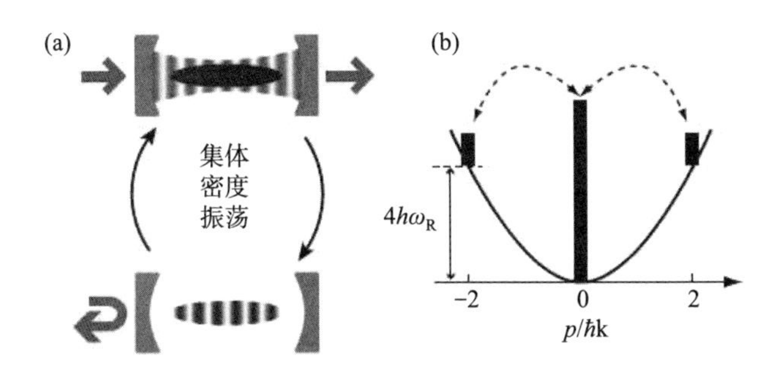


图 5.4.4 具有弱限制 BEC 的腔光力学机制与光学高精度谐振器的区域色散耦合. (a)周期为 $\lambda/2=\pi/k$ 的凝聚体的集体密度激发作为振荡频率为 $4\omega_R$ 的机械振荡. 通过光程长度对空间周期性空腔模式结构内原子密度分布的依赖性来提供与腔场的光学耦合. (b)初始制备的接近于零动量的凝聚态原子($p=0$)从腔内晶格势散射成具有动量 $p=\pm 2\hbar k$ 的状态的对称叠加. 与宏观零动量分量的物波干扰导致在频率 $4\omega_R$ 演化的谐波密度振荡. 图片摘自参考文献[138]

与腔场的色散相互作用将原子衍射成沿着腔轴线的动量态 $|\pm 2\hbar k\rangle$ 的对称叠加. 在宏观占有的零动量分量和反冲分量之间的物质波干扰导致凝聚体密度的空间调制，周期为 $\lambda/2$，以 $4\omega_R=2\hbar k^2/m$ 的频率振荡. 只要衍射成高阶动量的模式可以忽略，耦合系统的动力学就能再次被简单的光 Hamilton 方程(5.4.12)所“刻画”. 在这种情况下，反弹动量模式的集体激发起到振荡频率为 $\omega_m=4\omega_R$ 的力学模式的声子激发的作用. 耦合率 $G=\sqrt{N}U_0/2$ 再次与原子数的平方根相比，表明原子-光相互作用的集体性质. 使用 BEC 的集体运动的光学机械系统实现，引发了后续的理论研究[139]~[142].

理论上，通过将量子简并 Fermi 气体或量子气体的内部自旋自由度色散耦合到光学腔的场，可进一步实现具有原子系综的腔光力学. 后一种系统已经显示出与二次耦合到腔模式的扭转振荡子的形式类比. 它为控制量子自旋动力学提供了理想的非破坏性工具,并提出了解决反铁磁性自旋-1型凝聚体的量子态.

使用超冷原子的光学系统实现可以直接访问腔光力学的量子态. 与光学的固态实现相反,可用于原子气体的蒸发冷却技术允许在其量子基态中自然且非常纯的机械振荡子模式的制备. 相应地,这些系统为直接研究光相互作用的量子效应铺平了道路.

系统参数[例如振荡子频率 $\omega_{\mathrm{m}}$(通过外部限制电势调整),光学机械耦合强度 $G$(通过原子数或泵浦原子失谐调整)或振荡子的初始温度]的易于调整允许人们探索不同光化学机制之间的过渡. 最重要的是,原子系统可以实现以耦合强度 $G$ 开放获得光学的"粒子"状态,其中两个子系统中的任意一个中的单个激励对另一个子系统的动力学具有不可忽略的影响. 这可以通过定义为 $\zeta=G/\kappa$ 的粒度(或量子)参数来测量. 对于 $\zeta=1$ 来说,力学模式的单次激发已将空腔共振转换一半的线宽,并且已经有一个进入腔的单光子在振荡子中施加一个激发量子. 在未来的研究中,这可能允许产生和探测力学和光自由度之间的量子相关性. 基于原子的光学实现的进一步研究可能会使由力或量子精度传感器实现的在量子级上的光场操纵成为可能.

#### 5.4.3.2 低光子数的非线性动力学和稳定性

对于光学相互作用,方程(5.4.12)本质上是非线性的,产生耦合系统的色散光学双稳态和非线性动力学. 光学双稳态性是非线性光学中一个被广泛研究的现象,其是指例如当驱动填充有折射率取决于光强度介质的光学腔时,两个稳定的稳态解的共存. 在典型的非线性 Kerr 介质和光学固态实现中,双稳态的发生通常需要大的腔内功率,以便显著改变系统的光学性质. 可在光学原子系综获得实现大耦合强度低于1的平均腔内光子水平下诱导光学双稳定性. 对于从光通信到量子计算的应用,这个成就是理想的[143][144].

光力学系统中双稳态的发生可以从相应的振荡子位移 $X$ 运动的半经典方程和从 Hamilton 方程(5.4.12)得到的相干腔内场振幅 $\alpha$ 来导出:

$$\ddot{X}+\omega_{\mathrm{m}}X=-\omega_{\mathrm{m}}G|\alpha|^2,$$

$$\dot{\alpha}=[\mathrm{i}(\delta_{\mathrm{C}}-GX)-\kappa]\alpha+\eta. \tag{5.4.13}$$

在 $\kappa\gg\omega_{\mathrm{R}}$ 的非良性腔体系中,原子移动的时间尺度与腔内光子的寿命 $(2\kappa)^{-1}$ 相比是大的. 相应地,空腔场绝热地遵循原子动力学为

$$|\alpha|^2=\frac{\eta^2}{\kappa^2+(\delta_{\mathrm{C}}-GX)^2}. \tag{5.4.14}$$

在该近似中,忽略了导致力学成分的动态反作用冷却或加热的延迟效应. 将这个表

达式代入方程(5.4.13)，得到 $\ddot{X}=-(\mathrm{d}/\mathrm{d}X)V_{\mathrm{OM}}(X)$，光学势由下式给出：

$$V_{\mathrm{OM}}(X)=\frac{1}{2}\hbar\omega_{\mathrm{m}}X^{2}-\frac{\hbar\eta^{2}}{\kappa}\arctan\left(\frac{\Delta(x)}{\kappa}\right), \tag{5.4.15}$$

这表明光学势是捕获谐波限制和腔偶极子的组合. 这里 $\Delta(X)=\delta_{\mathrm{C}}-GX$ 表示驱动激光器和原子移位腔谐振之间的失谐.

光学势提供了一个可用来了解耦合系统的稳态和动态特性的直观图像(见图5.4.5). 临界腔泵强度 $\eta_{\mathrm{cr}}^{2}=\dfrac{8}{3\sqrt{3}}\dfrac{\omega_{\mathrm{m}}\kappa^{3}}{G^{2}}$.

光学势在两个局部最小值(在一定的失谐范围内)呈现，其对应于双稳态共振曲线中所示的不同的腔内光强度(见图 5.4.5).

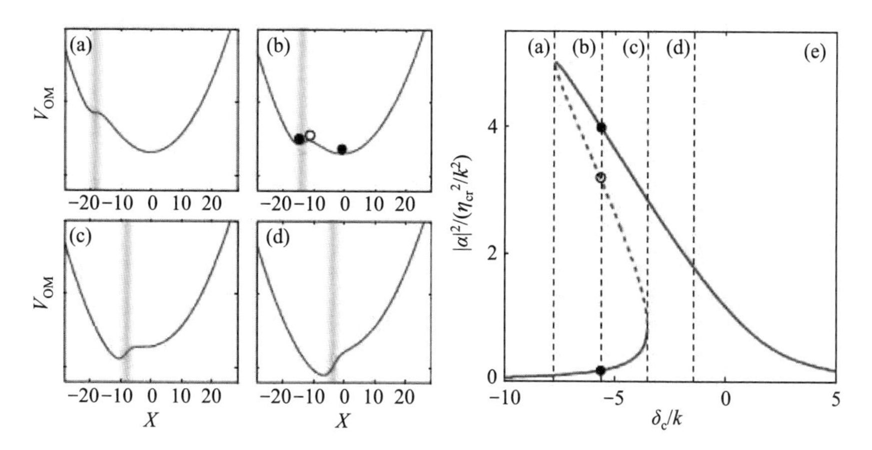


图 5.4.5 光学势和双稳态. (a)～(d)不同泵腔失谐的势图像 $V_{\mathrm{OM}}(X)$，由(e)中的各虚线表示. 阴影区域显示腔体的共振曲线. (e)稳态中的平均腔内光子数 $|\alpha|^{2}$. 开闭循环对应(b)所示的情况. 参数：$G=0.42\kappa$，$\eta=\sqrt{5}\,\eta_{\mathrm{cr}}$. 图片摘自参考文献[144]

根据 $\delta_{\mathrm{C}}$ 被绝热调谐的方向，系统保持在 $V_{\mathrm{OM}}$ 的两个局部最小值中的任意一个，遵循上或下双稳态共振分支. 当达到临界失谐时，其中一个局部最小值变成鞍点，系统开始在剩余电势最小值中进行瞬态振荡，这转化为周期性调制腔体光强度. 由于集体原子运动的阻尼，系统最终在剩余的电势最小值中松弛到稳态.

伯克利大学小组和苏黎世大学小组在低腔内光子数情况下观察到集体原子运动引起的光学双稳性. 在单次实验中观察到下部和上部双稳态分支，这是通过缓慢扫描驱动激光器的频率两次共振，先增加失谐，然后减少失谐完成的(见图 5.4.6). 随着探针强度的增加，空腔传播特性变得越来越不对称，呈现滞后性.

在二次光学耦合方面，人们也研究了具有集体原子运动的色散光学双稳态. 这里，取决于力学量的质心运动，腔内偶极力增加或减小可压缩原子团体的均方根宽度，这取决于原子被限制在腔内探针的晶格势最大值或最小值. 如实验中观察到的，色散腔偏移的相应变化再次导致双稳态共振曲线.

动态光学效应出现在系统在稳态下的小振幅振荡中. 在通常被称为“光弹簧效应”的文献中，作为光机械相互作用的结果，这种振荡的频率相对于振荡频率 $\omega_m$ 移动. 在线性光机械耦合的情况下，这可以从光学势 $V_{OM}$ 稳态最小值的邻域二次展开推出(见图 5.4.6). 在实验上，观察到集体原子运动的光学频移与所述线性和二次耦合条件理论相一致. 具有相对较大幅度的光学势的高度非线性振荡已经被激发并且在空腔传输中可被观察到，这通过光学势的突然位移或穿过双稳态曲线的不稳定点来达到(见图 5.4.7).

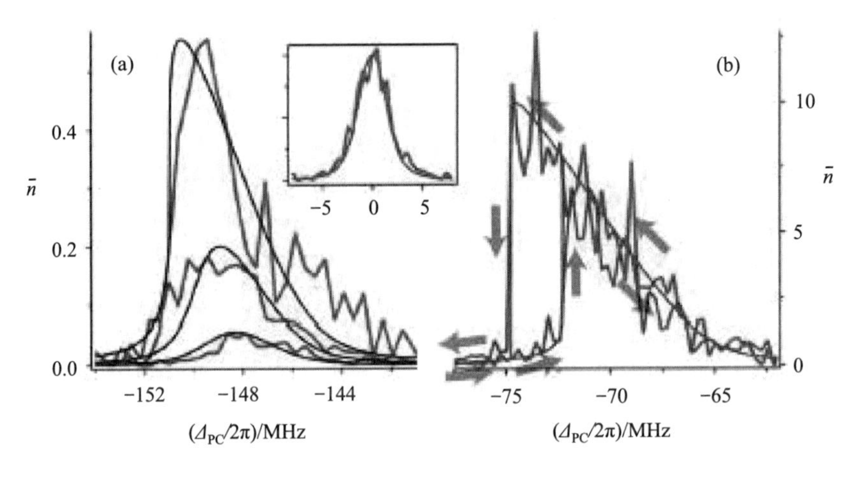


图 5.4.6 光学色散双稳态与整体原子运动. (a)基于裸腔线的 Voigt 剖面(插图)，观察到的腔体线形状用于增加腔内光子数 $\bar{n}$ 和模型线形状下的空腔输入功率. $\Delta_{pc}$ 表示探针激光频率与空-腔体频率. (b)在共扫描的单次扫描中观察到光学双稳态的下部和上部分支. 图片摘自参考文献[120]

### 5.4.3.3 集体原子运动时的量子测量反应

力学量在任何位置测量的精度受量子力学的限制. 这被称为标准量子极限，对于它的广泛研究与引力波探测器的发展有关[145]. 在允许对力学量的位置进行高精度测量的通用光学机械设备中，标准量子限制来自两个噪声项之间的平衡:(1)探测点噪声(由探测器上的光子随机到达给出)，以及(2)由腔内光子数的量子涨落引起的辐射压力产生的位移噪声. 而通过增加光功率可以降低检测噪声，这是以增加辐射压力的波动为代价的. 如果这两个噪声贡献平衡，则实现最佳灵敏度. 对腔内光子数波动的直接实验观察需要腔内场和力学量之间大的光学耦合强度，以及减少热运动的干扰或技术上的噪声.

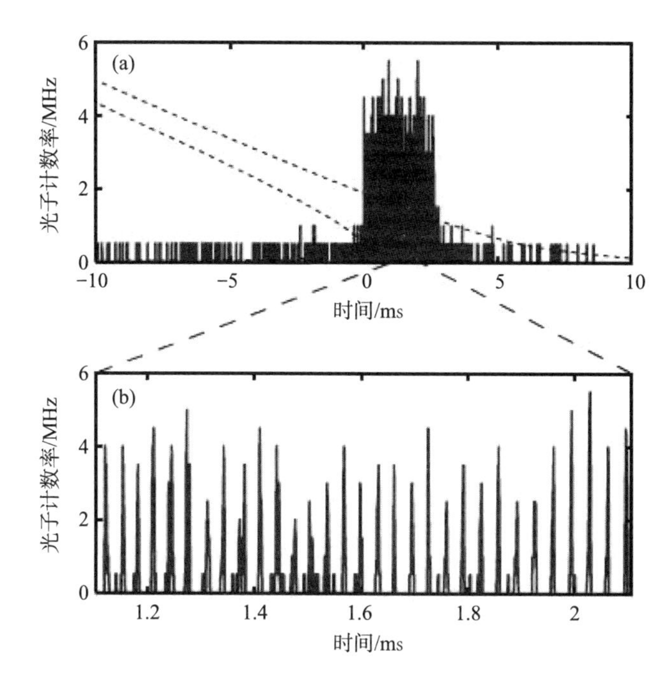


图 5.4.7　驱动 BEC 腔系统的非线性动力学.(a)扫描双稳态共振曲线上的驱动激光频率(用虚线表示,按比例缩放 4 倍)激发凝聚体中的大振幅密度振荡.(b)放大空腔传输信号指示密度振荡如何使谐振频率周期性地与驱动激光谐振谐调.谐振时的平均腔内光子数为 7.3,对应于 5.8 MHz 的光子计数率.图片摘自参考文献[74]

利用与 Fabry-Perot 谐振腔内强烈耦合的超低温气体的集体原子运动,允许在由腔内量子涨落引起的由 $10^5$ 个原子形成的宏观力学量上观察测量引起的反作用.在非粒子条件 $\zeta=G/\kappa\ll 1$ 中,腔内光子数涨落的光谱密度与空驱动腔中的光谱密度一致[146][147],

$$S_{nn}(\omega)=\frac{\bar{n}\kappa}{\kappa^2+[\Delta(X)+\omega]^2}, \tag{5.4.16}$$

这里 $\bar{n}=|\alpha|^2$ 表示方程(5.4.14)给出的稳态平均腔内光子数.这些光子数量涨落通过光学相互作用传递到力学量的动量,导致声子数的扩散式增加,

$$\frac{\mathrm{d}}{\mathrm{d}t}c^+c=\kappa^2\zeta^2S_{nn}(-\omega_{\mathrm{m}}). \tag{5.4.17}$$

这可以从振荡的有效主方程式得出.

Murch 等人通过量化蒸发原子损失来测量原子系综的相应加热速率(见图 5.4.8).在准备力学振荡子接近其基态后,在单光子计数模块上监测固定频率的弱探针光束的腔体传输.连续的背景原子损失调谐了与驱动激光共振的原子化

腔体频率.从记录的传播曲线和空腔共振曲线之间的比较推导出原子损失率.可发现:相应的单原子加热速率超过了自由空间自发加热速率.这是通过测量远离腔谐振的原子损失率推导出的,与理论预期一致.由于空腔介导的机械振荡子的相干放大和阻尼在实验中是可以忽略的,所以对反作用加热的观察可以被解释为在相干驱动腔中的光子数波动的直接测量.

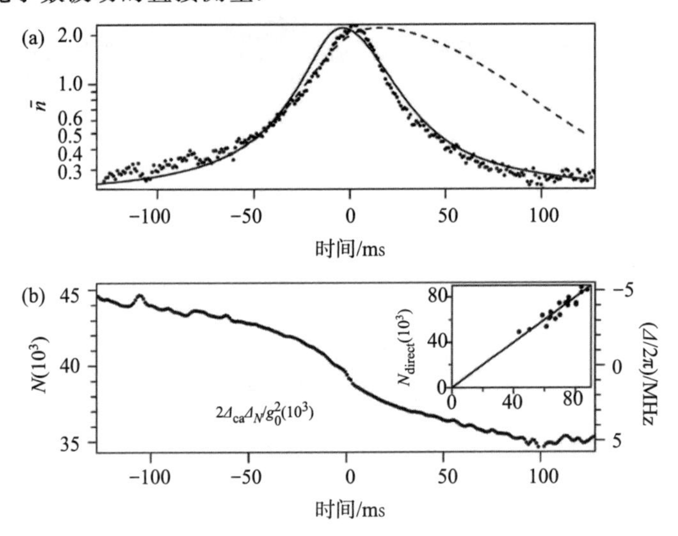


图 5.4.8 在超冷原子集合的整体运动时观察测量引起的反作用.(a)由于蒸发原子损失,系统被引导到空腔共振之后被监控,因此监测的是腔内光子数 $\bar{n}$(数据点).显示包括(实线)和排除(虚线)测量反应的预期光子数.(b)使用空腔线形状和原子数与色散腔位移(插图)之间的线性关系,从(a)中所示的数据推断的总原子数 $N$ 是时间的函数.图片摘自参考文献[148]

在准备接近基态的集体运动自由度之后,通过监测腔传播的 Stokes 和反 Stokes 边界,获得了光对集体原子运动的量子反作用的另一直接信号[149].如图 5.4.9 所示的边界不对称性提供了量化的集体运动的直接测量,并且作为与运动和光之间交换的能量的记录,与连续的反作用有限量子位置测量一致.

系统通过腔内量子涨落对集体原子运动的干扰再次回到腔内光场.特别地,所产生的空腔场的运动诱导调制可能干扰相干或真空腔输入场,从而产生非线性光学参数放大,以及由于被忽略的技术或热涨落而导致有质动力的压缩[150][151].已由伯克利大学小组首次利用集体原子运动和光腔场之间的力学耦合观察到这些影响[152].

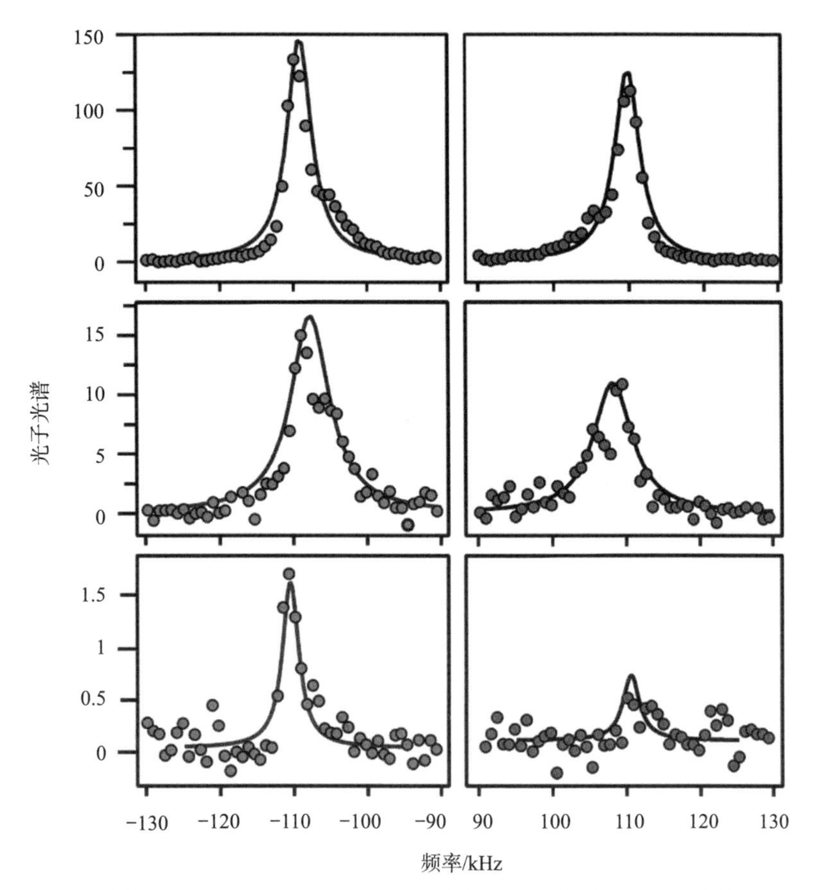


图 5.4.9　腔体输出光谱中集体原子运动量化的光学检测. 图中显示的是对 Stokes 带(左侧)和反 Stokes 带(右侧)的测量,用于增加腔内光子数(从下至上)以及理论预测(实线). 观察到的 Stokes 不对称性为机械振荡的平均占用数量提供了一个无校准的测量方法,其最低图形推断为 0.49. 机械振荡频率为 $\omega_m=2\pi\times110$ kHz. 图片摘自参考文献[149]

#### 5.4.3.4　在解析边界状态下的腔体冷却

对于在伯克利大学小组和苏黎世大学小组进行的实验中使用的小体积腔,腔体衰减率 $\kappa$ 超过集体原子自由度的力学振荡频率 $\omega_m$ 一个数量级. 在这种腔内光力学的非解析边界方案中,力学振荡子利用空腔耗散将其冷却到基态是不可能的. 相反,当通过$\sqrt{\omega^2+\kappa^2}$从腔谐振中由红偏振激光场驱动腔场时的最小稳态占空比给出 $\kappa/2\omega_m\gg1$ 时,用于弱光机械耦合强度.

只有在解析边界条件中才能进行基态冷却,其中 $\omega_m\gg\kappa$. 这里的空腔能够解决与力学自由度相加(移除)运动量子的 Stokes(反 Stokes)边界. 通过驱动靠近反

Stokes 边带的腔体实现的这些过程之间的大的不对称性导致稳态声子占用数 $(\kappa/2\omega)^2 \ll 1$，解析边界条件下的力学冷却等效于紧密限制的原子或离子的光学 Raman 边界冷却. Wolke 等人已经证实了在良好的空腔体系 $\kappa < \omega_m = 4\omega_R$ 范围内的力学 BEC 腔系统中的腔体冷却. 通过驱动选择性接近 Stokes 或反 Stokes 边界的空腔场，原子通过腔体激发反向散射从宏观填充的零动量状态转移到动量状态 $|\pm 2\hbar k\rangle$ 和后面的叠加(见图 5.4.10). 这个实验为实现量子简并开辟了道路，并且因为它从热气开始，所以不依赖于蒸发冷却技术.

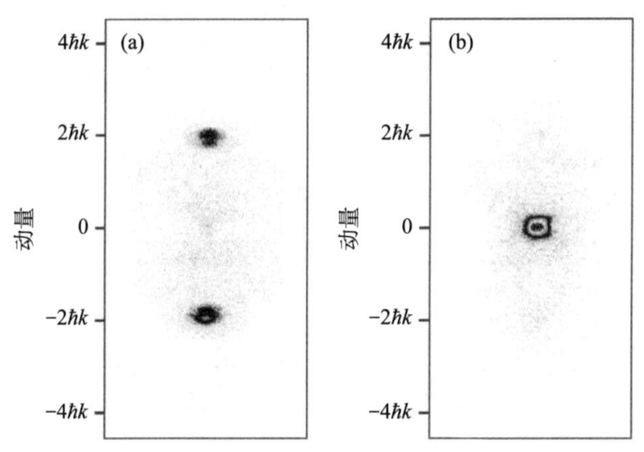


图 5.4.10 在窄带宽 Fabry-Perot 谐振器中观察采用 $^{87}Rb$ BEC 进行亚回线腔冷却. 图片展示了在 803 nm 处具有远失谐的激光场驱动腔场之后的原子动量分布. (a)首先，一个 400 $\mu$s 长的脉冲蓝腔谐振失谐，将原子转移到动量状态 $|\pm 2\hbar k\rangle$，随后，一个 200 $\mu$s 长的红失谐脉冲将原子转移回零动量状态. (b)二原子碰撞导致作为漫射光晕可见的 $\pm 2\hbar k$ 动量状态群体的大量消耗. 图片摘自参考文献[127]

### 5.4.4 自旋轨道耦合引起的反作用冷却

我们研究了一个光学机械系统中的自旋轨道耦合引起的反作用冷却机制. 该系统通过抑制量子噪声的加热效应，将自旋轨道耦合的 Bose-Einstein 凝聚体捕获在一个具有活动端镜的光学腔中. 自旋轨道耦合诱导的超精细态的集体密度激发，充当与腔场等效耦合的原子振荡子，触发强烈驱动的原子反向作用. 我们发现，反作用不仅改变了原子自身的低温动力学，还能够将机械反射镜冷却到量子力学基态. 此外，人们研究了自旋轨道耦合对动态结构因子和非线性量子噪声的作用效果，发现自旋轨道耦合可提高混合腔的光学机械特性(如图 5.4.11 所示). 该研究成果可由实验进行测试，对在量子光学和量子计算领域中研究自旋轨道耦合超精细态对腔光学机械学的增强效应有重要价值[153].

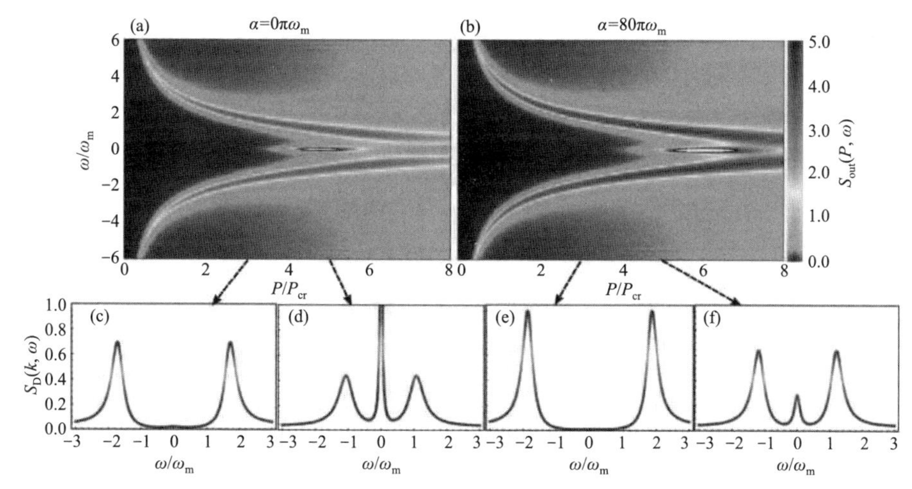


图 5.4.11　(a)(b)在 $a/\omega_m=0\pi$ 和 $80\pi$ 时，$S_{out}(P,\omega)$ 在 $P/P_{cr}$ 和 $\omega/\omega_m$ 构成的参数空间中的变化情况.(c)～(f)不同 $P/P_{cr}$ 值下，动态结构因子 $S_D(k,\omega)$ 与 $\omega/\omega_m$ 的函数关系.图片摘自参考文献[153]

## §5.5　微腔中冷原子的量子相变

光学谐振器内激光驱动的原子系综的自组织在理论和实验上被扩展到超原子状态，其中原子运动被量化.相应地，在转变点到自组织相不再被热密度涨落确定，而是由动能损失和在空腔诱发晶格势的原子物质波的空间调制相关的势能增量之间的竞争确定.在 BEC 相互作用较弱的情况下，在动力学中伴随着动量状态数的减少，这允许在集体自旋自由度方面进行简化描述，从而提供 Dicke 量子相变的自组织与开放系统实现之间的直接联系.

### 5.5.1　自组织的 BEC

Nagy，Szirmai 和 Domokos 理论上研究了位于单模光腔中且由远离失谐的激光场横向照射到腔轴的稀 BEC 的自组织.在平均场描述方面，系统的稳态是从原子平均场 $\varphi(r)$ 的运动方程和相干腔场振幅 $\alpha$ 得到的[参见等式(5.4.9a)和(5.4.9b)]，将轴上泵浦强度 $\eta$ 设置为 0.为了简单起见，仅考虑沿着空腔轴的原子运动.稳态序参量 $\Theta=\langle\varphi|\cos(kx)|\varphi\rangle$ 的数值解，是通过在数值上传播的运动方程为假想时间获得的(见图 5.5.1).在一个关键的双频 Rabi 频率 $\eta_{eff}$ 之上，序参量取一个非零值，表示 $\lambda$-周期密度模式中原子的自组织.非组织稳态 $\Theta=0$ 的稳定性分析为临界点产生以下分析表达式：

$$\sqrt{N}\,\eta_{\mathrm{eff,c}}=\sqrt{\frac{(\delta_{\mathrm{C}}^{2}+\kappa^{2})(\omega_{\mathrm{R}}+2\mu_{0}/\hbar)}{-2\delta_{\mathrm{C}}}},\tag{5.5.1}$$

其中 $\mu_0$ 表示均匀凝结体的化学势，$\delta_{\mathrm{C}}$ 表示泵浦激光器从色散移位腔谐振中的失谐. 与方程(5.3.16)的热情况相反，临界横向泵浦功率在零温度极限中具有反冲频率(和化学势)，这反映了均匀相由动能稳定的事实(和原子-原子碰撞).

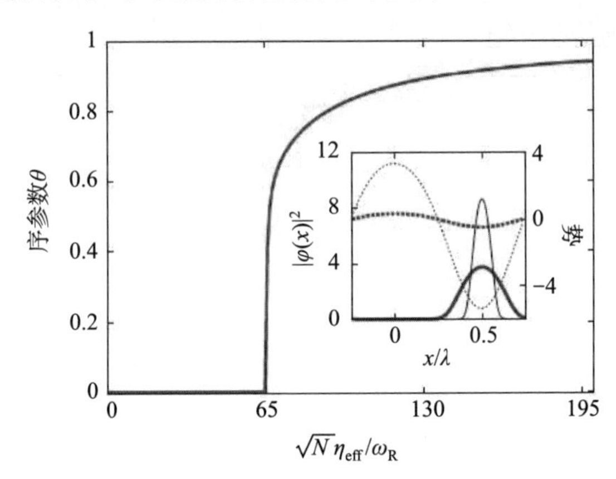


图 5.5.1 驱动的 BEC 在驻波腔中的自组织. 根据平均场方程的数值解得到的稳态序参量 $\Theta$ 作为有效腔泵浦强度值 $\eta_{\mathrm{eff}}$ 的函数. 参数：$NU_0=-100\omega_{\mathrm{R}}$，$\kappa=200\omega_{\mathrm{R}}$，$\mu_0=10\hbar\omega_{\mathrm{R}}$. 根据方程(5.4.13)，均匀相在该参数状态下主要通过碰撞相互作用能量稳定. 插入图显示了 $\sqrt{N}\,\eta_{\mathrm{eff}}=10\omega_{\mathrm{R}}$(粗实线)和 $300\omega_{\mathrm{R}}$(细实线)和相应的光偶极子势(虚线). 图片摘自参考文献[131]

人们从稳态平均场解决方案的集体激发光谱获得对自组织过程的更深入的理解. 这是由 Nagy，Szirmai 和 Domokos 以及 Kónya，Szirmai 和 Domokos 使用基于分离方程的 Bogoliubov 方法计算的. 凝结体和腔体波动的线性方程的特征值方程产生了如图 5.5.2 所示的激发能量谱(极化子). 对于考虑到泵腔失谐 $\delta_{\mathrm{C}}$ 与反冲频率 $\omega_{\mathrm{R}}$ 相比较大的情况，激发根据它们是主要是腔状还是原子状分为两类. 在与腔和横向泵模式之间的空间干涉模式匹配的原子激发模式的特征软化中识别出自组织的发生(见图 5.5.2 中的实线).

苏黎世大学小组观察到 BEC 的自组织. 在有约 $10^5$ 个原子的 BEC，谐波限制的高精细度的光学 Fabry-Perot 谐振器内，用远红失谐驻波的激光束进行照射. 通过逐渐增加横向激光束的功率，观察到在腔内光强度的急剧上升并伴随着动量态 $(p_x,p_z)=(\pm\hbar k,\pm\hbar k)$ 中宏观布居过渡到自组织相(见图 5.5.3). 在临界泵浦功率以上，观察到泵浦场和腔场之间的相对相位 $\Delta\phi$ 保持不变，这表明系统达到稳定状态. 通过控制横向泵浦功率，系统可以在自组织阶段及以后正常重复传输(见图 5.5.3).

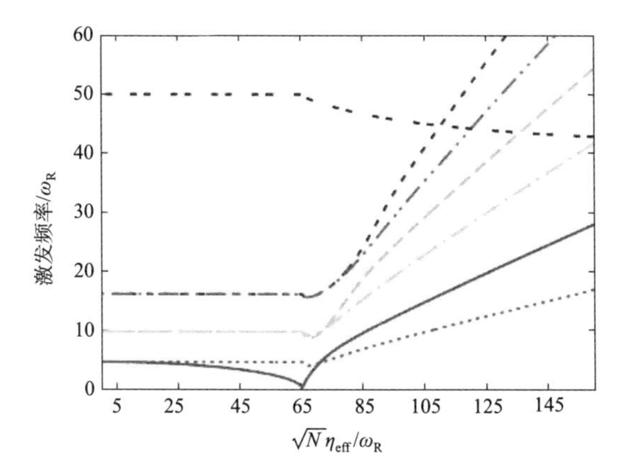


图 5.5.2 横向驱动冷凝腔系统的整体激发光谱. 图像展示出了作为横向泵浦振幅的函数的最低六个集体原子和第一腔状(除以 5)激发态的本征频率. 对于为零的泵振幅,在尺寸为 $\lambda$ 的一维方势的凝聚体的 Bogoliubov 光谱 $\Omega_n=\sqrt{n^2\omega_R(n^2\omega_R+2\mu_0)}$ 被保留. 自组织是由最低层整体模式向临界泵振幅 $\sqrt{N}\eta_{eff}\approx 65.5\omega_R$ 的软化表示的. 图片摘自参考文献[129]

Baumann 等人研究了过渡点对称破缺过程. 在自组织阶段的重复实现中,根据自组织到底层模式的偶数[$u(x,z)>1$]或奇数[$u(x,z)<1$]位置,观察到相对相位 $\Delta\phi$ 差值为 $\pi$ 的两个可能值干涉模式 $u(x,z)=\cos(kx)\cos(kz)$(见图 5.5.3).

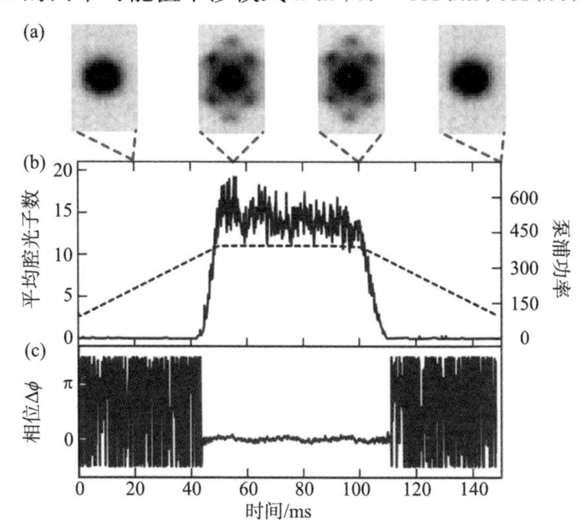


图 5.5.3 用 BEC 观察自组织. 在约为 0.35 mW 的临界点上,横向泵浦功率提高了 2 倍,同时引入了(b)平均腔光子数和(c)相对泵腔相位 $\Delta\phi$. (a)吸收图像显示了指示时间的原子动量分布. 视线垂直于泵腔平面. 参数:$\Delta_C=-2\pi\times 20$ MHz, $\kappa=2\pi\times 1.3$ MHz, $N=10^5$. 图片摘自参考文献[154][155]

原子云的空间有限范围导致非组织相的偶数布居之间的小的不平衡.这有效地用作对称破缺场,有利于实现在实验中观察到的特定组织模式.通过基于绝热条件的简单模型描述,可以通过增加过渡的速度来克服对称破缺场的影响[155].

BEC在自组织过渡时的对称性破缺如图5.5.4所示.

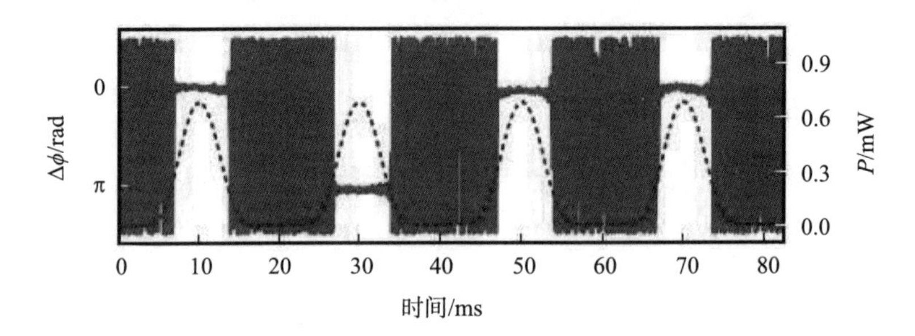


图5.5.4 观察BEC在自组织过渡时的对称性破缺.图片展示了在外差检测器上监测的相对泵腔相位$\Delta\phi$,以及通过调节横向泵浦功率$P$(虚线)反复进入自组织相.系统组织成两个可能的棋盘图案中的一个,对应于两个观察到的相位值的不同.图片摘自参考文献[154]

在空腔场绝对跟随原子运动的极限中,自组织过程也可以被理解为腔介导的原子-原子相互作用的结果(见第5.3.1.1小节).在微观层面上,这些是由不同激光驱动原子之间的空腔光子的虚交换引起的,并伴随着具有沿泵和空腔方向的动量$\hbar k$的原子对的产生.原子云中产生的周期密度相关性与动能大量竞争,导致了以动量$(\pm\hbar k,\pm\hbar k)$凝聚的色散关系中的旋转型软化特征(见图5.5.1).一旦软化的激发能量达到基态能量,系统就通过宏观地占据这些动量态开始自组织转变.苏黎世大学小组利用Bragg光谱的变体观察到这种模式软化[156][157],其中腔场是用激光脉冲进行探测的,该激光脉冲的频率与横向泵激光场失谐了可变的数量.作为腔介导的原子-原子相互作用强度$V$和模函数观察到的激发光谱如图5.5.5所示.

在向组织相转变点的激发间隙的消失伴随着系统对非周期性密度扰动的色散敏感性[158].Oztop等人从理论上认为,软化激发光谱也可以通过横向泵浦激光器的幅度调制进行参数探测.

在概念上,自组织的BEC可以被认为是超固体,类似于双组分系统的提议[159].与空腔介导的远距离相互作用引起的非平凡对角线长距离顺序相比,传统的光晶格实验与自由空间中传播的激光场相反,这种相互作用限制了周期性密度调制到两种可能的棋盘图案.同时,有组织的阶段表现出非对角的长程顺序,这在相变过程中不被破坏.只要深入进入有组织的阶段,光晶格势不同地点之间的隧道就被压制,相位一致性就会消失.

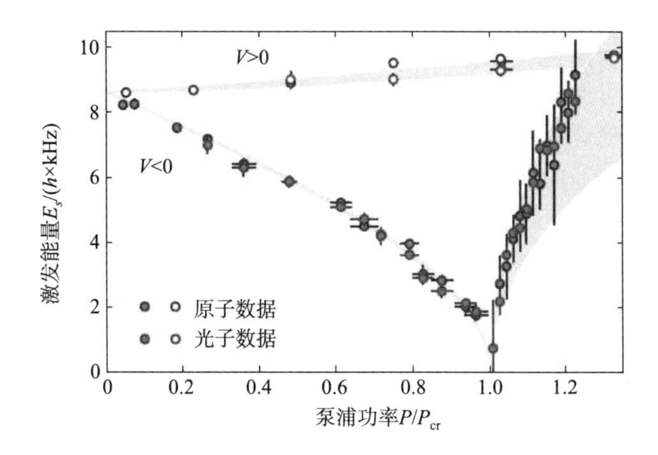


图 5.5.5　观察由 BEC 中腔介导的原子-原子相互作用引起的模式软化. 作为横向激光功率 $P$ 的函数,沿腔体和泵浦方向的时刻为($\pm\hbar k$,$\pm\hbar k$)的运动原子激发能量,设定模数$|V|$的腔介导的原子-原子相互作用. $V$ 的符号由 $\delta_C$ 的符号决定. 对于负相互作用强度 $V$,系统以临界泵浦功率 $P_{cr}$ 而对于正相互作用(根据不存在相变观察到增加的激发能). 图片摘自参考文献[156]

### 5.5.2　开放系统的 Dicke 量子相变

激光驱动的 BEC 在光学谐振器中的自组织可以被认为是 Dicke 量子相变的开放系统实现,其中,量化的原子运动是作为强耦合到腔场的宏观自旋的. Dicke 模型可追溯到 Dicke 的开创性的工作,该模型描述了物质与电磁场之间的集体交互. 考虑具有过渡频率 $\omega_0$ 的 $N$ 个两级系统,形成一个共同的自旋变量 $J$,其频率与频率 $\omega_a$ 相同地耦合到单个谐振器模式. 该系统可以用 Dicke-Hamilton 量 (也称为 Tavis-Cummings 模型)来描述:

$$H_{\text{Dicke}}/\hbar=\omega_a a^+ a\omega_0 J_z+\frac{\lambda}{\sqrt{N}}(J_++J_-)(a+a^+). \tag{5.5.2}$$

集合耦合强度由 $\lambda\propto\sqrt{N}$ 表示. 升降算符 $J_\pm=J_x\pm \mathrm{i}J_y$ 描述了集体原子激发态的产生和消灭.

据 Dicke 的研究表明,有一种共同激发的介质,其携带不同原子偶极子之间的相关性,并在比单个原子更短的时间内其基态下衰减. 被称为超辐射(或超荧光)的这种现象源自不同辐射器的自发锁相,导致短的辐射突发,其强度与原子平方成比例. 在过去一段时间,激光激发介质的超辐射发射已被广泛研究[160]. 在 1973 年出现的 Dicke-Hamilton 方程(5.5.2)也表明了基态的超辐射[162]. 当总体耦合强度 $\lambda$ 达到临界值 $\lambda_{cr}=\sqrt{\omega_a\omega_0}/2$ 时,所述 Dicke 模型经历从正常量子相转变成超辐射的阶段，其特点是有一个宏观腔场振幅$\langle a\rangle$和原子介质的宏观极化$\langle J_-\rangle$. 除了包含源自最小耦合 Hamilton 算子的 $A^2$ 项之外，实验实现直接偶极跃迁的超辐射 Dicke 相变在过去由于可用的偶极子耦合强度的实际限制而难以被发现. Dimer 等人建议通过考虑一对稳定的原子基态来解决这些问题，这些原子基态通过涉及单个环腔模式和外部激光场的两个不同的 Raman 跃迁进行耦合. 该方案通过开放系统动力学中的有效 Hamilton 算子实现了 Dicke 模型，包括外部驱动和腔体损耗，可以使现实的实验参数达到临界耦合强度.

如 Baumann 等人和 Nagy 等人所示，横向驱动的 BEC 腔系统正式地等同于用一对运动原子状态替换电子原子状态的提议. 两个运动状态由平坦凝聚模式$|p_x,p_z\rangle=|0,0\rangle$和四个动量状态$|\pm\hbar k,\pm\hbar k\rangle$的相干叠加给出，其中 $x$ 和 $z$ 分别表示腔和泵的方向. 横向泵浦波束和空腔模式之间的相干光散射通过两个可区分的 Raman 通道耦合这两个动量状态，导致空腔模式和相应的集体自旋自由度之间的偶极型相互作用[参见方程(5.5.2)]. 二维 Hamilton 算子对应实现的参数($\omega_0$，$\omega_a$，$\lambda$)由两种动量模式(忽略原子-原子碰撞)之间的能量差 $2\omega R$，以及泵浦激光频率与色散位移模式频率之间的有效失谐$-\delta_C$ 给出，泵浦激光器与腔体模式之间采用集体双光子 Rabi 频率 $\sqrt{N}\eta_{eff}/2$. 在实验中，$\delta_C$ 超过反冲频率 3 个数量级，从而实现了 Dicke 模型的色散状态. 高阶动量模式在相变动力学中没有贡献，只有在进入自组织阶段时，它才能被填充.

类比 Dicke 模型，在包括腔衰变时获得关键耦合强度的以下表达式：

$$\lambda_{cr}=\sqrt{\frac{(\kappa^2+\omega_a^2)\omega_0}{4\omega_a}}. \tag{5.5.3}$$

在没有原子-原子碰撞的情况下，(5.5.3)式中的条件与从平均场方程(5.5.1)的稳定性分析得到的结果一致. 实验上，相位边界作为泵腔失谐的函数映射，与理论预测一致(见图 5.5.6).

在单模腔中的 BEC 实现的 Dicke 量子相变与在由非共振激光驱动的细长 BEC 之间发生的自由空间超辐射 Rayleigh 散射是有意义的. 在实验中，一旦泵浦强度超过临界值，就会有沿着原子云的轴向发射的超辐射光脉冲，并伴随反冲物质波分量的产生. 这种动力学效应相当于共同激发介质的 Dicke 超辐射，物质波放大相将自发发射事件锁定到光场模式的连续体中. 超辐射发生所需的最小泵浦强度由损失和增益过程之间的平衡决定. 相比之下，从 BEC 到单腔模式的光散射是可逆过程，临界泵强度主要来自有限的泵浦腔失谐. 在自组织阶段，泵浦激光器和色散移位腔谐振之间的失谐 $\delta_C$ 变成一个动力学量. 如果最大色散腔位移 $U_0N$ 小于泵腔失谐$|\Delta_C|$，Dicke 模型方程式(5.5.2)，即有效近似的描述就没有考虑到这种效应. 在 $U_0N$ 超过$|\Delta_C|$的情况下，如 Baumann 等人所观察到的，系统可以表现出

动态无效的行为,其特征在于有效泵的失调与色散移位的空腔谐振的周期性符号变化[见图 5.5.6(c)].理论上,由 Keeling 等人和 Bhaseen 等人研究了在 Dicke 模型方程(5.5.2)中出现的附加非线性色散项(约为$U_0J_za^+a$)对耦合的 BEC 腔系统的动力学的影响[163][164].Bhaseen 等人采用半经典的描述,揭示了一个丰富的阶段图,包括不同的超级固定点,双稳态和多态共存阶段以及持续振荡的制度,并探索了达到这些渐近状态的时间尺度[164].有人强调,开放系统的行为由稳定的吸引子控制,这不一定与最小自由能的点相符.因此,动力系统的 $\kappa\to 0$ 极限与 $\kappa=0$ 的均衡行为之间存在着重要的区别,可以在下面讨论的量子情况下绘制类似的结论.空腔场与电磁场环境的耦合引起空腔衰减,相当于耦合的 BEC 腔体系统的弱测量.相应的量子反应导致 Dicke-Hamilton 算子的基态的扩散相消耗,即使在零温度下也是如此.底层物理学原理与第 5.4.3.3 小节中描述的类似,重要的区别是,当接近临界点时,系统越来越容易受量子反应的影响.

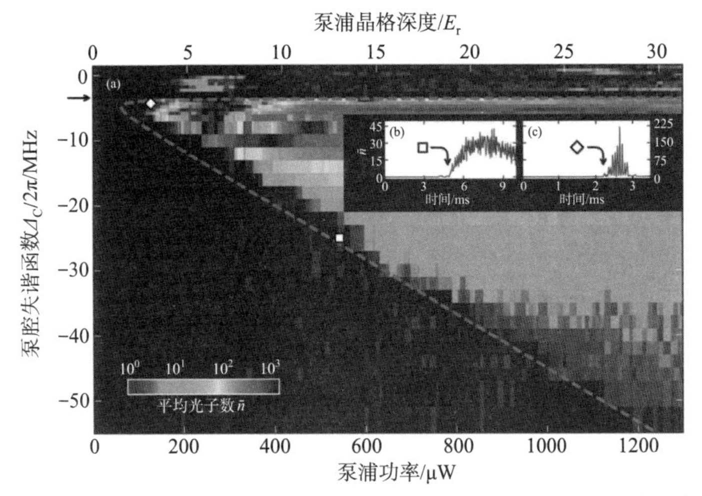


图 5.5.6　Dicke 模型相图.(a)记录的平均腔内光子数 $\bar{n}$ 作为横向泵浦功率 $P$ 和泵腔失谐的函数 $\Delta_C$.从图中可以观察到与平均场描述(虚线)一致的尖锐相界.非组织 BEC 的色散移位腔谐振由水平箭头指示.(b)、(c)$\bar{n}$ 的时间轨迹,同时将泵浦功率逐渐增加到 1.3 mW,用于指示的泵腔失谐.图片摘自参考文献[142]

由于 Nagy 等人基于 Langevin 方程计算了 Dirac-Hamilton 算子的基态由于空腔衰减而耗尽的速率.在色散状态$|\delta_C|\gg\omega_R$ 中,基态耗尽主要发生在原子空间中,相应的扩散速率可以近似为低于阈值 $\omega_R\kappa/|\delta_C|(\lambda/\lambda_{cr})^2$ 的.对于每个原子,这对应于$|\delta_C|\gg\kappa$ 到加热速率为 $\kappa\eta_{eff}^2/\delta_C^2$ 的情形.请注意,该结果与远离失谐的偶极阱中的自发加热速率的形式等同.重要的是,使用大的失谐$|\delta_C|$可消除测量引起的反作用所造成的时间限制.

测量引起的反作用力将 BEC 腔系统驱动到稳态,这是扩散和阻尼之间的动力学平衡.有趣的是,这种限制状态与系统的平衡状态,即 $\kappa=0$ 为 $T=0$ 处的基态不同.也就是说,两个极限过程 $t\to\infty$ 和 $\kappa\to 0$ 的顺序不能互换. Nagy,Szirmai 和 Domokos 计算了腔场的稳态($t\to\infty$极限)占空比和激发的动量状态[30]. Oztop 等人理论研究了腔输出信号的通量和二阶时间相关性.在热力学极限中获得的平均场是 $\kappa$ 的平滑函数,而稳态解则趋向于等式(5.5.1)对于 $\kappa\to 0$ 的基态.相比之下,存在于 Dicke 模型的基态和阻尼驱动系统的稳态中的量子波动的比较显示出显著的差异.在等式(5.5.1)的基态下,二阶相关函数以指数 $-1/2$ 分散到临界点,表示平均场型跃迁.而在非平衡情况下,量子波动与指数 $-1$ 相关(见图 5.5.7).

同时,腔和原子子系统之间的基态纠缠的奇异性在临界点被与腔衰变相关的量子噪声正规化.然而,非完整的缠结表明,在开放系统动力学的情况下,Dicke 量子相变(零温度下的自组织)的量子特征不会完全被破坏,并且它不能精确地映射到热噪声-驱动相变.

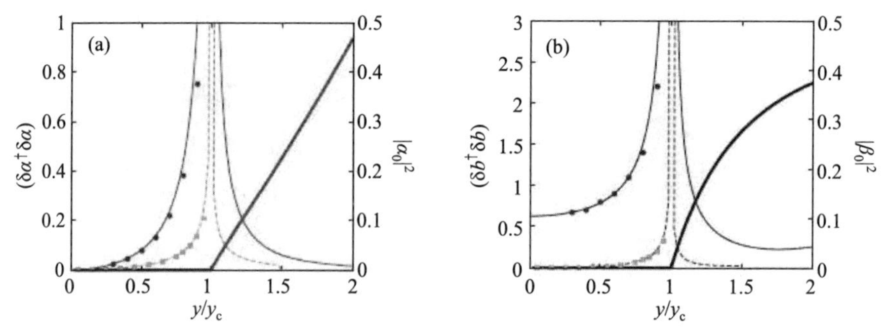


图 5.5.7 封闭和开放系统的 Dicke 相变过程.(a)光子和(b)原子场的平均值(右轴)和非相干激发数(左轴)绘制为相对耦合强度的函数. 对于开放系统(薄固体)的稳态的非相干激发数在临界点处以指数 $-1$ 发散,与封闭系统(薄固体)的基态激励次数相反,其与平均场偏差指数为 $-1/2$.图片摘自参考文献[164]

### 5.5.3 高简并腔的相

将极化粒子自组织变成由腔内光场诱导和稳定的周期性结构,这一过程类似于结晶过程.在仅具有与泵浦场共振的单个驻波模式的腔中,只有腔场的振幅是动力学量.空间均匀分布形成的周期性晶体破坏了与驻波模式轮廓的奇偶波腹对应的离散对称性.已经在双模式设置的环状腔可维持两个简并的反向传播模式,自组织伴随着连续平移对称的自发破缺[165],这引起了对格子变形的刚性.在高简并多模腔的情况下,该场有更多的自由度来调节局部的粒子分布.由 Gopalakrishnan, Lev 和 Goldbart 研究了所得复合相图的一般结构[166],另见 Ritsch 的成果[165].通常,这样的设置允许实现概念上新颖的系统,并探索和发现晶体和液晶排序的性质,包括固有效应,例如位错,晶界的生长和排列(见图 5.5.8)以及自然界的声子谱.多模腔也提供与神经网络领域开发的模型之间的自然联系,如 Hopfield 模型或具有无限范围统计耦合的相似自旋模型.由 Gopalakrishnan,Lev 和 Goldbart 提出了关于这种关系的第一个想法[166][167].Müller,Strack 和 Sachdev[168]考虑了多模腔中的 Fermi 子原子的扩展.Gopalakrishnan 和同事们推广了一个在位理论框架,并使之成功地用于固态物理学,且描述了耦合到高精度腔体的众多退化模式的多体系统[169][170].对于限定在同心光腔的赤道平面中原子的准二维云,从均匀分布到空间调制的原子的过渡是 Brazovskii 型的[171],其描述了从各向同性到液体中的条纹结构的相变晶体.描述基于有效平衡理论,即当有效腔体损失率 $\kappa\eta_{\mathrm{eff}}^{2}/\Delta_{\mathrm{C}}^{2}$ 小于反冲频率 $\omega_{\mathrm{R}}^{-1}$ 时的有效平衡理论.这里假设色散腔位移远小于泵腔失谐 $\Delta_{\mathrm{C}}$.与 Landau 结晶理论不同,这里系统的自由能不具有破坏相变对称性的三次项,过渡持续在零温度,因此,它实现了一个不同于寻常大学课程中所介绍的量子相变.这个理论的非平衡延伸(其中包括光子泄漏出空腔作为扰动的影响)得出的结论是:光子损失对应于有效温度,量子相关性在时间尺度上与空腔中的相干性相比被“冲洗掉了”衰减时间.单模腔中的开放系统 Dicke 模型的 Bogoliubov 型平均场模型描述还预测了由于测量引起的反作用而导致的基态的耗尽,或者换句话说,由于波动引起的扩散伴随腔光子损失.然而,与 Brazovskii 过渡不同的是,Dicke 模型系统被驱动到一个稳定的状态,与基态显著不同,这是一个关键点.

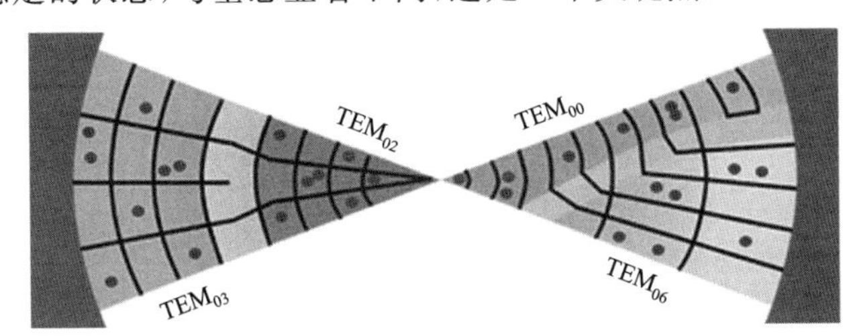


图 5.5.8　形成二维图案的同心多模腔中的自序状态.该图显示了接近阈值的状态,其中局部区域在赤道平面上填充不同的 $\mathrm{TEM}_{xy}$ 腔模式.域可以由位错(如图左半部分所示)标记,但也可能显示空间的纹理变化(如图的右半部分所示).黑色线代表腔场的“节点”,分离“偶数”和“奇数”波腹.由于原子是 Bose 凝聚的,所以每个场所的原子群体不是固定的.图片摘自参考文献[58]

类似于苏黎世大学小组进行的单模实验的情况,横向驱动的多模腔中出现的结晶状态可以被认为是超晶相,其中结晶次序和非对角线长程序列(长程相位相干)共存.在图 5.5.9 中示意性地展示出了多模腔的相图与单模情况的显著不同,这是因为多模腔中出现了具有直接均匀的超流体到正常相变的区域,而在单模腔中总是存在在均匀和正常固相之间的超固态.人们还观察到,对于强分层三维结构,层间阻挫排除了全局排序,并且系统分解成了不均匀的域.

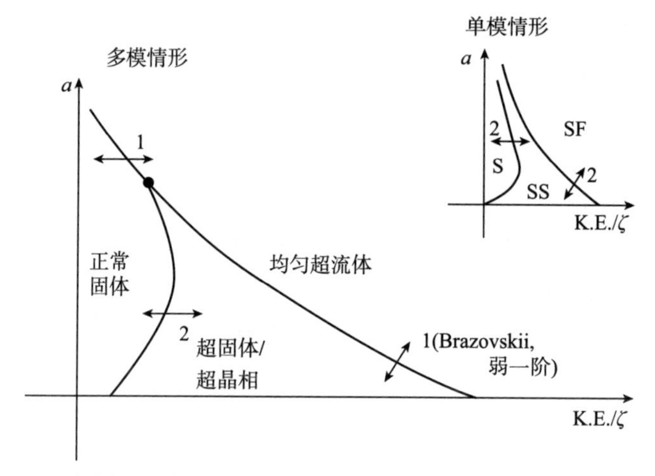


图 5.5.9 BEC 在同心腔中的原理零温相图. 控制参数是原子散射长度 $a$ 和与 $\zeta=\eta_{\text{eff}}^2/\Delta_C$ 的反有效原子腔耦合 $\zeta^{-1}$. 对于弱的、排斥的相互作用和增加的原子耦合,超流体首先通过 Brazovskii 过渡进行自组织,从而形成超固体. 如果横向激光强度进一步增加,则超固体经历向正常固体(Mott 绝缘体)的转变. 对于强烈的排斥性交互,统一的 BEC 可以与一阶自组织转换同时失去相位一致性. 这种情况与单模腔(插图)的情况形成对照,其中应该总是存在分离均匀流体(SF)和正常固体(S)区域的超固体(SS)区域. 一级和二级转换分别标记为 1 和 2. 图片摘自参考文献[125]

### 5.5.4 微腔中超冷原子的 Hubbard 模型

限制在光晶格中并与量子腔场强相互作用的超冷原子的量子多体动力学的理论描述可以基于 Bose-Hubbard(BH)模型的复杂扩展[171]. 在静态光晶格中,BH 模型适当地解释了晶格位置处的 Bose 子原子的量子统计特性,以及粒子间量子相关性[8]. 在非常低的温度极限中有效的基本假设是,动力学可以限制在周期性光电势的最低 Bloch 带. 相应地,多体波函数可以用局域化在单个晶格位置的 Wannier 函数来表示.

然而,如果光晶格电势被高精度腔的模式维持,从而变成动力学自由度,则得到高度非线性,从而确定多体系统的基态. 例如,在激光驱动腔的情况下,原子色散移动空腔谐振,并且对腔内场振幅具有影响,其自身决定光晶格势阱深度. 因此,光晶格电势和原子的状态必须自洽,如稍后所述. 我们专注于研究最多的无旋 Bose 子的具体情况,并且仅提及 Fermi 子和旋转粒子有趣的新颖结果.

#### 5.5.4.1 具有空腔介导的原子-原子相互作用的 Bose-Hubbard(BH)模型

考虑由光学谐振器场产生的光晶格电势的 $N$ 个 Bose 子的集合,它们可能通过附加的远离共振的驻波激光场. 后者由单原子 Hamilton 方程(5.2.3)中的外部

势项 $V_{cl}(r)$ 表示. 将动力学动量限制在最低能带(最低振动状态),我们在基本 Wannier 原子态,$i=1,\cdots,M$ 展开原子场算子:

$$\Psi(r)=\sum_{i=1}^{M}b_i w(r-r_i). \tag{5.5.4}$$

其中 $b_i$ 表示关联湮灭算符. 将这个展开代入方程(5.4.1)后,就可以得到

$$\begin{aligned}H=&\sum_m-\hbar\Delta_{C,m}a_m^+a_m+\mathrm{i}\hbar\eta_m(a_m^+-a_m)+\sum_{i,j=1}^{M}(E_{i,j}+V_{cl}J_{i,j}^{cl})b_i^+b_j\\&+\frac{\hbar}{\Delta A}\sum_{l,m}g_lg_ma_l^+a_m\Big(\sum_{i,j=1}^{M}J_{i,j}^{lm}b_i^+b_j\Big)+\frac{U}{2}\sum_{i=1}^{M}b_i^+b_i(b_i^+b_i),\end{aligned} \tag{5.5.5}$$

其中,考虑了具有模式功能的多个腔模式 $f_m(r)$ 和相应的光子湮灭算子 $a_m$. 系数 $E_{i,j}$ 和 $J_{i,j}^{cl}$ 定义为标准 BH-Hamilton 算子:

$$E_{i,j}=\int\mathrm{d}^3rw(r-r_i)\Big(-\frac{\hbar^2\nabla^2}{2m}\Big)w(r-r_j), \tag{5.5.6a}$$

$$J_{i,j}^{cl}=\int\mathrm{d}^3rw(r-r_i)f_{cl}(r)w(r-r_j), \tag{5.5.6b}$$

其中我们从空间形式 $f_{cl}(r)$ 中分离经典捕获电势(最大和最小值之间的差异)的特征幅度 $V_{cl}$. 方程(5.5.5)的最后一项描述了与 $U=(4\pi a_s\hbar^2/m)\times\int\mathrm{d}^3r\,|w(r)|^4$ 的交互. 我们主要感兴趣的是由腔模式与矩阵元素产生的额外耦合:

$$J_{i,j}^{lm}=\int\mathrm{d}^3rw(r-r_i)f_l^*(r)f_m(r)w(r-r_j). \tag{5.5.6c}$$

从腔场角度来看,对角元素 $l=m$ 对应于空腔模式频率 $\omega_{C,m}$ 的原子状态依赖色散偏移,而非对角元素 $l\neq m$ 描述了不同腔模式之间的光子散射. 原理上,出现在这些积分中的 Wannier 函数 $w(r-r_i)$ 取决于腔场产生的动态势项. 这使得问题非常不平凡.

在最普遍的情况下,必须为每个光子数状态计算 Wannier 函数,以在 BH 模型中定义相应的参数多项式[方程(5.5.5)]. 换句话说,耦合 $J_{i,j}^{lm}$ 可以容易地以在 Fock 空间的算符代替. 如果腔场对俘获电势的影响对于相邻的 Fock 态显著不同,则这种强关联方法是必需的[172]. 通常,必须进行数值模拟以研究,例如,在平均场极限中的多体效应的微观过程[173]. 显然,这种方法仅限于在几个腔模式中移动的几个粒子的小系统尺寸. 然而,大多数研究工作使用近似方法来处理以自洽的方式定义局部 Wannier 功能的腔产生的光学势.

#### 5.5.4.2　用于量子测量和制备的腔增强光散射

在讨论 BH 模型框架内的动力学腔诱导电势问题之前,我们注意到,在简单的散射方式下,如 Mekhov 和 Ritsch 的工作那样,已经开发出基于量子化腔场模式与被捕获的超冷原子系统耦合的许多应用. 在散射场景中,外部晶格电势 $V$ 被强烈地

提取,这能仅限定局部 Wannier 函数,并且由于空腔光力引起的对于它们的修改是可以忽略的.量化腔场模式是一种扰动探测器,可以产生原子多体状态和光可观测量的量子特性之间的对应.该系统给出例如通过光散射确定超冷原子的量子态的手段[174].

在图 5.5.10 中展示了涉及单腔模式的典型量子测量方案.已经表明,可以区分在光晶格的最低频带中捕获并且具有相等的平均密度的超冷 Bose 子的各种量子态.作为有特征性的例子,在图 5.5.11 中展示了 Mott 绝缘体(MI)和 SF 状态的不同透射光谱.与标准技术不同,该测量是非破坏性的,仅受量子测量反作用的限制.根据所选择的几何形状,光散射对全局和局部原子数波动敏感,这或与两个或多个晶格点之间的长距离相关.

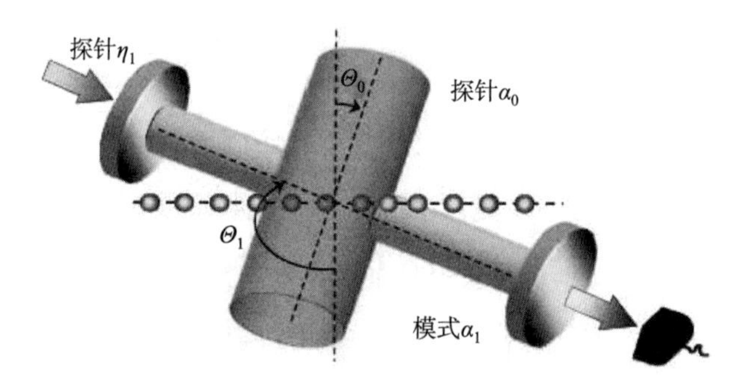


图 5.5.10 光晶格中原子多体状态的量子非污染测量方案. $N$ 个原子被捕获在与空腔模式 $a_1$ 和横向探针模式 $a_0$ 部分重叠的一维晶格电位($M$ 个晶格位点)中.照射的晶格位点的数量由 $K$ 表示.取决于它们的多体状态,原子用作量子折射率,其相对于探针和腔模的统计分布可以通过透射或衍射光谱法作为探针腔失谐或角度 $\Theta_0$ 和 $\Theta_1$.图片摘自参考文献[174]

重复的量子非破坏测量的反作用将原子多体状态驱动到特定状态.这完全类似于微波腔 QED 实验,其中互补地通过测量穿过空腔的原子串的状态将场状态驱动成非经典的 Fock 态[175].

5.5.4.3 在腔平均场近似中的自洽 Bose-Hubbard 模型

当激发的腔模式相对于外部电势 $V$ 显著地改变捕获时,出现真正的腔引起的动力学效应.即使没有明显重建捕获位置处的函数,扰动光探测器也可以改变自由空间的隧穿速率(Rist,Menotti 和 Morigi 的 Bragg 散射).在空腔中,原子分布的局部变化影响整个腔持续的光晶格势.因此,颗粒之间出现了新型的长距离相互作用,并产生了非局部共振或动量空间配对共振,其效果远远超出了标准的 Bose-Hubbard 模型.当 Wannier 函数本身受到空腔的动态影响时,类似于自相矛盾的平均场方法的方法被广泛地用于描述空腔中被捕获的超冷原子的非线性动力学.将腔场振幅 $a=\langle a\rangle+\delta a$ 分解为其平均值和波动,主要假设是只有高激励平均场才能改变捕获电势，而波动量则为扰动探针. 由于腔平均场振幅$\langle a\rangle$取决于瞬时原子量子态，在位电势的深度和形状也是如此. 因此，等式(5.5.4)中的 Wannier 函数及 Hubbard-Hamilton 方程(5.5.5)中的系数等式(5.5.6)必须自适应地与腔平均场$\langle a\rangle$一起确定. 值得注意的是，通常，自相矛盾的计算并不能带来特别的解决方案.

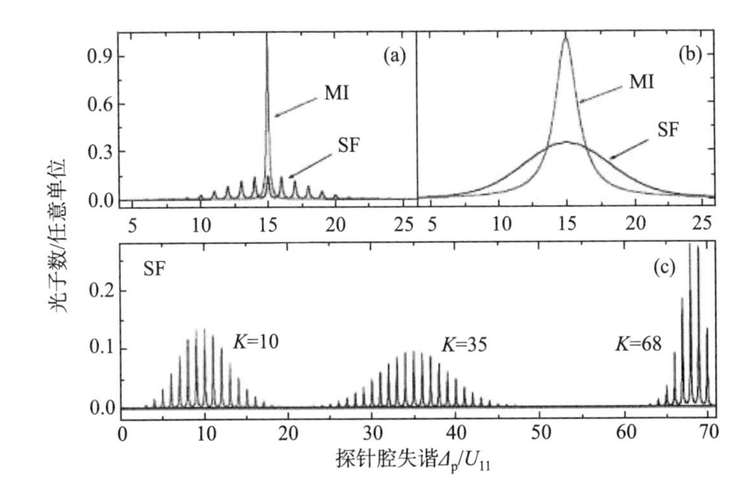


图 5.5.11　图片展示了光晶格的腔内部分中的超冷气体的原子数分布的腔透射光谱(参见图 5.5.10). 作为探针腔失谐 $\Delta_P$ 的函数的透射曲线，Mott 绝缘体(MI)和超流体(SF)状态的失真. (a)具有 $\kappa=0.1U_{11}$ 的良好腔体和(b)具有 $\kappa=U_{11}$ 的不良腔体，其中 $U_{11}=g_1^2/\Delta_A$. (b)伴线没有解决，但 SF 和 Mott 绝缘体(MI)状态的频谱仍然不同. 参数是 $N=M=30$ 和 $K=15$. (c)具有 $N=M=70$ 和不同数量的光晶格点 $K$ 的超流体(SF)状态的光谱. 图片摘自参考文献[174]

5.5.4.3.1　动态光晶格相

考虑一个只有单个模式被驱动并与静态光晶格电势 $V$ 重叠的线性腔. 假设只有最近邻跳跃是相关的，我们保持相邻的$\langle i,j\rangle$对，以及方程(5.5.5)中的指标 $i$ 和 $j$ 上的双重和. 给出相应的多体 Hamilton 算子：

$$H=E_0\hat{N}+E\hat{B}+(\hbar U_0a^+a+V_{\mathrm{cl}})(J_0\hat{N}+J\hat{B})$$
$$-\hbar\Delta_Ca^+a-\mathrm{i}\hbar\eta(a-a^+)+\frac{U}{2}\hat{C}. \tag{5.5.7}$$

相关原子自由度是总原子数 $N$ 和集体最近邻相干 $B$ 定义为

$$\hat{N}=\sum_{i=1}^{M}b_i^+b_i,\quad \hat{B}=\sum_{i=1}^{M}b_i^+b_{i+1}+b_{i+1}^+b_i. \tag{5.5.8}$$

此外，有两体算符 $\hat{C}=\sum_i b_i^+b_i(b_i^+b_i-1)$. 系数 $E_0$，$E$，$J_0$ 和 $J$ 从等式(5.5.6)导出，归一到单腔模式，并假设沿着晶格均匀耦合.

为了表现出基本物理学效应，可以忽略 Wannier 函数的光子数依赖性，并通过 Heisenberg 运动方程绝热消除腔场：

$$\dot{a}=\{\mathrm{i}[\Delta_C-U_0(J_0\hat{N}+J\hat{B})-\kappa]\}a+\eta, \tag{5.5.9}$$

只要空腔场与原子运动的时间尺度相近，这就是一个很好的近似. 由于深层晶格电势的隧穿与反冲频率相比较慢，在实验装置中被广泛应用.

在热力学极限中，人们系统地考虑了与正常情况相同的有效原子 Bose-Hubbard 模型，但是系数 $J_0$ 和 $J$ 取决于多体状态. 通过评估 Mott 绝缘体状态的稳定性，可以构建相图. 如图 5.5.12 所示，该模型预测了竞争 Mott 绝缘体状态的存在. 重叠的 Mott 波腹表示在该激光驱动非线性系统中双稳态的可能性. 可以通过微调泵浦参数来调节系统的状态，这些参数靠近移位腔谐振. 对于某些参数，每个位点具有两个原子的状态可以导致更高的光子数量并因此导致更深的光学势，使得其能量低于具有归一填充的状态的能量.

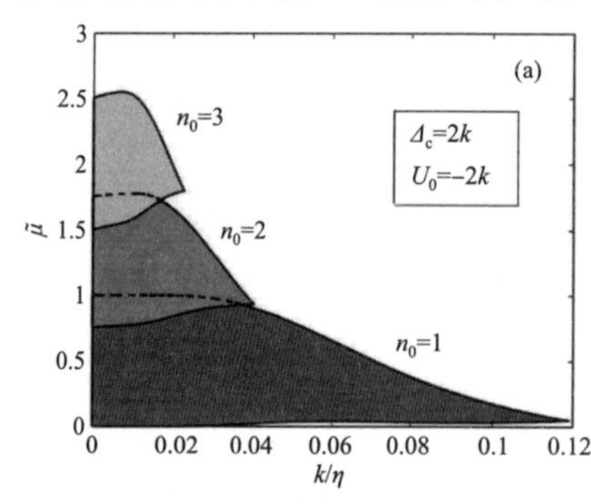


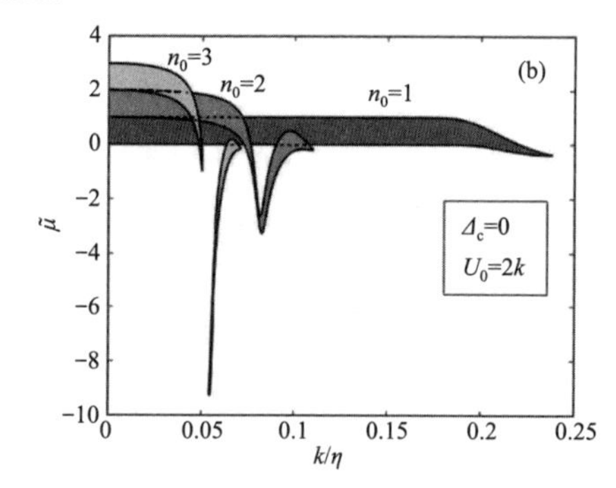


图 5.5.12 具有重叠 Mott 绝缘体状态的相图. 不同 Mott 裂片（阴影区域）的边界与 $K=50$ 格点的一维腔晶格势中的重排化学势 $\tilde{\mu}$ 和泵强度 $\eta$（以 $\kappa$ 为单位）的倒数相关. 参数是(a)$(\Delta_C,U_0)=(2\kappa,-2\kappa)$，(b)$(\Delta_C,U_0)=(0,2\kappa)$. Mott 波瓣由每个格点 $n_0$ 的原子数标记. 虚线显示隐藏区域的边界. 在阴影参数区域之外，在大多数情况下，系统的状态是超流体. 图片摘自参考文献[125]

为了深入了解通过腔场的原子-原子耦合的性质，可以构建一个简单有效的 Hamilton 算子. 绝热场振幅可以在小隧穿矩阵元素 $J$ 中扩展到二阶，

$$a\approx\frac{\eta}{\kappa-\mathrm{i}\delta_C}\left[1-\mathrm{i}\frac{U_0J}{\kappa-\mathrm{i}\delta_C}\hat{B}-\frac{(U_0J)^2}{(\kappa-\mathrm{i}\delta_C)^2}\hat{B}^2\right], \tag{5.5.10}$$

其中引入有效失谐 $\delta_C=\Delta_C-U_0J_0N$，原子数设定为 $N$. 将这个解代入 Hamilton 方程(5.5.7)和解释空腔阻尼的 Liouville 算子方程(5.2.5a)导致了一个有效的绝热模型. 它包括非线性 Hamilton 算子：

$$H_{\mathrm{ad}}=(E+JV_{\mathrm{cl}})\hat{B}+\frac{U}{2}\hat{C}+\frac{\hbar U_0J\eta^2}{\kappa^2+\delta_C^2}\left(\hat{B}+\frac{U_0J\delta_C}{\kappa^2+\delta_C^2}\frac{\kappa^2-3\delta_C^2}{\kappa^2+\delta_C^2}\hat{B}^2\right), \tag{5.5.11a}$$

以及 Liouville 算符：

$$L_{\mathrm{ad}}\rho=\frac{\kappa U_0^2 J^2\eta^2}{(\kappa^2+\delta_{\mathrm{C}}^2)^2}(2\hat{B}\rho\hat{B}-\hat{B}^2\rho-\rho\hat{B}^2). \tag{5.5.11b}$$

(5.5.11)式描述了在算符 $\hat{B}$ 的本征状态的基础上的去相干性. 注意，上述绝热消除程序在数学上不是严格的，因为我们绝热地近似等式(5.5.10)中的非线性动力学方程的解，这也表现为所涉及的运算符的排序歧义.

对于一个小的易处理系统，可以计算出最低能量本征态. 作为一个关键的例子，可分析完全由量化的驻波腔场进行的光晶格中的 SF 到 MI 的量子相变. 光子数对原子运动的动态响应能够强烈地改变原子序参量波动，从而驱动相变. 依赖于空腔参数(例如腔体和外部泵浦激光器之间的失谐)，光子波动可以抑制或增强原子波动和跳跃，从而将系统推向或推离 MI 或 SF 状态. 因此，如图 5.5.13 所示，空穴光晶格电势中的 SF 到 MI 相变的位置可以朝着碰撞原子相互作用强度的更小或更大值移动(保持平均电势深度恒定)这取决于泵腔失谐被选择为正[图 5.5.13(a)]或负[图 5.5.13(b)].

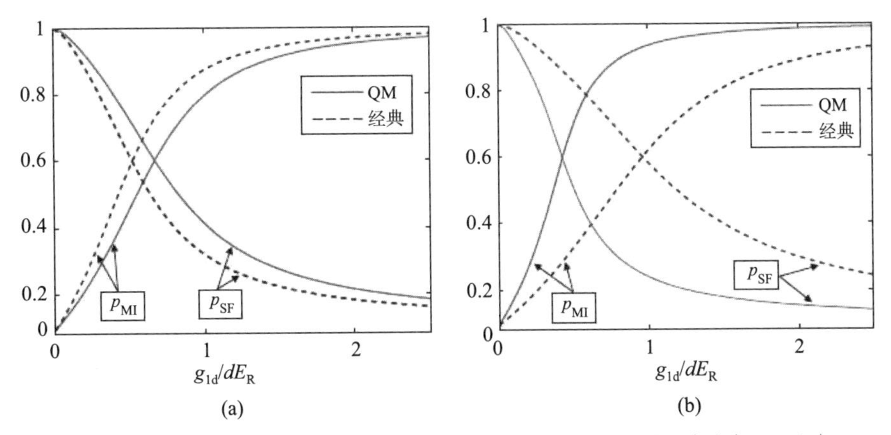


图 5.5.13　Mott 绝缘子(MI)到空腔光栅中的超流体(SF)相变. 将态 $|\Psi_{\mathrm{M}}\rangle$ 和 $|\Psi_{\mathrm{SF}}\rangle$ 中的原子作为无量纲一维(1D)在位相互作用强度 $g_{1\mathrm{D}}/dE_{\mathrm{R}}$($d$ 为晶格常数，$E_{\mathrm{R}}=\hbar\omega_{\mathrm{R}}$ 为反冲能量)的函数的概率 $p_{\mathrm{MI}}$ 和 $p_{\mathrm{SF}}$ 进行比较，有两种情况：第一，对于由腔模式的量子场($V_{\mathrm{cl}}=0$)维持的光晶格. 第二，对于经典光晶格($\eta_1=0$). 我们选择 $\eta$，使得在两个实施案例(a)和(b)中，两个势对于零在位相互作用 $g_{1\mathrm{D}}$ 具有相等的深度. 参数是 $(U_0 m\kappa,\eta)=(-1,1/\sqrt{2},\sqrt{5.5})\omega_{\mathrm{R}}$. 量子(QM)和经典情况分别用实线和虚线描绘. 探针和色散移位腔体频率之间的失谐会影响相变位置. 在(a)[(b)]中，这种失谐是正的，$\Delta_{\mathrm{C}}-U_0 N=\kappa$，与传统格子相比，转变点向较低(较高)的相互作用强度转移. 图片摘自参考文献[76]

图 5.5.14 通过测试固定平均深度但不同平均光子数的电势的 Mott 相的稳定

性，证明了量子势能中光子数量波动的重要性. 虽然在几乎经典的领域（具有许多光子的高度激发的相干状态），Mott 阶段是稳定的，但光子数量波动（不确定性）固有的弱光相干状态的光子增强了隧道和衰减的完美秩序.

在图 5.5.14 中明确地展示出了初始制备的完全有序的原子状态的衰减. 我们选择不同的平均腔内光子数，并通过调整耦合强度 $U_0$ 来保持电势的平均深度. 在经典极限（非常大的光子数和小的原子-空腔耦合）中，系统保持初始的 MI 状态. 对于较小的光子数 $\tilde{n}\approx 20$，初始 MI 状态仅在时间上缓慢降低. 然而，当光子数量波动变得与平均值相当，即在有小到 $\tilde{n}\approx 1$ 的平均光子数量时，系统通过波动诱发的隧道快速地从 MI 状态逃逸. 注意，为了保持平均光电势恒定，较低的光子数连接到每个光子的较大电势，使得在低光子数处附加增强电势波动. 经典极限也接近于坏腔极限 $\kappa\gg\omega_R$，其中数量涨落发生得如此之快，以至于粒子仅感受到平均效果的影响，并且在强度波动期间没有弛豫时间.

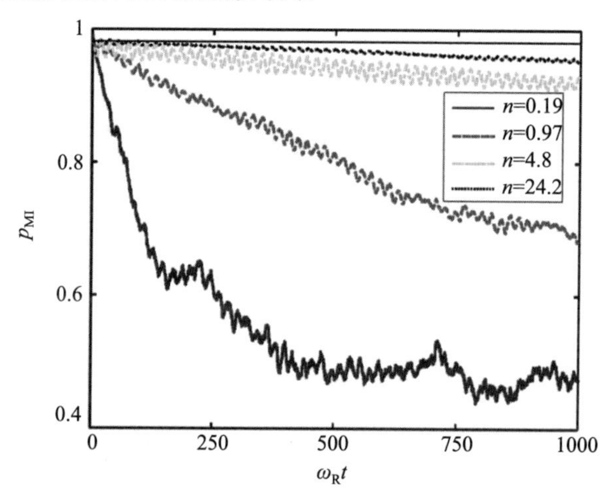


图 5.5.14 光子数粒度对腔持续光晶格中两个原子的 Mott 绝缘子（MI）状态的影响. 针对各种平均腔内光子数 $n$，显示 Mott 绝缘子（MI）状态的占用概率为 $p$ 的 Mott 绝缘子（MI）的时间演变. 调整原子-空腔耦合 $g$ 使得所有曲线的平均电位深度（$8E_R$）相同，而对于等深度的静态光晶格电位，系统保持初始准备的 Mott 绝缘子（MI）状态（实线）. 低 $n$ 的光子数波动消耗 Mott 绝缘子（MI）状态. 图片摘自参考文献[76]

如果已经有单个腔内光子产生相当深度的、能够捕获多个原子的光电势，则空腔光的量子特性变得占主导地位. 由于量子力学允许存在光子数状态的叠加，可以获得具有不同深度的几个电势的叠加.

Silver 等人通过变分方法计算了耦合到空腔光场的双带 BH 模型中的超冷原子的完整相图，且指出了其与 Dicke 模型超辐射相变的类似之处[177]（见第 5.5.2 小节）.

5.5.4.3.2　Hubbard 模型中的自组织

在前文中描述的量子统计特性对空间自组织过程的可能影响可以在扩展 BH 模型的框架内进行研究. 为简单起见,与通常的自组织情况相比,几何形状被修改,如图 5.5.15 所示. 原子被限制在垂直于空腔轴线向的静态光晶格电势中. 如前文所述,假设有大的原子激光器失谐和可忽略的原子饱和度. 提供光晶格电势的激光场被认为是与空腔模式接近谐振的,从而通过 Rayleigh 散射从原子引起相干腔驱动. 对应于该几何体的单原子 Hamilton 量为

$$H=\frac{p^2}{2m}+V_{\mathrm{cl}}\cos^2(kx)-\hbar(\Delta_{\mathrm{C}}-U_0)a^+a+\sqrt{\hbar V_{\mathrm{cl}}U_0}\cos(kx)(a+a^+). \tag{5.5.12}$$

式(5.5.12)中,$V_{\mathrm{cl}}$ 表示静态晶格电势的深度,$\Delta_{\mathrm{C}}$ 是晶格激光器和腔谐振之间的失谐,$U_0$ 表示每个原子腔谐振频率的光偏移. 在简单直观的图像中,动态腔体区域起到跷跷板势的作用. 通过光子散射产生的 $\cos(kx)$ 电势和静态 $\cos^2(kx)$ 电势之间的干扰决定了原子感觉到的整体电势. 系统的空间对称性允许出现两种可能的有序组合,其中所有原子都位于奇数[$\cos(kx)=1$],甚至[$\cos(kx)=-1$]的晶格位置.

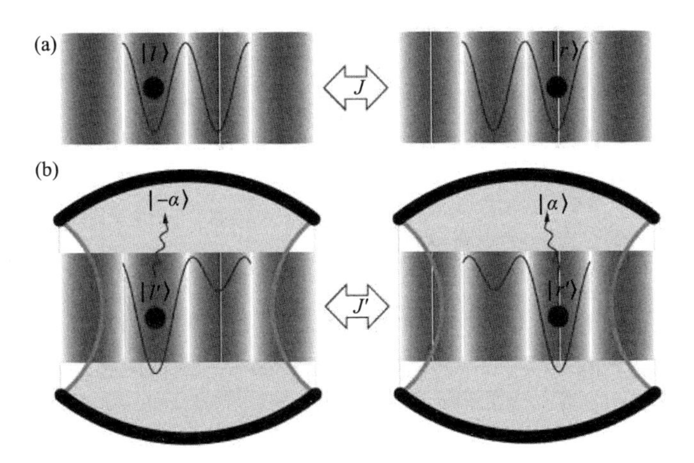


图 5.5.15　自组织作为量子跷跷板效应. (a)被捕获在具有两个相邻位置(左和右)的自由空间一维晶格电位的原子隧道与对应的 Wannier 状态 $|l\rangle$ 和 $|r\rangle$ 之间的速率 $J$ 隧道. (b)除了轴的垂直于光晶格的腔的场之外,耦合原子会引起光栅格激光器和具有与两个位置相位相反的腔场之间的光散射. 由晶格场和空腔场的干扰产生的修正电位可以区分两个位置,并对它们之一产生正反馈和原子排序. 该过程由自发对称破缺开始,并且取决于初始制备的多体状态的量子统计. 图片摘自参考文献[77]

多体 Bose-Hubbard Hamilton 算子,适用于这个方案,

$$J=\sum_{i,j}J_{i,j}b_i^+b_j-\hbar\left(\Delta_C-U_0\sum_i b_i^+b_i\right)a^+a+(a+a^+)\sum_{i,j}\hbar\widetilde{J}_{i,j}b_i^+b_j,\tag{5.5.13}$$

这里,$i$ 和 $j$ 之间的动能和势能 $p^2/2m+V_{cl}\cos^2(kx)$ 的标准矩阵元素由 $J_{i,j}$ 表示,而 $\widetilde{J}_{i,j}$ 给出了干扰项 $\sqrt{U_0V_{cl}/\hbar}$ 的矩阵元素.在这一点上,在位的相互作用被忽略,为了一致性,我们需要每个原子的弱耦合,即 $\hbar|U_0|\ll|V_{cl}|$.

超过平均场近似的该系统的基本动力学特性对于两个原子已经变得明显.如图 5.5.16 所示,自组织的微观物理学过程类似于均匀填充的晶格的衰变,在每个位点,一个粒子平均为自我排序状态,两个粒子占据偶数或奇数位点.随着在不同阱中两个原子的概率衰减,我们首先注意到自组织状态的形成伴随着原子场纠缠的快速增长.然而,最重要的是,人们发现自组织动力学对初始量子涨落的显著依赖.在两个阱的对称叠加中制备的两原子 SF 状态通过 $\frac{1}{2}(b_l^+b_r^+)^2|0\rangle$ 自动组织得比完全有序的 MI 状态 $b_l^+b_r^+|0\rangle$ 快得多,每个阱对应一个原子.在后一种情况下,腔场保持在真空状态,直到隧穿过程引起左和右晶格位点之间的原子相干性,触发 MI 状态朝向自组织状态的衰减.

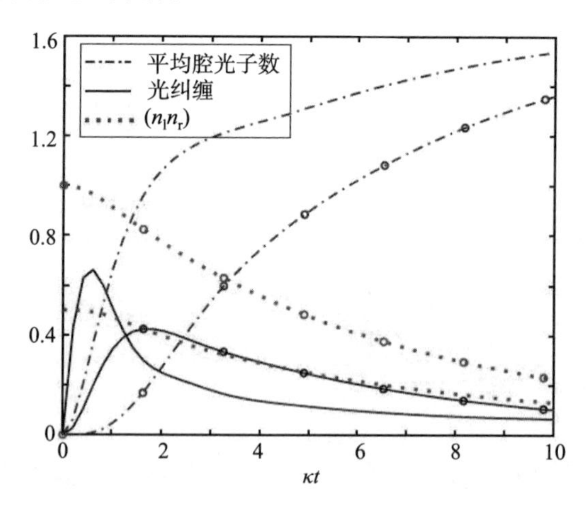


图 5.5.16 纠缠辅助自组织的量子光晶格势(参见图 5.5.14).两个相邻格子阱中的两个原子的原子光纠缠(实线),平均腔光子数(点画线)和双位点原子-原子相关函数(点线)[由左(l)和右(r)区分].具有额外圆的线显示的是在开始(MI 状态)时每个孔中正好一个原子的情况,而其他线表示每个原子(SF 状态)的初始对称叠加状态的演变.参数:$U_0=-2\kappa$,$\Delta_C=-6\kappa$,$J=\kappa/100$,$\widetilde{J}=1.6\kappa$.图片摘自参考文献[77]

在一些近似下,该模型可以外推到热力学极限,可以用来研究类似于在平均场方法中预测的量子相变的现象.在各种其他性质中,这导致对角线长距离顺序和长距离相干性的共存，表明出现在具有不同整数填充因子的类 Mott 状态之间的间隙中的新阶段.

5.5.4.3.3　环形腔

当几个独立的空腔模式与原子动态相互作用时，除了电势深度，电势的形状和空间周期都可以改变. 在环形腔的通用情况下，格子的深度和纵向位置是动态的. 虽然已经在标准光栅中，最低频带假设的有效性通常是不可靠的，并且校正是必要的. 这种近似在环腔中失去其含义. 基于单组 Wannier 函数的扩展被一致地设定，因为给定位置的最低频带 Wannier 功能包含来自大量较高频带的稍微偏移位置的贡献. 因此，小的晶格位移直接涉及许多高阶波段.

由环腔保持的两个腔模式的最简单的例子表明：Bose-Hubbard 模型相对于最低频带处的抽运余弦模式的初始粗截断，使原子与相关正弦模式分离. 这就立即消除了系统的整体动量守恒和非局部相关跳跃的中心动力学效应[164].

举例来说，图 5.5.17 展示了晶格光子数中的量子跃迁伴随着相邻位置之间的隧穿速率的突然变化. 在图中所示轨迹的第二次跃迁后，系统返回到原始平均值，但位置和光子数量都有更大的噪声，这表现出来自光子数量波动加热的影响.

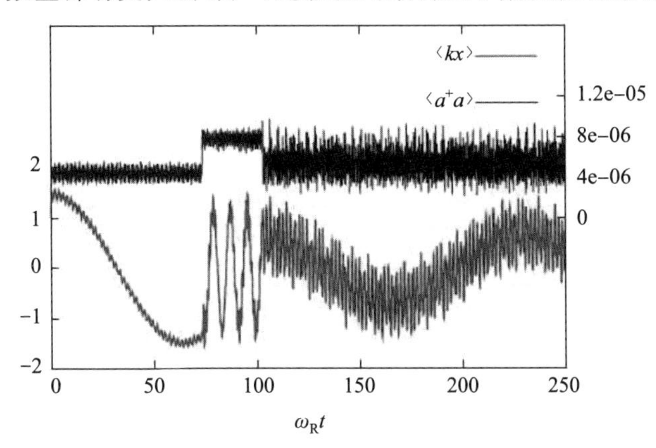


图 5.5.17　在对称驱动的环腔中的相关光子跳跃和原子的隧穿. 图片显示，未驱动正弦模式的位置预期值 $\langle kx\rangle$（右轴）和平均光子数 $\langle a^+a\rangle$（左轴）的采样轨迹呈现出在 $\omega_R t\approx 70$ 和 $\omega_R t\approx 100$ 处出现的两个量子跃迁. 它们导致对应于不同隧穿振荡频率的光子数和原子带激发的同时改变. 在较高频带中，在相邻站点之间获得更快的振荡. 这产生更高的有效跳变幅度和平均加热. 参数：$U_0=-2\omega_R$，$\alpha_C=\sqrt{6}$，$\Delta_C=U_0-\kappa$，$\kappa=5000\omega_R$. 图片摘自参考文献[164]

### 5.5.5　超逆流 Bose-Einstein 凝聚

研究光与物质相互作用以及光子之间的相互作用并利用其奇异性质设计新型

的量子器件,是长期以来人们感兴趣的问题.直到2005年,美国加州理工大学Kimble小组才观测到光学微腔中光子-光子的有效排斥相互作用[178].2006年底,澳大利亚墨尔本大学Greentree小组研究了光子的强关联效应,例如Mott绝缘体-超流相变[179].与固体和冷原子强关联系统相比,光学强关联体系可以操纵单个的格点,并且不需要很低的温度,这样它就为人们实验观测量子多体现象提供了一种易行的方法,并且可以用来设计新型的量子信息器件.我们的刘伍明研究组设计了一个光学微腔阵列,其中每个微腔包含一个V型三能级原子.由于光子之间的强相互作用,横向极化的光子之间会形成混合.通过调节偶极跃迁矩阵元以及不同光学微腔之间的跃迁概率,这个体系可以有效地实现量子铁磁相和反铁磁相.同时研究人员进一步预言,存在一种新颖的超逆流凝聚相,并详细地研究了如何在实验上观测超逆流凝聚相.超逆流凝聚相可以应用于设计新型的光学开关(见图5.5.18).这项新的研究工作对进一步认识光与物质的相互作用具有非常重要的意义[179].

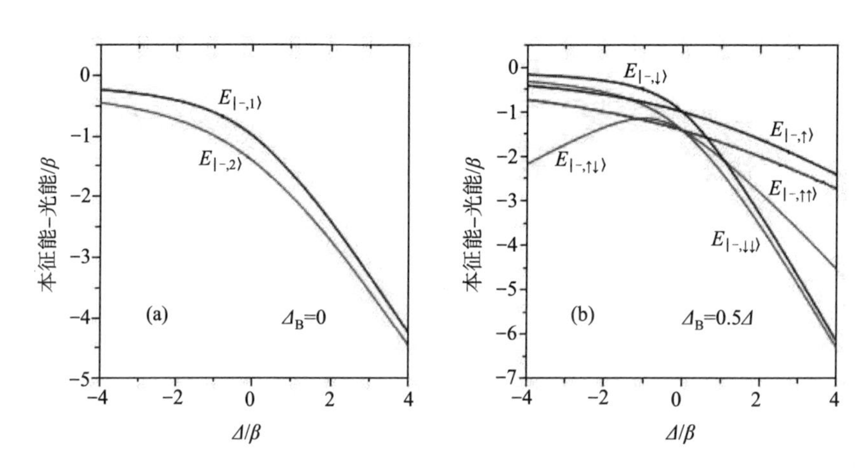


图5.5.18 一个零场原子腔失谐函数的V型原子腔的本征谱.(a)$\Delta_B=0$.(b)$\Delta_B=0.5\Delta$.图片摘自参考文献[179]

## 5.5.6 微腔中超辐射态

量子多体问题及其量子相变一直是物理学界广泛关注的课题,也是凝聚态物理的主要研究课题之一.过去一段时间,冷原子实验平台成为调控维度、结构、相互作用、组分等参数的理想量子多体系统.人们发现了许多有趣的物理现象,例如Tonks气体、三体束缚态、Kosterlitz-Thouless(KT)相变.运用超冷原子与腔量子电动力学研究原子-光场耦合多体问题,可以发现新的量子态,例如光学微腔阵列中的超逆流凝聚相[179],包含冷原子的两个弱耦合微腔系统中的光子Josephson效应[180].

我们熟悉的超辐射态由原子-光耦合极化声子凝聚而成，并破坏了 U(1)对称性.到目前为止，原子间相互作用在著名的 Dicke 模型中还未被考虑.原子间相互作用会产生新的量子态或量子相变(例如，强偶极力的奇特性质和相当长的存活时间)，这让它们成为了实现连贯阻塞效应和量子通信的有力工具.尤其是一维光晶格中，Rydberg 原子的囚禁引发了量子多体问题，例如自旋系统和动力学结晶或超冷原子的融化.人们通过一维 Rydberg 晶格与光学微腔的耦合分析了广义 Dicke 模型以及两个 Rydberg 原子之间的偶极作用与原子光场耦合的竞争，发现当原子光场相互作用支持超辐射相位时，原子间相互作用趋向于组成三个不可压缩的填充数为 0，1/2 和 1 的 Rydberg 固态，这破坏了电磁极子的组成.最重要的是，人们发现了一个奇异量子态——超辐射固态.在这个状态下，超辐射态与晶格有序态共存并且相应的 U(1) 对称性与相变对称性都被破坏了.与破坏了同样的对称性的光晶格中的超固态相比，超辐射固态更加奇特，因为它是由非局域原子光场耦合与极化声子的凝聚所诱发的.人们还发现 0，1 固态到超辐射态的相变是二级相变，而 1/2 固态和超辐射固态到超辐射态的相变则是一级相变(见图 5.5.19).[181]

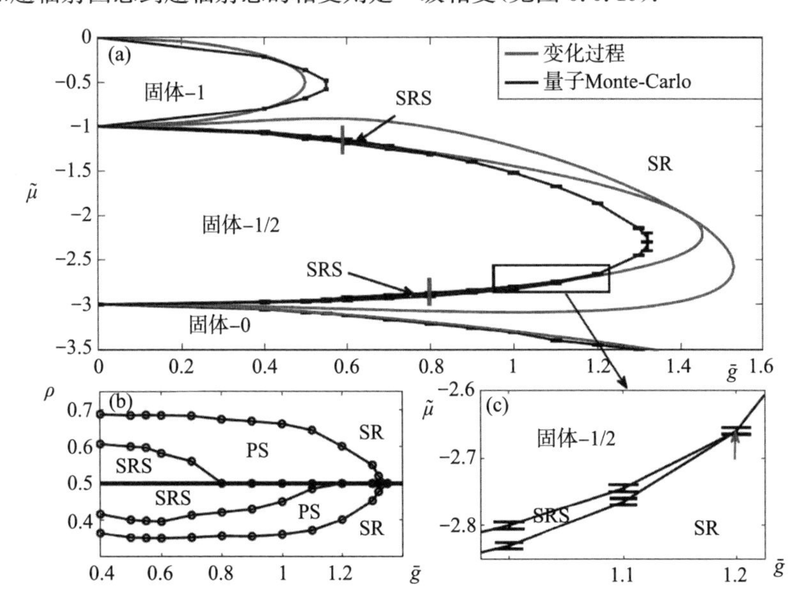


图 5.5.19　(a)利用不同方法获得的巨正则系综化学势 $\tilde{\mu}$ -有效耦合常数 $\bar{g}$ 的相图.图中最近邻相互作用 $V=1$，总失谐 $\Delta=3$，红色的实垂直线由图中给出.(b)利用量子 Monte-Carlo 方法获得的平均激发密度 $\rho$ -有效耦合常数 $\bar{g}$ 的相图.图中 PS 代表固体 - 1/2 相、超固体相(SRS)及超辐射相(SR)相变间的相分离.(c)超固体相(SRS)的扩展区，其中箭头标记超固体相(SRS)、超辐射相(SR)及固体 - 1/2 相的三相点.图片摘自参考文献[181]

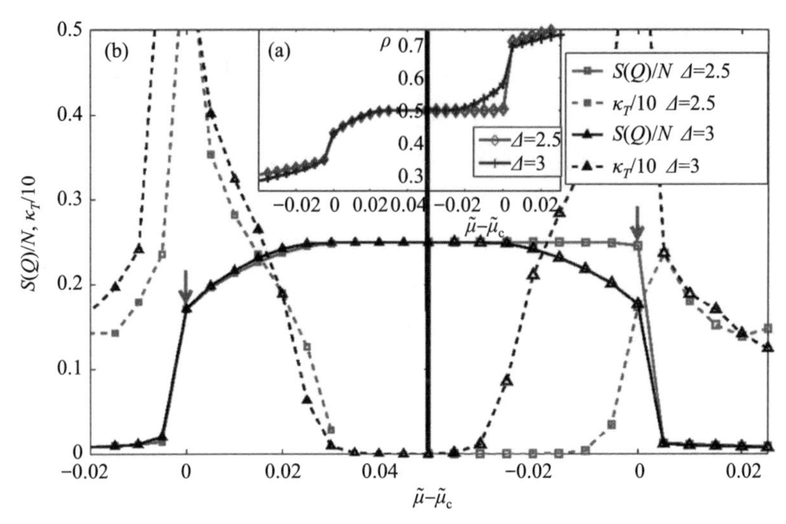


图 5.5.20 结构因子 $S(Q)/N$(实线)和压缩率 $\kappa_T/10$(虚线)随化学势 $\tilde{\mu}-\tilde{\mu}_0$ 的变化. 图中最近邻相互作用 $V=1$,$\beta=1/T=500$($T$ 为温度),晶格数 $N=100$,总失谐 $\Delta=3$ 或 $\Delta=2.5$. (a)图左边部分的虚线代表压缩率沿底部垂直截断线轨迹的变化,而右边部分的虚线代表压缩率沿顶部垂直截断线轨迹的变化,箭头标记三相点 $\tilde{\mu}=\tilde{\mu}_c$,且插图展示了对应的平均激发密度 $\rho$. 图片摘自参考文献[182]

## §5.6 结论

经过多年光学腔 QED 与冷原子、超冷原子的研究,这一领域由理论研究主导,发展到理论与实验结合,并有了一些重要的成果. 单个原子通常在腔内冷却并在光学高精度谐振器内捕获数秒钟,为量子信息科学提供了可良好控制的量子系统. 磁性或光学陷阱中制备的超冷量子气体精确地耦合到高品质腔. 即使在这种色散条件下,这些系统也受到原子集体运动对腔场自由度强烈反作用的影响. 腔衰变提供了一种独特的通道,可以非破坏性地和实时监测复杂的耦合原子光动力学. 许多原子变量可以通过最小化量子反应的量子非污染测量来观测.

为了捕获和冷却系综,纳米尺度甚至微观的微粒或薄膜阵列,以及空腔 QED 的研究领域越来越多地与快速发展的光学领域重叠和统一. 空腔中膜的捕获和冷却阵列只是一个代表. 诸如质量、加速度或磁场的超灵敏检测器或广义相对论的实际应用似乎在当前技术的范围内.

通过理论研究和冷原子团的早期实验,人们研究了超流体和超固相之间的非平衡量子相变[166]. 最近,理论研究开创了自旋玻璃物理的可控制备和研究的新方向与可能性,包括更复杂的超固体和自旋玻璃相. 涉及声子或极化子的其他突出的固态 Hamilton 量可以用前所未有的控制和观察方法进行研究.一个突破性实验展示了对于量子简并的亚烯烃腔冷却,这开启了通过腔体冷却替代蒸发冷却技术的前景,并能从热气体直接制备奇异量子态.这也为连续原子激光作为超低温原子物理学的新工具的实现铺平了道路.

然而,人们还没有通过实验证明分子样品或解决大型悬浮物的冷却和捕获等重要挑战.多模腔环境中多物质实现的前景仍有待完全的评估.除此之外,实验似乎超出了理论和数值模拟的可能性,理论必须被改进,而且需要开发更好的模型.

可以期待,腔持续的光场允许一个耦合具有非常不同的物理性质的混合系统的存在,例如超导量子比特,冷量子气体和微振荡,而不破坏系统的任何经典耦合所引起的系统的量子相干性系统.以这种方式,具有超低温气体的基于空腔的装置可以发展成用于量子信息处理或其他量子未来技术的重要工具,甚至更好的原子晶格钟.

## 参考文献

[1] Domokos P and Ritsch H. J. Opt. Soc. Am. B, 2003, 20(5): 1098.
[2] Shore B W and Knight P L. J. Mod. Opt., 1993, 40(7): 1195.
[3] Dalibard J, Raimond J M, and Zinn-Justin J. Fundamental Systems in Quantum Optics, Proceedings of the les Houches Summer School, Session LIII, 1992.
[4] Carmichael H J. Statistical Methods in Quantum Optics 1: Master Equations and Fokker-Planck Equations. Springer, 1999.
[5] Carmichael H J, Gardiner C W, and Walls D F. Phys. Lett. A, 1973: 46(1): 47.
[6] Domokos P, Horak P, and Ritsch H. J. Phys. B, 2001, 34(2): 187.
[7] Vukics A, Janszky J, and Domokos P. J. Phys. B, 2005, 38(10): 1453.
[8] Vukics A and Ritsch H. Eur. Phys. J. D, 2007, 44(3): 585.
[9] Gordon J P and Ashkin A. Phys. Rev. A, 1980, 21(5): 1606.
[10] Horak P, Hechenblaikner G, Gheri K M, et al. Phys. Rev. Lett., 1997, 79(25): 4974.
[11] Vukics A, Domokos P, and Ritsch H. J. Opt. B, 2004, 6(2): 143.
[12] Hechenblaikner G, Gangl M, Horak P, et al. Phys. Rev. A, 1998, 58(4): 3030.
[13] Domokos P and Ritsch H. J. Opt. Soc. Am. B, 2003, 20(5): 1098.

[14] Doherty A C, Lynn T W, Hood C J, et al. Phys. Rev. A, 63(1): 013401.
[15] Fischer T, Maunz P, Puppe T, et al. New J. Phys., 2001, 3(1): 11.
[16] Hood C J, Lynn T W, Doherty A C, et al. Science, 2000, 287(5457): 1447.
[17] Pinkse P W H, Fischer T, Maunz P, et al. Nature, 2000, 404(6776): 365.
[18] Murr K. J. Phys. B, 2003, 36(12): 2515.
[19] Domokos P, Horak P, and Ritsch H. J. Phys. B, 34(2): 187.
[20] Asbóth J K, Domokos P, Ritsch H, et al. Phys. Rev. A, 2005, 72(5): 053417.
[21] Xuereb A, Domokos P, Asboth J, et al. Phys. Rev. A, 2009, 79(5): 053810.
[22] Xuereb A, Freegarde T, Horak P, et al. Phys. Rev. Lett., 2010, 105(1): 013602.
[23] Metzger C H and Karrai K. Nature, 2004, 432(7020): 1002.
[24] Arcizet O, Cohadon P F, Briant T, et al. Nature, 2006, 444(7115): 71.
[25] Gigan S, Bohm H R, Paternostro M, et al. Nature, 2006, 444(7115): 67.
[26] Mossberg T W, Lewenstein M, and Gauthier D J. Phys. Rev. Lett., 1991, 67(13): 1723.
[27] Lewenstein M and Roso L. Phys. Rev. A, 1993, 47(4): 3385.
[28] Vuletić V, Chan H W, and Black A T. Phys. Rev. A, 2001, 64(3): 033405.
[29] Murr K. Phys. Rev. Lett., 2006, 96(25): 253001.
[30] Domokos P and Ritsch H. J. Opt. Soc. Am. B, 2003, 20(5): 1098.
[31] Maunz P, Puppe T, Schuster I, et al. Nature, 2004, 428(6978): 50.
[32] Grimm R, Weidemüller M, and Ovchinnikov Y B. Adv. At. Mol. Opt. Phys., 2000, 42: 95.
[33] Domokos P, Vukics A, and Ritsch H. Phys. Rev. Lett., 2004, 92(10): 103601.
[34] Vukics A, Janszky J, and Domokos P. J. Phys. B, 2005, 38(10): 1453.
[35] Nußmann S, Murr K, Hijlkema M, et al. Nature Physics, 2005, 1(2): 122.
[36] Kuhr S, Alt W, Schrader D, et al. Phys. Rev. Lett., 2003, 91(21): 213002.
[37] Boca A, Miller R, Birnbaum K M, et al. Phys. Rev. Lett., 2004, 93(23): 233603.
[38] Maunz P, Puppe P, Schuster I, et al. Phys. Rev. Lett., 2005, 94(3): 033002.
[39] Schuster I, Kubanek A, Fuhrmanek A, et al. Nature Physics, 2008, 4(5): 382.
[40] Ourjoumtsev A, Kubanek A, Koch M, et al. Nature, 2011, 474(7353): 623.
[41] Kuhn A, Hennrich M, and Rempe G. Phys. Rev. Lett., 2002, 89(6): 067901.

[42] Boozer A D, Boca A, Miller R, et al. Phys. Rev. Lett., 2007, 98(19): 193601.
[43] Kampschulte T, Alt W, Brakhane S, et al. Phys. Rev. Lett., 2010, 105(15): 153603.
[44] Puppe T, Schuster I, Grothe A. et al. Phys. Rev. Lett., 2007, 99(1): 013002.
[45] Zippilli S and Morigi G. Phys. Rev. Lett., 2005, 95(14): 143001.
[46] Cirac J I, Lewenstein M, and Zoller P. Phys. Rev. A, 1995, 51(4): 1650.
[47] Genes C, Vitali D, Tombesi P, et al. Phys. Rev. A, 2008, 77(3): 033804.
[48] Gangl M and Ritsch H. Phys. Rev. A, 2000, 61(4): 043405.
[49] Schulze R J, Genes C, and Ritsch H. Phys. Rev. A, 2010, 81(6): 063820.
[50] Gangl M, Horak P, and Ritsch H. J. Mod. Opt., 2000, 47(14-15): 2741.
[51] Gangl M and Ritsch H. Phys. Rev. A, 2001, 64(6): 063414.
[52] Salzburger T, Domokos P, and Ritsch H. Opt. Express, 2002, 10(21): 1204.
[53] Keller M, Lange B, Hayasaka K, et al. Nature, 2004, 431(7012): 1075.
[54] Herskind P F, Dantan A, Marler J P, et al. 2009, CLEO/Europe and EQEC 2009 Conference Digest, paper EA1_5.
[55] McKeever J, Buck J R, Boozer A D, et al. Phys. Rev. Lett., 2003, 90(13): 133602.
[56] Boozer A D, Boca A, Miller R, et al. Phys. Rev. Lett., 2006, 97(8): 083602.
[57] Figger H, Meschede D, and Zimmermann C. Laser Physics at the Limits. Springer, 2002.
[58] Leibrandt D R, Labaziewicz J, Vuletić V, et al. Phys. Rev. Lett., 2009, 103(10): 103001.
[59] Lev B L, Vukics A, Hudson E R, et al. Phys. Rev. A, 2008, 77(2): 023402.
[60] Blake T, Kurcz A, and Beige A. J. Mod. Opt., 2011, 58(15): 1317.
[61] Morigi G, Eschner J, and Keitel C H. Phys. Rev. Lett., 2000, 85(21): 4458.
[62] Zippilli S and Morigi G. Phys. Rev. A, 2005, 72(5): 053408.
[63] Chang D E, Regal C A, Papp S B, et al. Proc. Natl. Acad. Sci. U. S. A., 2009, 107(3): 1005.
[64] Genes C, Ritsch H, and Vitali D. Phys. Rev. A, 2009, 80(6): 061803.
[65] Romero-Isart O, Juan M, Quidant R, et al. New J. Phys., 2010, 12(3): 033015.
[66] Thompson J D, Zwickl B M, Jayich A M, et al. Nature, 2008, 452(7182): 72.
[67] Jayich A M, Sankey J C, Zwickl B M, et al. New J. Phys., 2008, 10(9): 095008.
[68] Deachapunya S, Fagan P J, Major A G, et al. Eur. Phys. J. D, 2008,

46(2): 307.
[69] Lu W, Zhao Y, and Barker P F. Phys. Rev. A, 2007, 76(1): 013417.
[70] Rangwala S A, Junglen T, Rieger T, et al. Phys. Rev. A, 2003, 67(4): 043406.
[71] Shuman E S, Barry J F, and DeMille D. Nature, 2010, 467(7317): 820.
[72] Morigi G, Pinkse P W H, Kowalewski M, et al. Phys. Rev. Lett., 2007, 99(7): 073001.
[73] Kowalewski M, Morigi G, Pinkse P W H, et al. Phys. Rev. A, 2011, 84(3): 033408.
[74] Zeppenfeld M, Motsch M, Pinkse P W H, et al. Phys. Rev. A, 2009, 80(4): 041401.
[75] Salzburger T and Ritsch H. Phys. Rev. A, 2006, 74(3): 033806.
[76] Salzburger T and Ritsch H. Phys. Rev. Lett., 2004, 93(6): 063002.
[77] Salzburger T, Domokos P, and Ritsch H. Phys. Rev. A, 2005, 72(3): 033805.
[78] Salzburger T and Ritsch H. Phys. Rev. A, 2008, 77(6): 063620.
[79] Teper I, Lin Y J and Vuletić V. Phys. Rev. Lett., 2006, 97(2): 023002.
[80] Horak P, Ritsch H, Fischer T, et al. Phys. Rev. Lett., 2002, 88(4): 043601.
[81] Fischer T, Maunz P, Pinkse P W H, et al., Phys. Rev. Lett., 2002, 88(16): 163002.
[82] Vilensky M Y, Prior Y, and Averbukh I S. Phys. Rev. Lett., 2007, 99(10): 103002.
[83] Tuchman A K, Long R, Vrijsen G, et al. Phys. Rev. A, 2006, 74(5): 053821.
[84] Raizen M G, Thompson R J, Brecha H, et al. Phys. Rev. Lett., 1989, 63(3): 240.
[85] Sauer J A, Fortier K M, Chang M S, et al. Phys. Rev. A, 2004, 69(5): 051804.
[86] Münstermann P, Fischer T, Maunz P, et al. Phys. Rev. Lett., 2000, 84(18): 4068.
[87] Asbóth J K, Domokos P, and Ritsch H. Phys. Rev. A, 2004, 70(1): 013414.
[88] Dicke R H. Phys. Rev., 1954, 93(1): 99.
[89] Zippilli S, Asboth, Morigi J, et al. Appl. Phys. B, 2004, 79(8): 969.
[90] Fernández-Vidal S, Zippilli S, and Morigi G. Phys. Rev. A, 2007, 76(5): 053829.
[91] Happer W. Rev. Mod. Phys., 1972, 44(2): 169.
[92] Horak P and Ritsch H. Phys. Rev. A, 2001, 64(3): 033422.
[93] Nagy D, Asbóth J K, and Domokos P. Acta Phys. Hung., 2006, 26(1-2):

141.
[94] Schleier-Smith M H, Leroux I D, Zhang H, et al. Phys. Rev. Lett., 2011, 107(14): 143005.
[95] Gangl M and Ritsch H. Phys. Rev. A, 1999, 61(1): 011402.
[96] Nagorny B, Elsässer T, and Hemmerich A. Phys. Rev. Lett., 2003, 91(15): 153003.
[97] Lugiato L A. II Theory of Optical Bistability//Wolf E. Progress in Optics. Elsevier, 1984: 69.
[98] Klinner J, Lindholdt M, Nagorny B, et al. Phys. Rev. Lett., 2006, 96(2): 023002.
[99] Bonifacio R, De Salvo L, Narducci L M, et al. Phys. Rev. A, 1994, 50(2): 1716.
[100] Courtois J Y, Grynberg G, Lounis B, et al. Phys. Rev. Lett., 1994, 72(19): 3017.
[101] Kruse D, Ruder M, Benhelm J, et al. Phys. Rev. A, 2003, 67(5): 051802(R).
[102] Brzozowska M, Brzozowski T M, Zachorowski J, et al. Phys. Rev. A, 2006, 73(6): 063414.
[103] Bonifacio R, De Salvo L, Narducci L M, et al. Phys. Rev. A, 1994, 50(2): 1716.
[104] Berman P R. Phys. Rev. A, 1999, 59(1): 585.
[105] Slama S, Krenz G, Bux S, et al. Phys. Rev. A, 2007, 75(6): 063620.
[106] Inouye S, Chikkatur A P, Stamper-Kurn D M, et al. Science, 1999, 285(5427): 571.
[107] von Cube C, Slama S, Kruse D, et al. Phys. Rev. Lett., 2004, 93(8): 083601.
[108] Robb G R M, Piovella N, Ferraro A, et al. Phys. Rev. A, 2004, 69(4): 041403.
[109] Kuramoto Y. Self-entrainment of a population of coupled non-linear oscillators//Huzihiro Araki. International Symposium on Mathematical Problems in Theoretical Physics, Volume 39. Lecture Notes in Physics. Springer, 1975, 420.
[110] Salzburger T and Ritsch H. New J. Phys., 2009, 11(5): 055025.
[111] Montgomery D C. Theory of the Unmagnetized Plasma. Gordon and Breach, 1971.
[112] Grießer T and Ritsch H. Opt. Express, 2011, 19(12): 11242.
[113] Ritter S, Brennecke F, Baumann K, et al. Appl. Phys. B, 2009, 95(2): 213.

[114] Grießer T, Ritsch H, Hemmerling M, et al. Eur. Phys. J. D, 2010 58(3): 349.
[115] Grießer T, Niedenzu W, and Ritsch H. New J. Phys., 2012, 14(5): 053031.
[116] Niedenzu W, Grießer T, and Ritsch H. Europhys. Lett., 2011, 96(4): 43001.
[117] Luciani J F and Pellat R. J. Phys. France, 1987, 48(4): 591.
[118] Posch H and Thirring W. Phys. Rev. Lett., 2005, 95(25): 251101.
[119] Slama S, Bux S, Krenz G, et al. Phys. Rev. Lett., 2007, 98(5): 053603.
[120] Kruse D, von Cube C, Zimmermann C, et al. Phys. Rev. Lett., 2003, 91(18): 183601.
[121] Gupta S, Moore K L, Murch K W, et al. Phys. Rev. Lett., 2007, 99(21): 213601.
[122] Brennecke F, Donner T, Ritter S, et al. Nature, 2007, 450(7167): 268.
[123] Colombe Y, Steinmetz T, Dubois G, et al. Nature, 2007, 450(7167): 272.
[124] Purdy T P, Brook D W C, Botter T, et al. Phys. Rev. Lett., 2010, 105(13): 133602.
[125] Wolke M, Klinner J, Kessler H, et al. Science, 2012, 337(6090): 75.
[126] Rolston S L and Phillips W D. Nature, 2002, 416(6877): 219.
[127] Gardiner C W and Zoller P. Quantum Noise: A Handbook Of Markovian And Non-markovian Quantum Stochastic Methods with Applications to Quantum Optics, $3^{rd}$ ed. Springer, 2004.
[128] Horak P, Barnett S M, and Ritsch H. Phys. Rev. A, 2000, 61(3): 033609.
[129] Horak P and Ritsch H. Phys. Rev. A, 2001, 63(2): 023603.
[130] Nagy D, Szirmai G, and Domokos P. Eur. Phys. J. D, 2008, 48(1): 127.
[131] Gardiner S A, Gheri K M, and Zoller P. Phys. Rev. A, 2001, 63(5): 051603.
[132] Szirmai G, Nagy D, and Domokos P. Phys. Rev. A, 2010, 81(4): 043639.
[133] Nagy D, Szirmai G, and Domokos P. Phys. Rev. Lett., 2011, 84(4): 043637.
[134] Gross M and Haroche S. Phys. Rep., 1982, 93(5): 301.
[135] Grangier Ph and Poizat J Ph. Eur. Phys. J. D, 1998, 1(1): 97.
[136] Szirmai G, Nagy D, and Domokos P. Phys. Rev. Lett., 2009, 102(8): 80401.
[137] Botter T, Brooks D, Gupta S, et al. Proceedings of the XXI International Conference on Atomic Physics, Pushing the Frontiers of Atomic Physics. World Scientific, 2009, 117.
[138] Ji A C, Xie X C, and Liu W M. Phys. Rev. Lett., 2007, 99(18): 183602.
[139] Brennecke F, Ritter S, Donner T, et al. Science, 2008, 322(5899): 235.

[140] Zhang J M, Cui F C, Zhou D L, et al. Phys. Rev. A, 2009, 79(3): 033401.
[141] Chen W, Goldbaum D S, Bhattacharya M, et al. Phys. Rev. A, 2001, 81(5): 053833.
[142] Chen B, Jiang C, Li J J, et al. Phys. Rev. A, 2011, 84(5): 055802.
[143] De Chiara G, Paternostro M, and Palma G M. Phys. Rev. A, 2011, 83(5): 052324.
[144] Cirac J I, Zoller P, Kimble H J, et al. Phys. Rev. Lett., 1997, 78(16): 3221.
[145] Imamoḡlu A, Schmidt H, Woods G, et al. Phys. Rev. Lett., 1997, 79(8): 1467.
[146] Caves C M. Phys. Rev. Lett., 1980, 45(2): 75.
[147] Marquardt F, Chen J P, Clerk A A, et al. Phys. Rev. Lett., 2007, 99(9): 093902.
[148] Nagy D, Domokos P, Vukics A, et al. Eur. Phys. J. D, 2009, 55(3): 659.
[149] Murch K W, Moore K L, Gupta S, et al. Nature Physics, 2008, 4(7): 561.
[150] Brahms N, Botter T, Schreppler S, et al. Phys. Rev. Lett., 2012, 108(13): 133601.
[151] Fabre C, Pinard M, Bourzeix S, et al. Phys. Rev. A, 1994, 49(2): 1337.
[152] Mancini S and Tombesi P. Phys. Rev. A, 1994, 49(5): 4055.
[153] Brooks D W C, Botter T, Schreppler S, et al. Nature, 2012, 488(7412): 476.
[154] Yasir K A, Zhuang L, and Liu W M. Phys. Rev. A, 2017, 95(1): 013810.
[155] Baumann K, Guerlin C, Brennecke F, et al. Nature, 2010, 464(7293): 1301.
[156] Baumann K, Mottl R, Brennecke F, et al. Phys. Rev. Lett., 2011, 107(14): 140402.
[157] Mottl R, Brennecke F, Baumann K, et al. Science, 2012, 336(6088): 1570.
[158] Stenger J, Inouye S, Chikkatur A P, et al. Phys. Rev. Lett., 1999, 82(23): 4569.
[159] Leggett A J. Phys. Rev. Lett., 1970, 25(22): 1543.
[160] Büchler H P and Blatter G. Phys. Rev. Lett., 2003, 91(13): 130404.
[161] Gross M and Haroche S. Phys. Rep., 1982, 93(5): 301.
[162] Wang Y K and Hioe F T. Phys. Rev. A, 1973, 7(3): 831.
[163] Keeling J, Bhaseen M J, and Simons B D. Phys. Rev. Lett., 2010, 105(4): 043001.
[164] Bhaseen M J, Mayoh J, Simons B D, et al. Phys. Rev. A, 2012, 85(1): 013817.
[165] Ritsch H. Nature Physics, 2009, 5(5): 781.

[166] Gopalakrishnan S, Lev B L, and Goldbart P M. Phys. Rev. Lett., 2011, 107(27): 277201.

[167] Gopalakrishnan S, Lev B L, and Goldbart P M. Philos. Mag., 2011, 92(1-3): 353.

[168] Müller M, Strack P, and Sachdev S. Phys. Rev. A, 2012, 86(2): 023604.

[169] Gopalakrishnan S, Lev B L, and Goldbart P M. Phys. Rev. A, 2010, 82(4): 043612.

[170] Keeling J, Bhaseen J, and Simons B. Physics, 2010, 3: 88.

[171] Brazovskii S A. Sov. Phys. JETP, 1975, 41(1): 85.

[172] Fisher, M P A, Weichman P B, Grinstein G, et al. Phys. Rev. B, 1989, 40(1): 546.

[173] Horak P and Ritsch H. Eur. Phys. J. D, 2015, 13(2): 279.

[174] Maschler C, Ritsch H, Vukics A, et al. Opt. Commun., 2007, 273(2): 446.

[175] Miyake H, Siviloglou G A, Puentes G, et al. Phys. Rev. Lett., 2011, 107(17): 175302.

[176] Guerlin C, Bernu J, Deléglise S, et al. Nature, 2007, 448(7156): 889.

[177] Silver A O, Hohenadler M, Bhaseen M J, et al. Phys. Rev. A, 2010, 81(2): 023617.

[178] Birnbaum K M, Boca A, Miller R, et al. Nature, 2005, 436(7047): 87.

[179] Greentree A D, Tahan C, Cole J H, et al. Nature Physics, 2006, 2(12): 856.

[180] Ji A C, Xie X C, and Liu W M. Phys. Rev. Lett., 2007, 99(18): 183602.

[181] Ji A C, Sun Q, Xie X C, et al. Phys. Rev. Lett., 2009, 102(2): 023602.

[182] Zhang X F, Sun Q, Wen Y C, et al. Phys. Rev. Lett., 2013, 110(9): 090402.

# 第 6 章　空间冷原子

## §6.1　引言

物理学进步的来源包括扩展参数空间和对前沿知识的好奇心. 在"更低温度"方面的成就可开辟特别有意义的途径,如激光冷却技术的发明开辟了通往 μK 体系和量子流体新世界的道路,包括 Bose-Einstein 凝聚和简并 Fermi 气体[1][2]. 蒸发冷却将原子气体的温度进一步降低到 nK. 在 nK 温度下将简并原子加载到光晶格中使得量子模拟,包括从超流态到 Mott 态的相变[3],以及根据 Haldane 模型和量子动力学相变实现的拓扑相变成为可能[4]~[6]. 低温也促进了新技术的应用,如:K 温度下的低温技术支持的核磁共振成像[7];用于高灵敏度检测的超导量子干涉器件(SQUID)和磁悬浮列车[8][9];利用原子干涉法通过重力场的变化探测地下水[10]. 此外,在 μK 温度下的冷原子使不确定度为每 3 千万年 1 秒的原子喷泉钟得以创造[11],该钟可用于全球定位和通信系统;在光晶格中工作的光晶格钟,如锶(Sr)光钟[12],可以实现每 100 亿年 1 s 的不确定度,这为精确频率和长度计量的新应用拓展了道路.

近期实验表明,在固体 He 中可能存在超固态,而在冷原子系统中也可能实现超固态. 这对深入研究超固态的机制有重要的推动作用. 这方面的进展为量子多体系统的研究提供了一个新的视角. 此外,还有许多崭新的物理问题,如不同几何结构的光晶格中冷原子系统的基态性质,冷原子系统中的巡游磁性和磁畴演化等. 可以预见,将周期光场与 Bose 气体组成"人造晶体",并研究其中的强关联、相变等性质,将是未来的主要研究热点之一.

无论在基础研究还是在应用研究中,Bose-Einstein 凝聚都有巨大的潜在价值,因此一些西方发达国家相继投入研究力量全面展开对这一前沿领域的探索与研究,以开发"超冷原子"在工业、国防及空间科学技术领域的可能应用. 微重力环境下的流体物理研究和相变物理很自然地符合这些原则. 激光冷却与囚禁原子实验要求尽可能长地俘获原子,但是在地面实验室,重力时常会破坏原子势阱,减弱冷却效果;同时,机械振动也会加热原子团. 因此,冷原子物理也满足这些遴选的必要条件,而成为空间物理实验的一个领域.

在进行空间物理实验的同时,基于地面环境的研究项目也是非常必要而有益的.首先,地面实验室进行的实验,有助于初步了解现象,摸清实验环节和难点,从而给出空间实验的内容.其次,只有从广泛的地面研究项目,才能筛选出那些真正值得去太空做的实验,而后者是地面实验的自然延伸.再次,一个要在太空进行物理实验,必须先在地面尽可能地进行,只有这样,才可以确定在空间实验室里,一个高度复杂的物理实验是否能成功完成.

世界上第一个微重力环境下的 BEC 研究项目是德国的 QUANTUS 计划.2006 年,Rasel 团队[13]利用发射塔对 Quantengasen unter Schwerelosigkeit(缩写 QUANTUS)项目原子芯片进行了 Rb 原子冷却实验,在微重力条件下实现$^{87}$Rb Bose-Einstein 凝聚.原子芯片是原子界采用的术语,指一种由特殊设计的表面电路产生的用于捕获原子的微型磁性原子阱.2010 年,他们利用 120 米高的空投塔实现了 Bose-Einstein 凝聚.到 2013 年,他们又利用原子芯片和空投塔进行了 BEC 原子干涉实验[14][15],2021 年,实现了 pK 温度的实验.2011 年,法国 Bouyer 团队使用抛物线飞机飞行以及全光学技术冷却 Rb 原子,并演示了在微重力环境下的原子干涉[16].2017 年,该团队启动了 MAIUS-1 项目,利用探测火箭提供 6 分钟的微重力时间,并利用原子芯片进行了 Rb 原子 BEC 测试.他们的目标是获得具有 pK 温度的超低温冷原子,而他们在实际实验中演示了 nK 体系的温度[17][18].2017 年,美国 NASA 的喷气推进实验室(JPL)团队提出在月球上国际空间站(ISS)进行 Rb 和 K 原子冷却实验,以获得 100 pK 的超冷原子气体[19].2018 年,美国发射了冷原子实验室(CAL)实验模块,并在国际空间站上进行了 Rb 和 K 冷却实验[20]~[22].2018 年,北京大学执行了一种基于全光偶极阱的方案,被称为两级冷却(TSC)[23]~[25].TSC 计划于 2013 年提出,计划在中国空间站上实施,目标温度是低于 100 pK.2018 年在地面进行了一次 TSC 方案测试[25].

基于上述内容,本章以空间冷原子实验流程为基本思路,首先简述其基本原理,然后介绍地面与微重力下实验装置及冷原子量子特性,最后讨论量子精密测量.

## §6.2 基本原理

对于处在简谐势阱中的 $N$ 个 Bose 原子气,如果原子气体的温度 $T$ 以某种方式降低到临界温度 $T_c$ 以下,则有宏观占据原子数 $N_0$ 凝聚在基态,即发生 Bose-Einstein 凝聚,凝聚体数为 $N_0$.此时对应的温度被称为临界温度 $T_c$,即相变温度[26]:

$$\kappa_B T_c = \omega_{ho}\left(\frac{N}{\zeta(3)}\right)^{1/3} = 0.94\hbar\omega_{ho}N^{1/3}, \tag{6.2.1}$$

其中 $\kappa_B$ 是 Boltzmann 常数,$\zeta(n)$是 Riemann $\zeta$ 方程,$\zeta(3)=1.064$,$\hbar$ 为 Planck

常数除以 $2\pi$，简谐势阱各方向频率为 $\omega_x,\omega_y,\omega_z$，而势阱的几何平均频率是 $\omega_{ho}=(\omega_x\omega_y\omega_z)^{1/3}$. 要实现 Bose-Einstein 凝聚体量子磁性的更加精密测量，一个最重要的方面是继续降低冷原子气的温度. 因为，这不仅意味着热效应压制，量子效应更加显著，相空间密度增加，还意味着凝聚体寿命增加，测量时间延长.

对于实际的实验系统，将原子气体进行一系列处理、预冷却、转移、载入势阱后，进一步冷却原子气体的一种常用方法是强制蒸发冷却. 在这个过程中，选择性地有较高动能的原子飞出势阱，以移去较高的能量，然后通过弹性碰撞，剩余粒子达到热平衡，从而降低势阱内原子气体的温度，如图 6.2.1 所示.

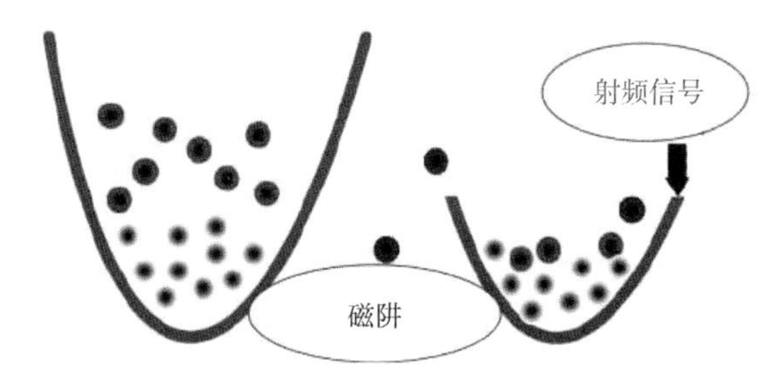


图 6.2.1　简谐势阱中原子蒸发冷却示意图. 通过射频信号，势阱高度被修改而降低(右边)，较高能量热原子被移除(蓝色圆)

但事实上，上述蒸发冷却过程不可能持续地进行下去. 实验中，一方面，为了获得高信噪比(SNR)和高相空间密度的实验测量，维持一定数量的原子(一般在 $10^4$ 和 $10^6$ 之间)是必要的；另一方面，随着原子数密度和温度的降低，原子的碰撞率下降，蒸发过程逐渐变慢.

为了达到极低温度，另一种思路是减小势阱频率. 在热原子的数量恒定的情况下，势阱中气体的温度与势阱频率 $\omega_{ho}$ 的关系由下式决定[27]：

$$T=0.94\,\frac{\hbar\omega_{ho}}{\kappa_B}(N-N_0)^{1/3}. \tag{6.2.2}$$

然而，在地面上，势阱是非对称的. 在重力的影响下，一个对称的势阱会转变为如图 6.2.2(实线)所示的势阱. 并且在势阱的重力方向上会产生一个间隙，原子会从间隙泄漏出去. 因此，在实际实验中，人们将势阱势垒的高度设置为大于临界值，以防止原子从重力产生的间隙中逃逸，从而减少原子密度. 如果有 $10^5$ 个 Rb 原子，在地面上使用的势阱的频率大约为 100 Hz. 从等式(6.2.2)可以计算出对应的温度在 100 nK 左右.

既然重力是限制温度继续降低的一个瓶颈，那么微重力条件就为我们提供了一个理想的环境. 通过消除重力的影响，可以消除势阱中的间隙. 原则上，可以减少势阱频率到 $\omega_{ho}=0.001$ Hz，相应的温度为 1 pK 左右. 因此，在微重力条件下，可以获得不同势阱超冷原子气体的 pK 量级温度.

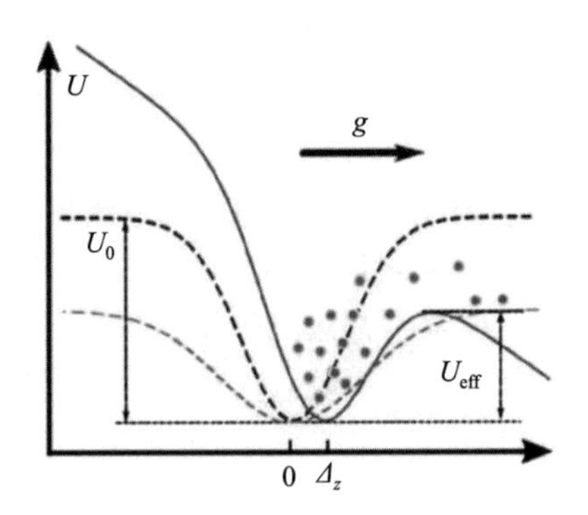


图 6.2.2 势阱在重力方向($z$ 轴)的分布.重力使得势阱倾斜(实线)为 $U_{\text{eff}}$,对应阱深为 $U_0$ 的原始光偶极阱(深色虚线)和阱深为 $U_{\text{eff}}$ 的等效未倾斜势阱(浅色虚线).来自参考文献[27]

实现 Bose-Einstein 凝聚体量子磁性精密测量的另一个最重要的方面是测量手段.在冷原子实验中,“接触式探针法”并不适用[28].这是因为与尺度为 10 μm 的探针(大约 $10^{13}$ 个原子)相比,冷原子样品的原子数量太少了,因此,人们一般通过光学探测来获得凝聚体的物理信息.

在光学探测的过程中关键性的物理过程是原子与光的相互作用.原子与光的相互作用可以分为以下 3 个过程:吸收光子过程,光子再发射过程以及透过光的相移的过程.整个相互作用过程表现为复数形式的折射率.由于折射率为复数,任何穿过原子样品的光的电场分量强度都将减小并产生相移.假设一束光穿过一分布于空间的原子团,则

$$E = tE_0 e^{i\varphi}, \tag{6.2.3}$$

其中 $t$ 为透射系数,$\varphi$ 为相移,$E_0$ 和 $E$ 是原光的电场分量和投射光的电场分量.人们可以提取透射系数或相移的信息来进行冷原子团的成像测量.

一般当探测光接近共振,透射系数较小时是利用透射系数 $t$ 进行成像探测的.此时,测量是破坏性的,即测量后冷原子气被毁坏.当探测光远离共振,透射系数较大时,人们可以利用相移 $\varphi$ 设计成像系统,此时探测是非破坏性的.运用非破坏性探测可以达到对冷原子量子磁性更加精密的测量,因为这意味着可以对该冷原子气进行多次测量.这不仅可以更加精细地观察其磁性结构,还能测量其量子磁性动力学行为.

## §6.3 地面实验装置简介

最早能够制备 Bose-Einstein 凝聚体的是 Anderson 等人,他们所用到的装置

主要包括玻璃真空腔、磁光阱、四极阱上发展出的 TOP 型磁阱[1]. MIT 的 Ketterle 团队主要用到的是 Zeeman 减速器、暗磁光阱、四级磁阱[29]. 之后,实验装置技术蓬勃发展. 1996 年,Ketterle 组使用了一种新型的 Ioffe-Pritchard 阱[30]. 同年,Myatt 等人提出了分布于上、下两个不同真空腔的双磁光阱[31]. 第二年,Myatt 等人发展了一种"垒球线圈" Ioffe-Pritchard 磁阱[32]. 2001 年,Hänsch 小组发展了一种被称为原子芯片的微型磁阱[33]. Barrett 等人在同年展示了交叉失谐激光束构成的纯光阱[34],在纯光阱,中原子可以处于任意 Zeeman 子能级,这就使得研究冷原子量子磁性成为可能.

总的来说,冷原子实验装置复杂多样,各有优点,可应用于不同的实验方案. 我们以中国科学院物理研究所的实验装置为例,地面冷原子物理实验平台如图 6.3.1 所示. 实验原子气由原子气束源腔射出,原子的初级冷却在二维磁光阱部分完成. 随后,冷原子云转移到科学实验腔内进行深度冷却,以实现超低温量子气体(可以包括 Bose、Fermi 等多种气体). 此外,还有光学系统,提供冷却光源、势阱光及探测光. 电控单元实现整个装置的自动运转,它对整个系统各个单元进行参数控制(控制系统单元、激光系统单元、成像系统单元、磁场系统单元). 通信单元主要实现实验平台与外部计算机的数据传输.

图 6.3.1　地面冷原子实验装置,主要包括离子泵、二维磁光阱、磁场线圈、科学实验腔、CCD 摄像机(箭头标出)

### 6.3.1　原子源腔

原子气束源腔,或称为原子炉是存放目标实验原子源的装置,通常是固体或液体.加热产生的原子蒸气充满原子炉,通过准直孔径后形成原子气束.由这种方式产生的原子气具有较宽的输出角度分布,大部分原子暴露在实验装置壁上,或者通过真空泵被抽出,达到实验目的的原子气非常少,因此效率比较低.提高原子气束效率的一种方法是构造一个原子循环系统.在准直孔径周围包裹一层冷却板,原子可粘在上面,凝聚体的液体会回流到原子炉被重新利用[35].

### 6.3.2 转移装载

得到原子气束后,实验上就要对其进行装载、转移、冷却等,最终得到 Bose-Einstein 凝聚体.实际操作中,装载、转移、冷却一般是同步进行的.大多数实验首先是在二维磁光阱(2D-MOT)中俘获产生快速的原子流,原子流在自身的流速下穿过差分管进入三维磁光阱(3D-MOT),实现原子重新冷却俘获.为了提高 3D-MOT 的装载效率,通常加载一束线偏振平行推送光,它沿着 2D-MOT 轴向对对原子云的转移流速施加控制.之后再经过一系列的冷却、装载,最终可在磁阱、光阱或是磁光阱中形成极低温 BEC.对于冷却过程,我们将在后面进行叙述.就势阱而言,与磁阱相比,光阱具有相对简单的实验装置、相对高的重复率和能俘获任意自旋态等优点.更重要的是,只有在光阱中才能研究量子气体内部的量子磁性物理性质.下面就光学偶极阱进行叙述[36].

### 6.3.3 光学偶极阱

远失谐激光对原子能级的影响可被视为电场的二阶微扰,即场强的线性微扰.作为非简并态的二阶不含时微扰理论的一般结果,相互作用 Hamilton 量导致能量移动由下式给出:

$$\Delta E_i = \sum_j \frac{|\langle i | V | j \rangle|^2}{\varepsilon_i - \varepsilon_j}. \tag{6.3.1}$$

对于与激光相互作用的原子,相互作用 Hamilton 量是 $V = \boldsymbol{u} \cdot \boldsymbol{E} = -e\boldsymbol{r} \cdot \boldsymbol{E}$.对于相关的能量,必须采用“缀饰态”的观点,考虑“原子加光场”的组合系统.在基态,取原子的内能为零,根据光子数 $n$,场能为 $n\hbar\omega$.这就是未微扰态总能量.当原子通过吸收光子进入激发态时,内能为 $\hbar\omega_0$,场能为$(n-1)\hbar\omega$,总能量为 $\varepsilon_j = \hbar\omega_0 + (n-1)\hbar\omega$.因此两能级差为 $\varepsilon_i - \varepsilon_j = \hbar\Delta$,$\Delta = \omega - \omega_0$ 为失谐量.

对于两能级原子,上式简化为

$$\Delta E = \pm \frac{|\langle e | V | g \rangle|^2}{\Delta} |\boldsymbol{E}|^2 = \pm \frac{3\pi c^2 \Gamma}{2\omega_0^3 \Delta} I. \tag{6.3.2}$$

对于基态和激发态,上式分别取正号和负号.在上式中我们使用了光强关系式 $I = 2\varepsilon_0 c |\boldsymbol{E}|^2$,用衰变率 $\Gamma$ 代替偶极矩阵元.这一微扰结果所揭示出的对能量移动展现了一个非常有趣和重要的事实:光学诱导的基态能移(被称为“光移”或“交流

Stark 效应")正好对应于二能级原子的偶极势,而激发态显示相反的能移. 在低饱和度情况下,原子大部分时间都处于基态,我们可以将光移基态解释为原子运动的相关势.

若要将上式运用于多能级原子,则必须知道特定基态和激发态之间的偶极矩阵元. 在原子物理学中,众所周知,特定的跃迁矩阵元可写成常数乘以约化矩阵元的简化形式 $u_{ij}=c_{ij}|u|$. 完全简化的矩阵元仅依赖于电子轨道波函数,并且与自发衰变率直接相关. 系数 $c_{ij}$ 取决于激光偏振以及所涉及的电子和核角动量. 它们可以用不可约张量算符的形式来计算,也可以在相应的表格中找到. 有了这样的简化,我们现在可以把电子基态的能移写成

$$\Delta E=\frac{3\pi c^2\Gamma}{2\omega_0^3}I\times\sum_j\frac{c_{ij}^2}{\Delta_{ij}}, \tag{6.3.3}$$

其中求和是在所有电子激发态上进行的. 这意味着,为了计算依赖于状态的基态偶极势,必须将所有耦合激发态的贡献相加.

对于量子磁性的实验,为了使磁量子数不同的原子感受到相同的光阱,一般所用的激光为线偏振. 例如对于$^{87}$Rb 原子,计算上式可得到

$$U=\Delta E=\frac{\pi c^2\Gamma}{2\omega_0^3}\left(\frac{2}{\Delta_{2,F}}+\frac{1}{\Delta_{1,F}}\right)I. \tag{6.3.4}$$

因此,只要了解光强的空间分布信息,就能得到势阱的具体形式. 多数实验中,用于构建偶极阱的一束或多束激光可近似为圆形 Gauss 光束,或椭圆形 Gauss 光束. 一束功率为 $P$、沿 $z$ 轴传播的聚焦圆形 Gauss 激光,其光强在柱坐标下可表示为

$$I=\frac{2P}{\pi w^2(z)}\exp\left(-2\,\frac{r^2}{w^2(z)}\right), \tag{6.3.5}$$

其中,$^{87}$Rb 为激光的 $1/\mathrm{e}^2$ 半径,可表示为

$$w(z)=w_0\sqrt{1+\left(\frac{z}{z_{\mathrm{R}}}\right)^2}, \tag{6.3.6}$$

其中 $w_0$ 被称为束腰半径,$z_{\mathrm{R}}=\pi w_0{}^2/\lambda$ 为 Rayleigh 长度. 根据每束激光各自的功率求得它们各自对原子产生的偶极势,再将所有偶极势相加,就可得到最终简谐形式的光学偶极势.

## §6.4　微重力冷原子实验装置简介

### 6.4.1　德国小组

汉诺威大学 Rasel 小组首次进行了微重力条件下冷原子的实验研究. 在德国

航天局的支持下，他们在 QUANTUS 项目基础上进行了一系列实验. 2010 年，他们在不来梅应用空间技术和微重力中心(ZARM)的落塔上实现了 BEC[14]. 如图 6.4.1(a)所示，2010 年的落塔实验使用了一个 146 m 高的塔，有用的落塔时间为 4.6 s. 芯片安装在 6.4.1(c)的真空室中，真空室固定在落塔容器[见 6.4.1(b)]中. 原子芯片被组合在带有镜像的 MOT 中，装载了来自背景气体的大约 $1.3 \times 10^7$ 个 $^{87}$Rb 原子. MOT 需要 10 s 来装载原子，之后投放胶囊被释放. 微重力环境提供了 $10^{-4} g$ 的有效加速度. 在自由落体的第一秒，原子被固定在镜像运动中，而落体胶囊的初始振动减弱. 原子被用光学凝胶进一步冷却，并被转移到芯片上的 Ioffe-Pritchard 阱. 图 6.4.2 显示了该小组 2013 年使用的微重力实验装置[15].

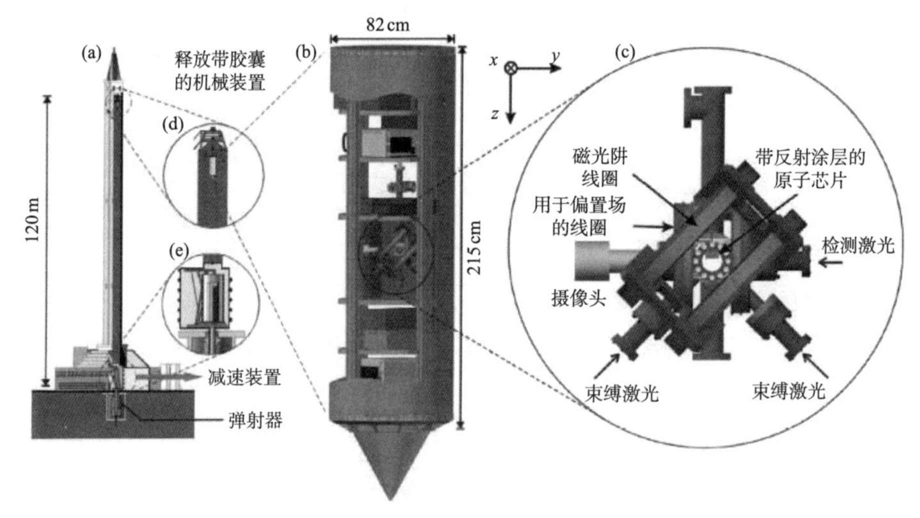


图 6.4.1 (a)不来梅 ZARM 落塔装置和(b)装有 BEC 实验核心的胶囊，其中(c)展示了 BEC 实验核心. 胶囊从塔顶释放出来，在自由下降 4.7 s 后，通过塔底的真空不锈钢管被 8 m 深的聚苯乙烯球池重新捕获. 图片摘自参考文献[14]

与 2010 年的实验不同的是，这次实验采用了 DKC 进程. 蒸发冷却后，关闭阱势，原子自由释放 30 ms，然后打开阱势 2 ms(DKC 脉冲)，阱的频率为(10,22,27) Hz. 在随后的干涉实验中，获得了基于较低温度的图像. 干扰实验的释放时间延长，产生高信噪比. 为了进一步延长冷却时间，2017 年 1 月 23 日，该团队使用探空火箭进行了一次 6 分钟的太空微重力实验[17]. 图 6.4.3 显示了 MAIUS-1 探空火箭任务的顺序.

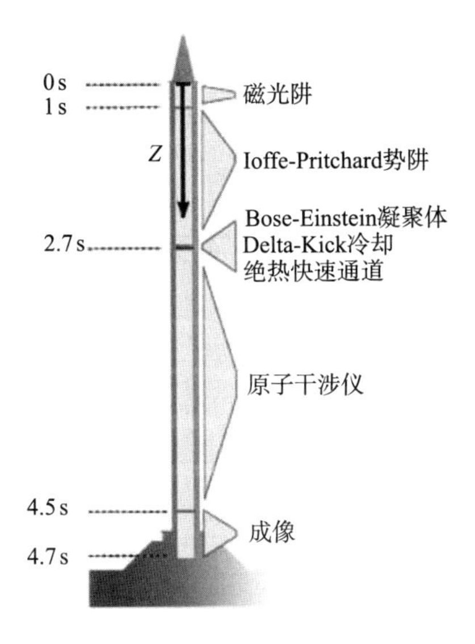


图 6.4.2　2013 年的 ZARM 落塔实验装置. 和 2010 年相比,主要的实验流程一样,但采用了 DKC 冷却方法. 图片摘自参考文献[14]

实验分三个阶段:助推(左下角)、6 分钟微重力(阴影区)以及再入和着陆(右下角). 该实验包括 6 分钟的微重力,并进行了 110 次相关的原子光学实验(这里讨论的实验用红色标出). 在离地面 100 km 的卡兰线上,惯性扰动减少到地面重力的百万分之一.

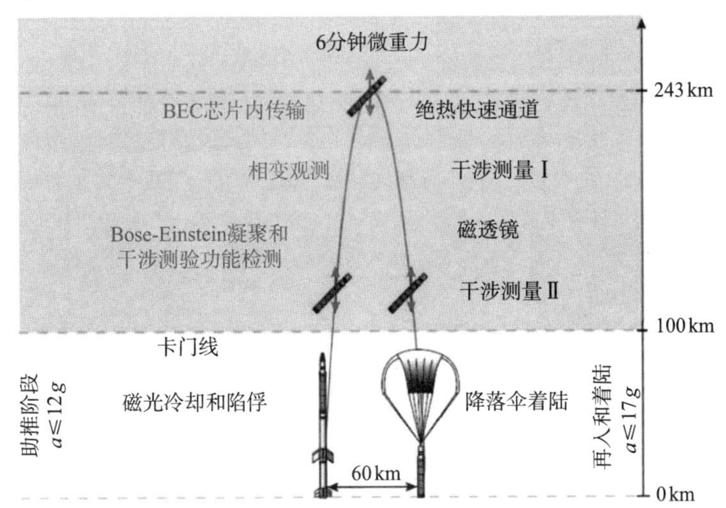


图 6.4.3　MAIUS-1 探空火箭任务序列示意图. 图片摘自参考文献[17]

### 6.4.2 法国小组

2011 年,Bouyer 的团队用抛物线飞机进行了一项微重力条件下的冷原子实验[16]. 图 6.4.4(a)和(b)显示了首次使用抛物线飞机在微重力环境下研究超冷原子和干涉仪的情景. 他们使用一种叫作 Novespace A300-0G 的飞机,可以反复产生 0$g$ 的环境. 在这架飞机上的一次飞行任务中,有一次 22 s 的抛物线弹道飞行(0$g$)和一次 2 分钟的标准重力飞行(1$g$). 抛物线飞机可以提供 $10^{-2}g$ 的微重力环境,实验可以重复多次. 在微重力条件下利用全光阱,该小组使用了一个安装在 Einstein 电梯上的科学舱,该电梯由法国 Symetrie 公司开发,经历了预编程的抛物线轨迹. Einstein 电梯每 13.5 s 可在 0$g$ 环境中提供高达 400 ms 的加速度,并最终形成原子干涉仪. 实验结果表明:这种基于微重力的物质波干涉仪的分辨率比飞机上的振动水平高 300 多倍.

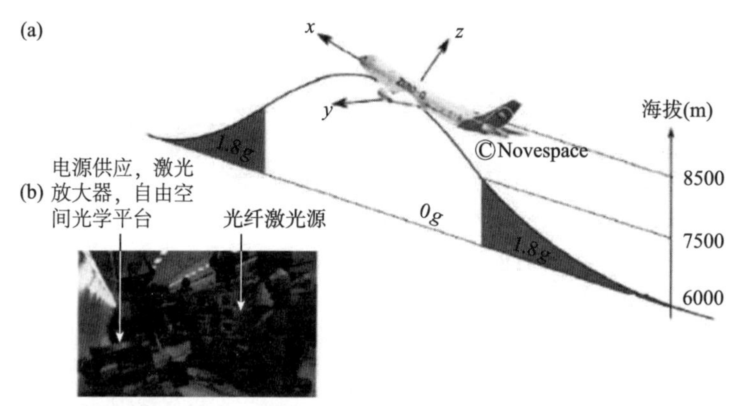


图 6.4.4 抛物线飞机上的冷原子实验描述. (a) 抛物线操作包括 20 s 的攀升超重力阶段(1.8$g$)、22 s 弹道阶段(0$g$)和 20 s 拉出阶段(1.8$g$). 这种操作与大约 2 分钟的标准重力阶段(1$g$)交替进行,在飞行期间共进行 31 次. (b) 飞机上微重力(0$g$)阶段实验照片. 图片摘自参考文献[16]

### 6.4.3 中国小组

北京大学联合中国科学院上海光学精密机械研究所、物理研究所提出了计划用于中国空间站的超冷原子物理实验柜(CAPR). 空间冷原子物理实验平台被设计成冷原子物理实验柜的形式,如图 6.4.5 所示. 该实验柜与地面实验平台的大部分类似,由物理、光学、电控、通信四个基本单元构成. 物理单元由科学实验腔与原子束源腔组成,为实现 Bose 气体(Rb 原子)和 Fermi 气体(K 原子)的凝聚体而设计,包括两种元素的二维磁光阱(2D-MOT)、三维磁光阱(3D-MOT)真空系统,磁场线圈,光路部分等. 科学实验腔由六对 MOT 冷却光入射窗组成. 原子束源腔由加热原子源(两种元素:Rb 与 K)与 2D-MOT 真空腔组成,2D-MOT 真空腔后连接推送光窗. 原子束源腔与科学实验腔由压力梯度管相连. 磁场系统是该系统的重要部分,该系统中科学腔的磁场线圈有五组:一组 MOT 线圈,一组 QUIC 磁阱线圈,三组磁场平衡线圈. 原子束源腔线圈主要由二维 MOT 的四组线圈组成. 此外,成像系统也是该系统的重要部分,它由科学实验腔成像系统与原子束源腔成像系统组成.

由于此系统工作于微重力下的外太空,所以整体设计力求结构紧凑、稳定性高. 通信单元主要实现空间实验站与地面站之间的数据传输.

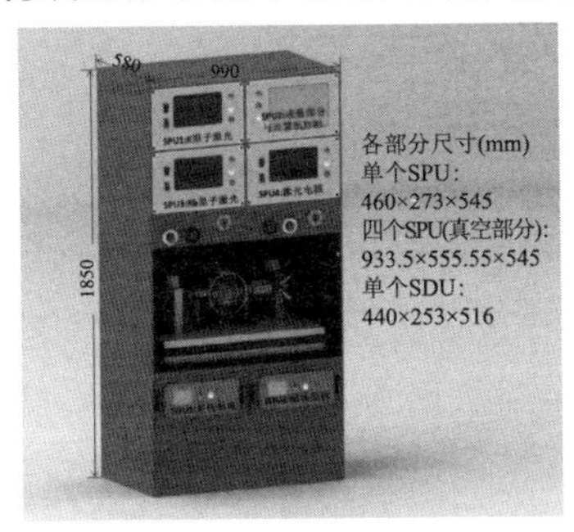


图 6.4.5　计划用于中国空间站的超冷原子物理柜(CAPR). 由物理、光学、电控、通信四个基本单元构成

## §6.5　激光冷却

无论是在地面还是微重力下,对于各类冷原子实验,有效的冷却技术是将原子加载到势阱中的基本要求,因为可达到的阱深度通常低于 1 mK. 原子气一旦被囚禁于势阱中,就需进一步冷却以获得高的相空间密度并补偿可能的加热机制,否则原子将从阱中蒸发出来. 在过去的几十年中,中性原子冷却方法的发展速度惊人,在这方面已有许多优秀的综述[37]~[39]. 在这里,我们简要讨论地面与微重力下与原子量子磁性研究相关的冷却方法.

### 6.5.1　预冷却

Doppler 冷却是基于光子的近共振吸收和随后的自发辐射的循环物理过程. 每循环一次,净原子动量变化为一个光子动量 $\hbar k$,其中 $k=2\pi/\lambda$ 表示被吸收光子的波数. 由于自发发射光子的反冲动量波动,冷却被加热抵消. 冷却和加热之间的平衡决定了 Doppler 冷却可达到的最低温度. 对于在驻波中的二能级原子,即“光学凝胶”,最小温度由 Doppler 温度 $k_B T_D = \hbar\Gamma/2$ 给出[40]. 典型 Doppler 温度约为 100 $\mu$K,这刚好足以将原子加载到偶极势阱中. Doppler 冷却存在一些人为的限制,因为它是基于一个二能级原子的简化假设. 而具有更复杂能级结构的原子,可以在具有空间变化极化的驻波中被冷却,这就是偏振梯度冷却[41].冷却机制基于基态 Zeeman 子能级之间的光抽运.提供冷却的摩擦力的产生要么是由于运动诱导的原子取向产生的不平衡辐射压力,要么是由于驻波中光子的重新分布.

### 6.5.2 深度冷却

经过上述的冷却方法,原子气达到的温度非常低,但是还不足以在实验室实现较高密度的 Bose-Einstein 凝聚.而蒸发冷却则成为在势阱中实现 Bose-Einstein 凝聚的关键技术.实验上,射频场被广泛运用于蒸发冷却.例如在四极磁阱中,选择性剔除热原子是通过射频信号将原子受迫跃迁至非磁性囚禁状态完成的,这可以被看作是直接修改囚禁势阱.在磁阱中,热原子在空间中的分布不是集中的,且它们的磁场值的跨度较大.这些问题可以通过不断改变的射频频率来解决,从而进一步冷却囚禁的原子.热原子被射频脉冲翻转,从而从原本的低场趋近态变成高场趋近态,借此,这些原子会被剔除到势阱外面.在四极阱的零点区域,Majorana 自旋翻转实现了原子由低场趋近态到高场趋近态的转变[42].四极 loffe 设置在实验上可以有效避免磁阱的零点[43].同样,利用一束蓝失谐光束也可以规避这个磁阱零点漏洞[44].

### 6.5.3 微重力下冷却

因重力的影响,目前地面实验室的超冷量子气体的温度及空间尺寸已经成为限制冷原子物理发展的技术瓶颈.那么,微重力条件则是突破这一瓶颈的出路.这里,我们主要介绍两种用于微重力下冷却的方案:一种方案基于原子芯片技术,使用 DKC 或绝热释放冷却,该方法主要被前文所述的德国小组所采用;第二种方案是上文中法国和中国的团队所采用的全光阱技术,其中使用两级交叉光束冷却,这被称为 TSC 或 TSCBC.

DKC 是 Ammann 和 Christensen 在 1997 年提出的亚光子反冲温度的一种新的冷却方法[45].该方法的基本思想是使用光学陷阱捕获原子,然后在时间 $t$ 内突然关闭陷阱,在此期间原子将自由扩散.随后,光阱开启一小段时间 $\delta t$,使得扩散的原子气体被与扩散方向相反的力冷却.与蒸发冷却相比,DKC 冷却具有冷却时间短、原子损失少的优点.德国的小组在 2010 年落塔微重力实验中将原子气体的温度冷却为约 9 nK[14].2013 年,由于他们成功地将 DKC 工艺应用于落塔,将原子气体的温度降低到大约 1 nK[15].2017 年,他们在探空火箭上继续使用了 DKC.随着实验时间的延长,他们将原子气体的温度降低到大约 1 nK[17].

TSC 方案是由北京大学团队于 2013 年提出,旨在为中国空间站冷原子物理架系统而设计的全光冷却方案[23]~[25].在该方案的第一阶段,两束窄腰高能量的交叉激光束被用于形成光学阱,以进行蒸发冷却.在第二阶段,将温度足够低的原子装入宽腰低能的交叉激光束形成的光阱中,进行可控的膨胀冷却,最终达到 100 pK 以下的温度.该方案具有势阱小、阱频率高、蒸发冷却速率高、模式匹配容易、不需要转移等优点.6.4.2 小节中,在法国的抛物线飞机微重力冷原子实验的测试过程中,研究者在 400 ms 内将 $3\times10^7$ 个 Rb 原子冷却到 10 $\mu$K.然后,使用具有两个传播方向相反的速度选择性 Raman 脉冲,获得了 $10^6$ 个温度为 300 nK 的 Rb 原子[16].2018 年,北京大学小组采用一种改进的分子动力学方法——DSMC 算法,计算模拟出不同重力条件下 TSC 深度冷却后系统的最终温度.从图 6.5.1 可以看出,随着重力加速度的减小,系统的最终平均温度降低[24].这就验证了 TSC 方案的可行性,且说明该方案可被用于中国空间冷原子实验.

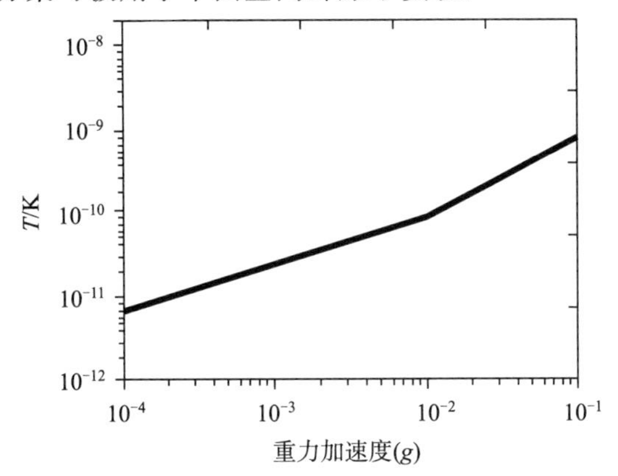


图 6.5.1　TSC 方案给出的最终温度与重力加速度的关系.结果表明,随着重力加速度的减小,系统的最终平均温度降低.图片摘自参考文献[25]

## §6.6　天宫二号空间冷原子钟

天宫二号空间冷原子钟的基本情况如图 6.6.1 所示.

空间冷原子钟是在地面喷泉原子钟的基础上发展而来的.在地面上,由于受到重力的作用,自由运动的原子团始终处于变速状态,宏观上只能做类似喷泉的运动或者是抛物线运动,这使得基于原子量子态精密测量的原子钟在时间和空间两个维度受到一定的限制.在空间微重力环境下,原子团又可以做超慢速匀速直线运动,基于对这种运动的精细测量可以获得较地面上更加精密的原子谱线信息,从而可以获得更高精度的原子钟信号.

空间冷原子钟主要包括物理单元、微波单元、光学单元和控制单元四大组成部分,每个单元都有非常高的技术指标.其工作原理是利用激光冷却和俘获技术获得接近绝对零度($\mu$K 量级)的超冷原子团,然后采用移动光学黏团技术将其沿轴向抛射. 在微重力环境下,原子团可以做超慢速匀速直线运动. 处于纯量子基态上的原子经过环形微波腔,与分离微波场两次相互作用后产生量子叠加态,经由原子双能级探测器测出处于两种量子态上的原子数比例,获得原子跃迁概率,改变微波频率即可获得原子钟的谱线 Ramsey 条纹. 预计微重力环境下所获得的 Ramsey 中心谱线线宽可达 0.1 Hz,比地面冷原子喷泉钟谱线窄一个数量级,利用该谱线反馈到本地振荡子即可获得高精度的时间频率标准信号. 不同发射速度下的 Ramsey 条纹如图 6.6.2 所示. 由于空间冷原子钟可以在太空中对其他卫星上的星载原子钟进行无干扰的时间信号传递和校准,从而避免大气和电离层多变状态的影响,基于空间冷原子钟授时的全球卫星导航系统具有更加精确和稳定的运行能力.

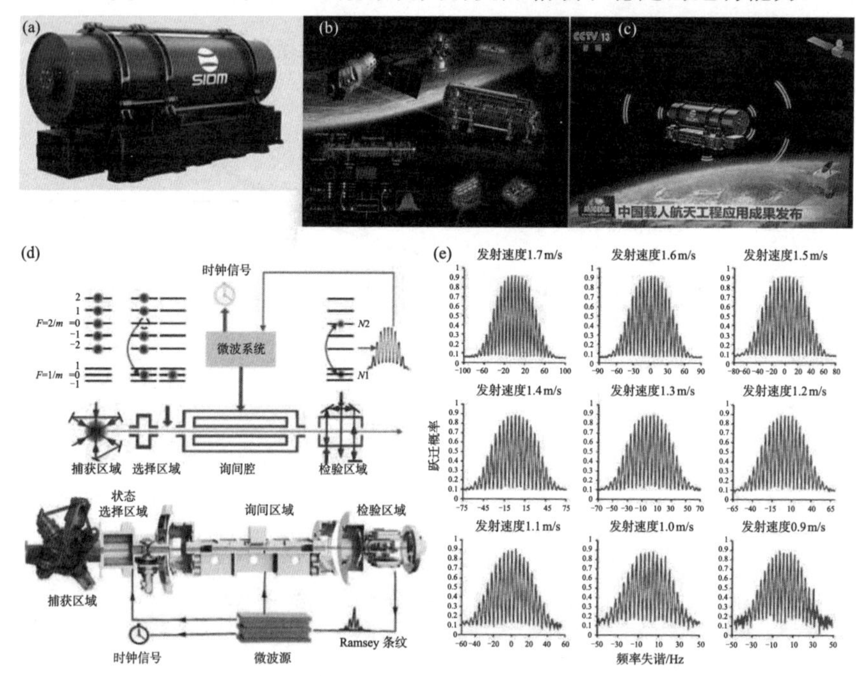


图 6.6.1　天宫二号空间冷原子钟基本情况. (a)、(b)、(c)三张图分别展示了空间冷原子钟的外部轮廓和在空间站上的基本结构分布,以及中央电视台对空间冷原子钟的新闻报道. (d)是空间冷原子钟的基本原理和结构图. 激光冷却和囚禁区采用折叠光束设计的磁光阱配置;环形问询腔用于微波场对冷原子进行询问;在检测区域,检测两个超精细状态的冷原子. 时钟信号是通过将误差信号(如图 6.6.3 所示)馈送到微波系统来获得的. (e)展示了不同冷原子发射速度下的 Ramsey 条纹与频率失谐的关系. 图片摘自参考文献[47]

天宫二号空间冷原子钟的将成功为空间高精度时频系统、空间冷原子物理、空间冷原子干涉仪、空间冷原子陀螺仪等各种量子敏感器次及空间冷原子物理的研究奠定技术基础,并且将在全球卫星导航定位系统、深空探测、广义相对论验证、引力波测量、地球重力场测量、基本物理常数测量等一系列重大技术和科学发展方面做出重要贡献[46].

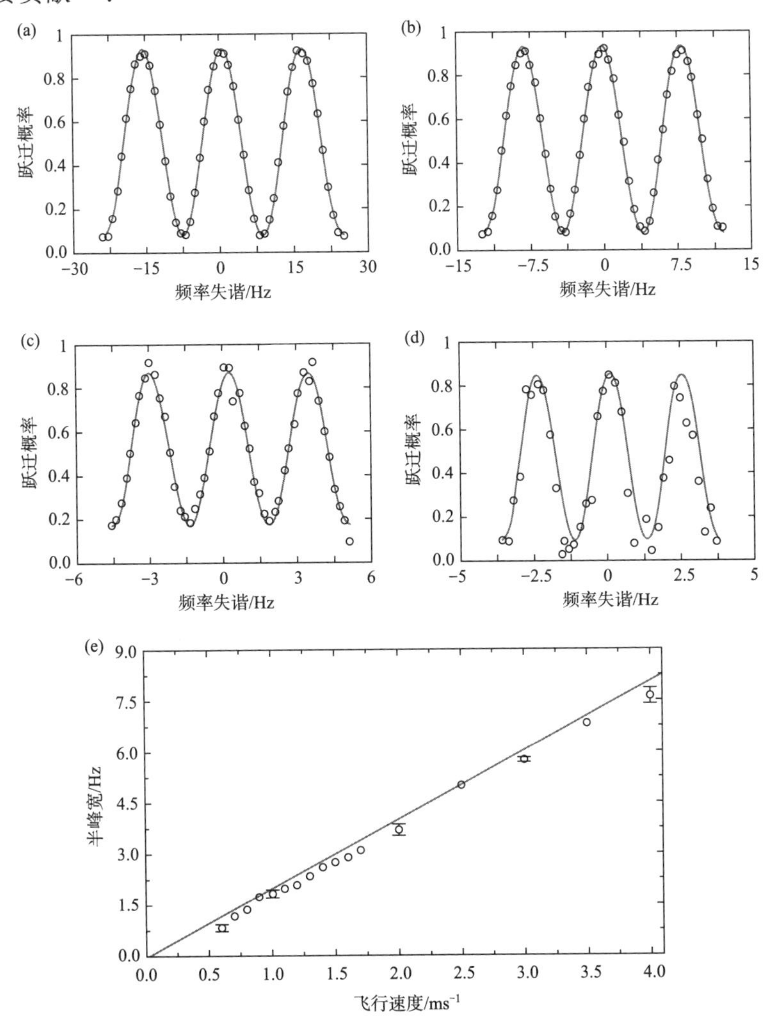


图 6.6.2　不同发射速度下的 Ramsey 条纹. 对应于空间冷原子钟(Cold Atom Clock, CAC)的发射速度分别为(a) 4.0 m/s、(b) 1.0 m/s、(c) 0.8 m/s 和(d) 0.6 m/s 的中心 Ramsey 条纹,其全宽半高宽分别为 7.3 Hz、1.8 Hz、1.4 Hz 和 0.9 Hz. 实线是正弦拟合曲线. 图(e) 显示了中心 Ramsey 条纹的全宽半高宽随飞行速度的变化. 实线代表计算结果;圆环点代表实际测量结果. 每个误差条表示从八次测量中计算得到的标准偏差. 图片摘自参考文献[48]

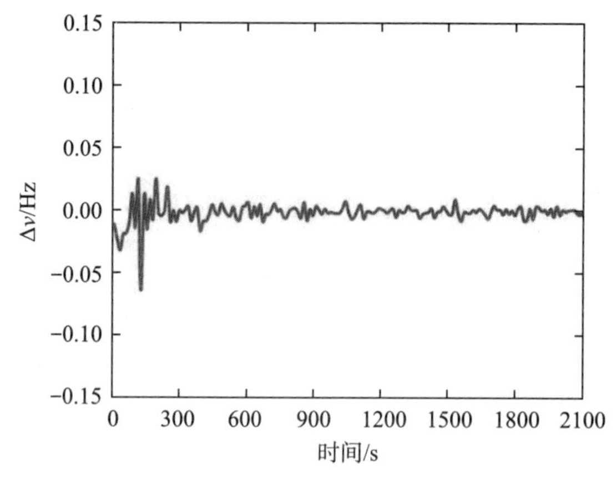


图 6.6.3 输入到微波源频率的误差信号. 在将时钟信号锁定到微波源的直接数字合成器(Direct Digital Synthesizer,DDS)后,微波频率与原子跃迁的偏差产生. 伺服回路在 $t=0$ 时刻启动. 图片摘自参考文献[48]

## §6.7 超冷柜系统

相比于地面的冷原子物理实验平台,在轨运行对于载荷的尺寸重量和功耗(Size, Weight, and Power,SWaP)提出了严格的要求. 超冷柜载荷内部可以用于安装子系统的有效空间为 1100 mm(高)×950 mm(宽)×800 mm(深). 我们将用于实现、探测和调控$^{87}$Rb BEC 所需要的全部硬件集成在四个子系统中,分别是物理系统、冷却激光系统、光阱光晶格激光系统和科学电控系统,分别如图 6.7.1(a)(b)(c)(d)所示.

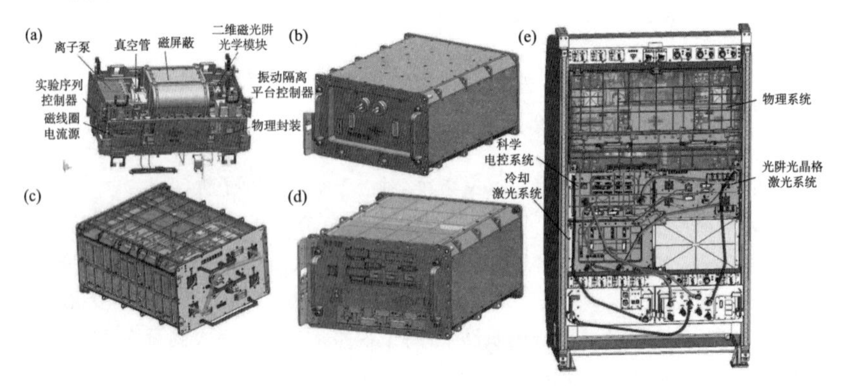


图 6.7.1 超冷原子物理实验柜示意图. (a)物理系统,(b)冷却激光系统,(c)光阱光晶格激光系统,(d)科学电控系统,(e)集成后的超冷柜. 摘自参考文献[49]

整机集成后的超冷柜[如图 6.7.1(e)所示]除四个子系统之外还包含实验柜支

撑系统.支撑系统承担整柜的供电、热控管理以及通讯等功能.四个子系统最终通过滑轨和紧固螺钉固定在超冷柜载荷中,滑轨式的抽拉方式使得超冷柜的硬件可以在轨进行维护和更新,延长超冷柜使用寿命的同时也为拓展超冷柜的科学应用价值提供了更多可能.

### 6.7.1 超冷柜——物理系统

超冷柜的物理系统如图6.7.1(a)所示,主要为光与原子相互作用提供所需要的超高真空、光束和磁场环境.真空系统作为物理系统的主体部分[50],如图6.7.2所示,包括二维磁光阱腔(2D-MOT腔)和三维磁光阱腔(3D-MOT腔,也称"科学腔")[46].真空系统主要为原子提供超高真空环境,降低实验过程中由于背景真空气体碰撞导致的原子损失,两个腔体的超高真空环境是由离子泵和吸气剂泵共同维持的,真空度分别为$5\times10^{-7}$ Pa和$2\times10^{-9}$ Pa.

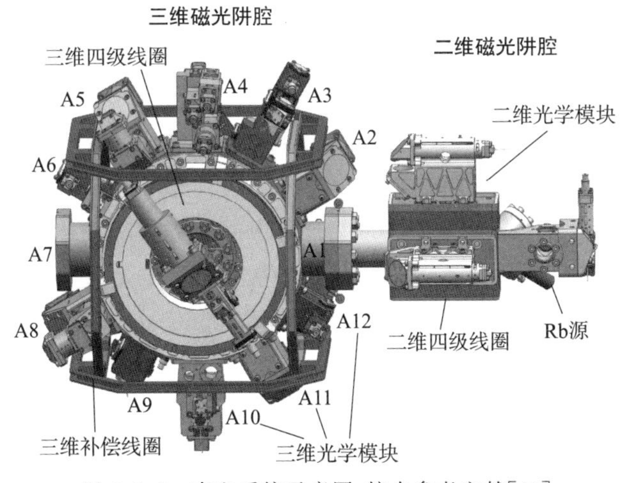


图6.7.2 真空系统示意图.摘自参考文献[49]

用于提供实验所需光束的装置为光机组件,分为二维光机组件(2D-optical modules)和三维光机组件(3D-optical modules),它们被固定在真空系统上,如图6.7.2所示.二维光机组件提供2D-MOT所需要的冷却光、重泵光和推送光.三维光机组件都安装在科学腔的光学窗口上,科学腔为一个十二面体的扁平结构,侧面有12个窗口可以用于物理连接,与2D-MOT腔连接的窗口被称为A1窗口,之后的各个窗口按照顺时针的顺序依次被命名为A2,A3,……,A12窗口.科学腔的前后两个光学窗口同样用于安装光机组件.三维光机组件提供磁光阱、亚Doppler冷却、光阱蒸发冷却、两级交叉光束冷却、光晶格实验,以及吸收成像所需要的冷却光、重泵光、光偶极阱光、光晶格光和探测光.

用于提供实验所需要磁场的线圈同样依靠连接件固定在真空系统上，包括4个相互独立的二维四极线圈(2D Quadrupole Coils)、一对三维四极线圈(3D Quadrupole Coils)，三对三维补偿线圈(3D Compensation Coils). 为了避免超冷柜在轨运行过程中环境磁场的周期性变化对于超冷原子信号的影响，真空系统的科学腔部分被三层坡莫合金磁屏蔽包裹，如图 6.7.1(a)所示.

为了提高超冷柜的集成化程度，维持离子泵工作的高压电源模块，驱动磁场线圈的电流源模块，进行激光分束合束以及功率频率控制的光学平台，对物理实验进行时序控制的前置控制模块，物理系统供电模块等全部集成在物理系统内部. 集成之后的物理系统的尺寸为 590 mm(高)×930 mm(宽)×510 mm(深)，质量约 170 kg.

### 6.7.2 超冷柜——冷却激光系统

超冷柜的冷却激光系统输出 780 nm 的冷却激光(cooling laser)、重泵激光(Repumping laser)和探测激光(Probing laser)，如图 6.7.3 所示，主要用途是提供将$^{87}$Rb 热原子的温度冷却至 μK 量级以及吸收成像方法所需要的激光. 冷却光、重泵光和探测光模块的输出功率分别为 600 mW，200 mW，800 mW. 其中 2D-MOT 所需要的冷却光和吸收成像所需要的探测光由探测光模块输出，3D-MOT 所需要的冷却光由冷却光模块输出，2D-MOT 和 3D-MOT 所需要的重泵光由重泵光模块输出. 三路 780 nm 激光采用同样的光学方案，以 1560 nm DFB 激光二极管作为种子源，经掺铒(Er)增益光纤放大器(erbium-doped fiber amplifier，EDFA)放大后，进入倍频晶体(periodically poled lithium niobate，PPLN)产生 780 nm 的激光，并经由单模保偏光纤输出[51].

为了实现$^{87}$Rb 原子的亚 Doppler 冷却和探测，冷却光和探测光的频率与$^{87}$Rb $D_2$ 线$|5^2S_{1/2}, F=2\rangle \to |5^2P_{3/2}, F'=3\rangle$近共振，且激光器的频率在百 MHz 范围内可调. 重泵光的频率与$^{87}$Rb $D_2$ 线$|5^2S_{1/2}, F=1\rangle \to |5^2P_{3/2}, F'=2\rangle$共振，使得循环冷却能够持续进行. 780 nm 冷却激光系统的重泵光依靠调制转移光谱技术实现稳频输出[52]，频率锁定在$^{87}$Rb $D_2$ 线$|5^2S_{1/2}, F=1\rangle \to |5^2P_{3/2}, F'=0\rangle$和$|5^2P_{3/2}, F'=1\rangle$的交叉峰上，比目标频率小 193 MHz；冷却光和探测光的输出频率以重泵光的输出频率为参考，基于光学锁相环技术将频率锁定至重泵光上，频率可调节范围覆盖红失谐 −10 MHz～−150 MHz(相比于$^{87}$Rb $D_2$ 线$|5^2S_{1/2}, F=2\rangle \to |5^2P_{3/2}, F'=3\rangle$共振线). 通过与光学频率梳拍频测量稳频后激光的频率稳定度和线宽，得到千秒频率稳定度优于 $4\times10^{-11}$，激光线宽小于 1 MHz 的结果.

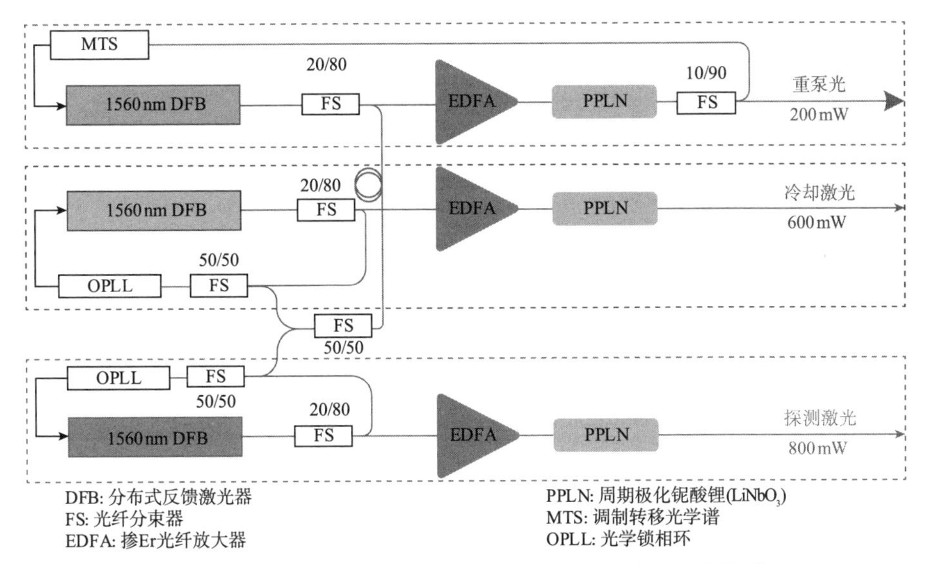


图 6.7.3　780 nm 冷却激光系统示意图. 摘自参考文献[49]

冷却激光系统还集成了用于后续实现$^{40}$K Fermi 简并气体的 767 nm 冷却光、重泵光和探测激光. 集成后的冷却激光系统的尺寸为 470 mm(高)×550 mm(宽)×270 mm(深),质量约 43 kg[49].

### 6.7.3　超冷柜——光阱光晶格激光系统

超冷柜的光阱光晶格激光系统输出八路 1064 nm 激光用作光偶极阱(optical dipole trap, ODT),如图 6.7.4 所示. 其中,两路用作细腰光阱(1064 nm tight-confining optical dipole trap)激光用于蒸发冷却实现 Bose-Einstein 凝聚(ODT1 和 ODT2)、两路用作粗腰光阱(1064 nm loose-confining optical dipole trap)激光用于两级交叉光束冷却(ODT3 和 ODT4),剩余的四路用于光晶格激光(ODT5,ODT6,ODT7 和 ODT8). 光阱光晶格激光器的方案主要是基于掺镱(Yb)增益光纤放大器(Ytterbium-doped fiber amplifier, YDFA)来实现的.

利用 1064 nm 细腰光阱激光蒸发冷却实现 BEC 的过程中,为了在交叉光阱中囚禁更多的原子,两路细腰 1064 nm 激光的输出功率均高于 5 W,如图 6.7.4(a)所示. 为了通过光阱蒸发冷却实现 BEC,该激光器的输出功率需要以合适的速率不断降低以使得光阱中剩余的冷原子能够重新趋于热平衡并达到降温的效果,因此,激光器的输出功率需要具有灵活的调节方式,并且调节范围大于 60 dB,可以从 5 W 调节到 5 μW. 在方案中,采用 YDFA 泵浦电流与声光调制器两个并行的调节光功率方式,YDFA 泵浦电流调节的功率范围为 80 mW～5 W,声光调制器调节的功率范围小于 80 mW. 在蒸发冷却实验中,当阱深较浅时,冷原子更容易被光阱的噪声所激发并逃逸损失掉. 为了避免这种情况,在细腰光阱功率扫描小于 80 mW 时,我们将激光器的输出功率通过声光调制器进行稳定,稳定后的相对激光功率噪声值降低至小于 $100\text{o}\times10^{-6}$,满足蒸发冷却实验的需求. 两路细腰光阱激光的输出频率通过两个声光调制器实现 400 MHz 的差频,这是为了避免两束激光在空间中的干涉.

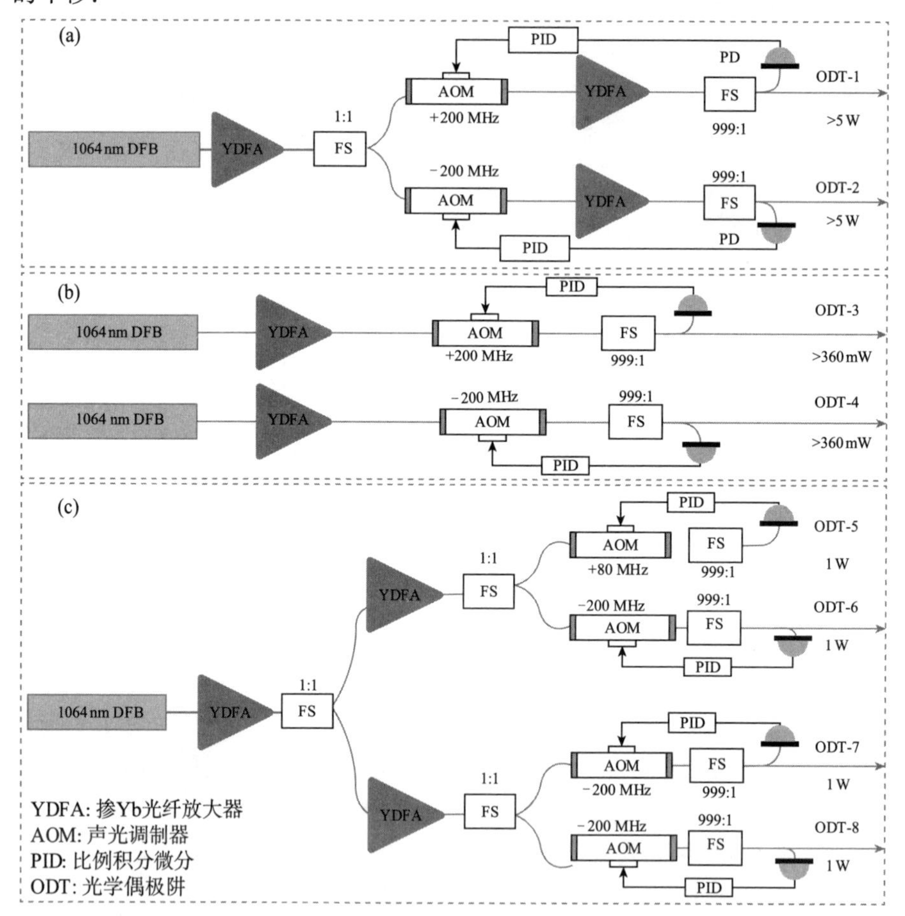


图 6.7.4 1064 nm 光阱光晶格激光系统示意图. 摘自参考文献[49]

两路用于两级交叉光束冷却实验的 1064 nm 粗腰光阱激光的输出功率均高于 360 mW,如图 6.7.4(b)所示. 两路激光采用完全一致的光学方案,1064 nm 种子激光经过光纤 YDFA 后经由声光调制器直接输出,且声光调制器作为粗腰 1064 nm 激光输出功率的唯一调节端口并进行光功率稳定. 为了避免粗腰光阱激光在科学腔中干涉加热原子,两路粗腰光阱激光的输出频率也通过声光调制器实现 400 MHz 的差频.

用于光晶格实验的每一路激光的输出功率都高于 1 W,对应自由空间整形后的一维光晶格的阱深高于 $100E_r$. 在方案中,四路 1064 nm 光晶格激光共用一个种子激光和预放大器,预放大器的输出被均为两路且分别被各自的第二级光纤 YDFA 放大,然后再分别被均分为两路后最终实现四路输出. 每一路光晶格激光在输出前都经过一个声光调制器,声光调制器作为每一路激光输出功率的调节端口并进行光功率稳定. 此外,每一路光晶格阱深的调节精度均小于 $0.1E_r$. 为了避免四路光晶格激光在空间中的干涉,四路输出所使用声光调制器的驱动频率分别为 80MHz, −200 MHz, −200 MHz 和 −200 MHz.

光阱光晶格激光系统集成之后的尺寸为 470 mm(高)×550 mm(宽)×270 mm(深),质量约 46 kg.

### 6.7.4　超冷柜——科学电控系统

科学电控系统是超冷柜的核心控制部分. 它一方面作为超冷柜的控制大脑,负责整个实验系统的控制和监测、工程数据和实验数据的采集与存储;另一方面作为空间站平台与超冷柜科学系统指令和数据通信的枢纽. 将由平台发来的指令进行存储、执行或者转发,同时将超冷柜的应用数据和工程数据上传给空间站平台. 科学电控系统集成之后的尺寸为 470 mm(高)×550 mm(宽)×270 mm(深),质量约 44 kg.

### 6.7.5　超冷柜科学实验系统工作原理

超冷柜的工作原理如图 6.7.5 所示. 科学电控系统(electronic control unit)是超冷柜的控制中心,对 780 nm 冷却激光系统、1064 nm 光阱光晶格激光系统、前置控制模块(experimental sequence controller)和相机(camera)进行操控,使得所有的单机能够按照实验时序工作,冷原子实验可以正常进行. 相机用于对原子进行吸收成像,超冷柜共集成三对相互正交的吸收成像系统,且系统中所使用的相机具备进行荧光探测的能力. 前置控制模块直接控制物理系统中所有的线圈、离子泵以及光纤光学平台(fiber optical control system). 光纤光学平台按照实验需求对于 780 nm 冷却激光系统和 1064 nm 光阱光晶格激光系统的输出重新分配功率,进行频率调整和开关控制,最终输出十五路 780 nm 激光信号和八路 1064 nm 激光信号. 780 nm 激光信号经由单模保偏光纤分别传输至 2D-MOT 腔和 3D-MOT 腔. 1064 nm 激光信号经由单模保偏光纤传输至 3D-MOT 腔. 2D-MOT 腔和 3D-MOT 腔上的物理光机再对光纤输入的激光进行整形和偏振调整后将之输入真空系统,并在指定位置实现所需要的光场.

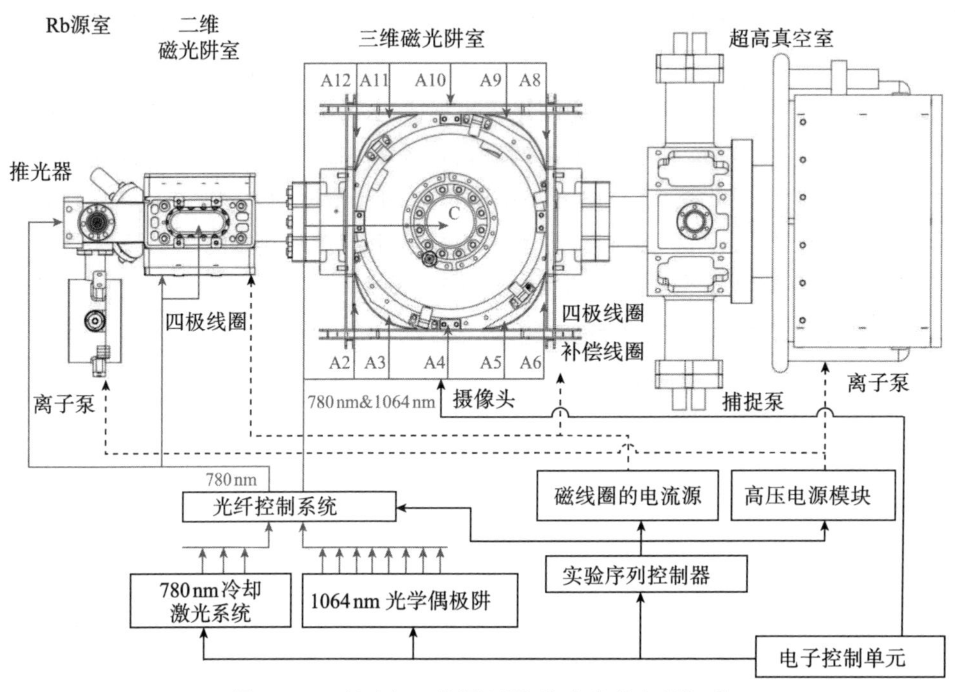


图 6.7.5 超冷柜工作原理图. 摘自参考文献[49]

实验开始前,依据超冷原子实验时序,通过超冷柜支撑系统,将实验涉及的所有"指令"依次发送至科学电控模块. 科学电控模块将接收到的指令按照指定要求下发给前置控制模块、冷却激光系统、光阱光晶格激光系统,各个子系统按照要求完成配置. 两级交叉光束冷却实验时序是超冷柜的典型工作时序(如图 6.7.6 所示),我们以此为例进一步说明超冷柜的工作原理. 两级交叉光束冷却实验过程中,原子预先在 3D-MOT 阶段被俘获和初步冷却. 压缩磁光阱(CMOT)阶段和暗磁光阱阶段用来提高冷原子团的密度. 黏团(molasses)阶段采用偏振梯度冷却技术对冷原子进行亚 Doppler 冷却. 光阱装载(ODT)阶段将原子装载至交叉光阱中. 在细腰光阱蒸发冷却(forced evaporation)后,对原子进行两级交叉光束冷却. 最后,快速关断 1064 nm 光阱激光,原子自由飞行(time of fight, TOF)之后,打开相机对超冷原子进行吸收成像. 实验过程中对于超冷柜的光场、磁场和相机在每一时刻的输出都有明确要求. 这些要求与"指令"对应,且取决于具体开展的实验时序. 实验开始时,科学电控会发出一个 T0 信号作为起始的同步信号,实验过程中的所有信号的时序都以 T0 信号为基准并按照实验时序正常输出.

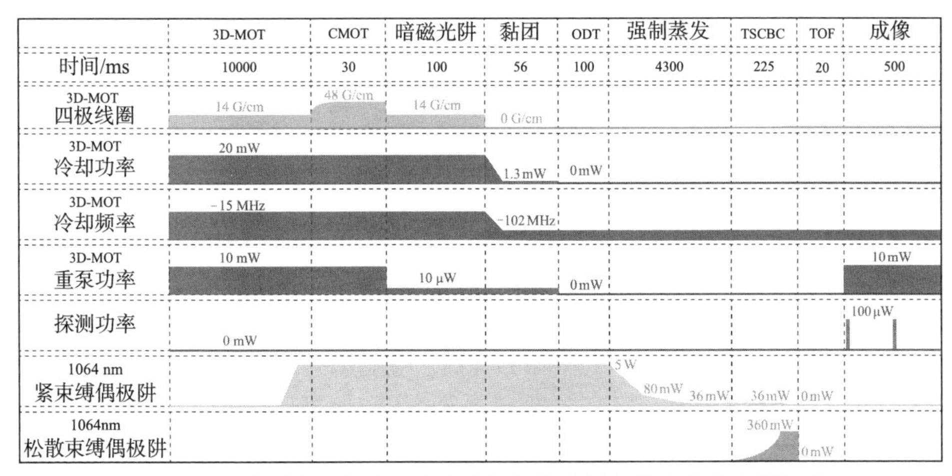


图 6.7.6 超冷柜两级交叉光束冷却实验时序图. 摘自参考文献[49]

## §6.8 飞行件地面验证实验

作为一个开放的超冷原子物理实验平台,超冷柜飞行件各单机完成研制后,最关键的是集成后的超冷柜具备制备、调控和探测$^{87}$Rb BEC 的能力. 因此,我们基于超冷柜在地面上通过系统级调试开展了一系列冷原子验证实验. 最终,BEC 的实现以及两级交叉光束冷却实现了凝聚体的持续降温,并从实验验证了超冷柜的物理系统、780 nm 激光系统、1064 nm 激光系统、控制系统满足在轨的科学实验需求.

### 6.8.1 Bose-Einstein 凝聚的实验实现

超冷柜飞行件制备 BEC 的物理过程与鉴定件基本一致[53].

制备 BEC 的过程中,被加热至 45℃的 Rb 源释放出大量的 Rb 原子蒸气,原子蒸气弥散在 2D-MOT 腔中. 原子蒸气在 2D-MOT 中被俘获冷却后形成二维的冷原子束流,并被推送光经由差分管推送至 3D-MOT 腔. 直径为 2 mm 的推送光沿着 2D-MOT 腔冷原子束流的方向可以将 3D-MOT 的装载效率提高 5～10 倍. 3D-MOT 装载 10 s 后,原子数高达 $2\times10^9$,原子的温度接近 500 μK. 将更多的原子绝热装载进入细腰光阱更有利于 BEC 的实现. 受限于载荷功耗的约束,两路细腰光阱激光器的最大输出功率为 5 W. 在光偶极阱提供的有效阱深保持不变的情况下,降低原子温度和提高光阱交叉处的原子团密度是提高装载进入光阱中原子数的有效手段. 接下来,在科学腔中通过 30 ms 的 CMOT 和 100 ms 的暗点来提高原子密度的同时进一步降低原子的温度,之后再利用持续时长为 56 ms 的黏团进一步将科学腔中的原子温度降低至 30 μK 以下. 最终,装载进入交叉光阱中的原子数高于 $1.2\times10^6$,原子温度为 25 μK.

为了降低光阱中的原子在蒸发冷却过程中的碰撞损失,光阱蒸发冷却过程中使原子处于 $F=1$ 基态,因此在黏团阶段之后优先关闭科学腔中的重泵光,1 ms 之后再关闭科学腔中的冷却光. 蒸发冷却过程中,实验上通过不断调节合适的蒸发冷却速率实现有效的蒸发,即光阱蒸发冷却过程中原子的相空间密度能够持续提高. 蒸发冷却过程结束后,快速关断光阱激光器的输出功率,通过吸收成像来获取原子团的特征参数. 1064 nm 细腰光阱激光器的输出功率在 4.3 s 内从 5 W 经多段曲线降低至 36 mW 时,实验上可以获得比较纯的凝聚体,TOF 20 ms 之后通过吸收成像获得的原子信号如图 6.8.1 所示,凝聚体的原子数为 $1.8\times10^5$,原子温度小于 30 nK.

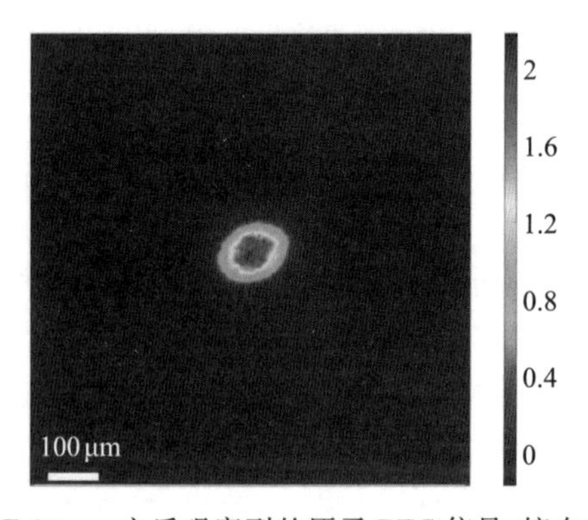


图 6.8.1 TOF 20 ms 之后观察到的原子 BEC 信号. 摘自参考文献[49]

### 6.8.2 两级交叉光束冷却实验

两级交叉光束冷却实验是将细腰光偶极阱中蒸发冷却获得的 BEC 转移至束腰更大的粗腰光偶极阱中绝热释放,这可以将凝聚体的有效温度进一步降低. 两级交叉光束冷却的光路示意图见图 6.8.2(a),细腰光阱交叉光束与粗腰光阱交叉光束共用自由空间光路,细腰光阱和粗腰光阱的物理光机均安装在真空系统的 A2,A4,A8,A10 光学窗口上. 两细腰交叉光阱光束和两粗腰交叉光阱光束沿着科学腔的 A4、A8 窗口入射到科学腔中,两交叉光束之间的夹角均为 60°. A2、A10 光学窗口上的光阱光机一方面用于功率监测,另外一方面用作光挡,吸收出射的高功率激光. 蓝色的 Gauss 光束是粗腰光阱光束,Gauss 光束的束腰为 125 μm,最大阱深为 2.1 μK;红色的 Gauss 光束是细腰光阱光束,Gauss 光束的束腰为 30 μm,最大阱深为 355 μK.

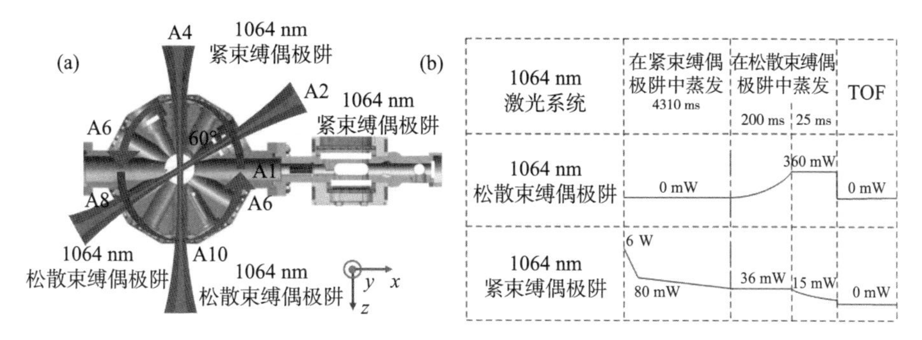


图 6.8.2　两级交叉光束冷却方案光路分布示意图以及实验时序.(a) 两级交叉光束冷却实验的光路分布示意图.(b) 两级交叉光束冷却实验时序.摘自参考文献[49]

两级交叉光束冷却实验过程中的实验时序如图 6.8.2(b)所示.第一阶段(在紧束缚偶极阱中蒸发):制备 BEC.该过程中,粗腰光阱激光器的输出功率为零,细腰光阱激光器输出功率的变化趋势与制备 BEC 过程一致.第二阶段(在松散束缚偶极阱中蒸发):两级交叉光束冷却.首先,将 BEC 绝热转移至粗腰光阱中,在接下来的 200 ms 内,细腰光阱激光器输出功率扫描至 36 mW 后保持不变,绝热地加载粗腰光阱激光功率至最高输出 360 mW.凝聚体绝热转移至粗腰光阱后,剩余在粗腰光阱中的原子数为 $3.5\times10^4$.其次,细腰光阱中的原子在粗腰光阱中被绝热地释放,在接下来的 25 ms 内,粗腰光阱激光器输出功率保持 360 mW 不变,细腰光阱激光器输出功率按照指数形式下降.第三阶段:等原子 TOF 之后对其吸收成像.两级蒸发冷却过程结束后,快速关断细腰光阱激光和粗腰光阱激光,通过安装在 A6 和 A12 光学窗口上的成像系统来获取原子信号并进一步评估两级交叉光束冷却实验的冷却效果.

两级交叉光束冷却后的原子信号如图 6.8.3 所示,图 6.8.3(a)和 6.8.3(b)分别是原子自由飞行 1 ms 和 10 ms 之后吸收成像获得的原子信号.在两级蒸发冷却的末期,细腰光阱和粗腰光阱提供的混合阱深不足以抵消重力[重力的方向沿图 6.8.3(a)和 6.8.3(b)中 $y$ 轴所示的方向]导致的势阱倾斜,原子团在重力的作用下漏出阱外.自由飞行之后阱外温度较高的原子团与阱内温度较低的原子团运动速度不一致,使得原子团沿着 $y$ 方向被拉长.这里,通过公式(6.8.1)计算原子团尺寸随时间的膨胀来评估原子的温度,$T$ 为超冷原子的温度,$m=1.443\times10^{-25}$ kg 为 $^{87}$Rb 原子质量,$k_B=1.38\times10^{-23}$ J/K 为 Boltzmann 常数,$t_1,t_2$ 为实验上选取的两个 TOF 时刻,$r_{t_1},r_{t_2}$ 为两个 TOF 时刻所对应的原子团尺寸:

$$T=\frac{m}{2k_B}\frac{r_{t_2}^2-r_{t_1}^2}{t_2^2-t_1^2}. \tag{6.8.1}$$

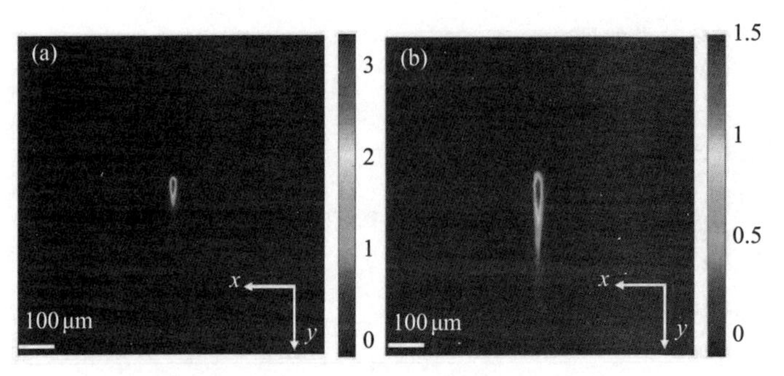


图 6.8.3 两级交叉光束冷却之后的超冷原子信号.(a)TOF 1 ms 的超冷原子信号.(b)TOF 10 ms 的超冷原子信号.摘自参考文献[49]

我们关注沿着原子团在 $x$ 方向上的冷却效果.经过 1 ms 的 TOF 之后,原子团在 $x$ 方向上的平均尺寸为 8.8 μm.经过 10 ms 的 TOF 之后,原子团在 $x$ 方向上的平均尺寸为 11.1 μm.最终,计算得到凝聚体经过两级交叉光束冷却之后在 $x$ 方向上的温度为 2.4 nK(±0.4 nK).

## §6.9 六角晶格跨维度相变与激发态动力学

### 6.9.1 实验过程

相变是基础物理研究中的一个最基本物理问题,量子多体相变和量子临界特性是近年来物理学研究的热点.而非标准晶格中,在量子相变点附近,由于有限温系统的热涨落与维度交叉区域的量子动力学交织在一起,人们无法利用平均场等理论进行有效的描述.而超冷原子实验系统具非常好的量子模拟能力[54]~[57],可用来对这种维度交叉区域的量子相变和量子激发带动力学行为进行有效的模拟,进而揭示出复杂量子材料相关特性的内在物理机制.

利用六角形光晶格与束缚光晶格,我们可以构建出跨维度晶格模型[55],并利用空间超冷原子的极低温度,实现跨维度六角光晶格超流到 Mott 绝缘体相变,并对量子临界区域进行研究.同时,极低温度也可以减少热涨落等效应引起的激发带原子的耗散,从而允许我们探究不同维度激发带原子动力学行为.

实验需要获得约 $10^4\sim10^5$ 量级的 $^{87}$Rb 原子,温度 $T$ 在 100 pK~150 nK 可调.在此背景下开始科学实验.科学实验分为两个部分,第一部分为六角晶格跨维度相变研究,第二部分为六角晶格跨维度激发带动力学研究.第一部分内容为第二部分的研究基础.实验过程(除超冷原子制备过程)需用到六角光晶格、一维束缚光晶格、晶格光光强反馈控制系统、吸收成像系统(两个维度).由于实验中只利用六角形光晶格,所以无需对激光进行锁相.

对于六角晶格跨维度相变研究，整个时序可分为三个阶段：第一阶段为光晶格绝热开启阶段. 在 $t=0$ ms 时 BEC 形成（初始温度为 $T$），之后 80 ms 内缓慢打开六角晶格，晶格深度 e 指数上升至阱深 $V_{2D}$. 在 $t=40$ ms 时缓慢打开束缚晶格，晶格深度上升至 $V_{1D}$. 第二阶段为光晶格保持阶段，六角晶格和束缚晶格保持在 $V_{2D}$ 和 $V_{1D}$，维持 20 ms. 第三阶段为探测阶段. 六角晶格和束缚晶格快速关闭（淬火过程，关闭时间在 0.1 μs 内），之后晶格进行 30 ms 自由扩散（Time of Flight，TOF），并由吸收成像过程探测.

针对光晶格的功率控制，要求控制精度至少要达到 0.1%. 时序图中所示晶格的各参数需在一定范围内可调：六角晶格 $V_{2D}$ 为 $0\sim40E_r$，束缚晶格 $V_{1D}$ 为 $0\sim30\ E_r$. 六角晶格和束缚光晶格的上升曲线为 e 指数，淬火过程关闭时间小于 0.1 μs.

实验中，需要对不同六角晶格 $V_{2D}$ 和束缚晶格 $V_{1D}$ 以及初始温度 $T$ 进行测量，获得不同参数下的淬火后的 TOF 结果（动量分布），且需要从两个方向进行吸收成像探测（不需要同一周期内测量两个维度，两个方向的探测在不同实验周期内进行即可）.

对于六角晶格跨维度激发带动力学研究，整个时序可分为三个阶段：第一阶段为束缚光晶格绝热开启阶段. 在 $t=0$ ms 时 BEC 形成（初始温度为 $T$），之后 40 ms 内缓慢打开束缚晶格，晶格以 e 指数上升至阱深 $V_{1D}$. 在 $t=40$ ms 时利用脉冲时序（控制精度为 0.1 μs，脉冲时序见下文）将原子制备到六角晶格 D 能带，阱深为 $V_{2D}$. 第二阶段为光晶格保持阶段，六角晶格和束缚晶格保持在 $V_{2D}$ 和 $V_{1D}$，维持 $t_{hold}$（范围为 0～200 ms）. 第三阶段为探测阶段. 六角晶格和束缚晶格快速关闭（淬火过程，关闭时间在 0.1 μs 内），之后晶格进行 30 ms 自由扩散（TOF），并由吸收成像过程探测.

同样，需要对不同晶格阱深 $V_{2D}$、$V_{1D}$、初始温度 $T$ 以及保持时间 $t_{hold}$ 进行测量，获得不同参数下的淬火后的 TOF 结果（动量分布），且需要从两个方向进行吸收成像探测. 同时，需要进行能带映射的探测，即将淬火过程中快速关断光晶格改为缓慢关断光晶格（1 ms 内，e 指数下降）.

### 6.9.2　实验实施方案

#### 6.9.2.1　光晶格构建

六角光晶格是利用平面内三路互成 120°夹角的、偏振平行于六角晶格平面的、$\lambda=1064$ nm 的激光在 BEC 处相互叠加干涉形成的. 对于平面内任一方向的行波光，

$$\vec{E}_j=E_j\cos(\vec{k}_j\cdot\vec{r}+\theta_j),\tag{6.9.1}$$

其中 $j=1,2,3$，表示不同方向 $\vec{k}_1,\vec{k}_2,\vec{k}_3$，那么三束激光所形成的总电场为

$$\vec{\boldsymbol{E}}=\vec{\boldsymbol{E}}_1+\vec{\boldsymbol{E}}_2+\vec{\boldsymbol{E}}_3=\sum_j \vec{\boldsymbol{E}}_j\cos(\vec{\boldsymbol{k}}_j\cdot\vec{\boldsymbol{r}}+\theta_j), \tag{6.9.2}$$

而电场模的平方为

$$|\vec{\boldsymbol{E}}|^2=|\vec{\boldsymbol{E}}_1+\vec{\boldsymbol{E}}_2+\vec{\boldsymbol{E}}_3|^2=\left|\sum_j \vec{\boldsymbol{E}}_j\cos(\vec{\boldsymbol{k}}_j\cdot\vec{\boldsymbol{r}}+\theta_j)\right|^2. \tag{6.9.3}$$

而光晶格的势能正比于电场模平方周期平均(光强). 略去对于势能分布无影响的常数,可以得到最终的势能函数(考虑到激光为红失谐光,势能相对于光强有一个负号):

$$V=-\frac{1}{2}\sum_{\alpha=a,b,c} V_{xy}\cos(\vec{\boldsymbol{k}}_\alpha\cdot\vec{\boldsymbol{r}}-\theta_\alpha), \tag{6.9.4}$$

其中,$V_{xy}=E_1E_2$,$\vec{\boldsymbol{k}}_a=\vec{\boldsymbol{k}}_1-\vec{\boldsymbol{k}}_2$,$\theta_a=\theta_1-\theta_2$,$\alpha=b$ 或 $\alpha=c$ 的情形可以此类推. 这样我们就得到了六角光晶格.

我们利用两束相向传播的波长 $\lambda=1064$ nm 的光形成一维驻波光晶格. 这样两套晶格形成的势能函数为

$$V=-\frac{1}{2}\sum_{\alpha=a,b,c} V_{xy}\cos(\vec{\boldsymbol{k}}_\alpha\cdot\vec{\boldsymbol{r}}-\theta_\alpha)+2V_z\cos^2(k_z z). \tag{6.9.5}$$

当我们调节六角光晶格和一维束缚光晶格的阱深,使得 $\boldsymbol{V}_{xy}\approx\boldsymbol{V}_z$ 时,我们就得到了严格的三维六角形光晶格,这可以用来研究超流态到 Mott 绝缘态量子相变.

#### 6.9.2.2 晶格的控制

我们采用声光调制器(AOM)对光晶格中光的功率进行控制,可以完成晶格光的打开、关断及波形变化等操作. 我们设计第一级 AOM 用来进行绝热装载,第二级 AOM 用以实现非绝热装载. 当使用第一级 AOM 做绝热装载时,第二级 AOM 保持打开,反之亦然.

我们需要把超冷原子装载到光晶格的 S 带或者激发能带上. 可利用任意波形发生器来控制射频开关的打开和关断,从而给出一系列光脉冲,实现快速将原子装载到晶格特定的能带上. 在实验探测阶段,我们可能需要做能带映射(band mapping),因此我们在射频开关之后加一级衰减器用以控制光晶格光功率缓慢下降. 为了实现晶格光功率的缓慢上升,我们在晶格光非绝热控制的基础上,添加功率反馈控制模块. 通过功率反馈控制模块,可以实现晶格光功率跟随任意波形发生器给出的控制波形的绝热变化.

### 6.9.3 实验测量物理量及信息处理

#### 6.9.3.1 六角晶格超流相变

实验中,六角晶格超流到 Mott 绝缘体相变的过程可以通过淬火后的 TOF 吸收成像. 保持六角晶格 $V_{2D}$,随着束缚晶格 $V_{1D}$ 的升高,原子动量 Bragg 干涉峰从清晰到模糊，对应于从超流态到Mott绝缘态或正常Bose气体的相变.

为了准确描述六角光晶格的相变过程，我们需要对淬火后的TOF吸收成像图进行对比度的计算.我们计算了一阶动量态的原子数，将六块区域内的原子数相加作为$N_{\text{atoms}}$.作为对比，我们也计算了处于第一Brillouin区边缘位置的原子数作为$N_{\text{background}}$.对比度的计算公式为

$$V_{\text{visibility}}=\frac{N_{\text{atoms}}-N_{\text{background}}}{N_{\text{atoms}}+N_{\text{background}}}. \tag{6.9.6}$$

根据不同阱深下对比度的变化，我们可以得到实验中六角晶格的相变点.

由于本实验研究的是六角晶格跨维度的相变，所以我们需要从两个方向对超冷原子淬火后的原子团进行探测.在第一个方向，探测光垂直于六角晶格平面，观察六角晶格平面的相变过程.在第二个方向，探测光平行于六角晶格平面且垂直于束缚光晶格，观察束缚光晶格方向的相变过程.

此外，为了对超冷原子在六角晶格的激发带的动力学演化进行研究，我们需要探测处于六角晶格激发带的超冷原子的动量分布与能带分布.

通过快速关断光晶格势阱的方法，我们可以得到超冷原子的动量分布.理论上快速关断的时间越短，TOF获得的动量分布就越真实.受限于当前技术条件，光晶格的快速关断时间取决于AOM的响应速度，处于几十纳秒量级.在动力学演化初期(原子被制备到D能带初期).

对于超冷原子的能量分布，光晶格的关断时间需要满足绝热近似条件.

在光晶格关断的过程中，系统的Hamilton量满足Schrödinger方程：

$$\hat{H}(t)|u_m(t)\rangle=E_m(t)|u_m(t)\rangle. \tag{6.9.7}$$

对上式求时间偏微分可得

$$\dot{\hat{H}}(t)|u_m(t)\rangle+\hat{H}(t)|\dot{u}_m(t)\rangle=\dot{E}_m(t)|u_m(t)\rangle+E_m(t)|\dot{u}_m(t)\rangle. \tag{6.9.8}$$

利用$\langle u_n(t)|$左乘上式并做内积：

$$\langle u_n(t)|\dot{u}_m(t)\rangle=\frac{\langle u_n(t)|\dot{\hat{H}}|u_m(t)\rangle}{E_m(t)-E_n(t)}. \tag{6.9.9}$$

当Hamilton量的相对变化率远小于体系的特征频率时，就满足绝热近似条件：

$$\left|\frac{\langle u_n(t)|\dot{\hat{H}}|u_m(t)\rangle}{E_m(t)-E_n(t)}\right|\ll\left|\frac{E_n(t)-E_m(t)}{\hbar}\right|. \tag{6.9.10}$$

当光晶格的关断时间满足(6.9.10)式的绝热近似条件时，就可以获得超冷原子在六角晶格激发带的能量分布.在实验中，这种绝热关断的时间为1 ms，阱深下降的曲线为e指数.

6.9.3.2 原理

对于六角晶格激发带制备时序,我们利用脉冲绝热捷径的方法来设计脉冲[56]. 对于六角形光晶格,每束光波矢大小相等$|\vec{\boldsymbol{k}}_1|=|\vec{\boldsymbol{k}}_2|=|\vec{\boldsymbol{k}}_3|=|\vec{\boldsymbol{k}}|$,两两夹角为120°. Bloch 态和动量态之间的关系可以写作

$$|n,\vec{\boldsymbol{q}}\rangle=\sum_{\ell_1,\ell_2}c_{\ell_1,\ell_2}\ |\ \ell_1\vec{\boldsymbol{b}}_1+\ell_2\vec{\boldsymbol{b}}_2+\vec{\boldsymbol{q}}\rangle, \tag{6.9.11}$$

其中,$\vec{\boldsymbol{b}}_1=\sqrt{3}k\hat{x}$,$\vec{\boldsymbol{b}}_2=\sqrt{3}k\left(-\frac{1}{2}\hat{x},-\frac{\sqrt{3}}{2}\hat{y}\right)$. 对于目标态$|\psi_a\rangle=\sum_n\gamma_n|n,\vec{q}\rangle=|7,0\rangle$,即六角晶格 D 能带(第七激发带),通过计算,$(t_{11},t_{12},t_{21},t_{22})=(22.1,37.9,79.9,35.6)$ μs,可以使保真度达到$\zeta=0.92$.

## §6.10 量子磁性

Bose-Einstein 凝聚的实验实现为人类深入探测超冷原子系统的量子特性提供了强有力的实验平台. 近几年来,利用光场与 Bose、Fermi 气体构成“人工晶体”,并研究其关联效应、相变特性等已成为了全世界主要研究热点之一. 2008 年,德国美茵茨大学 Trotzky 等人率先观察到光晶格中原子间存在着类似于磁性材料中自旋交换的相互作用[57]. 尽管他们在实验中处理的是几乎无相互作用的稀薄冷原子气体,但是他们的实验为低温量子磁体和各种多体自旋模型的实现提供了直接的路径,为量子自旋排列的研究奠定了基础. 这种相对简单的模型能够帮助我们更加深入地理解与量子磁性、量子相变有关的基本物理. 2009 年,麻省理工学院 Ketterle 团队首次观测到原子气体具有较强的铁磁性质[58]. 这一发现促进了人们对磁性的更深一步理解,以此为基础的磁性材料也在数据存储、医学诊断和纳米技术等方面体现出极大的应用潜力. 此外,冷原子系统的内部自由度,如自旋,也被考虑进来. 对携带高自旋冷原子系统中的新物质态的研究是很新颖,也是很迫切的. 一方面,许多具有能级超精细结构的高内禀自由度(如准自旋)的粒子被制备出来,如自旋为 1 和 2 的$^{87}$Rb 原子的 Bose 气体,为探索新物质态提供了必要的实验基础和物质准备. 另一方面,由于原子自旋自由度所呈现出的迷人的能级超精细结构会对原子的低能物理性质产生很大影响,很多在传统凝聚体中所没有的新物质态在高自旋冷原子系统中产生. 例如在自旋为 1 的冷原子系统中的 Bose 子配对态,对凝聚及其和原子凝聚的共存态,在自旋 3/2 系统中的四粒子配对超流态等. 通过调控系统的维数,还可以利用冷原子体系研究量子涨落和磁有序的竞争机制,研究冷原子系统中的无序效应,这些问题都是目前凝聚态物理的研究前沿.

目前,国际上从事此类研究的人员还很少,而这些问题本身却非常重要,因此,

任何进展都会引起国际同行的极大兴趣.而量子磁性的研究也具有很多的挑战,例如怎样在实验上制备这些奇异的量子磁性相、怎样精密测量量子磁性.对于这类型的问题,可以利用在冷原子实验单元和理论研究方法上的优势,对于它们进行系统而深入的研究,例如,(1)在已有的 Bose-Einstein 凝聚实验装置上搭建二维光晶格,通过强径向束缚,使得原子的能量远低于对应的能级劈裂,实现准一维量子简并系统;(2)用径向束缚势调节原子的等效相互作用;(3)利用两束交叉强激光光束形成紧束缚的一维周期势,或者利用柱透镜实现强烈汇聚的柱状 Gauss 光束,搭建准二维量子简并系统;(4)利用带自旋的冷原子系统来模拟磁交换系统并调控其维度.研究从一维到二维乃至三维渡越时,系统从无序到有序的转变过程,元激发从自旋子到磁波子的转化,研究量子涨落和磁有序的竞争.同时,研究带自旋的冷原子系统中的交换作用诱导的新量子态和量子相变,确定相应的临界指数和标度行为.研究高自旋冷原子系统中的配对机制,不同有序态的竞争和基态性质.(5)通过操控外磁场,研究二维量子简并气体系统的铁磁性,观察磁畴的演化,研究涡旋等拓扑元激发的特性[59].

在上述地面或微重力实验条件下,经过原子气预处理、转移、装载和深度冷却后,BEC 就已被制备好,可在其上开展量子磁性的研究了.在多数实验中,一个必不可少的内容是态转移,这是因为通过不同技术路线经过深度冷却后,原子往往处于不同 Zeeman 能级上,通过态转移,人们可以把其制备到预期的磁量子数态上.

### 6.10.1　态转移

总的来说,不同 Zeeman 态间的转移就是通过不同的电磁波来实现的,包括微波场、射频场、Raman 光等,其微观物理过程还是原子与光的相互作用.由于选择定则的限制和目前激光器波长在整个光谱范围的适用范围,标准的光学激光器不能使许多理想的原子实现单光子跃迁.然而对于多光子过程,即原子或者分子同时吸收发射两个或者多个光子的过程,能够实现多个单光子不能完成的跃迁.由于此过程能够实现更丰富的跃迁范围,常常被实验者所采用.下面我们具体说明微波-射频(MW-RF)双光子跃迁[60]~[66]和 Raman 双光子跃迁[67]过程.

最早使用微波-射频(MW-RF)双光子跃迁的是 Cornell 等人,他们将$^{87}$Rb 从$|F=1,m_F=-1\rangle$(简记为$|1,-1\rangle$)跃迁到$|2,1\rangle$[60].为了使不同的 Zeeman 能级劈裂,施加一定的偏置磁场后,总磁量子数 $F=1,2$ 的能级跃迁$|1,-1\rangle\rightarrow|2,0\rangle$约为 6.8 GHz,在微波段;$|2,0\rangle\rightarrow|2,1\rangle$跃迁频率在射频段.因此,采用微波-射频双光子跃迁,在一段时间内以频率约以 6.8 GHz 为中心,取一定的扫面宽度扫描微波场,采用绝热快通过的方法就可实现$^{87}$Rb 从$|1,-1\rangle$态到$|2,1\rangle$态的转移.原始态残留的少量原子可以通过一个短时间的共振光脉冲清除掉.近年来,此方法被用于

原子芯片、量子计算、量子纠缠、精密测量等领域[61]~[64]. 对于$^{40}$K 原子,也可以利用同样的方法进行态操控.

对于 Raman 双光子跃迁,与微波-射频双光子类似,只不过参与的中间态能级最高. 具体地,实验中,先在短时间内线性增加一个一定大小的磁场,然后打开两束 Raman 光. 磁场的方向与光的传播方向相同. 这里的 Raman 光选取左旋圆偏振脉冲光,因为我们这里只做态转移,所以这两束光是同向传输的,选用一个脉冲光,取一定时间,激光 1 的频率为选取和态之间的能量差有关的,光斑形状为圆形 Gauss 分布,规定它的束腰 Gauss 半径和功率,它实现了基态到中间态的态转移. 同样地,可以计算出产生中间态到激发态的激光 2 的频率,光斑形状为圆形 Gauss 分布,也可以算出这束光的腰 Gauss 半径和功率.

### 6.10.2　磁性相变

经过态转移,把 BEC 制备到预期的磁量子数态上后,一个非常重要的量子磁性研究集中在磁性相变,例如顺磁态到铁磁、反铁磁的相变上.

磁场或者电场会打破对称的自旋态系统的对称性. 然而,在大多数冷原子实验装置中,常常会出现磁场. 这些磁场将会影响系统的能量,修正系统的 Hamilton 量,并带来线性 Zeeman 位移,磁场梯度和二次的 Zeeman 位移[35].

对于一个线性的 Zeeman 位移,在一个场强为 $B$ 的磁场中,单粒子能量可以写成

$$E=(h\times m_F\times 700\times B)\ \mathrm{kHz}. \tag{6.10.1}$$

为了让这个能量小于系统的自旋能量,$B\leqslant 10\ \mu\mathrm{G}$. 这个能级的偏置磁场很难实现,常常需要数倍的磁屏蔽和外加额外的线圈以消去任意的外部场. 然而,由于角动量守恒和小的偶极弛豫率,线性 Zeeman 位移可以被忽略. 另外,磁场梯度效应需要被评估. 由于梯度所造成的能量,在任意点 $z$ 的能量可以表示为 $E=g\mu_B B' z\langle F\rangle$. 不同于线性位移,这个效应不可以被忽略. 因此,为了使与自旋有关的相互作用能量占主导地位以驱动任意自旋的混合,这个梯度必须是可以减小的. 最后,以二阶 Zeeman 位移效应完全描述系统. 这个效应在 Rb 原子中所产生的能量可以写成 $E=qF_z^2$,这里 $q=(h\times B^2\times 72)\ \mathrm{Hz/G^2}$,倾向于 $|m=0\rangle$ 未磁化态[35].

假设任意的磁场梯度可以被有效地取消,最终的自旋混合状态和最终的基态由自旋的相互作用能量以及二次 Zeeman 位移竞争得到. 通过一个二阶量子相变来分离未磁化态和铁磁态,相变点在 $q=2|c_2|n$. 这个相变可以通过改变偏置磁场的大小来实现. 隐藏在这个相变中的是:当系统在强磁场条件下穿越相变点,系统必须从一个基态带有 $Z(2)\times U(1)$ 群对称到一个铁磁态带有 $SO_2\times U(1)$ 群对称.

例如有$^{87}$Rb 经态转移处于 $|1,0\rangle$. 突然改变磁场,即淬火,整个凝聚体穿越相变,变为 $|1,1\rangle$, $|1,-1\rangle$,并在不同磁量子数态之间自发形成铁磁域,且伴随有涡旋

等拓扑缺陷[68]. 2020 年,在实验上首次观察到 Na 原子反铁磁一阶量子相变动力学中的标度现象[69]. 实验和数值模拟证明,由淬火诱导的反铁磁相变标度率可以很好地由扩展的 Kibble-Zurek 理论解释.

### 6.10.3 磁性测量

完成冷原子量子磁性研究后就可进行测量成像了. 幸运的是,随着技术手段的发展,更多的光学探测方法可被应用在探测稀薄原子气体中. 飞行时间技术成像以及相衬成像法是最常见的探测 Bose-Einstein 凝聚体的科学方法[70]~[73]. 这两种方法分别被应用于获得自由扩散原子团或者囚禁在势阱中原子团的密度分布的图像信息上. 接下来,我们首先讨论在成像中原子与光相互作用的基本原理. 之后我们将分别介绍吸收成像(飞行时间技术成像)以及色散成像(相衬成像)的物理机制. 我们还将结合具体文献,介绍用相衬成像技术测量 $^{87}$Rb 原子团的磁性的例子.

#### 6.10.3.1 原子-光相互作用

原子与光的相互作用归结为复数形式的原子折射率,可表示 $n_{\text{ref}}=\sqrt{1+4\pi n\alpha}$,其中 $\alpha$ 为原子极化率,$n$ 为原子密度. 假设 $n_{\text{ref}}-1\ll1$,根据旋转波近似,二能级系统的折射系数可以表示为

$$n_{\text{ref}}=1+\frac{\sigma_0 n\lambda}{4\pi}\left[\frac{\mathrm{i}}{1+\delta^2}-\frac{\delta}{1+\delta^2}\right], \tag{6.10.2}$$

其中 $\sigma_0$ 为共振切面,$\lambda$ 为探照光波长,$\delta=\dfrac{\omega-\omega_0}{\Gamma/2}$为半线宽调谐. 当有一束沿着 $z$ 方向穿过 BEC 的探照光时,透射系数 $t$ 与相移 $\varphi$ 取决于原子团柱密度 $\widetilde{n}=\int n\cdot\mathrm{d}z$ 以及 $\sigma_0$:

$$t=\mathrm{e}^{-\widetilde{D}/2}=\exp\left(-\frac{\widetilde{n}\sigma_0}{2}\frac{1}{1+\delta^2}\right), \tag{6.10.3}$$

$$\varphi=-\delta\frac{\widetilde{D}}{2}=-\frac{\widetilde{n}\sigma_0}{2}\frac{\delta}{1+\delta^2}, \tag{6.10.4}$$

其中 $\widetilde{D}=\widetilde{n}\sigma_0/(1+\delta^2)$为非共振光密度.

#### 6.10.3.2 吸收成像

吸收成像法是通过用激光照射原子,并将原子的阴影呈现在 CCD 相机中成像的方法. 由于光电传感器对相位不敏感,因此吸收成像呈现 $t^2$ 的空间差异.

飞行时间技术(TOF)成像是一种常见的吸收成像方式,它将原子团在势阱中释放并待其扩散一定时间后进行测量. 飞行时间技术成像是一种应用范围极广的测量方式,可以用来测量热原子云的原子数与温度.

对于典型的$^{87}$Rb原子团进行飞行时间测量,通过突然将势阱关闭使BEC原子将向四周迅速膨胀扩散.在$t=1$ ms时,原子云呈“铅笔状”.在早期膨胀期间,原子云体积大于初始时期的原因是由于探测激光的完全吸收.在$t=10\sim25$ ms时间内,可以观测到各向同性扩散的原子云.在$t=30\sim45$ ms时间内,可观测到各向异性扩散的原子云.当原子云扩散后的尺寸是其最初尺寸的数倍时,这种飞行时间图像可以得到原子云的速率分布(原子数与温度的得到).

6.10.3.3 色散成像

色散成像不需要原子扩散,可以直接用于在势阱中研究原子团并成像,多应用于研究原子在势阱中的动力学行为[74][75].由于在阱中的原子团密度较高,吸收成像方法不再适用.同时,更高的探测光强度会使得原子空间结构更模糊.因此,为了得到清晰的阱内成像,必须使用非共振光探测阱中原子.然而,失谐激光穿过原子团样品后会产生相移.在这一过程中,势阱中BEC原子团的作用类似于透镜.通过选择不同的激光频率,人们可以控制得到不同的相移.

为了得到透明样品的图像,光相移对应的信息必须被转换成可被光敏传感器探测到的强度信息.常见的显微技术包括条纹照相法和相衬法.色散成像方法的关键在于将被散射的探测光与非散射探测光分离,并分别操控两者.在冷原子实验光路中,通常将Fourier镜放置于成像系统中(相位板).

对于相衬成像光路,探照光通过透镜汇聚在BEC原子样品上.通过BEC原子团后,探照光被分为两部分:折射产生相移$\lambda/4$的折射光(浅红色)和不被原子团影响的初始探照光(深红色).折射光通过相台后不会产生相位变化,而初始探照光通过相台后相位会提前$\lambda/4$或者延迟$3\lambda/4$.故整个相衬成像光路会使折射光与原探照光产生相位差$\lambda/2$.

相衬成像是一种零差探测,其中非散射光可被视作本机振荡子并与散射光产生干涉.这个过程中,非散射光通过Fourier镜片后,相位改变$\pm\pi/2$,成像面上的点强度为

$$\langle I_{\text{pc}}\rangle=\frac{1}{2}|E+E_0(\mathrm{e}^{\pm \mathrm{i}\frac{\pi}{2}}-1)|^2=I_0\left[t^2+2-2\sqrt{2}t\cos\left(\varphi\pm\frac{\pi}{4}\right)\right], \tag{6.10.5}$$

其中$\pm$代表相位板将非散射光改变$\pm\frac{\pi}{2}$.相位板上点强度表示为

$$\langle I_{\text{gen}}\rangle=I_0[1+t^2+\tau^2+2t\tau\cos(\varphi-\gamma)-2t\cos\varphi-2\tau\cos\gamma]. \tag{6.10.6}$$

我们将公式(6.10.5)在$\tilde{n}=0$(例如$t=1,\varphi=0$)处展开,并保留到其一阶项,可得

$$\langle I_{\text{gen}}\rangle=I_0\tau^2-I_0\sigma_0\tau\left[\frac{\delta}{1+\delta^2}\sin\gamma+\frac{1}{1+\tau^2}\cos\gamma\right]\tilde{n}, \tag{6.10.7}$$

这表示对于确定的调谐$\delta$，当$\tau=1$，$\tan\gamma=-\delta$时，信号强度最大. 对于相衬成像，当$\delta=1$时，最大信号强度对应着$\gamma=\pm\pi/2$.

对于单一原子态$|i\rangle$，不同截面的光散射可以表示为所有可能终态$|f\rangle$的组合，

$$\frac{\mathrm{d}\sigma_{\mathrm{R}}}{\mathrm{d}\Omega}=C\sum_{j}|\langle i|\mathrm{e}^{\mathrm{i}\Delta\boldsymbol{k}\cdot\boldsymbol{r}}|f\rangle|^{2},\tag{6.10.8}$$

也就是不同的 Rayleigh 散射截面[72]. 对于势阱中的$N$个原子，其中每个处于$|j\rangle$态原子个数为$N_j$，并且整个原子云是光学稀疏的. 对于 Bose 系统，有

$$\frac{\mathrm{d}\sigma}{\mathrm{d}\Omega}=C\sum_{i}N_{i}|\langle i|\mathrm{e}^{\mathrm{i}\Delta\boldsymbol{k}\cdot\boldsymbol{r}}|i\rangle|^{2}+C\sum_{i\neq j}N_{i}(N_{f}+1)|\langle i|\mathrm{e}^{\mathrm{i}\Delta\boldsymbol{k}\cdot\boldsymbol{r}}|f\rangle|^{2},\tag{6.10.9}$$

此时，散射过程可被分为相干散射与非相干散射. 公式(6.10.9)中第一部分对应弹性散射，其中原子态是保持不变的. 这一部分与原子密度分布的 Fourier 变换相关：

$$\sum_{\mathrm{i}}N_{i}\langle i|\mathrm{e}^{\mathrm{i}\Delta\boldsymbol{k}\cdot\boldsymbol{r}}|i\rangle=\int n(\boldsymbol{r})\mathrm{e}^{\mathrm{i}\Delta\boldsymbol{k}\cdot\boldsymbol{r}}\mathrm{d}\boldsymbol{r}.\tag{6.10.10}$$

对于散射角小于衍射角的情形，即$\Delta k<1/d$，散射光强度是单原子 Rayleigh 散射的$N^2$倍. 这一部分构成了折射系数的实部并且对应着散射成像的信号强度.

公式(6.10.9)中第二项代表着非弹性散射. 我们将这一项拆分为自发部分与 Bose 激发部分：

$$\left(\frac{\mathrm{d}\sigma}{\mathrm{d}\Omega}\right)_{\mathrm{incoh}}=C\sum_{i\neq f}N_{i}|\langle i|\mathrm{e}^{\mathrm{i}\Delta\boldsymbol{k}\cdot\boldsymbol{r}}|f\rangle|^{2}+\sum_{i\neq f}N_{i}N_{f}|\langle i|\mathrm{e}^{\mathrm{i}\Delta\boldsymbol{k}\cdot\boldsymbol{r}}|f\rangle|^{2}.\tag{6.10.11}$$

我们假设原子团样品远大于光学波长，即可以忽略$i\neq f$的情况，则公式(6.10.11)中第一项是单原子 Rayleigh 散射公式(6.10.7)的$N$倍. 这一项代表着$4\pi$立体角的非相干散射. 因为大散射角散射的光子会从探照光中“消失”，所以这一项对应着吸收成像信号强度. 第二项被用来描述 Bose 增强散射，它只有在相变时才不为0. 由于它与衍射信号相比贡献很弱，故在定量分析成像信号时忽略此项.

从上文可知，不同的成像技术并不是将原子激发，而是仅仅收集不同散射的电场. 在吸收成像中，每一个被吸收光子将原子团温度升高一个反冲能量. 而色散信号取决于共轭项公式(6.10.10). 由于原子保持在它的初态，因此不会产生反冲能量. 色散散射成像信号强度可由暗背景成像收集的光子数来估计. 向前散射光子数公式(6.10.10)与被吸收光子数公式(6.10.11)之比可估计为$N\dfrac{\lambda^2}{d^2}\simeq\tilde{n}\lambda^2$. 这个比值受共振光密度$\tilde{D}_0$影响[76]，当$\tilde{D}_0\approx300$时(实验中凝聚体通常的径向共振光学密度大约为300)，对于确定的热量来讲，我们通过色散成像能够得到的信号强度比通过吸收成像得到的信号强度高2个数量级. 利用吸收成像，我们只可以得到一

幅“非破坏性”图像.然而利用色散成像,我们可以通过连续拍照得到最多超过100幅的“非破坏性”图像.

以自旋$F=1$的$^{87}$Rb为例,原子团淬火后形成铁磁域.考虑初始量化方向为成像轴$y$方向,$|1,1\rangle$态原子在$y$方向的投影为$+1$,$|1,-1\rangle$态在$y$方向的投影为$-1$.我们将横向磁性定义为$F_t=F_x+iF_y$,纵向磁性定义为$F_l=F_z$.当退火后,磁场减小且沿着$z$方向.在原子团放置$T_{hold}$时间后,先开始横向磁性测量$F_t$.

当$T_{hdd}$较小时,少量$|1,0\rangle$态变为$|1,1\rangle$态与$|1,-1\rangle$态.在$z$方向磁场下,只有$|1,1\rangle$态与$|1,-1\rangle$态会沿着磁场做Larmor进动.此时观测不到对称性破缺现象(密度是均匀的).当$T_{hold}$足够大时,BEC中由于存在大量$|1,1\rangle$态与$|1,-1\rangle$态,这两种态的原子将绕着$z$方向磁场做Larmor进动,可观测到对称性破缺现象(密度不均匀,亮暗不一致).由于原子磁性方向与磁场方向($z$方向)不同,原子将沿着$z$方向的磁场做Larmor进动.进动过程中,原子磁性在$y$方向的投影$F_y$不同,对应的不同的信号强度$F_t=\zeta F_y$.

对于原子团经历不同放置时间$T_{hold}$后的横向磁性,磁性方向与强度分别由色性与亮暗程度确定.在退火后,凝聚体中形成了不同形状的铁磁畴.在一个磁畴中,既包含具有畴壁磁性的小区间,又包含更大的无畴壁的铁磁自旋结构.

## §6.11 铷(Rb)钾(K)混合气体Efimov效应

### 6.11.1 实验过程及时序

首先,在通用平台阶段经过蒸发冷却和协同冷却之后,获得约$1\times10^4$个$^{87}$Rb原子和约$3\times10^3$个$^{40}$K原子,温度在100 nK左右.然后开始科学实验,科学实验可分为以下3个阶段:

(1)原子的内态制备:

在通用平台上完成蒸发冷却和协同冷却之后,$^{87}$Rb原子和$^{40}$K原子分别布居在$|2,2\rangle$和$|9/2,9/2\rangle$态上.然而,为研究Efimov效应,需要二者的态分别为$|1,1\rangle$和$|9/2,-9/2\rangle$,因此态转移是必需的.此时$^{87}$Rb原子和$^{40}$K原子仍然被囚禁在窄的交叉光阱中,态转移是通过微波和射频场来完成的.具体来说,先用约20 ms时间将取向磁场线性增加到20 G,然后50 ms内以6.876799 GHz为中心,扫频宽度约100 kHz扫描微波场,采用绝热快通过的方法实现$^{87}$Rb从$|2,2\rangle$态到$|1,1\rangle$态的转移.残留在$|2,2\rangle$态的少量原子可以通过一个30 $\mu$s的共振光脉冲清除掉.$^{40}$K原子的态转移用到80 ms左右的时间扫描射频场,射频的起始频率为6.6 MHz,终止频率约5.9 MHz.

(2)磁场上升到所需值以及深度冷却：

在完成态制备后，磁场继续上升到所需的 546 G 左右，用时大约 1 s. 处于 $|1,1\rangle$态的$^{87}$Rb 原子和处于$|9/2,-9/2\rangle$态的$^{40}$K 原子在磁场扫过 Feshbach 共振点的时候可能会有大量损失. 因此，在磁场到达共振点之前需采用绝热快通过的方法将$^{40}$K 原子从$|9/2,-9/2\rangle$态转移到$|9/2,-7/2\rangle$态. 用 5 ms 左右的时间扫描射频场，射频的起始频率为 79.9 MHz，终止频率约 80.3 MHz. 然后通过 Feshbach 共振点，到达比共振点磁场高出约 150 mG 的值，再次采用射频场绝热快通过的方法，将$^{40}$K 原子从$|9/2,-7/2\rangle$态转移回$|9/2,-9/2\rangle$态，然后进行深度冷却. 深度冷却分两个阶段：首先，窄的 1064 nm 光阱的功率逐渐降低，加上宽的 1064 nm 交叉光阱，阱频率降低到 $2\pi\pm10$ Hz，用时大约 0.5 s. 然后快速关断窄的 1064 nm 交叉光阱，宽的 1064 nm 交叉光阱保留，阱频率在 $2\pi\times0.6$ Hz 左右. 原子近似自由膨胀约 70 ms 后，施加一个 5 ms 左右的 DKC 脉冲.

在进行深度冷却的同时，用于补偿磁场而导致非均匀外势的补磁激光被打开并保持.

(3)Efimov 效应的探测：

深度冷却完成后，磁场用 1 ms 时间迅速调到待测点并保持.

Efimov 效应通过测量两种原子的混合物在不同散射长度(由磁场决定)下的三体复合损耗率获得. 需要将超冷$^{40}$K、$^{87}$Rb 混合物在宽的 1064 nm 光阱中保持一段时间(从 1 ms 到几十 ms). 最后，通过分别与$^{87}$Rb 原子以及$^{40}$K 原子共振的光脉冲，探测这两种原子各自剩余的原子数.

在每一个实验周期，测量在一个最终的磁场值情况下保持一定时间后两种原子剩余的原子数. 调节保持时间，获得原子数随保持时间的衰减曲线，计算出三体复合的损耗率. 然后将最终磁场值改为另一个值，再反复以上测量，获得在这个磁场值下的三体复合损耗率.

由于每一个磁场值对应于$^{87}$Rb 与$^{40}$K 原子的散射长度，反复多次实验之后，我们会获得在不同散射长度下对应的三体复合损耗率数据. 如果在理论预言的散射长度附近看到了损耗峰的出现，就可以认为探测到了三体 Efimov 效应的迹象. 此外，当磁场值对应的$^{87}$Rb 与$^{40}$K 原子的散射长度在原子-二聚体阈值附近时，也可能观测到三体复合的损耗减弱. 最终，还需要将结果与考虑到各种实际因素(例如磁场涨落和非均匀性、温度加宽等等)的数值模拟结果进行对比.

### 6.11.2　实验实施方案

(1)原子的内态制备：

原子的内态制备要用到射频场和微波场. 对射频场和微波场的频率和功率都

需要做时序控制.其中频率控制是通过预设扫频波形实现的(最小扫频步长小于 1 kHz),功率控制是通过模拟电压控制实现的.要求射频和微波的磁场必须有与偏置磁场垂直的分量.

(2)磁场上升到所需值以及深度冷却:

磁场控制的关键是高精度低噪声的电流源.由于能产生 550 G 磁场的大线圈有数百匝,电感较大,所以难以做到在 1 ms 以内将磁场变化 100 mG 左右.为此可以用几匝的偏置磁场线圈完成磁场的快速变化.

深度冷却分成两个阶段.第一阶段在窄的 1064 nm 光阱和宽的 1064 nm 光阱中完成.通过控制光阱的光强,使 100 nK 量级温度的原子团绝热膨胀,温度降低到 10 nK 左右.其中,用于产生宽的 1064 nm 光阱的光束形状为椭圆形 Gauss 分布.长轴在 $y$ 方向,长短轴之比约为 1.414∶1.因为十字交叉的光阱在 $y$ 方向两束激光都提供了约束,因此都对 $y$ 方向的阱频率有贡献,而在 $x$ 和 $z$ 方向只有一束激光提供了约束.为了使 3 个方向的阱频率相等,所以需要这样的设置.第二阶段是脉冲冲击冷却,激光波长在 807.3 nm 左右.光束形状为椭圆形 Gauss 分布,长轴在 $x$ 方向,长短轴之比约为 1.414∶1.

在进行深度冷却的同时,应当用激光的光学偶极势补偿非均匀磁场导致的非均匀外势.此处所说的非均匀磁场,绝大部分来自大线圈本身,而外界的杂散磁场可以通过磁屏蔽有效地消除.对于弱磁场情形,可以用线性 Zeeman 效应的公式计算能级移动,但是对于中等强度磁场(100 G 量级),需要用更准确的 Breit-Rabi 公式来计算能级移动,然后计算能同时补偿两种原子的激光魔术波长.对于 $^{87}$Rb 与 $^{40}$K 原子分别处于 $|1,1\rangle$ 和 $|9/2,-7/2\rangle$ 态的情形,用于光学补偿激光的波长应当在 744.4 nm 左右.有光强反馈控制用于抑制光功率抖动以及控制产生所需的光强.

(3)Efimov 效应的探测:

采用吸收成像法探测.在测量之前关断磁场.可以从两个方向分别探测 $^{87}$Rb 原子和 $^{40}$K 原子.对 $^{87}$Rb 原子探测之前用重泵光将原子抽运到 $F=2$ 的态.

### 6.11.3　实验测量物理量及信息处理

实验测量的是不同散射长度下对应的三体复合损耗率,其中散射长度由磁场值决定,三体复合损耗率则通过一系列保持时间后的剩余原子数目获得.所以具体到实验测量的物理量,首先是磁场的值,需要通过测量微波或者射频跃迁获得,然后据此对电流对应的磁场值定标.在进行 Efimov 效应实验的时候只需要精确控制电流.对于原子数的测量采用吸收成像法.因为我们只对原子的数目感兴趣,所以对成像的空间分辨率要求较低.成像采用 CCD 相机,数据处理方法与其他涉及吸收成像实验的方法类似,通过有原子与无原子的本底照片获得光学厚度图,计算出原子数目.由于成像所需的区域远小于CCD阵列,实际数据量并不太大.

## §6.12 BEC声波黑洞研究

天体黑洞的Hawking辐射将引力与其他形式的能量联系在一起,是任何量子引力理论都不能回避的问题.它对理解量子力学与广义相对论的统一,认识宇宙的演化具有重要的科学意义.但是,天体黑洞的Hawking辐射微弱到无法探测.而天体黑洞的类似体——“声波黑洞”的声子版本的“Hawking辐射”可以在实验室探测[77].相对于其他流体,冷原子BEC作为一种量子流体,毫无黏滞,因此令其作为研究“声波黑洞”的载体,具有不可替代的优越性.

在地面实验室内,重力的存在对冷原子黑洞实验施加了诸多限制.尤其关键的是,重力妨碍了原子的深度冷却,使地面实验室获得的冷原子温度很难突破 $10^{-9}$ K(nK)量级.即使出现Hawking辐射,相应产生的热原子云也很难与BEC区分.另外,重力对冷原子的操控,特别是光阱操控带来了诸多不便.而在微重力环境下,这些限制都可以被克服,有望获得 $10^{-12}$ K(pK)量级的超低温度,从而使原子充分“冻结”以突显原子系统的量子效应.并且,微重力下的原子操控更为自由,有助于实现不同形态的量子流体.迄今为止,未见有关空间环境下的声波黑洞研究的报道.

我们依托空间超冷原子物理实验平台,将采用环形量子流体制造BEC声波黑洞,进而观测这种类黑洞的准静态Hawking辐射.项目的研究内容是基础物理研究的前沿科学问题之一.空间微重力环境与环形量子流体的结合,将为声波黑洞的研究带来新的机遇.该实验过程中不仅可能发现声波黑洞的新奇动力学行为,有助于研究者掌握空间站环形量子流体和声波黑洞的关键技术,还将推动空间冷原子关键技术的发展,促进空间实验平台的建设.相关研究有助于检验声波黑洞Hawking辐射理论、发现新奇的声子动力学现象,而且对认识天体黑洞的Hawking效应有一定的促进作用.

### 6.12.1 实验过程

BEC声波黑洞研究的科学实验是在空间超冷原子平台获得温度≤100 pK、原子数 $\geq 1\times 10^5$ 的 $^{87}$Rb凝聚体之后开始的.此时平台提供的凝聚体处于 $|2,2\rangle$ 原子态.

BEC声波黑洞研究实验过程主要包含以下几个关键实验步骤:(1)在交叉偶极力阱中进行原子内态制备;(2)将凝聚体从交叉偶极力阱转移到环形光阱;(3)在环形光阱中产生台阶势,并旋转台阶势,形成声波黑洞;(4)声波黑洞效应的探测.

6.12.1.1 在交叉偶极力阱中进行原子内态制备

空间冷原子平台提供的BEC处于 $|2,2\rangle$ 原子态,量子化轴磁场方向为平台 $y$

方向,大小为 1 G. 为了提高原子在光阱中的寿命,需要将原子转移到|1,1⟩原子态. 具体态制备过程如下:首先,采用 5 ms 的时间将 $y$ 方向量化轴磁场绝热线性增加到 4 G. 然后,采用绝热快速跃迁技术(adiabatic rapid passage)在 50 ms 内线性扫描微波场频率(从 6843.535 MHz 到 6842.535 MHz),实现原子态从|2,2⟩态到|1,1⟩态的转移. 绝热快速跃迁技术是非常成熟的实验技术,已被广泛地应用于控制原子自旋态的布居数[78]~[80]. 绝热快速跃迁技术要求扫描微波场频率的速度与原子自旋态的弛豫时间相比足够快,但同时又要求扫描微波场频率的速度足够慢,以便绝热的转移自旋态. 在实验上,从|2,2⟩态到|1,1⟩态的转移已经实现了大于的态转移效率[80];另外,实验上可以通过施加 Stern-Gerlach 磁场将不同自旋态的原子分离,然后吸收成像获得原子在不同自旋态的布居数. 态转移后,快速(<1 μs)关闭微波场;此时仍然有少量的$^{87}$Rb 原子处于|2,2⟩态,因此,我们需要用一个 30 μs 的共振光(与平台提供抽运光复用)将残留在|2,2⟩态的$^{87}$Rb 原子清除掉.

6.12.1.2 将凝聚体从交叉偶极力阱转移到环形光阱

BEC 声波黑洞科学实验需要在环形光势阱中形成量子流体,因此,需将 BEC 装载到环形光阱中. 在把原子制备到|1,1⟩态之后,下一步就是将凝聚体从交叉偶极力阱绝热地装载到环形光阱中. 具体装载过程如下:(1)在 500 ms 内,线性降低交叉偶极力阱光功率到 0 mW,同时增加环形阱的轴向光功率和径向光(薄片光)功率;轴向光的功率从 0 mW 线性增加到 25 mW,径向光的功率从 0 mW 线性增加到 100 mW. 此时,轴向光的空间模式是由空间光调制器产生的 Gauss 半径为 80 μm 的 Gauss 光束,径向光的空间模式是 Gauss 半径 2.1 mm×33 μm 的薄片光. 为了尽可能提高光阱的装载效率,要求轴向光和径向光的中心和 BEC 误差在±5 μm 以内. 另外,在装载过程的前 5 ms,$y$ 方向量化轴磁场从 4 G 线性降到 1 G(这里假定平台的默认量子化轴磁场是 $y$ 方向,大小 1 G). (2)然后,更新空间光调制器的相位信息(一系列图片更新),在 1000 ms 内连续地将轴向光从 Gauss 光束转换为半径为 80 μm 的空心光,空心光的壁厚半径为 33 μm,同时将轴向光的功率从 25 mW 线性增加到 50 mW. 此时我们将 BEC 装载到了环形光阱中. 由于轴向光最初是半径为 80 μm 的 Gauss 光束,尺寸比较大,当交叉偶极力阱中的 BEC 和环形阱的轴向光和径向光的重合较好的时候(误差在±5 μm),预计原子转移效率可以大于 95%.

6.12.1.3 在环形光阱中产生台阶势,并旋转台阶势,形成声波黑洞

在将 BEC 装载到环形光阱之后,需要在环形光阱中形成台阶势,以使得量子流体在台阶势附近形成声波视界. 台阶势的产生是在 500 ms 内通过连续地更新空间光调制器的相位信息(一系列图片更新)形成的,与此同时,保持环形阱光功率不变. 然后,继续更新空间光调制器的相位信息,将台阶势转动. 台阶势转动时间 20 ms 到 800 ms 可变. 实验中设定台阶势的移动速度为 0.25 mm/s(一系列图片更新).

#### 6.12.1.4　声波黑洞效应的探测

在台阶势转动过程中，量子流体在台阶势附近形成跨声速视界. 在不同的时间，我们需要对势阱中的原子进行原位成像测量，获得跨声速视界附近的流体的密度分布[81]~[85]. 原位成像时，直接利用平台提供的功能即可满足要求. 考虑探测获得的典型原子密度分布，该原子密度分布图像的物理意义是：台阶势附近原子气体的密度的陡峭变化表明原子气体的流速沿着势阱底部(圆周切线)方向从亚声速区域进入超声速区域，即形成了声波视界. 探测过程如下：

(1) BEC 声波黑洞研究的一个重要结果就是在实验上获得原子密度分布，该结果是一个实验周期内获得的结果. 在空间站中获得该实验结果，即可认为完成了 BEC 声波黑洞研究的既定科学任务.

(2)在台阶势随时间转动的不同时间点，重复上述实验可获得声波黑洞内声波随时间的演化效应.

(3)在台阶势转动后的量子流体形内形成跨声速视界，然后在台阶势转动的同一个时间点重复实验≥1000 次. 之后利用空间密度关联的技术将重复实验获得的原子密度分布进行处理，提取 Hawking 辐射谱的信息[81]. 横纵坐标零点对应的是声波视界的位置，从视界出发的山谷(valley)结构出现，表明了观察到了纠缠声子对的关联. 山谷结构出现的位置具有着非常明确的物理意义：Hawking 声子对总是同时从视界处出现，然后在亚声速区域和超声速区域分别以速率 $c_s-v_s$ 和 $v_p-c_p$ 行进，$s$，$p$ 分别代表亚声速区域和超声速区域. 在声子对行进 $\Delta t$ 后，初始的量子关联反映为位置 $x=(c_s-v_s)\Delta t$ 和 $x'=-(v_p-c_p)\Delta t$ 处的密度-密度关联. 因此，通过密度-密度关联函数完成了声子版本的“Hawking 辐射”的测量.

### 6.12.2　实验时序

根据上述的实验过程产生的实验时序见图 6.12.1.

### 6.12.3　实验测量物理量及信息处理

科学实验中 BEC 声波黑洞研究需要测量的物理量是环形势阱中的量子流体的密度分布，重点关注台阶势附近形成跨声速视界的量子流体密度分布. 当台阶势转动时，在视界静止坐标系下，环形势阱中的原子气体形成了量子流体. 视界静止坐标系的定义见图 6.12.2，具体的 $L$，$L'$ 沿着流体的运动方向(环形阱圆周的切线方向)，$L=\theta\times r$，$(L'=\theta'\times r)$；这里 $r$ 为环形势阱的半径. 视界的位置在 $L=0$ 处.

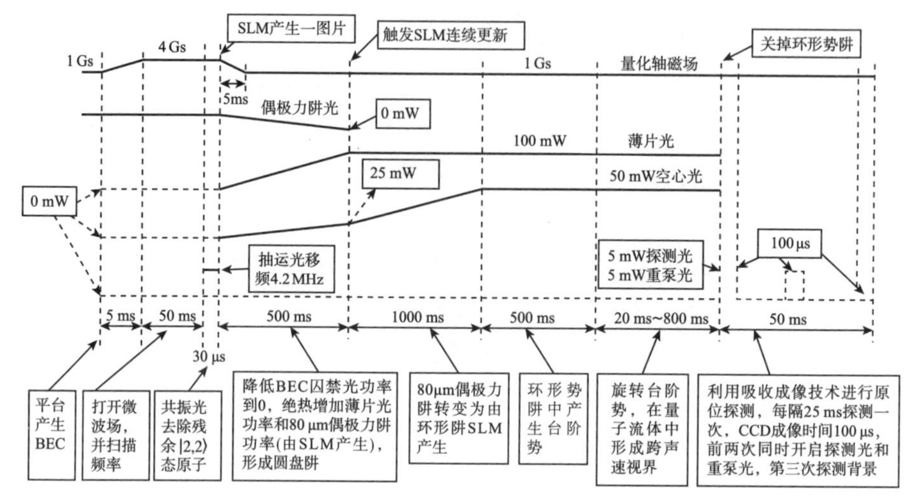


图 6.12.1 声波黑洞实验时序图.来自参考文献[85]

因为原子气体中的声速和势阱中原子气体的密度存在如下关系[82]：

$$c=\sqrt{gn_{\mathrm{av}}/m}, \tag{6.12.1}$$

其中 $c$ 为声速，$g$ 为相互作用参量，$m$ 为原子质量，$n_{\mathrm{av}}$ 为垂直于流体运动方向的截面内的原子气体密度的平均，所以在实验上，流体中的声速可以直接从一幅密度分布的图像中获得.而在声波视界附近的原子气体的流速与密度的关系为[83]

$$v=-\frac{1}{n}\int_0^L \frac{\partial n}{\partial t}\mathrm{d}L'. \tag{6.12.2}$$

图 6.12.2 参与计算密度关联谱的原子气体的范围示意图.实线夹角内的原子参与密度关联谱的计算，虚线标记了环形势阱中视界的位置.来自参考文献[85]

方程(6.12.2)中，$n$ 为准一维势阱底部处沿着圆周($L$，$L'$沿着流体的运动方向)的原子密度，$v$ 为原子气体的沿着 $L$ 方向的流速分布，积分由 $\Delta n/\Delta t$ 的积分给出.$\Delta n$ 为间隔时间为 $\Delta t$ 阱内沿着圆周的原子气体密度差.所以，在实验上，可以通过测量量子流体的密度分布获得量子流体的速度分布.从公式(6.12.2)我们可以得知，当台阶势以恒定的速度运动一段时间后，环形势阱中形成稳定的量子流体.此时，与台阶势相对距离不变的位置处的原子密度随时间的变化会保持不变，因此，从一幅密度分布的图像就可以获得流体的速度分布. 但是在台阶势运动的初期，环形势阱中形成的量子流体不是稳定的，在实验上需要测量相邻时间的两幅图像才可以获得流体的速度分布. 图 6.12.3 给出了视界参考系下的声速和量子流体的速度分布.

实验上测量环形势阱中原子气体的密度分布采取的实验方案是原位吸收成像技术. 原子气体的二维吸收成像中含有非常重要热力学信息，密度分布是其中一个最直观的量. 然后，通过方程(6.12.1)和(6.12.2)我们可以得到势阱中各个地方量子流体的声速 $c$ 和流速 $v$. 最后，将量子流体的流速 $v$ 和流体中的声速 $c$ 进行比对，如果在量子气体内形成声波黑洞，那么在流体内就同时包含超声速流体和亚声速流体，而从超声速到亚声速流体的转变的边界，即为声波视界. 此时，超声速区域即为声波黑洞，其中与流体运动方向相反的声子无法逃离超声速区域，这与光子无法从黑洞中逃逸类似. 因此当量子流体中同时出现流速大于和小于声速的区域时，即表明实验实现了声波黑洞[图 6.12.3(c)].

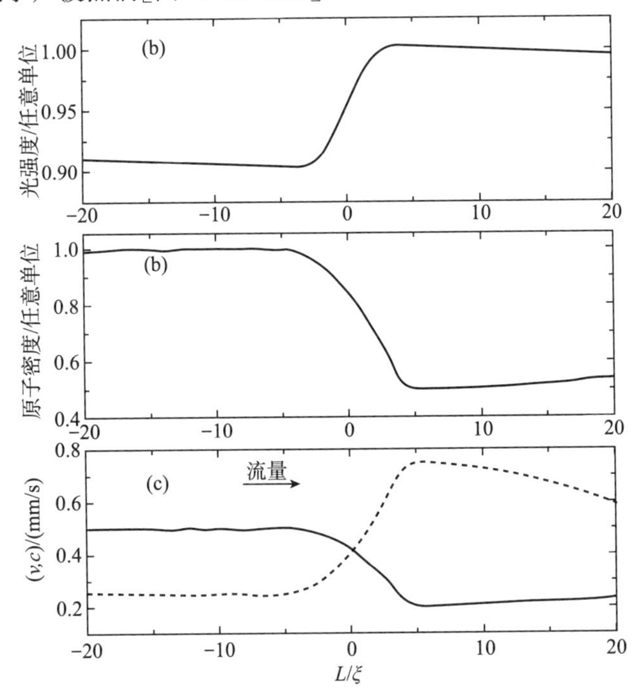


图 6.12.3　量子流体内形成声波黑洞. (a)带有台阶势环形阱的光强度分布. (b)视界附近的量子流体密度分布. (c)实线代表视界参考系下量子流体内的声速 $c$，虚线代表视界参考系下量子流体流动的速度 $v$. 坐标 $L$ 以恢复长度 $\xi$ 为单位. 来自参考文献[85]

为了计算准一维原子气体“Hawking 辐射”的密度关联函数，我们在台阶势处于同一位置的地方多次实验.在这种情况下,我们只需要距离台阶势前后相等的一段原子气体参与密度关联谱的测量即可,不需要全部原子气体参与.图 6.12.2 给出了计算范围的示意图,实线夹角内的原子气体参与计算密度关联谱.在实验上,"Hawking 辐射"的密度-密度关联函数的计算公式为

$$G^2(L,L')=\frac{\langle n(L)n(L')\rangle}{\langle n(L)\rangle\langle n(L')\rangle}, \tag{6.12.3}$$

$n$ 为准一维势阱底部处沿着圆周($L$,$L'$沿着流体的运动方向)的原子密度[84].

## §6.13 结论

综上所述,以空间冷原子实验流程为基本思路,我们首先讨论了其基本原理,提出了量子精密测量的两种思路:一是利用微重力条件,继续深度冷却原子气达到 pK 量级,增加其寿命,使其量子效应更加显著.二是使用"非破坏性"原位成像测量技术.然后,我们综合描述了地面与微重力下的实验原理、装置、方案,说明了两种微重力下的深度冷却方案:热释放冷却(DKC)和两级交叉光束冷却(TSC).接着,介绍了微波-射频和 Raman 双光子跃迁技术在不同 Zeeman 态间的转移,和磁性相变中的应用.我们还阐述了飞行时间成像和相衬成像,并展示了量子磁性原位相衬成像的图像.

北京大学、中国科学院上海光学精密机械研究所、中国科学院物理研究所正在进行的空间冷原子项目.中国空间站梦天实验舱于 2022 年 10 月 31 日发射.基于上述内容,借助空间站的微重力优势,冷原子的操控与探测可以突破地面重力的限制而达到地面实验室无法企及的参数区域,为冷原子的物性研究提供独特的、不可取代的强大工具.因此,我们有望对现有的量子物理理论提供新的更高精度的检验,这对于量子精密测量、量子相变过程的理解具有尤其重要的科学意义.

## 参考文献


[1] Anderson M H, Ensher J R, Matthews M R, et al. Science, 1995, 269(5221): 198.

[2] DeMarco B and Jin D S. Science, 1999, 285(5434): 1703.

[3] Greiner M, Mandel O, Esslinger T, et al. Nature, 2002, 415(6867): 39.

[4] Jotzu G, Messer M, Desbuquois R, et al. Nature, 2014, 515(7526): 237.

[5] Jurcevic P, Shen H, Hauke P, et al. Phys. Rev. Lett., 2017, 119(8): 080501.

[6] Fläschner N, Vogel D, Tarnowski M, et al. Nature Physics, 2018, 14(3): 265.

[7] Mansfield P and Grannell P K. Phys. Rev. B, 1975, 12(9): 3618.

[8] Silver A H and Zimmerman J E. Phys. Rev. Lett., 1965, 15(23): 888.
[9] Goodall R. Physics in Technology, 1985, 16(5): 207.
[10] Ménoret V, Vermeulen P, Le Moigne N, et al. Sci. Rep., 2018, 8(1): 12300.
[11] Wynands R and Weyers S. Metrologia, 2005, 42(3): S64.
[12] Campbell S L, Hutson R B, Marti G E, et al. Science, 2017, 358(6359): 90.
[13] Vogel A, Schmidt M, Sengstock K, et al. Appl. Phys. B, 2006, 84(4): 663.
[14] Van Zoest T, Gaaloul N, Singh Y, et al. Science, 2010, 328(5985): 1540.
[15] Müntinga H, Ahlers H, Krutzik M, et al. Phys. Rev. Lett., 2013, 110(9): 093602.
[16] Geiger R, Ménoret V, Stern G, et al. Nat. Commun., 2011, 2(1): 474.
[17] Becker D, Lachmann M D, Seidel S T, et al. Nature, 2018, 562(7727): 391.
[18] Corgier R, Amri S, Herr W, et al. New J. Phys., 2018, 20(5): 055002.
[19] Cho A. Science, 2017, 357(6355): 986.
[20] Sackett C A, Lam T C, Stickney J C, et al. Microgravity Sci. Technol., 2018, 30(3): 155.
[21] Gibney E. Nature, 2018, 557(7704): 151.
[22] Elliott E R, Krutzik M C, Williams J R, et al. NPJ Microgravity, 2018, 4(1): 1.
[23] Wang L, Zhang P, Chen X Z, et al. J. Phys. B, 2013, 46(19): 195302.
[24] Yao H, Luan T, Li C, et al. Opt. Commun., 2016, 359: 123.
[25] Luan T, Li Y, Zhang X, et al. Rev. Sci. Instrum., 2018, 89(12): 123110.
[26] Dalfovo F, Giorgini S, Pitaevskii L P, et al. Rev. Mod. Phys., 1999, 71(3): 463.
[27] Chen X and Fan B. Rep. Prog. Phys., 2020, 83(7): 076401.
[28] Chandra H, Allen S W, Oberloier S W, et al. Materials, 2017, 10(2): 110.
[29] Davis K B, Mewes M O, Andrews M R, et al. Phys. Rev. Lett., 1995, 75(22): 3969.
[30] Mewes M O, Andrews M R, Druten N J, et al. Phys. Rev. Lett., 1996, 77(3): 416.
[31] Myatt C J, Newbury N R, Ghrist R W, et al. Opt. Lett., 1996, 21(4): 290.
[32] Myatt C J, Burt E A, Ghrist R W, et al. Phys. Rev. Lett., 1997, 78(4): 586.
[33] Hänsel W, Hommelhoff P, Hänsch T W, et al. Nature, 2001, 413(6855): 498.
[34] Barrett M D, Sauer J A, and Chapman M S. Phys. Rev. Lett., 2001,

87(1)：010404.
[35] Sadler L. Dynamics of a Spin 1 Ferromagnetic Condensate. Berkeley：University of California，2006.
[36] Grimm R，Weidemüller M，and Ovchinnikov Y B. Adv. At. Mol. Opt. Phys.，2000，42：95.
[37] Foot C J. Contemp. Phys.，1991，32(6)：369.
[38] Sengstock K and Ertmer W. Adv. At. Mol. Opt. Phys.，1995，35：1.
[39] Cohen-Tannoudji C N. Rev Mod. Phys.，1998，70(3)：707.
[40] Pethick C J and Smith H. Bose-Einstein Condensation in Dilute Gases. Cambridge，2002.
[41] Lett P D，Watts R N，Westbrook C I，et al. Phys. Rev. Lett.，1988，61(2)：169.
[42] Brink D M and Sukumar C V. Phys. Rev. A，2006，74(3)：035401.
[43] Xiong D，Wang P，Fu Z，et al. Opt. Express，2010，18(2)：1649.
[44] Heo M S，Choi J Y，and Shin Y I. Phys. Rev. A，2011，83(1)：013622.
[45] Ammann H and Christensen N. Phys. Rev. Lett.，1997，78(11)：2088.
[46] Li W，Liu Q，Liang A，et al. Chin. J. Lasers，2022，49(11)：1112001.
[47] Wei Ren，Tang Li，Qiuzhi Qu，et al. Natl. Sci. Rev.，2020，7(12)：1828.
[48] Liu L，Lü D H，Chen W B，et al. Nature Communications，2018，9(1)：2760.
[49] Li L,Xiong W,Wang B,et al. Chin. J. Lasers，2024，51(11)：1101014.
[50] Liu Q，Xie Y，Li L，et al. Vacuum，2021，190：110192.
[51] Li L，Zhou C，Xiong W，et al. Appl. Opt.，2023，62(29)：7844.
[52] Hong Y，Hou X，Chen D，et al. Chin. J. Lasers，2021，48(21)：2101003.
[53] Li L，Xiong W，Wang B，et al. IEEE Photonics Journal，2023，15(3)：1.
[54] Soltan-Panahi P，Struck J，Hauke P，et al. Nature Physics，2011，7：434.
[55] Lühmann D S，Jürgensen O，Weinberg M，et al. Phys. Rev. A，2014，90(1)：013614.
[56] Soltan-Panahi P，Lühmann D，Struck J，et al. Nature Physics，2012，8：71.
[57] Widera A，Trotzky S，Cheinet P，et al. Phys. Rev. Lett.，2008，100(14)：140401.
[58] Jo G B，Lee Y R，Choi J H，et al. Science，2009，325(5947)：1521.
[59] Zhao D，Song S W，Wen L，et al. Phys. Rev. A，2015，91(1)：013619.
[60] Jin S，Guo X，Peng P，et al. New J. Phy.，2019，21(7)：073015.
[61] Zhou X，Jin S，and Schmiedmayer J. New J. Phys.，2018，20(5)：055005.

[62] Matthews M R, Hall D S, Jin D S, et al. Phys. Rev. Lett., 1998, 81(2): 243.
[63] Treutlein P, Hommelhoff P, Steinmetz T, et al. Phys. Rev. Lett., 2004, 92(20): 203005.
[64] Treutlein P, Hänsch T W, Reichel J, et al. Phys. Rev. A, 2006, 74(2): 022312.
[65] Böhi P, Riedel M F, Hoffrogge J, et al. Nature Physics, 2009, 5(8): 592.
[66] Riedel M F, Böhi P, Li Y, et al. Nature, 2010, 464(7292): 1170.
[67] Moler K, Weiss D S, Kasevich M, et al. Phys. Rev. A, 1992, 45(1): 342.
[68] Nan J and Zhao B. Sci. China-Phys. Mech. Astron., 2020, 63(5): 253001.
[69] Imai H and Morinaga A. J. Phy. Soc. Jpn, 2010, 79(9): 094005.
[70] Sadler L E, Higbie J M, Leslie S R, et al. Nature, 2006, 443(7109): 312.
[71] Qiu L Y, Liang H Y, Yang Y B, et al. Science Advances, 2020, 6(21): eaba7292.
[72] Schuon S, Theobalt C, Davis J, et al. 2008 IEEE Computer Society Conference on Computer Vision and Pattern Recognition Workshops. 2018, 1.
[73] Jiang Y, Chen Z, Han Y, et al. Nature, 2018, 559(7714): 343.
[74] Fitzgerald R. Physics Today, 2000, 53(7): 23.
[75] Higbie J M, Sadler L E, Inouye S, et al. Phys. Rev. Lett., 2005, 95(5): 050401.
[76] Vengalattore M, Leslie S R, Guzman J, et al. Phys. Rev. Lett., 2008, 100(17): 170403.
[77] Bohren C F and Huffman D R. Absorption and Scattering of Light by Small Particles. Wiley, 1998.
[78] Allen L and Eberly J H. Optical Resonance and Two-level Atoms. Dover Publication, 1987.
[79] Unruh W G and Schützhold R. Phys. Rev. D, 2003, 68(2): 024008.
[80] Maeda H, Gurian J H, Norum D V L, et al. Phys. Rev. Lett., 2006, 96(7): 073002.
[81] Succo M. Degenerate Quantum Gases in Optical Lattice Potentials. Universität Hamburg, 2006.
[82] Wang P J, Fu Z K, Chai S J, et al. Chin, Phys. B, 2011, 20(10): 103401.
[83] Toth E, Rey A M, and Blakie P B. Phys. Rev. A, 2008, 78(1): 013627.
[84] Balbinot R, Fabbri A, Fagnocchi S, et al. Phys. Rev. A, 2008, 78(2): 021603.
[85] Lahav O, Itah A, Blumkin A, et al. Phys. Rev. Lett., 2010, 105(24): 240401.

# 第7章　冷分子

## §7.1　引言

这一章是关于冷分子和超冷分子的最新研究进展的，对各种期刊上关于冷分子和超冷分子的焦点问题做了介绍，同时介绍了对于此方向的基础研究以及技术发展的展望．冷分子和超冷分子也许能够引发物理化学和少体物理领域的变革，为探索新型量子态提供技术支持，为精密测量的基础研究以及实践应用提供帮助，并使凝聚态现象的量子模拟成为可能．同时，冷分子的研究为很多的应用前景提供了新的平台，例如量子计算机、分子动力学的精确控制、纳米刻蚀等．以下的讨论都是基于近期的实验和理论工作的，也为这个迅猛发展的研究领域的预期发展方向以及开放性问题做了一定的总结．

对于被冷却到极低温度下的分子气体的实验研究让我们对多体物理、复杂系统中的量子动力学、量子化学以及自然界的基本力有了新的认识．电磁制动器进行磁冷却，以及光缔合(photo-association，PA)反应进行缓冲气体冷却等大量新型成熟的实验技术提供了对于冷分子和超冷分子的物理研究的新路线．关于冷分子的研究带来了对于现代原子、分子和光学物理：超冷和超精密占据 2/3 的冲击．它也将许多不同的研究领域结合了起来，其中包括：AMO 物理、化学、量子信息科学、量子模拟、凝聚态物理、核物理以及天体物理．为了探索冷物质实验的令人激动的用途，非常有必要将大量的分子冷却到 1 K 以下的温度．我们以此区分冷和超冷：1 mK～1 K 为冷，<1 mK 为超冷．在这一章中，我们对冷分子和超冷分子的前沿进展做了叙述，描述了在极端低温下冷却原子的实验方法以及冷分子和超冷分子在不久的将来可以预见的应用前景．

我们的讨论主要集中于刺激当前实验的特定科学目标上．我们将这些目标总结在了表 7.1.1 中，并在图 7.1.1 里进行了描绘．

**表 7.1.1 对于刺激超冷分子研究发展的主要科学目标所需分子群的相空间密度和温度的量级估计**(对于偶极物理,我们假设永久偶极矩为 1 Debye,分子量为 100 amu,来自参考文献[1])

| 相空间密度/$\hbar^3$ | 数密度/$cm^{-3}$ | 温度 | 科学目标 |
|---|---|---|---|
| $10^{-17}\sim10^{-14}$ | $10^6\sim10^9$ | <1 K | 自然基本力的测试 |
| $10^{-14}$ | $>10^9$ | <1 K | 电偶极相互作用 |
| $10^{-13}\sim10^{-10}$ | $>10^{10}$ | <1 K | 冷控化学 |
| $10^{-5}$ | $>10^9$ | <1 μK | 极低温化学 |
| 1 | $>10^{13}$ | 100 nK | 分子量子简并 |
| 1 | $>10^{13}$ | 100 nK | 分子光晶格 |
| 10 | $>10^{14}$ | <100 nK | 新型量子相变 |
| 100 | $>10^{14}$ | <30 nK | 偶极子晶体 |

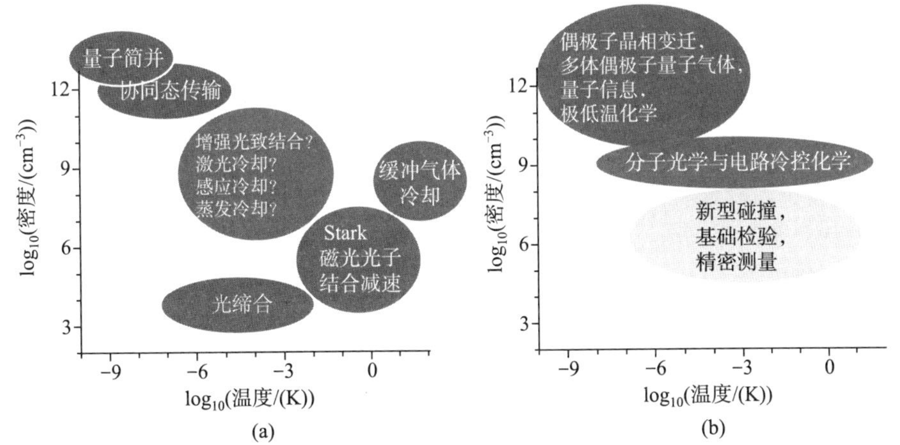


图 7.1.1 (a)在不同的空间密度($n$)和温度($T$)制造冷分子和超冷分子.一些尚未在实验中证明的技术方法有潜力达到 $n\approx10^7\sim10^{10}\ cm^{-3}$ 以及 $T\approx1$ mK~1 μK(中间的区域).(b) 在各种科学探索中对于冷分子和超冷分子的应用,以 $n$ 和 $T$ 的要求值表示.这里所展示的各种界限不是严格的,它们仅作为特定科学研究所必需的技术需求的一个指导方向.摘自参考文献[1]

20 世纪 90 年代后期少数几个团队开始了对于冷分子和超冷分子的研究,发展到现在,该领域已经成长到有成百上千的研究人员了.制造超冷原子团已经对 AMO 物理学领域做出了革命性的改变,同时还吸引了许多传统意义上没有交集的领域的研究者们的兴趣.制造超冷分子被认为与制造超冷原子一样意义深远[1].分子提供了在原子气体中所不存在的微观自由度,这使超冷分子具有特殊的性质,因此也能让我们借此发现与探索新的物理现象.这远远超出了传统分子科学的范畴.例如,一个由极性分子形成的 BEC 代表了一种强烈的、各向异性的、有相互作用粒子的量子流体,极大地扩大了对于集体量子效应的研究和应用范畴.它可以用来说明由稀薄气体和稠密液体形成的 BEC 系统之间的联系.对于超冷 Fermi 分子的研究也同样有趣:电偶极子的相互作用可能通过 Bardeen-Cooper-Schrieffer (BCS)对形成分子超流体.电偶极子的相互作用都是长程且各向异性的,它将导致基础的全新的凝聚态相和新的复杂的量子动力学.在微波场控制下的极性分子群可以形成支持任意子(anyonic)统计的拓扑有序态.超冷分子成链也许会形成一个具有模型流变现象的新系统,将弹性研究扩展到非经典力学行为的材料中.

光晶格或者介观电路中的极性超冷分子为量子信息处理提供了一个有前景的平台.与中性原子相比,它们具有显著的优势,因为它们具有额外可调的实验参数:一个电偶极矩可以通过静电的直流电场在超冷极性分子中产生,而内部转动态之间的转换可以用共振的微波场来驱动.旋转激发态的存在允许动态地调整偶极-偶极相互作用使其在短程或长程内有效.在光晶格中,除了长相干时间,样品的极端纯度,以及在不共振的交流捕获场中控制和操纵分子的能力,所有特性都与中性原子相似.分子的选择也可以导致精细的或超精细的结构(HFS),其可以与转动态或三重态相匹配.这些额外的结构导致了一个巨大的内部 Hilbert 空间,当空间与一个外部陷阱的振动态相结合时,就会类似于囚禁离子系统.这被成功地用于许多基础应用.基于超冷分子的量子计算方案已经在理论上被探索多年.因此,这是一个包含了从分子汽化到人工晶格系统,再到混合介观装置等各个方面的巨大工作.

正如超冷原子已经彻底改变了 AMO 物理那样,冷分子和超冷分子有可能极大地影响基础物理、物理化学和少体物理的精密测试.实际上,超冷分子代表着这一领域的令人兴奋的新前沿.在分子中获得的额外自由度为实验控制带来了复杂性和挑战,也为精确测量和量子控制提供了独特的机会.这是我们第一次可以设想,超冷分子无论在其内部还是外部的自由度中都可以在单个的量子态中制备.分子内部结构及其外部运动的控制将是复杂而且相互影响的.精密光谱学将会和高分辨率的量子操控联系在一起.电子峰、振转峰、$\Lambda$ 峰或 $\Omega$ 峰还有 HFS 的存在可以使更多的精密光谱技术加快我们对自然基本定律的检验.实际上,超冷分子的研究将会打开许多重要的科研方向,如:化学反应的精确控制,低能碰撞的全新动力学研究,长程的集体量子效应和量子相转变,对于如宇称和时间反转的基本对称性的检测,基本常数的时间变化性.简单地说,分子的相互作用控制着从利用化学反应来制造新材料到产生能量的一切环节.

分子的化学反应被预测在极低的温度下会迅速进行,致密的超冷分子群使我们可以进行超低温下的化学研究.超冷分子的长 de Broglie 波长完全地改变了反应动力学的性质.在那样的低温之下,大分子的碰撞甚至都能显示出显著的量子效应.能量势垒在势能面扮演了一个不同的角色,因为,在这样极端的量子条件下,隧穿效应成为了占主导地位的反应路径.无过渡态反应因为门限效应得到加速.当de Broglie波长增大时,多体反应变得很有意义,而化学反应的结果将主要依赖于分子的空间位阻.这表明了几何位阻下进行化学反应的可能性,这可能会导致新的、利用激光场操纵化学反应的方法的出现,并且有助于阐明复杂化学反应的机制.

在早期的关于化学反应动力学的研究中,很多研究者通过努力已经可以在外部控制化学反应进程.许多开创性的实验证明了通过外部激光场控制单分子反应的可能性,如分子解离和选择性化学键分离.然而,对双分子化学反应的外场控制仍是一个未实现的目标.分子的热运动使分子间的碰撞变得随机化,并且减少了外部场对分子碰撞的影响,这个过程是非常复杂的.而当分子群的温度降低到1 $\mu$K以下后,分子的热运动就变得无关紧要了.因此,将分子冷却到一个极低的温度下使通过外场控制分子碰撞成为可能.特别地,超级分子的产生将使分子间的反应成为可能的相干控制.特别地,超冷分子的生产可能实现双分子反应的相干控制.分子动力学的相干控制基于量子干涉效应,同时已经在单分子反应(如光解离)的研究中取得了巨大的成功.然而,这种对于分子碰撞的控制是复杂的,因为需要使碰撞分子的内部自由度与波函数的相对运动和碰撞对的质心运动相纠缠.在超低温度之下,质心运动同样会变得无关紧要或者可以控制,同时,对于超冷分子的实验研究最终会为分子碰撞的相干控制理论提供一个"试验台".

就如同在表7.1.1和图7.1.1中所示的那样,相空间密度是值得讨论的.在自由空间里,相空间密度$\Omega$定义为$\Omega=n\lambda_{\mathrm{dB}}^{3}$,其中$n$代表分子密度,$\lambda_{\mathrm{dB}}=\dfrac{h}{\sqrt{2\pi mk_{\mathrm{B}}T}}$代表热de Broglie波长,$m$为分子质量,$T$代表温度.尽管为了得到分子的量子简并气体,需要大的相位空间密度,但低粒子数密度确保了没有破坏性碰撞.这可能会有助于精密的光谱实验,例如基础对称性的检测.低温(相对于超低温)条件可能允许碰撞过程的发生,其中包括复杂的碰撞转动态(非零偏波),这将引起有趣的量子干涉现象和微分散射.因此,我们认为对于不同的科学目标需要使用不同的实验技术来冷却分子,而不是所有冷却实验必须以最大的相空间密度来产生分子群.一般来说,大多数的实验都是通过大的相空间密度分子样品进行的,但是同样也需要考虑其他因素,如化学多样性、实验复杂性和具体的科学目标.为了保证冷分子和超冷分子领域的研究进展,需要开发不同的冷却实验技术.例如,我们注意到,虽然在低温、超低温和近量子简并态下,对基态极性冷分子的生产已经取得了实质性的进展,但目前还没有实现大量生产超冷分子的通用和全面的实验技术.

本章结构如下:§7.2介绍冷分子研究现状;§7.3讨论冷分子与超冷分子的基础研究;§7.4介绍用于制造冷分子和超冷分子群的最新的实验技术;§7.5关

于冷分子和超低温分子的实际应用,并勾勒出这一研究领域未来可能的发展方向;§7.6 给出了结论,以及一系列亟待解决的开放性问题.

## §7.2 冷分子研究现状

自从1995年实现超冷原子气体中的BEC之后,人们认识到:可以利用BEC构造多体系统的Hamilton量,进而模拟这些体系并研究其物理性质[2][3].由于具有高度纯净性和可控性等优势,超冷原子体系已成为研究原子分子物理、凝聚态物理、超冷化学、量子信息、量子光学和精密测量中一些基本问题的实验平台.在短短15年间,就有4次诺贝尔物理学奖(1997年、2001年、2005年、2012年)被授予相关研究领域的科学家,这体现出这一研究领域的科学价值.随后,人们对超冷原子的研究迅速拓展到了超冷分子体系,极性分子可以将电偶极相互作用引入超冷体系,并且能够被光和电磁场灵活地调控.目前,很多理论工作都预言:超冷极性分子在量子模拟、量子信息、腔量子电动力学等方向会有重要的应用.但在实验上,超冷基态分子的制备面临诸多挑战.因此,如何把超冷物理从原子发展到分子体系中仍是一个方兴未艾的课题.相关的理论和实验研究亟待发展,以将这个前沿领域推进到一个更深、更广的层次.

由于分子相比原子具有很多振动和转动能级,一般不存在闭合的两能级体系,每个基态分子吸收和散射几个光子之后就会转移到暗态,导致其与冷却光的作用停止,使得传统的磁光阱技术无法囚禁分子.近年来,多个研究组在冷却和捕获冷分子上实现了突破,其中包括冷分子-冷分子碰撞观测和超冷化学反应[4]~[9].目前激光冷却技术已经可以使磁光阱中的分子温度到达μK区间.实验上,已经观测到了激光冷却分子在光镊中的碰撞[10].同时,相关工作证明了在光镊中单个振动基态分子的相干缔合[11].还可以利用激光冷却得到原子和分子的混合物,并观测它们在超冷状态下的非弹性碰撞[12][13].然而,大多数自然界中常见的分子都没有适合激光冷却应用的电子跃迁.实验上还发展了许多捕获冷分子的技术,例如缓冲气冷磁捕获、静电捕获和磁场捕获[14]~[17].尽管做出了这些努力,但研究者仍未获得足够密度的分子系统以直接观察双分子碰撞.近期,实验上已经可以在没有激光的条件下,使用共动磁阱得到高密度的分子系统来观测冷分子碰撞[18].Stark减速结合绝热冷却以及光电Sisyphus冷却也是提高分子相空间密度的通用工具[19][20].进一步将超冷分子冷却到nK的温度则需要使用基于分子碰撞的冷却方法,例如蒸发冷却和协同冷却,微nK体系中的超冷分子有望带来量子模拟和量子计算的强大能力,并促进量子化学的精确测量和研究(见图7.2.1)[12].完全控制这种分子间的碰撞将会延展量子科学的前沿.近期,超冷分子实验已经证明:利用外部电磁场可以控制分子碰撞动力学,展示了精确控制反应的可能性[21]~[23].

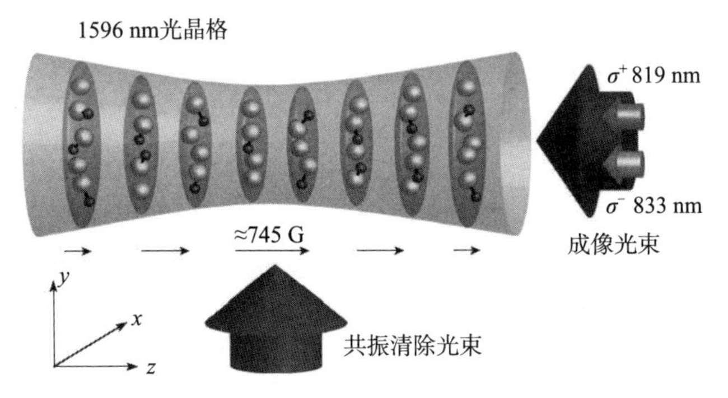


图 7.2.1 在磁势阱中的 Na 原子和 LiNa 分子碰撞冷却示意图

大部分在长程作用下超冷分子多体体系的应用,需要在相空间密度高的区域实现,因此需要使分子样品达到量子简并状态. 为了得到温度更低、密度更高的分子样品,人们提出了利用超冷原子缔合技术制备量子简并分子样品的方法. 最早在 2008 年实现的 KRb 分子气体是将 K 原子和 Rb 原子分别冷却到量子简并状态,然后通过调控磁场缔合分子形成的,最后,将之通过双光子 Raman 绝热转移到基态[24]. 在上述工作的基础上,一系列双碱金属分子得以实现(见图 7.2.2),包括 $Cs_2$[25],CsRb[26][27],NaK[28],NaRb[29]等.

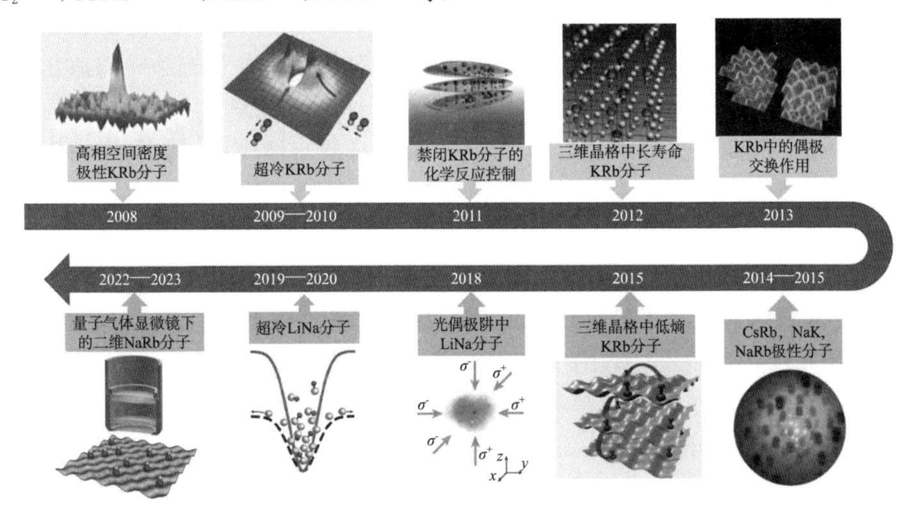


图 7.2.2 部分双碱金属分子量子气体的实验进展

选择这些不同的原子一方面是为了避免形成 KRb 分子所经历的放热反应[30],另一方面是为了产生更大的偶极矩[31]. 当两个分子发生碰撞,第三个分子足够接近时,按照复合物形成模型,会出现三体散射的损耗问题[32]. 为了获得长寿命的分子样品,可以利用一些方法压制损耗,其中最直接的方法就是用光晶格囚禁分子,从而压制碰撞损耗,这种方法已经在$^{40}K^{87}Rb$分子中得到了验证[33][34]. 此外,人们运用电场或微波诱导的共振屏蔽手段[35][36],也能有效降低分子间的偶极-偶极非弹性碰撞损耗. 随着对分子调控技术的发展,利用超冷分子进行量子模拟、量子信息等方面的研究已成为切实可行的课题.

超冷极性分子具有各向异性的相互作用和丰富的空间自由度,这丰富了超冷体系的可调控元素,带来了诸多奇异的量子相. 例如,利用光晶格来操控超冷分子体系 Hamilton 量中的参数,包括分子在格点间的跃迁强度、电偶极相互作用强度和方向等可得到低维物理中的新奇量子现象[37]. 在二维晶格中将相互作用距离截断到近邻或者次近邻,可以实现有趣的多体量子相,例如自旋密度波,超固相[38]~[40]等. 把分子的转动能级作为赝自旋,通过偶极相互作用来实现自旋交换,可以实现自旋磁性模型[41]. 一维光晶格中拥有长程相互作用的无自旋 Bose 子会形成 Haldane 绝缘体相,具有隐藏的非局域拓扑序[42]. 在现代量子统计的基础研究中,本征态热化假设(eigenstate thermalization hypothesis, ETH)占据着核心地位,为孤立量子系统的热化提供了充分条件. 研究认为,对于典型的孤立量子多体体系,由于量子涨落,体系的有限能量密度本征态自身便可作为局域观测量的热力学系综. 近年来,人们发现多体局域化(many-body localization, MBL)体系中初态的信息仍会保存下来,不会发生热化[43][44]. 此外,人们在实验和数值模拟中发现了量子疤痕态(many-body scars, MBS),这些初态将长时间甚至永远地停留在 Hilbert 子空间中,并进行周期往复运动[45],这些非热化现象具有独特的演化行为和纠缠熵规律. 近期,在冷分子实验上使用量子气体显微镜测量 NaRb 分子在二维光晶格中量子关联的点分辨动力学,实现了量子自旋交换模型,其中,人们研究了非平衡自旋系统在空间各向同性和各向异性相互作用下热化过程中相关性的演化,此外,还利用周期性微波脉冲研究了自旋各向异性 Heisenberg 模型的相关动力学[46]. 这些实验拓展了探测和控制超冷分子相互作用系统的前沿领域,为探索量子物质的新体系和表征纠缠态提供了前景,对量子计算和计量学具有重要意义.

超对称性(supersymmetry,SUSY)是一种将 Bose 子(boson)和 Fermi 子(fermion)互相关联在一起的对称性[47][48],基于这种对称性,每一个 Bose 子都有一个 Fermi 子超伴侣(Superpartner),反之亦然. 超对称性是扩展粒子物理标准模型(standard model)的最令人信服的且可行性最高的理论框架之一. 超对称性在物理学各个不同的领域,例如,量子力学、统计力学、量子场论、凝聚态物理学、核物理学、光学、随机动力学、天体物理学、量子重力和宇宙学等中有着广泛的应用. 对超对称性的深入研究有助于人类对物理学的更加深入的理解,能够促进基础科学的进一步的发展. 在研究光晶格中 Bose 子和 Fermi 子混合的超冷原子分子系统中的超对称性时,在二维光晶格中的冷分子-原子系统中,通过微调分子和原子之间的相互作用强度,Bose分子和Fermi原子能够成为彼此的超对称伴侣,并通过光缔合(photo-association,PA)产生超对称响应[47],(2+1)维的Wess-Zumino超对称模型也会在低能极限下出现[48].

通过近年来发展的光镊技术,人们能够对原子与分子系统进行精确的制备与操控[49][50].这种可精确操控的原子与分子系统能够在量子信息、多体物理、精密测量等领域发挥作用[51]~[53].自由空间中冷分子系统的超辐射现象研究,包括高堆叠分子超辐射[54]、酞氰化锌寡聚体的单光子超辐射和再碰撞诱导的冷分子气体超辐射等重要成果[55][56].因冷分子系统自身所具有的独特物理特性,如分子丰富内态、各向异性、偶极-偶极相互作用、碰撞动力学等,其超辐射行为相对冷原子气体更为丰富.在光腔与量子体系的耦合系统中,腔模在所有量子粒子间建立起的全局相互作用主要源自泵浦光通过量子粒子的外部自由度向腔模的散射过程.因该散射过程对量子系统的内部结构依赖较少,故以腔冷分子耦合系统作为研究对象,既可以避免冷分子系统复杂内态带来的负面影响,又可为研究腔量子耦合体系的超辐射动力学增添新的可调控元素(比如上述的冷分子系统的偶极相互作用和碰撞动力学).将冷分子系统与光腔耦合后,冷分子系统的偶极相互作用与原有的全局相互作用可以共同承担对凝聚态物理中的长程相互作用的模拟工作,两者均可通过光腔调节,使得腔冷分子耦合系统具备成为该方向全新量子模拟平台的潜力.除了超辐射现象,在冷分子系统中还能够出现亚辐射现象.由于分子的多原子结构在与光场相互作用时能够自然出现集体行为,实验上能够在其中产生并且观测到亚辐射现象[57][58].由于超辐射态的低耗散率、窄线宽以及在外场控制下具有高灵敏度的特性,它能够被用于基于冷分子的量子计算以及精密测量等方面.在冷分子与光腔的耦合系统中,光腔诱导的长程相互作用将可能与分子的复杂能级结构以及偶极相互作用相结合[59][60],从而形成在通常的二能级体系中难以出现的特殊亚辐射现象,并且可能在量子信息应用中发挥作用.正因为在这些研究背景下,我们选择超冷分子体系作为我们的研究对象,才能揭示新奇量子现象.

此种研究计划在超冷分子气体中,利用其丰富的内态结构及长程可控的电偶极相互作用,揭示丰富的量子现象.计划包括:(1)超冷分子碰撞动力学研究.采用量子亏损理论研究电场对分子碰撞的控制,实现对冷分子碰撞的精确调控以增加冷分子的寿命.(2)超冷分子气体的强关联系统模拟.光晶格超冷分子体系可实现强关联系统模型,利用光晶格形状的特殊设计,构造所需的Hamilton量形式,通过光晶格参数调节对应的Hamilton量参数,研究强关联系统的基态相图及热化行为.(3)超冷分子气体中的超对称.利用分子更加丰富和复杂的内部结构,包括振动、旋转和电子结构等自由度.这些自由度可以用来模拟超对称需要的Bose子和Fermi子,且容易控制和操纵.(4)腔冷分子气体中的集体行为.腔冷分子耦合系统可用于调控冷分子偶极矩，进而控制偶极相互作用强度，且有助于研究该耦合系统在偶极相互作用和全局相互作用的双重影响下的超辐射动力学.可考虑分子多能级结构的情况及腔场耗散下系统中出现的集体行为与动力学特性，并研究腔冷分子耦合系统中的亚辐射现象.

综上所述，利用超冷分子进行新奇量子态的研究是新鲜且迫在眉睫的.超冷分子气体制备的实验技术日益成熟，为我们研究该体系的量子特性提供了现实保障.研究者们将致力于研究超冷分子体系中强相互作用带来的新奇量子现象，从理论计算和实验验证等方向同时推进，确定其中重要的物理机制和物理图像，并挖掘该体系潜在的科学价值与应用前景.

超冷分子气体的研究发展主要集中在实验制备基态分子气体和操控冷分子进行应用研究上.基态超冷分子难以制备，基态分子间的碰撞也比预期复杂.为了克服这些问题，国内外研究组进行了不同尝试，目前发展了几种技术，主要分为两大类：第一类是对已经存在的基态分子进行冷却.在各项冷却技术中，哈佛大学的Doyle研究组发展的缓冲气体冷却是一种通用冷却技术[14].此外，利用激光冷却直接冷却分子最早是由耶鲁大学的DeMille研究组实现[61]，目前包括美国天体物理联合实验室(JILA)[62]，哈佛大学[63]和帝国理工学院[64]的多个研究组都在这项技术上取得了突破.第二类是利用超冷原子缔合获得超冷分子.美国天体物理联合实验室的研究组已经成功制备了$^{40}K^{87}Rb$分子[24]，并冷却到了Fermi简并[8].此外，如奥地利因斯布鲁克大学($^{87}Rb^{133}Cs$)[65]，英国杜伦大学($^{87}Rb^{133}Cs$)[27]，美国麻省理工学院($^{23}Na^{40}K$)[28]，德国Max Planck研究所($^{23}Na^{40}K$)[66]等都有相关成果实现.

我国在超冷分子实验这一前沿领域上已经做了许多出色的工作，目前进行这方面研究的国内团队包括：中国科学技术大学的潘建伟院士及赵博团队、中国科学院大学精密测量科学与技术创新研究院的詹明生团队、山西大学的贾锁堂团队、华东师范大学的印建平团队、浙江大学的颜波团队、香港中文大学的王大军团队、清华大学的尤力及郑盟锟团队、吉林大学的张栋栋团队等.实验研究分为两方向：一方面研究利用激光直接冷却碱土金属卤化物等拥有特殊结构的分子.在此方向上，印建平团队和颜波团队分别选择了MgF分子和BaF分子进行研究[67][68].张栋栋团队在中性分子囚禁的研究中，结合Stark减速技术和中性分子磁阱囚禁技术将中性分子在分子阱中的寿命提高到分钟量级，这为研究低温下分子碰撞反应铺平了道路[69].另一方面的研究聚焦形成异核的超冷双原子分子气体.在此方向上，贾锁堂团队对NaCs、RbCs等超冷极性分子进行了深入研究[70][71]，在国内率先建立了超冷原子分子实验平台，并在超冷同核分子、异核分子制备，超冷分子精密光谱测量以及超冷原子、分子量子态操控的研究上取得了重大进展[72].王大军团队首次实现了绝对基态的 NaRb 分子并对其进行了相关研究[29]. 潘建伟院士及赵博团队在 $^{23}Na^{40}K$ 基态分子上取得了超低温可控化学反应[73]、超冷基态分子与原子间 Feshbach 共振[74]以及三原子分子合成的一系列突出成果[75][76]. 詹明生团队在光阱中实现了单个 $^{87}Rb^{85}Rb$ 分子的相干合成[77]. 尤力及郑盟锟团队实现了双量子简并的 Li 原子和 Sr 原子混合气体[78]，并对其碰撞性质进行了研究.

在冷原子分子光晶格系统的量子模拟研究方向上，清华大学高等研究院的翟荟团队针对自旋轨道耦合、拓扑物态、共振相互作用发展出了量子调控的新方法，揭示了产生的新效应[79]~[81]，还系统地研究了非平衡动力学中对称性[82]、量子纠缠[83]和多体关联效应[84]. 对于非热化的量子系统，中国科学院物理研究所方辰团队指出了在量子多体疤痕系统中普遍存在准对称性[85]，准对称操作并不与体系的 Hamilton 量对易，只是在某些特殊的子空间(量子疤痕态空间)与其对易. 实验上，中科大潘建伟院士团队已经在一维光晶格链上观测到了这种非热化的量子疤痕态[86]，并且研究了热化动力学在量子模拟中的规范理论[87].

对于超冷 Bose 和 Fermi 气体在人造规范势与光晶格中的拓扑和多体量子效应的研究，不仅为精密测量和实现各类新奇量子态并探讨其物理机理提供了基础，也为量子模拟提供了全新的视野，例如可用冷分子、冷原子等模拟高能领域所关注的超对称模型. 近年来，科学家们关于超对称性的研究取得了一系列的进展[88][89]. 清华大学丘成桐数学科学中心的张其明等人提出了一个包括三维时空中超对称和非超对称模型的单参数族大 $N$ 无序模型[90]. 中国科学院大学的周稀楠等人研究了超对称 Yang-Mills 理论在 AdS 空间中的 Kaluza-Klein 模型的树级五点振幅，通过施加对称性约束和一致性条件，计算了最低 Kaluza-Klein 能级的五点超对称胶子振幅[91]. 中国科学院理论物理研究所的何颂等人通过探索空间多边形 Wilson 环的对偶关系，研究了 $N=4$ 超对称 Yang-Mills 理论中的 Feynman 积分和散射振幅[92]. 首都师范大学的孙法砥和叶锦武发展了一套用于对超对称 SYK(Sachdev-Ye-Kitaev, SYK)模型和普通 SYK 模型中的量子混沌进行分类的统一最小方案[93].

总体来看，我国在冷原子和冷分子研究方面已经具备较强的理论和实验技术储备，形成了一批优秀的研究团队，取得了一系列有重要国际影响的研究成果，实现了从跟随到并跑，甚至个别领域领跑的发展态势. 与国际前沿研究进展情况相比，国内超冷极性分子在制备方面与国际上差距较小，而光晶格中超冷极性分子研究方面需要加快步伐.

随着超冷分子相关技术在实验上的日益成熟，目前将超冷分子与光晶格和光腔相结合的研究趋于“实际化”，相关领域的研究竞争愈发激烈. 有团队长期致力于冷原子、分子物理研究，取得了一系列创新性研究成果，代表成果包括：对 Bose-

Einstein 凝聚干涉现象的解释、光晶格中超冷原子的 Landau-Zener 隧穿及 Wannier-Stark 隧穿、Bose-Einstein 凝聚体中的孤子、光学微腔阵列中极化光子的量子磁性动力学、旋量 Bose-Einstein 凝聚体的分数涡旋和涡旋晶格动力学、包含冷原子的两个弱耦合微腔的光学系统中的光子 Josephson 效应，双光学势中两个旋量 Bose-Einstein 凝聚体之间的非 Abel 的 Josephson 效应，Rashba 型自旋轨道耦合调节自旋极化的超冷 Fermi 气体的三相点，Gauss 型连续变量开放系统中普适的无耗散动力学，局域化驱动的超辐射不稳定性、超辐射量子相变中的有限组分多临界性等. 可以预见，研究者们将加强对冷分子中长程可控偶极相互作用的应用，利用光晶格和光腔获得低维物理系统，研究该体系中强关联量子态、集体激发、动力学演化、热化行为等，并积极展开合作项目，揭示该体系中的新奇量子现象.

## §7.3 冷分子的基础研究

基于冷分子和超冷分子组成的基本科学包括三个主要的研究方向：少体物理和化学，精确光谱学和对基本常数和对称性的检测，以及多体物理. 接下来，我们将从对分子结构的回顾开始，分别讨论这几个方向.

### 7.3.1 分子结构的突出特征

与原子相比，分子具有额外的内部自由度，从而产生更复杂的能级结构. 科学的发展使超冷分子有可能与新特性相联系. 因此，理解它们的性质对于了解这个快速发展的领域是很重要的. 然而，分子结构的复杂性可能令人生畏. 在这一小节中，我们将向有需要的读者描述双原子分子的基本特性，以便他们能掌握后续讨论的物理学知识. 关于许多特性的简单描述可以在参考文献中找到，而对于分子结构的深入探讨则能在参考文献中得到[94]~[97].

我们从分子结构的相关能量尺度开始讨论. 分子中最高能级激发与电子轨道的变化相对应. 与电子激发相关的能量值 $E_{el}$ 由原子的能级所决定：$E_{el}\approx e^2/a_0$，$e$ 是电子电荷，$a_0$ 是 Bohr 半径. 实际上，$E_{el}$ 的经验值通常为几 eV. 对于每个电子态，分子的能量依赖于组成它的原子核之间的分离，因此每一个电子轨道的结构都有一个相关的势能曲线 $V(R)$. 在解离的极限($R\to\infty$)中，这些曲线接近单个电子孤立电子态能级的能量. $V(R)$的精确程度很大程度上是由价电子对两个原子核的静电结合能决定的，而这两个原子的原子轨道会随着单个原子的轨道杂化而改变，并形成新的分子轨道. 势能 $V(R)$在平衡距离 $R_e$ 上有一个最小值，它的均值是在几 $a_0$ 有几 eV 的结合能. 此外，它通常是在 $R=R_e$ 附近的谐波，且有一个长尾的大 $R$[在这个区域，由于 van der Waals 的相互作用，$V(R)\propto R^{-6}$]和有着在强烈排斥

力的小 $R$(在这里两个原子的电子云发生重叠).

相对于孤立的原子而言,势能 $V(R)$中的原子的相对运动代表了分子内部结构的一个定性的新特性.这种振动能级之间的典型间隔为 $E_{vib}$,在这种势能的束缚能级上,其数值为 $E_{vib}\approx\sqrt{\frac{m_e}{Am_p}}\frac{e^2}{a_0}$.在这里,原子减少的质量为 $\mu\equiv Am_p$.此外,因为$m_p/m_e$ 值较大,所以 $E_{vib}\approx10^{-2}E_{el}$.在任何势能 $V(R)$的解离极限附近,振动能级之间的分裂会变得更小,这是因为势能曲线的斜率在接近极限的时候变得很小,在经典情况下,这个能级的运动在弱束缚条件下会有更长的周期.

最后,在任何给定的振动态下,分子的结构都可以围绕它的质心旋转.$\boldsymbol{R}$ 是与原子核的机械转动有关的角动量.双原子系统的总角动量 $\boldsymbol{J}$ 被定义为$\boldsymbol{R}$ 与其他内部角动量的(与电子自旋和轨道运动相关的)矢量和.对于一个简单的、没有内部结构的刚性转子,$\boldsymbol{J}=\boldsymbol{R}$,其转动能为 $E_{rot}=\hbar^2\frac{J(J+1)}{2I}$,其中 $I=\mu\langle R\rangle^2$ 代表转动惯量,而$\langle R\rangle$则代表 $R$ 的期望值.参数上,$E_{rot}\approx\frac{m_e}{Am_p}\frac{e^2}{a_0}$; 数量级上,$E_{rot}\approx10^{-4}E_{el}$.这对应于转动能级的分裂,相当于温度 $T\approx1$ K 时的束缚态振动能级,此时$\langle R\rangle\approx R_e$.在弱束缚态振动能级中,转动能级的分裂也变得更小了.在这里,$\langle R\rangle$值增大,这与经典粒子运动中,粒子大部分时间都待在势能更低的大 $R$ 区域中一致.

我们可以把分子的总波函数写成电子、振动和转动部分的总和:$\Psi^{\gamma\upsilon JM_J}(\boldsymbol{r}_e;R,\theta,\varphi)=\Psi_{el}^{\gamma}(\boldsymbol{r}_e,R)\Psi_{vib}^{\upsilon J}(R)\Psi_{rot}^{JM_J}(\theta,\varphi)$.其中,$\gamma$ 是一组描述电子状态和 $V(R)$的相关形式的量子数,$\upsilon$ 是 $V(R)$中关于振动的量子数,而角 $\theta$ 和 $\varphi$ 则代表了实验室坐标系下核间轴$\hat{\boldsymbol{e}}_n$ 的方向.波函数的分解是基于 Born-Oppenheimer 近似的,且假设:$V(R)$中原子核的运动是关于电子态能级的绝热过程.虽然这个假设使对分子结构的讨论更加简单,但是我们仍然要注意:会有一些重要的现象在假设不成立的时候出现.

与一个给定的电子态相关的量子数 $\gamma$ 是由分子的柱对称性以及分子内部的角动量对$\hat{\boldsymbol{e}}_n$ 和其他量子数的耦合层次结构决定的.对于有未配对电子和非零原子核自旋的分子来说,这些耦合可能相当复杂. 所谓的"Hund 定则"描述了不同的耦合结构的极限情况.例如,许多分子都可以按 Hund 定则来描述,在这种情况下,自旋轨道效应与 $V(R)$相比是很小的(见图 7.3.1).

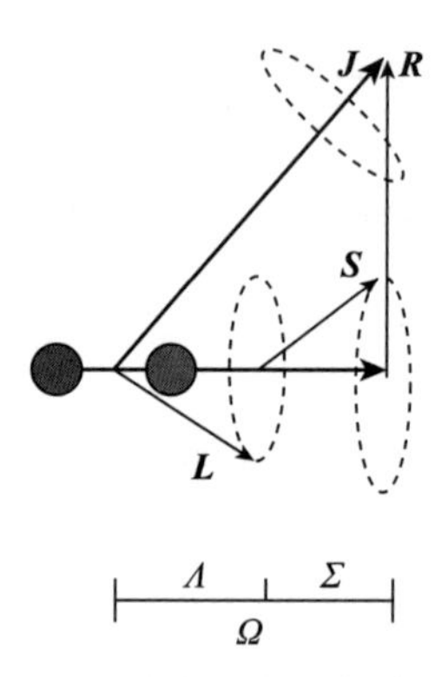


图 7.3.1 在 Hund 情况下分子电子状态的标记耦合. 异核双原子只存在轴对称. 电子轨道角动量($\boldsymbol{L}$)在分子间轴 $\hat{\boldsymbol{e}}_n$ 上的投影是 $\Lambda$. 电子自旋角动量 $\boldsymbol{S}$ 在 $\hat{\boldsymbol{e}}_n$ 上的投影是 $\Sigma$. $\boldsymbol{R}$ 是分子质量中心核的机械旋转角动量. $\boldsymbol{J}=\boldsymbol{R}+\boldsymbol{L}+\boldsymbol{S}$ 是总的角动量. 电势标记为 ${}^{2\Sigma+1}\Lambda_\Omega$, 在这里, $\Sigma,\Pi,\Lambda,\cdots$ 态代表 $\Lambda=1,2,3,\cdots$. 好的量子数是 $\Lambda,\Sigma,\Omega=\Lambda+\Sigma$, $J,M_J$($J$ 的投影在实验修正的量子轴). 摘自参考文献[1]

这种情况下电子的总轨道角动量 $\boldsymbol{L}$ 和 $\hat{\boldsymbol{e}}_n$ 发生强烈的耦合作用, $\boldsymbol{L}$ 随 $\hat{\boldsymbol{e}}_n$ 迅速改变, 只有 $\Lambda\equiv\boldsymbol{L}\cdot\hat{\boldsymbol{e}}_n$ 可以被定义. 由于自旋轨道效应, 电子自旋随 $\boldsymbol{\Lambda}=\Lambda\hat{\boldsymbol{e}}_n$ 改变, 因此与分子的取向有关. 总的自旋轨道耦合能量由 $\boldsymbol{L}\cdot\boldsymbol{S}$ 决定, 这也依赖于 $\Lambda$ 和 $\Sigma\equiv\boldsymbol{S}\cdot\hat{\boldsymbol{e}}_n$. 因此好量子数包括: $\Lambda,S,\Sigma$ 和 $\Omega\equiv\Lambda+\Sigma$. 这样一个分子状态可以用来表示 ${}^{2S+1}\Lambda_\Omega$. 一个满足 Hund 定则的分子态的例子 ${}^1\Sigma_0$, 也许是最简单的分子类型: 它就像一个"刚性转子", 没有内部的角动量, 因此 $\boldsymbol{J}=\boldsymbol{R}$ 就像上面描述的那样.

电磁场可以用来改变分子的内部和运动状态. 这些场的影响(能级跃迁率)由矩阵元决定. 在一阶微扰理论下可以发生 Zeeman 效应. 然而, 由于电偶极子连接的是宇称相反的状态, 电场的作用总是在二阶微扰过程中发生. 因此, 与原子相比, 与振动相关的较小的能量尺度, 特别是分子的旋转, 会导致对电场反应的大大增加. 事实上, 这种定性的新特性是研究者设想中许多对超冷分子进行新类型控制的关键.

举例来说, 我们考虑一个直流电场 $E$ 对一个简单的极性分子的影响(处于 ${}^1\Sigma_0$ 态, 无内自旋). 该场的最大影响来自于相邻转动态的重叠. 相应的电偶极子的 Hamilton 量为 $H_{E1}=-\boldsymbol{D}\cdot\boldsymbol{\varepsilon}$, 其中 $\boldsymbol{D}=D\hat{\boldsymbol{e}}_n$ 是该电偶极子的一个常数. 偶极矩可以在分子被固定在空间中时观察到. 我们还发现了, 基本上只有同核分子是非极性的; 而对于绝大多数杂核分子, $D$ 的范围为 $0.01ea_0\sim1ea_0$. 分子电偶极矩通常用单位 Debye 来表示, 1 Debye$\approx3.336\times10^{-30}$ Cm $=0.393\ ea_0$. 转动的波动方程可以简单地给出为 $\Psi_{\text{rot}}^{JM_J}(\theta,\varphi)=Y_{M_J}^J(\theta,\varphi)$, 其中 $Y_{M_J}^J(\theta,\varphi)$ 是一个球谐函数. $H_{E1}$ 则是 $\Delta J=\pm1$ 的混合态. 这种重叠导致了诱发的电偶极矩 $\langle\boldsymbol{D}\rangle\parallel\boldsymbol{\varepsilon}$. 对于弱场, 简单的

微扰理论认为,对于低位激发态,有$\langle D\rangle\equiv\langle \boldsymbol{D}\rangle\cdot\boldsymbol{\varepsilon}/\varepsilon\approx D/B$,其中$B\equiv\hbar^2/(2I)$是转动系数.

上述表述揭示了一些关键但可能不常见的事实.比如说,即使对于具有“永久”偶极矩的分子,当外场强$E=0$时,$\varepsilon=0$.此外,注意有$\langle D\rangle=-\partial\langle H_{E1}\rangle/\partial\varepsilon$.我们很容易得知对于最低能级($J=0$)的转动态有$\langle D\rangle>0$,而对于激发态则可以有$\langle D\rangle<0$.因此,在能量场$\varepsilon$中不同的能级有不同的值,甚至不同的$\langle D\rangle$值.对于足够大的外场而言(比如$\varepsilon\geqslant\varepsilon_c\equiv B/D$),微扰理论不再适用,而对于$J$的低值态,$\langle D\rangle$接近它的最大值$\langle D\rangle_{\max}\approx D$.对于一些特定的分子,场强$\varepsilon_c$的范围是$1\sim100\ \mathrm{kVcm^{-1}}$,这种情形可以在实验室容易地得到.因此,几乎完全的电极化是很容易实现的,这完全是由于转动能量尺度很小.此外,对于极低的温度,相关Stokes转化可以很容易地成为系统中占主导地位的能量尺度,因为在完全极化的状态下$\langle H_{E1}\rangle\approx B\gg k_BT$.

虽然直流电场对分子的作用主要由转动结构(对极性分子)决定,但对于振荡电场来说,情况要复杂得多.双原子分子在$\Psi^{\gamma vJ}$态下复杂的AC极化函数$\alpha^{qq'}_{\gamma vJ}(\omega)$由于AC场$\varepsilon(\omega)$的存在,跃迁能$\Delta E$变得非常复杂[98]~[100].作为特例,$\Delta E=-\frac{1}{2}\sum_{q,q'}\alpha^{qq'}_{\gamma vJ}(\omega)\langle\varepsilon_q\varepsilon^*_{q'}\rangle$,其中$q$,$q'$为位移矢量的分量,而$\langle\rangle$符号则代表了对时间的平均值[101].一般来说,$\alpha^{qq'}_{\gamma vJ}(\omega)$是一个可化简的二阶张量,带有不可化简的张量、矢量和标量部分.张量(向量)部分导致了在线性(圆)偏振场中,当$J>1/2(J>0)$时,$M_J$次能级发生分裂.然而,为简单起见,我们限制坐标指数$qq'$,并且(除非另有说明)在接下来的讨论中忽略不可约张量$\alpha_{\gamma vJ}(\omega)$分量之间的区别.

对应于电子激发,在光学频段的许多频率$\omega=\omega_{i0}$下,$\alpha^{qq'}_{\gamma vJ}(\omega)$拥有谐振特性.极性分子在红外和微波波段范围中,分别对应振动和转动激子,也有额外的共振态.就像在原子中一样,近共振场可以导致能级跃迁,这由$f$的虚部描述,而由$f$的实部描述能量转换,而与远非共振场相关的能量,可以用来捕获和减速分子.$\alpha_{\gamma vJ}(\omega)$中第$i$个共振峰的宽度由第$i$个激发态(量子数为$\gamma'v'J'$)能级$E_{\gamma'v'J'}=E_{\gamma vJ}+\hbar\omega_{i0}$处的自发跃迁速率$\gamma_i$决定.峰的高度则由$|D_{\gamma vJ,\gamma'v'J'}|^2$决定,其中,$D_{\gamma vJ,\gamma'v'J'}$是电偶极子两个态的矩阵元,而宽度$\gamma'$是宽度$\gamma_{ij}$的部分和.通常来讲,$\gamma_{ij}\propto D^2_{ij}\omega^3_{ij}$.值得注意的是,转动以及在较小范围内的最低电子态的转振子能级总是有非常小的自然宽度和相应的长寿命,这仅仅是因为转换频率$\omega_{ij}$在低能级时是很小的.对于典型的分子来说,在最低的振动能级$X(v=0)$的转动子能级中,自然寿命$\tau=\gamma^{-1}$在$\tau=10^{-5}$ s的几个数量级的范围内,对于最低电子能$X$的振动激发态,$\tau\approx0.1$ s.因此,对于大多数实验来说,$X(v=0)$状态下的分子的转动能级的自然寿命实际上是无限的.与之相反,在原子中,电子激发态的寿命通常很短,只有$\tau\approx10$ ns(除非强选择规则限制了所有的矩阵元$d_{ij}$导致其衰变,见下文).在一些情况下,独立的转

振能级的宽度通常远低于转动分裂能($\gamma \ll B$),因此,单独的能级可以被处理.

电偶极子矩阵元素 $D_{ij}$ 同原子类似,是由一些特定的和近似的选择规则所决定的.例如,只有当 $\Delta J=\pm 1,\ 0$ 时,$D_{ij}\neq 0$,意思是在任何电子振动的能级上,只有最多有 3 个转动能级对 $\alpha_{\gamma\upsilon J}(\omega)$有贡献.类似地,在理想的电子态下,由于不同的总价电子,自旋 $S$,$D_{ij}$ 消失了.然而,并没有限制振动态变化的选择规则.相反,由于由势能 $V(R)$决定的 $\Psi^{\gamma\upsilon J}$ 与另一个不同的势能 $V'(R)$所决定的 $\Psi^{\gamma'\upsilon'J'}$ 的转换,矩阵元 $d_{\gamma\upsilon J,\gamma',\upsilon',J'}$ 就会正比于描述初始和最终振动波函数重叠的 Franck-Condon 因子 $F_{\upsilon\upsilon'}=\left|\int \mathrm{d}R\Psi^{\upsilon}_{\mathrm{vib}}(R)\Psi'^{\upsilon'}_{\mathrm{vib}}(R)\right|^2$(这在 Born-Oppenheimer 近似中是有效的).一个简单的经验法则是,如果状态 $\Psi^{\upsilon}_{\mathrm{vib}}(R)$ 和 $\Psi'^{\upsilon'}_{\mathrm{vib}}(R)$ 共享同一个经典转折点,那么 Franck-Condon 因子会很大.这可以从对应原理中看到,因为波函数将在转折点附近达到峰值.因为势能 $V(R)$和 $V'(R)$没有简单的关系,所以任何给定 $\upsilon$ 的 Franck-Condon 因子在很大范围的 $\upsilon'$ 内都是很大的.然而,它的值在状态没有重叠的地方也可以非常小($F_{\upsilon\upsilon'}\ll 10^{-10}$).与原子相比,用激光来控制分子的很多方面的额外困难都是由于 Franck-Condon 因子的复杂程度所导致的,而这些因子通常需要非常巧妙的方法得到.

在下面的讨论中,我们做了许多假设,虽然这些假设通常有效,但当它们无效时,可能会带来有趣的新现象.举例来说,我们已经隐性地假设了所研究的分子没有净的内角动量.然而,在许多有趣的情况下,分子状态包括未成对的电子轨道、自旋角动量以及核自旋.它们产生了自旋轨道耦合、自旋转动耦合和 HFS,这与原子中的情况大致相同(见参考文献[102]).然而,分子的一些特性是值得注意的.例如,在一个分子轴 $\hat{\boldsymbol{e}}_n$ 固定的坐标系中,考虑一个有内部电子角动量的分子.状态可以由投影量子数来定义:$\Omega\equiv \boldsymbol{J}_{\mathrm{e}}\cdot\hat{\boldsymbol{e}}_n$.在一些包括单重态的小自旋轨道耦合态中,$\Lambda$,而不是 $\Omega$,才是相关量.然而,对于任何可能的 $M\neq 0$,$\Omega$(或 $\Lambda$)$=\pm M$ 的两个状态是彼此的镜像,因此,这个坐标系名义上是简并的.在实验室坐标系中(分子可以自由转动),这种简并可由 Coriolis 效应使 $\boldsymbol{J}_{\mathrm{e}}$ 与转动角动量 $\boldsymbol{R}$ 发生耦合.这种效应通常是很微弱的,所以实际的能量本征态是由空间相互靠近的对称宇称的双峰耦合,对应于对称的和非对称的叠加态 $\Omega$(或 $\Lambda$)$=\pm M$.这些所谓的"$\Omega$(或 $\Lambda$)双峰"进一步增强了分子的直流极化能力.一个很好的例子就是羟基自由基(OH)[103].

另一个有趣的典型例子是由 Born-Oppenheimer 近似分析一个精细结构或超精细结构而产生的典型例子.值得注意的是,对于足够大的 $R$,分离的原子的精细甚至超精细结构的能量可以在 $V(R)$上占据主导地位.在这里,每个原子构成的角动量在内部是紧密耦合的.然而,对于原子核的分离 $R\approx R_{\mathrm{e}}$,$V(R)$几乎总是远远大于这些效应.由于 $V(R)$是由静电效应决定的,所以在 $V(R)$很大的小范围内,内在角动量没有理由以同样的方式出现.一般来说,在这个系统中,静电结合能与原子的亚结构相比较，并将产生没有交叉的多重势能曲线 $V(R)$[96]. 在交叉区域里，当内部自旋从原子型耦合到分子型耦合重新排列时，这些势能会发生混合. 在半经典条件下，当在这些耦合势中运动的粒子穿过该混合区域时，它们可以在电子态之间经历非绝热转变. 这就使得分子的实际振动波函数成为了理想的波函数的“混合物”，且与任何一种可能的非绝热势能有关. 从微扰理论中可以预测：当两个理想能级近似简并时，混合程度会特别大. 在这种情况下，实际的振动波函数可以在多个经典的极值点上显示峰值，每个点都与一个导热势有关. 由于分子中很高的态密度，这种“偶然的”简并性并不多见. 在特殊情况下，其中一个近简并能级实际上是零能量连续能级(刚好高于一个势的解离极限)，这种简并度被称为 Fano-Feshbach 共振[104][105]. 作为一种操纵分子动力学的手段，偶然的和被设计的近简并都越来越有用处. 例如，González-Férez 和 Schmelcher 就这一焦点问题上讨论了强直流电场对处于高激发振动能级的 LiCs 分子的动力学影响. 他们的计算结果表明，电场可以被用来在解离极限附近的不同的振转态间避免交叉，进而产生关于振转运动的有趣的动力学[106].

### 7.3.2　化学和少体物理

在这一小节中，我们描述了近期在低温和超低温领域下的化学和少体分子碰撞物理的基础研究.

当分子发生反应时，碰撞复合体的转动产生了一种离心力，可以在低温下限制碰撞发生. 碰撞复合物的总散射波函数可以分解为各个分波的不同转动角动量的贡献和. 超低温的范围通常规定为 $T<1$ mK. “超低温”有一个更严格的定义方式，即是在气体中粒子的碰撞动力学被单一的部分波散射所支配的温度机制. 为了区分单次波和多波散射的物理性质，我们将在此使用后一种定义，并假设在极低温度下的碰撞完全由单次波散射所决定：s 波散射用于 Bose 子或不同粒子的碰撞，p 波散射用于相同 Fermi 子的碰撞(除非这些分波是被外部操控有意限制的). 因此，低温和超低温之间的界限，取决于分子的质量和碰撞粒子之间的远距离相互作用的大小. 对于外部电场中的极性分子，超冷散射是在极低的温度下发生的. 在低温状态下的碰撞是由若干分波的贡献组成的，这可能导致多波散射共振态和局部波干涉现象. 低温和超低温模式因此代表着不同的散射模式，每一种都提供了从一个全新的角度来研究少体碰撞物理和化学过程的新的、独特的可能性.

许多关于冷分子碰撞的研究都是基于外场下的分子之间的长程偶极相互作用而进行的. 偶极相互作用通常都是基于分子固定坐标系来描述的：

$$V_{\mathrm{dd}}(r)=\left(\frac{1}{r^3}\right)\{\boldsymbol{D}_{\mathrm{A}}\boldsymbol{D}_{\mathrm{B}}-3(\boldsymbol{D}_{\mathrm{A}}\cdot\hat{\boldsymbol{e}}_r)(\hat{\boldsymbol{e}}_r\cdot\boldsymbol{D}_{\mathrm{B}})\},\tag{7.3.1}$$

其中 $\boldsymbol{D}_{\mathrm{A}}$ 和 $\boldsymbol{D}_{\mathrm{B}}$ 是相互作用的分子 A、B 的偶极算符. 在方程(7.3.1)里，$r$ 是两个分

子的质心距离，而$\hat{e}_r$是补充说明$r$方向的单位矢量. 虽然这个表达式很简洁，但它并没有说明如何用电场来改变偶极相互作用. 为了分析外场对分子间相互作用的影响，需要在按照外场方向定义的空间固定坐标系中改写方程(7.3.1). 使其变成偶极作用的球面张量表现形式[107]：

$$V_{\mathrm{dd}}(r)=-\frac{\sqrt{4\pi}}{\sqrt{5}}\frac{\sqrt{6}}{r^3}\sum_q(-1)^q Y_{-q}^2(\hat{e}_r)[\boldsymbol{D}_{\mathrm{A}}\otimes\boldsymbol{D}_{\mathrm{B}}]_q^{(2)}, \tag{7.3.2}$$

其中$Y_{-q}^2(\hat{e}_r)$是空间固定坐标系中描述分子轴方向的球谐函数，而$[\boldsymbol{D}_{\mathrm{A}}\otimes\boldsymbol{D}_{\mathrm{B}}]_q^{(2)}$是分子 A、B 的偶极矩算符的两个一阶张量的张量积. 我们强调，方程(7.3.2)和方程(7.3.1)是写在不同的坐标系统下的等价形式.

把 16 个$^1\Sigma$分子之间的偶极相互作用看作是直接产物$|JM_J\rangle_{\mathrm{A}}|JM_J\rangle_{\mathrm{B}}|lM_l\rangle$的一个矩阵是最方便的，其中，$|JM_J\rangle$是孤立分子的转动波函数，$|lM_l\rangle$是两分子作为一个复合整体的转动波函数[108]. 波函数代表两个分子碰撞态的分波. 这个张量$Y_{-q}^2(\hat{e}_r)$只能以乘法作用于这些波函数$|lM_l\rangle$，在$l=0$的情况下，其积分的平均值$\langle lM_l|Y_q^2|lM_l\rangle$是 0. 读者必须熟悉 H 原子中 d 电子轨道的形状，即二阶球谐函数描述的那样. s 波函数$|lM_l\rangle$是独立于球面角的，所以矩阵元$\langle lM_l|Y_q^2|lM_l\rangle$等价于球谐函数$Y_q^2(\theta,\varphi)$对极角的积分. 这就是为什么在 s 波碰撞中两个超冷分子之间的偶极相互作用的期望值为零. 这对超冷极性分子的碰撞动力学有着重要的影响. 弹性散射的能量依赖是由 Wigner 极限定律决定的[109]，可以通过像偶极相互作用这样的长程相互作用来改变. 在 s 波碰撞中的偶极相互作用平均为 0，这表明，在 van der Waals 相互作用的系统中产生的极限定律也适用于极性分子的 s 波碰撞. 也就是说，偶极相互作用可以通过诱导 s 波和 d 波碰撞并发生耦合来改变超冷 s 波散射的动力学.

如果制备的分子具有特定角动量$J$，那么偶极相互作用也会消失. 偶极相互作用的期望值可以像方程(7.3.2)一样被写作

$$\langle V_{\mathrm{dd}}\rangle\propto\sum_q\langle lm_l\mid Y_q^2\mid lm_l\rangle\times\langle JM_J\mid\boldsymbol{D}_{\mathrm{A}}\mid JM_J\rangle_{\mathrm{A}}\times\langle JM_J\mid\boldsymbol{D}_{\mathrm{B}}\mid JM_J\rangle_{\mathrm{B}}, \tag{7.3.3}$$

式中积分项$\langle JM_J|\boldsymbol{D}_{\mathrm{A}}|JM_J\rangle$和$\langle JM_J|\boldsymbol{D}_{\mathrm{B}}|JM_J\rangle$必须消失，因为被积函数是偶函数和奇函数的乘积. 在电场的作用下，对应着不同奇偶性的转动态的线性组合和偶极相互作用算子的期望值的分子态变成了：

$$\langle V_{\mathrm{dd}}\rangle\propto\sum_q\langle lm_l|Y_q^2\mid lm_l\rangle\times|\langle\boldsymbol{D}_{\mathrm{A}}\rangle|\times|\langle\boldsymbol{D}_{\mathrm{B}}\rangle|, \tag{7.3.4}$$

所以如果$l>0$，它就是非零的. 由于 Bohn 等人以及 Cavagnero 和 Newell 的贡献，低温与超低温下的分子偶极子的碰撞物理得到了很好的描述[110][111]. 研究者已在在分子转动态的基础上，给出了偶极相互作用算子的矩阵元的详细表达式，并描述

了在低温和超低温下的分子偶极子的散射动力学关系.研究表明,在低温状态下,分子偶极子的碰撞动力学表现出一种由半经典近似所描述的普遍行为.

如果分子被限制在一个一维(1D)或二维(2D)的激光场中,受到电场的影响,偶极相互作用也将是非零的.如果分子被限制在较低的维度中运动,那么算符$Y^2_{-q}(\hat{\boldsymbol{e}}_r)$就变成了一个单角的简单函数(在二维中)或一个乘数因子(在一维中),而且这个算子的积分是收敛的.因此,即使分子处于超冷的分波态,这个算子的矩阵元也是非零的.

7.3.2.1 超低温状况

在超低温条件下的分子具有独特的相互作用特性.如上所述,在碰撞复合体的转动中,单个单位的角动量会抑制超低温散射.与此同时,超低温条件下的非弹性散射和化学反应过程由于量子门限效应而显著增强.一些计算和测量表明,绝对零度下的化学反应速率可能非常大.比如说,Soldán 等人的工作表明由于原子交换速率导致 Na + $Na_2$ 碰撞的振动弛豫约为 $10^{-10}$ $cm^{-3}$ $s^{-1}$[112]. Balakrishnan 和 Dalgarno 等人的工作则表明反应 F + $H_2$ → HF + F 在超低温下的速率约为 $10^{-12}$ $cm^{-3}s^{-1}$[113]. Mukaiyama 等人发现高激发态的超冷 $Na_2$ 分子在与 Na 原子或 $Na_2$ 分子的碰撞中的非弹性弛豫速率约为 $5\times10^{-11}$ $cm^{-3}s^{-1}$[114]. Staanum 等人与 Zahzam 等人的测量表明超低温下 Cs 和 $Cs_2$ 的原子分子混合体发生非弹性碰撞的速率大于 $10^{-11}$ $cm^{-3}s^{-1}$[115]. Zirbel 等人的工作中,研究了复合 Fermi 子的原子-分子非弹性碰撞[116][117].当原子 Bose 子或 Fermi 子被允许在弱束缚振动态下与 Fermi 分子发生碰撞时,它们的区别是明显的,即当原子是 Bose 子时,反应速率会大大提高,当原子是 Fermi 子时,反应率就会受到抑制[118].由于超冷气体中的非弹性碰撞和化学反应是如此高效,超冷分子可能提供了一个研究化学的独特机会.在一个全新的、以前无法获取的温度条件中,可能会有许多根本性的发现,例如,BEC 中,由多体动力学和量子统计效应决定的分子的相互作用.物质波的相干性和单分波散射态的干涉可以被用来开发分子间相互作用的量子控制的新方案[119]. Moore 和 Vardi 的研究表明,在 BEC 中,多原子分子的光分解的分支比例可能会被大幅修改,因为它对集体的多体过程有 Bose 激发.这可能会促进 Bose 增强化学的研究[120].即使是在弱场极限中,电磁场对超冷分子的影响也通常超过其平动运动的能量.因此,超冷分子的碰撞可以通过各种各样的机制以及静电场和激光场来控制.这可以被用来进行“可控化学”研究.近期,有研究者详细描述了冷控制化学的新颖性和应用前景[121].

在 Volpi 和 Bohn 的工作中,可以找到一个例子来说明超低温碰撞是如何被外部磁场所操纵的[122]. Volpi 和 Bohn 发现,在超冷分子之间的碰撞中,角动量的转移对外部磁场或电场大小极其敏感[122].由于在外场轴上的总角动量守恒,在碰撞中，Zeeman 或 Stark 弛豫必须伴随着与碰撞体转动有关的轨道角动量的变化. 这就产生了外部碰撞中的长程离心势垒. 外部场的大小决定了 Stark 和 Zeeman 能级之间的分裂，由于非弹性转化，动能释放. 如果动能大于长程离心势垒的最大值，非弹性跃迁则是无约束性且有效的. 然而，在较小的外场中，离心势垒会抑制非弹性散射. Zeeman 和 Stark 弛豫导致了分子从磁场和静电场阱中逃逸. 正如 Tscherbul 等人在这一焦点问题上所争论的那样[123]，外部碰撞通道的离心势垒可能会使窄磁阱中由 $^3\Sigma$ 分子组成的分子气体变得稳定，可以使分子的蒸发冷却温度低于 1 mK.

Bohn 和 Volpi 发现的抑制机制可以被利用来探索外部空间对称性对光晶格中超冷分子的非弹性碰撞的影响(见 Danzl 等人对光晶格中的分子的讨论[124]). 比如说，我们考虑一种自旋- 1/2 的 $^2\Sigma$ 超冷分子气体被光学激光场限制在二维(2D)上运动的情景[125]. 在二维中，分子的碰撞是在 $z$ 轴上量子化的转动角动量的投影，垂直于运动的平面. s 波碰撞对应的 $m_l=0$. 假设分子的电子自旋是由沿 $z$ 轴方向的磁场排列的，则每个分子的 $m_s=+1/2$. 然后，在碰撞前，两个分子碰撞系统的总电子自旋 $S$ 沿 $\hat{z}$ 的投影是 $m_s=1$. 现在，来考虑一下非弹性的自旋弛豫碰撞，在碰撞之后 $m_s=-1$. 由于碰撞的柱对称性，$m_s$ 和 $m_l$ 的和不能更改，因此 $m_l$ 只能在 0～2 范围内改变. 这必须在外部碰撞通道中产生离心势垒，并抑制 Bohn 和 Volpi 所描述的自旋弛豫的过程.

如果磁场轴相对于约束平面法线旋转，那么对称性会发生显著变化[126]. 在这种情况下，电子自旋在 $z$ 轴的投影不是量化的. Zeeman 状态可以用投影在 $z$ 轴上的自旋态来写出：

$$
\begin{aligned}
|1/2\rangle_B &= \cos(\gamma/2)\,|1/2\rangle_z - \sin(\gamma/2)\,|1/2\rangle_z, \\
|-1/2\rangle_B &= \sin(\gamma/2)\,|1/2\rangle_z + \cos(\gamma/2)\,|-1/2\rangle_z,
\end{aligned}
\tag{7.3.5}
$$

其中下标表示投影轴，而 $\gamma$ 是磁场轴和约束平面的夹角. 因此，Zeeman 能级是坐标系中不同投影态的叠加，并且从 Zeeman 状态 $|1/2\rangle_B$ 的转换不再需要改变轨道角动量 $m_l$. 如果磁场轴与约束平面的夹角是非零的，那么在磁场轴上的最大自旋投影下，超冷碰撞分子的 Zeeman 转化就必须加强. 在这样一个系统中，Zeeman 弛豫效应的实验测量将探测到不同总角动量投影的相互作用耦合态，这是不可能在热气体中实现的.

在受限空间中对超冷分子的研究可能会被用在一些其他的基本应用上. 在封闭的和半封闭的空间中，分子截面的能量与三维的 Wigner 极限定律是不同的[126]～[128]. 因此，外部约束下的化学反应和非弹性碰撞必须被修改. 外部约束也改变了长程分子间相互作用的对称性. 正如上面所解释的，在三维空间中，极性分子的散射波函数的偶极相互作用在三维空间中消失了，但在二维空间中仍然是非常重要的. 因此，在二维空间中，超冷分子的碰撞特性必须与非限定的三维气体的碰撞特性有很大的不同.所以,在受限空间中,对分子碰撞的测量可能会对碰撞物理学中的长程分子相互作用和量子现象提供一个敏感的探针.在低维度上限制分子可能是提高超冷分子气体稳定性的一个实用工具[126][129].最后,在受限空间下测量化学反应可能是研究超低温下的立体动力学和微分散射的一种新方法.在一个由光晶格引起的谐振电势的基态里,在被限制在一维或者二维上摆动的分子群上,也就是当分子的平动能比禁闭势振动频率小得多时,这些效应应该是可以观察到的[129].在光晶格上进行超冷分子的实验可能会发展一个新的研究方向:封闭空间中的超低温化学.

超低温碰撞的持续时间非常长.因此,超冷原子和分子的散射动力学对碰撞系统和外场的瞬态多极矩之间的弱相互作用很敏感.例如,文献的结果表明:超冷原子的碰撞可以由直流电场控制,其大小不会扰乱孤立的原子[130][131].当两个不同的原子相撞时,它们形成了一个具有瞬时偶极矩的杂核碰撞复合体.碰撞复合体的偶极矩函数通常在振动基态的二原子分子的平衡距离上达到峰值,又随着原子距离的增大而迅速降低.在散射波函数中,只有一小部分样品的原子间距离和偶极矩函数具有重要意义,散射波函数的振动结构减小了碰撞复合体与外电场的相互作用.因此,原子间的碰撞通常对中等强度($< 200\ \mathrm{kVcm^{-1}}$)的直流电场不敏感.同时,与电场的相互作用对不同轨道角动量的状态有不同的影响.碰撞的原子以角动量 $l = 1\ \hbar$ 相互转动时,超冷原子的零角动量 s 波运动与激发的 p 波散射态耦合在一起.p 波散射波函数在小原子间距时的概率密度非常小,而且在 s 和 p 碰撞态之间的耦合受到抑制.然而,在散射共振中,p 波散射态的相互作用大大增强.这可能被用来操纵超低温碰撞和分子化学反应.在叠加的电场和磁场的作用下,超冷原子和分子系统的实验研究可能提供一种独特的、针对微妙的分子间相互作用的探测方法,而这些分子间的相互作用是无法用高温分子群来测量的,也不能用现代的第一性原理来精确计算.

磁可调的 Fano-Feshbach 共振态的发现革新了对超冷原子气体的研究.Tscherbul 等人表明,在超低温条件下,分子-分子散射也同样被磁可调零能量散射共振态所支配[123].分子-分子碰撞中 Fano-Feshbach 共振的密度通常要大得多,而共振的性质随着分子的内部激发而发生了巨大的变化.在原子气体中,对 Fano-Feshbach 共振的位置和宽度的测量通常被用来构造精确的相互作用势,以控制在极低温度下原子的碰撞动力学[131]~[133].分子-分子碰撞中对 Fano-Feshbach 共振的测量可能提供了丰富的信息来调节分子间的相互作用势,从而在超低温下重现碰撞的可观测物.Tscherbul 等人的文章要求关于分子-分子碰撞中的磁可调 Fano-Feshbach 共振的实验研究[123].由于分子之间的相互作用强度要比转动激发的能量强得多,分子的碰撞动力学也必须受到转动的 Feshbach 共振的影响[134].转动的 Fano-Feshbach 共振也许可以由电场调节[135]，这意味着可以对闭壳层分子进行类似的控制.

超冷分子气体可能是研究化学量子态和化学反应的光场控制的新机制的发展的理想载体.特别是，冷分子气体的实验可能会探测到一种新的激光诱导双分子化学反应，这种化学反应具有很小的获能度(吸收能量).比如说，处于振转基态的 RbCs 分子的反应：$2RbCs \rightarrow Rb_2 + Cs_2$ 在 40 K 的温度下是吸热的.因此，在极低温度下的 RbCs 分子必须具有化学活性. RbCs 的振动频率大约是 71 K.将冷的 RbCs 分子激光激发到第一个振动激发态，可能会促进化学反应. Tscherbul 等人提出：两个 RbCs 分子的化学反应是无障碍的，所以在低温下它必须是有效的[136]. Sage 等人提出：在基态振动态下的 RbCs 分子是在 $\mu$K 温度下产生的[137].冷气体中的化学反应可能是由红外线或微波激发引起的，这可能为研究单个旋转和振动能级在双分子化学反应中的作用提供了新的机会.

虽然目前在超低温下的碰撞物理研究主要集中在原子和双原子分子上，但已经有研究表明，将大量的多原子分子冷却到极低的温度也是可能的. Barletta 等人就这一问题提出了一个有趣的设想：用稀有气体作为制冷剂来冷却苯分子[138].对于这一问题，由 Lu 和 Weinstein[139]，Patterson 等人[140]，Meek 等人[141]，Salzburger 和 Ritsch[142]，Motsch 等人[143]，Parazzoli 等人[144]，Takase 等人[145]，Tokunaga 等人[146]，以及 Narevicius 等人[147]提出的技术，均有可能用来制造超冷多原子分子.超低温化学的研究领域，虽然还处于起步阶段，但预计在未来几年内会迅速发展.

7.3.2.2 低温状况

目前宇宙空间的最低温度大约是 3 K[148].对于低温状态下(1 mK～2 K)的分子的研究在零度极限下将天体物理学和天体化学连接了起来.此外，由于宇宙膨胀及宇宙微波背景冷却，低温也趋于随时间扩大.因此，低温下的分子动力学非常有趣.随着分子群温度的降低，分子速度的 Maxwell-Boltzmann 分布变窄了.因此，能量分辨的散射共振可能会对冷气体的弹性和非弹性碰撞率产生剧烈的影响.例如，CaH 分子和 He 原子在碰撞能为 0.02 $cm^{-1}$ 的一个单形共振将由 0.4 K 下自旋弛豫引起的碰撞速率提高三个数量级[151].中等强度的电磁场可以在几 K 的水平下使分子能级发生转变，因此低温下的分子可以在磁阱、电阱或者激光场阱中被热解离.捕获冷分子的实验技术的发展为分子物理的新研究开辟了令人兴奋的新的可能性.例如：用在外场阱中被限制的分子来实现以前所未有的精确度测量分子能级的辐射寿命；磁俘获的冷分子被用作光束碰撞的目标，确定绝对碰撞截面，揭示量子阈值散射和碰撞粒子之间的共振能量转移的证据；冷却分子到 K 量级温度以便进行增强问询时间的光谱测量.与此同时，冷分子的碰撞对精细和超精细的相互作用很敏感,这在高温下不重要,而在低温下的散射测量可能会揭示一个新的碰撞物理机制中分子动力学的微妙细节.在这种机制中,分子间的相互作用有可能通过多种机制在外部实现操纵,在许多情况下,这与上述超低温机制的外部场控制机制不同.

作为一种探索冷控制化学的新方法,在温度约为 0.2～1 K 的外部场阱里的化学反应的实验研究特别有趣.当分子被捕获时,它们的磁偶极矩和电偶极矩就会在封闭场中有序排列.受限分子的碰撞和化学反应与热自由气体的反应过程不同.场阱中的分子偶极矩的排列限制了入口反应通道中相互作用势的对称性,并限制了可取态的数量.这可以被用来开发控制化学反应的机制[121].例如,考虑一个在转动基态的$^2\Sigma$ 双原子分子(例如 CaH)和一个在磁阱中的$^2S$ 电子状态下有一个未配对电子的原子(如 Na)的化学反应.一个$^2\Sigma$ 分子和一个$^2S$ 原子之间的相互作用产生了对应于反应复合物的总自旋值的两个电子态 $S=1$ 和 0.如果原子和分子都被限制在一个磁阱里,它们的初始总自旋 $S=1$.三态自旋态下的$^2S$ 原子和$^2\Sigma$ 分子之间的相互作用通常具有强排斥交换力,显著地阻碍了反应.单重自旋态 $S=0$ 的相互作用通常具有很强的吸引力,导致短程极小值和嵌入化学反应[150].在 $S=0$ 和 $S=1$ 的态之间没有非绝热相互作用的情况下,有着对齐的磁矩的原子和分子的化学反应应该比单重自旋态的反应慢得多.$A(^2S)$-$BC(^2\Sigma)$碰撞复合体的不同电子态之间的非绝热耦合可能是由自旋-转动相互作用和磁偶极相互作用引起的[151][152].后者的体积很小,而这种 $S=1\leftrightarrow S=0$ 转变是由开壳分子的自旋-转动相互作用决定的.转动-转动相互作用可以被外部电场有效地操纵[151]～[153].

生产窄速度分布的慢分子束的实验技术的发展,为研究冷温状态下的分子碰撞研究开辟了新的方向.例如,与束缚分子碰撞的慢速分子束可以用来精确测量分子散射截面的高能分辨率.利用静电或磁场在碰撞实验中对慢分子束进行引导,可以研究冷碰撞的立体动力学和分子极化对化学反应的影响.用冷分子束进行的实验也可用于研究低温下外部电磁场对化学动力学的影响.对外场下的低温化学反应的研究可能阐明了现代化学物理的几个基本问题.如同参考文献[151][153]所示的那样,电场可能避免不同状态间的交叉.对分子碰撞和化学反应的横截面的测量,作为电场强度的函数,可以提供关于避免交叉作用和分子化学动力学相关几何相的信息.低温条件下的化学反应,在分子碰撞由一些分波来决定的情况下,可能会阐明不同散射状态和轨道形状共振对化学动力学的影响.冷却到低温的分子可以被限制在罕见的空间结构中[154][155],可以被用来研究复杂的测量电位对分子结构和碰撞的影响.

不同于超低温,冷分子的碰撞可能会产生不同的散射.微分散射截面的测量常用于分析细节,特别是分子间相互作用势的角度依赖性[156].与热温度不同的是,冷分子的碰撞是由非常有限的分波所决定的,通常小于 10. Tscherbul 的一个研究表明:在不同的分波态下,极性分子的散射波函数可以由外电场耦合[157]. 这些耦合可以显著地改变在低温下微分散射的动力学(特别是在近形共振的情况下). 在电场的作用下,对冷分子的微分散射截面的测量可以提供一个非常灵敏的形状共振和分子间相互作用的形状.

### 7.3.3 精密测量

超冷原子和分子是高分辨率光谱、量子测量和对自然基本规律的精确测试的理想系统. 在超低温状态下进行操作的内在优势来自于分子易于控制和对量子态合成的准备. 例如,超冷原子物理学的到来给我们带来了新一代的高精度原子钟、量子传感器、一些最精确的基本常数测量以及对它们可能的时间依赖变化的严格约束、广义相对论的研究、粒子和场的标准模型之外的物理学,还有基本量子物理的测试,包括真空的结构、量子统计和量子测量的过程. 在复杂和信息丰富的水能级平结构中,冷分子和超冷分子将会继续发展,并进一步扩大冷原子物理在精密测量中的作用. 这是由于在分子自由度的控制和在单个量子态中制备分子的可能性的快速而显著的进展. 超冷分子的生成和控制终于可以在精密测量中发挥重要作用. 这一领域的快速发展真正代表了现代测量科学的不断进步. 因此,精确测量在分子参与的情况下,会有更广阔的背景.

在低温条件下,使用分子可以通过多种方式实现精确测量. 分子的单态控制可以提供最精确的测量,甚至完全地消除系统误差. 在大多数情况下,相关的测量可以决定系统中两个次能级之间的频率转移 $\Delta\omega$. 这种测量的频率灵敏度的散粒噪声限值是由 $\delta(\Delta\omega)=1/(2\pi\tau\sqrt{N})$ 给出的,$\tau$ 是测量的相干时间,$N$ 是检测到的粒子数量. 冷分子的用途有两个明显而吸引人的特征. 首先,在有限的温度下,大量的分子内部态遵循 Boltzmann 分布. 例如,在室温下,一个具有转动常数 $B\approx 10$ GHz 的典型分子,只有约 $10^{-3}$ 的数量处于一个单一量子能级上. 因此,冷却分子的内部自由度可以随着 $N$ 大大增加. 同样地,在更低的速度下冷却外部(运动)的自由度可以使分子有较低的速度,从而可能有更长的相干时间 $\tau$. 如果分子足够冷,可以被限制在一个陷阱里,那么 $\tau$ 可能会进一步增加. 当样品温度降低时,可以使用较弱的陷阱来减少对测量过程的扰动.

分子系统具有电子、振动和转动能级的丰富结构. 因此,分子可以提供一系列精确的频率或波长基准:从微波和红外线到可见光谱. 从历史上看,分子在激光物理学和高分辨率非线性激光光谱学的发展中起着决定性的作用,实现了第一个对光子反冲的光谱观察[158]. 分子系统还促进了自然共振频率标准的早期发展,第一个分子钟是在 1949 年利用 $NH_3$ 中的微波转变制成的[159]. 光学频率支是用来测量分子跃迁频率的. 此外,还可利用精确的波长计量学,进行光速的精确测量[160],来得到一个重要的基础常数. 许多次级分子的频率标准被开发出来,提供重要的波长参考. 直到近期,光学频率支被开发出来以允许在可见光和红外光谱领域的任何地方进行高精度的参考信号分布[161]. 有趣的是,这需要更高的光谱分辨率和测量精度,这引起了第一个关于使用冷分子的想法[162]~[164].

分子的丰富结构和独特的性质可以增强对某些类型的离散对称性破缺,与原子中的情况类似,这使分子在基本物理测试中具有不可估量的价值. 在寻找一个永久的电子偶极矩时,由于极性分子内的巨大内部电场,测量灵敏度可以得到极大的提高. 由于振动谱对核效应的敏感性增强,双原子分子也被认为是研究宇称守恒性破缺的好的"候选者". 此外,当一个分子的电子和振动跃迁被精确地同时探测时,我们实际上是在比较两个从根本上不同的相互作用的时钟——一个来自量子电动力学,另一个来自强相互作用. 这样的交叉系统比较对于对基本常量的可能时间变化的精确测试非常有用. 一些天文测量表明,早期宇宙的基本常数可能与现在的数值有 $10^{-5}$ 的微小差异,这对宇宙学和基础物理学有着深远的影响. 精细结构常数和其他一些基本常数的时间依赖可以用高精度时钟来研究,这些时钟基于从遥远星系中可观测到的分子跃迁. 事实证明,在巨大的星系间空间中,宇宙中存在着大量的冷分子,温度只有几 K.

### 7.3.4　多体物理学

多体物理在不同的相空间密度下具有不同的性质. 我们将多体现象分为三种:经典的、半经典的和量子的. 这些分类受简并度和维数的影响,我们将会解释其中的具体细节. 我们定义 $T_{\mathrm{BEC}}$ 为 Bose-Einstein 凝聚的临界温度,$T_{\mathrm{F}}$ 为 Fermi 温度. 由于这些临界温度是密度的函数,Bose 子(Fermi 子)的量子简并 $T/T_{\mathrm{BEC}}$($T/T_{\mathrm{F}}$)是相位空间密度的度量.

#### 7.3.4.1　经典和半经典体系

Bose(Fermi)分子的经典体系十分严格:$T/T_{\mathrm{BEC}}>1$($T/T_{\mathrm{F}}>1$). 在这个系统中,可以明确地推导出平均场的集体激子,就像对冷原子所做的那样[165][166]. 当系统变成量子简并之后,某些特定的集体激发模式和频率会发生改变(无论其分子是 Bose 子、Fermi 子还是两者的混合物[167]). 在临界温度之上的分子的集体模式的完整描述仍然是一个开放的问题,这些模式与内部分子自由度之间的界面也是一样的.

在经典的理论体系中,我们可以研究超冷分子等离子体的动力学. 强耦合 Coulomb 系统的基本物理体系构成了大量自然和人为的现象,从恒星的形成到核聚变动力学,再到纳米材料的等离子体过程. 高温等离子体由于其密度高,具有强耦合 Coulomb 流体动力学特性.超冷原子和分子的实验使得在高纯度的条件下,可以接近强耦合等离子体的极限.超冷中性等离子体最初是由原子产生的,近期也由分子实现了.这种超低温等离子体集成了分子和介观域,从而为基础的实验研究开辟了许多重要的多体多尺度问题的角度.转动和振动自由度可以提供新的相互作用机制,以及由新的自由度来探测和控制超冷等离子体的动力学.

在半经典体系中($T/T_{BEC}<1$ 或 $T/T_F<1$),人们发现了一种由 Bose 子分子形成的 BEC 系统,以及 Fermi 子分子组成的 Fermi 流体.在极性 Bose 子的背景下,Bose 子的情况已经被很深入地考虑过了[168],而 Fermi 子的情况则被考虑得相对较少.然而,这些研究关注的是偶极相互作用的长程和各向异性特性.在大多数情况下,它们没有考虑到转动、振动和一些杂核极性分子的固有内在特性[168].

分子 BEC 的最简单的平均场图是极性 Bose 气体.当气体稀薄时,平均场的描述变得十分有用:$\sqrt{\bar{n}a^3}\ll 1$,其中 $a$ 代表 s 波散射长度,$\bar{n}$ 代表平均分子密度,是由接触相互作用严格地推导得出的.$\sqrt{\bar{n}a_d^3}\ll 1$,其中

$$a_d \equiv \frac{\hbar^2}{md^2} \tag{7.3.6}$$

代表偶极相互作用的长度,$m$ 是分子质量,是我们用类比的方法(我们还没有实现文献中 Lee-Yang 公式的精确推导[169][170])得到的稀释度标准.这种稀释的极性气体是由非局域的 Gross-Pitaevskii 方程或非局域非线性 Schrödinger 方程(NNLS 方程)描述的,首先,由 Yi 和 You 得到极性气体[172],然后又由近年的一系列文章对其进行了进一步发展[168]~[173].NNLS 方程的形式为

$$\Big[-\frac{\hbar^2}{2m}\nabla^2 + V^{\text{trap}}(r,t) + g\,|\,\psi(r,t)\,|^2 + \int_V \mathrm{d}r' V_{dd}(r,r')\,|\,\psi(r',t)\,|^2\Big]\psi(r,t) = \mathrm{i}\hbar\frac{\partial}{\partial t}\psi(r,t), \tag{7.3.7}$$

其中偶极反应 $V_{dd}(r,r')\propto D^2/|r-r'|^3$ 是由 7.3.2 小节中的方程(7.3.1)定义的,只是在这里我们取了算符 $V_{dd}$ 的平均值.NNLS 出现在许多其他领域,包括非线性光介质[174].Bose 凝聚的序参量由 $\psi(r,t)$ 给出,它包含了分子的密度信息和速度信息:$n(r,t)=|\psi(r,t)|^2$ 和 $v(r,t)=(\hbar/m)\vec{\nabla}\,\mathrm{Arg}[\psi(r,t)]$.我们已经归一化序参量分子数 $N$,$\int_V \mathrm{d}r n(r,t) = N$.这就产生了量子流体动力学描述[175],它是一种带有量子压力和非局域相互作用的非黏性经典流体.势阱的潜在能量 $V^{\text{trap}}$ 是典型的谐波或周期波,并且可能依赖于时.除了偶极相互作用外,接触相互作用产生了一个局域非线性系数 $g\equiv 4\pi\hbar^2 a/m$,其中 $a=a(D)$(见下文).

接触和偶极相互作用项的相对效应可以通过比较 $a$ 和 $a_d$ 的长度来量化.当

$a_d>0$ 时，一种自由的、一致的极性 Bose 气体在三维中崩溃，这是由 Boguliubov 理论所决定的[176]. 则对于值很小的 $a_d$，系统则非常稳定. 尽管得到了一个精确的稳定性判据 $a_d<3a$，但这并没有考虑到可能的多体隧道效应或非线性的不稳定性，因此，这是一个近似的准则. 对于一个统一的系统中有吸引力的接触相互作用 $a<0$，在所有的情况下，崩溃发生在三个维度(参见[177]). 然而，在三维中引入谐波阱会导致亚稳态，即接触和偶极相互作用. 有吸引力的接触相互作用的亚稳态已经被广泛研究[178][179]，主要的结果是：当有吸引力的相互作用足够弱时，系统在实验时间尺度上是稳定的，而对于有更强吸引力的接触相互作用，BEC 会在"Bose-nova (玻色新星)"中崩溃[180]~[182]. 在崩溃过程中稀释准则不再适用，因此需要一个更高阶的量子理论. 一种选择是基于 Hartree-Fock-Bogoliubov 理论提出的[183]~[185].

相比之下，排斥的接触相互作用会导致 BEC 散开. 足够大的排斥力 $a>0$，导致了 Thomas-Fermi 的描述，在这种情况下，量子压力，即在方程(7.3.7)中与 $r^2$ 成比的项，被忽略了[186]. 在这种情况下，偶极相互作用的影响是什么? 首先，$a=a(D)$，所以分子云的形状会发生改变. 这是因为由角动量求和规则决定的不同散射通道之间的耦合. 特别地 $V_{dd}$ 改变了 $l=0$ 轨道的内分子势能的短程部分，导致了有效 s 波散射长度减少. 如果偶极作用有序排列被阻止，使用一个陷阱和合适的极化场，并且有足够小数量的分子，那么偶极的相互作用仍然是排斥的，并且没有坍塌. 然而，如果去掉一个或多个约束，偶极相互作用就变成吸引的，系统会因为不稳定而坍塌. 由于极性分子的偶极强度是外部直流电场矢量的函数，所有这些效应都是可调的. 通过联合直流和交流电场偶极强度的动态变化以及均和可以提供进一步的可调性[187]. 在文献中经常讨论的一个常见的结构是轴对称谐阱的形式

$$V^{\text{trap}}(\vec{r})=\frac{1}{2}m(\omega_\rho^2(x^2+y^2)+\omega_z^2z^2), \tag{7.3.8}$$

和 $z$ 方向的直流电场. 然后可以通过方程(7.3.7)的分析可证明在 $z$ 方向上，较低的波状云会产生在 $z$ 方向上更拉长(而不是在阱的长度比 $l_z/l_\rho$ 上，其中 $l_i\equiv\sqrt{\hbar/m\omega_i}$，$i\in\{\rho,z\}$)的结果. 此外，在某些情况中，云并不是椭圆形的，而是双凹的，这是一种像红血球的形状[188]. 更奇异的形状可能出现在非轴对称的势阱中[189]. 因此，在一般情况下，在半经典多体理论中，陷阱形状应该沿着电场方向被压缩，而在这一方向上，偶极倾向于整齐排列.

除了平均场基态，我们还可以考虑动力学. 偶极 BEC 在它们的塌缩动力学中展示了一种新的特性，这种特性发生在 d 波形式中，就像近期观察到的，铬(Cr)原子利用磁偶极矩和 Fano-Feshbach 共振来调节接触的相互作用强度[190]. 在稳定的系统中，可以通过对 Boguliubov-de Gennes 方程的分析来研究偶极 BEC 的激发. 最低能量集体激发是呼吸模式、下一个最低四极模式等等. 如果 BEC 被局限在准

二维空间中,则除了深度可以自由调整的优势,有一个 roton-maxon 形状的超流He的著名色散关系[191].在准二维空间中,我们指的是在一个空间方向上挤压一个平均场来防止集体激发.一个实际的二维系统被压缩在一个分子水平上.对于一个实际的一维系统来说,三维平均场理论并不适用,而且必须小心考虑局限引起的共振[192][193],以及其他可能的情况.

NNLS 方程有另一组集体激子,它在线性扰动分析中没有出现.这些非线性激子有时被称为涌现现象.它们有类粒子属性.在准一维中,可以找到孤子,局部密度的峰值或持续时间的下降,以及弹性碰撞.在高维的情况下,你会发现孤子和涡旋.NNLS 中的非局域项改变了从原子 BEC 中获得的这些激子的特性[194].例如,准二维的亮孤子通过偶极相互作用稳定下来[195],甚至可以修改坍塌动力学[196].在三维中,暗孤子是稳定的[197].类似地,旋涡也有改进的性质:偶极相互作用引起了扁圆阱,产生一个较低的临界频率,形成一个单一的涡流.而扁长阱则具有更高的频率[198].在半经典状态下,当转动态较强时,多个旋涡进入 BEC,越来越多的偶极相互作用通过一系列不同的晶格结构推进系统,从三角形和正方形到条纹和气泡相[199].即使是旋涡中心的形状也成为了偶极子方向的函数[200].最后,对 NNLS 的探索是相当新的,例如,在三维和准二维或准一维之间的过渡几何结构中可能出现一些尚未被识别的粒子类物体[200]~[203].除了谐波阱,我们还可以考虑用光晶格形成的周期性势阱,光晶格由两种对立的激光束之间的驻波组成.在三维空间中,可以建立任意的晶格结构,包括所有固态理论中的晶体结构[204].一个一维的光晶格可以用来制造一种准二维分子气体,并在二维空间中应用,一个光晶格构成了一个准一维分子气体的阵列,这对于 Bose 和 Fermi 分子来说也是一样的.根据经典极限方程,极性 Bose 子在光晶格中的突现和其他集体性质虽然在文献中几乎没有提及,但很可能会产生丰富的新现象[205].在第 7.3.4.2 小节中讨论了光晶格中分子气体的完全量子理论.

我们再次强调,到目前为止,几乎没有一种对极性气体的半经典处理已经超越了与偶极子相关的点粒子.我们可以从自旋原子气体的分子中得到一些启示,它们利用原子的超精细自由度来制造一个伪自旋流.伪自旋和自旋具有相同的算符,因此也是可观察的物理量.在分子的例子中,有一个更丰富的内部结构,这取决于分子种类.可以由非线性 Schrödinger 方程的矢量分析描述自旋凝聚体,而我们期望一个矢量 NNLS 方程以同样的方式描述分子凝聚态.

自旋凝聚态是原子 BEC 的一个内容非常丰富的领域,包括从经典态的自旋波到自旋结构[206][207](利用自旋空间的涡旋),半经典状态下的域形成[208],新相和结[209][210],以及其他许多现象.我们强调,在一个平均场描述中,不同的内部状态可以连贯地或不连贯地发生相互作用.我们说,当序参量的相对相位描述内部态以一

种不平常的方式进入NNLS时,相互作用是连续的,例如,对于一个 $F=1$ 的超细结构 $\psi_{-1}^{*}\psi_{+1}^{*}\psi_{0}$ 项出现在一个矢量非线性Schrödinger方程中[211][212],$F$ 出现在 $|F,m_F\rangle$ 中的 $m_F$.例如,当有一个不连续的项 $|\psi_1|^2\psi_0$ 时,相互作用的连续性产生了显著不同的现象,因为在不连续的情况下,每个内部状态的分子数是固定的,而在连续的情况下,原子可以在内部状态重新分布.

对于超冷分子Fermi气体理论的研究远比对于Bose子理论的研究少得多.Fermi液体理论在固体材料和稀量子气体中的一个主要区别是:在后者中,Fermi面本质上是一个自由的参数,而不是具体的物质.因此,在一个谐振势中,Fermi面可以通过改变势阱频率、调整原子的数量和改变相互作用的强度和特性来操纵[214][215].在光晶格中,通过调节填充系数,系统可以从导体变成绝缘体[215].此外,由于Fermi压力,有吸引力相互作用的Fermi子更稳定.所有这些都已经用原子得到了解和证明,这些结果也同样适用于分子.那么,在偶极子和分子系统中有哪些新特性?首先,由于Pauli不相容原理,只有单波接触相互作用适用于自旋极化的Fermi子.因此,在自旋-极化偶极Fermi气体中,只有偶极相互作用.其次,在临界温度 $T_{\mathrm{BCS}}<T_{\mathrm{F}}$ 下,p波Cooper对会出现在极化气体中[216].这种Cooper对是各向异性的,有一个临界温度,是势阱各向异性的函数[217],使得BCS在被俘获的极性Fermi子中与金属中的电子有很大不同[218].我们可以从非对称Fermi面,甚至在TF之上看到这一点[219].关于Fermi子的一个更令人兴奋的方向是铁电Fermi液体[220].

在这个焦点问题上,人们取得了超冷分子半经典多体物理的若干进展.Klawunn和Santos在一种一维的光晶格中的极性Bose气体中,展示了一种二阶相变,这是一种由涡旋所形成的扁形云[221].涡线Kelvin波谱的旋光性导致一个螺旋扭曲的涡旋的形成[222].在谐波阱中,Sogo等人给出了极化(单组分)偶极Fermi气体的集体激发频率的推导[223].他们还展示了当势阱变弱时,偶极子是如何影响Fermi云的扩张的,这是实验中的一项关键观察技术.Metz等人探索了在Cr中崩溃的偶极BEC,并在实验中模拟了方程(7.3.7)在扁圆和扁长几何结构上的情形[224].他们通过干涉的多重坍塌BEC来表现相位一致性.平均场半经典理论只适用于相位一致的BEC,因此为方程(7.3.7)的使用提供了很好的理由.最终,Xu等人提出一种全新的将涡流泵入偶极BEC的方法[225].通常的方法是用一种非共振的激光束来转动系统,这要么通过扭曲了一个轴对称的势阱,要么将两个光束聚焦在凝聚体和搅拌的过程中来完成.Xu等人描述了一种基于电偶极子和空间变化电场间相互作用的改进的Ioffe-Pritchard势阱,它类似于已经使用过的磁场中的情况.势阱的轴偏向绝热过程,将涡旋转化为分子BEC.

7.3.4.2 完全的量子体系

在这个体系中,像NNLS方程这样的半经典方法是不够的,因为所有分子都不存在于单一模式中,甚至不存在于单粒子密度矩阵的几种模式中.有两种方法可以实现完全量子态.第一种方法是引入大量的简并,通过一个光晶格势,或者在封闭势的频率附近转动一个谐波捕获的分子云.在晶格势的情况下,简并是空间固定的.在旋转系统的情况下,简并是转动的.这两种系统在凝聚态物理学中都是众所周知的.实现全量子机制的第二种方法是借助强烈的相互作用,这违反低稀释气体标准,可以通过 Fano-Feshbach 共振来实现.原则上,也可以通过压缩分子气体直到它达到一个高的密度来实现.然而,实验中可实现的超冷分子气体是亚稳态的,因为它们更倾向于在低温下以固体形式存在.即使可以设计出新的势阱,高密度也会导致三体过程的出现,这些过程可以通过相变转化为液体或固体.

我们不需要重新推导出晶格中超冷分子的描述,我们从一个极小的量子晶格物理模型开始,这个模型在凝聚态中很有名,叫作 Hubbard 模型[226][227]. Hubbard Hamilton 量最简单的形式是在正则系综中给出的:

$$\hat{H}=-t\sum_{\langle i,j\rangle,\sigma}(\hat{a}_{i\sigma}^{\dagger}\hat{a}_{j\sigma}+\text{h.c.})+\frac{1}{2}\sum_{\sigma,\sigma'}U_{\sigma\sigma'}\sum_{i}\hat{n}_{i\sigma}\hat{n}_{i\sigma'}. \tag{7.3.9}$$

在这里,所有的常数都使用能量单位.$t$ 代表跃迁,或者是隧穿,$U_{\sigma\sigma'}$ 代表相互作用.同时,我们忽略了微扰.求和指数由 $i$,$j$ 给出,而$\langle i,j\rangle$代表求和只针对相邻的数.指数 $\sigma$,$\sigma'$涉及内部的自由度,在电子的情况中,这代表自旋."帽子"符号指二阶量子算符.$\hat{a}_{i\sigma}$ 表示在内部态 $\sigma$ 坐标 $i$ 处湮灭一个粒子.$\hat{n}_{i\sigma}\equiv\hat{a}_{i\sigma}^{\dagger}\hat{a}_{i\sigma}$,$[\hat{a}_{i\sigma},\hat{a}_{j\sigma'}^{\dagger}]_{\pm}=\delta_{ij}\delta_{\sigma\sigma'}$,$[\hat{a}_{i\sigma}^{\dagger},\hat{a}_{j\sigma'}^{\dagger}]_{\pm}=[\hat{a}_{i\sigma},\hat{a}_{j\sigma'}]_{\pm}=0$,其中对于 Fermi 子取+,对于 Bose 子取-.系数 $t$ 和 $U_{\sigma\sigma'}$是固态系统的材料参数,但可以直接从超冷气体的第一性原理推导出来.系数 $t$ 和 $U$ 是由波函数的重叠部分计算出来的,$t$ 对应动能和晶格势能的关系,$U$ 对应相互作用能. Hubbard 模型对低填充因子是一种有用的描述(每个点的平均粒子数):如果填充比整体大得多,那么半经典理论就可以更好地描述超流体或超固相的系统.

方程(7.3.9)代表最小的模型的原因有两个:第一,一个晶格需要在不同的位置之间进行耦合,而不是分解.邻点跃迁是点阵之间最小的运动形式.事实上,方程(7.3.9)的平均场极限映射到动能,或最小离散化方程(7.3.7)上的二阶空间导数上,而跃迁积分 $t$ 包含了在光晶格中超冷分子的动能和势阱势能.第二,一个多体问题需要相互作用,而不是简单地将其简化为单粒子波函数的产物,而在位相互作用是这种作用的最小形式.方程(7.3.9)可以被扩展为混沌、邻点相互作用、邻点跃迁、多重波等等.但即使在最简单的形式中,方程(7.3.9)仍然无法解决排斥力的情况[228],即 $U_{\sigma\sigma'}>0$.事实上,它甚至被视为一种高温超导的模型. Hubbard Hamilton 量的描述已经被证明对冷量子气体有用,例如,方程(7.3.9)所描述的量子重现动力学已经在实验中被观察到[229][230],也在理论上得到了阐述[231][232].这种复杂的量子动力学让新研究成为可能.此外,在这一焦点问题上,人们还描述了将被捕获的超冷分子转移到光晶格中的重要实验步骤[124]. 图 7.3.2 显示了一个光晶格中极性杂核分子的草图.

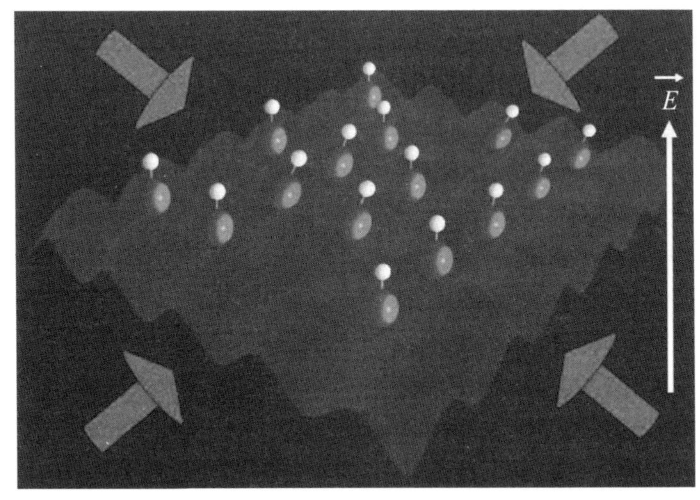


图 7.3.2　一个光晶格势中的超冷极化分子. 箭头表示相互干涉产生光驻波的成对激光. 图中展示了每一边分子的低填充系数. 所有的或者某一部分分子能够被定位,并且他们的偶极矩能够被控制. 在不同晶格位置的分子能通过强长程相互作用引入丰富的量子相位,并且可以通过控制有趣的动态过程满足量子模拟的需求. 来自参考文献[1]

极性分子和原子系统之间的巨大差异是由于偶极相互作用的长程性质产生的强相关性导致的. 这在三维中是正确的. 因此,当谈到一维或二维系统时,我们要说明的是:如果我们希望相互作用保持较长的距离,那么横向势阱长度应该比 $a_d$ 大得多. 在一个真正的二维或一维系统中,偶极相互作用不是很长,可以被折叠成接触相互作用. 我们为晶格系统保留了准二维和准一维的条件,在这种情况下,偶极相互作用有可能保持很长的距离.

第一篇介绍在完全量子态下的极性 Bose 气体的文章,发现了与 Bose-Hubbard Hamilton 量一样的准二维相位[233]:Mott 绝缘体、棋盘式绝缘体、超流体和超固体,以及相图中的折叠区域. 然而,这些相位取决于有效在位势阱频率的比值,以及偶极极化的方向. 因此,偶极 Bose 气体的一个独特的方面是:在 $z$ 方向上挤压的准二维 $x$-$y$ 方晶格通过量子相变来影响它们[234]. 后来对同一系统的研究表明,许多近似简并的激发态使得晶格中的偶极 Bose 子系统实际上是无序的[235]. 利用光晶格中的分子来构建量子模拟器. 我们将在后续节中讨论一种可用于复制但不可解的凝聚态 Hamilton 量的系统[236][237].

除了光晶格,如果极性分子的长程相互作用被充分排斥,那么它们可以自我组合成一个晶体结构. 这是通往完全量子态的强相互作用的途径(与简并相反). 晶格的概念更接近固态系统,因为分子晶体显示了声子模式.在准一维,准二维和准三维中这都可能发生[238].存在一种原子分子混合物,其中结晶的分子扮演离子的角色,剩下的原子和分子扮演电子的角色[239].这是一个需要考虑的自然情况,因为在Fano-Feshbach 共振的情况下,从原子到分子的转换效率并不是100%.

最后,我们简要地讨论一个完全量子系统的另一种途径,即在一个低频率的谐波势阱中,以极低的速度转动偶极气体(参考 Xu 等人在此问题上的工作[225]).其基本思想是,转动推动了谐波势的单粒子态,直到它们简并或近似简并.然后,在这样一个阱里的超冷量子气体,无论是原子的还是分子的,都映射到分数量子 Hall 效应[240][241].在这些转动的系统中,每个涡旋的原子数给出了填充因子.在半填充的情况下,没有偶极相互作用的情况时,Bose 子的存在与 Laughlin 态类似,这是一种高度关联的态,可以被精确地描述为一种值波函数.随着偶极相互作用的加强,系统会回归到条纹相和气泡相,这可以用一个平均场理论来描述[199].在强相互作用的系统中,最低的 Landau 近似不再有效,泡沫和条纹的基本特征仍然存在,同时也出现了三角形和方形晶格,以及相图中的一个崩溃区域[242].这些结果依赖于诱惑率——一般来说是在偶极气体的情况下.对于快速转动的 Fermi 子,要稳定系统需要额外的非谐波限制.然后,在1/3 的填充和最低的 Landau 能级近似中,会再一次获得(初始反对称) Laughlin 波函数.对于足够小的填充因子,偶极相互作用产生了一个 Wigner 晶相.增加填充作用将偶极气体通过量子相变转化为 Laughlin 液体.

在这个焦点问题上,对于完全量子机制有三方面的贡献.对于第一个贡献,"在光晶格中,用超冷分子进行短期实验的最小晶格 Hamilton 量是什么"是对"在光晶格中,超冷分子如何被用作量子模拟器"的补充.这样一个最小的设置应该包括一个均匀极化以产生偶极子的直流电场(这可能是通过一个统一驱动系统的交流电场来完成的),当然还有至少一个方向的光晶格.作为这个问题的答案,分子 Hubbard Hamilton 量(MHH)被 Wall 和 Carr 提出:

$$
\begin{aligned}
\hat{H} = & -\sum_{JJ'M} t_{JJ'M} \sum_{\langle i,i' \rangle} (\hat{a}^{\dagger}_{i',J'M} \hat{a}_{iJM} + \text{h. c.}) \\
& + \sum_{JM} E_{JM} \sum_{i} \hat{n}_{iJM} - \pi \sin(\omega t) \sum_{JM} \Omega_{JM} \sum_{i} (\hat{a}^{\dagger}_{iJ,M} \hat{a}_{iJ+1,M} + \text{h. c.}) \\
& + \frac{1}{2} \sum_{J_1,J'_1,J_2,J'_2,M,M'} U_{\text{dd}}^{J_1,J'_1,J_2,J'_2,M,M'} \sum_{\langle i,i' \rangle} \hat{a}^{\dagger}_{iJ_1M} \hat{a}_{iJ'_1M} \hat{a}^{\dagger}_{i'J_2M'} \hat{a}_{i'J'_2M'}.
\end{aligned} \tag{7.3.10}
$$

在方程(7.3.10)中,跃迁 $t$ 依赖于外场(转动与直流电场)的转动模式 $|JM\rangle$,并考虑了光晶格势能对分子极化的影响.方程(7.3.10)的三项,代表直流电场、交流电驱动场和偶极相互作用.当被用来描述 Bose 子时,方程(7.3.10)可以被看作是一个修改的、多波段的、驱动的、扩展的 Bose-Hubbard Hamilton 量."没有驱动,只有一个转动态"就是 Bose-Hubbard Hamilton 量的拓展.我们用方程(7.3.10)给出一

个例子来说明与最初的 Hubbard 模型(7.3.9)相比,MHH 有多么复杂.因此,正如§7.5 所述,为了理解系统的实验,并对复杂的量子动力学和突现特性产生新的认识,就需要使用先进的模拟技术.

另一个贡献是由 Ortner 等人做出的.在之前的研究中,原子分子混合物被描述为偶极晶体,其中的额外粒子在晶体中移动,被晶体声子所穿过,从而导致了极谱图.在这个问题上,Ortner 等人对之前的观点进行了回顾,并展示了它是如何在主方程的环境中衍生出来的,在这个过程中,晶体的声学模式被当作一个加热浴.它们为超冷分子提供了 Hamilton 函数的第二个例子,描述了在偶极晶体中移动的原子以及与晶体声子耦合.在这个 Hamilton 函数中,当算符显式地与晶格中的原子算符耦合时,声子就出现了.最后,第三个贡献是 Roschilde 等人做出的.量子偏振光谱是一种对量子相的敏感探针,特别是 Fulde-Ferrell-Larkin-Ovchinnikov 相,它是两种不同的 Fermi 面之间的一种类 BCS 配对.量子偏振光谱是一种非破坏性的测量,它将量子涨落印在光偏振上.对于一种平衡的 Fermi 气体,Roschilde 等人提出的是:自旋相互作用如何使 BCS 转变为 BEC 交叉.这一转换发生在原子磁关联的初级阶段,之后进入一个高度激发的振动态.

## §7.4 冷分子实验

为了实现科学探索的目标,人们用冷分子和超冷分子经过一些努力尝试之后,实现了基态分子,特别是极性分子的大相空间密度.大相空间密度,使分子在超冷温度下可以有一个很大的空间密度,这是许多研究(如多体物理)的前提,为我们探索许多方面,包括新奇碰撞化学反应、量子信息科学和精密测量提供了帮助.

迄今为止,尽管已经出现了一些直接或空腔增强的激光冷却提议,分子能级的复杂结构仍阻碍了激光冷却分子的发展.相反,在过去的一段时间,产生冷分子和超冷分子的方法主要有两大类,并取得了成果.第一种方法是通过协同冷却(例如缓冲气体冷却)或相空间的分子束减速,利用外部电场、磁场或光学场,直接操纵稳定的基态分子.图 7.4.1 描述了分子减速的一般概念,图 7.4.2 描述了缓冲气体冷却.这两种技术将在下面的§7.5 中更详细地讨论.第二种被广泛使用的方法是用超冷原子对超冷分子进行"组装".当双原子气体被使用时,会形成杂核极性分子.这项技术建立在超冷原子物理的传统之上.

到目前为止,第一种,或直接的方法只在低温下产生分子($T$ 的范围约为 10 mK~1 K),没有经过实验证明的通往超低温系统的可能.这些方法所产生的相空间密度通常被限制在 10~12 或以下.然而,直接的方法是多种多样的,并且可产生大量的冷分子类型.这些方法最终可以在许多应用,如激光冷却、感应或蒸发冷却中得到超冷分子的样品.其他一些制造低密度冷分子的技术包括反旋转的超音速喷管和交叉分子束碰撞,如图 7.4.2 所示.在单次碰撞的方法中,两束碰撞光通常成 90°左右,一小部分碰撞产生的分子几乎是静止的.

第二种,或间接冷却法主要针对双碱分子,包括同核和异核的.这些分子处于超低温状态,通常是几十或几百 μK.然而,它们通常是在高振动激发态下形成的.这些状态易受破坏性的非弹性碰撞的影响,而且在杂核情况下也会有一些小的电偶极矩[116][117].在许多有趣的应用中,这两个方面都阻碍了分子的使用.现在已经证明,将双碱分子转化为绝对的振动基态是可能的[137].近期的工作进一步证明了,一个高效连贯的向绝对基态的转移是可能的,这在很大程度上保留了原始的原子气体的相空间密度.由基态 KRb 分子产生的偶极气体是近量子简并的.对于同核分子,同样的相干转移方法也在 $Rb_2$ 分子和 $Cs_2$ 分子中得到了实现[124].

### 7.4.1 直接冷却方法

减速分子束可用于各种分子散射和低能反应的研究,以及设置分子陷阱.对于任何分子减速实验的最有效的操作,无论是使用 Stark、Zeeman 或光学电位,良好的特征和相对高的相位空间密度源都是非常关键的初始条件.超音速膨胀为这一目标提供了一种直接和便捷的方法,因为它是整个减速过程中唯一的冷却步骤.最初的脉冲分子束注入减速装置通常是旋转冷的,符合一个以平均每秒几百米的速度为中心的狭窄速度分布.

在 Stark 场和磁场的减速过程中通过快速切换和动态控制的非均匀电场或磁场来减慢分子的窄脉冲.在光学减速过程中,激光光束形成的光势发生转变.在 Kuma 和 Momose 就这一问题所写的文章中,到共振的红外激光的调谐将被用来形成减速光势.当在弱场中制备的分子在不断增强的能量场中传播时,它们的纵向动能转化为势能,因此,它们被减慢了.在分子离开高强场区域之前,势场很快就消失了.净效应是将能量从分子中移除,同时将其返回没有外场的初始条件.这个过程在连续的电极上重复,直到分子被减慢到期望的速度.图 7.4.1 显示了一个 Stark 减速的例子,它的纵向势能分布是由等间距电极的依次排列产生的.在连续的两个阶段之间切换电场会导致每一个减速阶段的分子动能的变化,这取决于分子在转换时间的位置.这种依赖很容易被在电场转换的瞬间定义的空间坐标 $\Phi$ 作为减速相角(图 7.4.1).

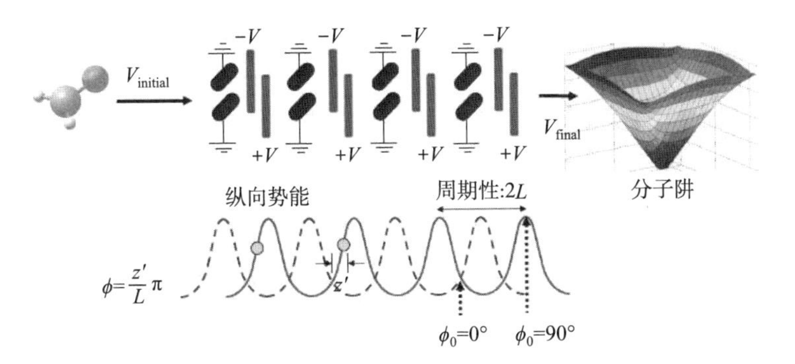


图 7.4.1　由时变非均相电场在线性排列导致的 Stark 效应分子迟滞的图解. 除非采用非均相磁场，基于 Zeeman 效应的迟滞也使用同样的操作规则. 迟滞在实验框架中产生慢分子，但是它不增加相空间密度，所以在减速器中加入密集的单一分子束很重要. 一般入射束是通过超声膨胀降低外部和内部自由度得到的. 空间的非均相场(由移动分子的 Stark 或 Zeeman 能量转移驱动)在分子束沿着迟滞路径移动位置时改变. 相位角 $\phi_0$ 对应相空间速度聚集在一个固定且没有减速或加速的点. 分离后的冷原子集在减速器的末尾在不同的迟滞相位上得到. 相位角的增加会导致更多的迟滞以及更短的相稳定区域，这将会导致在分离出的冷原子集中的原子数目的减少和更低的温度. 现在用减速器控制分子产生的复杂机理已经解释十分清楚. 在减速器的输出端，减速过的分子能够装填到电子或磁力阱. 在现在的实验中，研究人员加速或减速一个超音速分子束使其速度达到平均 600 m/s 甚至更高，且具有从 10 mK 到 1 K 的可调转变温度，对应的纵波速度从几到几百 m/s 不等. 在分子束密度为 105～107 $cm^{-3}$ 和阱中密度为 106 $cm^{-3}$ 时，这些稳定速度控制的分子集包含 104～106 个分子(取决于转变温度). 摘自参考文献[1]

一个同步的分子在能量场转换的时候总是处于相同的相位角 $\Phi_0$，因此在每个阶段失去相同的能量. 在 $0°<\Phi_0<90°$的范围内，分子包可稳定地减速. 在适当的状态下减速时，非同步分子所受的回复力是在移动势阱中被捕获的分子包的相位稳定性的潜在机制. 例如，考虑到在减速器中连续阶段的间隔是均匀的，如果电场的切换时间是均匀的，那么同步分子的位置就会是 $\Phi_0=0°$，这就导致了所谓的“束带”分子包以恒定的速度匀速运动. 当 $\Phi_0$ 增加时，描述相位稳定区域的方程，与描述一个以 $\Phi_0$ 偏移平衡位置的振荡摆的方程是一样的. 非同步分子的纵向相位空间分布将在非对称振荡子内转动. 减速器运算最重要的一点是稳定变化的快速下降区域. 更大的 $\Phi_0$ 值对应每个阶段的能量损失. 然而，同时，稳定的相空间面积减小，导致可测的传播速度减小，也因此导致了慢分子的减少. 这为分子包的最终温度设定了一个实际的、可观察到的极限.

在截面上，在两个电极之间的横向电场中，横向平面也存在着一个网状势阱. 一些研究者研究了横向指导在一个 Stark 减速器中的作用，并发现横向运动在确定减速的整体效率中起着重要的作用.在减速过程中,已经确定了两个具体的损耗机制.第一种机制是由于横向和纵向运动耦合造成的分布式损失,而第二种则是由减速器的最后几个阶段分子速度的迅速降低而造成的.修正过的电场转换序列已被实现,用以解决横向过焦效应,但这仅在中间速度范围中成功了,极低的最终速度的损失仍然存在.新的设计已经可以提高减速器的效率,尽管收效不大.Parazzoli 等人也讨论了从 Stark 减速器中提高能量分辨率的问题[144].在目前的实验中,极性分子可以减速到平均速度范围约为 $500 \sim 20\ \mathrm{ms^{-1}}$,纵向速度的平均实验室速度范围约为 $100\ \mathrm{ms^{-1}} \sim 10\ \mathrm{ms^{-1}}$,对应于从几百 mK 到 20 mK 的转化温度.对于那些不具备弱场态的大分子,借助交流梯度电场的减速已经实现了,尽管有明显的更大的损耗阻止减速到低于 200 ms.Meijer 团队已经报告了一种芯片型的微型减速器[141],例如,一个微结构的电极阵列被用来直接用一个分子束来减速 CO 分子,其初始速度为 $360\ \mathrm{ms^{-1}}$,最终速度为 $240\ \mathrm{ms^{-1}}$.

许多种极性分子(CO, $ND_3$, OH, YbF, $H_2CO$, NH 以及 $SO_2$)已经被成功减速,并且已经被应用于精确的光谱和交叉光束碰撞实验中.利用一种新分子,LiH 也成功进行了 Stark 减速[146].得到的充分减速的分子也可以很容易地载入各种分子陷阱中,并且在那里停留大约 1 s 的时间.羟基自由基(OH)是一个很好的例子,它对从物理化学到天体物理,再到大气和燃烧物理的研究都很重要.在经过初始减速之后,OH 基分子可以被静电场、交流电场或者电磁场俘获.这些势阱的深度随类型和分子偶极矩而变化.通常情况下,在最大温度从 10 到 1000 mK 的范围里,势阱可以完整保存分子样本.例如,静电捕获可以在 1 K 附近提供一个势阱深度,理想情况下很适合这些减速分子.变化电场的势阱提供了更浅的陷阱深度(几 mK 或更小),却能捕捉到弱场和强场下的极性分子.由于未成对电子的存在,自由基是吸引磁捕获的最佳候选对象.将这些分子限制在一个磁阱中,就可以自由地应用电场,使样品在不同的方向上极化.这个陷阱里的寿命通常受到背景气体碰撞或黑体辐射的光吸收的限制.因为长时相互作用的可能性和监测势阱损失,被俘获的样品是理想的反应和碰撞研究对象.

另一种强大而通用的制备冷分子的方法是通过与低温冷却的原子[图 7.4.2(a)]碰撞来冷却分子,这是由 Doyle 的团队开创的一种技术.

这种技术已经被用于冷却各种各样的原子和分子,如 CaH,CaF,NH,Cr,Mn 和 N.冷分子的温度范围一般在 1 K 左右,分子密度可达 $10^9\ \mathrm{cm^{-3}}$ 以上.具有磁矩的分子可以很容易地被限制在一个由一对反 Helmholtz 超导线圈产生的大深磁阱中.这使不同的碰撞机制以及分子和原子之间的动力学能被研究.He 原子背景的分子碰撞实验中,对于具有相对较大磁矩的分子来说,磁俘获力足够强,能够通过真空泵从捕获区域中移除 He 原子.同样值得注意的是,大量的冷分子样本的制备可能会使这些分子的蒸发冷却达到极低的温度,就像我们将会在§7.5 中所讨论的那样.

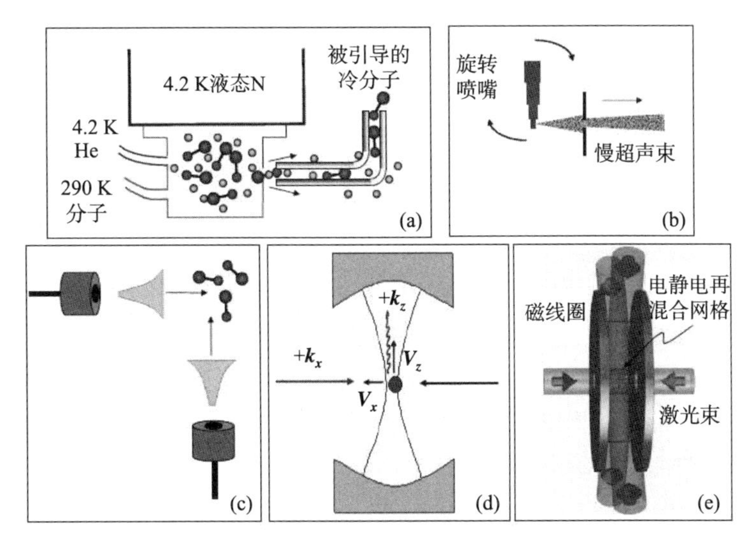


图 7.4.2　产生冷分子的多种技术手段.(a)缓冲气体冷却可能是产生多样冷分子最万能的技术.缓冲气体冷却分子被装载到磁力阱中,并且冷分子束能够以低温(4 K)、低速度(100 m/s)和高密度(最高 $10^{14}$ $s^{-1}sr^{-1}$)不断产生,这些冷分子在通过电磁导向分配后对碰撞和捕获研究很有帮助.(b)与超音速分子束相反方向旋转的喷嘴能够在实验框架中产生减速的分子束.这项技术的缺点是无法产生低速(约 100 m/s)的分子束.其产生的分子束传播方向由原始超音速分子束决定,与最终束速度无关.(c)一种通过冷却两股垂直分子束产生冷分子的技术.这种技术通常能普遍应用,但是其在产生效率和最终温度上存在限制.(d)一种通过腔体增强 Rayleigh 散射产生冷分子的技术.(e)提出的一种在自由空间激光冷却分子的技术,使用了为静电复合磁光阱(MOT).一对反 Helmholtz 电磁管产生类似标准原子 MOT 的四极磁场.六束冷却激光被聚焦到中心,并且它们的极化与 MOT 相同,但是加入了一组四个开孔的网格.这些网格成对脉冲来产生基态极性分子混合亚磁级需要的偶极电场以去除暗态.摘自参考文献[1]

缓冲气体冷却的一个重要新方向是冷分子束的产生. Patterson 等人在这个方向上的论文描述了连续且强烈的自由空间原子束以及引导的分子束的产生[140].理想分子被引入一个冷室,里面含有低温惰性气体,通常是 He 气或氖(Ne)气.经过与缓冲气体足够多的碰撞后,这些分子被冷却到非常接近缓冲气体的温度,无论是在转动上还是在平动上,缓冲气体和分子都被允许通过一个孔口离开.为了产生纯分子光束,可以放置弯曲的电场或磁场,这样,只有分子(有电或磁偶极矩)才会被引到特定的位置. Motsch 在这一问题上发表了一篇详细的论文,研究了受引导的冷极性分子束的形成,为实验设计提供了有用的指导[143].元胞的分子扩散寿命和元胞的倾倒时间,决定了元胞分子的性能和分子的提取效率.在扩散寿命较短的情况下,元胞内的流体流动会使元胞中分子的提取效率很高.提取效率很容易达到10%,甚至50%.现在,在低温(约4 K)、低速(约100 $ms^{-1}$)和高强度(高达$10^{14}$ $s^{-1}sr^{-1}$)的实验中都能够制造缓冲气体束.与Stark减速类似,这种技术可以用于各种分子.

缓冲冷气体的分子束可以用来设置陷阱,可以使用一个动态操作的捕获门,或者光学泵,又或者在很低的初始温度下使用一种单一的碰撞波束.在这个问题上,Takase等人的论文提出了一种新的方法:通过与冷原子的动态碰撞来产生可在mK温度以下的分子.他们还详细讨论了这种方法的有效性[145]. Narevicius等人的论文讨论了通过单个光子冷却来产生冷捕获分子的方法.这是通过单一的吸收,以及后续的自发辐射来完成的[147].通常,可在低温电池和陷阱之间使用一个电场或磁场来进行引导.由于波束的温度接近引导的深度,接近100%的引导分子束将被加载到陷阱中,可能的密度约为$10^9$ $cm^{-3}$.在这种密度附近,分子之间的碰撞应该是可观测的.

利用缓冲冷气体的分子束,结合明显的减速和捕获,也可以为分子碰撞研究提供一个很有前景的方向.在近期的一项实验中,一个永磁阱的开放结构允许被捕获和极化的分子间的低质量能量碰撞,以及另一个分子的入射光束的存在.通过对一组具有不同碰撞能的冷极性分子样品进行轰击,使分子在不同的碰撞能量下,可以监测出阱的耗损,以及散射率,它们可由碰撞能量的函数和外电场的大小来表示.这种碰撞装置优于传统的交叉光束装置:首先,一个被限制在永磁阱内的冷极性分子样品,会使质心的碰撞能远远低于传统的交叉光束实验中所观察到的质量.其次,将被捕获的分子作为"碰撞伙伴",观察囚禁分子的寿命,可以确定绝对碰撞截面,而这对于交叉束实验来说是非常困难的.在一个由冷却气体分子组成的入射光束下,碰撞的能量可以在几K的范围内,且光束的强度会比Stark减速器制造的大得多.然后,在不同的碰撞能量、分子密度、分子极化、同位素,以及不同的内部量子态下,可以对捕获损耗进行监测,以确定碰撞横截面.在外部电场下具有明显的偶极特性的分子碰撞非常值得研究.

在不同的能量体系中,高密度的超冷分子的生产对研究新奇的碰撞现象将是非常重要的.对此,在当前的发展状态下,无论是Stark减速还是缓冲气体冷却都是令人满意的.然而,由缓冲气体冷却的分子束产生的大量冷分子,可能会进一步促进分子的直接激光冷却.例如,利用腔道辅助的Doppler激光冷却,可以通过高精细腔来增强光子分子的散射.在最开始的工作中发现的一个具有挑战性的问题是腔模内的分子数量不足.这种分子密度的问题可能通过将一个缓冲气体冷却的高密度分子束发送到腔内区域得到解决.一旦分子密度足够高,通过冷却出现了冷却阈值集体效应，样品可以很快从几十 mK 冷却到小于 100μK 的温度，从而使相空间密度至少提高 100 倍. Salzburger 和 Ritsch 在这个问题上发表的论文讨论了一种横向平行光和一种快速的分子光束穿过高精细的光学腔的空间压缩[142]. 我们注意到，集体增强可以带来显著的横向冷却和自组织阈值.

缓冲气体冷却的光束也可成为研究对偶极分子的自由空间激光冷却的平台. 直接地，就像原子一样，自由空间的激光冷却和捕获将是产生大量超冷分子的理想方法. 对于分子的光冷却，一个最迫切的问题是确定一个适当的过渡结构，使其支持分子和光子之间足够的动量交换. 一类分子已被确认是特别适合使用激光冷却的：它们有很好的 Franck-Condon 重叠(关闭振动阶梯)，且基态或最低亚稳态的角动量高于第一个电子激发态. 一些分子满足了这些要求. TiO 和 TiS 分子处于绝对基态，满足条件，而 FeC，ZrO，HfO，ThO 和 SeO 分子则处于电子亚稳态. CaF，SrF，BaF 则处于 $R=1$ 的态，也满足条件. 这里列出的氧化物、硫(S)化物和碳(C)化合物有没有净核自旋的额外优势(因此没有超精细的复杂性). Lu 和 Weinstein 的相关论文指出，大量的分子在 5 K 的平动温度下产生了激光烧蚀和低温 He 缓冲气体冷却[139]. 他们利用缓冲气束 TiO 或 SrF 源，研究了光子的散射率，并得到了允许进行激光冷却的足够循环. 这一计划成功的关键在于，对极性分子，电偶极矩的存在使其不断地重新混合基态子能级，使所有的分子处于亮态的时间更长. 这种重新混合的基态磁子层允许建立一种新的陷阱，即静电混合的磁光阱(ER-MOT). 另一种想法是使用微波电场，与转动转换进行共振，以提供暗 Zeeman 亚能级的不稳定态.

最后，碰撞(蒸发和感应)冷却，是在量子简并原子样品的生产过程中必不可少的工具，可以扩展到极性分子，目的是产生具有强烈的偶极相互作用的量子简并气体. 这个冷却步骤一旦在一个阱里累积了足够的分子密度，就会发生这样的情况，而条件有利于弹性碰撞，从而抑制非弹性碰撞. 为了实现和优化这些系统的碰撞冷却，极性分子的内部结构引入了定性的新特性，人们希望对这些特性进行详细的研究. 在这里，精密光谱、间接冷却的分子(如下一小节中描述的基态双碱分子)和直接冷却的分子之间的协同作用将是非常重要的，以便用从一个系统中获得的经验来指导另一个系统的工作. 分子-原子碰撞也被探索，目的是利用超冷原子作为冷却分子的热浴. 例如，Doyle 团队所做的一项很有前景的研究是，在一个普通的磁阱中对 NH 分子和 N 原子进行冷却，然后研究 NH 和 N 之间的碰撞，探索伴随 NH 协同冷却的 N 的蒸发冷却. Barletta 等人在这一问题上的论文在理论上讨论了大分子感应碰撞比如在冷稀有气体原子 He 或 Ne 下的苯[138]的可能性. 当然，超冷极性分子的碰撞特性受到特别关注，因为在这个问题中电场将会造成碰撞率的巨大变化. 有两方面的原因造成了这种效应：直接的偶极相互作用和基于转动结构的 Fano-Feshbach 共振[122]. 这两种效应都可能导致巨大的弹性碰撞率,甚至在 Fermi 分子中也是一样.

### 7.4.2 利用外部电磁场进行间接冷却和操纵

制造超冷分子的最成功的方法之一就是把它们从已经处于超低温的原子组装起来. 这些技术利用了现有的激光冷却和蒸发冷却技术,用于生产超冷原子的样品. 值得注意的是,尽管事实上分子的结合能比原子温度高出大约 10 个数量级,但它已经被证明可以在没有显著的热量的情况下诱导原子结合成分子. 这些技术的挑战来自于分子在形成过程中、后期的内部自由度. 然而,最近该领域的发展几乎完全克服了这些困难. 现在看来,很有可能在不久的将来,在一系列选定的内部态中,制造出一种分子的量子化气体.

应该强调的是,这些"间接冷却"技术有一个基本的限制,即它们只能用来制造超冷分子,这些分子的组成原子可以被激光冷却和捕获. 因此,在未来,它可能仍无法用于许多化学分子,如:氢化物、氮化物、氧化物、荧光剂等等. 然而,利用这些方法可以创造出的分子的特性提供了广泛的应用和机会. 尽管越来越多的此类实验使用了"第三代"激光冷却技术(如碱土族),但迄今为止大多数间接冷却实验都是用双碱分子进行的. 因此我们关注的是这类分子的特性.

将双碱分子的电子状态按照原子状态进行分类是很有用的. 两个基态($S_{1/2}$)碱原子可以结合成$^3\Sigma$ 态或$^1\Sigma$ 态. 由于交换相互作用,前者在中等核距离 $R$ 中有一个强烈的排斥势能 $V(R)$,而后者直到距离很短时才具有吸引力. 在很长一段范围内,交换效应很小,两种电势都由相同的 van der Waals 力控制,因此合并在一起,其尺度为$V(R)\propto R^{-6}$. 因此$^3\Sigma$ 态的势能曲线很窄,其结合能$\leqslant 0.05$ eV,而$^1\Sigma$ 态的势能曲线则相对较深,结合能约为 0.5 eV. 在$^1\Sigma$ 态,杂核碱分子都表现出永久的电偶极矩 $D$,其大小与两个原子的原子序数差有关(请注意,需要使用直流电场来利用这些偶极矩). 例如,LiCs 分子(有着最大的差)有最大的偶极矩 $D\approx 5.5$ Debye,而 LiNa 分子(最小的差)则有 $D\approx 0.5$ Debye. 要注意的是,极化这些极性分子所需的外部电场的大小不仅取决于偶极矩,还取决于两个相关的偶极态之间的能量差(这里指两个相邻的转动能级之间的能量差). 因为组成原子之间的对称性,同核分子有 $D=0$,这就产生了一个额外的量子数和两个相同的原子核交换电子态的符号.

碱分子的第一激发态与原子态有关,其中一个原子仍然处于 $S_{1/2}$ 基态,另一个原子处于第一激发态 p 轨道. 这导致了大量的态,在短范围内可以用它们的总自旋 $S$ 和 $\Lambda$ 值来描述. 因此,在这个重叠的势函数中,有$^{1,3}\Sigma$ 和 $^{1,3}\Pi$ 态. 这些状态都有很强的结合能,约为 0.1~1 eV. 在长程范围内[在 p 状态下,原子自旋轨道的分裂

与 $V(R)$ 相比是很大的，内部角矩再耦合导致了多次避免交叉，以及在短程单态和三重态之间的关联耦合. 对于异核分子，尽管比例系数比基态大很多倍，电势的长程行为再一次满足 $V(R)\propto R^{-6}$. 对于同核分子，这些态有长程电位 $V(R)\propto R^{-3}$，因为虚拟的偶极相互作用导致 van der Waals 力产生了一个共振项.

最早的实验使用激光冷却原子形成了超冷分子，并利用 PA 技术来制造和探测分子短暂的激发态. 在 PA 中，一种激光被调谐到共振，它从两个超冷基态(s)原子的自由(散射)状态转变为激发态(s+p)势的束缚能级. 因此，这些跃迁的波长就会处在红波段.

用样本中每个原子的激发率 $R_{PA}$ 来描述 PA 是很有用的. 对于足够低的 PA 激光强度 $I_L$(这样，PA 速率就不饱和了)，通常，$R_{PA}\propto I_L F_{fv'}\Omega T$，其中 $F_{fv'}$ 代表 Franck-Condon 因子，描述初始自由态和最终约束态之间的重叠，$\Omega$ 代表相空间密度，$T$ 代表温度. 一些因素导致 $F_{fv'}$ 值通常很小. 首先，在超冷原子样本的典型密度中($n$ 的范围约为 $10^{11}\sim10^{14}\,\mathrm{cm}^{-3}$)，平均原子间距是 $R\approx2000\sim20000$ Å，远远超过了最弱束缚态下的经典的外转点 $R_C$("Condon 半径"). 因此，相对于束缚态，即使在最好的情况下，散射态波函数也会在很大的范围 $R$ 内传播. 此外，在 $R=R_C$ 处，原子碰撞的动能会导致两个更大的影响，从而抑制 $F_{fv'}$. 这在 WKB 图中可以很容易地看到. 在散射状态波函数中，振幅衰减，当动能很大时，振荡周期短. 这应该与激发态的振动波函数相比较，它在 $R_C$ 附近达到峰值，因此重叠积分在很大程度上抵消了.

早期的 PA 工作集中在对同核分子的研究上，在同核分子中，激发态势的 $R^{-3}$ 会导致具有较大 $R_C$ 值的束缚态，因此也会产生最大的 $F_{fv'}$ 值. 对于异核分子的 PA 值，$F_{fv'}$ 更小，这点已经得到了验证. 在所有这些情况下，有足够大的长时的 $I_L$ 值(可能正是因为原子被囚禁于势阱)，$R_{PA}$ 则常常可以大到足以激发很大一部分前体原子(甚至是磁光阱里相空间密度相当低的异核样品). 在很多情况下，$R_{PA}$ 可以达到其最大值 $R_{PA}^{\max}$，其由非弹性碰撞的联合束缚决定：$R_{PA}^{\max}=\Omega\dfrac{K_B T}{2\pi\hbar}$. 注意，对于足够深的束缚能级，$R_C$(以及分子转动惯量)是很小的，而转动常数 $B$ 大于转换的自然线宽. 在这种情况下，可以通过 PA 来解决单个转动能级的问题. 这些方法被广泛用于通常很难由其他方法实现的弱束缚激发态能级的精确光谱分析.

利用 PA，也可以用 PA 来完成分子的生成，如图 7.4.3 所示.

这样的状态可以由 PA 过渡的短暂态产生(典型寿命约为 10～30 ns)，由自发的辐射衰减来填充. Haimberger 等人在电子基态制造了超冷 NaCs 分子. 这一"辐射稳定"过程的一个关键特征是，衰减到给定基态水平的概率由受束缚的 Franck-Condon 因子 $F_{v'v''}$ 决定. 因为 $F_{v'v''}$ 在状态相同的经典拐点时达到最大，而且由于激

发态的电位总是比 $R$ 的基态电位高,所以衰变通常会被小于原始 PA 水平的能级所限制. $R_{PA}$ 与形成深束缚基态能的级之间存在明显的“折中”. 从自由原子到束缚基态分子的高效率转换(有序统一),到目前为止,只有在 $\leqslant 10^{-4}$ eV 的结合力的能量态才有可能实现.

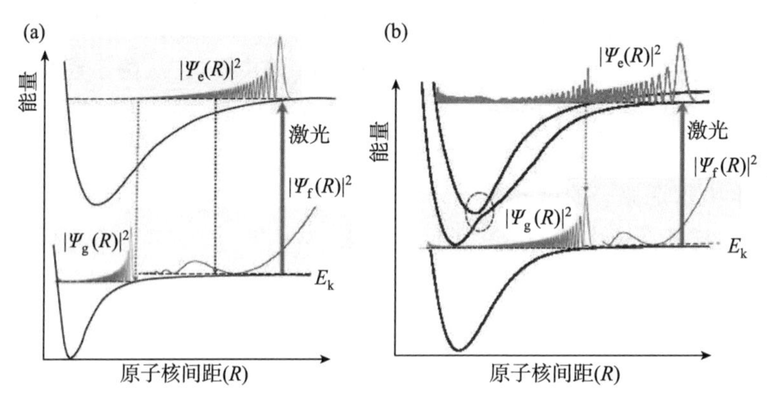


图 7.4.3 间接产生超冷分子的光学方法. 在这里,一束激光使一对原子从自由态转变为电子激发但振动受束缚的状态. 这种状态而后迅速衰减到基态能量的束缚和自由态. 激光导致的上转换和同步下转换的转换强度主要由始终态 Franck-Condon 交集决定. (a)简单 PA 模式. 这里自由-束缚激发和束缚-束缚衰减的 Franck-Condon 交集都很少,这导致较小的束缚分子产生速率. (b)通过激发态势共振耦合增幅的束缚分子产生速率. 在这里两种激发态势的耦合导致激发态振动波函数变成两种势的混合态,一个轻微束缚另一个强烈束缚. 自由-束缚转变强度和简单 PA 模式相近,但是束缚-束缚转变被由强束缚态对激发态波函数的贡献产生的中、短程峰大大增强了. 摘自参考文献[1]

为了有效地产生深束缚基态分子,包括绝对的振动基态 $X^1\Sigma(\upsilon=J=0)$,开发超越最简单的 PA 的方法似乎是必要的. 为了避免很大的 $R_{PA}$ 和很大的 $F_{\upsilon'\upsilon''}$ 之间的矛盾,人们提出并论证了各种各样的技术. 例如,在“r-传输”方法中,另一种激光被用来将分子从 PA 的激发能级转移到更高的中间能级,在那里,势能曲线允许与(主要是)远程 PA 态和(短程的)深束缚振动基态的好的 Franck-Condon 重叠. 另一种方法利用了意外产生(但相当普遍)的束缚态之间的共振耦合激发态势(参见图 7.4.3). 在这种情况下激发态的振动波函数可以有振幅峰值(对应有效的经典转折点),同时满足远程(大 $R_{PA}$ 所需)和短程(大 $F_{\upsilon'\upsilon''}$ 所需). 一种很有希望的新方法是利用 Fano-Feshbach 共振在短程提高散射状态的振幅. 在这个问题上,来自 Côté 团队的两篇论文进一步扩展了这一“Feshbach 优化 PA(FOPA)”过程的理论模型,讨论了达到相对小的激光强度的统一极限的可能性,以及产生极性分子的应用. FOPA 的方法可以实现大 $R_{PA}$,甚至可能对 PA 深束缚能级与好的 Franck-Condon 重叠 $X^1\Sigma(\upsilon=0)$ 状态(参见图 7.4.4).

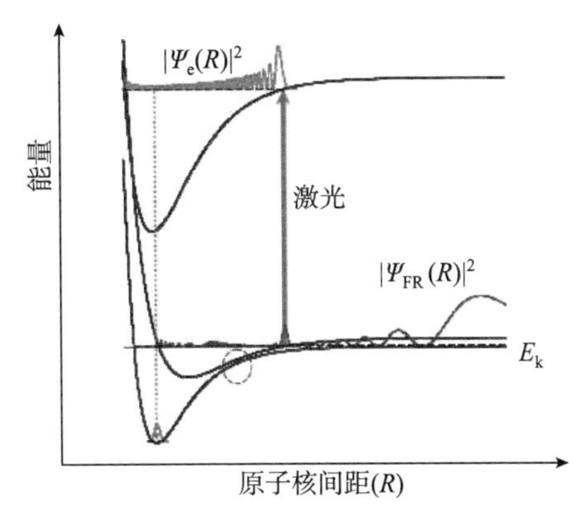


图 7.4.4　Feshbach 优化 PA(FOPA). 两种耦合的基态电位之间的 Fano-Feshbach 共振使初始状态波函数成为两种势态的混合,增强了波函数的中间甚至短程部分. 这就提高了自由束缚的跃迁速率,使之可以有效地衰变为深度束缚的基态能级. 摘自参考文献[1]

由于近 Fano-Feshbach 共振散射状态附近的一个意外情况,类似的增强机制被发现. 在这里,我们证明了,即使是绝对的基态$[X^1\Sigma(\upsilon=J=0)]$分子,也可以在可检测的水平上,通过 PA 达到一个非常强烈的激发态. 即使有了这种增强,也只有 $R_{PA}\approx 3\times 10^{-5}\ s^{-1}$(可以与 $R_{PA}^{max}\approx 1\ s^{-1}$ 相比). 然而,在比这个演示实验中更高的相空间密度和(或)激光强度下,更高的速率是可能的. 这就产生了一种有趣的可能性:连续形成的转动基态分子.

作为产生基态分子的一种方法,辐射稳定的其他一些特性值得注意. 例如,与自发发射事件相关的耗散意味着分子可以连续产生. 从量子简并态的原子开始并不十分重要,即使是在有限的温度下,也有可能(原则上)将所有可用的原子转化为基态分子. 在这个意义上,PA 可以被认为是一种冷却方式,它消除了与相对原子运动相关的熵. PA 过程本身可以产生可忽略的热量,只有两个光子反冲的动量转移. 根据 $F_{\upsilon'\upsilon''}$ 值的分布,有界的衰减通常会导致大量的振动能级. 然而,在许多情况下,一个特定的能级 $\upsilon''^*$,$F_{\upsilon'\upsilon''^*}\geqslant 10\%$有相当大比例的分子. 另外,已经证明了,通过使用宽频激光脉冲来激发振动能级而不是一个选定的能级 $\upsilon''$ 可以达到更高的能级. 最后,我们注意到,在衰变过程中,与角动量相关的严格选择规则意味着,在某些情况下,即使是单个转动能级,在每个振动能级中,也会有一个单独的转动能级.

在高振动激发状态下产生基态分子的另一种途径是刺激过程(而不是辐射稳定). 原则上,这种方法不会引起样品的任何加热. 这是至关重要的,因为在这里,为了提高分子的生产效率,有必要从一个量子简并的样本开始. 这是因为在刺激(可逆)过程中熵是守恒的. 因此,只有一个相对原子运动的单一状态可以被转换成一个单一的目标分子状态,并且通过相位空间密度 $\Omega$(单位 $\hbar^3$)粗略地给出一个激发过程最可能的原子-分子转换效率. 考虑到这一点,这种方法已经被证明是非常强大和通用的. 这种类型的一种越来越常见的技术是通过 Fano-Feshbach 共振来扫过磁场,这样原子对就可以从一个无束缚态(在一个超精细或 Zeeman 转动结构中)转移到一个弱束缚态(在不同的结构中)[104]. 利用这种"磁关联"的过程,原子分子转化已经证明了同核和异核分子的近单位效率. 一个有趣的替代方法是使用光场而不是磁场来进行控制. 在一个修饰态光场中,自由原子态与一个光耦合束缚态可以扮演一个类似"自然"Fano-Feshbach 共振的内势耦合,而光场的解谐共振作用类似于磁场(例如通过共振调优). 虽然通过这种光 Fano-Feshbach 共振的方式形成分子尚未得到验证,但初步的工作仍令人鼓舞. 尽管对于有效的分子形成,绝热过程通常更有利,但也可以使用直接的、共振的过渡方法(例如"双色 PA"方法).

受刺激的光和磁关联过程已经被用来探测比双原子更大的分子的弱束缚态,并且在不久的将来可能被用来产生可检测的"大"分子. 在一系列的实验中,因斯布鲁克大学小组通过观察超冷 Cs 原子或超冷 $Cs_2$ 分子的碰撞损耗,证明了 $Cs_3$ 和 $Cs_4$ 分子状态的存在. 类似地,利用化学物理中的相干控制原理可以增强混合的 BEC 中超冷原子的 PA[119]. Jing 和他的同事们近期表示,在 $^{87}Rb-^{40}K-^{6}Li$ 混合物中,有建设性的多路径干扰可以创造出近乎完美的三原子分子. Jing 和同事的想法是建立在利用原子-双原子暗态来提高分子的制造率的基础上的. 同样的想法在 Winkler 和他的同事们的实验中被使用,在特定的振动状态下,产生了 $Rb_2$ 分子的量子简并气体.

在高振动状态下形成的分子也可以通过受刺激的过程被转移到深束缚能级中,如图 7.4.5 所示.

这首先是用一种不连贯的泵浦方法来实现的,在这种方法中,一个 RbCs 的单一的振动状态(由 PA 组成)被转移到振动基态上[137]. 尽管这一过程的性质不连贯,传输激光所处理的原子效率却达到了 6%. 对于相干传输,由于光学非线性过程将限制可用于传输过程的最高的激光强度,上下级转换的合理强度是必要的. 在这种情况下,近期的一项理论提议使用弱磁场进行控制,通过相干累积次的弱脉冲来实现强场效应和完全分子迁移. 通过一个连贯的脉冲序列的转换过程,在 KRb 分子的背景下,相当于一个连贯的 Raman 绝热(STIRAP)过程以分段的方式实现. Ghosal 等人在这一问题上的研究也讨论了使用波包来提高两色转换过程的效率的问题,指出了杂核分子和同核分子的波包动力学中一些重要的区别.

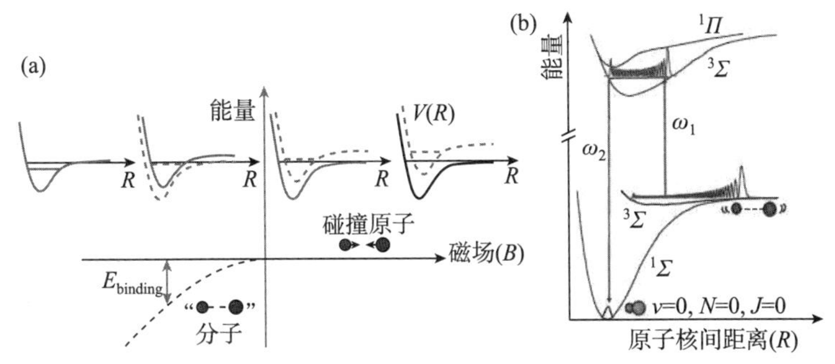


图 7.4.5　高密度的基态极性分子有两个来源.转换过程是完全相干的,并且保留了原始原子气体的相空间密度,以达到极性分子气体的量子简并态.(a)来自近简并的、双原子的分子对原子的碰撞,通过在一个分子间的 Fano-Feshbach 共振附近的磁场来完成弱约束的 Feshbach 分子的转化.这个过程允许初始的散射态被转换成一个单一的束缚能级,但它在自由空间的效率只有 10%～20%.(b)在第二步中,Raman 的转移方案被用来将弱约束的 Feshbach 分子转移到电子基态的振动能级上.在实现状态转移之前,基态电子态的振动能级首先用相干的双光子光谱绘制出来.实际的分子迁移是通过 Raman 的绝热过程进行的(STIRAP).传输过程的效率显示在 90%以上,这对于保持分子相空间密度至关重要.通过对 Raman 光场的精确相位控制(通过连接到相稳定的光学频率梳)以及系统的光谱研究,对优化的过渡优势进行了系统的光谱分析.摘自参考文献[1]

近期,一系列引人注目的论文展示了基于一对 CW 激光的 STIRAP 过程的高效率转移到深束缚能级的方法,包括了光晶格中的情况[124].如图 7.4.5 所示,连贯的传输过程需要两个步骤.首先,原子对被转化成松散结合的分子,使用的是 Fano-Feshbach 共振.然后,一个连贯的双光子 Raman 过程将分子从最初高激发态的能级转移到一个更深的束缚态.由于良好的转换能力,可以将分子转移到各种不同的状态,包括 $Rb_2$ 的亚稳态 $^3\Sigma$ 能级、KRb 的 $v=0$ 能级,以及 KRb 的绝对转动基态 $X^1\Sigma(v=J=0)$. KRb 的绝对转动基态有着特别的意义:它代表了一种强偶极分子的形成,它即使在碰撞的情况下也应该是稳定的.此外,所得到的 KRb 样品极冷且稠密,相空间密度 $\Omega\approx10^{-1}\hbar^3$ 接近量子简并度的条件.整个 STIRAP 过程非常有效,由于初始目标和目标状态的长期存在,以及良好的转换优势,单次传输效率可以达到接近 95%.我们注意到,在这个连贯的传递机制中,不再需要讨论分子的生产速率.在一个连贯的步骤中,可以实现 100%的转换效率.正如在这个问题中所描述的那样,Inouye 和他的同事们正计划遵循这种方法,生产出一种量子化的 $^{41}K^{87}Rb$ 极性分子.为此,在这个问题上,Thalhammer 等人研究了两种弱结合分子水平和狭窄 d 波 Fano-Feshbach 共振的光谱测量方法,可以用来改善 $^{41}K^{87}Rb$ 的 Bose 混合物的碰撞模型.

我们指出在此几个相关特征,一个是,高振动能级一般容易受到与剩余原子和其他分子碰撞而损耗[115][116].尽管这些碰撞被抑制在同核 Fermi 子对的最弱束缚状态下,但在大多数情况下,非弹性碰撞似乎以几乎统一的速率进行.尽管到较低能级的转移可以在很短的时间内发生(由激发态的寿命,或者由光 Rabi 频率的 STIRAP 所决定),但振动激发态的产生通常要慢得多.在磁关联中,扫过 Fano-Feshbach 共振的时间与共振的宽度成反比,而在 PA 中,最大产量也受到幺正性的限制.因此,在这一阶段中,可能会发生显著的碰撞损耗,尽管在典型情况下,10%～50%的分子可以存活(直到它们被转移到束缚态).一旦进入振动基态,两体非弹性过程就被禁止了.我们已经注意到,如果每个晶格点都不超过两个原子,那么碰撞问题就可以完全绕过一个光晶格中的原子[124].在晶格中对自由原子的严格限制也可以增强自由旋光的强度.

对于 STIRAP 转移过程,确定一个合适的中间态也是至关重要的.高效和快速的 STIRAP 需要初始和最终态的耦合,在每个步骤中都有很大的 Rabi 频率.因此,过渡偶极矩阵元对于中间电子激发态来说必须是大的,这能使主要的长程振动激发态和短程振动基态结合起来.这就需要所有步骤中有效的 Franck-Condon 因子,而这只能在相关势的特定形状中得到.这很复杂,因为 PA 和磁关联通常会导致分子的振动激发,这些分子主要是三重态,而单-三重态的跃迁在理论上是被禁止的.(它的优点是,基态$^3\Sigma$势在中间范围内有一个经典的内转点,增强了这个区域的振动波函数)因此,在这种情况下,中间状态必须有一个混合的单-三重态来对初始状态和最终状态进行耦合.不可思议的是,由于自旋轨道相互作用,具有必要的势能形状和混合的中间状态,似乎不仅存在于 RbCs 和 KRb[138].而这对于所有的异核双碱分子来说都是存在的.在同核分子中,由于额外的 $u/g$ 对称,情况更加复杂,至少有两个 STIRAP 转化需要达到 $X^1\Sigma(\upsilon=J=0)$态.

现在已经产生了超冷、绝对基态的双碱分子,也有必要考虑这些态的 HFS.对于$^1\Sigma$态,存在未配对电子自旋态,HFS 产生于核自旋相互作用(在 kHz 能级分裂),以及由电四极相互作用产生的转动态(在 MHz 的情况下有分裂).为了产生一种量子化的分子气体,必须控制这些核自旋度的自由度.这就需要在连贯的状态迁移过程中使用角动量选择规则以外,对这个超精细的子结构进行光谱分析.

在这些实验中,达到超低温系统的一个关键优势在于它使得光学陷阱技术,包括常规的光偶极阱和光晶格可以被使用.对于超冷分子来说,这些陷阱在很多方面与现在常用的原子相似.特别地,对于原子来说,通过将激光调谐到一个频率远低于强电子跃迁的频率,就可以形成保守的超冷分子陷阱.极化函数 $\alpha_{\gamma J}(\omega)\varepsilon^2/2$ 的实部分通常都是正的,因此由于电场 $\varepsilon$ 以频率 $\omega$ 振荡,分子会有一个负的能级跃迁 $\Delta E=\alpha_{\gamma J}(\omega)\varepsilon^2/2$.

### 7.4.3　分子离子

这一领域的一个令人兴奋的新方向使用了分子离子而不是中性物质.在这里,由于离子势阱的深度很大,捕获是很直接的.通过与共捕获的、激光冷却的原子离子的相互作用已经证明:在一个阱中离子态的冷却状态下,温度达到了 Coulomb 结晶温度($T$<100 mK).更简单但也不那么极端的运动冷却也可以通过低温冷却电阻与陷阱电极,或低温缓冲气体的平衡来实现.冷却分子离子的内部状态则更具挑战性:由于 Coulomb 斥力,共俘获的原子离子不能与足够短的分子发生相互作用,从而显著地影响它们的转动或振动.然而,有人提出了一些解决这个问题的建议.例如,可以用激光冷却的中性原子将内部状态冷却到非常低的温度.使用低温中性缓冲气体也是可能的,但是它不能提供足够低的温度来保证典型分子最低的 $R=0$ 转动能级.对于极性分子来说,使用离子的长捕获时间允许仅通过自发辐射弛豫到振动基态 $\upsilon''=0$.大多数分子的振动能即使是在室温下也比 $k_BT$ 大得多,因此,由黑体辐射引起的振动激发是不重要的.其他关于旋转冷却的建议包括在振动跃迁上利用光泵,再次利用捕获时间,或者通过转动和陷波运动之间的耦合来进行光抽运.

使用超冷分子离子带来了很多有趣的可能性.在精确测量上的应用可能从长捕获时间和很低的运动温度中受益.此外,由于捕获势是完全独立于内部状态的,人们可以推测,在不同类型的超位置上,长相干时间可能存在.利用分子离子,可以研究常数时间变化性、电子偶极矩与反干扰相互作用.在每种情况下,长相干时间和窄谱线势能使得分子离子对这些影响可能非常敏感.也有人提议,可以使用分子离子(而不是中性分子)在混合量子信息处理器中耦合微波纹线共振器.在所有这些情况下,关于离子阱本身对内部状态一致性的影响都产生了有趣的问题.为了研究这些问题,必须设计出针对分子离子的状态选择性检测方法.在 Højbjerre 等人的论文中,转动态的选择性分离光谱被呈现在了跃迁和振动的冷分子离子中,目的是实现转动冷却.一个有趣的成果将分子离子应用到高精度光谱学中.近期,人们用捕获的 $HD^+$ 离子进行了实验.用二极管激光器激发振动的超音线.对激发态的状态选择检测是由共振增强的多光子分离进行的,结果是在共捕获的原子离子云(使用循环荧光很容易得到)中发生了形状的改变.由此产生的光谱线宽度约为 40 MHz,且由于在射频离子阱中不受控制的微距而被 Doppler 频移控制.能量的分裂是由 0.5 MHz 的精度决定的,比之前的测量精度要高 100 倍.

分子离子也为分子碰撞的新的、有趣的研究开辟了可能性.在低温下研究中性分子、光分裂和类似过程的化学和电荷交换反应.这种类型的碰撞与许多天体物理学问题有关,与中性分子相似,可能为理论研究提供精确的基准.

## §7.5 冷分子研究的新方向与应用

我们可以看到,冷分子和超冷分子领域的技术进步是非常迅速的.因此,有理由相信,尽管技术挑战依然存在,但在世界各地的许多实验室中,各种各样高密度、超低温、稳定分子的选择将很快得到广泛应用.因此,在本节中,我们将重点放在令人兴奋的应用上,在我们看来,这些应用要么已经在可控范围内,要么还在建设中,或者将很快形成新的研究领域.我们的讨论将遵循三个主要的科学方向.

### 7.5.1 可控的分子动力学

在低温和超低温下进行的分子气体实验,可以研究控制分子间的二元碰撞的微观相互作用过程.这为新的基础研究开辟了无数的可能性.我们设想,在不久的将来,在外场下的冷和超冷子的理论和实验研究将会产生以下的研究方向:

(1) 可控冷却,包括新实验技术的发展,用于制造超冷分子的密集分子群,也就是能使用低温和超低温条件,并生产超冷多原子分子的技术;

(2) 超低温化学,包括对共振介导反应的研究,以及空间位阻下的量子效应下决定化学反应和反应过程的作用;

(3) 低温可控化学,包括对温度在 1 K 附近的分子相互作用的研究,在低温下形成共振和微分散射;

(4) 对超冷分子碰撞的相干控制;

(5) 量子简并化学,包括研究了集体多体动力学,导致了 BEC 和简并 Fermi 气体的转换.

我们迫切地需要一种新的实验技术来生产高密度的超冷分子,现有的实验技术可以通过连接超冷原子(间接方法)或冷却热气体(直接方法)来生成超冷分子.间接方法主要局限于碱金属原子的衍生物,这限制了目前在零温度极限下可以研究的反应过程的种类.一些直接的方法可能会产生大量的冷分子.然而,将冷分子气体冷却到超低温状态仍然是一个巨大的挑战.聚焦在这个问题上,关于超冷分子的新实验方法的论文的数量,本身就说明了这一点.现有的实验技术还需要扩展以冷却较大的原子分子.超冷多原子分子的产生将使超低温化学的新维度和新量子材料的合成成为可能.

我们有把握说,超冷分子的诞生开创了一个新的化学时代.当超低温分子的动力学完全由量子效应决定时,在零温度下的化学反应速率的测量提供了关于隧穿效应、零点能和量子反射效应在决定化学反应过程中的作用的独特信息.在不久的将来,在低温和超低温下的化学研究可能会带来新的、实用且基本的应用.当分子被冷却到低温时,非弹性的和反应性的碰撞就变成了极具状态选择性的,且拥有填充特定的振动态的倾向.这可以用于原子或分子的高效生产,这些分子的内部能级是反向的,并且有可能发展新的原子或分子激光器.BEC中分子的光分解可以用来控制对激发态的纠缠态的制备.空间分离分子的纠缠是研究量子信息转移和基于原子和分子系统的量子计算发展的必要条件.纠缠分子的产生也可用于实现对双分子化学反应的相干控制.冷缓冲气体中的化学反应为缓慢的分子光束提供了丰富的来源.慢分子光束可能在化学研究中得到广泛应用:从高精度光谱学到新颖的散射实验,再到研究在低温下的强相互作用系统的集体动力学.

Fano-Feshbach散射共振在超冷原子和分子的碰撞动力学中无处不在.在超低温条件下,人们对分子碰撞特性机理和影响机理进行了深入的研究.相比之下,在多重分波散射体系中,形状散射共振的效应仍有待研究.缓慢的分子束和分子同步加速器可能允许对形状共振进行研究.可调谐的形状共振可能提供新的、控制分子动力学的途径,并有助于探索在低温下决定化学反应的长期相互作用.在化学动力学研究中,形状共振对热平均化学反应速率的影响仍然是一个重要的问题.

分子间相互作用的超低温机制可以实现对激光场的双分子碰撞过程的相干控制.在构想中,对分子过程的相干控制基于在不同的相互作用过程之间的量子干涉,从而产生同样的结果.对分子散射的相干控制方案依赖于分子内部状态的相干叠加的形成,它们与不同的相对动量运动对应的是质心运动的相同动量状态[119].在气体分子运动中建立这样一致的超位置几乎是不可能的.当分子气体被冷却到极低的温度时,分子的热运动就变得无关紧要了.Herrera近期提出了一种对原子和分子在超冷气体混合物中分子散射的一致控制方法.这种方法基于在一个磁性或电场的情况下,在不同的Zeeman或Stark态下建立的相干叠加.在一定的场域内,碰撞体的不同角动量状态之间的能量分裂变得相等,这使得对不同粒子之间的碰撞有了相干控制.这可以用于在外部场的分子结构的精确光谱测量,以及对物光相互作用的详细研究.这种相干控制的方案可以通过分子同步加速器在高能碰撞中实现[154].分子同步加速器中分子的平移运动可以精确地由外电场控制,因此,可以在不同的Zeeman态的相干叠加下,创造出以同样速度运动的分子.

在固体材料上的原子和分子的纳米沉积已经成为了一个快速发展的研究领域.光刻技术是一项关键技术,在基础研究和商业应用领域都取得了巨大的进步.Moore定律表示,半导体行业的晶体管数量每两年就会增加一倍.为了跟上这种迅速缩小的晶体管尺寸,工程师和科学家们探索了其他的平版印刷技术,如原子或分子纳米技术.与传统的光蚀刻技术不同,在原子光刻中,光和物质的作用是相互改变的.在此,原子分子的光束在被沉积在固体表面之前被光学磁场所操纵.在测定原子和分子的de Broglie物质波长时,衍射效应并不是原子或分子纳米技术的一个限制因素,它的亚光波长分辨率达到了极短的长度,将纳米管的边界推向了新的极限.与此同时,由光制成的掩模版非常容易转换、移动或迅速修改,这为纳米沉积技术提供了前所未有的灵活性.由于光与物质的相互作用通常是弱的,分子纳米技术的成功实现依赖于低能量,最好是超冷分子的制备.目前,原子纳米技术的现有技术仅局限于操纵激光冷却的一小部分原子.本章讨论的实验技术和焦点问题可能提供了分子组合的新来源,可用于纳米沉积的各种分子.

反传播的激光束创造了可以用来捕获超冷原子并产生光晶格的驻波.在光晶格上,超冷原子的光或磁联会产生一种被激光场悬挂在三维空间中的分子晶格,这可以用来研究单个分子的碰撞.对空间位阻下的分子相互作用的研究可能会带来许多基本应用.例如,在空间位阻下,横截面对弹性和非弹性分子碰撞的能量依赖与通常的三维行为是不同的.因此,在外场约束下的分子的化学反应和非弹性碰撞将会得到极大的改进.外场约束也改变了长程分子间相互作用的对称性.因此,对低尺度分子碰撞的研究,可能会对在碰撞物理学中的长程分子相互作用和量子现象提供一个敏感的探针.由于受限制的激光场和外静电场的结合效应,可以完全破坏碰撞的对称性,因此,研究空间位阻下的化学反应可能是一种探索立体化学的新方法.对准一维和准二维几何形状分子碰撞阈值规律的测量可提供突破性的结果.光晶格中的原子和分子组合可被用作量子凝聚态物理基础研究的模型系统,或用于量子光学现象,如微孔半导体中的激子极子等量子光学现象的研究.实验结果表明,在空间位阻下,分子系统与分子系统碰撞实验的结果,可以用来解释激子和激子的动力学行为.

目前,许多研究小组的工作目标都是产生 BEC 和简并的 Fermi 气体.分子的量子简并气体具有独特的性质,不同于原子量子简并气体和热分子群的性质.量子简并气体中的分子动力学是由集体效应和量子多体统计所决定的.多体相干性使微观单分子动力学与整个量子简并气体的动力学行为密不可分.特别令人感兴趣的是一些非线性的集体现象,如 Bose 增强或 Pauli 阻塞,这可能会为控制分子过程提供新的机会.Bose 增强是由 Heinzen 和他的同事们以及 Moore 和 Vardi[120] 在化学背景下第一次提出并讨论的,它放大了微观化学反应的可能性,从而产生了大量的反应产物,具有很高的产量.如果在实验中得到证实,这一观点可能会开拓进一步研究 Bose 增强型化学的领域.

玻化增强化学的想法建立在与原子 BEC 一起进行的 PA 光谱实验上.超冷原子的 PA 会产生超冷双原子分子,因此,一个原子的 BEC 可以转变成一个分子的 BEC.在有激光的情况下,将孤立的原子与分子分离,分子就会形成,然后将其连贯地分离回它们的组成原子,就产生了原子和分子之间的振荡.振荡频率与 $\sqrt{N}$ 成比例,其中 $N$ 代表凝聚态中的粒子数.

现在我们来看一个多原子分子,它在激光辐射下分解成几个不同的产物.例如,一个分子ABC可以光解离为原子A和分子BC或原子C和分子AB.对于典型的分子,PA的分支比通常是在顺序上连贯的.在过去的几十年里,化学动力学研究的主要成果是寻找通过外部激光或静电场控制PA分支比率的机制.Moore和Vardi展示了,如果温度不同且在光分解之前形成一个BEC,这种分支的比例就会得到极大的提高.在BEC中描述ABC分子PA动力学的运动方程与参数多模激光器的运动方程是等价的.因此,PA的过程与量子光学中的参数超荧光是等价的,而Bose增强则导致了分支比的指数级增长.与激光系统不同的是,光子总是在光子的领域中,而Bose分子的分解则是将复杂的Bose子转化为不同类型的Bose子的过程.因此,对Bose化学的研究可能促进对于量子简并系统中的新的相互作用机制的探索.

在实验中,我们还可以看到,如果玻化增强能达到一定的程度,那么在分子BEC的混合物中,Bose统计学对双分子化学反应的影响是很明显的.Pauli阻塞的影响也可能通过禁止某些反应通道来提高PA的分支比例.对于由Pauli阻止效应所主导的量子简并气体的分子过程,在量子光学中没有与之类似的过程,所以在对Bose化学的研究中可能会发现新的基本过程和现象.

### 7.5.2 高分辨率光谱学和量子控制

超冷分子为超高分辨率分子光谱学提供了理想的平台.研究正在进入一个定性的新体系.分子跃迁可以在最高的光谱分辨率和相干时间情况下进行研究,而只有在相关分子能级的自然寿命中才会被限制.这将使我们对分子结构和动力学的了解达到前所未有的精确度.高分辨率对一些严格的基本物理定律和对称性的测试也或许至关重要.相反,分子结构的详细研究对于深入了解和控制冷分子化学新兴领域的动力学是很重要的.例如,当我们考虑处于转动和振动基态电子电势时,唯一的自由度是核自旋,它在分子碰撞中起着重要的作用.了解核自旋状态将使我们能够建立有效的控制,并给予我们前所未有的分子超精细能级结构的知识.另一个例子出现在Kim等人的论文中,在这个研究中,控制选择的检测方法可以被用来探索高能的超冷分子,并在低能级的振动能级上开辟一条有效研究基态分子离子的通道.

随着精密激光工具的开发,基于冷分子的光谱学进一步得到发展.对光谱学的精细研究有益于分子内外自由度量子调控,进而利于传感控制技术的发展,先进的技术将包括激发途径、空间位阻、对生产过程的相干控制、对环境的耦合,以及灵敏的跟踪探测.冷分子样品已经开始被用于碰撞和化学反应研究.内部和外部自由度的精确控制将使我们进入一个新的、定性的化学反应机制研究领域,为一些最基本的分子相互作用和化学反应过程提供前所未有的详细和精确的研究.我们所获得的知识对于理解更复杂的分子过程具有至关重要的意义,并将促进在稳定和短暂状态下分子追踪的新传感技术的发展.然而,在这条令人兴奋的科学道路上,存在着一个突出的挑战:由于分子的相互作用和低温下反应的发生,我们需要监测大量的量子态,并具有高探测灵敏度.光学频率梳状系统已经被用于详细的分子结构研究.光频梳的独特性能、精确的光谱选择性和高分辨率结合了一个非常大的光谱带宽,近期人们实现了直接频率梳光谱和高分辨率量子控制.将直接频率梳的光谱和冷分子结合在一起,可以提供一个有效的解决方案,从而增强分子的操纵和检测能力.详细的热力学性质层析映射脉冲获得了频率梳光谱,使我们获得了转振和转化温度分布信息,以及分子束在所有三个维度的空间密度分布.一个重要的科学目标是在实时大光谱带宽上对多种的分子光谱进行高灵敏度且定量的监测,这可为研究分子的振动动力学和在超低能量上的化学反应提供一种新的光谱模式,在这种能量中,我们需要光谱分辨率和光谱覆盖.

此外,冷分子和超冷分子提供了实现分子系统的高分辨率量子控制的新机会,并允许在不同的量子态或分子波包之间进行有效的分子转移.这将为研究精确控制的量子化学提供机会.对分子相互作用过程的精确理解和控制基于两点:首先,对于超冷分子来说,外部的自由度被有效地冻结了.其次,随着高分辨率量子控制概念和技术的发展,利用相干脉冲序列的高稳定光场,我们可以有选择地、精确且有效地控制不同内部能量状态的相干演化.对于分子量子波包,量子态在分子中的超位置,可以用相一致的飞秒脉冲序列来操纵.分子激发的光谱选择性可以利用多个分子状态之间的量子干涉来增强,即通过对复杂波包的目标激发,而不是单分子状态的不连贯的混合物来完成.如果激发是由超短的,相干激发脉冲,而不是单个激光脉冲进行的这种选择性激发的效率可以通过量子振幅的相干累积效应得到极大的提升.这些想法代表了一个新的方向,即具有相干和光谱的激光脉冲的分子量子控制.在具有高光谱分辨率和稳定性的波包状态下,可以实现最大的分子群或最大相干性.

双碱极分子的振动基态 $X^1\Sigma^+(\upsilon=J=0)$ 具有由核自旋产生的小而复杂的HFS.基态转动分子是通过从离解阈值附近的状态转移来产生的.用于双光子转移的中间态可以具有电子激发电位复杂的 HFS-Zeeman 结构.这些中间能级的精确状态决定了基态分子的 HFS 亚能级是如何有效形成的.对激发态分子的详细结构理解是有效状态制备和对超冷极性分子的相干量子控制的关键.了解激发态结构需要精确研究电子和核自旋的复杂动力学,以及电子轨道和分子旋转的角动量.一种有效的自旋耦合处理方法,描述了每一个势能的单个振动能级的 HFS 和 Hund 结构.HFS 耦合的强度只能用精确的光谱法来确定,可以用来检验理论模型.对分子结构的理解将允许对过渡路径进行优化.

为了了解在任意外电场和磁场下双碱基态分子的碰撞动力学行为,我们需要对它们的 HFS 有一个完整的认识. 双碱基态分子典型的 HFS 能量尺度,对 $J=0$ 能级是约 10 kHz(≈500 nK),对 $J=1$ 能级是约 1 MHz(≈50 μK). 在基态分子间的非弹性碰撞过程中释放出的能量,可能不足以损耗势阱中的分子,但它在量子简并气体的温度尺度上是重要的. 对 HFS 的理解也使我们能够将基态分子极化到单个 HFS 能级,这是达到量子简并度的必要步骤,对于包括碰撞研究和量子信息科学的许多应用来说,这是非常重要的.

在由 Stark 减速制备的基态分子情况下,人们已经对 $NH_3$ 和羟基自由基(OH)进行了高分辨率光谱分析[102]. 例如,OH 的 Stark 减速可以使分子束可调节使平均速度在 550 $ms^{-1}$ 到 0 $ms^{-1}$ 之间,转换温度可从 10 mK 到 1 K[103]. 这些被操纵的"稳定"的"束"包含 $10^4\sim10^6$ 个分子,它们的密度是 $10^5\sim10^7$ $cm^{-3}$,它们是 Rabi 或 Ramsey 技术的高分辨率微波光谱的理想选择. 这使得对 OH 的基态结构的精确微波测量得到了一个数量级的改进,其中包括三重分裂和超精细分裂. 通过这种高分辨率的光谱分析,人们对分子结构的理解得到了增强. 例如,人们对 OH 在它的 $^2\Pi_{3/2}$ 电子-振动基态的弱磁场行为的研究,精确地确定了在三重相对奇偶分量之间的一个 Landé $g$ 因子. 能级的扰动需要一个新的理论模型作为高阶角动量的结果,并超越目前的分子超精细 Zeeman 理论.

这些结果不仅增强了我们对未知的分子耦合机制的理解,而且有助于偶极气体物理研究,以及量子信息处理和基本常数变化的精确测量. 特别是,由于小磁场对极性分子的影响,以及极性分子的冷碰撞特性,必须以极高的精度通过磁场和电场增强的共振效应来对超冷极性分子进行控制,并对适合的极性分子进行量子计算. 通过高精度的光谱分析,我们可以发现这些微小的角动量扰动出人意料地提供了在极分子中(如 OH)的实用量子位的转换. 具体来说,超精细 Zeeman 理论允许磁场识别. 在这种情况下,特定的转变对磁场的波动特别敏感. 此外,这些跃迁是在具有磁性的可磁化磁矩之间进行的,它抑制了势阱的加热,并且有大量的、数值相等但方向相反的电偶极矩,这非常适合用来产生强大的量子逻辑门.

### 7.5.3　基础物理定律的检测

高分辨率光谱工作为高精度测量铺平了道路. 近期的一些研究集中在对精细结构常数 $\alpha$ 变化以及质子-电子质量比 $\mu\equiv m_p/m_e$ 的测试上. 随着时间的推移,这些常数的值可能会随时间的变化而变化,或者随着重力耦合的存在而随太阳与地球距离的变化而变化. 最先进的光学原子钟对所有这几类 $\alpha$ 变化设置了最严格的限制,但是,原子通常缺乏以独立于模型的方式显示相对 $\mu$ 变化($\Delta\mu/\mu$)的过渡. 在此,分子可以在这里发挥强大的作用.如果 $\mu$ 发生改变,分子的振动(和转动)的能量能级相对于它们的电子势能移动.对弱束缚振动能级(近离解)和深束缚层(接近势能极小值)的影响,预计会比中等核距离的束缚能级要小得多.这可以通过使用最不敏感能级作为频率的锚点来用精确的光谱测定 $\Delta\mu/\mu$.两种颜色的光学 Raman 光谱,在一个电子势中,利用了整个分子的势能深度,以使相对测量误差最小化.两个分子的势能交叉,在一个中等的振动能级在能量中几乎是简并的,且在一个不同的势能的弱束缚振动能级时,可以达到相似的灵敏度.这允许在微波频域内微分测量在这两个振动能级之间的相对能量变化.类似地,精细结构的分裂可以与振动分裂相匹配,因此微波探测器对这两种变化的 $\alpha$ 和 $\mu$ 都很敏感.关于使用 Fano-Feshbach 共振来提高在散射阈值附近的能级灵敏度的想法也在这个焦点问题中被提出.在这个问题中,Kajita 提议研究磁捕获的冷 XH 分子的纯振动转换频率,以测量与时间相关的变化 $\mu$.

分子的结构也导致了由于电弱力的影响而产生的效应.特别是,分子被认为对核依赖(NSD)奇偶性(PV)效应的研究是有用的.这种影响主要来自两种潜在的机制.一个是在电子和一个组成核之间交换虚拟的 $Z_0$ Bose 子.另一个是两个步骤:交换 $Z_0$ 和 $W_\pm$ Bose 核子,形成了原子核的结构以及一个所谓的"反式矩",然后分子电子对这个变形进行了探测.直接用标准的电弱理论描述了直接的 $Z_0$ 交换相互作用,但是这个过程的 NSD 部分在数值上是很小的,而且到目前为止还没有测量到.在核介质中,已对电弱相互作用的影响进行了探讨.对这些影响的测量和理解一直是核物理界几十年来的一个难以捉摸的目标.只有一项关于核的"核变"的观察报告被发表,而且基于对原子核电弱效应的其他测量,测量值与预测的结果是不一致的.

其他一些关于离散对称的测试都集中在常见的分子上,并且可能从新兴的技术中获益以达到极低的温度.例如,PV 电弱相互作用会导致手性分子的不同对映体之间的能量差异.尽管这似乎不太可能,但有人推测,这种差异可能导致了对双碱分子手性的偏好.到目前为止,还没有一个实验能达到观察这个差异所需要的能量分辨率,但是冷手性分子可以改善这些测量.另一个例子是搜索对自旋统计关系的破坏.在具有核自旋 $I=0$(如 $^{16}O_2$)的分子中,所有可能的转动态中有一半是被禁止存在的(如 $^{16}O_2$ 的 $^3\Sigma_g^-$ 基态,即使是转动量子数 $R$ 的值也不存在).在这些被禁止的态中,对分子的敏感搜索可以被解释为在交换对称状态下对 Bose 子存在的可能程度的限制.使用冷分子可以提高低能级的分子的数量,同时通过使用更窄的线来提高检测灵敏度,而没有 Doppler 展宽.

### 7.5.4 量子信息

超冷极性分子的许多特性对量子信息处理有益.就像原子系统一样,分子具有丰富的内部状态结构,其中包括可以用来编码量子信息的长寿命状态.例如,使用直流或微波频率电场容易诱导和操纵“永久”分子电偶极矩.这些领域使用的技术是常规的,并为集成微电子电路提供了一种自然的手段.而且,电偶极子的相互作用使分子的内部状态变得有效,偶极相互作用的长程性,以及电偶极的强度,使耦合在适当的距离下是有效的.而操作的速度与这种相互作用的强度成正比,因此有了这种分子,有可能可以在远程量子位之间建立快速的逻辑电路库.这提供了一种很有前景的方法,可以扩展到大量耦合的量子位网络.我们还注意到,分子的丰富内部结构,包括许多长期存在的自旋、转动和振动水平,使它们成为被用作“量子点”的自然候选物,可在每个分子中存储超过一比特的量子信息.然而,在这里我们关注的是作为量子位的分子的更简单(更易达到的尺度)的使用.

极性分子的许多有趣特性,以及在考虑它们的使用时出现的问题,都可以用一个具体的例子来说明:被困在光晶格的极性分子系统.分子有一个简单的刚性转子结构,在静态的环境下,极化电场 $\varepsilon_{ext}=\varepsilon_{ext}\hat{z}$.量子位被编码成转动态的两个最低能级.逻辑量子态 $|0\rangle$,被定义为当 $\varepsilon_{ext}=0$ 时最低的转动能级态 $|J=0\rangle$,有净电偶极矩 $D_{|0\rangle}=D_{|0\rangle}\hat{z}$,其中 $D_{|0\rangle}>0$.(回想一下,转动特征态 $|J,M_J\rangle$ 是与电场混合的.)逻辑量子态 $|1\rangle$,对应于第一激发态 $|J=1,M_J=0\rangle$,有净电偶极矩 $D_{|1\rangle}=D_{|1\rangle}\hat{z}$,其中 $D_{|1\rangle}<0$.这两个能级的子系统与分子的其他内部状态很好地分离,因为转动结构和它的小尺度比振动和电子分裂更小.对于单个量子位,$|0\rangle$ 和 $|1\rangle$ 的任意方式叠加可以通过应用微波电场脉冲来制备,即 $\hbar\omega=\hbar\omega_0+D_{eff}\varepsilon$,其中 $\hbar\omega_0=2B$ 是自由场转动分裂($B$ 是转动常数),而 $D_{eff}\equiv D_{|0\rangle}+D_{|1\rangle}$ 是电偶极矩,$\varepsilon$ 是分子受到的总电场大小.一般来说 $\varepsilon=\varepsilon_{ext}+\varepsilon_{int}$,其中 $\varepsilon_{int}$ 是系统中其他分子贡献的电场大小.大部分情况下 $\varepsilon_{int}\ll\varepsilon_{ext}$.

由于系统中所有量子位之间的耦合,在这个系统中,条件逻辑操作可能是比较复杂的,然而,从原则上来说,这并不是一个难题.使用基于 NMR 的量子计算实现的“重新聚焦”技术,可以有效地从系统中移除不需要的耦合.重新对焦本质上是一种程序,通过在对焦过程中故意翻转它们的状态,从而平均地将耦合移到不需要的位上.这样就可以在单个量子位之间进行有效的耦合.这种方法已被证明是有效的(在某种意义上,只有多项式资源才能达到重新聚焦),至少从原则上来说如此.因此,我们考虑一个简化的方案,在这个方案中只考虑到相邻的量子位之间的交互.那么,执行 CNOT 运算需要从光谱上分辨量子位变化的能力,能量为 $\Delta E=d_{eff}^2/(\lambda/2)^3$,其中 $\lambda$ 是光晶格周期,因此 $\lambda/2$ 是 $R_{ab}$ 的最小值.这就意味着条件逻辑运算需要至少 $\tau\approx\hbar/\Delta E$ 的时间.通常来讲($d_{eff}\approx1ea_0$,$\lambda\approx1\ \mu m$),$\tau\approx10\ \mu s$.

各种各样的技术问题都会降低门限运算的精确度.一个明显的潜在问题来自于在晶格填充中的空位或占用.然而,分子间强烈的偶极相互作用能极大地抑制这

些缺陷：在初始状态$|0\rangle$下，分子间自然的强的和排斥的(偶极)相互作用可以形成一个强大的 Mott 绝缘相，使多重占用成为不可能的. 即使有一个完全填充的晶格，量子位态和电场梯度的阱势有限的差距(这是由于极化性各向异性，以及电场梯度的力)也意味着单位门可以诱导分子进行运动加热. 因此，在有限温度下，任何其他的机制都会引起量子位转换频率的不确定性. 其中大多数我们不希望得到的特性，都可以通过缓慢地催动晶格位置分子的运动，对其进行深入抑制. 格点的典型运动频率为 100 kHz；因此，这种绝热条件下可以限制单比特运算的速度，而对预期的两量子门时间几乎没有影响.

在这个系统的任何计算结束之时，都必须读出每个量子位的最终状态. 高效地检测和解决成像的分子间距$\lambda/2$将是一个挑战，但是是可以实现的. 例如，一种可能的方法是使用状态选择的光电电离，产生离子阵列的静电放大，随后使用输出离子成像检测.（当然，这是一个具有破坏性的测量：它不仅会使量子位崩溃，而且会使量子位分裂.）在这里，通过使用相同的光谱处理思想，量子位状态$|1\rangle$可以通过应用适当的微波脉冲，被转移到一个辅助存储器状态(如第二转动能级格点$i$，$i+n$，$i+2n$等). 这个辅助态可以像以前一样被选择性地检测到. 在这些常规的、选定的格点上的状态显示，需要空间分辨率仅为$n\lambda/2$. 这个过程可以重复$n$次，每次$i$递增 1，读取整个数组.

该系统提供了分子偶极量子位的一些关键优势的具体例子，预计中性极性分子可以存在于大量并且高密度的有规律的结构[229]，类似于中性原子. 这可能提供相对于其他的系统的优势，比如被囚禁的原子系统，在这些系统中，可扩展性可能需要在大量的远程捕获点之间移动离子的能力. 在中性原子中，许多努力都被用来设计通过将两个原子移动到相同的诱捕点来诱导碰撞的相互作用. 在这个焦点问题中，提出了一种相关的方案，在此方案中，将 Li 和 Cs 原子之间的相互作用(而不是碰撞、射频磁化与原子之间的相互作用)转化为弱束缚态. 与此相反，深束缚态极性分子长期的偶极相互作用的性质消除了任何运动的必要性. 为了增强长程相互作用，在 Rydberg 态激发中性原子的提议中也出现了类似的方案. 然而，在这里，与分子不同的是，激发态的寿命很短，而且激发态与通常用于存储的基态下的子层相比，具有截然不同的诱捕潜力. 此外，与用于控制离子和中性原子的激光的强度相比，用于操纵分子的直流或微波电场的振幅很容易控制. 在许多中性原子系统中，相对于分子的简单解来说，定点仍然是一个难题. 最后，与凝聚态系统相比，极性分子提供了许多与原子系统相同的优点，例如完全可再生的量子位，(潜在的)较长的退相干时间等等.

这一系统的细节，也突出了由于使用深极的偶极分子作为量子位而产生的几个不利条件. 例如，外势能(捕获)和内部(量子位)态之间的耦合导致光晶格的相互冲突的需求:一方面,使快速闸门更偏向晶格波长短,更深的陷阱(更高的光强),而另一方面,对于长波长和较低的光强的偏好,可以减少退相干.这使得使用尽可能低的温度的分子更有优势,这样就可以减少陷阱的深度;在实践中,分子样品必须在量子简并态附近有相空间密度.类似的量子位定点能力的一个很好的特点是对电场噪声的零阶敏感性.此外,需要采用重新聚焦的方法来有效地控制“始终存在”的偶极相互作用,这极大地增加了系统的复杂性.最后,任何实际的读出程序都是破坏性的,也就是说,至少它会把分子从陷阱中移除.为了改善这类问题,我们提出了各种各样的方法.

一个很有希望的想法是将逻辑量子位编码成带有内部自旋子结构的超精细亚能级,而不是直接进入转动态.这当然与在中性原子和离子中使用的编码很相似.这种亚能级的偶极矩和光学极化率几乎是相同的:与转动编码的情况相比,它们的残差值被抑制了,其中超精细分裂与转动分裂的比率,通常$\geqslant 10$.此外,偶极相互作用,虽然仍然存在,但本质上是独立于量子位态的,因此只提供了一个整体能量的偏移量.在这个方案中,单量子位门是由量子位态之间的微波 Raman 转换完成的,它的转动能级是一个(虚拟的)中间态.这就产生了与原始情况类似的大门速度.要执行两个量子位门,只需要一小段时间,就可以用一个不同的偶极矩来转移到转动激发态,条件逻辑所需要的相互作用就像以前一样.在类似的情况下,它被提议在分子状态中编码量子位元,并将这些小偶极矩进行编码,且在需要的时候将它们转移到“活跃”的偶极态.非极性态通常是可得到的,例如,在基态电势(接近离解极限)的振动能级中,分离原子的电子波函数并没有实质上的杂化.从强烈的极性 $\upsilon=0$ 状态开始的转移,可以通过激光驱动的 Raman 过程来完成.

使用极性分子量子位的一种完全不同的结构也被提出.这里的想法是在晶体表面上的介观电极附近,利用非均匀的直流电或微波电场来捕捉分子(见图 7.5.1).和以前一样,量子位元可以被编码成转动态,与它们相关联的是电偶极矩,而单位门可以用微波脉冲来完成.然而,与附近导体相关的边界条件可以极大地改变偶极相互作用.特别地,如果两个分子之间的距离 $L$ 和横向维度的导体之间的距离 $\omega \approx h$ 拉开距离 $h$,然后偶极相互作用尺度约为 $L^{-1}(\omega)^{-2}$ 而不是像自由空间的 $L^{-3}$.对于足够小的阱和导体的尺寸(通常,$\omega$ 的范围 0.1~10 μm),这就可以使分子之间的相互作用增强,也可以使分子保持相同的相互作用,即使是在大尺度分离的分子.这种相互作用可以通过直流电容耦合来实现,也可以通过连接量子位,也可以通过在带线几何空间中交换(虚拟的)微波光子来实现.在这两种情况下,从超导材料中制造电极限制了电阻损耗;在带线情况中,可以构造一个高 Q 谐振器来最大程度地减少光子损耗.这种架构似乎特别有利,原因有几个,例如:在这里,我们可以设想通过“飞行”光子量子位(在保持量子相干的同时,可以在很远的地方传播)来耦合一个巨大的分子量子位网络.此外,通过观察远共振光子在条纹腔中传播的相移,可以实现近似理想的量子位态投影测量.这样的测量使分子保持完整,并使内部量子位编码状态的任何叠加都坍缩.这种混合量子处理器结合了微电路的透明可延展性和再现性以及固有的长寿命单粒子量子位.

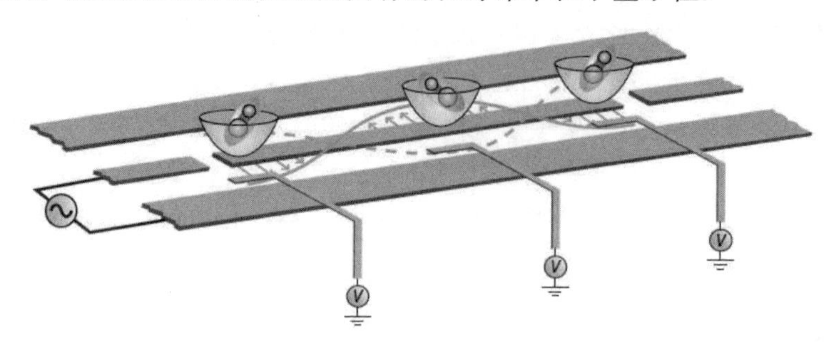

图 7.5.1　混合量子器件的示意图.分子被困在一个底物表面的介观特征表面上("芯片").分子与表面的接近可以导致分子内部态和(或)运动态之间的强耦合,以及芯片上的物体的量子态.在这个例子中,分子被固定在由芯片电极组成的静电场中.分子的转动态对微波光子有很强的限制,限制在条纹几何空间中.摘自参考文献[1]

利用低频电场代替光场来捕获量子位可以解决一些问题,但也会产生其他问题.在这个系统中,耦合在尽可能靠近芯片表面的地方被增强.一个基本的限制 $\omega \geqslant 0.1\ \mu\mathrm{m}$ 是由分子对其在底物中的偶极子的吸引力造成的.在这么小的距离下,激光强度的稳定性(控制解码)的要求现在被对小的局部电场波动的要求所取代,这是由于捕获场对分子内部状态有很强的影响.这样的波动可能是由于各种噪声来源(如随机运动被困在基质或热黑体光子),这使得有必要将芯片冷却到很低的温度下($T < 100\ \mathrm{mK}$).然而,即使在这里,电场噪声也可能是一种主要的解码源.此外,有效的场波动也可能是由于分子本身的随机热运动引起的.因此,有必要冷却分子的运动至非常接近陷阱的基态.电场噪声诱导的解码可以通过编码成自旋或超精细态来完成,也可以通过将陷阱折成一个"最有效点"(量子位状态的微分极化是一致的)来完成.请注意,在这样一个状态下,单个分子所占据的相空间密度,本质上与量子简并度是相同的.然而,这些陷阱的初始加载可能比光晶格更容易:尽管体积大致相当,但静态陷阱的深度可能要大得多.在适当的温度下加载这个陷阱后,可以通过内部状态和捕获场的运动之间的耦合,以及衰减到微波腔的耗散来冷却运动.总之,这表明了一种有趣的可能性,即整个系统捕获、冷却、门操作和状态读取都可以完全由静电和微波信号完成,而不需要激光.

也许可以进一步增强量子位的强度,从而使之以分子群而非单个粒子的方式来运作.适当的非线性特征可以使一组 $N$ 个分子作为一个整体,以偶极矩的形式集体响应,即 $D_{\mathrm{coll}}=\sqrt{N}D_{\mathrm{eff}}$.非线性的一个可能的来源是"偶极子封锁".在这里,由于在整个集合中有偶极相互作用,在整体上激发两个分子所需的能量是激发单个分子所需能量的两倍以上.因此,如果这些分子都在一个小区域内,与(微波)激发的波长相比,它们就会像一个两能级的系统一样集体响应(很像一个相控的经典天线阵).在另一种设想中,连接两个集合的微波光子与近共振的超导量子位相互作用.这样的 Cooper 对盒子(CPB)量子位有效地作为一个双能级系统,具有一个非常大的偶极矩,造成条纹共振腔共振的分散转移,使得它一次只能作用于一个光子.这又将分子群限制为单一的激发态,并以类似的方式增强耦合.

### 7.5.5　量子模拟与量子模拟器

为了了解超冷分子系统的多体方面,通常需要在经典计算机上进行模拟.我们将"量子模拟"与"量子模拟器"区分开来.分子的量子模拟需要新算法的发展.接下来,我们将讨论一些可用的模拟技术,以及它们如何被改进才能处理空间、时间、内部分子和量子自由度.

让我们先来考虑一下 Bose 子的半经典状态.NNLS 方程(7.3.7)在标量情况下,不是用谐波陷阱来分析的[168].对偶极气体的研究需要(3+1)D 模拟方法[190][224].这些方法包括:分步算法、有限差分法和伪谱自适应时间步 Runge-Kutta 法等.虽然对这些方法进行了严格的收敛性研究,但在 NNLS 方程中引入非局域非线性,需要对非线性偏微分方程的隐式和显式方法进行新的和细致的研究.超越标量 NNLS 方程,达到向量 NNLS 方程的过程,就像对待许多旋转,振动和其他内部分子状态一样,可以产生有效的第四维度.要用目前的计算平台来处理这些系统,就需要并行化.对于向量分量(内部状态)来说,什么是合适的并行算法?考虑到桌面多处理器工作站的可用性,常见共享内存的并行化很明显是第一步.除此之外,高性能计算集群的并行化在有限元素离散变量表示(FEDVR)方法中得到了验证,该方法是由 Schneider 等人提出的真正的空间产品(RSP)算法.

这些方法需要进一步的探索:一种方向是使用多核处理器来处理分子内部的状态,同时根据 FEDVR/RSP 的规定,在配置空间中保留处理器间的并行化.然而,即使在这种情况下,也必须确定如何以计算效率的方式实现非局域的非线性.对于 Fermi 子来说,一种半经典的方法涉及系统中每个 Fermi 子的一个单独的偏微分方程.然后适当地结合这些方程,包括平均场项.在没有额外的内部状态(除了自旋 1/2 之外)的情况下,解决这样一个系统已经很有挑战性了.同样地,为了将这个问题扩展到具有有趣的内部状态的 Fermi 子分子的计算,需要有显著的并行化.

对于完整的量子系统,可以使用量子 Monte-Carlo 模拟来获得相图和其他静态特性.目前有很多新的进展,例如耗散系统的聚类方法和路径积分方法延伸到大正则系和有限温度.这样的方法对于确定光晶格中的损失过程的影响是很有用的[124].然而,之前人们并没有意识到量子 Monte-Carlo 是一个有大量内部状态的系统的通用公式.因此,在这个方向上进行代码开发可能会有所帮助.

在经典计算机上,超冷多体分子系统的许多量子方面仍然无法研究,比如 Shor 的因式分解算法.除了对量子信息的处理,超冷极性分子已经被作为量子模拟器的基本元素提出.这里,我们的想法是直接构建一个系统,它的 Hamilton 函数与一个有趣的、完全量子的多体系统相匹配,而这个系统的属性还没有完全被理解.在光晶格中,分子间的偶极相互作用的长程性和各向异性特性,为这一任务提供了一种新颖而强大的工具.一系列的文章已经概述了这些思想的具体表现.例如,Barnett 等人描述了如何利用转动态之间的角动量交换来产生与量子磁场的相互作用,从而产生长程的相互作用.在一个显著的发展中,Micheli 等人展示了如何使用内部自旋子结构来模拟任意的 Hamilton 函数在一个格子上相互作用的自旋.这是目前在硬凝聚态物理研究中最困难的问题之一.正确设计的这种类型的 Hamilton 量可以允许,例如,一种用于错误恢复的量子位编码的方法,或者用于产生拓扑保护的量子内存.他们的方法巧妙地结合了微波诱发的偶极和分子内部的自旋-转动耦合.在后来的工作中,一种方法被设计用来关闭两体的相互作用,并导致三体相互作用.这种奇异的相互作用可以产生阴极激发的拓扑相.这些例子提供了大量的凝聚体模型,可以用极性分子而不是用超冷原子来模拟,因为极性分子有独特的偶极相互作用.

### 7.5.6 偶极分子 Bose-Einstein 凝聚的实验实现

超冷偶极分子的量子简并有望实现物质的新物态,并开辟量子模拟和量子计算的新途径.然而,即使普遍使用的碰撞屏蔽技术有所减少,快速损失至今仍阻碍了蒸发冷却到达 BEC.美国哥伦比亚大学 Sebastian Will 教授小组实验实现了双极分子[243].通过增强的碰撞屏蔽强烈地抑制两体和三体的损耗,在 3 s 内蒸发冷却 NaCs 分子的集合,从 700(50)nK 到 6(2)nK,图 7.5.2(a),7.5.2(b)显示了蒸发序列期间的样品图像和实验方法的说明.在临界相空间密度超过 2000 分子和进一步蒸发到 200 分子和小热分数的 BEC 中,实验者发现 BEC 是稳定的,1/e 寿命为 1.8(1) s.这些结果显示了分子如何达到了类似于原子的量子控制程度,显著地扩大了量子系统的研究范围,为探索偶极量子物质的体系打开了大门.这些体系到目前为止还无法达到,但它们有望创造奇异的偶极液滴、自组织晶体相和光学晶格中的偶极自旋液体.

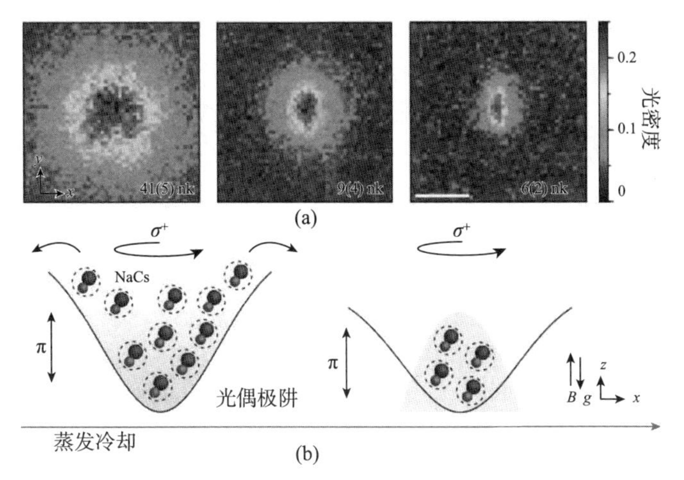


图 7.5.2　通过微波屏蔽实现的偶极 NaCs 分子的 BEC. (a)热云的吸收图像(左),一种部分凝结的云(中)和飞行时间膨胀 17 ms 后的准纯 BEC(右). (b)蒸发将 NaCs 分子从热云冷却到 BEC. 分子是被固定在光偶极阱中,并被圆偏振($\sigma^+$)修饰线性极化($\pi$)微波场的. 碰撞稳定的分子气体通过降低陷阱深度来冷却,从而挤出最热的分子. 热的(左)和冷凝(右)气体具有不同的密度分布

## §7.6　结论

冷分子和超冷分子研究,从根本上说,代表了在精确控制和精密测量日益复杂的量子系统方面能力的不断进步. 本章涉及的主题和问题表明,冷分子和超冷分子的研究已经对许多物理研究领域产生了深远的影响. 然而,这仅仅是开始. 过去,高密度相空间的绝对基态超冷分子已被创造,囚禁分子的碰撞被研究,可调分子束技术已得到发展,分子同步加速器被建立,第一个使用冷分子测试基础物理的实验已完成……这些实验将先进的超冷分子研究提高到一个新水平:虽然大多数的研究在过去聚焦于产生密集超冷分子群的新方法,但当今研究的重点转向了冷分子和超冷分子的应用科学技术. 本章介绍了许多已经提出的应用. 然而,在不久的将来,许多新应用将会被探讨,因为超冷分子的密集群将会成为常态.

在不久的将来,这个研究领域的发展仍然是由表 7.1.1 和 §7.5 中所概述的科学和实际的目标所驱动的. 这些目标的实现,取决于一些有待回答的基本问题. 因此,我们结束这一章时,列出了一些需要解决的问题,以便人们在研究冷分子和超冷分子方面取得进展. 这些问题包括以下内容:

(1) 在只有通过直接冷却技术才能获得的种类繁多的分子类型中,应当怎样缩小在低温和超低温的差距? 正如已经讨论过的,对于某些类型的分子,直接激光冷却是可能的.更一般地说,囚禁分子的碰撞(蒸发或感应)冷却方式在原则上是很有吸引力的.例如,通过与激光冷却的原子气体的接触对分子进行协同冷却正在被几个实验小组所采用,这种方法都是在实验和理论上验证的.但是,要使碰撞冷却可行,需要两种条件.第一,一定要有足够快的弹性碰撞速度,以确保在一个比陷阱寿命短得多的时间内进行热化.这就要求碰撞横截面和碰撞密度(平均在捕集量)的乘积是大的.然而,在低温下,横截面通常不会被量子效应所增加,就像在超低温条件下一样;此外,目前可用直接冷却方法的低相空间密度,使与典型的原子阱相比,陷阱体积非常大.据预测,偶极效应和碰撞共振可以使横截面充分增加,使碰撞冷却可行.如果这样的分子能被作为促进与其他分子的协同冷却的催化剂,那么在这个超冷分子中冷却任何强极性分子的能力可能会被证明是有用的[124].然而,迄今为止的相关计算主要集中在总弹性横截面 $\sigma_{\mathrm{el}}=\int \mathrm{d}\Omega\,\dfrac{\mathrm{d}\sigma}{\mathrm{d}\Omega}$ 上,而对于碰撞冷却来说,重要的量是 $\sigma_{\mathrm{mt}}=\int \mathrm{d}\Omega\,\dfrac{\mathrm{d}\sigma}{\mathrm{d}\Omega}(1-\cos\theta)$,而不是转移的截面,其值通常要更小.改进的陷阱载入的方法,如在文中多处提到的耗散光抽运方法,也许可以使密度增加.碰撞冷却的第二个条件是,非弹性碰撞率比弹性速率小得多.这是一个问题,因为直接冷却的分子所使用的大部分深阱都只对那些在内部激发态的弱场有效.在这一领域的发展早期人们就认识到,相对于原子的情况,分子转动自由度更一般地增强了这些激发态的非弹性碰撞.人们提出了各种办法来规避这个问题.例如,有可能使用电力和(或)磁场来调整一种抑制非弹性作用的分子能级.然而,任何这样的机制都必须在仅与冷分子相对应的大初始动能范围内可行.另一种有希望的方法是通过在强场中有效地寻找分子绝对基态的陷阱来绕过这个问题.光学陷阱有这个特点,但是它们能捕获的相空间密度太低,而这对于直接冷却来说是很有用的.然而,交流电阱(类似于用于离子的射频 Paul 陷阱)已经被证明可行了.利用一个微波频率陷阱——类似于光阱,但可以探测到转动跃迁的红光,可能使对强场搜寻的更大的陷阱体积和深度变得可能.在这个问题上的一篇论文认为,微波引导分子之间的非弹性碰撞不太可能影响陷阱.

超低温系统,甚至是量子简并度的间接冷却法,能超越双碱系统吗?在当前原子的激光冷却技术下,什么将是最有趣的分子(原子)?电偶极矩的大小是最重要的决定因素吗?到目前为止,使用双碱系统的技术是否普遍适用?

(2) 复杂多原子分子的蒸发或协同冷却是可行的吗?除了少数例外,迄今为止,超冷原子分子的实验工作仅限于双原子分子.对于化学应用,我们需要更复杂的分子.目前还没有确定是否有可能将多原子分子冷却到极低的温度.协同冷却有可能同时产生转移的和内部的冷分子,但协同冷却的效率是基于原子分子碰撞中动量传输的横截面大小的.动量运输在原子和原子的碰撞中通常是有效的.然而,更复杂的分子的碰撞中有许多长时间的共振，因此可能会导致原子分子间和分子内自由度之间的能量的有效分布.引入的超冷原子可能会在很长一段时间内粘在大分子上.如果是这样的话，在实验的时间尺度上，即使可能，大的多原子分子协同冷却也是非常困难的.

(3) 为了了解协同冷却的动力学原理，并开发冷却分子到超低温的新实验技术，以及对超低温碰撞的实验研究，有必要了解在超低温混合物中分子气体的扩散.扩散系数的一个简单的分析基于经典 Boltzmann 方程的 Chapman-Enskog 展开法和阈值行为的碰撞截面[109].分析表明，分子的扩散特性与开放和反应性的非弹性散射通道大大不同于基态的不反应分子.弹性散射截面在低温下独立于碰撞能，而当碰撞能量消失时，反应散射截面增长到无穷大[109].因此可以看到，同一性改变的分子的扩散过程在超低温下与非活性原子和分子扩散有质的不同.然而，有许多问题仍待解决，包括：在温度低于 1 K 的情况下，用经典的 Boltzmann 方程对分子气体进行适当的描述时，需要多少量子修正？在超低能的非弹性碰撞中，动量传输的有效横截面是什么？(它是否必须包含非弹性和反应性散射截面？它是否取决于反应散射是否会改变反应性复合体的轨道角动量？) de Broglie 波的定位如何影响二元混合物的扩散？二元混合物扩散和自扩散有什么区别？

(4) 超冷分子的特性可以用来进一步改进基本物理定律的验证吗？一种有趣的可能性是利用被囚禁的分子来提高相干时间，从而增加能量的分辨率.然而，对于这样的实验，必须仔细考虑捕获势的扰动影响.在这里，为原子钟开发的“魔术波长”陷阱可能是有用的.协同冷却，也许是利用偶极或共振增强的碰撞，可能为此类测量所需要的特定分子提供关键样本，同时也可降低它们的温度，以便使用更弱的、更小的扰动陷阱.抑制非弹性碰撞的策略也很重要，以提高实验中信号的强弱.最后，利用强的偶极相互作用来设计分子整体的压缩态，可能是可行的.在 Rydberg 原子中使用封锁效应的类似思想已经形成.在原则上，这些状态可以极大地提高测量灵敏度，并超出标准量子限制尺度$\propto \sqrt{N}$.为了达到最佳的增强效果，对于特定的测量目标，不同的分子系统当然是必要的(无论是在时间反转对称、基本常数还是宇称守恒破坏上).最终，就像在超低温的原子系统中一样，我们想要在内部和外部的单个量子态中制备分子，以达到量子限制的测量精度.

(5) 我们能否使用超冷分子与介观量子力学系统进行交互？虽然偶极相互作用弱于 Coulomb 相互作用，但它们肯定比原子系统中的相互作用更强，而且具有更长的距离.我们可以通过分子来冷却纳米机械结构或纳米电子电路(反之亦然)吗？我们能否在分子样本(甚至是单个分子)和纳米机械或纳米电子结构之间实现强耦合，以便制备它们的相干叠加或量子状态的映射？我们能设计出更具吸引力的人造分子吗？

(6) 一个具有挑战性的问题是分子检测,它比原子检测更加复杂和困难.随着我们从制备超冷分子样品到不同的科学应用,这将成为一个日益紧迫的问题.我们能同时监控分子的多个自由度吗?我们能以非破坏性的方式监测分子吗?我们能以足够的灵敏度监测单分子(并且不破坏它)吗?这一领域的技术发展将是非常重要的,并有望推动一些有挑战性的任务的完成,例如:检测超冷化学(可能需要在高光谱分辨率甚至不同类型分子的内部状态检测)、监测多体系统动力学、精密测量和量子信息处理.

(7) 在谐波阱中,我们将观察到的第一个多体特性是什么?尽管在超冷偶极气体上我们已经做了很多工作,但我们几乎不知道在半经典或平均场态下,转动、振动和其他电子自由度的耦合是什么.偶极气体分子的集体模式是如何耦合分子自由度的?哪一种模式将清楚地表明量子简并性的开始?当两个流体模型必要时,在有限温度下会发生什么[185]?什么时候系统在全量子描述中真的是二维或一维的,什么时候它仅仅是准一维或准二维的,即在平均场意义上的减少维度?是否有一个正式的扩展,在$\sqrt{n|a_{\mathrm{d}}|^3}$上,以类似于偶极子参数的形式展开?大多数的偶极气体理论,无论对于Bose子还是Fermi子,都平衡系统和平衡周围的小扰动.如果我们要获得完全不同的分子自由度,那么对强驱动的分子偶极气体的正确描述是什么?一个半经典理论是否足以描述分子的偶极气体?

是否有可能将偶极相互作用调节为系统中最大的能量尺度,远比转动态的差异大得多(例如,在一个大范围的$\Lambda$偶极子系统中)?什么样的多体理论能描述这样一个系统?在这种情况下,偶极性坍塌动力学变化吗?对于Fermi子来说,在这种情况下是否有类似于分子配对的理论?这样的理论必须结合转动模式和其他分子内部的自由度.类似于超冷原子的光晶格,那我们能在光晶格中为超冷分子准备最低能量(或最低熵)状态吗?我们能否达到对超冷分子的实验控制水平?长程相互作用如何在相变中显化?它是如何影响加载的?我们能达到的最低温度是多少?电偶极域的形成和自发对称性破缺又是怎样呢[220]?它是否存在与量子磁性的关系?可以利用它来解决自然产生的磁性材料中突出的问题吗?

## 参考文献

[1] Carr L D, DeMille D, Krems R V, et al. New J. Phys., 2009, 11(5): 055049.
[2] Bloch I, Dalibard J, and Zwerger W. Rev. Mod. Phys., 2008, 80(3): 885.
[3] Gross C and Bloch I. Science, 2017, 357(6355): 995.
[4] Klein A, Shagam Y, Skomorowski W, et al. Nature Physics, 2016, 13(1): 35.

[5] De Jongh T, Besemer M, Shuai Q, et al. Science, 2020, 368(6491): 626.
[6] Wu X, Gantner T, Koller M, et al. Science, 2017, 358(6363): 645.
[7] Puri P, Mills M, Schneider C, et al. Science, 2017, 357(6358): 1370.
[8] De Marco L, Valtolina G, Matsuda K, et al. Science, 2019, 363(6429): 853.
[9] Quéméner G and Julienne P S. Chem. Rev., 2012, 112(9): 4949.
[10] Anderegg L, Cheuk L W, and Bao Y. Science, 2019, 365(6458): 1156.
[11] Cairncross W B, Zhang J T, and Picard L R B. Phys. Rev. Lett., 2021, 126(12): 123402.
[12] Son H, Park J J, Ketterle W, et al. Nature, 2020, 580(7802): 197.
[13] Jurgilas S, Chakraborty A, Rich C J H, et al. Phys. Rev. Lett., 2021, 126(15): 153401.
[14] Weinstein J D, deCarvalho R, Guillet T, et al. Nature, 1998, 395(6698): 148.
[15] Bethlem H L, Berden G, Crompvoets F M H, et al. Nature, 2000, 406(6795): 491.
[16] van de Meerakker S Y T, Smeets P H M, Vanhaecke N, et al. Phys. Rev. Lett., 2005, 94(2): 023004.
[17] Liu Y, Vashishta M, Djuricanin P, et al. Phys. Rev. Lett., 2017, 118(9): 093201.
[18] Segev Y, Pitzer M, Karpov M, et al. Nature, 2019, 572(7768): 189.
[19] Bethlem L H, Berden G, and Meijer G. Phys. Rev. Lett., 1999, 83(8): 1558.
[20] Cheng C, van der Poel A P P, Jansen P, et al. Phys. Rev. Lett., 2016, 117(25): 253201.
[21] Bergeat A and Naulin C. Nature Chemistry, 2018, 10(12): 1177.
[22] Balakrishnan N. J. Chem. Phys., 2016, 145(15): 150901.
[23] Will S and Zelevinsky T. Nature, 2023, 614(7946): 35.
[24] Ni K K, Ospelkaus S, De Miranda M H G, et al. Science, 2008, 322(5899): 231.
[25] Danzl J D, Mark M J, Haller E, et al. Nature Physics, 2010, 6(4): 265.
[26] Takekoshi T, Debatin M, Rameshan R, et al. Phys. Rev. A, 2012, 85(3): 032506.
[27] Molony P K, Gregory P D, Ji Z, et al. Phys. Rev. Lett., 2014, 113(25): 255301.
[28] Park J W, Will S A, and Zwierlein M W. Phys. Rev. Lett., 2015, 114(20): 205302.

[29] Guo M, Zhu B, Lu B, et al. Phys. Rev. Lett., 2016, 116(20): 205303.
[30] Żuchowski P S and Hutson J M. Phys. Rev. A, 2010, 81(6): 060703.
[31] Byrd J N, Montgomery J A, and Côté R. Phys. Rev. A, 2012, 86(3): 032711.
[32] Mayle M, Ruzic B P, and Bohn J L. Phys. Rev. A, 2012, 85(6): 062712.
[33] Chotia A, Neyenhuis B, Moses S A, et al. Phys. Rev. Lett., 2012, 108(8): 080405.
[34] Doçaj A, Wall M L, Mukherjee R, et al. Phys. Rev. Lett., 2016, 116(13): 135301.
[35] Anderegg L, Burchesky S, Bao Y, et al. Science, 2021, 373(6556): 779.
[36] Li J R, Tobias W G, Matsuda K, et al. Nature Physics, 2021, 17(1144): 2021.
[37] Carr L D, DeMille D, Krems R V, et al. New J. Phys., 2009, 11(5): 055049.
[38] Bruder C, Fazio R, and Schön G. Phys. Rev. B, 1993, 47(1): 342.
[39] van Otterlo A and Wagenblast K H. Phys. Rev. Lett., 1994, 72(22): 3598.
[40] Scalettar R T, Batrouni G G, and Zimanyi G T. Phys. Rev. Lett., 1991, 66(24): 3144.
[41] Gorshkov A V, Manmana S R, Chen G, et al. Phys. Rev. Lett., 2011, 107(11): 115301.
[42] Dalla Torre E G, Berg E, and Altman E. Phys. Rev. Lett., 2006, 97(26): 260401.
[43] Yao N Y, Laumann C R, Gopalakrishnan S, et al. Phys. Rev. Lett., 2014, 113(24): 243002.
[44] Abanin D A, Altman E, Bloch I, et al. Rev. Mod. Phys., 2019, 91(2): 021001.
[45] Turner C J, Michailidis A A, Abanin D A, et al. Nature Physics, 2018, 14(7): 745.
[46] Christakis L, Rosenberg J S, Raj R, et al. Nature, 2023, 614(7946): 64.
[47] Shi T, Yu Y, and Sun C P. Phys. Rev. A, 2010, 81(1): 011604.
[48] Yu Y and Yang K. Phys. Rev. Lett., 2010, 105(15): 150605.
[49] Schlosser N, Reymond G, and Protsenko I, et al. Nature, 2001, 411(6841): 1024.
[50] Kaufman A M and Ni K K. Nature Physics, 2021, 17(12): 1324.
[51] Saffman M, Walker T G, and Mømer K. Rev. Mod. Phys., 2010, 82(3): 2313.
[52] Bernien H, Schwartz S, Keesling A, et al. Nature, 2017, 551(7268): 579.

[53] Norcia M A, Young A W, Eckner W J, et al. Science, 2019, 366(6461): 93.
[54] Meinardi F, Cerminara M, Sassella A, et al. Phys. Rev. Lett., 2003, 91(24): 247401.
[55] Luo Y, Chen G, Zhang Y, et al. Phys. Rev. Lett., 2019, 122(23): 233901.
[56] Liu Y, Ding P, Lambert G, et al. Phys. Rev. Lett., 2015, 115(13): 133203.
[57] Takasu Y, Saito Y, Takahashi Y, et al. Phys. Rev. Lett., 2012, 108(17): 173002.
[58] McGuyer B H, McDonald M, Iwata G Z, et al. Nature Physics, 2015, 11(1): 32.
[59] Flick J, Ruggenthaler M, Appel H, et al. Proc. Natl. Acad. Sci. U. S. A., 2017, 114(12): 3026.
[60] Bustamante C M, Gadea E D, Todorov T N, et al. J. Phys. Chem. Lett., 2022, 13(50): 11601.
[61] Shuman E S, Barry J F, and DeMille D. Nature, 2010, 467(7317): 820.
[62] Collopy A L, Ding S, Wu Y, et al. Phys. Rev. Lett., 2018, 121(21): 213201.
[63] Anderegg L, Augenbraun B L, Bao Y, et al. Nature Physics, 2018, 14(9): 890.
[64] Williams H J, Caldwell L, Fitch N J, et al. Phys. Rev. Lett., 2018, 120(16): 163201.
[65] Takekoshi T, Reichsöllner L, Schindewolf A, et al. Phys. Rev. Lett., 2014, 113(20): 205301.
[66] Seeßelberg F, Luo X Y, Li M, et al. Phys. Rev. Lett., 2018, 121(25): 253401.
[67] Xu S, Xia M, Yin Y, et al. J. Chem. Phys., 2019, 150(8): 084302.
[68] Chen T, Bu W, and Yan B. Phys. Rev. A, 2017, 96(5): 053401.
[69] Du M, Zhang D, and Ding D. Chin. Phys. Lett., 2021, 38(12): 123201.
[70] Liu W, Wu J, Ma J, et al. Phys. Rev. A, 2016, 94(3): 032518.
[71] Wu J, Liu W, Wang X, et al. J. Chem. Phys., 2018, 148(17): 174304.
[72] Ji Z, Gong T, He Y, et al. Phys. Chem. Chem. Phys., 2020, 22(23): 13002.
[73] Rui J, Yang H, Liu L, et al. Nature Physics, 2017, 13(7): 699.
[74] Yang H, Zhang D C, Liu L, et al. Science, 2019, 363(6424): 261.
[75] Yang H, Wang X Y, Su Z, et al. Nature, 2022, 602(7896): 229.
[76] Yang H, Cao J, Su Z, et al. Science, 2022, 378(6623): 1009.
[77] He X, Wang K, Zhuang J, et al. Science, 2020, 370(6514): 331.
[78] Ye Z X, Xie L Y, Guo Z, et al. Phys. Rev. A, 2020, 102(3): 033307.
[79] Wang C, Gao C, Jian C M, et al. Phys. Rev. Lett., 2010, 105(16): 160403.

[80] Wang C, Zhang P, Chen X, et al. Phys. Rev. Lett., 2017, 18(18): 185701.
[81] Zhang R, Cheng Y, Zhai H, et al. Phys. Rev. Lett., 2015, 115(13): 135301.
[82] Deng D, Shi Z Y, Diao P, et al. Science, 2016, 353(6297): 371.
[83] Fan R, Zhang P, Shen H, et al. Science Bulletin, 2017, 62(10): 707.
[84] Pan L, Chen X, Chen Y, et al. Nature Physics, 2020, 16(7):767.
[85] Ren J, Liang C, and Fang C. Phys. Rev. Lett., 2021, 126(12): 120604.
[86] Su G X, Sun H, Hudomal A, et al. Phys. Rev. Res., 2023, 5(2): 023010.
[87] Zhou Z Y, Su G X, Halimeh J C, et al. Science, 2022, 377(6603): 311.
[88] Qiao X, Midya B, Gao Z, et al. Science, 2021, 372(6540): 403.
[89] Hokmabadi M P, Nye N S, El-Ganainy R, et al. Science, 2019, 363(6427): 623.
[90] Chang C M, Colin-Ellerin S, Peng C, et al. Phys. Rev. Lett., 2022, 129(1): 011603.
[91] Alday L F, Gonçalves V, and Zhou X. Phys. Rev. Lett., 2022, 128(16): 161601.
[92] He S, Li Z, Yang Q, et al. Phys. Rev. Lett., 2021, 126 (23): 231601.
[93] Sun F and Ye J. Phys. Rev. Lett., 2020, 124(24): 244101.
[94] Budker D, Kimball D F, and DeMille D P. Atomic Physics: An Exploration Through Problems and Solutions 2nd ed. Oxford University Press, 2008.
[95] Herzberg G. Molecular Spectra and Molecular Structure I: Spectra of Diatomic Molecules 2nd ed. D. Van Nostrand, 1950.
[96] Lefebvre-Brion H and Field R W. The Spectra and Dynamics of Diatomic Molecules. Elsevier, 2004.
[97] Brown J M and Carrington A. Rotational Spectroscopy of Diatomic Molecules. Cambridge University Press, 2003.
[98] Braun P A and Petelin A N. Sov. Phys. JETP, 1974, 39(5): 775.
[99] Friedrich B and Herschbach D. Phys. Rev. Lett., 1995, 74(23): 4623.
[100] Kotochigova S and Tiesinga E. Phys. Rev. A, 2006, 73(4): 041405.
[101] Bonin K D and Kresin V V. Electric-Dipole Polarizabilities of Atoms, Molecules and Clusters. World Scientific, 1997.
[102] Lev L B, Meyer E R, Hudson E R, et al. Phys. Rev. A, 2006, 74(6): 061402.
[103] Bochinski J R, Hudson E R, Lewandowski H J, et al. Phys. Rev. A, 2004, 70(4): 043410.
[104] Köhler T, Góral K, and Julienne P S. Rev. Mod. Phys., 2006, 78(4): 1311.
[105] Chin C, Grimm R, Julienne P, et al. Rev. Mod. Phys., 2008, 82(2): 1225.
[106] González-Férez R and Schmelcher P. New J. Phys., 2009, 11(5): 055013.

[107] Zare R N. Foundations of Physics Letter, 1988, 2(1): 107.
[108] Krems R V and Dalgarno A. J. Chem. Phys., 2004, 120(5): 2296.
[109] Wigner E P. Phys. Rev., 1948, 73(9): 1002.
[110] Bohn J L, Cavagnero M, and Ticknor C. New J. Phys., 2009, 11(5): 055039.
[111] Cavagnero M and Newell C. New J. Phys., 2009, 11(5): 055040.
[112] Soldán P, Cvitaš M T, and Hutson J M. Phys. Rev. Lett., 2002, 89(15): 153201.
[113] Balakrishnan N, Forrey R C, and Dalgarno A. Phys. Rev. Lett., 1998, 80(15): 3224.
[114] Mukaiyama T, Abo-Shaeer J R, Xu K, et al. Phys. Rev. Lett., 2004, 92(18): 180402.
[115] Staanum P, Kraft S D, Lange J, et al. Phys. Rev. Lett., 2006, 96(2): 023202.
[116] Zirbel J J, Ni K K, Ospelkaus S, et al. Phys. Rev. Lett., 2008, 100(14): 143201.
[117] Zirbel J J, Ni K-K, Ospelkaus S, et al. Phys. Rev. A, 2008, 78(1): 013416.
[118] Petrov D S, Salomon C, and Shlyapnikov G V. Phys. Rev. Lett., 2004, 93(9): 090404.
[119] Shapiro M and Brumer P. Principles of the Quantum Control of Molecular Processes. Wiley, 2012.
[120] Moore M G and Vardi A. Phys. Rev. Lett., 2002, 88(16): 160402.
[121] Krems R V. Phys. Chem. Chem. Phys., 2008, 10(28): 4079.
[122] Volpi A and Bohn J L. Phys. Rev. A, 2002, 65(5): 052712.
[123] Tscherbul T V, Suleimanov Yu V, Aquilanti V, et al. 2009, New J. Phys., 11(5): 055021.
[124] Danzl J G, Mark M J, Haller E, et al. New J. Phys., 2009, 11(5): 055036.
[125] Bloch I. Nature Physics, 2005, 1(1): 23.
[126] Li Z, Alyabyshev S, and Krems R V. Phys. Rev. Lett., 2008, 100(7): 073202.
[127] Sadeghpour H R, Bohn J L, Cavagnero M J, et al. J. Phys. B, 2000, 33(5): R93.
[128] Petrov D S and Shlyapnikov G V. Phys. Rev. A, 2001, 64(1): 012706.
[129] Krems R V. Phys. Rev. Lett., 2006, 96(12): 123202.
[130] Li Z and Krems R V. Phys. Rev. A, 2007, 75(3): 032709.
[131] Schunck C H, Zwierlein M W, Stan C A, et al. Phys. Rev. A, 2005, 71(4): 045601.

[132] Wille E, Spiegelhalder F M, Kerner G, et al. Phys. Rev. Lett., 2008, 100(5): 053201.
[133] Li Z, Singh S, Tscherbul T V, et al. Phys. Rev. A, 2008, 78(2): 022710.
[134] Bohn J L, Avdeenkov A V, and Deskevich M P. Phys. Rev. Lett., 2002, 89(20): 203202.
[135] Tscherbul T V, Kłos J, Rajchel L, et al. Phys. Rev. A, 2007, 75(3): 033416.
[136] Tscherbul T V, Barinovs Ğ, Kłos J, et al. Phys. Rev. A, 2008, 78(2): 022705.
[137] Sage J M, Sainis S, Bergeman T, et al. Phys. Rev. Lett., 2005, 94(20): 203001.
[138] Barletta P, Tennyson J, and Barker P F. New J. Phys., 2009, 11(5): 055029.
[139] Lu M J and Weinstein J D. New J. Phys., 2009, 11(5): 055015.
[140] Patterson D, Rasmussen J, and Doyle J M. New J. Phys., 2009, 11(5): 055018.
[141] Meek S A, Conrad H, and Meijer G. New J. Phys., 2009, 11(5): 055024.
[142] Salzburger T and Ritsch H. New J. Phys., 2009, 11(5): 055025.
[143] Motsch M, Sommer C, Zeppenfeld M, et al. New J. Phys., 2009, 11(5): 055030.
[144] Parazzoli L P, Fitch N, Lobser D S, et al. New J. Phys., 2009, 11(5): 055031.
[145] Takase K, Rahn L A, Chandler D W, et al. New J. Phys., 2009, 11(5): 055033.
[146] Tokunaga S K, Dyne J M, Hinds E A, et al. New J. Phys., 2009, 11(5): 055038.
[147] Narevicius E, Bannerman T S, and Raizen M G. New J. Phys., 2009, 11(5): 055046.
[148] Sahai R and Nyman L A. Astrophys. J. Lett., 1997, 487: 155.
[149] Krems R V, Dalgarno A, Balakrishan N, et al. Phys. Rev. A, 2003, 67(6): 060703.
[150] Verbockhaven G, Sanz C, Groenenboom G C, et al. Chem. Phys., 2005, 122(20): 204307.
[151] Tscherbul T V and Krems R V. Phys. Rev. Lett., 2006, 97(8): 083201.
[152] Abrahamsson E, Tscherbul T V, and Krems R V. J. Chem. Phys., 2007, 127(4): 044302.
[153] Tscherbul T V and Krems R V. J. Chem. Phys., 2006, 125(19): 194311.
[154] Crompvoets F M H, Bethlem H L, Küpper J, et al. Phys. Rev. A, 2004, 69(6): 063406.

[155] Heiner C E, Carty D, Meijer G, et al. Nature Physics, 2007, 3(2): 115.
[156] Aquilanti V, Ascenzi D, Bartolomei M, et al. J. Am. Chem. Soc., 1999, 121(46): 10794.
[157] Tscherbul T V. J. Chem. Phys., 2008, 128(24): 244305.
[158] Hall J L, Bordé C J, and Uehara K. Phys. Rev. Lett., 1976, 37(20): 1339.
[159] Townes C H. Appl. Phys., 1951, 22(11): 1365.
[160] Evenson K M, Wells J S, Petersen F R, et al. Phys. Rev. Lett., 1972, 29(19): 1346.
[161] Ye J, Ma L-S, and Hall J L. Phys. Rev. Lett., 2001, 87(27): 270801.
[162] Bagayev S N, Baklanov A E, Chebotayev V P, et al. Appl. Phys. B, 1989, 48(1): 31.
[163] Chardonnet C, Guernet F, Charton G, et al. Appl. Phys. B, 1994, 59(3): 333.
[164] Ye J, Ma L S, and Hall J L. J. Opt. Soc. Am. B, 1998, 15(1): 6.
[165] Guéry-Odelin D. Phys. Rev. A, 2000, 62(3): 033607.
[166] Guéry-Odelin D. Phys. Rev. A, 2002, 66(3): 033613.
[167] Cohen-Tannoudji C. Cours de physique atomique et moléculaire: Réponse d'un condensat àdivers types d'excitations. 2001.
[168] Baranov M A. Phys. Rep., 2008, 464(3): 71.
[169] Lee T D and Yang C N. Phys. Rev., 1957, 105(3): 1119.
[170] Lee T D, Huang K, and Yang C N. Phys. Rev., 1957, 106(6): 1135.
[171] Yi S and You L. Phys. Rev. A, 2000, 61(4): 041604.
[172] Santos L, Shlyapnikov G V, Zoller P, et al. Phys. Rev. Lett., 2000, 85(9): 1791.
[173] Lahaye T, Menotti C, Santos L, et al. Rep. Prog. Phys., 2009, 72(12): 126401.
[174] Rotschild C, Cohen O, Manela O, et al. Phys. Rev. Lett., 2005, 95(21): 213904.
[175] Fetter A L and Svidzinsky A A. J. Phys.: Condens. Matter, 2001, 13(12): R135.
[176] Boguliubov N. J. Phys., 1947, 11(1): 23.
[177] Sulem C and Sulem P L. Nonlinear Schrödinger Equations: Self-focusing Instability and Wave Collapse. Springer, 1999.
[178] Ruprecht P A, Holland M J, Burnett K, et al. Phys. Rev. A, 51(6): 4704.

[179] Saito H and Ueda M. Phys. Rev. A, 2002, 65(3): 033624.
[180] Sackett C A, Gerton J M, Welling M, et al. Phys. Rev. Lett., 1999, 82(5): 876.
[181] Roberts J L, Claussen N R, Cornish S L, et al. Phys. Rev. Lett., 2001, 86(19): 4211.
[182] Donley E A, Claussen N R, Cornish S L, et al. Nature, 2001, 412(6844): 295.
[183] Zaremba E, Nikuni T, and Griffin A. J. Low Temp. Phys., 1999, 116(3-4): 277.
[184] Morgan S A. J. Phys. B, 2000, 33(19): 3847.
[185] Griffin A, Nikuni T, and Zaremba E. Bose-condensed Gases at Finite Temperatures. Cambridge University Press, 2009.
[186] Dalfovo F, Giorgini S, Pitaevskii L P, et al. Rev. Mod. Phys., 1999, 71(3): 463.
[187] Giovanazzi S, Görlitz A, and Pfau T. Phys. Rev. Lett., 2002, 89(13): 130401.
[188] Ronen S, Bortolotti D C E, and Bohn J L. Phys. Rev. Lett., 2007, 98(3): 030406.
[189] Dutta O and Meystre P. Phys. Rev. A, 2007, 75(5): 053604.
[190] Lahaye T, Metz J, Fröhlich B, et al. Phys. Rev. Lett., 2008, 101(8): 080401.
[191] Fischer U R. Phys. Rev. A, 2006, 73(3): 031602.
[192] Olshanii M. Phys. Rev. Lett., 1998, 81(5): 938.
[193] Sinha S and Santos L. Phys. Rev. Lett., 2007, 99(14): 140406.
[194] Kevrekidis P G, Frantzeskakis D J, and Carretero-González R. Emergent Nonlinear Phenomena in Bose-Einstein Condensates. Springer, 2008.
[195] Pedri P and Santos L. Phys. Rev. Lett., 2005, 95(20): 200404.
[196] Nath R, Pedri P, and Santos L. Phys. Rev. Lett., 2009, 102(5): 050401.
[197] Nath R, Pedri P, and Santos L. Phys. Rev. Lett., 2008, 101(21): 210402.
[198] O'Dell D H J and Eberlein C. Phys. Rev. A, 2007, 75(1): 013604.
[199] Cooper N R, Rezayi E H, and Simon S H. Phys. Rev. Lett., 2005, 95(20): 200402.
[200] Yi S and Pu H. Phys. Rev. A, 2006, 73(6): 061602.
[201] Jones C A and Roberts P H. J. Phys. A: Math. Gen., 1982, 15(8): 2599.
[202] Brand J and Reinhardt W P. Phys. Rev. A, 2002, 65(4): 043612.
[203] Berloff N G and Roberts P H. J. Phys. A: Math. Gen., 2004, 37(47): 11333.

[204] Marder M P. Condensed Matter Physics. Wiley, 2010.
[205] Tikhonenkov I, Malomed B A, and Vardi A. Phys. Rev. A, 2008, 78(4): 043614.
[206] McGuirk J M, Harber D M, Lewandowski H J, et al. Phys. Rev. Lett., 2003, 91(15): 150402.
[207] Mueller E J. Phys. Rev. A, 2004, 69(3): 033606.
[208] Higbie J M, Sadler L E, Inouye S, et al. Phys. Rev. Lett., 2005, 95(5): 050401.
[209] Saito H, Kawaguchi Y, and Ueda M. Phys. Rev. Lett., 2006, 96(6): 065302.
[210] Kawaguchi Y, Nitta M, and Ueda M. Phys. Rev. Lett., 2008, 100(18): 180403.
[211] Ho T L. Phys. Rev. Lett., 1998, 81(4): 742.
[212] Ohmi T and Machida K. J. Phys. Soc. Jpn., 1998, 67(6): 1822.
[213] DeMarco B and Jin D S. Science, 1999, 285(5434): 1703.
[214] Giorgini S, Pitaevskii L P, and Stringari S. Rev. Mod. Phys., 2008, 80(4): 1215.
[215] Kohl M, Moritz H, Stoferle T, et al. Phys. Rev. Lett., 2005, 94(8): 080403.
[216] Baranov M A, Mar'enko M S, Val Rychkov S, et al. Phys. Rev. A, 2002, 66(1): 013606.
[217] Baranov M A, Dobrek Ł, and Lewenstein M. New J. Phys., 2004, 6(1): 198.
[218] Leggett A J. Rev. Mod. Phys., 1975, 47(2): 331.
[219] Miyakawa T, Sogo T, and Pu H. Phys. Rev. A, 2008, 77(6): 061603.
[220] Iskin M and Sá de Melo C A R. Phys. Rev. Lett., 2007, 99(11): 110402.
[221] Klawunn M and Santos L. New J. Phys., 2009, 11(5): 055012.
[222] Saffman P G. Vortex Dynamics. Cambridge University Press, 1993.
[223] Sogo T, He L, Miyakawa T, et al. New J. Phys., 2009, 11(5): 055017.
[224] Metz J, Lahaye T, Fröhlich B, et al. New J. Phys., 2009, 11(5): 055032.
[225] Xu Z F, Wang R Q, and You L. New J. Phys., 2009, 11(5): 055019.
[226] Hubbard J. Proc. R. Soc. A, 1963, 276(2): 238.
[227] Fisher M P A, Weichman P B, Grinstein G, et al. Phys. Rev. B, 1989, 40(1): 546.
[228] Micnas R, Ranninger J, and Robaszkiewicz S. Rev. Mod. Phys., 1990, 62(1): 113.
[229] Greiner M, Mandel O, Esslinger T, et al. Nature, 2002, 415(6867): 39.
[230] Greiner M, Mandel O, Hansch T W, et al. Nature, 2002, 419(6902): 51.
[231] Jaksch D, Bruder C, Cirac J I, et al. Phys. Rev. Lett., 1998, 81(15): 3108.

[232] Lewenstein A, Sanpera M, Ahufinger V, et al. Adv. Phys., 56(2): 243.
[233] Goral K, Santos L, and Lewenstein M. Phys. Rev. Lett., 2002, 88(17): 170406.
[234] Sachdev S. Quantum Phase Transitions 2nd ed. Cambridge University Press, 2011.
[235] Menotti C, Trefzger C, and Lewenstein M. Phys. Rev. Lett., 2007, 98(23): 235301.
[236] Pupillo G, Micheli A, Büchler H P, et al. Condensed matter physics with cold polar molecules//Krems R V, Stwalley W C, and Friedrich B. Cold Molecules: Theory, Experiment, Applications. CRC Press, 2009, 421.
[237] Feynman R P. Int. J. Theor. Phys., 1982, 21(6-7): 467.
[238] Gorshkov A V, Rabl P, Pupillo G, et al. Phys. Rev. Lett., 2008, 101(7): 073201.
[239] Pupillo G, Griessner A, Micheli A, et al. Phys. Rev. Lett., 2008, 100(5): 050402.
[240] Bhongale S G, Milstein J N, and Holland M J. Phys. Rev. A, 2004, 69(5): 053603.
[241] Cooper N R. Phys. Rev. Lett., 2004, 92(22): 220405.
[242] Komineas S and Cooper N R. Phys. Rev. A, 2008, 75(2): 023623.
[243] Niccolò Bigagli, Weijun Yuan, Siwei Zhang, et al. Nature, 2024, 631(8020): 289.

# 第 8 章　展望

以 BEC 为代表的超冷原子物理是蓬勃兴起的一个新兴科学领域.以目前的发展势头,可以预见在今后一段时间它仍将是物理学最前沿、最引人注目、最具有活力的领域之一.这个新兴领域在物理学与科学技术的发展史上的重要地位是不言而喻的.该领域及相关领域因原子激光冷却(1997 年),BEC 的实现(2001 年)以及光的量子相干性与精密光谱学的发展(2005 年)连续三次摘取诺贝尔物理学奖桂冠.超冷原子系统所展现出的独特的量子力学波动性、宏观量子相干性以及人工可调控性,使得它毫无疑问地成为物理学中前所未有的、物理学家梦寐以求的全新量子态物质.这种奇妙的量子物质形态,由于其集原子结构、光学、低温与凝聚态物理等多重特性于一体,从它一出现就为相关学科的进一步发展注入了新的生命力.例如对低温物理与凝聚态物理而言,超冷原子系统为理解关联系统中多种有序相之间的竞争和量子相变(例如超流-Mott 绝缘体相变、BCS-BEC 转变等)的物理本质提供了最有效、最简单、可调控的理想研究工具,同时为研究包括高温超导在内的强关联系统、量子化学过程等打开了全新的视野.

除了这些科学自身发展的重大意义与需求之外,超冷原子系统在许多高新技术的领域也展现出诱人的应用前景.利用冷原子的量子波动性来构造高精密原子光学器件,如原子干涉仪及陀螺仪,相比于对应的同类光学器件,有着无可比拟的超高灵敏度.由超冷原子系统发展出的超冷工作物质制备、原子激光、原子透镜、原子光栅、原子光刻等技术已成为当前高精度原子钟、高精度光钟等的核心技术,又为新一代光电子元件或大规模集成电路、新一代全球卫星导航、深空探测、微重力测量、地震预报、地下油田面积的勘测和油井的定位、工业精密测量与控制等提供新的关键技术.例如,原子频率标准给出人类各种活动的时间尺度,人们一直期望获得近于不动并相互独立的原子作为原子钟的工作物质,获得 BEC 所用的激光冷却与蒸发冷却技术,可以使原子的温度降低到 nK 的量级,从而获得近似静止的原子系综,有可能将原子钟的精度提高到 $10^{17}\sim10^{18}$ 的量级,可比目前使用的 Cs 原子钟的准确度 $10^{15}$ 的量级高出 3 个数量级,这样的原子钟对物理学研究、计量科学研究和高科技研究均有极大的推动.如导航定位,目前的全球导航系统使用的原子钟准确度在 $10^{13}\sim10^{14}$ 的量级,其定位精确度达到米的量级.在使用新型原子钟后,其定位精度可达到毫米量级.这对航海、航天和国防技术的发展都将起到重要的推动作用.

## §8.1 高温超导机理探索

高温超导的科学意义不言而喻,全世界都很重视对于高温超导机理的研究.尽管高温超导已经被研究了很长一段时间,但是高温超导机理仍然不清.在两组自旋为 1/2 Fermi 子的 $t$-$J$ 约束中,对于二维 Hubbard 模型的理解可以部分解释高温超导性.但对于这些模型的模拟仍然很困难,而且数值结果间充满了矛盾.在光晶格中具有自旋(或者赝自旋)1/2 的冷原子 Fermi 子也许会提供一个量子模拟平台来解决这些问题.目前,不仅是无自旋 Bose 子,自旋为 1/2 的非极化和极化 Fermi 子以及 Fermi-Bose 子混合物都已经在光晶格中实现了[1].

高温超导机理的问题同样可以由光晶格中的超冷原子来解决.具有自旋 1/2 的弱吸引相互作用 Fermi 子经历了低温的 BCS 相变,变成了 Cooper 对超流体.另一方面,弱排斥相互作用 Fermi 子可能会形成 Bose 冷分子以及 Bose 分子 BEC.强相互作用的 Fermi 子也经历了到超流体的相变,但是所经历的温度更高.目前,已经有几个实验小组采用 Feshbach 共振技术观察到了 BEC-BCS 渡越(crossover)现象(见图 8.1.1)[2].

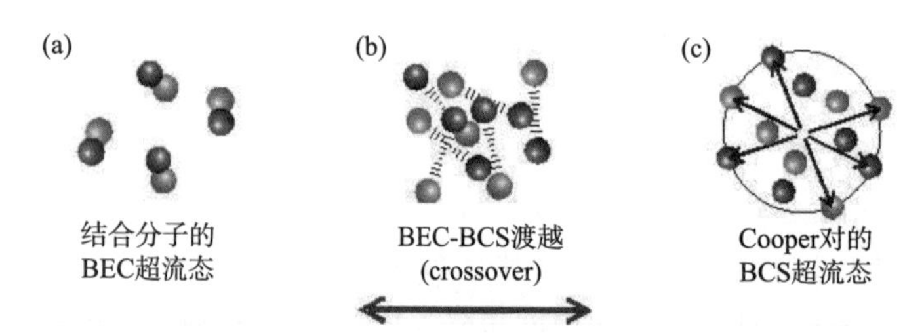


图 8.1.1 BEC-BCS 渡越图.Fermi 子配对后才会具有超流性,因为两个 Fermi 子才具有整数自旋,从而可以作为一种有效的 Bose 子.简单地说,这些配对了的 Fermi 子经历了 BEC,形成了超流体.(a)这些 Bose 子(指的是 Fermi 子配对成的 Bose 子)可以紧密地结合成双体分子.如果结合能比多体能量的规模要大得多,Fermi 子的自由度不会起到任何作用,这些 Bose 子只是形成 BEC.(b) 已经有人指出 BEC 的两种看似截然不同的体系的分子和 BCS Cooper 对的超流性都是通过 BEC-BCS 渡越相互联系的.在渡越中的广义 Cooper 对的性质介于 Bose 子和 BCS Cooper 对之间:虽然该配对需要多体效应,但是该配对比在微扰 BCS 约束中强得多,而且引起了高温超流.(c)可以有一种更微妙的配对,正如在超导体中观察到的那样:BCS 的 Cooper 对显示 Fermi 动量球相对侧上的粒子的相关性.这些大空间上的配对,是一个明确的多体效应,而且只出现在超流相中.来自参考文献[2]

实验表明,在高温超导温度 $T_c$ 附近存在一个不稳定的反铁磁相.不稳定的反铁磁相在凝聚态物理中作为前沿课题已经被深入研究了.具有挑战的是产生奇异量子相,例如价键固体、共振的价键态、不同种类的量子自旋液体,以及拓扑和临界自旋液体.冷原子物理同样提供了在三角晶格甚至在笼目晶格中创建各种不稳定自旋模型的机会. Damski 等人建议在笼目晶格中用超冷偶极 Fermi 气体,或者 Fermi-Bose 混合气体实现一种具有新奇量子态的物质,即量子自旋液晶,其特征和低温的 Neel 序类似,伴随着(超高的)类似于液体密度的低能激发态[3].

## §8.2　强关联效应

在强关联体系中,电子之间的相互作用不能被忽略,用来描述强关联体系最常见的模型是 Hubbard 模型.凝聚态物理中很多重要的强关联系统也都可以用各种各样的 Hubbard 模型来描述. Hubbard 模型是真实系统的合理刻画.光晶格中的超冷原子气体可以完美地实现所有的 Hubbard 模型.同样,在一定的约束下, Hubbard 模型会变成各种各样的自旋模型;冷原子和离子也可以完美地实现这些自旋模型.更进一步地,我们可以用这些已经实现的模型建立量子模拟平台来模拟特定的凝聚态模型,或解决各种特殊问题.扩展 Hubbard 模型也可用于描述 Bose 子(见图 8.2.1).

Hubbard 晶格模型,或者说具有更高自旋的自旋模型和许多仍未解决的问题有关:其中最著名的也许是间隙存在性(the existence of a gap),或者是有关不能解释一维具有整数或半整数自旋的反铁磁性自旋的 Haldane 猜想.超冷自旋气体也许可以促进这些问题的研究.这里,有趣的是光晶格中的自旋气体,此时强相互作用的约束使得 Hamilton 量变成了广义的 Heisenberg Hamilton 量.利用 Feshbach 共振和多种晶格几何学的知识,可以在这样的系统中形成多种多样的体系和量子相,包括最有趣的反铁磁性体系. García-Ripoll 等人提议在反铁磁性和铁磁性的 Hamilton 体系之间使用对偶算符,$H_{\mathrm{AF}}=-H_{\mathrm{F}}$,以表明 $H_{\mathrm{AF}}$ 的最小能态是 $H_{\mathrm{F}}$ 的最大能态,反之亦然[4].在这样的系统中,当绝热地制备反铁磁性物质时,耗散和退相干几乎可以忽略不计,而且对两端的光谱有同样的影响,因此可以用 $H_{\mathrm{F}}$ 的物理知识来研究反铁磁性物质.

关于光晶格中原子的研究是近期才兴起的.在 20 世纪 90 年代初期,关于超冷 Bose 原子的实验研究很大程度上是由获得 BEC 的迫切性而驱动的.如今 BEC 的研究仍然是一个蓬勃发展的领域,但是近期 Fermi 子为原子物理学带来了很多令人兴奋的东西.很明显,关于 Fermi 子,固体晶体中的电子是研究 Fermi 子的关键所在.超冷处理后,稀 Fermi 子原子云为 BCS 相变到超导体等现象的研究展示出了诱人的前景.接下来要做的就是添加一个周期性的势场.目前,光晶格中的 Fermi 子已经被 Modugno 等人在一维晶格中用 $^{40}$K 原子进行了实验研究.当把原子降低到 1/3 Fermi 温度 $T_{\mathrm{F}}=430$ nK 时,打开 $s=8$ 的光晶格[5].当光晶格准备好时，通过比较叠加的磁阱中 Bose 子和 Fermi 子的流动碰撞，可以很清楚地看到$^{40}$K 的 Fermi 特征. 由于 Pauli 不相容原理，Fermi 子的初始准动量分布比 Bose 子大得多，因此与无阻尼的 Bose 子碰撞相反，Fermi 子的运动具有很大的阻尼. 在一个验证性的实验中，Roati 等人[5]同样证明 Fermi 子是适合用光晶格来进行精密测量的，例如在通过 Bloch 振荡频率来测量地球的加速度时，由于 Fermi 子和 Bose 子相反，它们之间没有作用，因此可以用 BEC 中的平均场相互作用来消除零相位化影响.

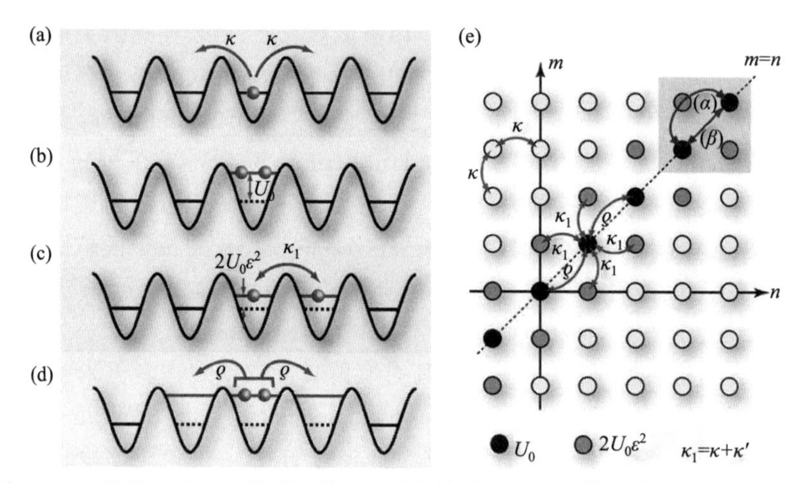


图 8.2.1 扩展 Hubbard 模型中的 Bose 子. 扩展 Hubbard 模型中的双质点动力学：(a)单粒子隧道，$\kappa$ 是单粒子跃迁率；(b)在位(on-site)粒子相互作用，$U_0$ 是相互作用强度；(c)最近邻点上粒子的相互作用和有条件的单粒子隧道，$\varepsilon$ 是晶格衰减因子，$2U_0\varepsilon^2$ 也是一种相互作用强度；(d)粒子对的最近邻跳跃. $\rho=-2U_0\varepsilon^2$ 表示交叉耦合强度；(e)Fock 空间表示的双质点动力学：右上小图代表了双粒子跳跃到最近邻晶格点的两个可能的途径：(α)为二阶组合隧道，而(β)是直接的双粒子隧道. 来自参考文献[4]

理论方面，Ruostekoski 和 Javanainen 等人[6]已经研究过在光晶格中观察分数 Fermi 子数目的可能性. 这种效果预计将会在拓扑非平凡的 Bose 背景场中出现，而且和分数量子 Hall 效应相关.

到目前为止，光晶格中的 BEC 实验只完成了一种原子在单一的自旋态的 BEC. 近期，若干已经发表的理论研究称，如果使用更多的自旋态或者更多种原子，特别是如果使用一种 Bose 子和一种 Fermi 子一起来(Bose-Fermi 混合物)进行实验的话，将会发现更多新的现象.

光晶格中 Bose 子和 Fermi 子的混合物极大地丰富了物理学的研究. 在不同的体系中研究这些混合物时，发现几种包含了复合的 Fermi 子的新量子相(由一个 Fermi 子和一个或者几个 Bose 子组成)，这些相可以是非定域超流体、金属相、定域密度波或者域绝缘体相等[7].

Bose-Fermi 混合物的另一个有趣方面是有可能产生一列偶极分子. Moore 和 Sadeghpour [8]已经证明这类实验是可以实现的,首先用一个晶格中的两种原子制造一个结合的 Mott 绝缘体态,然后通过光缔合制造所需的(偶极)分子. 被制造的偶极分子不仅可以用作量子计算的资源,而且融化 Mott 绝缘体相之后还可以转变成偶极凝聚态物质.

在第一次结合 Bose 子和 Fermi 子的实验中,Ott 等人[9]已经研究过当 Fermi 子在光晶格中移动时 Bose 浴的效果. 这类实验的结果表明,正如凝聚态物理学一样,如果 Fermi 子在它们自己的周期场中移动,相互作用导致的 Fermi 电流将不复存在.

除了混合物,冷原子中的多体物理的也是一个引人注目的领域. 下面,我们将会给出这个领域近期发展的概括.

关于在碰撞中从最初的外平衡状态建立新的平衡的效率的基本问题已经被 Kinoshita 等人[10]用一维 Bose 气体解决. 由一个强大的二维光晶格产生的几千个一维管阵列受制于沿轴向的脉冲光晶格. 结果是零动量态消失,基本上所有的原子转移到动量为$\pm 2\hbar k$ 的态,$k$ 在这里表示该轴向脉冲光晶格的波矢. 在每个管中两个波包分开后,经过一段时间 $\pi/\omega_0$ 后再次碰撞,这个时间就是频率为 $\omega_0$ 的谐波在轴向光晶格中振荡周期的一半. 相关的碰撞能量$(2\hbar k)^2/M$ 在 $0.45\hbar\omega_\perp$ 附近,比最小的能量 $2\hbar\omega_\perp$ 小得多,这对于激发更高的横向模式是必需的. 在时间演化过程中系统因此将会严格停留在一维. 人们还发现,即使是在好几百个碰撞周期后最初的非平衡态动量分布依然被保存了下来.

这个令人震惊的观察引发了一系列的问题. 特别是缺乏与一维 Bose 气体的可积性有关的宽动量分布. 更一般地,我们可以这样考虑,在何种情况下,一个具有强相互作用但不可积量子系统中的一个非平衡的初始状态在单一时间演化中将演变成这样一种状态:其中至少有一个或两个粒子的对易关系是固定的,而且有关精确的初始条件的信息是隐藏的——有在实验中无法观察的高阶相关性. 在一维 Bose 子可积的情况下,非平衡态动力学已经被 Rigol 等人[11]解决. 把晶格中的 Tonks-Girardeau 气体作为一个模型,他们用数值证明了多数情况下动量分布可以很好地被具有同形式密度矩阵 $\hat{\rho}\approx\exp(-\sum_m\lambda_m\hat{A}_m)$的平衡状态所描述. 这里的 $\hat{A}_m$ 表示所有的守恒量,对于相当于自由 Fermi 子的 Tonks-Girardeau 气体这是很明显的. Lagrange 乘子 $\lambda_m$ 由给定的期望值$\langle\hat{A}_m\rangle$在 $t=0$ 的初始条件所固定. 这是统计物理中的标准步骤,这里的平衡被微观描述为与给定的“宏观”数据$\langle\hat{A}_m\rangle$一致的最大熵状态. 特别地,一个最初的双峰动量分布在由最大熵密度算符 $\hat{\rho}$ 所描述的静止状态下得以保存.缺乏动量弛豫是关系到一维 Bose 气体可积性的假设可以用更高的动量 $k$ 来测试,这里的一维散射振幅不再由低能模式给出.对于这样一种情况,赝势的近似分解和三体碰撞或长程相互作用可以成为相关的.对于两个三维 BEC 碰撞的极限情况,在经过几次碰撞之后,它们确实达到了平衡状态.

对于一维 Bose-Hubbard 模型这种无可积性的系统,除能量之外没有其他守恒量,统计物理学的标准推理产生了微正则密度算符,它的平衡"温度"由初始态的能量所决定.在封闭系统中从初始状态经过单一时间演变而来的微观状态 $\exp(-\mathrm{i}\hat{H}t/\hbar)|\psi(0)\rangle$ 依然和时间有关,但是它的统计熵消失了.相反的是,微正密度算符描述了一个具有非零热力学熵的稳定情况.它由能量本征态附近的精确的初始能量决定,可以在一个比微观小得多的范围内接近这个初始能量(由一体或两体的 Hamilton 量设置),但是却比复发时间的倒数大得多.对于一维的问题.简单的宏观观测量最终都可以很好地被这样一个稳定的密度算符所描述的假设,以自适应时间相关的密度矩阵重整化群来检验.对于一维的 Bose-Hubbard 模型,在从超流体到 Mott 绝缘体的相变结束后,一个有效的"热"静止状态将从长时间动力学中出现.然而,很明显,固定的热密度算符只适于描述最后的斥力值 $U_f$ 不会太大的情况.

一维 Bose 气体的非平衡动力学的不同特征被 Hofferberth 等人[12]研究过.一维凝聚体在一个原子芯片上的磁性微阱中形成,被射频电势分成两部分.该分裂过程是以相位相干的方式进行的,如此一来,在 $t=0$ 时这两个凝聚体有消失的相对相位.它们都在一个双势阱中被保存一段时间 $t$,然后从阱中被释放.所得到的干涉图案提供了关于干涉振幅的统计信息.在这里讨论的非平衡的情况,相关的可观察量由算符 $\exp(\mathrm{i}\hat{\theta}(z,t))$ 在沿两凝聚体轴 $z$ 方向上集成.这里 $\hat{\theta}(z,t)$ 是两个独立的波动凝聚体之间和时间相关的相位差.使用量子流体动力学 Hamilton 方程,Burkov 等人[13]证明了当这个算符的期望值大幅增加到 $t\gg\hbar/k_{\mathrm{B}}T$ 时呈现次指数衰减,此时相位起伏可以用经典的方法来描述.这种现象与实验有较好的一致性.特别地,它允许我们精确决定一维气体的温度.

Barankov、Levitov 等人[14]以及 Yuzbashyan 等人[15]使用完全可积 Hamilton 量 BCS 研究了在耦合常数突然变化后有吸引力的 Fermi 气体的超流间隙参数的动力学问题.通过简单地改变一个 Feshbach 共振中的磁场,这些变化在耦合常数实验中是可行的.基于初始的情况,在间隙参数可能无阻尼振荡的地方已经发现了不同的体系,接近"平衡"的值与变小后的耦合常数相关联的体系的值不同,或者说如果耦合常数降低到非常小,它将单调地衰减到零.

## §8.3　规范场

规范场理论,特别是晶格中的规范场理论,是高能物理学和凝聚态物理学的理论基础,尽管我们已经在规范场理论上取得了一些进展,但是这个领域仍然存在很多问题.冷原子物理学也许可以在以下两个方面有助于问题的解决:通过适当地控制跳跃矩阵的元素,可以在晶格气体中创造人造非 Abel 磁场,或者在光晶格中对气体使用电磁感应透明的影响来创建非 Abel 磁场.使用非 Abel 分数激发态来普遍实现 Laughlin 态的可能性是此时最具有挑战性的问题之一.另一个挑战是动力规范场模拟.实际上,在方点阵中动态实现包括环相互作用的 U(1) Abel 规范场理论,或者在三角晶格中实现三粒子的相互作用也被提了出来.

规范场也有助于实现量子计算机.物理学家 Feynman 提出了量子模拟器的想法,这个量子模拟器可以规避经典计算机模拟量子现象的困难.如今 Feynman 的想法正在用不同的 Bose 子、Fermi 子或者它们的混合气体实现.用碱性气体原子实现 Feynman 想法唯一缺乏的东西是轨道磁性的平衡,如果实现了轨道磁性的平衡,就可以模拟量子 Hall 效应等现象.目前实现轨道平衡最常用的方法就是利用原子光的相互作用产生人工规范场,然后将之作用于中性物质.

用中性原子和激光耦合可以产生人工规范场.对于大部分系统和离散晶格的情况,假如选择一个合适的原子能级结构和适当的入射光场,那么在中性原子上都可以获得规范和非规范的 Abel 场.在这些规范场中会产生具有量子化涡旋核的超流体,以及通过非 Abel 规范场产生的自旋轨道耦合,或者有可能解决被限制在二维晶格中的带有相应的 Hofstadter 蝴蝶能量谱的强磁场.

这些人工规范场也是描述集群原子性质的新奇工具.Cooper 和 Hadzibabic 建议使用一个小的人工磁场来探测气体的超流态.这个场是由一个激光系统产生的,可以用来模拟旋转桶实验以及测量当液体获得超流分量时转动惯量的减少量.由于人工场的存在,正常分量将会在实验框架中静止不变,而超流分量将会旋转.这个方法的关键性特征是,通过测量过程中不同基态的数目,可以使用光谱法来获得各自数量的超流态和正常态.

很明显,当这些规范场和强关联态结合起来时,可以带来很多有趣的现象,这些现象也出现在多体物理中.对于 Abel 的情况,在连续极限下,这种情况和旋转气体的情况很类似,而且通往量子 Hall 物理的路径已经被 Bose 和 Fermi 气体保持不变的秩序所确认.对存在于统一磁场中的 Bose-Hubbard 模型,Möller 和 Cooper 提出了一种基于复合 Fermi 子理论的方法,并在有无等效的连续极限的情况下确认了强关联相的存在.近期 Ruostekoski 已经研究了用光晶格来处理结合了人工规范场和最近邻相互作用的情况.

我们注意到在原子气体中随着非 Abel 规范场的产生,将会产生有趣的拓扑性质.一种可能的应用是用中性原子模拟拓扑绝缘体.另一个有趣的方面是拓扑量子计算.在这一方面,人工规范场中的分数量子 Hall 系统和非 Abel 激发态相比,提供了一种不同的方案.在人工规范势中,伪自旋很有效率地转变成非 Abel 任意子,因此两个伪自旋交换位置后将会被不同的终态替代,这取决于它们是顺时针交换还是逆时针交换.这种影响可能会给容错拓扑量子计算提供一个原子基础.

## §8.4 分数量子 Hall 效应

众所周知,量子 Hall 效应(见图 8.4.1)分为整数量子 Hall 效应和分数量子 Hall 效应.整数量子 Hall 效应的量子化电导$\frac{e^2}{h}$被观测到,为弹道输运(ballistic transport)这一重要概念提供了实验支持. Laughlin 与 Jane 解释了分数量子 Hall 效应的起源.两人的工作揭示了涡旋和准粒子在凝聚态物理学中的重要性.

图 8.4.1 量子 Hall 效应.图中显示的是 Laughlin 波函数为 $\nu=1/3$ 分数量子 Hall 效应.球代表通过三磁通量子(图中为三个箭头)被暂时固定在二维平面上的电子.突起部分表示在磁场和其他电子(球)的势场中一个自由合成的类电子的电荷分布.来自参考文献[15]

在 Laughlin 著名的工作之后[16],我们在理解分数 Hall 效应(FQHE)上已经取得了巨大的进步.然而,很多挑战仍然存在:直接观察到激发态的任意子特征、观察到其他强相互作用态等等. FQHE 也许可以用光晶格中的超冷自旋气体来研究.自旋引起的效应相当于沿着自旋轴的人工恒定磁场.有些人提议直接在这样的系统中探测分数激发态[17].光晶格也许会在两个方面有助于完成这个任务:首先,小原子体系的FQHE效应可以在具有自旋场势的晶格或者具有自旋微小阱的阵列中被观察到[18].其次,可以在晶格中通过适当地控制对应的Hubbard模型中的隧道(跳跃)矩阵元素来直接创建人工磁场,同时这样的系统也可以用来创造FQHE态[19].

当分数量子Hall效应刚被观察到的时候,我们还不知道这种效应能用来干什么,但是经过几十年的理论和实验发展,我们现在知道在理论上极其深刻的分数量子Hall效应在量子信息存储和拓扑量子计算方面有非常令人向往的潜在应用.可以期待,一旦有了受拓扑保护的通用量子门组,任意的量子门就可以通过Solovay-Kitaev算法或是量子散列算法等,采用有限个通用量子门进行有效逼近,就可以实现受拓扑保护的量子线路.

## §8.5 无序性质

无序性质在凝聚态物理学中起着决定性作用.它的存在使得很多新奇的效果和现象得以发生.无序性最引人注目的量子特征是在随机势中单粒子波函数的Anderson局域化.无序性和相互作用相互影响的问题已经被仔细地研究过了.对于有吸引力的相互作用,无序性可能会使系统丧失超流相变的可能性(使系统成为"脏"超导体).弱排斥发挥了离域的作用,然而非常强的排斥作用将会导致Mott类型的局域化,以及绝缘现象.当排斥作用强度居于两者之间时,将有可能出现非定域的"金属"相变.冷原子物理学已经开始研究这些问题了.被控制的无序性,或者说伪无序可能在原子阱中,或者添加了由斑纹辐射产生的光势光晶格中,或者其他具有不相称性的空间振荡的周期晶格中被创建.在光晶格中,这将可以用来研究Anderson-Bose玻璃和类Anderson(Anderson玻璃)与Mott类型(Bose玻璃)的局域化之间的交互作用.近期,Bose玻璃态已经被Inguscio的小组实现[20].这个小组和其他几个实验小组已经发起了Anderson局域化中的相互作用对于捕获Bose气体的影响的实验和理论研究[21].根据理论预言,在弱的非线性相互作用和伪无序的BEC中检测Anderson局域化特征的希望很大.在这样的系统中一个值得期待的现象是一种新奇的Lifshitz玻璃相,在这种相中,Bose子从单粒子能谱的低能区开始有限凝聚.

自旋玻璃(见图8.5.1),从Edwards、Anderson、Sherrington以及Kirkpatrick的开创性论文之后[22],关于自旋玻璃态的排序问题已经吸引了很多关注.两个非常有用的模型是Parisi的自发对称性破缺模型和Fisher与Huse的液滴模型.这两种模型各自适用于特定的情况,但是并不适用于其他的情况.冷原子物理学可能有助于解决这个矛盾,甚至可能促进对量子力学的理解,例如在横向场中 Ising 自旋玻璃的行为(量子力学的非对易,即 quantum mechanically non-commuting).

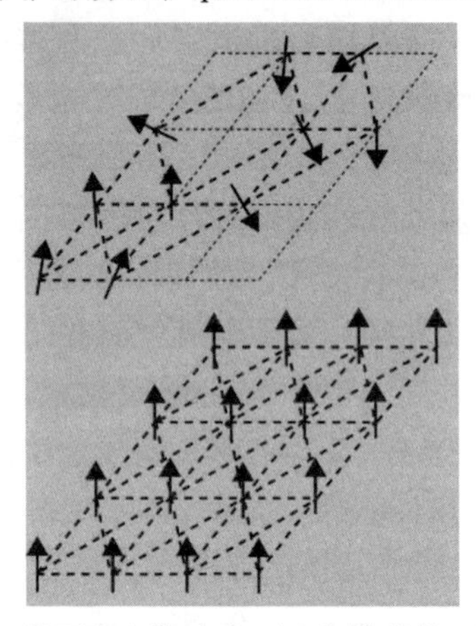

图 8.5.1 自旋玻璃.单一晶面上自旋玻璃(上)和铁磁体(下)的磁矩取向.箭头代表磁矩取向,粗虚线代表相邻格点之间的相互作用,细虚线代表晶体结构.来自参考文献[23]

小的无序性会产生大的影响.这样的情况也有很多例子.在经典统计物理学中的一个例子是在随机场中的二维 Ising 模型(在任意小的无序性下都会失去自发磁化).量子力学中的例子是 Anderson 局域化,在一维情况下会在任意小的无序性下发生,二维情况下与此类似.冷原子物理学也许可以解决这些问题,事实上可能解决更多的问题.

Anderson 注意到由于多反射波之间的相长干涉,波在介质中一个静态的("淬火")随机性可能定域化.定性地说,这种情况在"移动边缘"下发生,这里平均自由路径 $l$ 变得比波长 $\lambda$ 小.这个所谓的 Ioffe-Regel 标准被应用于三维情况下的短程无序以及没有相互作用的情况.对于有相互作用的情况,Anderson 定域化与无序性以及 Mott 相互作用都有关,目前这个问题仍然没被很好地理解.冷原子因此提供了探究定域化问题的一种新奇的工具,这主要是因为冷原子中相互作用在宽范围内是可调谐的.

对于无相互作用的 Bose 子,可以通过把所有的粒子放到随机势中单粒子能级的最低态来获得无序性基态.当增加了弱排斥相互作用后,在单粒子谱的 Lifshitz 尾巴中的一个有限的定域态将被占据.只要化学势是在该低能量范围内的,这些状态的空间重叠就可以忽略不计.对于低密度的情况,相互排斥的 Bose 子预计将会形成"支离破碎的 Lifshitz 玻璃态",在其局部会形成凝聚体.随着密度的增加,这些局部的凝聚体将会被 Josephson 隧穿效应耦合,最后形成超流体.对这种相变的第一次定量分析是 Giamarchi 和 Schulz 给出的[24],他们当时给出的是一维的特殊情况.利用量子流体动力学 Luttinger 液体来描述,他们发现弱相互作用倾向于抑制 Anderson 局域化.在光晶格中也会出现具有相同效应的填充.特别地,在 Lieb-Liniger 模型中,假如 Luttinger 指数 $K$ 比 3/2 大,弱无序性并不破坏超流体.在 $K>3/2$ 的接近于 Tonks-Girardeau 极限的低密度或者强相互作用的相反的体系中,即使是很小的无序性也会破坏超流体.和前面讨论过的 Lifshitz 玻璃一样,此时的基态也不具有长程相位相干性.精确结果的动量分布和状态的局部密度已由 De Martino 等人[25]在特殊的 Tonks-Girardeau 气体约束中获得,在 Tonks-Girardeau 气体中这个问题等效于没有相互作用的 Fermi 子.Fisher 等人[26]用 Bose-Hubbard 模型方程研究了高维空间相互作用的 Bose 子.为了解释无序性,在位能量 $\epsilon_{\mathrm{R}}$(on-site energy)被假定具有随机的动量,平均值为零且方差有限:

$$\langle(\epsilon_{\mathrm{R}}-\langle\epsilon_{\mathrm{R}}\rangle)(\epsilon_{\mathrm{R}'}-\langle\epsilon_{\mathrm{R}'}\rangle)\rangle=\Delta\delta_{\mathrm{R},\mathrm{R}'}, \tag{8.5.1}$$

$\Delta$ 在这里是对无序性强度的衡量.Fisher 等人[26]证明了即使在弱无序性 $\Delta<U/2$ 时,一种新奇的 Bose 玻璃相仍会出现,这种相把超流体态和 Mott 绝缘体态分隔开.在强无序性 $\Delta>U/2$ 时,Mott 绝缘体态被完全地破坏了.Bose 玻璃的特点是超流态和凝聚体密度的消失.当它从一个光晶格中释放之后,将不会在飞行时间的实验中出现尖锐的干扰峰.和 Mott 绝缘体相相反的是,Bose 玻璃态具有有限的压缩性和连续的激发光谱.

Damski 等人[27]提出了具体在冷原子中研究定域化效果的建议,他们建议用激光散斑模式作为工具来冻结无序性.这样的模式被 Florence 和 Orsay 的研究小组所应用.激光散斑是由一个从毛玻璃漫射器散射的激光束产生的.散斑模式具有任意的光强 $I$,且呈指数分布 $p(I)\sim\exp(-I/\langle I\rangle)$.均方根强度涨落 $\sigma_I$ 因此和光强平均值 $\langle I\rangle$ 相等.光强的涨落给了光学偶极势一个和原子有关的随机值.散斑模式的一个重要的参数是空间相关长度 $\sigma_{\mathrm{R}}$,它代表 $\langle I(x)I(0)\rangle$ 衰变到 $\langle I\rangle^2$ 的量度.当光学装置的衍射受限的时候,最小的可实现的 $\sigma_{\mathrm{R}}$ 的值是 1 $\mu$m,这和碱性气体中典型的恢复长度 $\xi$ 相当.达到这个极限很重要,这是因为平滑的无序势在 $\sigma_{\mathrm{R}}\gg\xi$ 时不能用来研究扩展 BEC 的 Anderson 定域化.扩展后的典型动量范围最多时达 $k_{\max}\approx1/\xi$.因此对于 $\sigma_{\mathrm{R}}\gg\xi$ 的情况,无序的频谱范围比物质波的动量小得多.然而,即使是有长相关长度散斑模式下,也可导致对细长 BEC 的轴向膨胀的强烈抑制.这个效应不是由 Anderson 局域化导致的,而是由经典的全反射引起的,因为扩张过程中气体的密度和化学势在降低.因此最后物质波具有低于典型无序势的能量,气体被分成了碎片.Sanchez-Palencia 等人[28]提出了一个实现一维无相互作用粒子的 Anderson 定域化的方法.它是基于一个一维的 BEC 的,这个 BEC 在扩张之后会转变成动量大于 $1/\xi$ 的自由物质波分布.对于 $\sigma_{\mathrm{R}}<\xi$ 的短程无序性,即使是非常弱的无序性,这些物质波也都将定域化.

研究无序性和强相互作用之间相互作用的一个相当直接的方法是利用双色光晶格.当光晶格的周期不成比例时,这些晶格提供了一个随机的赝势.当给超流体中添加周期不成比例的光晶格时,将会对干涉图样产生强烈的抑制.从一个 Mott 绝缘体相开始,随着晶格不相称幅度的增加,锐利的激发光谱变缓.这些现象都与 Bose 玻璃相在一个极不成比例的晶格势中的表现一致.

2005 年,Gavish 和 Castin 建议在冷原子气体中用不同的方法来实现短程无序性[29],那就是在光晶格中采用两种原子的混合物,由于不同种的原子之间的散射长度是有限的,假如不同种类的原子或者自旋态被冻结在光晶格中随机的点上,那么光晶格中可以自由移动的部分就会经历在位随机势.短程无序性加排斥相互作用的定量相图已被 Byczuk 等人[30]确定.然而到目前为止,这个方向还没有实验完成.

## §8.6 低维问题

在一维系统中量子涨落和相关性扮演了相当重要的角色.由于精确测量方法的存在,一维系统理论发展得相当好.这些方法包括 Bethe 拟射、量子逆散射理论以及密度矩阵重整化等高效的计算方法.目前实验存在的问题是并没有直接和清晰地看到凝聚态物质,这些问题都可以用冷原子物理学的方法得到解决.例如 Fermi 子原子或者说类似于自旋电荷分离的 Bose 子,或者更进一步地观察 Luttinger 液体的微观性质[31].近期 Paredes 在 Tonks-Girardeau 体系深处观察到的一维气体是朝这个方向迈出的第一步[32].

关于二维系统,根据 Hohenberg-Mermin-Wagner 理论,在有限的温度下,具有连续对称性的二维系统并不具有长程有序性.二维系统可能经历了 KTB 相变,系统达到了一个相关性衰变是线性而不是指数性的状态.尽管 KTB 相变已经在液 He 中被观察到,但是它的微观性质(涡对的结合)却从来没有被观察到.近期 Dalibard 的小组[33]在这个方向上取得了重要进展.

光晶格的一个显著的特征是在晶格的方向上可以大范围地进行谐波频率捕获.由于点阵激光制造了小规模的干涉图像,用适度的激光强度就能使数万 Hz 的频率存在于晶格势阱中.和普通的磁势阱以及化学势中的数百 Hz 比较后(在 BEC 实验中经常会遇到)可以发现,通过给磁阱中加入一维或者二维的光晶格,排除一到两个自由度后,这个系统可以实现一维或者二维的量子系统.使一个凝聚态物质表现出一维或者二维特征的条件是波长 $\xi=\sqrt{4\pi na}$ 比一个或者两个谐振子的长度 $l_i=(\hbar/m\omega_i)^{1/2}$ 短,它们都和光晶格中的频率 $\omega_i$ 有关.其中 $n$ 是密度,$a$ 是 s 波散射长度.一维和二维的交汇系统被 Görlitz 等人[34]获得,他们使用了偶极子阱,而且减少了原子的数目以便满足以上条件. 利用光晶格中的大频率, Moritz 等人[35]和 Stöferle 等人[36]把普通的 BEC 物质从磁阱中加载到三个垂直晶格体中获得了一维和二维的凝聚态物质. 其中一到两个晶格势阱很深(达到十个 $E_R$), 结果产生了一对煎饼状的二维凝聚体或者一个网格的雪茄形的一维凝聚体(管子状). 凭借这种方法, 实验者们得以进入一维气体的强相互作用体系, 甚至可能反直觉地到达了一维管的小原子密度. 在他们的实验中, 每一个这样的一维管只包含几十个原子. 然而, 在单独的偶极阱中, 这样的小的原子数目是几乎不可能被观察到的, 在由二维晶格创造的一列一维管的实验中, 实验很有效率地获得了数以百计的并行一维管, 这也就产生了很容易观测的信号. 对于一维的情况, 正如理论所预期, 由于增加了量子涨落, Stöferle 等人观察到了一个降低了的临界参数 $(U/J)_C$. 这些涨落的作用以及减少了三体关联函数后的结果都被 Laburthe Tolra 等人[36]通过测量一个减少的三体复合率研究过.

在另一个类似的实验中 Paredes 等人[38]获得了 Tonks 体系, 这个体系中原子之间的排斥力主导着一切. 这个体系表现得像一个 Fermi 子气体, 例如, 尽管体系的原子都是 Bose 子, 但是从来不会有两个粒子处在同一个状态. 在这个实验中, 原子的有效质量通过光晶格沿着管的方向增加, 因此 Tonks 体系可以更容易地获得. Kinoshita 等人[39]用二维的光晶格产生一个一维的量子气体时也获得了 Tonks 体系.

## §8.7　拓扑序和量子计算

量子计算机(见图 8.7.1)被认为有传统计算机无可比拟的计算能力, 尤其是在对国防和商业来说至关重要的加密解密方面的应用. 这是因为量子可处在一个叠加态, 计算空间远大于经典计算机, 但这也决定了量子计算的实现很易受环境影响. 当然我们可以设想在将来通过发展远远超过现在技术能力的校验系统来在一定范围内减小环境的影响, 但另一方面也可以通过利用系统不受小扰动影响的拓扑性质来构造拓扑量子计算机.

拓扑量子计算是利用数学中的拓扑不变量来实现量子计算的方案, 其基本想法是把量子信息的编码在非局域的物理量中, 并用非局域操作来调控量子信息, 这样的量子计算就可以在硬件上克服局域的噪声和退相干. 研究者指出二维空间中的奇异粒子(非 Abel 任意子)在时空中的演变提供了通向量子计算的一条可行的捷径. 非 Abel 任意子可能在特殊的分数量子 Hall 态($\nu=5/2$)中产生. 这些在极低温和高磁场的二维空间中存在的奇异粒子及其可能的应用成为了理论和实验关注的焦点.

作为稳定的量子计算的候选者,几个具有拓扑序的奇异的自旋系统也被提了出来[40]. 尽管它们的形式不常规,但是这些模型可以用冷原子实现. Micheli 等人[41]建议使用晶格中的杂核极化分子,用微波激发分子使它们达到最低的转动能级,然后在生成的自旋模型中利用强偶极-偶极相互作用. 这个方法给自旋模型提供了一类范围可识别且联轴器空间各向异性的通用工具.

图 8.7.1 第一台量子计算机. 全球首台真正的商用量子计算机 D-Wave One 诞生于 2011 年 5 月. 其采用了 128 qubit(量子比特)的量子处理器,性能是原型机的 4 倍,理论运算速度远远超越现有所有的超级计算机. 当然,由于架构的关系,其只能用于处理部分特定的任务,例如高智能 AI 运算等,通用性还尚不及现有的传统电脑. 同时,D-Wave One 在散热方面亦有非常苛刻的要求,自启动起其必须全程采用液 He 散热,以保证其在运行过程中足够“冷静”. 来自参考文献[19]

制造一个量子计算机的想法推动了理论和实验研究. 最初的想法是 Feynman 构思的“量子模拟器”,它可以用来计算复杂的动态量子系统,也成为了新一代计算机的范例,可以解决经典计算机无法解决的问题,例如大数因式分解. 当 Greiner 等人[42]示范 Mott 绝缘体相变时朝这个方向跨出了第一步,在这个实验中,从 BEC 态开始,每一个晶格严格地被一个原子态占据着. 在随后的实验中,实验者们证明了在这样的系统中,在两个重叠的晶格中控制原子之间的碰撞可以用来制造纠缠态,这是除了叠加态原理之外量子计算最重要的依据.

光晶格中的中性原子具有很多吸引人的特征,这也使它们成为实现量子计算机的有趣候选物. 其中之一就是它们固有的可伸缩性,例如大体上说,不难实现具有很多点位的一维、二维或者三维的阵列来困住原子. 此外,这也使得集群状态的实现成为可能,这种状态代表了单向量子计算机用单一的“读出”来进行一个量子计算的能力.

拓扑量子计算原理如图 8.7.2 所示.

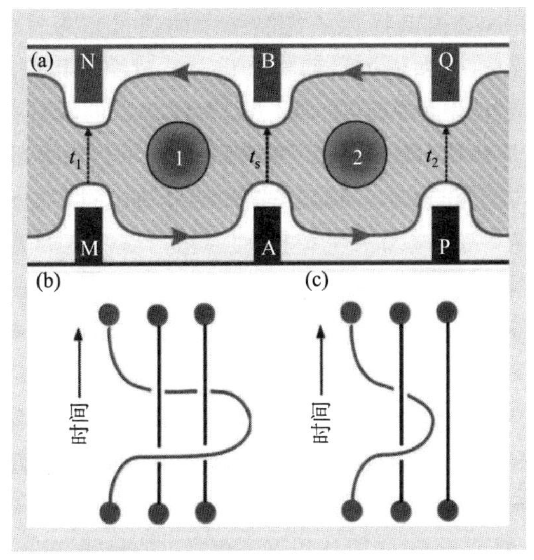


图 8.7.2 拓扑量子计算.(a)基于分数量子 Hall 系统的拓扑量子比特设计.局域化在反量子点 1 和 2 上的两个非 Abel 准粒子,可以用来存储一个量子比特的信息.在电极 M 和 N 以及 P 和 Q 上,加偏压诱导准粒子隧穿,可以测量量子比特所编码的信息.在电极 A 和 B 上加偏压诱导准粒子隧穿,可以改变量子比特的信息[摘自 Das Sarma S et al. Physics Today,2006,7(59):32];(b)拓扑量子比特可以通过第三个准粒子环绕这两个局域准粒子一周来测量;(c)受拓扑保护的逻辑非门可以通过第三个准粒子环绕其中一个局域准粒子一周来实现.来自参考文献[43]

## §8.8 超冷分子

从所需的初态到所需的最后的量子态使用光缔合或者 Feshbach 共振的方法对化学反应进行控制,与其说是对冷原子物理学的挑战,不如说是对量子化学的挑战.人们建议使用携带两个全同原子的 Mott 绝缘体通过光缔合来实现可控的化学反应,首先制备一个核分子的 Mott 绝缘体,然后是通过量子融化制造超流体分子.为了获得超流体分子,Bloch 的小组观察到了通过光缔合产生的具有两个$^{87}$Rb 分子的 Mott 绝缘体,而 Rempe 的小组已经用 Feshbach 共振实现了第一个 Mott 绝缘体分子[44].三体 Efimov 三聚体的形成过程已经在光晶格中的 Cs 原子中被 Grimm 的小组观察到[45].在光晶格中,这一过程可能更有效.

现代原子和分子物理学中,超冷偶极量子气体具有一些很吸引人的实验和理论问题.近期的实验已经实现了偶极 Cr Bose 气体,在光晶格中冷却偶极分子的进展已经给研究偶极相互作用占主导地位的超冷量子气体指明了方向.偶极相互作用占主导作用的气体偶极 BEC 和 BCS 态预计将会依赖光晶格的几何性质而表现出来.用扩展的 Hubbard 模型描述的光晶格中的偶极超冷气体,应该可以实现多样的量子绝缘"固体"相,例如说棋盘和超流相以及超固体相等.这部分最有趣的是自旋偶极气体.自旋偶极气体的 BEC 表现了一种新奇的涡旋晶格形式:方形、"条纹状晶体",以及"气泡晶体"晶格.BEC 中的涡旋是一个和体系中超流体直接相关的有趣的现象,在实验上和理论上都已经被广泛地研究过了.近期一些理论相关论文处理和结合了涡旋和晶格系统.直觉上,使晶格沿着涡旋的方向或者垂直于涡旋的方向,都能使单个涡旋和一个一维的晶格结合.Martikainen 和 Stoof 等人[46]研究了前一种情况,这种情况相当吸引人,因为它能和高温超导体类比并且可以在晶格中实现 BEC 的量子 Hall 体系.后一种情况被 Kevrekidis 等人[47]以及 Bhattacherjee 等人[48]讨论过.由于 Fermi 子自旋偶极气体的限制数目很大,因此伪洞间隙(pseudo-hole gap)将会存在,这使得 Fermi 子自旋偶极气体成为实现强关联体系的最佳候选物.当介观的原子数目 $N$ 在 50~100 时,Fermi 子自旋偶极气体也能实现 $v=1/3$ 的 Laughlin 液体以及 $v\leqslant 1/7$ 的量子 Wigner 晶体.

天体物理学通过观测双原子和多原子分子的光谱可以揭示电子-质子质量比 $\beta$ 在 60 亿到 120 亿年时间尺度上的可能变化.然而,目前天体物理学所得到的结果是不确定的.关于物理学常数 $\alpha$ 的变化的天体物理学探索情况也大概如此.

使用冷分子能极大地提高分子实验的灵敏度.一个例子是在狭窄的 Feshbach 共振带附近的冷原子和冷分子碰撞的散射长度对 $\beta$ 的变化异常敏感.在原子钟类型的实验中测量散射相位移动可以在 $10^{-15}\sim10^{-18}\,yr^{-1}$ 水平上潜在地测试 $\beta$ 的百分比变化.

近期在耶鲁大学人们用冷 $Cs_2$ 分子进行了初步的光谱实验[49].在一阶近似的情况下,$Cs_2$ 分子 $^3\Sigma_u^+$ 态和 $^1\Sigma_g^-$ 态之间的电子跃迁虽然和 $\alpha$ 无关,但对于 $\beta$ 的敏感度却可能得到提高,这是因为大量振动的量子需要相匹配的电子跃迁.然而由于势的非简谐振动,这种提高并不能达到解离极限附近的一个很高的变化水平.其他的具有较小的振动量子数的水平是可能达到的,这也使得较高的灵敏度得以存在.即使这样的水平没有被找到,$v=138$ 水平的实验也许会好几个数量级地改善在 $\beta$ 的时变上的现有限制.近期天体物理联合实验室提出用 $Sr_2$ 来进行实验[50],这个实验和用 $Cs_2$ 进行实验时对 $\beta$ 时变的敏感度一样.这类实验和主要对 $\alpha$ 时变敏感的分子自由基的实验是互补的[51].

## 参考文献

[1] Ospelkaus S, Ospelkaus C, Wille O, et al. Phys. Rev. Lett., 2006,

96(18): 180403.

[2] Greiner M, Regal C A, and Jin D S. Nature, 2003, 426(6966): 537.

[3] Damski B, Everts H U, Honecker A, et al. Phys. Rev. Lett., 2005, 95(6): 060403.

[4] Corrielli G, Crespi A, Valle D G, et al. Phys. Rev. A, 2003, 68(1): 011601.

[5] Roati G, de Mirandes E, Ferlaino F, et al. Phys. Rev. Lett., 2004, 92(23): 230402.

[6] Ruostekoski J, Dunne G V, and Javanainen J. Phys. Rev. Lett., 2002, 88(18): 180401.

[7] Lewenstein M, Santos L, Baranov M A, et al. Phys. Rev. Lett., 2004, 92(5): 050401.

[8] Moore M G and Sadeghpour H R. Phys. Rev. A, 2003, 67(4): 041603.

[9] Ott H, de Mirandes E, Ferlaino F, et al. Phys. Rev. Lett., 2004, 92(16): 160601.

[10] Kinoshita T, Wenger T, and Weiss D S. Nature, 2006, 440(7086): 900.

[11] Rigol M, Dunjko V, Yurovsky V, et al. Phys. Rev. Lett., 2007, 98(5): 050405.

[12] Hofferberth S, Lesanovsky I, Fischer B, et al. Nature, 2007, 449(7160): 324.

[13] Burkov A A, Lukin M D, and Demler E. Phys. Rev. Lett., 2007, 98(20): 200404.

[14] Barankov R A, Levitov L S, and Spivak B Z. Phys. Rev. Lett., 2004, 93(16): 160401.

[15] Yuzbashyan E A, Tsyplyatyev O, and Altshuler B L. Phys. Rev. Lett., 2006, 96(9): 097005.

[16] Ashley Yeager. Electron's negativity cut in half by supercomputer: Simulations slice electron in half -- a physical process that cannot be done in nature. Science Daily. (2012-1-12) [2014-9-3]. https://today.duke.edu/2012/01/splitelectron.

[17] Paredes B, Fedichev P, Cirac J I, et al. Phys. Rev. Lett., 2001, 87(1): 010402.

[18] Popp M, Paredes B, Cirac J I, et al. Phys. Rev. A, 2004, 70(5): 053612.

[19] Mueller E J. Phys. Rev. A, 2005, 70(4): 041603.

[20] Fallani L, Lye J E, Guarrera V, et al. Phys. Rev. Lett., 2007, 98(13): 130404.

[21] Lye J E, Fallani L, Modugno M, et al. Phys. Rev. Lett., 2005, 95(7): 070401.

[22] Edwards S F and Anderson P W. J. Phys. F, 1975, 5(5): 5965.

[23] Sanpera A, Kantian A, Sanchez-Palencia L, et al. Phys. Rev. Lett., 2004,

93(4): 040401.

[24] Young A P. Spin Glasses and Random Fields. World Scientific, 1998.

[25] De Martino A, Thorwart M, Egger R, et al. Phys. Rev. Lett., 2005, 94(6): 060402.

[26] Fisher M P A, Weichman P B, Grinstein G, et al. Phys. Rev. B, 1989, 40(1): 546.

[27] Damski B, Zakrzewski J, Santos L, et al. Phys. Rev. Lett., 2003, 91(8): 080403.

[28] Clément D, Varón A F, Hugbart M, et al. Phys. Rev. Lett., 2005, 95(17): 170409.

[29] Gavish U and Castin Y. Phys. Rev. Lett., 2005, 95(2): 020401.

[30] Byczuk K, Hofstetter W, and Vollhardt D. Phys. Rev. Lett., 2005, 94(5): 056404.

[31] Recati A, Fedichev P O, Zwerger W, et al. Phys. Rev. Lett., 2003, 90(2): 020401.

[32] Paredes B, Widera A, Murg V, et al. Nature, 2004, 429(6989): 277.

[33] Hadzibabic Z, Krüger P, Cheneau M, et al. Nature, 2006, 441(7079): 1118.

[34] Görlitz A, Vogels J M, Leanhardt A E, et al. Phys. Rev. Lett., 2001, 87(13): 130402.

[35] Moritz H, Stöferle T, Köhl M, et al. Phys. Rev. Lett., 2003, 91(25): 250402.

[36] Stöferle T, Moritz H, Schori C, et al. Phys. Rev. Lett., 2004, 92(13): 130403.

[37] Tolra B L, O'Hara K M, Huckans J H, et al. Phys. Rev. Lett., 2004, 92(19): 190401.

[38] Paredes B, Widera A, Murg V, et al. Nature, 2004, 429(6989): 277.

[39] Kinoshita T, Wenger T, and Weiss D S. Nature, 2006, 440(7086): 900.

[40] A. Kitaev. Ann. Phys., 2006, 321(1): 2.

[41] Micheli A, Brennen G K, and Zoller P. Nature Physics, 2006, 2(5): 341.

[42] Greiner M, Mandel O, Esslinger T, et al. Nature, 2002, 415(6867): 39.

[43] Rom T, Best T, Mandel O, et al. Phys. Rev. Lett., 2004, 93(7): 073002.

[44] Wan X ,Wang Z H, and Yang K. Physics., 2013, 42(8): 558.

[45] Kraemer T. Mark M. Waldburger P, et al. Nature, 2006, 440(7082): 315.

[46] Martikainen J P and Stoof H T C. Phys. Rev. Lett., 2003, 91(24): 240403.

[47] Kevrekidis P G, Carretero-González R, Theocharis G, et al. J. Phys. B, 2003, 36(16): 3467.

[48] Bhattacherjee A B, Morsch O, and Arimondo E. J. Phys. B., 2004, 37(11): 2355.
[49] DeMille D, Sainis S, Sage J, et al. Phys. Rev. Lett., 2008, 100(4): 043202.
[50] Zelevinsky T, Kotochigova S, and Ye J. Phys. Rev. Lett., 2008, 100(4): 043201.
[51] Flambaum V V and Kozlov M G. Phys. Rev. Lett., 2007, 99(15): 150801.

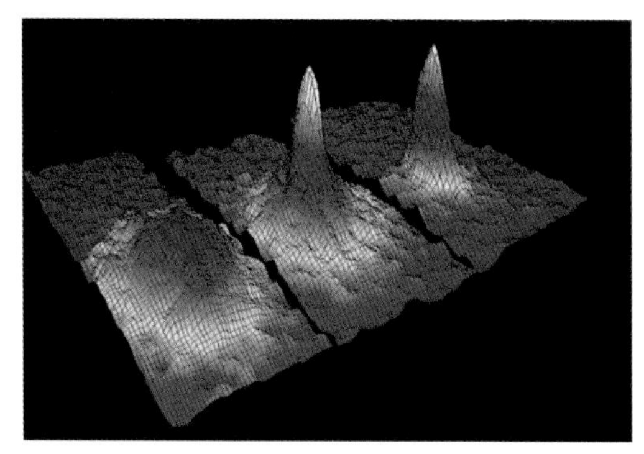

图 1.2.1　Rb 原子的速度分布图像. 在这个实验中, Petrich 等人采取了膨胀法[1]. 左边对应于正好在上述凝聚温度下的气体. 中间部分恰恰出现在凝聚后. 右边部分对应于经过进一步蒸发后留下的几乎纯净的凝聚样品. 视场是 200 μm×270 μm, 并且对应于这个距离原子已经移动了大约 1/20 s. 图中的颜色对应于原子各速度的数量, 红色是最少的, 白色是最多的. 图片摘自[4]

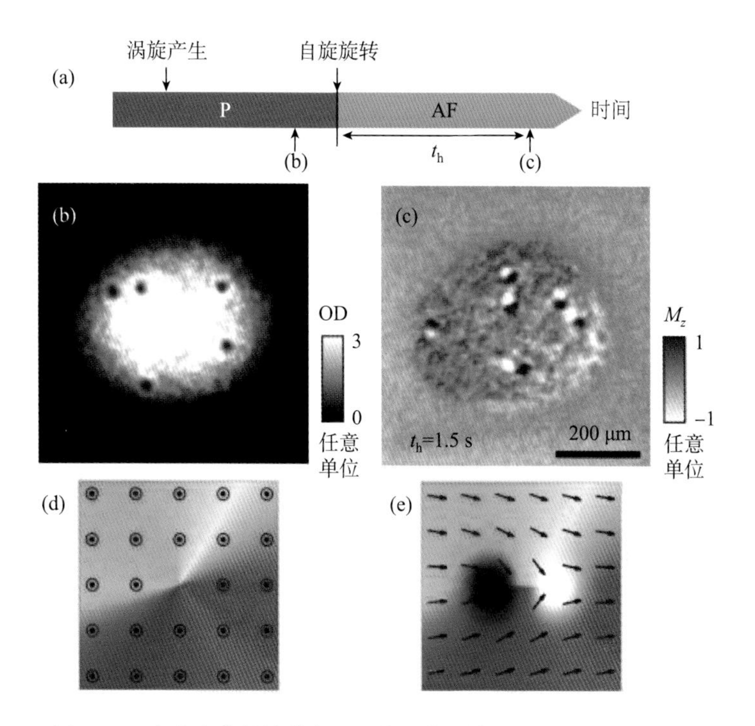


图 2.6.8　两个 HQV 中单电荷涡旋分布. (a)单电荷涡旋在极性(P)凝聚态中相产生, 随后凝聚态转变为反铁磁相. (b)包含单电荷涡旋凝聚态的光密度(OD)图像. (c)在 $t_h=1.5$ s 时的反铁磁磁感应相差图像. 图片取自释放陷阱势 24 ms 后. (d)单电荷涡旋态$(q_n, q_s)=(1,0)$. (e)具有$(q_n, q_s)=(1/2,1/2)$以及$(1/2,-1/2)$的一对 HQV 态. 图片摘自[33]

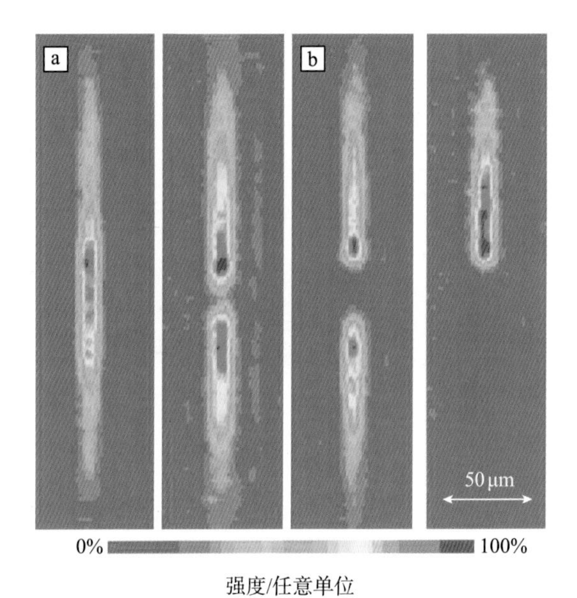


图 2.8.3 (a)单个 Bose 凝聚体(左)和双 Bose 凝聚体的相位对比图像(束缚在势阱中).通过将 Ar 离子激光器片的功率从 7 mW 改变到 43 mW 来改变两个凝聚体之间的距离.(b)原始双重凝聚体的相位对比图像,其中下方的凝聚体被消除.图片摘自[39]

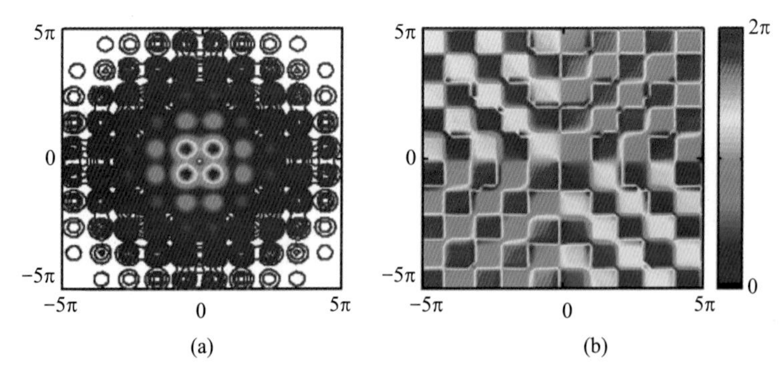


图 3.6.2 密度(a)和相位曲线(b)在二维光晶格中的间隙涡. $x$ 和 $y$ 轴以 $d/\pi$ 为单位进行标记,其中 $d$ 是晶格间距(取自 Ostrovskaya 和 Kivshar)[197]

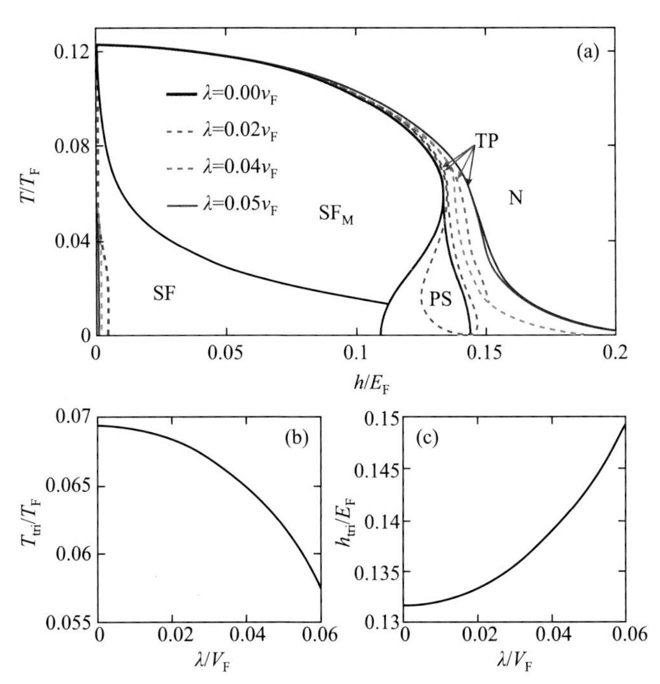


图 4.4.3 (a)不同自旋轨道耦合强度下的相图,包括非极化超流相(superfluid state,SF)、极化超流相(magnetized superfluid state with a finite polarization,$SF_M$)、正常相(normal state,N)、相分离区(phase separation,PS).(b)三相临界点(tricritical point,TP)的温度 $T_{tri}$ 随自旋轨道耦合强度 $\lambda$ 的演化.(c)三相临界点(TP)的磁场强度 $h_{tri}$ 随自旋轨道耦合强度 $\lambda$ 的演化.图片摘自参考文献[17]

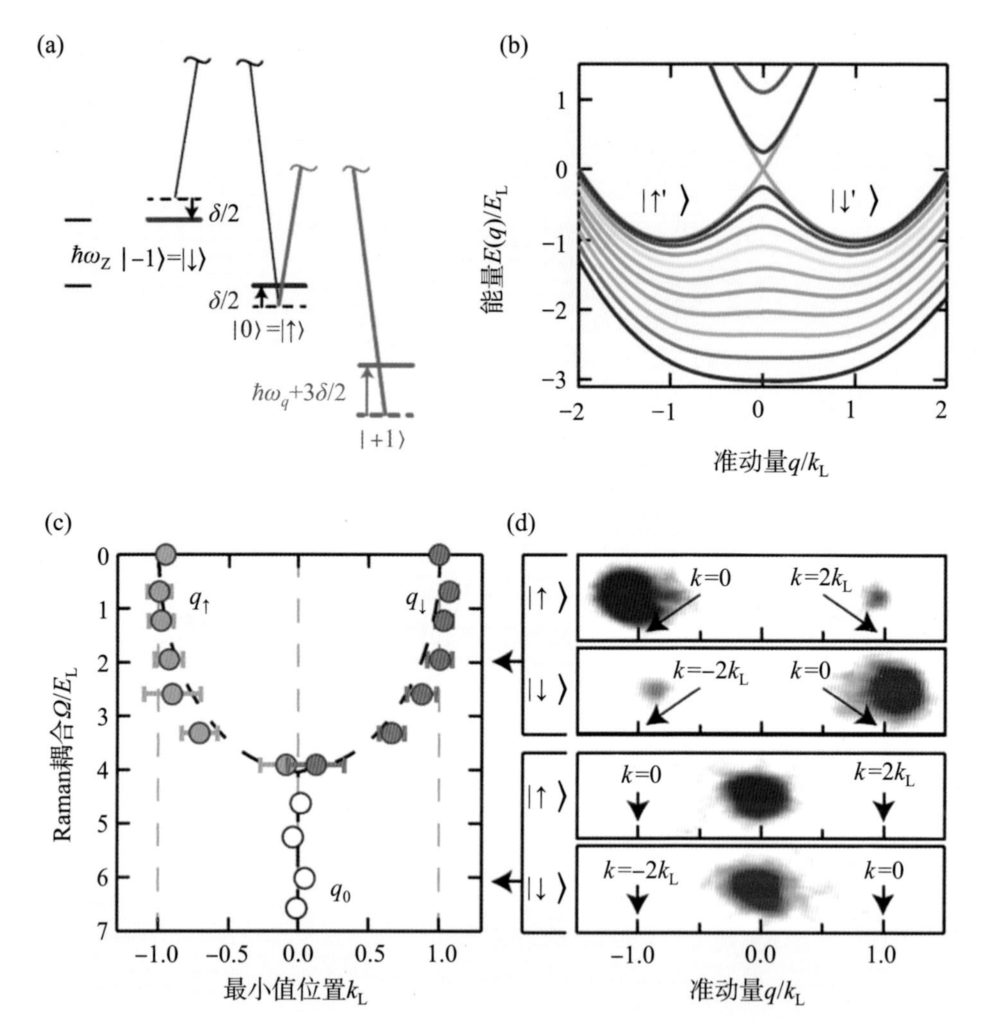


图 4.6.1　产生自旋轨道耦合的方案.(a)能级图,态 $|F=1,m_F=0\rangle=|\uparrow\rangle$ 和 $|F=1,m_F=-1\rangle=|\downarrow\rangle$ 通过波长为 804.1 nm 的激光进行耦合,它们之间的能量差为 Zeeman 频移 $\hbar\omega_Z$.激光的频率差为 $\Delta\omega_L/2\pi=(\omega_Z+\delta/\hbar)/2\pi$,调谐到与共振频率差为 $\delta$. $|m_F=0\rangle$ 和 $|m_F=+1\rangle$ 的能量差为 $\hbar(\omega_Z-\omega_q)$,由于 $\hbar\omega_q=3.8E_L$ 非常大,$|m_F=+1\rangle$ 可以忽略不计.(b)计算的色散曲线.$\delta=0$ 时,当 $\Omega$ 从 0 变化到 $5E_L$ 时的能量曲线.当 $\Omega<4E_L$ 时,曲线中的两个最低点对应缀饰自旋态 $|\uparrow'\rangle$ 和 $|\downarrow'\rangle$.(c)测得的最小值,在 $\delta=0$ 时准动量 $q_{\uparrow,\downarrow}$ 和 $\Omega$ 的曲线.对应 $E_-(q)$ 的最小值.每个点都是 10 次实验的平均值.(d)自旋-动量分离.突然关闭激光后测量原子团的分布:上图中 $\delta\approx0,\Omega=2E_L$,下图中 $\delta\approx0,\Omega=6E_L$.图片摘自参考文献[12]

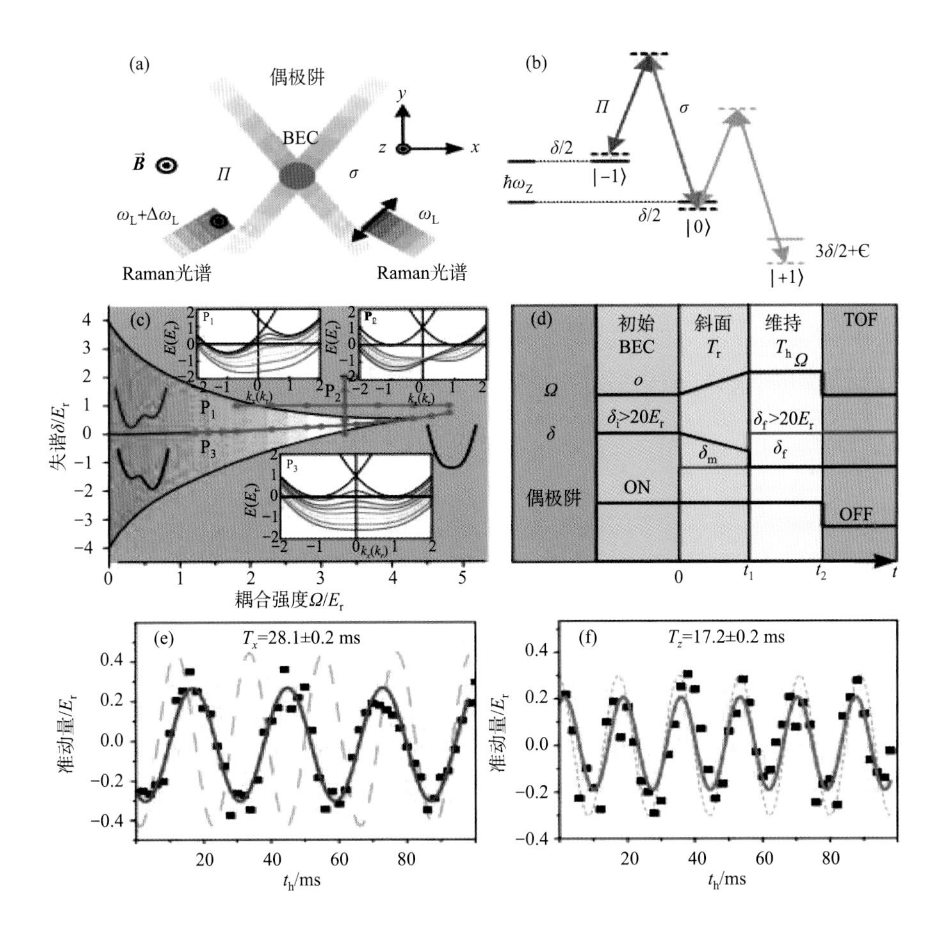


图 4.6.2 (a)实验装置示意图:偏移磁场沿 $z$ 方向,Raman 光限制在 $x$-$y$ 平面内.(b) $F=1$ 的 Raman 耦合过程.(c)单粒子相图.色散曲线有两个最小点,实验路径为 $P_1$, $P_2$, $P_3$.(d)实验的时间顺序偶极振荡强度为 $\Omega=3.3E_r$,$\delta=E_r$,灰色虚线表示的是没有自旋轨道耦合的振荡情形.图片摘自参考文献[25]

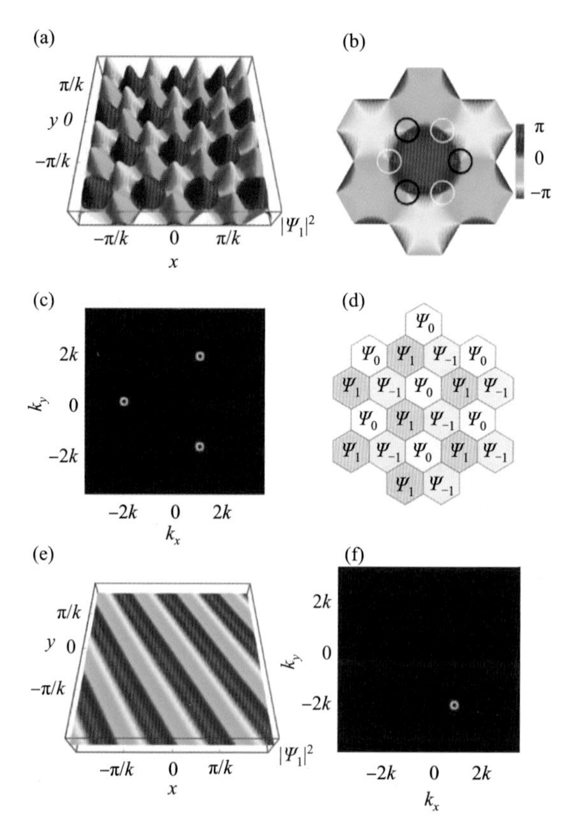


图 4.6.3 在 SU(3)自旋轨道耦合凝聚体中的两种典型的基态相. (a)～(d) 反铁磁相互作用下的拓扑的非平庸晶格相. (e), (f)铁磁相互作用下的三重简并的磁性基态相. 图片摘自参考文献[26]

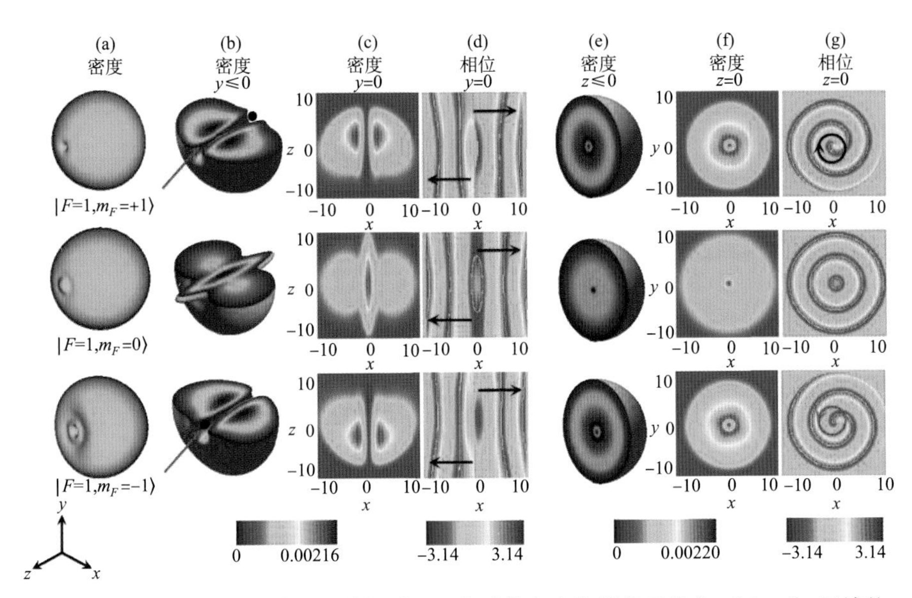


图 4.6.4 伴随极核涡旋的磁单极子.(a)粒子数密度的等值面分布.(b)$y\leqslant 0$ 区域的粒子数密度分布.(c),(d) $y=0$ 切面的密度分布和相位分布.(e) $z\leqslant 0$ 区域的密度分布.(f),(g) 在 $z=0$ 切面的密度分布和相位分布.图片摘自参考文献[27]

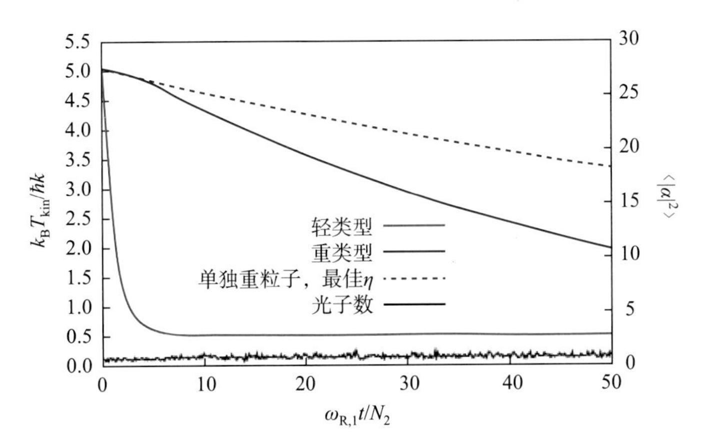


图 5.3.13 交感腔冷却.重类型和轻类型动能温度的时间演化.虚线表示单独的重粒子,实线表示在轻粒子存在时增强的冷却低于自组织阈值的情况.参数 $m_2=200m_1$, $N_1=200$, $N_2=200$, $\sqrt{N_1}\,\eta_1=134\omega_R$, $\sqrt{N_2}\,\eta_2=124\omega_R$, $\kappa=200\omega_R$, $\delta_C=-\kappa$.图片摘自参考文献[114]

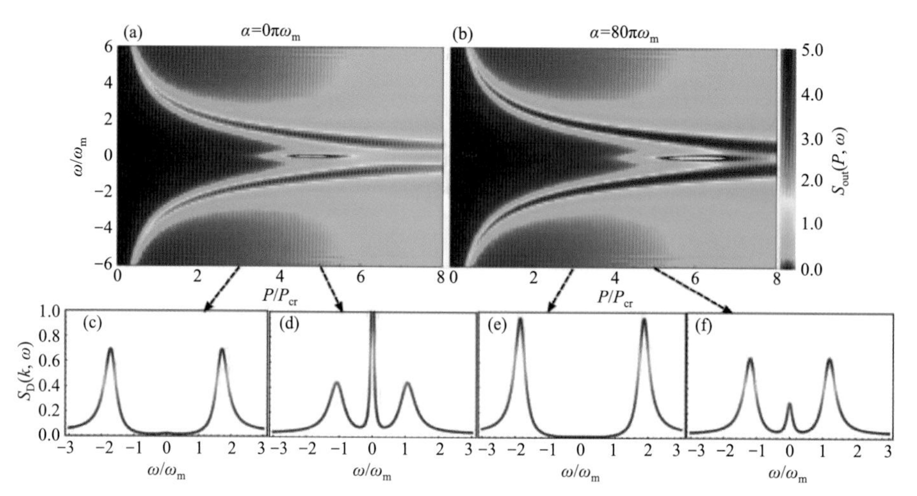


图 5.4.11 (a)(b)在 $a/\omega_{\mathrm{m}}=0\pi$ 和 $80\pi$ 时，$S_{\mathrm{out}}(P,\omega)$在 $P/P_{\mathrm{cr}}$ 和 $\omega/\omega_{\mathrm{m}}$ 构成的参数空间中的变化情况.(c)～(f)不同 $P/P_{\mathrm{cr}}$ 值下，动态结构因子 $S_{\mathrm{D}}(k,\omega)$与 $\omega/\omega_{\mathrm{m}}$ 的函数关系.图片摘自参考文献[153]

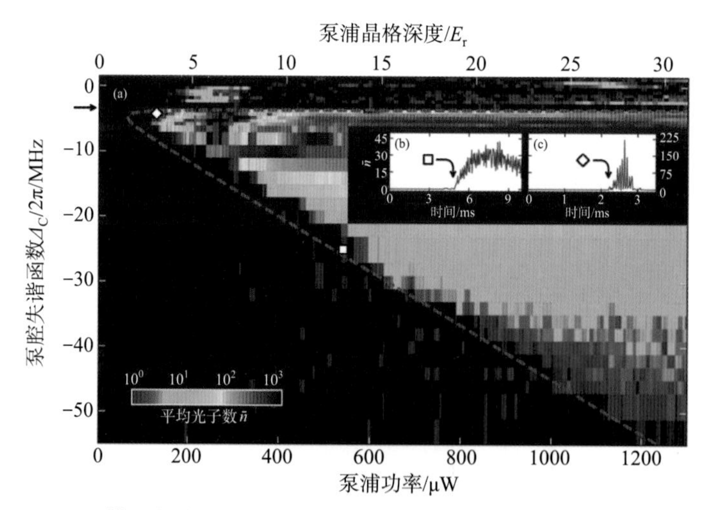


图 5.5.6 Dicke 模型相图.(a)记录的平均腔内光子数 $\bar{n}$ 作为横向泵浦功率 $P$ 和泵腔失谐的函数 $\Delta_{\mathrm{C}}$.从图中可以观察到与平均场描述(虚线)一致的尖锐相界.非组织 BEC 的色散移位腔谐振由水平箭头指示.(b)、(c)$\bar{n}$ 的时间轨迹，同时将泵浦功率逐渐增加到 1.3 mW，用于指示的泵腔失谐.图片摘自参考文献[142]

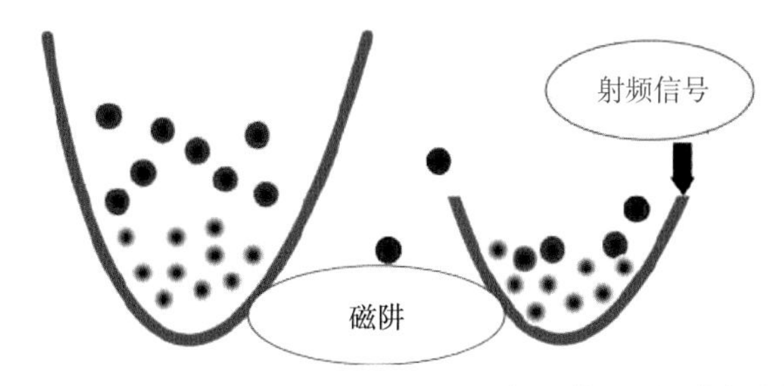

图 6.2.1　简谐势阱中原子蒸发冷却示意图.通过射频信号,势阱高度被修改而降低(右边),较高能量热原子被移除(蓝色圆)

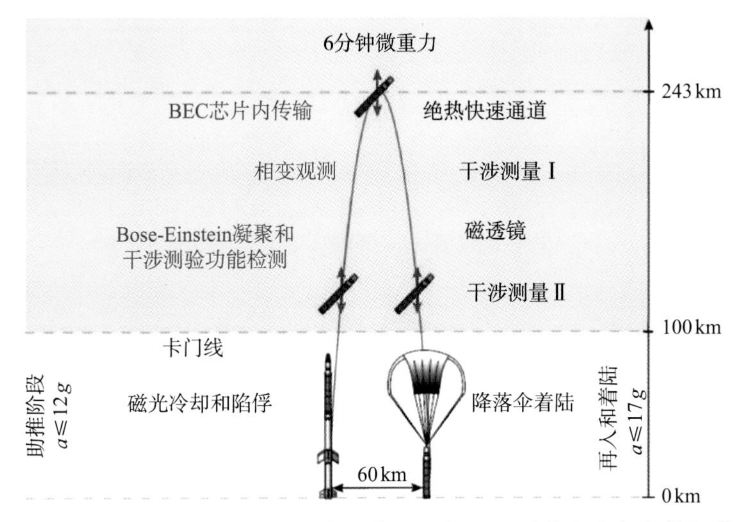

图 6.4.3　MAIUS-1 探空火箭任务序列示意图.图片摘自参考文献[17]

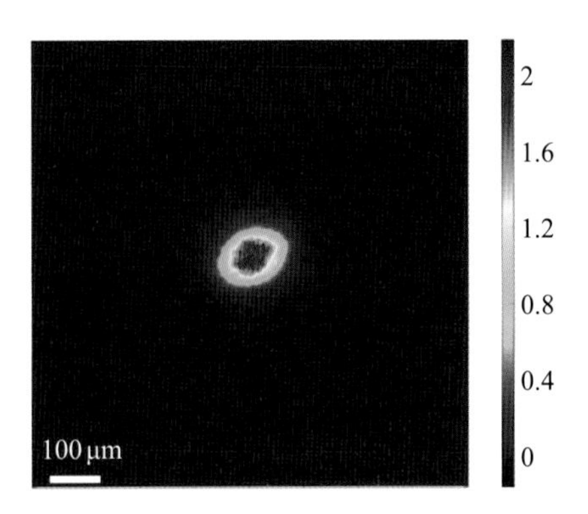

图 6.8.1　TOF 20 ms 之后观察到的原子 BEC 信号.摘自参考文献[49]

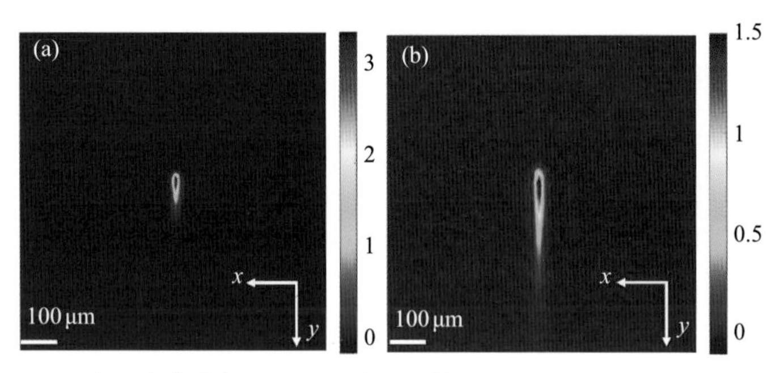


图 6.8.3　两级交叉光束冷却之后的超冷原子信号.(a)TOF 1 ms 的超冷原子信号.(b)TOF 10 ms 的超冷原子信号.摘自参考文献[49]

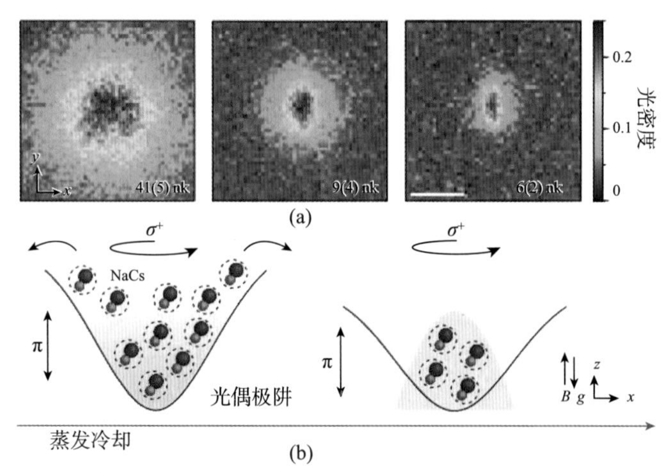


图 7.5.2　通过微波屏蔽实现的偶极 NaCs 分子的 BEC.(a)热云的吸收图像(左),一种部分凝结的云(中)和飞行时间膨胀 17 ms 后的准纯 BEC(右).(b)蒸发将 NaCs 分子从热云冷却到 BEC.分子是被固定在光偶极阱中,并被圆偏振($\sigma^+$)修饰线性极化($\pi$)微波场的.碰撞稳定的分子气体通过降低陷阱深度来冷却,从而挤出最热的分子.热的(左)和冷凝(右)气体具有不同的密度分布